U0263244

普通高等教育“十一五”国家级规划教材

吉林省普通本科高校省级重点教材

普通高等教育电子科学与技术特色专业系列教材

半导体器件物理

（第三版）

主　编　孟庆巨

副主编　陈占国

参　编　刘海波　孟庆辉

科学出版社

北　京

内 容 简 介

本书是普通高等教育“十一五”国家级规划教材。本书介绍了常用半导体器件的基本结构、工作原理、主要性能和基本工艺技术。内容包括：半导体物理基础、PN 结、双极结型晶体管、金属-半导体结、结型场效应晶体管和金属-半导体场效应晶体管、金属-氧化物-半导体场效应晶体管、电荷转移器件、半导体太阳电池和光电二极管、发光二极管和半导体激光器等。

本书可作为高等院校电子科学与技术、微电子学、光电子技术等专业的半导体器件物理相关课程的教材，也可供有关科研人员和工程技术人员参考。

图书在版编目(CIP)数据

半导体器件物理 / 孟庆巨主编；陈占国副主编. —3 版. —北京：科学出版社，2022.10

普通高等教育“十一五”国家级规划教材 • 普通高等教育电子科学与技术特色专业系列教材

ISBN 978-7-03-072915-6

Ⅰ. ①半…　Ⅱ. ①孟…　②陈…　Ⅲ. ①半导体器件－半导体物理－高等学校－教材　Ⅳ. ①TN303②O47

中国版本图书馆 CIP 数据核字(2022)第 148733 号

责任编辑：潘斯斯 / 责任校对：王　瑞
责任印制：张　伟 / 封面设计：迷底书装

科学出版社 出版
北京东黄城根北街 16 号
邮政编码：100717
http://www.sciencep.com

北京市密东印刷有限公司印刷

科学出版社发行　各地新华书店经销

*

2005 年 1 月第 一 版　开本：787×1092　1/16
2009 年 11 月第 二 版　印张：22 1/2
2022 年 10 月第 三 版　字数：573 000

2024 年 5 月第二十四次印刷

定价：79.00 元

(如有印装质量问题，我社负责调换)

第三版前言

由孟庆巨教授等编著的《半导体器件物理》（第二版）自2009年11月出版以来，至今近13年，被国内百余所高校指定为教材或参考书。本书入选普通高等教育“十一五”国家级规划教材，是国家精品课程“半导体器件物理与实验”的配套教材，曾获得吉林省普通高等学校优秀教材二等奖、吉林大学优秀教材一等奖等荣誉。本书由于物理图像清晰、数学推导简明，并配套《半导体器件物理学习与考研指导》，有助于教师的教学准备和学生的课后复习与总结，受到读者的欢迎。

党的二十大报告指出：“加强基础学科、新兴学科、交叉学科建设，加快建设中国特色、世界一流的大学和优势学科。”半导体科学与技术属于典型的交叉学科领域，半导体产业是国民经济的重要支柱。而“半导体物理学”和“半导体器件物理”是从事半导体相关领域专业技术人员必须具备的专业基础。教材是课程的载体，是知识传授的主要途径。随着时代的发展，《半导体器件物理》教材也需要不断更新和完善。

孟庆巨教授对第三版教材修订一事非常关心，在他的支持下，由陈占国主持完成相关修订工作。本书是结合了作者的教学实践，在第二版的基础上修订完成的，重点对第2～6章的部分内容进行了增补和完善。第2章主要增补了合金结、平面工艺简介、线性缓变结的电场和电势分布、PN结的大注入效应等内容。在讨论理想PN结的电场分布、电势分布、I-V关系等问题时，均采用从定性分析到定量分析、从理想模型到非理想模型、从一般性到特殊性的演绎和分析过程，并将这一理念贯穿于后续章节中。第3章主要增补了韦斯特效应、厄利电压、发射区禁带宽度变窄效应、BJT的反向电流和浮空电势、基区展宽效应等内容。第4章主要补充了界面态对肖特基势垒影响的定量分析、肖特基势垒二极管的电流机制、热离子发射理论、肖特基势垒高度的测量等内容。第5章主要对JFET的工作原理进行了更详细和深入的讨论，并增补了短沟道JFET的速度饱和效应。第6章主要增补了衬底掺杂浓度对阈值电压影响的定量分析、亚阈值摆幅、玻尔兹曼极限、漏致势垒降低效应、沟道内载流子的等效迁移率、漂移速度饱和效应、弹道输运、热载流子效应等内容。此外，在相应章节中还适当增加了一些例题。

在本书的修订过程中，得到了吉林大学教务处和吉林省教育厅的大力支持，先后入选吉林大学“十三五”规划教材和吉林省普通本科高校省级重点教材，并得到科学出版社的大力支持和帮助，在此一并表示衷心感谢。在本书编写过程中，吉林大学电子科学与工程学院的包洪畅、况江泉、李嘉琦、王宇宸、王宸逸五位同学参与了文字和图表的编辑工作，付出了辛勤劳动，在此也向五位同学表示诚挚的谢意。

由于作者水平有限，加之时间仓促，书中难免存在错误和不当之处，恳请广大读者和同行批评和指正。

陈占国

2024年5月于吉林大学

第二版前言

2005 年 1 月，科学出版社出版了我和刘海波、孟庆辉编著的《半导体器件物理》。在深入进行教研、教改的过程中，吉林大学建设了“半导体器件物理与实验”课程。“半导体器件物理”与传统的“半导体物理实验”“半导体器件平面工艺实验”“半导体器件性能测试实验”三大实验课成为“半导体器件物理与实验”课程的四个模块。

“半导体器件物理与实验”课程于 2005 年 5 月和 8 月先后被评为吉林大学和吉林省精品课程建设项目，于 2007 年 12 月被评为国家精品课程建设项目。在课程建设过程中，我们对 2005 年版的《半导体器件物理》教材进行了修订，修订教材被列入普通高等教育“十一五”国家级规划教材。

半导体器件种类繁多、结构各异、性能千差万别，新技术、新工艺、新产品层出不穷，发展极其迅速。由于篇幅和学时所限，任何一本教材都无法囊括所有器件及其工艺技术，也不能把每种器件的各个性能详尽地加以介绍，更无法跟上新工艺技术的飞速发展。所以使得“半导体器件物理”作为专业基础课存在着基础与专业、传统与现代、当前与发展的三个矛盾。课程建设的目标就是要不断地解决上述的三个矛盾，追求“三个统一”：“基础精深，专业宽新”的基础与专业的统一，“延续传统，注重现代”的传统与现代的统一，“立足当前，关注发展”的当前与发展的统一。因此，选择有限数量和种类的基本的、主要的、常用的器件，通过对它们的基本结构、工作原理、主要特性和基本工艺技术的介绍，在夯实学生半导体器件物理基础的同时，培养学生具备举一反三、触类旁通和进一步深入学习、研究以及设计半导体器件的能力是本书编写过程中乃至我在教学过程中始终贯彻的指导思想。

近年来，许多教材在章末附有本章小结，提纲挈领地给出了本章的知识要点，很有益于学生对知识的系统了解和掌握。考虑到本章小结难免粗阔，本书给出了每节的节小结和教学要求，本章小结在配套出版的《半导体器件物理学习与考研指导》中给出。教学要求是教师从教学的角度根据教学大纲对学生学习本课程提出的要求。教学要求把本节应该掌握的知识以条目列出，学生可以把教学要求作为检验自己学习质量的判据。教学要求中所有问题的答案均在《半导体器件物理学习与考研指导》中给出。

“物理图像清晰，理论运用准确，数学推导正确、简明”是本书编写的原则。在教学过程中，半导体器件中物理过程的解释、公式的理论推导与命题的证明、图表的分析和使用是学生学习的难点。为了不使教材内容臃肿、增加篇幅，书中几乎全部的基本概念、物理过程解释、理论推导与命题证明、图表的分析和使用也均在《半导体器件物理学习与考研指导》中给出。

在教学过程中，有些学生对 2005 年版中图 3-6 中发射极电流 I_E 的方向及由此引出的式 (3-1)、式(3-7)、式(3-9)、式(3-10)等相应的符号感到不习惯。在修订版中做了改动，类似的改动还有 2005 年版中的式(5-2)和式(6-68)等。在此，向我的学生表示感谢。

每章末给出了习题和参考文献。解答习题是对知识掌握程度的检验，有些习题是对书中内容的延伸和深入解读。随着学生计算机能力的提高，有些习题要求学生进行数值计算。在《半导体器件物理学习与考研指导》中给出了这些习题的答案。

2005 年以来，国内外有多部优秀的半导体器件物理方面的相关著作出版。在本书编写过程中，作者参阅和学习了这些著作，并吸纳了其中的许多精华。为了便于读者查阅，同时也为了表达作者对这些著作者的敬意和感谢，一些主要著作被列于本书各章末的参考文献中。

在本书编写过程中，我的研究生黄飞(现空军航空大学教员)、吉林大学电子科学与工程学院研究生吴国光和沈春生耐心地查阅和核对了有关的文献、资料、数据和图表。书中许多图表都由沈春生绘制。他们为本书的编写付出了辛勤的劳动。

科学出版社的编辑马长芳、张濮十分关心本书的编写情况，他们对编写工作给以热情的帮助和悉心的指导，他们的丰富经验使作者受益良多并为本书的顺利完稿提供了保证。这里对他们致以诚挚的感谢。

在编写过程中，作者深感学识之有限，加之时间仓促，书中许多地方虽经多次推敲，仍难以令人满意，故疏漏之处在所难免，恳请广大读者和同行指正。

孟庆巨

2009 年 9 月于吉林大学

主要符号表

符号	含义
a	晶格常数，宽度
$\boldsymbol{a}$	加速度
$\boldsymbol{a}_1, \boldsymbol{a}_2, \boldsymbol{a}_3$	基矢量
A	面积
B	亮度
$\boldsymbol{b}_1, \boldsymbol{b}_2, \boldsymbol{b}_3$	倒基矢量
BV_{CBO}	BJT 发射极开路，集电极-基极击穿电压
BV_{CEO}	BJT 基极开路，集电极-发射极击穿电压
c	真空中的光速
C	电容
C_{D}	扩散电容
C_{G}	栅电容
C_{n}	电子俘获系数
C_{p}	空穴俘获系数
C_{o}	氧化层电容
C_{T}	耗尽层电容
C_{TC}	集电结耗尽层电容
C_{TE}	发射结耗尽层电容
C_{gs}	栅源电容
C_{gd}	栅漏电容
C_{ds}	漏源电容
D	扩散系数
D_{n}	电子扩散系数
D_{p}	空穴扩散系数
D_{pC}	集电区空穴扩散系数
D_{pE}	发射区空穴扩散系数
E	能量
E_{a}	受主能级
E_{c}	导带底能量
E_{d}	施主能级
E_{F}	费米能级
E_{FM}	金属费米能级
E_{Fn}	电子准费米能级
E_{Fp}	空穴准费米能级
E_{g}	禁带宽度
E_{I}	电离能
E_{Ia}	受主电离能
E_{Id}	施主电离能
E_{i}	本征费米能级，禁带中央能量
E_{i0}	体内本征费米能级
E_{is}	表面本征费米能级
E_{t}	复合中心能级
E_{v}	价带顶能量
$\mathscr{E}$	电场强度
$\mathscr{E}_{\mathrm{o}}$	氧化层内电场强度
$\mathscr{E}_{\mathrm{m}}$	最大电场强度
$\mathscr{E}_{\mathrm{mL}}$	线性缓变结雪崩击穿临界电场强度
$\mathscr{E}_{\mathrm{mS}}$	单边突变结雪崩击穿临界电场强度
$\mathscr{E}_{\mathrm{S}}$	半导体表面电场强度，饱和电场强度
$\boldsymbol{F}$	力
f	频率
f_{3dB}	3dB 频率
f_{CO}	截止频率，最高工作频率
f_{T}	特征频率
$f(E)$	费米-狄拉克分布函数
g	电导，导纳
g_{D}	直流电导
g_{I}	沟道电导
g_{dl}	线性导纳
g_{m}	跨导
G	增益，产生率
G_{L}	产生率(光照)
h	普朗克常量
$\hbar$	约化普朗克常量
I	电流强度

I_0	PN 结饱和电流	M	质量
I_B	基极电流	m_0	电子惯性质量
I_{BA}	临界饱和基极电流	m_C	电导有效质量
I_C	集电极电流	$\boldsymbol{m}^*$	有效质量张量
I_{CBO}	发射极开路集电极反向电流	$\boldsymbol{m}^{*-1}$	有效质量倒数张量
I_{CS}	集电极饱和电流	m_n^*, m_n	各向同性电子有效质量
I_{C0}	集电极反向饱和电流	m_p^*, m_p	各向同性空穴有效质量
I_{CEO}	穿透电流	m_{dn}	导带状态密度有效质量
I_D	漏极电流	m_{dp}	价带状态密度有效质量
I_{DS}	饱和漏电流	m_l	纵向有效质量
I_d	PN 结扩散电流	m_{ph}	重空穴有效质量
I_E	发射极电流	m_{pl}	轻空穴有效质量
I_{EBO}	集电极开路发射结反向电流	m_t	横向有效质量
I_{E0}	发射极反向饱和电流	N	杂质浓度，原胞数，状态密度
I_{F0}	BJT 发射结二极管反向饱和电流	N_a	受主杂质浓度
I_{R0}	BJT 集电结二极管反向饱和电流	N_d	施主杂质浓度
I_G	空间电荷区产生电流	N_c	导带底有效状态密度
I_L	短路光电流	N_v	价带顶有效状态密度
I_n	电子扩散电流	N_t	复合中心浓度
I_p	空穴扩散电流	n	电子浓度，折射率
I_{nC}	BJT 集电极电子电流分量	n_d	施主能级上的电子浓度
I_{nE}	BJT 发射极电子电流分量	n_i	本征载流子浓度
I_{pE}	BJT 发射极空穴电流分量	n_n	N 区电子浓度
I_R	空间电荷区复合电流	n_{n0}	N 区热平衡多子电子浓度
I_{RE}	发射结空间电荷区复合电流	n_p	P 区少子电子浓度
I_r	基区复合电流	n_{p0}	P 区热平衡少子电子浓度
i	交变电流	n_t	杂质能级上电子浓度
i_a	交变电流振幅	P	功率
j	电流密度	$\boldsymbol{P}$	动量，准动量
j_n	电子电流密度	p	空穴浓度
j_p	空穴电流密度	p_a	受主能级上的空穴浓度
j_{TH}	阈值电流密度	p_p	P 区多子空穴浓度
j_{nom}	名义电流密度(标称电流密度)	p_{p0}	P 区热平衡多子空穴浓度
K	玻尔兹曼常量	p_n	N 区少子空穴浓度
$\boldsymbol{k}$	电子波矢量	p_{n0}	热平衡 N 区少子空穴浓度
$\boldsymbol{K}_n$	倒格矢	p_E	发射区空穴浓度
L	长度，沟道长度	p_{E0}	发射区热平衡空穴浓度
L_n	电子扩散长度	p_C	集电区空穴浓度
L_p	空穴扩散长度	p_{C0}	集电区热平衡空穴浓度
M	雪崩倍增因子	Q	电荷，品质因数

Q_o 氧化物电荷
Q_{os} 等效氧化物电荷
Q_B 耗尽层单位面积电荷
Q_{BX} 基区过量存储电荷
Q_C 集电区存储电荷
Q_f 氧化物固定电荷
Q_I 反型层单位面积电荷(沟道电荷)
Q_{it} 界面陷阱电荷
Q_m 可动离子电荷
Q_{ot} 氧化物陷阱电荷
Q_S 存储电荷，半导体表面单位面积电荷
Q_{sig} 信号电荷
q 电子电荷
$\boldsymbol{q}$ 声子波矢量
R 电阻，反射率，复合率，复合系数
R_e 电子霍尔系数
R_p 空穴霍尔系数
R_D 漏极电阻
R_{on} 开态电阻
R_S 源极电阻
$R_\square$ 薄层电阻
$\boldsymbol{R}_m$ 晶格矢量
r_{ds} 微分漏极电阻
r_e PN 结扩散电阻
r_{sc} 集电极串联电阻
r_{gd} 栅漏电阻
r_{gs} 栅源电阻
r_{es} BJT 的 E 和 E′之间的串联电阻
$r_{bb'}$ 基极扩展电阻
S 表面复合速度，亚阈值摆幅
$\boldsymbol{S}$ 流密度
s_n 电子的激发概率
s_p 空穴的激发概率
T 热力学温度，透射比，隧穿系数
$\boldsymbol{T}$ 平移算符
t 时间
t_d 导通延迟时间
t_r 上升时间
t_f 下降时间
t_s 存储时间
U 复合率
U_S 表面复合率
V 电压，电势
V_{BL} 线性缓变结雪崩击穿电压
V_{BS} 单边突变结雪崩击穿电压
V_C 集电结电压
V_{CE} 集电极-发射极电压
V_D 漏极电压
V_E 发射结电压
V_{FB} 平带电压
V_G 栅极电压
V_{oc} 开路电压
V_p 夹断电压
V_{p0} 内夹断电压
V_{pt} 穿通电压
V_{TH} 阈值电压
v_a 交变电压振幅
$v_{b'e}$ BJT 的 B′和 E 之间的电压
v_g，v_{gs} 交流栅极电压
$\boldsymbol{v}$ 速度
$\boldsymbol{v}_n$ 电子平均漂浮速度
$\boldsymbol{v}_p$ 空穴平均漂浮速度
v_s 饱和速度
v_{th} 热运动平均速度
$\boldsymbol{W}$ 空间电荷区宽度
x_o 氧化层厚度
x_B 有效基区宽度
x_C 集电结空间电荷区边界
x_d 空间电荷区厚度
x_{dm} 空间电荷区最大厚度
x_E 发射区宽度
x_I 反型层厚度
x_j 结深
x_n PN 结空间电荷区 N 侧厚度
x_p PN 结空间电荷区 P 侧厚度
Y 交流导纳
α 吸收系数，交流共基极电流增益
α_0 直流共基极电流增益
α_F BJT 正向有源共基极电流增益

α_R	BJT 反向有源共基极电流增益	λ	波长
β	交流共发射极电流增益	λ_C	截止波长
β_0	直流共发射极电流增益	μ	迁移率，折合质量
β_T	基区输运子	μ_n	电子迁移率
Γ	光限制因子	μ_p	空穴迁移率
γ	注射效率	ν	频率
κ	尺寸因子	ρ	电阻率，电荷密度
σ	电导率	χ	电子亲和能
ε	转移失真率	Φ	光通量
ε_0	真空介电常量	ϕ	费米势
ε_o	氧化物介电常量	ϕ_f	体费米势
ε_s	半导体介电常量	$q\phi_b$	肖特基势垒高度
ε_r	相对介电常数	$q\phi_m$	金属功函数
ε_{ro}	氧化物相对介电常数	ϕ_m	金属功函数电势
ε_{rs}	半导体相对介电常数	ϕ_n	电子准费米势
τ	寿命，弛豫时间	ϕ_p	空穴准费米势
τ_B	基区渡越时间	$q\phi'_m$	修正金属功函数
τ_c	集电结耗尽层电容充电时间	$q\phi_s$	半导体功函数
τ_d	介电弛豫时间，集电结空间电荷区渡越时间	ϕ_s	半导体功函数电势
		$q\phi'_s$	修正半导体功函数
τ_E	发射结耗尽层电容充电时间	ϕ_{ms}	金属-半导体功函数电势差
τ_n	电子寿命	ϕ'_{ms}	修正金属-半导体功函数电势差
τ_p	空穴寿命	$\psi(x)$	半导体静电势
τ_S	与去除 Q_{BX} 相关的时间常数	ψ_0	内建电势差
η	转换效率，量子效率	ψ_s	半导体表面势
η_D	微分外量子效率	ψ_{si}	强反型表面势
η_e	外量子效率	ω	角频率
η_i	内量子效率	ω_{CO}	截止频率
η_o	逸出率	ω_T	增益-带宽乘积，特征频率
η_r	辐射效率	ω_α	共基极截止频率
θ	角度	ω_β	共发射极截止频率
θ_C	临界角		

目　录

第 1 章 半导体物理基础

半导体物理知识是学习半导体器件物理课程的基础。为了方便学过半导体物理的学生在使用本书时对半导体物理的有关知识进行回顾和查阅，也为了给没有学过半导体物理的读者提供必要的参考，在本章简要介绍半导体的基本性质，主要内容包括半导体能带理论的主要结果、半导体中载流子的统计分布、费米能级的计算、载流子的输运和半导体中的基本控制方程等。半导体表面和半导体光学性质等是半导体物理的重要内容。为使本章的内容不过于冗长，并便于学习相关器件的物理知识，分别把它们放在有关章节(见第 8、9 章)进行介绍。相信这些内容可为读者学习半导体器件物理提供足够的预备知识。如果读者还觉得本书所介绍的内容不够全面、深入和详尽，可参阅标准的半导体物理和固体物理等教材。

1.1 半导体中的电子状态

电子状态是指电子的运动状态，简称为**电子态**、**量子态**等。半导体之所以具有异于金属和绝缘体的物理性质是源于半导体内电子的运动规律。半导体内电子的运动规律是由半导体中的电子状态决定的。

1.1.1 周期性势场

晶体中原子的排列是长程有序的，这种现象称为晶体内部结构的周期性。晶体内部结构的周期性可以用**晶格**来形象地描绘。晶格是由无数个相同单元周期性重复排列组成的。这种重复排列的单元称为晶胞。晶胞的选取是任意的，其中结构最简单、体积最小的晶胞称为**原胞**。原胞是平行六面体。原胞只含有一个格点，格点位于平行六面体的顶角上。

以原胞的任一格点为原点，方向分别沿三个互不平行的边，长度分别等于原胞三个边长的一组基矢量称为原胞的**基矢**(basis vector)，记为 $\boldsymbol{a}_1, \boldsymbol{a}_2, \boldsymbol{a}_3$。矢量

$$\boldsymbol{R}_{\mathrm{m}} = m_1\boldsymbol{a}_1 + m_2\boldsymbol{a}_2 + m_3\boldsymbol{a}_3 = \sum_{i=1}^{3} m_i\boldsymbol{a}_i \tag{1-1-1}$$

称为**晶格矢量**。式中，m_1，m_2，m_3 是任意整数。$\boldsymbol{r}$ 和 $\boldsymbol{r}' = \boldsymbol{r} + \boldsymbol{R}_{\mathrm{m}}$ 为不同原胞的对应点，两者相差一个晶格矢量。可以说，不同原胞的对应点相差一个晶格矢量。反过来也可以说，相差一个晶格矢量的两点是不同原胞的对应点。通过晶格矢量的平移可以定出所有原胞的位置，所以 $\boldsymbol{R}_{\mathrm{m}}$ 也称为**晶格平移矢量**(translation vector)。

晶体内部结构的周期性意味着，在晶体内部不同原胞的对应点处原子的排列情况相同，晶体的微观物理性质相同。因此，对于不同原胞的对应点，晶体的电子势能函数相同，即

$$V(\boldsymbol{r}) = V(\boldsymbol{r}') = V(\boldsymbol{r} + \boldsymbol{R}_{\mathrm{m}}) \tag{1-1-2}$$

式(1-1-2)是晶体的**周期性势场**的数学描述。

在绝热近似和单电子近似下，晶体中电子所处的势场可以看作周期性势场。图 1-1 所示为一维周期性势场的示意图。V_1, V_2, V_3, …分别代表原子 1, 2, 3, …的势场，V 代表叠加后的晶体势场。

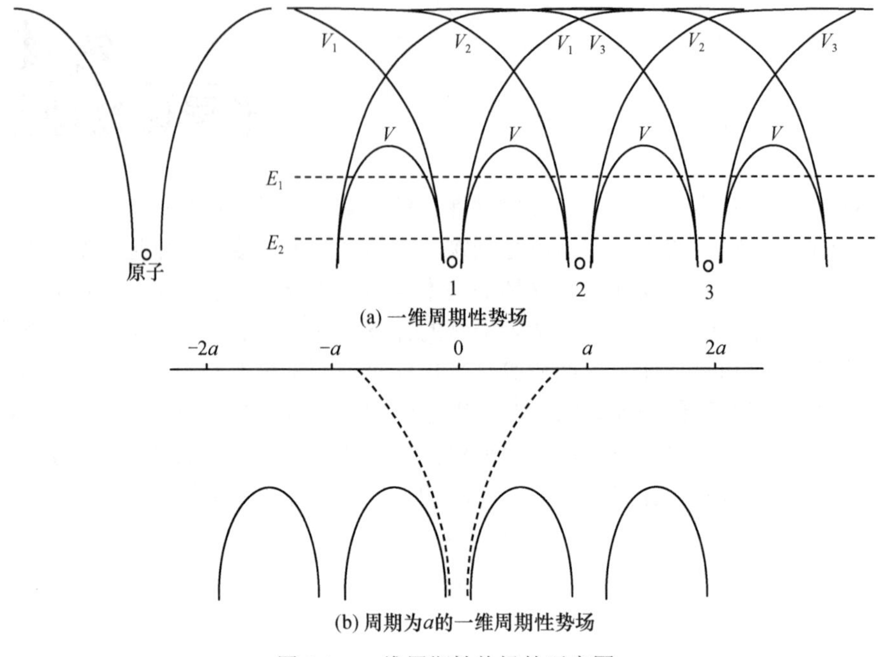

图 1-1 一维周期性势场的示意图

具有能量 E_1 或 E_2 的电子可以在原子 1 的势场中运动，根据量子力学的隧道效应，它还可以通过隧道效应越过势垒 V 到势阱 2，势阱 3，…中运动。换言之，在周期性势场中，属于某个原子的电子既可以在该原子附近运动，也可以在其他的原子附近运动。通常把前者称为**局域化运动**，而把后者称为**共有化运动**。相应的电子态分别称为**局域态**(local states)(原子轨道)和**扩展态**(extended states)(晶格轨道)。晶体中电子的运动既有局域化的特征又有共有化的特征。如果电子能量较低，如图 1-1(a)中的 E_2，那么在该能态电子受原子核束缚较强，势垒 $V-E_2$ 较大，电子从势阱 1 穿过势垒进入势阱 2 的概率就比较小。对于处在这种能量状态的电子，它的共有化运动的程度就比较小。但对于束缚能较弱的状态 E_1，由于势垒 $V-E_1$ 的值较小，穿透隧道的概率就比较大。因此，处于状态 E_1 的电子共有化的程度比较大。价电子是原子的最外层电子，受原子的束缚比较弱，所以共有化的特征就比较显著。在研究半导体中的电子状态时，最感兴趣的正是价电子的电子状态。

1.1.2 周期性势场中电子的波函数、布洛赫定理

晶体是由规则地周期性排列起来的原子所组成的，每个原子又包含有原子核和核外电子。原子核和电子之间、电子和电子之间存在着库仑作用。因此，它们的运动不是彼此无关的，应该把它们作为一个体系统一地加以考虑。也就是说，晶体中电子运动的问题是一个多体问题。为使问题简化，可以近似地把每个电子的运动单独地加以考虑，即在研究一个电子的运动时，把在晶体中各处的其他电子和原子核对这个电子的库仑作用，按照它们的概率分布，平均地加以考虑，这种近似称为**单电子近似**(single electron approximation)，也称为哈特里-福克(Hartree-Fock)近似。这样，一个电子所受的库仑作用仅随它自己位置的变化而变化，它的运动便由仅包含这个电子的坐标的薛定谔方程(波动方程)决定，表示为

$$\left[-\frac{\hbar^2}{2m}\nabla^2+V(\boldsymbol{r})\right]\psi(\boldsymbol{r})=E\psi(\boldsymbol{r}) \tag{1-1-3}$$

式中，$-\dfrac{\hbar^2}{2m}\nabla^2$ 为电子的动能算符，$V(\boldsymbol{r})$ 为电子的势能算符，E 为电子的能量，$\psi(\boldsymbol{r})$ 为电子的波函数，$\hbar=h/(2\pi)$，h 为普朗克常量，$\hbar$ 称为约化普朗克常量。

布洛赫(Bloch)定理指出：如果势函数 $V(\boldsymbol{r})$ 有晶格的周期性，即

$$V(\boldsymbol{r})=V(\boldsymbol{r}+\boldsymbol{R}_\mathrm{m})$$

则方程(1-1-3)的解 $\psi(\boldsymbol{r})$ 表示为

$$\psi_{\boldsymbol{k}}(\boldsymbol{r})=\mathrm{e}^{\mathrm{i}\boldsymbol{k}\cdot\boldsymbol{r}}u_{\boldsymbol{k}}(\boldsymbol{r}) \tag{1-1-4}$$

式中，$u_k(\boldsymbol{r})$ 为一个与晶格具有同样周期性的周期性函数，即

$$u_{\boldsymbol{k}}(\boldsymbol{r}+\boldsymbol{R}_\mathrm{m})=u_{\boldsymbol{k}}(\boldsymbol{r}) \tag{1-1-5}$$

$\boldsymbol{R}_\mathrm{m}$ 为式(1-1-1)所定义的晶格平移矢量。$\boldsymbol{k}$ 为波矢量，是任意实数矢量，它是标志电子运动状态的量。$k=2\pi/\lambda$称为**波数**，λ为波长。由式(1-1-4)所确定的波函数称为**布洛赫函数**或**布洛赫波**。在 $\boldsymbol{r}+\boldsymbol{R}_\mathrm{m}$ 处，有

$$\psi_{\boldsymbol{k}}(\boldsymbol{r}+\boldsymbol{R}_\mathrm{m})=\mathrm{e}^{\mathrm{i}\boldsymbol{k}\cdot(\boldsymbol{r}+\boldsymbol{R}_\mathrm{m})}u_{\boldsymbol{k}}(\boldsymbol{r}+\boldsymbol{R}_\mathrm{m})=\mathrm{e}^{\mathrm{i}\boldsymbol{k}\cdot\boldsymbol{R}_\mathrm{m}}\mathrm{e}^{\mathrm{i}\boldsymbol{k}\cdot\boldsymbol{r}}u(\boldsymbol{r})=\mathrm{e}^{\mathrm{i}\boldsymbol{k}\cdot\boldsymbol{R}_\mathrm{m}}\psi(\boldsymbol{r})$$

即

$$\psi_{\boldsymbol{k}}(\boldsymbol{r}+\boldsymbol{R}_\mathrm{m})=\mathrm{e}^{\mathrm{i}\boldsymbol{k}\cdot\boldsymbol{R}_\mathrm{m}}\psi(\boldsymbol{r}) \tag{1-1-6}$$

式(1-1-6)是布洛赫定理的另一种表述。式(1-1-6)说明，晶体中不同原胞对应点处的电子波函数只差一个模量为 1 的因子 $\mathrm{e}^{\mathrm{i}\boldsymbol{k}\cdot\boldsymbol{R}_\mathrm{m}}$。也就是说，在晶体中各个原胞对应点处电子出现的概率相同，即电子可以在整个晶体中运动——共有化运动。

现在考察波矢量为 $\boldsymbol{k}$ 和波矢量为 $\boldsymbol{k}'=\boldsymbol{k}+\boldsymbol{K}_\mathrm{n}$ 的两个状态，其中

$$\boldsymbol{K}_\mathrm{n}=n_1\boldsymbol{b}_1+n_2\boldsymbol{b}_2+n_3\boldsymbol{b}_3=\sum_{i=1}^{3}n_i\boldsymbol{b}_i \tag{1-1-7}$$

称为**倒格矢**。$\boldsymbol{b}_1, \boldsymbol{b}_2, \boldsymbol{b}_3$ 称为与基矢 $\boldsymbol{a}_1, \boldsymbol{a}_2, \boldsymbol{a}_3$ 相应的**倒基矢**(reciprocal basis vector)。n_1, n_2, n_3 为任意整数。由 $\boldsymbol{b}_1, \boldsymbol{b}_2, \boldsymbol{b}_3$ 所构成的空间称为**倒空间**或**倒格子**(reciprocal lattice)。$\boldsymbol{b}_1, \boldsymbol{b}_2, \boldsymbol{b}_3$ 与 $\boldsymbol{a}_1, \boldsymbol{a}_2, \boldsymbol{a}_3$ 之间具有正交关系，表示为

$$\boldsymbol{b}_i\cdot\boldsymbol{a}_j=2\pi\delta_{ij}=\begin{cases}2\pi, & i=j\\ 0, & i\neq j\end{cases},\quad (i,j=1,2,3) \tag{1-1-8}$$

且

$$\begin{aligned}\boldsymbol{b}_1&=\frac{2\pi}{\varOmega}(\boldsymbol{a}_2\times\boldsymbol{a}_3)\\ \boldsymbol{b}_2&=\frac{2\pi}{\varOmega}(\boldsymbol{a}_3\times\boldsymbol{a}_1)\\ \boldsymbol{b}_3&=\frac{2\pi}{\varOmega}(\boldsymbol{a}_1\times\boldsymbol{a}_2)\end{aligned} \tag{1-1-9}$$

其中

$$\varOmega=\boldsymbol{a}_1\cdot(\boldsymbol{a}_2\times\boldsymbol{a}_3) \tag{1-1-10}$$

为晶格原胞的体积。显然，晶格平移矢量 $\boldsymbol{R}_\mathrm{m}$ 和倒格矢 $\boldsymbol{K}_\mathrm{n}$ 之间满足

$$\mathrm{e}^{\mathrm{i}\boldsymbol{K}_\mathrm{n}\cdot\boldsymbol{R}_\mathrm{m}}=1$$

利用上式，有

$$\mathrm{e}^{\mathrm{i}(\boldsymbol{k}+\boldsymbol{K}_\mathrm{n})\cdot\boldsymbol{R}_\mathrm{m}}=\mathrm{e}^{\mathrm{i}\boldsymbol{K}_\mathrm{n}\cdot\boldsymbol{R}_\mathrm{m}}\cdot\mathrm{e}^{\mathrm{i}\boldsymbol{k}\cdot\boldsymbol{R}_\mathrm{m}}=\mathrm{e}^{\mathrm{i}\boldsymbol{k}\cdot\boldsymbol{R}_\mathrm{m}}$$

由于 $\boldsymbol{k}$ 是标志电子运动状态的量，因此上式说明相差倒格矢 $\boldsymbol{K}_\mathrm{n}$ 的两个 $\boldsymbol{k}$ 代表的是同一个状态。这样，为了表示晶体中不同的电子态，只需要把 $\boldsymbol{k}$ 限制在以下范围(第一布里渊(Brillouin)区)就可以了，即

$$-\frac{\pi}{\boldsymbol{a}_1} \leqslant k_1 < \frac{\pi}{\boldsymbol{a}_1}$$

$$-\frac{\pi}{\boldsymbol{a}_2} \leqslant k_2 < \frac{\pi}{\boldsymbol{a}_2}$$

$$-\frac{\pi}{\boldsymbol{a}_3} \leqslant k_3 < \frac{\pi}{\boldsymbol{a}_3}$$

或写为

$$-\pi \leqslant \boldsymbol{k}_i \cdot \boldsymbol{a}_i < \pi \tag{1-1-11}$$

式(1-1-11)所定义的区域称为 $\boldsymbol{k}$ 空间的**第一布里渊区**。

布里渊区是把倒空间划分成的一些区域，它是这样划分的：在倒空间，作原点与所有倒格点之间连线的中垂面，这些平面便把倒空间划分成一些区域，其中，距原点最近的一个区域为第一布里渊区，距原点次近的若干个区域组成第二布里渊区，以此类推。这些中垂面就是布里渊区的分界面。

在布里渊区边界上的 $\boldsymbol{k}$ 的代表点，都位于倒格矢 $\boldsymbol{K}_{\mathrm{n}}$ 的中垂面上，它们满足下面的平面方程：

$$\boldsymbol{k} \cdot \left(\frac{\boldsymbol{K}_{\mathrm{n}}}{K_{\mathrm{n}}}\right) = \frac{1}{2} K_{\mathrm{n}}$$

即

$$\boldsymbol{k} \cdot \boldsymbol{K}_{\mathrm{n}} = \frac{1}{2} K_{\mathrm{n}}^2 \tag{1-1-12}$$

$\boldsymbol{k}$ 取遍 $\boldsymbol{k}$ 空间除原点以外的所有 $\boldsymbol{k}$ 的代表点。可以证明，这样划分的布里渊区，具有以下特性：

(1)每个布里渊区的体积都相等，而且等于一个倒原胞的体积。

(2)每个布里渊区的各个部分经过平移适当的倒格矢 $\boldsymbol{K}_{\mathrm{n}}$ 之后，可使一个布里渊区与另一个布里渊区相重合。

(3)每个布里渊区都是以原点为中心而对称地分布着，而且具有正格子和倒格子的点群对称性。布里渊区可以组成倒空间的周期性的重复单元。

常见金刚石结构和闪锌矿结构具有面心立方晶格，其第一布里渊区如图 1-2 所示。布里渊区中心用 Γ 表示。6 个对称的〈100〉轴用 Δ 表示。8 个对称的〈111〉轴用 Λ 表示。12 个对称的〈110〉轴用 Σ 表示。符号 X，L，K 分别表示〈100〉、〈111〉、〈110〉轴与布里渊区边界的交点。

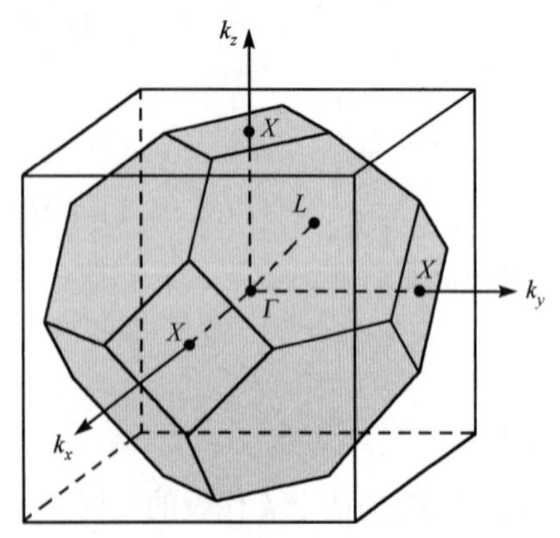

图 1-2　面心立方格子的第一布里渊区

在 6 个对称的 X 点中，每一个点都与另一个相对于原点同它对称的点相距一个倒格矢，它们是彼此等价的。不等价的 X 点只有三个。同理，在 8 个对称的 L 点中不等价的只有 4 个。

下面来证明布洛赫定理。

引入电子的哈密顿算符

$$\boldsymbol{H} = -\frac{\hbar^2}{2m}\nabla^2 + V(\boldsymbol{r})$$

则波动方程(1-1-3)可以简写成

$$H\psi(\boldsymbol{r}) = E\psi(\boldsymbol{r}) \tag{1-1-13}$$

引入**平移算符**(translation operator) $\boldsymbol{T}(\boldsymbol{R}_\mathrm{m})$，其定义为，当它作用在任意函数 $f(\boldsymbol{r})$ 上后，将函数中的变量 $\boldsymbol{r}$ 换成 $\boldsymbol{r}+\boldsymbol{R}_\mathrm{m}$，得到 $\boldsymbol{r}$ 的另一函数 $f(\boldsymbol{r}+\boldsymbol{R}_\mathrm{m})$，即

$$\boldsymbol{T}(\boldsymbol{R}_\mathrm{m})f(\boldsymbol{r}) = f(\boldsymbol{r}+\boldsymbol{R}_\mathrm{m}) \tag{1-1-14}$$

对于任意两个平移算符 $\boldsymbol{T}(\boldsymbol{R}_\mathrm{m})$ 和 $\boldsymbol{T}(\boldsymbol{R}_\mathrm{n})$，有

$$\begin{aligned}\boldsymbol{T}(\boldsymbol{R}_\mathrm{m})\boldsymbol{T}(\boldsymbol{R}_\mathrm{n})f(\boldsymbol{r}) &= \boldsymbol{T}(\boldsymbol{R}_\mathrm{m})f(\boldsymbol{r}+\boldsymbol{R}_\mathrm{n}) = f(\boldsymbol{r}+\boldsymbol{R}_\mathrm{m}+\boldsymbol{R}_\mathrm{n})\\ &= \boldsymbol{T}(\boldsymbol{R}_\mathrm{m}+\boldsymbol{R}_\mathrm{n})f(\boldsymbol{r}) = \boldsymbol{T}(\boldsymbol{R}_\mathrm{n})f(\boldsymbol{r}+\boldsymbol{R}_\mathrm{m})\\ &= \boldsymbol{T}(\boldsymbol{R}_\mathrm{n})\boldsymbol{T}(\boldsymbol{R}_\mathrm{m})f(\boldsymbol{r})\end{aligned}$$

这说明两个平移操作接连进行的结果，不依赖于它们的先后次序，即平移算符彼此之间是可以交换的，即

$$\boldsymbol{T}(\boldsymbol{R}_\mathrm{m})\boldsymbol{T}(\boldsymbol{R}_\mathrm{n}) = \boldsymbol{T}(\boldsymbol{R}_\mathrm{n})\boldsymbol{T}(\boldsymbol{R}_\mathrm{m}) = \boldsymbol{T}(\boldsymbol{R}_\mathrm{m}+\boldsymbol{R}_\mathrm{n}) \tag{1-1-15}$$

在周期性势场中运动的电子的势函数 $V(\boldsymbol{r})$ 具有晶格的周期性，如式(1-1-2)所示，因而有

$$\begin{aligned}\boldsymbol{T}(\boldsymbol{R}_\mathrm{m})\boldsymbol{H}\psi(\boldsymbol{r}) &= \left[-\frac{\hbar^2}{2m}\nabla^2 + V(\boldsymbol{r}+\boldsymbol{R}_\mathrm{m})\right]\psi(\boldsymbol{r}+\boldsymbol{R}_\mathrm{m})\\ &= \left[-\frac{\hbar^2}{2m}\nabla^2 + V(\boldsymbol{r})\right]\psi(\boldsymbol{r}+\boldsymbol{R}_\mathrm{m})\\ &= \boldsymbol{H}\boldsymbol{T}(\boldsymbol{R}_\mathrm{m})\psi(\boldsymbol{r})\end{aligned}$$

上式表明，任意一个晶格平移算符 $\boldsymbol{T}(\boldsymbol{R}_\mathrm{m})$ 和电子的哈密顿算符 $\boldsymbol{H}$ 是对易的，即

$$\boldsymbol{T}(\boldsymbol{R}_\mathrm{m})\boldsymbol{H} = \boldsymbol{H}\boldsymbol{T}(\boldsymbol{R}_\mathrm{m}) \tag{1-1-16}$$

根据量子力学的一个普遍定理，这些线性算符具有共同的本征函数。或者说，存在这样的表象，在此表象中，这些算符的矩阵元素同时对角化。

容易证明，为了选择 $\boldsymbol{H}$ 的本征函数，使得它们同时也是所有平移算符的本征函数，只需要它们是三个基本平移算符 $\boldsymbol{T}(\boldsymbol{a}_1)$，$\boldsymbol{T}(\boldsymbol{a}_2)$，$\boldsymbol{T}(\boldsymbol{a}_3)$ 的本征函数就够了。也就是说，如果 $\psi(\boldsymbol{r})$ 是基本平移算符 $\boldsymbol{T}(\boldsymbol{a}_j)$ 的本征函数，则它也是平移算符 $\boldsymbol{T}(\boldsymbol{R}_\mathrm{m})$ 的本征函数。

证明如下：假设 $\psi(\boldsymbol{r})$ 是三个基本平移算符 $\boldsymbol{T}(\boldsymbol{a}_1)$，$\boldsymbol{T}(\boldsymbol{a}_2)$，$\boldsymbol{T}(\boldsymbol{a}_3)$ 的本征函数，即

$$\begin{aligned}\boldsymbol{T}(\boldsymbol{a}_1)\psi(\boldsymbol{r}) &= \psi(\boldsymbol{r}+\boldsymbol{a}_1) = C(\boldsymbol{a}_1)\psi(\boldsymbol{r})\\ \boldsymbol{T}(\boldsymbol{a}_2)\psi(\boldsymbol{r}) &= \psi(\boldsymbol{r}+\boldsymbol{a}_2) = C(\boldsymbol{a}_2)\psi(\boldsymbol{r})\\ \boldsymbol{T}(\boldsymbol{a}_3)\psi(\boldsymbol{r}) &= \psi(\boldsymbol{r}+\boldsymbol{a}_3) = C(\boldsymbol{a}_3)\psi(\boldsymbol{r})\end{aligned}$$

于是

$$\begin{aligned}\boldsymbol{T}(\boldsymbol{R}_\mathrm{m})\psi(\boldsymbol{r}) &= \boldsymbol{T}(m_1\boldsymbol{a}_1+m_2\boldsymbol{a}_2+m_3\boldsymbol{a}_3)\psi(\boldsymbol{r})\\ &= \psi(\boldsymbol{r}+\boldsymbol{R}_\mathrm{m})\\ &= \boldsymbol{T}(\boldsymbol{a}_1)^{m_1}\boldsymbol{T}(\boldsymbol{a}_2)^{m_2}\boldsymbol{T}(\boldsymbol{a}_3)^{m_3}\psi(\boldsymbol{r})\\ &= C(\boldsymbol{a}_1)^{m_1}C(\boldsymbol{a}_2)^{m_2}C(\boldsymbol{a}_3)^{m_3}\psi(\boldsymbol{r})\end{aligned} \tag{1-1-17}$$

可见，若 $C(\boldsymbol{a}_1)$，$C(\boldsymbol{a}_2)$，$C(\boldsymbol{a}_3)$ 分别是三个基本平移算符的本征值，则 $C(\boldsymbol{a}_1)^{m_1}C(\boldsymbol{a}_2)^{m_2}C(\boldsymbol{a}_3)^{m_3}$ 就是平移算符 $\boldsymbol{T}(\boldsymbol{R}_\mathrm{m})$ 的本征值。$\psi(\boldsymbol{r})$ 也就是算符 $\boldsymbol{T}(\boldsymbol{R}_\mathrm{m})$ 的属于本征值 $C(\boldsymbol{a}_1)^{m_1}C(\boldsymbol{a}_2)^{m_2}C(\boldsymbol{a}_3)^{m_3}$ 的本征函数。于是，可以这样来选择波动方程(1-1-3)的解，使它们同时也是所有平移算符的本征函数。

由于平移算符 $\boldsymbol{T}(\boldsymbol{R}_\mathrm{m})$ 和 $\boldsymbol{H}$ 满足对易关系，因此若 $\psi(\boldsymbol{r})$ 是 $\boldsymbol{H}$ 的本征函数，则经过平移后的函数 $\psi(\boldsymbol{r}+\boldsymbol{R}_\mathrm{m})$ 一定也都是 $\boldsymbol{H}$ 的本征函数。要求这些函数都满足归一化条件，因而它们之间的比例系数的绝对值必须等于 1，即

$$\left|C(\boldsymbol{a}_1)^{m_1} C(\boldsymbol{a}_2)^{m_2} C(\boldsymbol{a}_3)^{m_3}\right| = 1 \quad (m_1，m_2，m_3 \text{是任意整数})$$

该式成立的充分必要条件是

$$|C(\boldsymbol{a}_1)| = 1, \quad |C(\boldsymbol{a}_2)| = 1, \quad |C(\boldsymbol{a}_3)| = 1$$

即要求这三个常数只可能是模量为 1 的复数。它们一般可以写成

$$C(\boldsymbol{a}_1) = \mathrm{e}^{\mathrm{i}2\pi\beta_1}, \quad C(\boldsymbol{a}_2) = \mathrm{e}^{\mathrm{i}2\pi\beta_2}, \quad C(\boldsymbol{a}_3) = \mathrm{e}^{\mathrm{i}2\pi\beta_3} \tag{1-1-18}$$

式中，β_1，β_2，β_3 为三个任意实数。以这三个实数为系数，把三个倒基矢线性组合起来，得到一个实数矢量 $\boldsymbol{k}$

$$\boldsymbol{k} = \beta_1\boldsymbol{b}_1 + \beta_2\boldsymbol{b}_2 + \beta_3\boldsymbol{b}_3 \tag{1-1-19}$$

根据正基矢与倒基矢之间的正交关系可以把式(1-1-18)改写为

$$C(\boldsymbol{a}_1) = \mathrm{e}^{\mathrm{i}\boldsymbol{k}\cdot\boldsymbol{a}_1}, \quad C(\boldsymbol{a}_2) = \mathrm{e}^{\mathrm{i}\boldsymbol{k}\cdot\boldsymbol{a}_2}, \quad C(\boldsymbol{a}_3) = \mathrm{e}^{\mathrm{i}\boldsymbol{k}\cdot\boldsymbol{a}_3} \tag{1-1-20}$$

代替 β_1，β_2，β_3，引入了矢量 $\boldsymbol{k}$。

需要说明的是，在量子力学中，算符代表一定的力学量，力学量的本征值是实数，相应的算符为厄米算符。平移算符只是一种对称操作，不代表物理量，不具有厄米算符的性质，故其本征值可以是复数。将式(1-1-20)代入式(1-1-17)，得到

$$\psi(\boldsymbol{r} + \boldsymbol{R}_\mathrm{m}) = \mathrm{e}^{\mathrm{i}\boldsymbol{k}\cdot\boldsymbol{R}_\mathrm{m}}\psi(\boldsymbol{r})$$

此即前面给出的式(1-1-6)。

利用波函数 $\psi(\boldsymbol{r})$ 可以定义一个新的函数

$$u(\boldsymbol{r}) = \mathrm{e}^{-\mathrm{i}\boldsymbol{k}\cdot\boldsymbol{r}}\psi(\boldsymbol{r}) \tag{1-1-21}$$

根据式(1-1-6)，容易证明，函数 $u(\boldsymbol{r})$ 具有晶格的周期性

$$u(\boldsymbol{r} + \boldsymbol{R}_\mathrm{m}) = \mathrm{e}^{-\mathrm{i}\boldsymbol{k}\cdot(\boldsymbol{r}+\boldsymbol{R}_\mathrm{m})}\psi(\boldsymbol{r} + \boldsymbol{R}_\mathrm{m}) = \mathrm{e}^{-\mathrm{i}\boldsymbol{k}\cdot\boldsymbol{r}}\psi(\boldsymbol{r}) = u(\boldsymbol{r}) \tag{1-1-22}$$

于是，由式(1-1-21)可以将周期性势场中电子的波函数表示为

$$\psi(\boldsymbol{r}) = \mathrm{e}^{\mathrm{i}\boldsymbol{k}\cdot\boldsymbol{r}}u_{\boldsymbol{k}}(\boldsymbol{r})$$

式中，$u(\boldsymbol{r})$ 具有晶格的周期性。

根据以上分析，周期性势场中电子的波函数可以表示成一个平面波和一个周期性因子的乘积。平面波的波矢量为实数矢量 $\boldsymbol{k}$，它可以用来标志电子的运动状态。不同的 $\boldsymbol{k}$ 代表不同的电子态，因此，$\boldsymbol{k}$ 也同时起着一个量子数的作用。为明确起见，在波函数上附加一个指标 $\boldsymbol{k}$，写为

$$\psi_{\boldsymbol{k}}(\boldsymbol{r}) = \mathrm{e}^{\mathrm{i}\boldsymbol{k}\cdot\boldsymbol{r}}u_{\boldsymbol{k}}(\boldsymbol{r}) \tag{1-1-23}$$

至此，布洛赫定理得证。

相应的本征值(即能量谱值)为 $E = E(\boldsymbol{k})$。

根据式(1-1-23)可以得出以下几点。

(1)波矢量 $\boldsymbol{k}$ 只能取实数值，若 $\boldsymbol{k}$ 取为复数，则在波函数中将出现衰减因子，这样的解不能代表电子在完整晶体中的稳定状态。

(2)平面波因子 $\mathrm{e}^{\mathrm{i}\boldsymbol{k}\cdot\boldsymbol{r}}$ 与自由电子的波函数相同，它描述电子在各原胞之间的运动——共有化运动。

(3) 因子 $u_{\boldsymbol{k}}(\boldsymbol{r})$ 则描述电子在原胞中的运动——局域化运动。它在各原胞之间周期性地重复着。

(4) 根据式(1-1-6)有

$$|\psi_{\boldsymbol{k}}(\boldsymbol{r}+\boldsymbol{R}_{\mathrm{m}})|^2=|\psi_{\boldsymbol{k}}(\boldsymbol{r})|^2$$

这说明电子在各原胞的对应点上出现的概率相等。

(5) 晶体中电子的波函数不是单纯的平面波，还乘以了一个周期性函数，因此其动量算符 $\frac{\hbar}{\mathrm{i}}\nabla$ 与哈密顿算符是不可交换的，也就是说晶体中电子的动量不取确定值。波矢量 $\boldsymbol{k}$ 与约化普朗克常数 $\hbar$ 的乘积是一个具有动量量纲的量。对于在周期性势场中运动的电子，通常把量 $\boldsymbol{p}=\hbar\boldsymbol{k}$ 称为“**晶体动量**”(crystal momentum) 或电子的“**准动量**”(quasimomentum)。

1.1.3　周期性边界条件

根据布洛赫定理，周期性势场中的电子的波函数可以写成一个平面波与一个周期性因子的乘积。周期性势场的假设意味着晶体是无限大的。实际晶体的大小总是有限的，所以在讨论实际晶体中电子的运动情况时，除了需要求解波动方程之外，还必须考虑边界条件。平面波的波矢量 $\boldsymbol{k}$ 为任意实数矢量，当考虑到边界条件后，$\boldsymbol{k}$ 要受到限制，只能取断续值。本节将根据晶体的周期性边界条件，对 $\boldsymbol{k}$ 作一些更深入的讨论。

对于实际晶体，电子在表面附近的原胞中所处的情况与内部原胞中的相应位置上所处的情况不同，因而周期性被破坏。这给理论分析带来一定的不便。为了克服这一困难，通常都采用玻恩-冯·卡门(Born-von Karman)的**周期性边界条件**。

玻恩-冯·卡门的周期性边界条件的基本思想是，设想一个有限大小的晶体处于无限大的晶体中。这个无限大的晶体是这一有限晶体周期性重复堆积起来的。由于有限晶体处于无限晶体之中，因此电子在有限晶体界面附近所处的情况与内部相同，电子势场的周期性不致被破坏。又由于假想的无限晶体只是有限晶体的周期性重复，因此只需要考虑这个有限晶体就够了，并要求在各有限晶体的相应位置上电子运动情况相同。或者说，要求电子的运动情况以有限晶体为周期而在空间周期性重复着。这就是所谓的周期性边界条件。

设想所考虑的有限晶体是一个平行六面体，沿 $\boldsymbol{a}_1$ 方向有 N_1 个原胞，沿 $\boldsymbol{a}_2$ 方向有 N_2 个原胞，沿 $\boldsymbol{a}_3$ 方向有 N_3 个原胞，总原胞数为

$$N=N_1N_2N_3 \tag{1-1-24}$$

周期性边界条件要求沿 $\boldsymbol{a}_j$ 方向上

$$\psi_{\boldsymbol{k}}(\boldsymbol{r}+N_j\boldsymbol{a}_j)=\psi_{\boldsymbol{k}}(\boldsymbol{r})\qquad (j=1,2,3) \tag{1-1-25}$$

将晶体中的电子波函数表达式(1-1-23)代入这一条件

$$\mathrm{e}^{\mathrm{i}\boldsymbol{k}\cdot(\boldsymbol{r}+N_j\boldsymbol{a}_j)}u_{\boldsymbol{k}}(\boldsymbol{r}+N_j\boldsymbol{a}_j)=\mathrm{e}^{\mathrm{i}\boldsymbol{k}\cdot\boldsymbol{r}}u_{\boldsymbol{k}}(\boldsymbol{r})$$

考虑到函数 $u_{\boldsymbol{k}}(\boldsymbol{r})$ 是一个具有晶体周期性的函数，因而要上式成立，只需

$$\mathrm{e}^{\mathrm{i}\boldsymbol{k}\cdot N_j\boldsymbol{a}_j}=1$$

即要求 $\boldsymbol{k}\cdot N_j\boldsymbol{a}_j$ 为 2π 的整数倍。将波矢量 $\boldsymbol{k}$ 的表示式 $\boldsymbol{k}=\beta_1\boldsymbol{b}_1+\beta_2\boldsymbol{b}_2+\beta_3\boldsymbol{b}_3$ 代入上式，并利用正交关系 $\boldsymbol{b}_i\cdot\boldsymbol{a}_j=2\pi\delta_{ij}$，上面的条件可改写为

$$\beta_1=\frac{l_1}{N_1},\qquad \beta_2=\frac{l_2}{N_2},\qquad \beta_3=\frac{l_3}{N_3}\qquad (l_1, l_2, l_3\text{ 为任意整数}) \tag{1-1-26}$$

将式(1-1-26)代入波矢量表示式(1-1-19)中，则发现在周期性边界条件限制下，波矢量 $\boldsymbol{k}$ 只能取断续值，表示为

$$\boldsymbol{k} = \frac{l_1}{N_1}\boldsymbol{b}_1 + \frac{l_2}{N_2}\boldsymbol{b}_2 + \frac{l_3}{N_3}\boldsymbol{b}_3 \qquad (l_1, l_2, l_3 \text{为任意整数}) \tag{1-1-27}$$

而与这些波矢量 $\boldsymbol{k}$ 相应的能量 $E(\boldsymbol{k})$ 也只能取断续值，这给理论分析带来很大的方便。

下面讨论在倒空间中，每个波矢量 $\boldsymbol{k}$ 的代表点所占的体积，单位 $\boldsymbol{k}$ 空间中 $\boldsymbol{k}$ 的代表点的数目(即 $\boldsymbol{k}$ 空间状态密度)和每个倒原胞中总的 $\boldsymbol{k}$ 的代表点的数目(即总的状态数)。

在倒空间中，每个倒原胞的体积为

$$\boldsymbol{b}_1 \cdot (\boldsymbol{b}_2 \times \boldsymbol{b}_3) = \frac{(2\pi)^3}{\Omega} \tag{1-1-28}$$

式中，Ω 为晶格空间中每个原胞的体积。由式(1-1-27)所决定的波矢量 $\boldsymbol{k}$ 在倒空间的代表点都处在一些以 $\boldsymbol{b}_1/N_1$，$\boldsymbol{b}_2/N_2$，$\boldsymbol{b}_3/N_3$ 为三边的平行六面体的顶角上，因此每个波矢量 $\boldsymbol{k}$ 的代表点所占的体积为

$$\frac{\boldsymbol{b}_1}{N_1} \cdot \left(\frac{\boldsymbol{b}_2}{N_2} \times \frac{\boldsymbol{b}_3}{N_3}\right) = \frac{1}{N}\boldsymbol{b}_1 \cdot (\boldsymbol{b}_2 \times \boldsymbol{b}_3) = \frac{(2\pi)^3}{N\Omega} = \frac{(2\pi)^3}{V} \tag{1-1-29}$$

式中，V 是所考虑的有限晶体的体积。每个波矢量 $\boldsymbol{k}$ 代表电子在晶体中的一个空间运动量子态。

根据式(1-1-29)，$\boldsymbol{k}$ 空间状态密度为 $V/(2\pi)^3$。

每个倒原胞中的代表点数为

$$\boldsymbol{b}_1 \cdot (\boldsymbol{b}_2 \times \boldsymbol{b}_3)\frac{V}{(2\pi)^3} = \frac{V}{\Omega} = N \tag{1-1-30}$$

即在每个倒原胞中，$\boldsymbol{k}$ 的代表点数与晶体的总原胞数 N 相等。这是由周期性边界条件所引导出来的一个结论。

总之，波矢量 $\boldsymbol{k}$ 标志着晶体中电子的运动状态，每个波矢量 $\boldsymbol{k}$ 代表电子在晶体中的一个空间运动量子态；$\boldsymbol{k}$ 限制在第一布里渊区；在第一布里渊区 $\boldsymbol{k}$ 取分立值；每个 $\boldsymbol{k}$ 的代表点所占的体积为 $(2\pi)^3/V$；$\boldsymbol{k}$ 空间状态密度为 $V/(2\pi)^3$；每个倒原胞中 $\boldsymbol{k}$ 的代表点数等于晶体的总原胞数 N。

1.1 节小结

1.2 能带

根据布洛赫定理，在周期性势场中运动的电子，其单电子的波函数一般可以表示成一个平面波因子与周期性因子的乘积，即

$$\psi_{\boldsymbol{k}}(\boldsymbol{r}) = \mathrm{e}^{\mathrm{i}\boldsymbol{k}\cdot\boldsymbol{r}}u_{\boldsymbol{k}}(\boldsymbol{r})$$

对于特定的问题，当波矢量 $\boldsymbol{k}$ 给定以后，平面波的因子就完全确定下来了，但周期性因子 $u_{\boldsymbol{k}}(\boldsymbol{r})$ 的形式并不能确定，它必须通过解波动方程(1-1-3)求出。

将波函数 $\psi_{\boldsymbol{k}}(\boldsymbol{r})$ 代入到方程(1-1-3)中，经过求导得到

$$\left[\frac{\hbar^2}{2m}\left(\frac{1}{\mathrm{i}}\nabla + \boldsymbol{k}\right)^2 + V(\boldsymbol{r})\right]u_{\boldsymbol{k}}(\boldsymbol{r}) = E(\boldsymbol{k})u_{\boldsymbol{k}}(\boldsymbol{r}) \tag{1-2-1}$$

式(1-2-1)是 $u_{\boldsymbol{k}}(\boldsymbol{r})$ 所满足的方程。该函数还必须同时具有晶格周期性，即

$$u_{\boldsymbol{k}}(\boldsymbol{r}+\boldsymbol{R}_{\mathrm{m}})=u_{\boldsymbol{k}}(\boldsymbol{r})$$

在 $u_{\boldsymbol{k}}(\boldsymbol{r})$ 满足晶格周期性条件时，只需要在一个原胞内求解微分方程(1-2-1)，因为在其他原胞中函数 $u_{\boldsymbol{k}}(\boldsymbol{r})$ 只是周期性地重复着。一般说来，对于这种性质的本征方程，可以有很多个分立的本征值，即能量谱值：

$$E_1(\boldsymbol{k}),\quad E_2(\boldsymbol{k}),\quad \cdots,\quad E_n(\boldsymbol{k}),\quad \cdots$$

将这些能量谱值分别代入微分方程(1-2-1)中，则可以解出与其相应的函数为

$$\boldsymbol{u}_{1,\boldsymbol{k}}(\boldsymbol{r}),\quad u_{2,\boldsymbol{k}}(\boldsymbol{r}),\quad \cdots,\quad u_{n,\boldsymbol{k}}(\boldsymbol{r}),\quad \cdots$$

乘上平面波因子 $\mathrm{e}^{\mathrm{i}\boldsymbol{k}\cdot\boldsymbol{r}}$ 后，就得到相应的波函数

$$\psi_{1,\boldsymbol{k}}(\boldsymbol{r}),\quad \psi_{2,\boldsymbol{k}}(\boldsymbol{r}),\quad \cdots,\quad \psi_{n,\boldsymbol{k}}(\boldsymbol{r}),\quad \cdots$$

以上这些关系可以简单地写为

$$E=E_n(\boldsymbol{k})$$

$$\psi_{n,\boldsymbol{k}}=\mathrm{e}^{\mathrm{i}\boldsymbol{k}\cdot\boldsymbol{r}}u_{n,\boldsymbol{k}}(\boldsymbol{r})\qquad (n=1,2,3,\ \cdots)\tag{1-2-2}$$

对于一定的问题，当 $\boldsymbol{k}$ 在倒空间内连续变化时，由于方程(1-2-1)要随着 $\boldsymbol{k}$ 连续变化，因此能量谱值 $E_n(\boldsymbol{k})$ 和波函数 $\psi_{n,\boldsymbol{k}}(\boldsymbol{r})$ 也都必须随着 $\boldsymbol{k}$ 连续变化。这样一来，当 $\boldsymbol{k}$ 连续变化时，就会得到很多个能量 E 作为 $\boldsymbol{k}$ 的连续函数 $E_n(\boldsymbol{k})$，这就是通常所说的能带结构。周期性势场中每一个单电子的运动状态和相应的能量谱值都需要用量子数 n 和 $\boldsymbol{k}$ 来标识它们。

周期性边界条件限制了 $\boldsymbol{k}$ 只能取分立值，但是当晶体足够大时，N_1，N_2，N_3 都很大，每两个近邻的 $\boldsymbol{k}$ 相距很近。对于每个能量 E 作为 $\boldsymbol{k}$ 的连续函数 $E_n(\boldsymbol{k})$，与这些断续的 $\boldsymbol{k}$ 相对应的近邻能量(即“能级”)之间，一定彼此靠得很近，构成一个准连续的**能带**。$\boldsymbol{k}$ 是每个能带中不同状态和能级的标号。角标 n 则是能带的标号。n 不同的函数 $E_n(\boldsymbol{k})$ 对应于不同的能带。能带 $E_n(\boldsymbol{k})$ 中不同的 $\boldsymbol{k}$ 标志着该能带中不同的能级。

各能带之间可能相互重叠，也可能有能量间隙。通常把各允许能量之间的能量间隙(energy gap)称为**禁带**(forbidden band)。

下面不加证明地给出能带的如下性质。

(1) 由于 $\psi_{\boldsymbol{k}+\boldsymbol{K}_{\mathrm{n}}}(\boldsymbol{r})=\psi_{\boldsymbol{k}}(\boldsymbol{r})$，因此它们所对应的能量谱值具有倒格子的周期性，即

$$E_n(\boldsymbol{k}+\boldsymbol{K}_{\mathrm{n}})=E_n(\boldsymbol{k})\tag{1-2-3}$$

式(1-2-3)说明，能带在倒空间中的周期性重复并不能得到新的独立状态，也就不能引起能级的简并化。因此，可以将 $\boldsymbol{k}$ 限制在第一布里渊区。

(2) 由于势函数 $V(\boldsymbol{r})$ 具有晶体的微观对称性，因此能量谱值 E 作为 $\boldsymbol{k}$ 的函数，具有晶体的宏观点群对称性。若 $\boldsymbol{\alpha}$ 是晶体的任一个宏观点群对称操作，即微观对称操作的转动部分，则

$$E(\boldsymbol{\alpha k})=E(\boldsymbol{k})\tag{1-2-4}$$

式中，$\boldsymbol{\alpha k}$ 代表 $\boldsymbol{k}$ 经过转动反射操作后所得到的一个新的波矢量。与它们对应的能量谱值是相等的。

(3) 能量 E 是 $\boldsymbol{k}$ 的偶函数，即

$$E(\boldsymbol{k})=E(-\boldsymbol{k})\tag{1-2-5}$$

这个性质起因于波动方程的时间反演对称性。

图 1-3 所示为根据能带的上述性质在第一布里渊区画出的一维能带图，能量 E 是 $\boldsymbol{k}$ 的多值函数，每个 $\boldsymbol{k}$ 对应不同的能量，属于不同的能带，这种形式的能带图常称为**简约形式**。

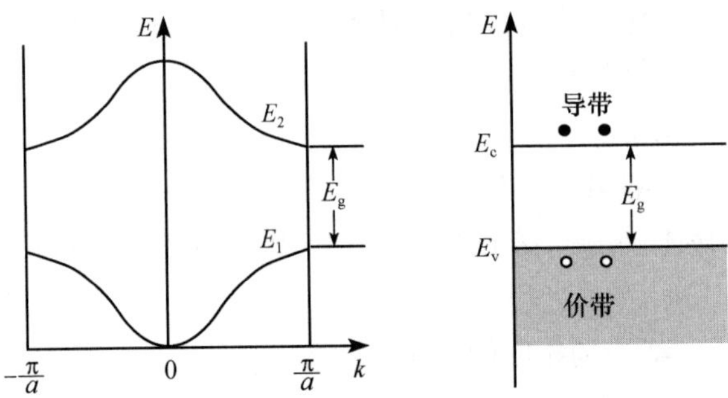

图 1-3 能带图和简化的能带图

1.2 节小结

在图 1-3 的右侧画出了使用方便的简化能带图，其纵坐标为电子能量的允许值，横坐标通常是没有意义的。这种表示方法简单，直观性强，是经常使用的一种能带图，例如，在讨论半导体表面问题和半导体接触现象时，用的都是这种图，并使横坐标也有明确的含义。图 1-3 中 E_g 表示两个能带之间的带隙宽度，也常称为**禁带宽度**。

1.3 有效质量

根据量子理论，周期性势场中电子的运动速度为

$$\boldsymbol{v}(\boldsymbol{k})=\frac{1}{\hbar}\nabla_{\boldsymbol{k}}E(\boldsymbol{k}) \tag{1-3-1}$$

式中，$\nabla_{\boldsymbol{k}}$ 表示 $\boldsymbol{k}$ 空间的梯度算符。由于 $E(\boldsymbol{k})$ 是 $\boldsymbol{k}$ 的偶函数，而 $\boldsymbol{v}(\boldsymbol{k})$ 是 $E(\boldsymbol{k})$ 对 $\boldsymbol{k}$ 的一阶导数，因此 $\boldsymbol{v}(\boldsymbol{k})$ 是 $\boldsymbol{k}$ 的奇函数，即

$$\boldsymbol{v}(\boldsymbol{k})=-\boldsymbol{v}(-\boldsymbol{k}) \tag{1-3-2}$$

在外力场中，由于外力对电子做功，必将使电子的能量发生变化。电子的能量是状态 $\boldsymbol{k}$ 的函数，因此在外力作用下电子的状态 $\boldsymbol{k}$ 要发生变化。由功能原理，单位时间内外力 $\boldsymbol{F}$ 对电子所做的功应等于电子能量的增加率，即

$$\frac{\mathrm{d}E(\boldsymbol{k})}{\mathrm{d}t}=\boldsymbol{v}\cdot\boldsymbol{F} \tag{1-3-3}$$

将速度的表达式(1-3-1)代入式(1-3-3)右端，则有

$$\nabla_{\boldsymbol{k}}E(\boldsymbol{k})\cdot\frac{\mathrm{d}\boldsymbol{k}}{\mathrm{d}t}=\frac{1}{\hbar}\nabla_{\boldsymbol{k}}E(\boldsymbol{k})\cdot\boldsymbol{F}$$

或

$$\nabla_{\boldsymbol{k}}E(\boldsymbol{k})\cdot\frac{\mathrm{d}(\hbar\boldsymbol{k})}{\mathrm{d}t}=\nabla_{\boldsymbol{k}}E(\boldsymbol{k})\cdot\boldsymbol{F} \tag{1-3-4}$$

若取

$$\frac{\mathrm{d}(\hbar\boldsymbol{k})}{\mathrm{d}t}=\frac{\mathrm{d}\boldsymbol{P}}{\mathrm{d}t}=\boldsymbol{F} \tag{1-3-5}$$

则保证了式(1-3-4)的成立。式(1-3-5)称为**量子牛顿方程**，它与经典牛顿方程具有相同的形式，其中 $\hbar\boldsymbol{k}=\boldsymbol{P}$ 为电子的**准动量**。如前所述，与平面波不同，晶体中波矢量 $\boldsymbol{k}$ 所标识的状态并不对应确定的动量，因而 $\boldsymbol{P}=\hbar\boldsymbol{k}$ 不具有严格意义下的动量值。

应该指出的是，上面导出式(1-3-5)的方法并不适合于有磁场存在的情况。但是可以证明，在有磁场存在的情况下，式(1-3-5)仍然成立。

晶体中电子的加速度为

$$\boldsymbol{a}=\frac{\mathrm{d}\boldsymbol{v}(\boldsymbol{k})}{\mathrm{d}t}$$

代入速度表达式(1-3-1)，有

$$\boldsymbol{a}=\frac{1}{\hbar^2}\nabla_{\boldsymbol{k}}\nabla_{\boldsymbol{k}}E(\boldsymbol{k})\cdot\boldsymbol{F}=\boldsymbol{m}^{*-1}\cdot\boldsymbol{F} \tag{1-3-6}$$

式中

$$\boldsymbol{m}^{*-1}=\frac{1}{\hbar^2}\nabla_{\boldsymbol{k}}\nabla_{\boldsymbol{k}}E(\boldsymbol{k}) \tag{1-3-7}$$

称为**有效质量**(effective mass)**倒数张量**。它是 $\boldsymbol{k}$ 空间的一个具有 9 个分量的三维二阶张量，其矩阵元为 $\frac{1}{\hbar^2}\frac{\partial^2 E(\boldsymbol{k})}{\partial k_i \partial k_j}$。引入**有效质量张量** $\boldsymbol{m}^*$为有效质量倒数张量 $\boldsymbol{m}^{*-1}$ 的逆，即

$$\boldsymbol{m}^*=\{\boldsymbol{m}^{*-1}\}^{-1}$$

$\boldsymbol{m}^*$也是 $\boldsymbol{k}$ 空间中具有 9 个分量的三维二阶张量，其矩阵元为 $\hbar^2\left(\frac{\partial^2 E(\boldsymbol{k})}{\partial k_i \partial k_j}\right)^{-1}$。适当选取坐标系，可以使 $\boldsymbol{m}^{*-1}$ 和 $\boldsymbol{m}^*$各自的 9 个元素中的非对角元素，即 $E(\boldsymbol{k})$ 对 $\boldsymbol{k}$ 的二阶导数的交叉项为零，这个坐标系称为**主轴坐标系**。于是 $\boldsymbol{m}^*$可以表示成

$$\begin{bmatrix} m_1 & 0 & 0 \\ 0 & m_2 & 0 \\ 0 & 0 & m_3 \end{bmatrix}=\hbar^2\begin{bmatrix} \left(\frac{\partial^2 E}{\partial k_1^2}\right)^{-1} & 0 & 0 \\ 0 & \left(\frac{\partial^2 E}{\partial k_2^2}\right)^{-1} & 0 \\ 0 & 0 & \left(\frac{\partial^2 E}{\partial k_3^2}\right)^{-1} \end{bmatrix} \tag{1-3-8}$$

或者

$$m_i=\hbar^2\left(\frac{\partial^2 E(\boldsymbol{k})}{\partial k_i^2}\right)^{-1}\quad (i=1,2,3) \tag{1-3-9}$$

记 m_i 为有效质量张量的第 i 个分量，则有效质量张量为

$$\boldsymbol{m}^*=m_1\boldsymbol{e}_1\boldsymbol{e}_1+m_2\boldsymbol{e}_2\boldsymbol{e}_2+m_3\boldsymbol{e}_3\boldsymbol{e}_3 \tag{1-3-10}$$

式中，$\boldsymbol{e}_1$，$\boldsymbol{e}_2$，$\boldsymbol{e}_3$ 分别为沿 $\boldsymbol{k}$ 的三个分量 k_1，k_2，k_3 方向上的单位矢量。回到式(1-3-6)，加速度表示为

$$\begin{aligned}\boldsymbol{a}&=\frac{1}{\hbar^2}\nabla_k\nabla_k\boldsymbol{E}(\boldsymbol{k})\cdot\boldsymbol{F}\\&=\frac{1}{\hbar^2}\sum_{i,j}\frac{\partial^2 E(\boldsymbol{k})}{\partial k_i\partial k_j}\boldsymbol{e}_i\boldsymbol{e}_j\cdot\sum_l F_l\boldsymbol{e}_l=\frac{1}{\hbar^2}\sum_{i,j,l}\frac{\partial^2 E(\boldsymbol{k})}{\partial k_i\partial k_j}F_l\boldsymbol{e}_i\boldsymbol{e}_j\cdot\boldsymbol{e}_l\\&=\frac{1}{\hbar^2}\sum_{i,j}\frac{\partial^2 E(\boldsymbol{k})}{\partial k_i\partial k_j}F_j\boldsymbol{e}_i\quad (i,j,l=1,2,3)\end{aligned}$$

计算中

$$\boldsymbol{e}_j \cdot \boldsymbol{e}_l = \delta_{jl} = \begin{cases} 1, & j = l \\ 0, & j \neq l \end{cases} \quad (j, l = 1, 2, 3)$$

$\boldsymbol{a}$ 的分量为

$$a_i = \frac{1}{\hbar^2} \sum_j \frac{\partial^2 E(\boldsymbol{k})}{\partial k_i \partial k_j} F_j \tag{1-3-11}$$

在主轴坐标系下

$$a_{ij} = 0 \qquad (i \neq j)$$

$$a_i = \frac{1}{\hbar^2} \frac{\partial^2 E(\boldsymbol{k})}{\partial k_i^2} F_i = \frac{F_i}{m_i} \quad (i = j) \tag{1-3-12}$$

于是有

$$\boldsymbol{a} = \frac{F_1}{m_1} \boldsymbol{e}_1 + \frac{F_2}{m_2} \boldsymbol{e}_2 + \frac{F_3}{m_3} \boldsymbol{e}_3 \tag{1-3-13}$$

由式(1-3-13)可以看出，由于 m_1、m_2 和 m_3 可能不相等，因此，加速度的方向与外力 $\boldsymbol{F}$ 的方向不一定一致，这与经典物理学的牛顿方程不同。

根据有效质量的定义，它应该是状态 $\boldsymbol{k}$ 的函数，但是在实际问题中，通常只涉及导带底和价带顶附近的状态，可以把能量 $E(\boldsymbol{k})$ 表示成二次函数，因此，有效质量是常数。

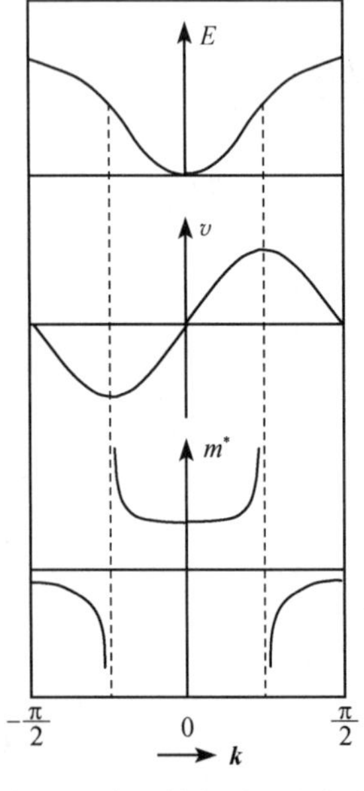

图 1-4 电子的能量、速度和有效质量随 $\boldsymbol{k}$ 变化的示意图

1.3 节小结

图 1-4 所示分别为电子的能量、速度和有效质量随 $\boldsymbol{k}$ 变化的示意图。可以看出，在导带底附近，$\mathrm{d}^2E/\mathrm{d}k^2>0$，电子的有效质量是正的，在价带顶附近，$\mathrm{d}^2E/\mathrm{d}k^2<0$，电子的有效质量取负值。

有效质量在各个方向上不相等，而且还可以有负的数值，这是不足为奇的。因为有效质量和电子的惯性质量有完全不同的含义，在讨论电子在外力场中的运动时，还必须考虑晶体内部周期性势场对它的作用。实际上，电子的加速度是两者共同作用的结果。引入有效质量的意义在于它包括了周期性势场对电子的作用，这样可以简单地由外力直接写出加速度的表达式，为分析电子在外力场中的运动带来方便。

1.4 导带电子和价带空穴

半导体与金属和绝缘体不同的最重要的特性是在半导体中存在着**电子**和**空穴**(hole)两种电荷携带者——**载流子**(carrier)。本节将根据能带理论的结论解释金属、半导体和绝缘体的区别，然后给出空穴的概念。

1.4.1 金属、半导体和绝缘体的区别

固体按导电能力的大小可分为金属、半导体和绝缘体。金属的电阻率低于 $10^{-6}\Omega \cdot \mathrm{cm}$，具有良好的导电性。绝缘体的电阻率在 $10^{12}\Omega \cdot \mathrm{cm}$ 以上，基本上不导电。半导体的电阻率为

10^{-3}～$10^{9}\Omega\cdot$cm，其导电性能介于金属和绝缘体之间。下面根据能带理论讨论金属、半导体和绝缘体的区别。

固体中能带被电子填充的情况只能有三种：第一种情况是**空带**，即能带中的电子态是空的，没有电子占据；第二种情况是**满带**，即能带中的电子态完全被电子所占据，不存在没有电子的空状态；第三种情况是能带被电子部分填充，即电子填充了能带中的一部分电子态，还有一部分电子态是空的，这种能带称为**不满带**，具体分析如下。

根据式(1-2-5)，$E(\boldsymbol{k})$是 $\boldsymbol{k}$ 的偶函数，即状态 $\boldsymbol{k}$ 和状态$-\boldsymbol{k}$ 的电子具有相同的能量，根据式(1-3-1)，在这两个状态中电子的速度是大小相等而方向相反的。

在没有外电场存在的热平衡情况下，电子在状态中的分布函数只是能量 E 的函数(见 1.7.2 节)。由于 $\boldsymbol{k}$ 状态和$-\boldsymbol{k}$ 状态的能量相同，因此它们被电子占据的概率是一样的，也就是说，在热平衡情况下无论是满带还是不满带，电子在状态中的分布都是对称的。

根据量子理论，一个状态为 $\boldsymbol{k}$ 的电子，它在晶体中所引起的电流为

$$\boldsymbol{j}=\frac{-q}{V}\boldsymbol{v}(\boldsymbol{k}) \tag{1-4-1}$$

式中，$-q$ 为电子电荷，V 为晶体体积，$\boldsymbol{v}(\boldsymbol{k})$为由式(1-3-1)所定义的电子的运动速度。

式(1-4-1)说明，处于 $\boldsymbol{k}$ 状态和$-\boldsymbol{k}$ 状态的两个电子所引起的电流是互相抵消的。根据以上分析不难看出，在热平衡情况下，由于电子在状态中的对称分布，诸电子对电流的贡献彼此两两抵消，晶体中的总电流为零。

在有外电场存在的情况下，由于波矢量 $\boldsymbol{k}$ 在布里渊区是均匀分布的，因此当有外电场 $\boldsymbol{\mathscr{E}}$ 存在时，电子在布里渊区中以相同的速度改变状态。

对于能带中的状态完全被电子充满的情况，在电场的作用下，根据式(1-3-5)，所有电子都以相同的速度

$$\frac{\mathrm{d}\boldsymbol{k}}{\mathrm{d}t}=\frac{(-q)\mathscr{E}}{\hbar} \tag{1-4-2}$$

沿着与电场相反的方向改变状态。在第一布里渊区边界$-\pi/a$ 对应点处流出的电子(即失去状态$-\pi/a$ 的电子)，又从 π/a 处的对应点流进来(即获得状态 π/a)。也就是说，电场并没有改变电子状态在布里渊区中的对称分布。以上分析也可以换一种说法：外电场并不能给满带中的电子以净的动量。因此，虽然有外电场的作用，但满带中的电子也不能起导电作用。

对于不满带情况就不同了：一方面，电场的作用使电子的状态沿着与电场相反的方向变动，电子的状态在布里渊区中的分布不再是对称的；另一方面，晶格振动和杂质等对电子的散射作用，又使电子有恢复热平衡分布的趋势。这两种作用使电子的状态在布里渊区中达到一种稳定的分布。这时，占据与电场方向相反的状态的电子多，占据与电场方向相同的状态上的电子少，所以各电子产生的电流不能全部抵消，总电流不为零。因此，在电场作用下，不满带中的电子有导电作用。

图 1-5 所示为金属、半导体和绝缘体三种固体的电子填充能带情况的示意图。结合前面的分析就可以回答三者在导电性能上的区别。在金属中，被电子填充的最高能带是不满的，而且能带中的电子密度很高，和原子密度具有相同的数量级(≈10^{22}cm^{-3})，所以金属有良好的导电性。

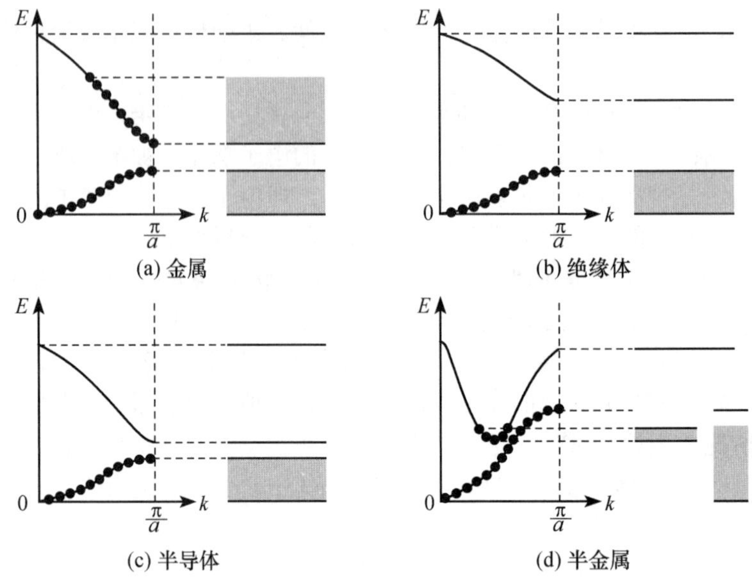

图 1-5 电子填充能带情况的示意图

对于绝缘体和半导体，在绝对零度时，被电子占据的最高能带是满的，常称为满带。该满带上面的邻近能带则是空的，常称为空带。满带和空带之间被禁带分开。由于没有不满的能带存在，因此它们不能导电。绝缘体的禁带很宽，即使在温度升高时，电子也难以从满带激发到空带中去，所以仍然是不导电的。半导体和绝缘体的差别仅在于半导体禁带宽度比较窄，在一定温度下，电子容易以热激发的形式从满带激发到空带中去。这样一来，原来空着的能带有了少量电子，变成了不满带，从而能够导电。原来被电子充满的能带因失去一些电子也就变成了不满带，也能够导电。于是半导体就有了导电性。在半导体中，随着温度的升高，热激发使从满带进入到空带中的电子数急剧增加。这就是半导体的电导率随着温度升高而增大的根本原因。半导体中最上面的满带被价电子所填充，所以也称为**价带**(valence band)。价带上面的空带能接受从满带激发来的电子，从而能够导电，所以也称为**导带**(conduction band)。**禁带宽度**就是电子从价带激发到导带所需要的最小能量。

根据以上分析也可以看出，绝缘体是相对的，不存在绝对的绝缘体。它们的差别仅在于禁带宽度的不同。随着半导体技术的发展，所谓宽禁带半导体越来越引起人们的重视。

图 1-5(d)是半金属的能带图。它们的能带之间有很小的重叠，一个能带几乎被电子充满，另一个几乎是空的。铋就是典型的半金属。

1.4.2 空穴

前面分析指出，热激发等作用可以把价带的一些电子激发到导带，价带电子被激发到导带后，价带中就留下了一些空状态。有了空状态的价带变成了不满带，就可以导电。

设想价带中只有波矢量为 $\boldsymbol{k}$ 的状态是空状态，用 $\boldsymbol{j}$ 表示价带中其余电子引起的电流密度。如果在 $\boldsymbol{k}$ 状态中填上一个电子，根据式(1-4-1)，它对电流的贡献为 $\frac{-q}{V}\boldsymbol{v}(\boldsymbol{k})$。令 $\boldsymbol{j}$ 代表价带中实际存在着的那些电子所引起的电流密度。填上这个电子后，价带被电子充满，总的电流密度为零，即

$$\boldsymbol{j}+\frac{-q}{V}\boldsymbol{v}(\boldsymbol{k})=0 \tag{1-4-3}$$

于是，有

$$\boldsymbol{j}=\frac{q}{V}\boldsymbol{v}(\boldsymbol{k}) \tag{1-4-4}$$

式(1-4-4)说明，当价带中有一个波矢量为 $\boldsymbol{k}$ 的状态空着时，价带中实际存在着的那些电子所引起的电流密度相当于一个处于 $\boldsymbol{k}$ 状态、携带电荷+q、以速度 $\boldsymbol{v}(\boldsymbol{k})$ 运动的粒子所引起的电流密度。于是，可以用这个处于 $\boldsymbol{k}$ 状态、携带电荷+q、以速度 $\boldsymbol{v}(\boldsymbol{k})$ 运动的粒子来代替价带中实际存在着的那些电子，这个粒子是假想的粒子，称为空穴。半导体的导带电子比金属的导带电子的数量要少得多，价带空穴的数量也很少。因此，它们分别出现在导带底和价带顶附近。

由于空穴出现在价带顶附近，因此如果价带顶附近价电子的有效质量是各向同性的，则其有效质量 $m_n^*<0$。为方便起见，取空穴有效质量 $m_p^*=-m_n^*>0$。综上所述，如果把价带中的空状态看成波矢量为 $\boldsymbol{k}$、携带电荷为+q、具有正的有效质量 m_p^* 从而具有$-E(\boldsymbol{k})$能量的假想粒子空穴，那么通过对少量空穴运动的分析就可以代替对大量价电子运动的分析，从而使问题大为简化。以后会看到，价带顶附近存在少量空穴的问题同导带底附近存在少量电子的问题是十分相似的。

1.4 节小结

在半导体中，起导电作用的除了导带中的电子外，还有价带中的空穴，二者统称为载流子。有两种载流子存在是半导体导电的特点，这使半导体呈现出许多奇异的特性。

1.5　硅、锗、砷化镓的能带结构

能带结构是指能量 $E(\boldsymbol{k})$ 与波矢量 $\boldsymbol{k}$ 之间的关系。由于用三维图像难以表达出 $E(\boldsymbol{k})$ 和三维波矢量 $\boldsymbol{k}$ 的关系，因此通常都是在布里渊区的两个主要对称方向上给出 $E(\boldsymbol{k})$ 与 $\boldsymbol{k}$ 的函数关系。常见的半导体硅、锗和砷化镓的**布拉维格子**(Bravais lattice)的第一布里渊区是中心在 $\boldsymbol{k}=0$ 的对称的十四面体——截角八面体(见图 1-2)。

1.5.1　等能面

为有助于了解能带结构，首先引入**等能面**的概念。前面指出，对于半导体中的电子，通常涉及的仅是能带顶和能带底等能量极值点附近的状态。设能量极值点 E_0 发生在波矢量 $\boldsymbol{k}_0$ 处。在 $\boldsymbol{k}_0$ 附近，把 $E(\boldsymbol{k})$ 展成幂级数并且只保留到二次项。由于在极值点 $E(\boldsymbol{k})$ 对 $\boldsymbol{k}$ 的一阶导数为零，因此展开式为

$$E(\boldsymbol{k})=E_0+\frac{1}{2}\sum_{i,j}\frac{\partial^2 E}{\partial k_i \partial k_j}(k_i-k_{0i})(k_j-k_{0j}) \qquad (i,j=1,2,3) \tag{1-5-1}$$

在主轴坐标系下，对于 $i\neq j$ 的二阶导数项等于零，则有

$$E(\boldsymbol{k})=E_0+\frac{1}{2}\sum_{i}\frac{\partial^2 E}{\partial^2 k_i}(k_i-k_{0i})^2 \qquad (i=1,2,3) \tag{1-5-2}$$

$E(\boldsymbol{k})$ 等于常数表示 $\boldsymbol{k}$ 空间中能量相等的各点所构成的曲面，称为**等能面**。利用有效质量的定义，等能面方程为

$$E = E_0 + \frac{\hbar^2}{2}\sum_i \frac{(k_i - k_{0i})^2}{m_i} \qquad (i = 1,2,3) \tag{1-5-3}$$

有时写为

$$E = E_0 + \frac{\hbar^2}{2}\left[\frac{(k_x - k_{0x})^2}{m_x} + \frac{(k_y - k_{0y})^2}{m_y} + \frac{(k_z - k_{0z})^2}{m_z}\right] \tag{1-5-4}$$

式中，m_x，m_y，m_z 分别为沿波矢量 $\boldsymbol{k}$ 的 k_x，k_y，k_z 方向的有效质量分量。

式(1-5-4)说明，在能量极值点附近，能量 $E(\boldsymbol{k})$ 的等能面为椭球面，其半轴为

$$a_i = \left[\frac{2m_i(E - E_0)}{\hbar^2}\right]^{1/2} \qquad (i = 1,2,3) \tag{1-5-5}$$

所以，m_i 又称为主轴方向上的有效质量分量。主轴坐标系一词就是起因于以能量椭球的三个半轴为坐标轴。

对于极值点在 $\boldsymbol{k} = 0$、有效质量是各向同性的能带(电子的有效质量 $m_1 = m_2 = m_3 = m_n^*$)，式(1-5-4)简化为

$$E = E_0 + \frac{\hbar^2 k^2}{2m_n^*} \tag{1-5-6}$$

等能面为一球面。

1.5.2 能带图

图 1-6 和图 1-7 所示分别为硅、锗和砷化镓的能带图(导带和价带都是只画出一部分能带)。

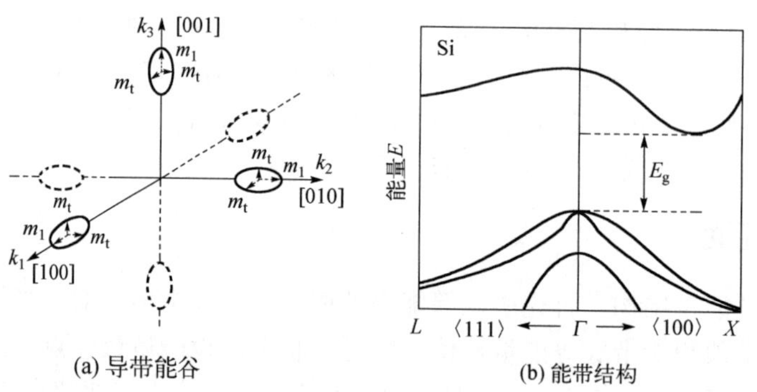

(a) 导带能谷 (b) 能带结构

图 1-6 硅的导带能谷和能带结构

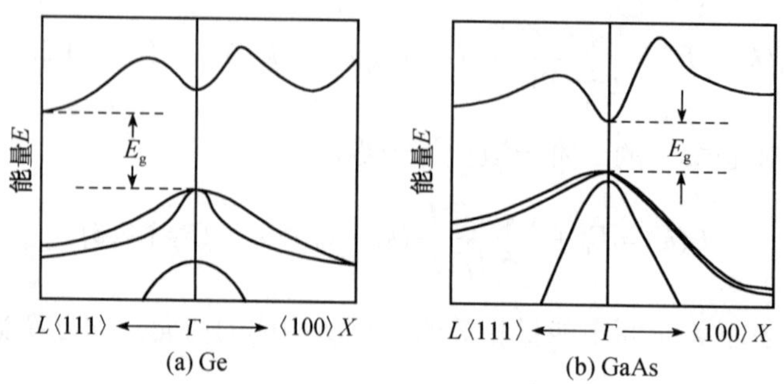

(a) Ge (b) GaAs

图 1-7 锗和砷化镓的能带结构

1. 导带

硅的导带在沿〈100〉方向的布里渊区内部的一点上有一个极小值，这个点与布里渊区中心的距离为 $0.8k_x$（k_x 为〈100〉方向布里渊区边界上的值）。由于硅是具有立方对称性的晶体，因此在 6 个彼此对称的〈100〉方向上都应有极小值存在，即硅的导带有 6 个彼此对称的极小值。通常把导带的极小值也称为**能谷**，如图 1-6(a)所示。硅的导带极小值附近的等能面是旋转椭球面，旋转轴为〈100〉轴。〈100〉轴上的导带能谷处的等能面可以表示成

$$E = E_c + \frac{\hbar^2}{2}\left[\frac{(k_1 - k_{01})^2}{m_l} + \frac{k_2^2 + k_3^2}{m_t}\right] \tag{1-5-7}$$

式中，E_c 是导带底的能量；m_l 为沿〈100〉轴方向的有效质量，即**纵向有效质量**；m_t 是垂直于〈100〉轴方向的有效质量，即**横向有效质量**。

回旋共振实验测得，硅的 $m_t = 0.19m_0$，$m_l = 0.98m_0$。m_0 为自由电子的静止质量。比率 $m_l / m_t = 5.16$ 反映了等能面的不等轴性。

锗的能带图如图 1-7(a)所示，导带极小值发生在〈111〉方向的布里渊区边界上，共有 8 个极小值。关于布里渊区中心对称的两个极小值的波矢量之间相差一个倒格矢，这两个波矢量实际上代表同一状态。因此，锗的导带只有 4 个独立的极小值，或者说有 4 个独立的能谷。极小值附近的等能面是旋转椭球面，旋转主轴是〈111〉轴。

砷化镓的能带图如图 1-7(b)所示，导带极小值发生在布里渊区中心（$\boldsymbol{k} = 0$）。在极小值附近的等能面是球形，电子的有效质量是各向同性的。另外，在〈100〉方向还有极小值存在，其能量比 $\boldsymbol{k} = 0$ 的极小值高 0.36eV。在强电场作用下，电子可以由 $\boldsymbol{k} = 0$ 的能谷转移到〈100〉能谷，产生所谓**转移电子效应**。

2. 价带

硅、锗和砷化镓的价带中都有三个能带。两个能带在 $\boldsymbol{k} = 0$ 处有相同的极大值，即它们在 $\boldsymbol{k} = 0$ 处是简并的。上面的能带 $E(\boldsymbol{k})$ 随 $\boldsymbol{k}$ 变化的曲率小，由 $m_p^* = -m_n^* = -\hbar^2\left(\frac{\mathrm{d}^2E}{\mathrm{d}k^2}\right)^{-1}$ 可知，空穴的有效质量大，称为**重空穴带**。下面的能带曲率大，空穴的有效质量小，称为**轻空穴带**。对应的有效质量分别称为**重空穴有效质量**和**轻空穴有效质量**，分别记作 m_{ph} 和 m_{pl}。这两个能带的等能面是复杂的扭曲面，通常可以近似地用两个球形等能面来代替它们。第三个能带是自旋轨道耦合分裂出来的，它的极大值也在 $\boldsymbol{k} = 0$ 处，但比上述的两个能带的极大值低，存在一个能量裂距，这个带的等能面是球面。

硅和锗的能带的导带底和价带顶发生在 $\boldsymbol{k}$ 空间的不同点，具有这种类型能带的半导体称为**间接带隙半导体**。硅和锗在 300K 的禁带宽度分别为 1.12eV 和 0.67eV。砷化镓的导带底和价带顶发生在 $\boldsymbol{k}$ 空间的同一点，具有这种类型能带的半导体称为**直接带隙半导体**。砷化镓在 300K 的禁带宽度为 1.43eV。

1.5 节小结

1.6 杂质和缺陷能级

如 1.4 节所述，在完整晶态半导体中，电子的能量谱值形成能带。价带和导带之间被禁

带分开。但在实际半导体材料中，总是不可避免地存在有各种类型的缺陷。特别是在半导体的研究和应用中，常常有意识地加入适当的杂质。这些杂质和缺陷会在半导体中引起附加的势场，产生局域化的电子态，使电子和空穴束缚在杂质或缺陷的周围，在禁带中引入相应的杂质能级和缺陷能级。

1.6.1 施主杂质和施主能级、N 型半导体

在Ⅳ族元素半导体锗、硅中，Ⅲ族元素(如 B、Al、Ga、In)和Ⅴ族元素(如 P、As、Sb)通常在晶格中占据硅或锗的位置，成为替位式杂质。如图 1-8(a)所示，当 1 个磷原子占据硅原子的位置以后，其中 4 个价电子与近邻的 4 个硅原子形成共价键。由于磷原子有 5 个价电子，多余 1 个电子未进入共价键，且被磷原子束缚得很弱，因此很容易从磷原子中挣脱出来，在晶体中自由运动。即这个电子可以进入导带，成为导带电子。这种能够向导带中提供电子的杂质称为**施主**(donor)**杂质**。

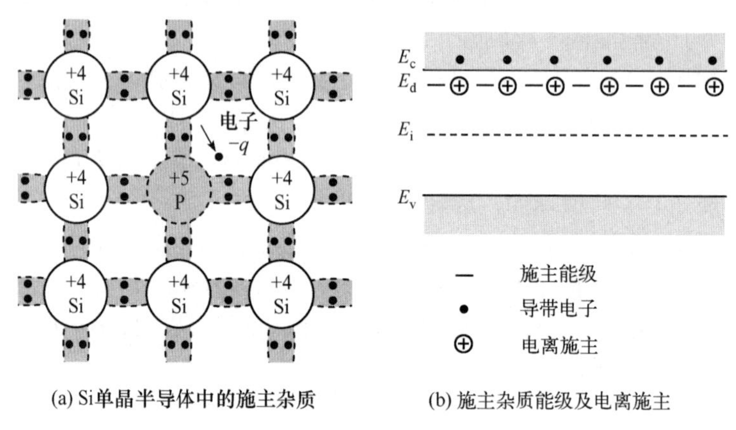

(a) Si单晶半导体中的施主杂质　　(b) 施主杂质能级及电离施主

图 1-8　施主杂质和施主能级

当电子被束缚在施主杂质周围时，施主杂质称为**中性施主**。失去电子以后的施主杂质称为**电离施主**，它是固定在晶格上的+1 价阳离子。每个杂质可以提供 1 个局域化的电子态，相应的能级称为**施主能级**。

因为电子从施主能级激发到导带所需要的能量(**杂质电离能**)很小，所以施主能级位于导带底之下而又与它很靠近，如图 1-8(b)所示。图中 E_c、E_v 和 E_d 分别表示导带底、价带顶和施主能级。导带底和施主能级之间的能量间隔(E_c-E_d)常称为施主电离能 E_I。在能带图中，杂质能级通常用间断的横线表示，以表示它们相应的状态是局域态。在图 1.8(b)中，E_i 表示禁带中央的能量。

Ⅴ族元素磷、砷、锑等在硅和锗中起施主杂质的作用。在只有施主杂质的半导体中，在温度较低时，价带中能够激发到导带的电子很少，起导电作用的主要是从施主能级激发到导带的电子。这种主要由电子导电的半导体称为 **N 型半导体**。

1.6.2 受主杂质和受主能级、P 型半导体

当硅晶体中有一个硼原子占据了硅原子的位置时，由于硼原子有 3 个价电子，因此当它和近邻的 4 个硅原子形成共价键时，有 1 个共价键中出现 1 个电子的空位。这个空位可以从近邻的硅原子之间的共价键中夺取 1 个电子，使那里产生 1 个空位，如图 1-9(a)所示。这个

空位近邻的共价键中的电子又可以来填充这个空位。这意味着这个空位可以在晶体中自由运动，成为价带中的空穴。硼原子接受 1 个电子后，变成 –1 价的阴离子，形成一个固定在晶格上的负电中心。这个过程也称为**杂质电离**。

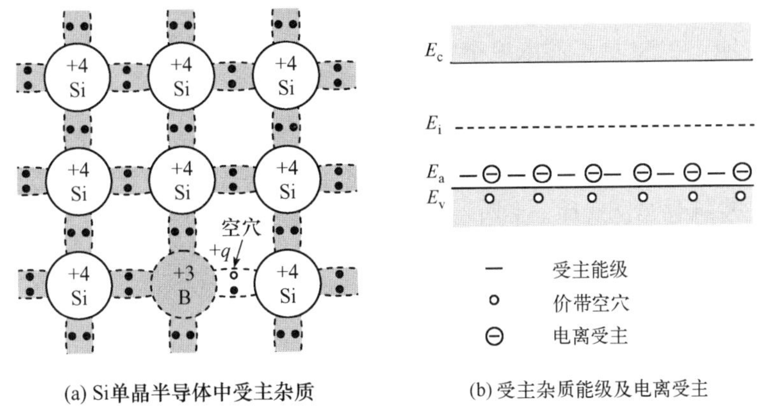

(a) Si单晶半导体中受主杂质　　(b) 受主杂质能级及电离受主

图 1-9　受主杂质和受主能级

从硅原子之间的共价键中取出 1 个电子放入硅和硼之间的共价键中去，所需的能量很小，所以硼原子的电离能量很小。

能够从价带中接受电子的杂质称为**受主杂质**(acceptor impurity)。受主杂质能够在它的周围产生局域化的电子态，相应的能级称为**受主能级**。受主能级的位置在价带顶 E_v 之上又与它很靠近，如图 1-9(b)所示。所谓受主电离能，就是能级 E_a 和 E_v 之间的能量间隔 $(E_a–E_v)$。

上面讲的受主杂质电离的例子也常用另一种方法表述：把中性的受主杂质看成带负电的硼离子在它周围束缚一个带正电的空穴，把受主杂质从价带接受一个电子的电离过程看成被硼离子束缚着的空穴激发到价带的过程。这种说法与施主杂质把束缚的电子激发到导带的电离过程是完全类似的。

Ⅲ族元素硼、铝、镓、铟在硅、锗中起受主杂质的作用。在只有受主杂质的半导体中，当温度较低时，起导电作用的主要是价带中的空穴，它们是由受主杂质电离产生的。这种主要由空穴导电的半导体称为 **P 型半导体**。

如果半导体中同时含有施主和受主杂质，由于受主能级比施主能级低得多，施主杂质上的电子首先要去填充受主能级，剩余的才能激发到导带；而受主杂质也要首先接受来自施主杂质上的电子，剩余的受主杂质才能接受来自价带的电子。施主和受主杂质之间的这种互相抵消的作用称为**杂质补偿**。在杂质补偿的情况下，半导体的导电类型由浓度大的杂质决定。当施主浓度大于受主浓度时，半导体是 N 型；反之，则为 P 型。

1.6.3　Ⅲ-Ⅴ族化合物半导体中的杂质

在Ⅳ族元素半导体中，取代Ⅳ族原子占据晶格位置的Ⅴ族原子成为施主杂质，而Ⅲ族原子则成为受主杂质。这个结果说明，在半导体中，杂质原子的价电子数与晶格原子的价电子数之间的关系是决定杂质行为的一个重要因素。按照这种看法，在Ⅲ-Ⅴ族化合物半导体中，取代晶格中Ⅴ族原子的Ⅵ族原子应该是施主杂质；取代Ⅲ族原子的Ⅱ族原子应该是受主杂质。实验已经证明，Ⅵ族元素中的硒和碲确实是施主杂质，而Ⅱ族元素中的锌和镉确实是受主杂质。

Ⅳ族原子在Ⅲ-Ⅴ族化合物半导体中的行为比较复杂。如果Ⅳ族原子只取代晶格中的Ⅲ族原子，则它们起施主杂质的作用；如果只取代Ⅴ族原子，则它们就起受主杂质的作用。Ⅳ族原子也可以既取代Ⅲ族原子，又取代Ⅴ族原子。究竟哪一种原子被取代得多，与Ⅳ族原子的浓度和外部条件有关。例如，Si 原子在 GaAs 中两种晶格原子位置上的分布就与 Si 原子的浓度有关。实验表明，在 Si 原子的浓度小于 $10^{18}cm^{-3}$ 时，Si 原子基本上只取代 Ga 原子，起施主杂质的作用；而在 Si 原子的浓度大于 $10^{18}cm^{-3}$ 时，也有部分 Si 原子取代 As 原子成为受主杂质，对于取代 Ga 原子的 Si 施主起补偿作用。以 Si 原子为杂质，温度高时大部分 Si 原子占据 Ga 原子的位置。随着温度降低，越来越多的 Si 原子占据 As 原子的位置，增加到适当的量就会发生半导体转型。这样，采用一个熔体，通过改变温度，以一次液相外延形成的 PN 结，具有较好的均匀性和完整性。

1.6.4 深能级杂质

理论计算和实验证明，硅或锗中的Ⅲ族和Ⅴ族杂质，Ⅲ-Ⅴ族化合物中的Ⅱ族或Ⅵ族杂质，其电离能都在 0.01eV 左右，室温下很容易电离，这些杂质称为**浅能级杂质**。在半导体中还存在着另一类杂质，它们引入的能级在禁带中央附近，室温下很难电离，常称这样的杂质为**深能级杂质**。由于深能级杂质的电离能比较大，对热平衡载流子浓度没有直接的贡献。但是深能级杂质对半导体的其他性质却有显著的影响。例如，它们作为电子和空穴的复合中心，可以缩短非平衡载流子的寿命。

各种深能级杂质，其性质和作用是很不相同的，有的杂质可以存在几种不同的电离态。对应于每种电离态都存在一个能级，因此它们在禁带中引入多重杂质能级。有的杂质既能成为施主，又可以成为受主，常称为**两性杂质**。锗和硅中的金是研究得比较多的一种深能级杂质。下面以锗中的金原子为例作一些说明。

金原子最外层有 1 个价电子，比锗少 3 个价电子。在锗中的中性金原子(Au^0)有可能分别接受 1、2、3 个电子而成为 Au^-、Au^{2-}、Au^{3-}，起受主作用，引入 E_{a1}、E_{a2}、E_{a3} 3 个受主能级。中性金原子也可能给出它的最外层电子而成为 Au^+，起施主作用，引入 1 个施主能级 E_d。在锗中引入的 4 个能级，如图 1-10 所示。图中，在 E_i 以上的能级标出的数字是它们离导带底的距离，E_i 以下的能级标出的数字则是它们离价带顶的距离。

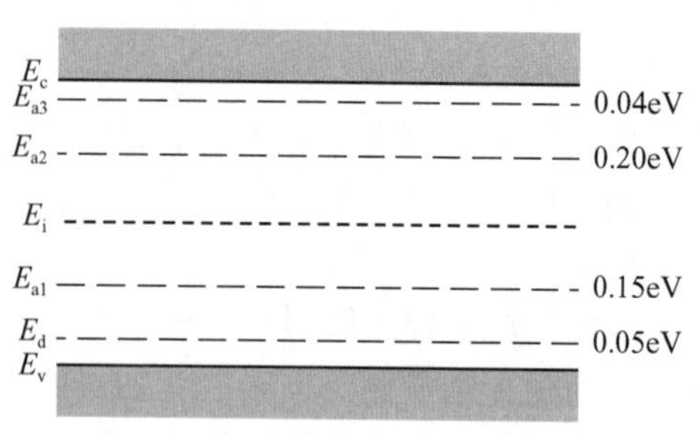

图 1-10 金在锗中的能级

金原子在锗中的带电状态和它所起的作用与锗中存在的其他浅能级杂质的种类和数量以及温度等因素有关。例如，如果锗中同时含有金和浅施主杂质砷，若砷的浓度小于金的浓度，则砷能级上的电子全部落入金的第一受主能级 E_{a1}，但还不能完全填满它。这时一部分金原子的带电状态是 Au^-，对浅施主砷起补偿作用。当温度升高时，价带中的电子受热激发还要填充这个能级，使样品为 P 型。

图 1-11(孟宪章 等，1993)所示为锗、硅和砷化镓中各种杂质的能级。图中虚线表示禁带的中央。在禁带中央以下的能级是从价带顶算起的，除了用 D 表示的施主能级之外，都是受主能级；在禁带中央以上的能级是从导带底算起的，除了用 A 表示的受主能级之外，都是施主能级。

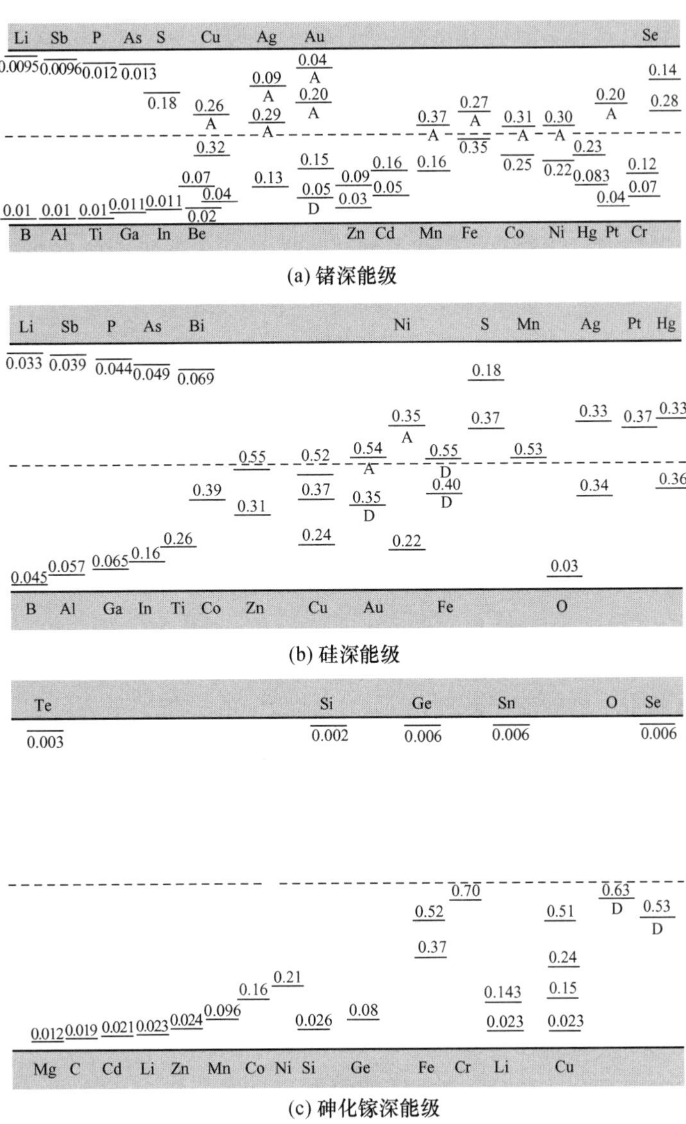

图 1-11　硅、锗、砷化镓中的杂质能级

1.6.5　缺陷能级

下面以离子晶体为例，介绍点缺陷引入的缺陷能级。如图 1-12(a)所示，间隙中的正离子是带正电的中心。负离子的空位实际上也是一个正电中心，因为在负离子存在时，那里是电中性的，失去了一个负离子，就如同在那里有一个正电荷。束缚一个电子的正电中心是电中性的，这个被束缚的电子很容易挣脱出去，成为导带中的自由电子。正电中心具有提供电子的作用，所以是**施主缺陷**。

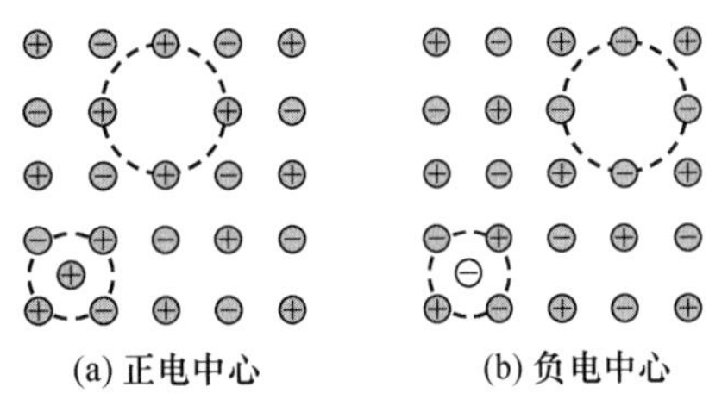

图 1-12　离子晶体中点缺陷的示意图

同理，间隙中的负离子和正离子的空位都是一个负电中心，如图 1-12(b)所示。束缚一个空穴的负电中心是电中性的。负电中心把束缚的空

穴释放到价带的过程，实际上是它从价带接受电子的过程。负电中心能够接受价电子，所以它是**受主缺陷**。

在离子性半导体中，正负离子的数目常常偏离化学计量比。如果正离子多了，就会造成间隙中的正离子或负离子的空位。它们都是正电中心，起施主作用，所以半导体是 N 型的。如果负离子多了，则半导体为 P 型。在化合物半导体中，可以利用成分偏离化学计量比的方法来控制半导体材料的导电类型。例如，在 S 分压大的气氛中处理 PbS，由于产生 Pb 空位而获得 P 型 PbS；若在 Pb 分压大的气氛中进行处理，则因产生 S 空位而得 N 型 PbS。

1.6 节小结

1.7 载流子的统计分布

实验证明，半导体的导电性强烈地随着温度和杂质含量的变化而变化，这主要是由于半导体中的载流子浓度随着温度和杂质含量变化的结果。本节将讨论热平衡情况下载流子的统计分布以及杂质浓度和温度等因素对载流子浓度的影响。

1.7.1 状态密度

要计算半导体能带中的载流子浓度，即单位体积中的导带电子数目和价带空穴数目，首先必须解决两个问题：单位体积半导体的能带中单位能量间隔所包含的电子态数目——**状态密度**和载流子占据这些电子态的概率——**分布函数**。

1. 导带状态密度

在 1.1.3 节中给出，在 $\boldsymbol{k}$ 空间中，状态密度为 $V/(2\pi)^3$。考虑到电子的自旋，$\boldsymbol{k}$ 空间状态密度为

$$N(\boldsymbol{k})=\frac{2V}{(2\pi)^3} \tag{1-7-1}$$

这是体积为 V 的晶体中，单位 $\boldsymbol{k}$ 空间体积里的状态数。在讨论具体问题时，经常使用以能量为尺度的状态密度 $N(E)$。它的意义是单位体积晶体中单位能量间隔里的状态数。根据 $E(\boldsymbol{k})$ 与 $\boldsymbol{k}$ 的函数关系，可以由 $\boldsymbol{k}$ 空间的状态密度求出导带和价带中的状态密度。

在导带，由于电子一般都集中在导带底附近的状态中，因此只需要计算导带底附近的状态密度。设导带有 M 个独立的能谷，对于位于 $\boldsymbol{k}_0$ 的能谷，在导带底 E_c 附近的等能面方程由式(1-5-3)给出，即

$$E=E_c+\frac{\hbar^2}{2}\sum_{i=1}^{3}\frac{(k_i-k_{0i})^2}{m_i} \tag{1-7-2}$$

这里用导带底 E_c 代替了能量极小值 E_0。能量在 E_c 至 E 范围内的电子态，它们的波矢量都包含在这个椭球之中。也就是说，能量在 E_c 至 E 范围内的电子态的总数就是 $\boldsymbol{k}$ 空间的状态密度乘以该椭球的体积，即

$$\frac{2V}{(2\pi)^3}\cdot\frac{4\pi}{3}\left[\frac{2m_1(E-E_c)}{\hbar^2}\right]^{1/2}\cdot\left[\frac{2m_2(E-E_c)}{\hbar^2}\right]^{1/2}\cdot\left[\frac{2m_3(E-E_c)}{\hbar^2}\right]^{1/2}$$

$$=\frac{8\pi V}{3}\cdot\frac{(8m_1m_2m_3)^{1/2}}{h^3}\cdot(E-E_c)^{3/2} \tag{1-7-3}$$

由于每个能谷中的状态数都相同，因此总的状态数是式(1-7-3)的 M 倍。将式(1-7-3)乘以 M 并对能量 E 求导数，再除以晶体体积 V，就得到单位体积晶体中单位能量间隔内的状态数，即导带状态密度，表示为

$$N_c(E)=\frac{4\pi(2m_{dn})^{3/2}}{h^3}(E-E_c)^{1/2} \tag{1-7-4}$$

式中

$$m_{dn}=M^{2/3}(m_1m_2m_3)^{1/3} \tag{1-7-5}$$

称为**导带电子状态密度有效质量**。对于导带底在布里渊区中心的简单能带结构，式(1-7-5)中取 $m_{dn}=m_n^*$ 和 $M=1$ 即可。

2. 价带状态密度

在价带，对于硅、锗和砷化镓等一些主要的半导体材料，价带顶都在布里渊区中心，不过是简并的，即有两个能带在 $\boldsymbol{k}=0$ 处重合在一起，一个是重空穴带，一个是轻空穴带。它们的等能面可以近似地用两个球面来代替。

$$E=E_v-\frac{\hbar^2k^2}{2m_{ph}}$$

$$E=E_v-\frac{\hbar^2k^2}{2m_{pl}} \tag{1-7-6}$$

式中，m_{ph} 和 m_{pl} 分别是重空穴带和轻空穴带的有效质量，E_v 是价带顶能量。

在价带顶附近的状态密度应当是重空穴带和轻空穴带的状态密度之和。类似于导带状态密度的推导方法，可以得出价带状态密度，表示为

$$N_v(E)=\frac{4\pi(2m_{dp})^{3/2}}{h^3}(E_v-E)^{1/2} \tag{1-7-7}$$

式中

$$m_{dp}^{3/2}=m_{ph}^{3/2}+m_{pl}^{3/2} \tag{1-7-8}$$

为**价带空穴状态密度有效质量**。

1.7.2　费米分布函数与费米能级

在热平衡状况下，能带中一个能量为 E 的电子态被电子占据的概率满足费米-狄拉克(Fermi-Dirac)分布，表示为

$$f(E)=\frac{1}{\exp\left(\frac{E-E_F}{KT}\right)+1} \tag{1-7-9}$$

式中，$f(E)$ 称为**费米分布函数**。在费米分布函数中，K 是玻尔兹曼常数，T 是热力学温度。在室温(300K)下，$KT=0.026\text{eV}$。E_F 是一个待定参数，它具有能量的量纲，称为**费米能级**。热力学理论指出，热平衡系统的费米能级恒定。式(1-7-9)说明，每个电子态被电子占据的概率是能量 E 的函数。对于一个具体体系，在一定温度下，只要确定了费米能级，那么电子在能级中的分布情况就完全确定下来了，所以费米能级是反映电子在各个能级中分布情况的参

数。费米能级高说明电子占据高能级的量子态的概率大，因此可以说，费米能级是电子填充能级水平高低的标志。对于给定的半导体，费米能级随温度以及杂质的种类和多少的变化而变化。

一个电子态，不是被电子占据，就是空着。因此，能量为 E 的量子态未被电子占据(空着)的概率为

$$1-f(E)=\frac{1}{\exp\left(\frac{E_{\mathrm{F}}-E}{KT}\right)+1} \tag{1-7-10}$$

这也就是一个能量为 E 的量子态被空穴占据的概率。

对于 $E-E_{\mathrm{F}}\gg KT$ (掺杂浓度不太高的半导体)的能级，式(1-7-9)简化为

$$f(E)=\exp\left(-\frac{E-E_{\mathrm{F}}}{KT}\right) \tag{1-7-11}$$

而对于 $E-E_{\mathrm{F}}\ll KT$ 的能级，式(1-7-10)简化为

$$1-f(E)=\exp\left(\frac{E-E_{\mathrm{F}}}{KT}\right) \tag{1-7-12}$$

式(1-7-11)和式(1-7-12)为经典的**玻尔兹曼分布**。

1.7.3 能带中的电子和空穴浓度

1. 导带电子浓度

分布函数 $f(E)$ 与状态密度之积为单位体积半导体中单位能量间隔内导带电子数，对整个导带能量积分就得出单位体积晶体中整个能量范围内的电子数，即导带电子浓度为

$$n=\int_{E_{\mathrm{c}}}^{\infty} f(E)N_{\mathrm{c}}(E)\mathrm{d}E \tag{1-7-13}$$

式(1-7-13)中积分上限取为∞，是因为函数 $f(E)$ 随着能量增加迅速减小，因此，对积分有贡献的实际上只限于导带底附近的区域。

对于 $E-E_{\mathrm{F}}\gg KT$ 的情况，将式(1-7-4)和式(1-7-11)代入到式(1-7-13)中可得

$$n=N_{\mathrm{c}}\exp\left(-\frac{E_{\mathrm{c}}-E_{\mathrm{F}}}{KT}\right) \tag{1-7-14}$$

式中

$$N_{\mathrm{c}}=\frac{2(2\pi m_{\mathrm{dn}}KT)^{3/2}}{h^3} \tag{1-7-15}$$

称为导带有效状态密度(effective number of states)。

式(1-7-14)中指数因子是经典统计中电子占据能量为 E_{c} 的量子态的概率。如果认为单位体积的半导体中导带电子态数目是 N_{c}，它们都集中在导带底 E_{c}，则导带电子密度正好是式 (1-7-14)中两个因子之积。这也就是把 N_{c} 称为导带有效状态密度的原因。

2. 价带空穴浓度

与计算导带电子浓度的方法完全类似，价带空穴浓度为

$$p = \int_{-\infty}^{E_{\mathrm{v}}} [1 - f(E)] N_{\mathrm{v}}(E) \mathrm{d}E \tag{1-7-16}$$

在 $E - E_{\mathrm{F}} \ll KT$ 的情况下，把式(1-7-7)和式(1-7-12)代入式(1-7-16)，可得

$$p = N_{\mathrm{v}} \exp\left(-\frac{E_{\mathrm{F}} - E_{\mathrm{v}}}{KT}\right) \tag{1-7-17}$$

式中

$$N_{\mathrm{v}} = \frac{2(2\pi m_{\mathrm{dp}} KT)^{3/2}}{h^3} \tag{1-7-18}$$

称为价带有效状态密度。

在分析载流子分布问题时，导带和价带状态密度是很重要的量。根据它们可以衡量能带中电子填充的情况。例如，$n \ll N_{\mathrm{c}}$ 表示导带中电子数目稀少。把有效状态密度中的数值代入后，则有

$$N_{\mathrm{c}}(T) = N_{\mathrm{c}}(300) \cdot \left(\frac{T}{300}\right)^{3/2} = 2.5 \times 10^{19} \left(\frac{T}{300}\right)^{3/2} \left(\frac{m_{\mathrm{dn}}}{m_0}\right)^{3/2} (\mathrm{cm}^{-3}) \tag{1-7-19}$$

$$N_{\mathrm{v}}(T) = N_{\mathrm{v}}(300) \cdot \left(\frac{T}{300}\right)^{3/2} = 2.5 \times 10^{19} \left(\frac{T}{300}\right)^{3/2} \left(\frac{m_{\mathrm{dp}}}{m_0}\right)^{3/2} (\mathrm{cm}^{-3}) \tag{1-7-20}$$

式中，m_0 是自由电子的静止质量。室温下硅的 $N_{\mathrm{c}} = 2.8 \times 10^{19}\,\mathrm{cm}^{-3}$，$N_{\mathrm{v}} = 1.04 \times 10^{19}\,\mathrm{cm}^{-3}$。

导带电子浓度和价带空穴浓度之积是很有用处的结果。将式(1-7-14)和式(1-7-17)相乘有

$$np = N_{\mathrm{c}} N_{\mathrm{v}} \exp\left(-\frac{E_{\mathrm{g}}}{KT}\right) \tag{1-7-21}$$

式中，E_{g} 为禁带宽度。E_{g} 与温度有关，可以把它写成经验关系式

$$E_{\mathrm{g}} = E_{\mathrm{g0}} - \beta T \tag{1-7-22}$$

式中，β 称为禁带宽度的温度系数，E_{g0} 为外推到 0K 时的 E_{g} 值。对于硅，$E_{\mathrm{g0}} = 1.21\mathrm{eV}$，$\beta = 2.8 \times 10^{-4}\mathrm{eV/K}$。把式(1-7-15)、式(1-7-18)和式(1-7-22)代入式(1-7-21)，经化简得到

$$np = CT^3 \exp\left(-\frac{E_{\mathrm{g0}}}{KT}\right) \tag{1-7-23}$$

式中，C 为常数。

式(1-7-23)说明，在温度已知的半导体中，热平衡情况下，np 只与状态密度和禁带宽度有关，而与杂质浓度和费米能级的位置无关。

1.7.4　本征半导体

本征(intrinsic)半导体是指完全没有杂质和缺陷的半导体。本征半导体的能级分布特别简单，只有导带和价带。在完全未激发时($T = 0\mathrm{K}$)，价电子充满价带，导带则完全是空的。在考虑的能量范围内(导带和价带)，半导体中的电子总数就等于价带中的电子数。当温度升高时，电子可以从价带激发到导带，这种激发称为**本征激发**。本征激发的过程即价电子脱离共价键变成半导体中的自由电子的过程，所需要的激活能就是半导体的禁带宽度。在本征激发过程中，每激发一个电子到导带，必然在价带中留下一个空穴。电子和空穴总是成对产生的，于是导带电子浓度必然等于价带空穴浓度，即

$$n = p \tag{1-7-24}$$

由于电子和空穴带有等量异号电荷，式(1-7-24)说明，半导体处于电中性状态，因此，关系式(1-7-24)常称为**电中性条件**或**电中性方程**。

利用电中性条件可以直接确定本征半导体的费米能级(称为**本征费米能级**，记为 E_i)。将式(1-7-14)和式(1-7-17)代入式(1-7-24)，得

$$N_c \exp\left(-\frac{E_c - E_F}{KT}\right) = N_v \exp\left(-\frac{E_F - E_v}{KT}\right)$$

得到

$$E_i = \frac{1}{2}(E_c + E_v) + \frac{1}{2}KT \ln\frac{N_v}{N_c} \tag{1-7-25}$$

对于大多数半导体，N_c 和 N_v 为同一数量级，所以本征费米能级在禁带中央上下约 KT 的范围。通常 KT 较小，所以把本征费米能级看作是禁带中央的能级。

把本征费米能级表达式(1-7-25)代入式(1-7-14)或式(1-7-17)中，可得到本征半导体的载流子浓度(常称为**本征载流子浓度**)n_i 和 p_i

$$n_i = p_i = (N_c N_v)^{1/2} \exp\left(-\frac{E_g}{2KT}\right) \tag{1-7-26}$$

式(1-7-26)表明，本征半导体的载流子浓度只与半导体本身的能带结构和温度有关。在一定温度下，禁带越宽(激发能越大)的半导体，本征载流子浓度越小。对于给定的半导体，本征载流子浓度随温度升高而 e 指数地增加。表 1-1 给出了室温下 Si、Ge 和 GaAs 的本征载流子浓度和禁带宽度的数值。

表 1-1　室温下 Si、Ge 和 GaAs 的 n_i 和 E_g 值

材料	Si	Ge	GaAs
n_i/cm^{-3}	1.5×10^{10}	2.3×10^{13}	1.1×10^{7}
E_g/eV	1.12	0.67	1.43

根据式(1-7-21)和式(1-7-26)，可以得到一个重要的关系式

$$np = n_i^2 \tag{1-7-27}$$

式(1-7-27)称为**质量作用定律**。在热平衡情况下，如果已知 n_i 和一种载流子浓度，便可由式 (1-7-27)求出另一种载流子浓度。

利用 n_i 和 E_i，也可以把电子和空穴浓度写成以下形式：

$$n = n_i \exp\left(\frac{E_F - E_i}{KT}\right) \tag{1-7-28}$$

$$p = n_i \exp\left(\frac{E_i - E_F}{KT}\right) \tag{1-7-29}$$

与式(1-7-14)、式(1-7-17)一样，式(1-7-28)和式(1-7-29)对本征半导体和非本征半导体都是适用的。式(1-7-28)和式(1-7-29)有时使用起来更为方便。

1.7.5　只有一种杂质的半导体

实际应用的半导体材料，大多数都掺入一定含量的杂质。因此，这种半导体中载流子的统计分布是很重要的。这里先讨论只含有一种浅能级杂质的半导体。

1. N 型半导体

在只含有一种杂质的半导体中，除了电子由价带跃迁到导带的本征激发以外，还存在着施主能级上的电子激发到导带上的过程——杂质电离。这两种过程的激活能分别是半导体的禁带宽度和杂质电离能，两者的大小一般差两个数量级左右。因此，杂质电离和本征激发发生在不同的温度范围。对于 N 型半导体，在较低温度下，主要是电子由施主能级激发到导带的杂质电离过程，只有在较高的温度下，本征激发才成为载流子的主要来源。因此，可以在不同的温度范围内，根据起主要作用的激发过程简化载流子浓度问题的分析。

绝大多数半导体器件工作在杂质基本上全部电离而本征激发可以忽略的温度范围，这种情况常称为**杂质饱和电离**。这里只考虑这种情况。在杂质饱和电离的温度范围内，施主能级上的电子基本全部激发到导带上去，成为导带电子的主要来源。本征激发引起的导带电子数目可以忽略。于是可以近似地认为，导带电子浓度就等于施主浓度，即

$$n = N_\mathrm{d} \tag{1-7-30}$$

式中，N_d 为**施主浓度**。

在饱和电离条件下，导带中电子主要来自施主，而从价带激发到导带的电子只是极少数，是可以忽略的。但是这些由价带激发到导带的电子，必在价带中留下了少量的空穴。根据 $np = n_\mathrm{i}^2$ 可以求出价带空穴浓度为

$$p = \frac{n_\mathrm{i}^2}{n} = \frac{n_\mathrm{i}^2}{N_\mathrm{d}} \tag{1-7-31}$$

在饱和电离条件下，电子浓度与施主浓度近似相等，它们远大于本征载流子浓度，而空穴浓度则远小于本征载流子浓度。例如，在施主浓度为 $1.5\times10^{15}\mathrm{cm}^{-3}$ 的 N 型硅中，室温下施主基本全部电离，有

$$n \approx 1.5\times10^{15}\mathrm{cm}^{-3}, \qquad p = 1.5\times10^{5}\mathrm{cm}^{-3}$$

可见，在杂质饱和电离的温度范围内，两种载流子的浓度相差非常悬殊。对于 N 型半导体，导带电子称为**多数载流子(多子)**，价带空穴称为**少数载流子(少子)**。对于 P 型半导体则相反。少子的数量虽然很少，但它们在半导体器件工作中却起着极其重要的作用。

将式(1-7-30)代入式(1-7-14)，则可得出 N 型半导体在饱和电离情况下的费米能级，表示为

$$E_\mathrm{F} = E_\mathrm{c} - KT\ln\frac{N_\mathrm{c}}{N_\mathrm{d}} \tag{1-7-32}$$

如果利用式(1-7-28)，则可把费米能级写成

$$E_\mathrm{F} = E_\mathrm{i} + KT\ln\frac{N_\mathrm{d}}{n_\mathrm{i}} \tag{1-7-33}$$

式(1-7-32)和式(1-7-33)指出，N 型半导体费米能级位于导带底之下，本征费米能级之上，而且施主浓度越高，费米能级越靠近导带底。随着温度的升高，费米能级逐渐远离导带底。

2. P 型半导体

对于 P 型半导体，在杂质饱和电离的温度范围内，价带空穴主要来自受主杂质。受主杂质基本上全部电离。本征激发产生的价带空穴与之相比可以忽略，因此，价带空穴浓度为

$$p = N_a \tag{1-7-34}$$

导带电子浓度为

$$n = \frac{n_i^2}{p} = \frac{n_i^2}{N_a} \tag{1-7-35}$$

将式(1-7-34)分别代入式(1-7-17)和式(1-7-29)，得到

$$E_F = E_v + KT\ln\frac{N_v}{N_a} \tag{1-7-36}$$

$$E_F = E_i - KT\ln\frac{N_a}{n_i} \tag{1-7-37}$$

式(1-7-36)和式(1-7-37)说明，对于P型半导体，在杂质饱和电离的温度范围内，费米能级位于价带顶之上，本征费米能级之下。随着掺杂浓度的提高，费米能级接近价带顶。随着温度升高，费米能级远离价带顶。

图1-13所示为硅的费米能级与杂质浓度和温度的关系。从图1-13中可以看出，在杂质浓度一定时，随着温度的升高，N型硅的费米能级逐渐下降，而P型硅中的费米能级则逐渐上升，最后两者都接近本征费米能级 E_i。在同一温度下，杂质浓度不同，E_F 的位置也不同。对于N型硅，施主浓度越大，E_F 的位置越高，逐渐靠近导带底。相反，对于P型硅，受主浓度越大，E_F 的位置越低，逐渐靠近价带顶。这种变化规律与式(1-7-32)和式(1-7-36)一致。

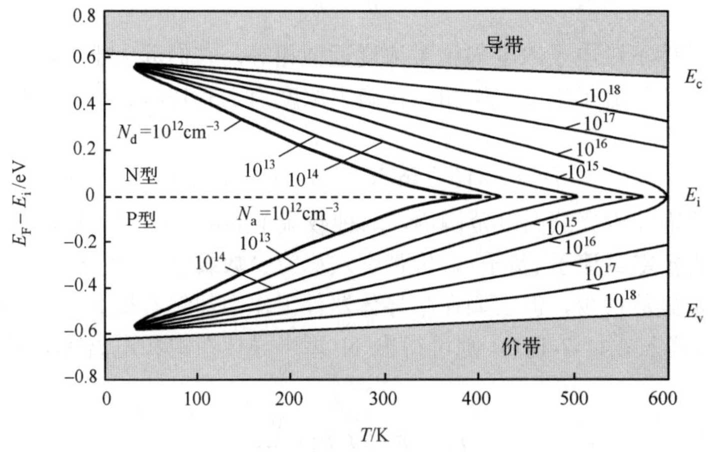

图1-13 硅中费米能级位置随杂质浓度和温度的变化

1.7.6 杂质补偿半导体

在同时含有施主杂质和受主杂质的半导体中，由于受主能级比施主能级低得多，施主能级上的电子首先要去填充受主能级，使施主向导带提供电子的能力和受主向价带提供空穴的能力因相互抵消而减弱，这种现象称为**杂质补偿**。存在杂质补偿的半导体中，即使在极低温度下，浓度小的杂质也全部都是电离的。

在 $N_d>N_a$ 的半导体中，全部受主都是电离的。在杂质电离的温度范围内，施主能级上和导带中总的电子数是 N_d-N_a，这种半导体与施主浓度为 N_d-N_a、只含一种施主杂质的半导体是类似的。因此，在杂质饱和电离的温度范围内，导带中电子浓度为

$$n = N_{\mathrm{d}} - N_{\mathrm{a}} \tag{1-7-38}$$

价带中空穴浓度为

$$p = \frac{n_{\mathrm{i}}^2}{n} = \frac{n_{\mathrm{i}}^2}{N_{\mathrm{d}} - N_{\mathrm{a}}} \tag{1-7-39}$$

将式(1-7-38)分别代入式(1-7-14)和式(1-7-28)，得到相应的费米能级为

$$E_{\mathrm{F}} = E_{\mathrm{c}} - KT\ln\frac{N_{\mathrm{c}}}{N_{\mathrm{d}} - N_{\mathrm{a}}} \tag{1-7-40}$$

$$E_{\mathrm{F}} = E_{\mathrm{i}} + KT\ln\frac{N_{\mathrm{d}} - N_{\mathrm{a}}}{n_{\mathrm{i}}} \tag{1-7-41}$$

同样，对于 $N_{\mathrm{a}}>N_{\mathrm{d}}$ 的半导体，有

$$p = N_{\mathrm{a}} - N_{\mathrm{d}} \tag{1-7-42}$$

$$n = \frac{n_{\mathrm{i}}^2}{p} = \frac{n_{\mathrm{i}}^2}{N_{\mathrm{a}} - N_{\mathrm{d}}} \tag{1-7-43}$$

将式(1-7-42)分别代入式(1-7-17)和式(1-7-29)，得到相应的费米能级为

$$E_{\mathrm{F}} = E_{\mathrm{v}} + KT\ln\frac{N_{\mathrm{v}}}{N_{\mathrm{a}} - N_{\mathrm{d}}} \tag{1-7-44}$$

$$E_{\mathrm{F}} = E_{\mathrm{i}} - KT\ln\frac{N_{\mathrm{a}} - N_{\mathrm{d}}}{n_{\mathrm{i}}} \tag{1-7-45}$$

如果 $N_{\mathrm{a}} = N_{\mathrm{d}}$，则全部施主上的电子恰好使受主电离，能带中的载流子只能由本征激发产生，这种半导体被称为**完全补偿的半导体**。

当温度远高于饱和电离温度时，会有大量电子由价带激发到导带。由这种本征激发所产生的载流子数目可以远大于杂质电离所产生的载流子数目，即 $n \gg N_{\mathrm{d}}$ 和 $p \gg N_{\mathrm{a}}$。这时电中性条件变成了 $n=p$，这种情况与未掺杂的本征半导体是类似的，称为杂质半导体进入**本征激发区**。在这个温度区域中，费米能级和载流子浓度仍然分别用式(1-7-25)和式(1-7-26)表达。

1.7.7　简并半导体

在前面几节的讨论中，假定费米能级位于离开带边较远的禁带之中。在这种情况下，费米分布函数可以用玻尔兹曼分布函数来近似。但在有些情况下，费米能级可以接近或进入能带，例如在重掺杂半导体中就可能发生这种情况。这种现象称为载流子的简并化，发生载流子简并化的半导体称为**简并半导体**(degenrate semiconductor)。在简并半导体中，量子态被载流子占据概率很小的条件不再成立，必须考虑**泡利不相容原理**的限制，不能再应用玻尔兹曼分布函数而必须使用费米分布函数来分析能带中载流子的统计分布问题。

1. 载流子浓度

对于简并半导体，计算能带中载流子浓度的方法，与前面对于非简并半导体所用的方法是完全类似的，只是表示载流子占据量子态的概率要用费米分布函数代替玻尔兹曼分布函数。

在 1.7.3 节，导带电子浓度由式(1-7-13)给出

$$n = \int_{E_{\mathrm{c}}}^{\infty} f(E) N_{\mathrm{c}}(E)\mathrm{d}E$$

将式(1-7-4)和式(1-7-9)代入上式，可得

$$n=\frac{4\pi(2m_{\mathrm{dn}})^{3/2}}{h^3}\int_{E_c}^{\infty}\frac{(E-E_c)^{1/2}}{\exp\left(\frac{E-E_F}{KT}\right)+1}\mathrm{d}E \tag{1-7-46}$$

引入无量纲的变数 $\xi=(E-E_c)/(KT)$ 和**简约费米能级**

$$\eta_n=\frac{E_F-E_c}{KT} \tag{1-7-47}$$

再利用 N_c 的表达式(1-7-15)，由式(1-7-46)得

$$n=\frac{2}{\sqrt{\pi}}N_c\int_0^{\infty}\frac{\xi^{1/2}\mathrm{d}\xi}{\exp(\xi-\eta_n)+1}=\frac{2}{\sqrt{\pi}}N_cF_{1/2}(\eta_n) \tag{1-7-48}$$

式中

$$F_{1/2}=\int_0^{\infty}\frac{\xi^{1/2}\mathrm{d}\xi}{\exp(\xi-\eta_n)+1} \tag{1-7-49}$$

式(1-7-49)称为**费米积分**。表 1-2 给出了与各种不同 η 值相对应的 $(2/\sqrt{\pi})F_{1/2}(\eta)$ 和 $\exp(\eta)$ 的数值表。

表 1-2 $(2/\sqrt{\pi})F_{1/2}(\eta)$ 和 $\exp(\eta)$的数值表

η	$(2/\sqrt{\pi})F_{1/2}(\eta)$	$\exp(\eta)$	η	$(2/\sqrt{\pi})F_{1/2}(\eta)$	$\exp(\eta)$
−3.0	0.049	0.050	1.0	1.576	2.718
−2.0	0.129	0.135	2.0	2.824	7.389
−1.0	0.328	0.368	3.0	4.488	20.086
0	0.765	1.000			

用同样的方法可以得出价带空穴浓度为

$$p=\frac{2}{\sqrt{\pi}}N_vF_{1/2}(\eta_p) \tag{1-7-50}$$

式中

$$\eta_p=\frac{E_v-E_F}{KT} \tag{1-7-51}$$

在非简并情况下，费米能级位于离开带边较远的禁带中，即 $\eta_n \ll -1$ 或 $\eta_p \ll -1$，式(1-7-48)和式(1-7-50)则分别简化为

$$n=N_c\exp(\eta_n) \tag{1-7-52}$$

和

$$p=N_v\exp(\eta_p) \tag{1-7-53}$$

这是与式(1-7-14)和式(1-7-17)完全相同的表示式。

图 1-14 所示分别为由式(1-7-52)和式(1-7-48)或式(1-7-53)和式(1-7-50)决定的载流子浓度随简约费米能级变化的两条函数曲线。

2. 发生简并化的条件

在图 1-14 中，两条曲线的差别反映了简并化的影响。由图可知，当 $\eta=0$ 时，即费米能

级与带边重合时，载流子浓度的值与理论值相比，已有显著差别，必须考虑简并化的影响。实际上，在 $\eta \geqslant -2$ 时，载流子浓度的值就已经开始略有不同了。根据具体问题所要求的精确程度，可以取 $\eta = 0$ 或 $\eta \geqslant -2$ 作为发生简并化的标准。

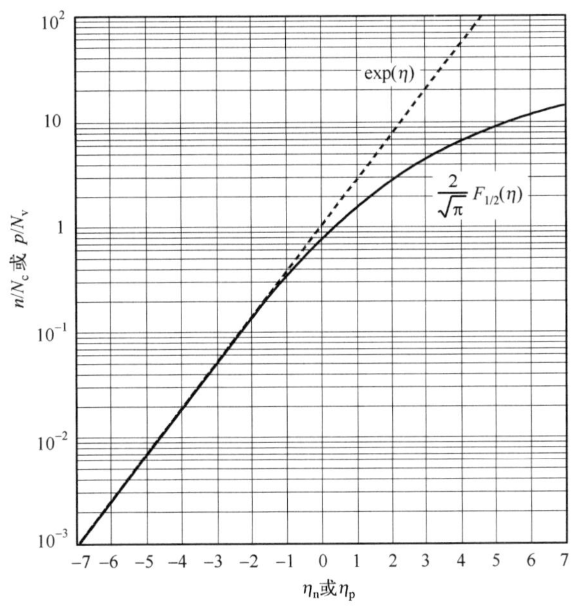

图 1-14 载流子浓度随简约费米能级的变化

在一定温度下，若已知载流子浓度，则可以根据式(1-7-52)或式(1-7-53)估计发生简并化的条件。

例如，取 $\eta = -2$，即 $n \approx 0.1N_c$ 作为简并化的标准，则由表 1-2 可知，$n<0.1N_c$ 属于非简并化情况，而 $n>0.1N_c$ 或 $n \approx 0.1N_c$ 就必须考虑简并化的影响了。

下面介绍一种用图形判断简并化的方法。

把式(1-7-48)和式(1-7-50)写成如下形式：

$$n = cF_{1/2}(\eta_n)\left(\frac{m_{dn}}{m_0}T\right)^{3/2} \tag{1-7-54}$$

$$p = cF_{1/2}(\eta_p)\left(\frac{m_{dp}}{m_0}T\right)^{3/2} \tag{1-7-55}$$

式中

$$c = \frac{2}{\sqrt{\pi}} \cdot \frac{2(2\pi m_0 K)^{3/2}}{h^3} \tag{1-7-56}$$

根据式(1-7-54)或式(1-7-55)，以简约费米能级 η 为参数，画出载流子浓度随温度和状态密度有效质量的乘积变化的双对数曲线，如图 1-15 所示。显然，在同样的载流子浓度下，温度越低，载流子的状态密度有效质量越小，也就越容易发生简并化。

对于选定的简并化标准(如 $\eta = 0$)，依据半导体中载流子的状态密度有效质量和温度的数值，由图 1-15 可以迅速地确定发生简并化的载流子的浓度最低值。

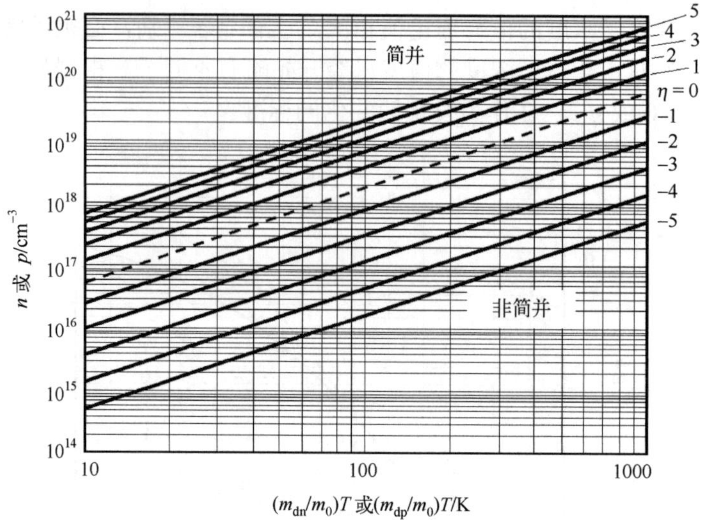

图 1-15 对于不同的简约费米能级，载流子浓度随温度和状态密度有效质量乘积的变化

1.8 载流子的散射

实际晶体中存在着各种晶格缺陷，晶体原子本身也在不断地振动，这些都会使晶体中的势场偏离理想的周期性势场，相当于在严格的周期性势场上叠加了附加的势场。附加的势场将使载流子的运动状态发生改变，这种现象称为**载流子的散射**。载流子的散射对半导体中的许多物理现象具有重要的作用。

1.8.1 格波与声子

晶体中的原子并不是固定不动的，而是相对于自己的平衡位置进行热振动。由于原子之间的相互作用，每个原子的振动不是彼此无关的，而是一个原子的振动要依次传给其他原子。晶体中这种原子振动的传播称为**格波**。

晶格振动理论给出，在一维双原子晶格中，存在着两支格波，其色散关系为

$$\omega_1 = \frac{\omega_0}{\sqrt{2}}\left(1+\sqrt{1-u^2\sin^2\left(\frac{aq}{2}\right)}\right)^{1/2} \tag{1-8-1}$$

和

$$\omega_2 = \frac{\omega_0}{\sqrt{2}}\left(1-\sqrt{1-u^2\sin^2\left(\frac{aq}{2}\right)}\right)^{1/2} \tag{1-8-2}$$

式中，ω_1 和 ω_2 为原子振动的角频率，a 为晶格常数，$\boldsymbol{q}$ 为格波的波矢量，$q=2\pi/\lambda$ 为波数，$\omega_0=\sqrt{2\beta/\mu}$，$\beta$ 为原子之间相互作用的弹性力常数，μ 为原子的折合质量，即 $\frac{1}{\mu}=\frac{1}{m_1}+\frac{1}{m_2}$，$m_1$ 和 m_2 为原子质量，且假设 $m_1>m_2$，$u=\frac{2\sqrt{m_1 m_2}}{m_1+m_2}$。

频率 ω_2 所对应的格波称为**声学支**，它描述了原胞的整体运动。频率 ω_1 所对应的格波称为

光学支，它描述的是一个原胞内两个原子的相对运动。这两个原子向着相反的方向运动，振动相位相反而质量中心不动。由式 (1-8-1) 和式(1-8-2)所表示的色散关系如图 1-16 所示。

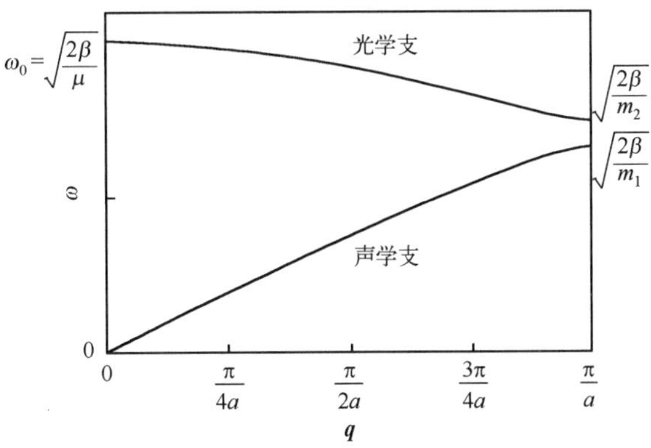

图 1-16　光学支和声学支振动的色散关系

波矢量 $\boldsymbol{q}$ 代表格波的传播方向。$\boldsymbol{q}$ 也是原子运动状态的标志，彼此相差一个倒格矢的两个 $\boldsymbol{q}$ 实际上代表同一个状态，因此可以把 $\boldsymbol{q}$ 限制在第一布里渊区内，即

$$-\frac{\pi}{2}\leqslant q<\frac{\pi}{2} \tag{1-8-3}$$

$\boldsymbol{q}$ 的代表点在第一布里渊区均匀分布，取 N 个分立值，N 为一维双原子晶体的原胞数。于是，频率为ω_1和ω_2的格波数均为 N 个，即

$$\omega_1(q_1),\quad \omega_1(q_2),\quad \omega_1(q_3),\quad \cdots,\quad \omega_1(q_N)$$

和

$$\omega_2(q_1),\quad \omega_2(q_2),\quad \omega_2(q_3),\quad \cdots,\quad \omega_2(q_N)$$

所以，一维双原子晶体总的格波数为 $2N$ 个。

以上结论可以直接推广到三维情况：对于原胞中有 n 个原子的晶体，原胞中原子的自由度数为 $3n$，则三维晶体中共有 $3n$ 支格波。如果晶体总原胞数为 N，则总的格波数为 $3nN$。三维波矢量 $\boldsymbol{q}$ 满足

$$-\frac{\pi}{a_1}\leqslant q_1<\frac{\pi}{a_1}$$

$$-\frac{\pi}{a_2}\leqslant q_2<\frac{\pi}{a_2}$$

$$-\frac{\pi}{a_3}\leqslant q_3<\frac{\pi}{a_3}$$

或表示为

$$-\pi\leqslant \boldsymbol{q}_i\cdot \boldsymbol{a}_i<\pi\qquad (i=1,2,3) \tag{1-8-4}$$

在第一布里渊区中，$\boldsymbol{q}$ 均匀分布，取 $N=N_1N_2N_3$ 个分立值。这里 N_1、N_2、N_3 分别为沿 $\boldsymbol{a}_1$、$\boldsymbol{a}_2$、$\boldsymbol{a}_3$ 方向上的原胞数，N 为总原胞数。

晶体中原子振动方向与格波传播方向平行的，被称为**纵波**，振动方向与格波传播方向垂直的称为**横波**。$3n$ 支格波中有 3 支声学波，剩下的为 $3(n-1)$ 支光学波。图 1-17 画出了锗、硅和砷化镓中晶格振动的频谱，即 $\omega\sim q$ 的关系。这些材料原胞中有两个原子，所以半导体具有光学支和声学支振动，每个分支中又都有一个纵向和两个横向的振动分支，但两个横向振动分支是简并化的。

总之，三维晶体中存在着 $3nN$ 个格波。每个格波可用一个简正振动来表示。于是，晶体中原子的振动可用 $3nN$ 个简正振动的重叠来表示。晶体振动的总能量就是 $3nN$ 个独立谐振子的总能量之和。从量子力学的观点来看，频率为$\omega_j(\boldsymbol{q})$的第 $\boldsymbol{q}_i$ 个谐振子的能量为

$$E_{q_i}=\hbar\omega_j(\boldsymbol{q}_i)\left(n_{q_i}+\frac{1}{2}\right)\qquad (n_{q_i}=0,1,2,\cdots\text{为主量子数}) \tag{1-8-5}$$

因此，晶体振动的总能量为

$$E = \sum_{q_i} E_{q_i} = \sum_{q_i} \hbar\omega_j(\boldsymbol{q}_i)\left(n_{q_i} + \frac{1}{2}\right) \qquad (n_{q_i} = 0,1,2,\cdots \text{为主量子数}) \tag{1-8-6}$$

式中，$\boldsymbol{q}_i$ 为波矢量，j 为振动分支(总共有 $3n$ 个分支振动或 $3n$ 个类型振动)。

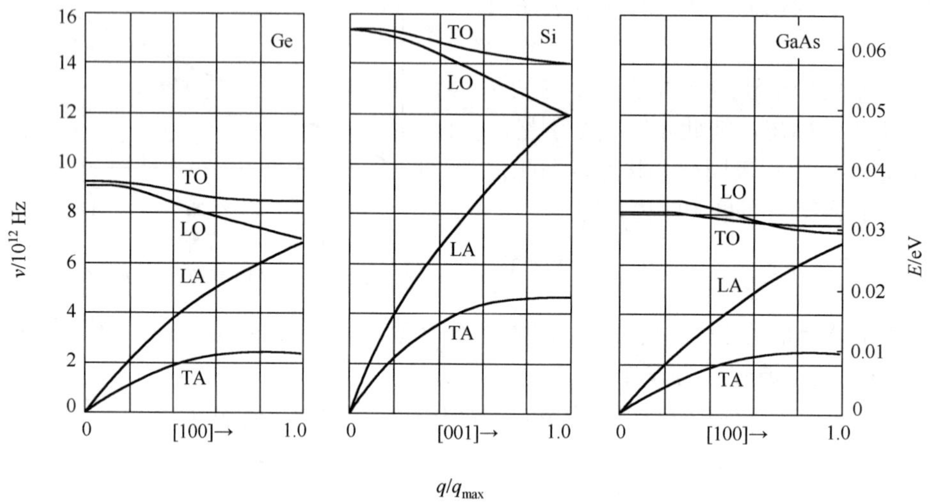

图 1-17　Ge、Si 和 GaAs 中晶格振动的频谱

对于能量为 $E_{q_i} = \hbar\omega_j(\boldsymbol{q}_i)\left(n_{q_i} + \frac{1}{2}\right)$ 的量子谐振子，其能量改变可以为

$$\Delta E_{q_i} = \hbar\omega_j(\boldsymbol{q}_i)\Delta n_{q_i} \tag{1-8-7}$$

根据量子力学，这时谐振子量子数的最小改变为

$$\Delta n_{q_i} = \pm 1 \tag{1-8-8}$$

量子化的能量 $\hbar\omega_j$ 称为晶格振动能量的量子或**声子**。在 $\Delta n_{q_i} = +1$ 时，晶格处于更高的能量状态，所以 $\Delta n_{q_i} = +1$ 的变化称为晶格**吸收声子**的过程。$\Delta n_{q_i} = -1$ 则对应晶格**发射声子**的过程。类似于光子，声子可以看成是晶格振动能量的量子，即可以看成是一个准粒子。在能量关系上，晶格振动等价于声子气。此时，$\Delta n_{q_i} = +1$ 表示声子的吸收，而 $\Delta n_{q_i} = -1$ 表示声子的产生。

在固体中存在着声学振动和光学振动，因此也可以说存在着**声学声子**和**光学声子**。声学声子的能量要比光学声子的能量小很多。

声子的准动量为 $\hbar\boldsymbol{q}$ 。

1.8.2　载流子的散射过程

理想的完整晶体中的电子处在严格的周期性势场中。如果没有其他因素，电子将保持其状态 $\boldsymbol{k}$ 不变，因而电子的速度 $\boldsymbol{v}(\boldsymbol{k})$ 也将是不变的。但在实际晶体中，存在着各种晶格缺陷，晶体原子本身也在不断地振动，这些都会使晶体中的势场偏离理想的周期性势场，相当于在严格的周期性势场上叠加了附加的势场。这种附加的势场可以使处在状态 $\boldsymbol{k}$ 的电子有一定的概率跃迁到其他状态 $\boldsymbol{k}'$。也可以说，使原来的以速度 $\boldsymbol{v}(\boldsymbol{k})$ 运动的电子改变为以速度 $\boldsymbol{v}(\boldsymbol{k}')$ 运动。这种由附加的势场引起载流子状态的改变就称为**载流子的散射**。

散射使载流子做无规则的运动，它导致热平衡状态的确立。在热平衡状态下，因为向各个方向运动的载流子都存在，它们对电流的贡献彼此抵消，所以半导体中没有电流流动。

1. 平均自由时间与弛豫时间

平均自由时间与**弛豫时间**是在两次散射之间载流子存活(未被散射)的平均时间，是描述载流子散射的最基本的物理量。晶体中的载流子频繁地被散射，每秒钟可达 10^{12}～10^{13} 次。设有 N_0 个速度为 $\boldsymbol{v}$ 的载流子在 $t=0$ 时刚刚遭到一次散射。令 N 表示在 t 时刻时它们中间尚未遭到下一次散射的载流子数，则在 t 到 $t+\mathrm{d}t$ 时间内被散射的载流子数 $-\mathrm{d}N$ 应当与 N 和 $\mathrm{d}t$ 成正比。对于散射是各向同性的情况，有

$$\mathrm{d}N=-\frac{1}{\tau_\mathrm{a}}N\mathrm{d}t \tag{1-8-9}$$

式中，$1/\tau_\mathrm{a}$ 为比例系数，它是单位时间内载流子被散射到各个方向上去的概率。从式(1-8-9)解得

$$N=N_0\exp(-t/\tau_\mathrm{a}) \tag{1-8-10}$$

由于 N 是 N_0 个载流子在 t 时间内未被散射的载流子数，因此式(1-8-10)中 $\exp(-t/\tau_\mathrm{a})$ 的意义很明确，它是一个载流子在两次散射之间未被散射的概率，而 τ_a 就是在两次散射之间载流子存活(未被散射)的平均时间，称为平均自由时间。显然 t 到 $t+\mathrm{d}t$ 时间内散射的载流子数为 $\frac{1}{\tau_\mathrm{a}}N\mathrm{d}t=\frac{1}{\tau_\mathrm{a}}N_0\exp\left(-\frac{t}{\tau_\mathrm{a}}\right)\mathrm{d}t$。假设这些载流子经历的自由时间是 t，则 $t\frac{1}{\tau_\mathrm{a}}N_0\exp\left(-\frac{t}{\tau_\mathrm{a}}\right)\mathrm{d}t$ 是这些载流子自由时间的总和。对所有时间积分，得到 N_0 个载流子自由时间的总和，再除以 N_0 便得到平均自由时间，表示为

$$\overline{t}=\frac{1}{N_0}\int_0^\infty\frac{1}{\tau_\mathrm{a}}N_0\exp\left(-\frac{t}{\tau_\mathrm{a}}\right)t\mathrm{d}t=\tau_\mathrm{a} \tag{1-8-11}$$

以上讨论所得结果的前提是散射是各向同性的。当散射为各向异性时，用弛豫时间 τ 代替 τ_a，同样有

$$\overline{t}=\frac{1}{N_0}\int_0^\infty\frac{1}{\tau}N_0\exp\left(-\frac{t}{\tau}\right)t\mathrm{d}t=\tau \tag{1-8-12}$$

2. 散射机构

半导体中可能有多种**散射机构**，其中主要的两种是**晶格振动散射**和**电离杂质散射**。

1) 晶格振动散射

晶格振动散射归结为各种格波对载流子的散射。根据准动量守恒，引起电子散射的格波的波长必须与电子的波长有相同的数量级。在室温下，电子热运动所对应的波长约为 10nm，所以在能量具有单一极值的半导体中起主要散射作用的是长格波，也就是波长比原子间距大很多倍的格波。在长格波里，又只有纵波在散射中起主要作用，这个事实通过下面对纵波作用的分析可以了解。

先看纵声学波，如图 1-18(a)所示，纵声学波的原子位移引起晶体体积的压缩和膨胀。在一个波长中，一半晶格处于压缩状态，一半晶格处于膨胀状态。

晶格体积的压缩和膨胀表示原子间距发生了变化，它可以引起能带结构的改变：随着原

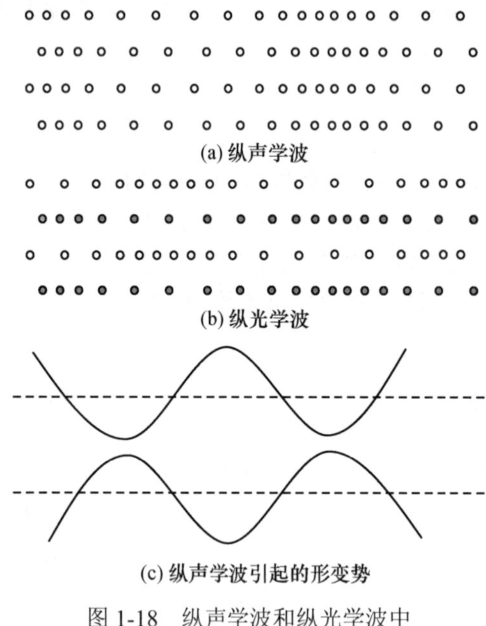

图 1-18 纵声学波和纵光学波中原子位移示意图

子间距的减小，禁带宽度增大，而原子间距的增加，将使禁带宽度减小。因此，纵声学波的原子位移能使导带底和价带顶发生如图 1-18(c)所示波形的起伏。这种能带的起伏就其对载流子的作用来说，就如同存在一个附加的势场。通常把这种和晶格形变相联系的附加势能称为**形变势**。纵声学波就是通过这种形变势对载流子起散射作用的。在硅和锗等非极性半导体中，纵声学波散射起主要作用。

在离子晶体中，每个原胞中有一个正离子和一个负离子。对于纵光学波来说，由图 1-18(b)可以看出，如果只观察一种极性的离子，它们也和纵声学波一样形成疏密相间的区域。但是由于正负离子的振动方向相反，因此正离子的密区和负离子的疏区相合，正离子的疏区和负离子的密区相合，结果形成了半个波长区带正电和半个波长区带负电的状况。正负电荷之间的静电场对于电子和空穴引起一个起伏变化的静电势能，即引起载流子散射的附加势场。在离子晶体和具有极性化合物(如 GaAs)的半导体中，纵光学波散射起主要作用，这种散射通常称为极性光学波散射。

横声学波和横光学波并不引起原子的疏密变化，因此，也就不能产生上述效应。

理论分析指出，声学波的散射概率公式形式复杂。在低温下，当长光学波声子能量 $\hbar\omega_0 \gg KT$ 时，随着温度的升高，散射概率将按指数规律迅速增加。

在轻掺杂的硅中，和其他散射过程相比，晶格振动散射在室温及更高温度时处于支配地位，大多数半导体器件是在此温度范围内工作的。

2) 电离杂质散射

在半导体中，电离的施主或受主杂质是带电的离子，在它们的周围将产生库仑势场。当载流子从电离杂质附近经过时，由于库仑势场的作用，载流子改变了运动方向，也就是载流子被散射。

电离杂质对载流子的散射，与 α 粒子被原子核散射的情形类似。载流子的轨道是双曲线形式，电离杂质位于双曲线的一个焦点上。电离杂质的散射概率与 $T^{3/2}$ 成反比，与杂质浓度成正比。也就是说，随着温度的降低和杂质浓度的增加，散射概率增大。因此，这种散射过程在低温下是比较重要的。

1.8 节小结

晶格振动散射和电离杂质散射是半导体中最重要的两种散射机构。在一定条件下，还可以存在一些其他的散射机构，如中性杂质散射、压电散射和载流子散射等。在Ⅲ-Ⅴ族三元和四元化合物半导体中，合金散射可以起重要作用。

1.9 电荷输运现象

在有外电场存在时，载流子将做**漂移运动**。如果存在浓度梯度，载流子还将做**扩散运动**。

由于载流子携带电荷，它们的漂移运动和扩散运动将引起电荷的输运。本节讨论半导体中电荷输运的基本规律。

1.9.1　漂移运动、迁移率与电导率

1.8 节指出，散射使载流子失去原有的速度，做无规则的混乱运动。当半导体处于外场之中时，在相继两次散射之间的自由时间内，载流子将被外场加速，从而获得沿一定方向的加速度。经过一段时间的加速运动以后，载流子又被散射，这将使它们又失去获得的附加速度而恢复到无规则的混乱运动状态。因此，在有外场存在时，载流子除了做无规则的热运动以外，还存在着沿一定方向的有规则的运动，这种运动被称为**漂移运动**，漂移运动的速度称为**漂移速度**。漂移运动是有规则的，是引起电荷定向流动的原因之一。即，载流子的漂移运动能够引起电流，常称为**漂移电流**。

如果在半导体样品两端加上电压，就会有电流在半导体中流过，这就是**电导现象**。电导现象是由于半导体中的载流子在外电场中做漂移运动而引起的。那么，电导现象和漂移运动的强弱与哪些因素有关呢？

首先考虑电子的有效质量 m_n^* 是各向同性的情况。设在 $t=0$ 时，电子刚刚经历一次散射，散射后的初始速度为 $\boldsymbol{v}_{\mathrm{n}0}$，经过自由时间 t 以后，它再次受到散射。两次散射之间电子在外电场 $\mathscr{E}$ 作用下做加速运动，则电子在 t 时刻的漂移速度为

$$\boldsymbol{v}_{\mathrm{n}}(t)=\boldsymbol{v}_{\mathrm{n}0}-\frac{q}{m_{\mathrm{n}}^*}\mathscr{E}t \tag{1-9-1}$$

由于在相邻两次散射之间的自由时间是不同的，因此电子在外电场作用下所获得的漂移速度也是不同的。描述漂移运动有意义的是**平均漂移速度** $\overline{\boldsymbol{v}}_{\mathrm{n}}$，表示为

$$\overline{\boldsymbol{v}}_{\mathrm{n}}=\overline{\boldsymbol{v}}_{\mathrm{n}0}-\frac{q}{m_{\mathrm{n}}^*}\mathscr{E}\overline{t} \tag{1-9-2}$$

由于每次散射后 $\boldsymbol{v}_{\mathrm{n}0}$ 不同而且方向上完全无规则，因此它的多次散射平均值应该是零。根据式(1-8-12)，t 的平均值就是电子的弛豫时间 τ_{n}，于是有

$$\overline{\boldsymbol{v}}_{\mathrm{n}}=-\frac{q\tau_{\mathrm{n}}}{m_{\mathrm{n}}^*}\mathscr{E} \tag{1-9-3}$$

同理，对于空穴，其平均漂移速度为

$$\overline{\boldsymbol{v}}_{\mathrm{p}}=\frac{q\tau_{\mathrm{p}}}{m_{\mathrm{p}}^*}\mathscr{E} \tag{1-9-4}$$

式中，m_{p}^* 和 τ_{p} 分别为空穴的有效质量和弛豫时间。引入

$$\mu_{\mathrm{n}}=\frac{q\tau_{\mathrm{n}}}{m_{\mathrm{n}}^*} \tag{1-9-5}$$

$$\mu_{\mathrm{p}}=\frac{q\tau_{\mathrm{p}}}{m_{\mathrm{p}}^*} \tag{1-9-6}$$

分别称为**电子迁移率**(electron mobility)和**空穴迁移率**(hole mobility)。则载流子的平均漂移速度分别为

$$\overline{\boldsymbol{v}}_{\mathrm{n}}=-\mu_{\mathrm{n}}\mathscr{E} \tag{1-9-7}$$

和

$$\overline{v}_{\mathrm{p}} = \mu_{\mathrm{p}} \mathscr{E} \tag{1-9-8}$$

显然，**迁移率**的物理意义是，在单位电场强度作用下载流子所获得的漂移速度的绝对值，单位为 $\mathrm{cm^2/(V \cdot s)}$。它是描述载流子在电场中做漂移运动的难易程度的物理量。式(1-9-5)和式(1-9-6)中的弛豫时间反映了散射对载流子的作用。

在温度不太低的情况下，对于较纯的样品，散射概率 $1/\tau_{\mathrm{n}}$ 和 $1/\tau_{\mathrm{p}}$ 主要由晶格散射机构决定。实验结果表明，硅中电子和空穴的迁移率对温度的依赖关系在 $T^{-3/2}$ 和 $T^{-5/2}$ 之间，即随着温度升高，迁移率下降。在低温下的重掺杂样品中，迁移率受电离杂质散射的影响最为显著，这时的晶格散射则可忽略不计。低温降低了载流子的速度以致于电子和空穴运动经过固定的带电离子时，容易受到库仑力作用而发生偏转。当温度增加时，快速运动的载流子不太容易被带电离子所偏转，其被散射的可能性就减小。实验表明，对于掺杂浓度为 $10^{18}\mathrm{cm^{-3}}$ 的样品，在较低温度下，电子迁移率随温度上升而增加。当然，在给定温度下，迁移率随着杂质浓度的增加而下降，在某些器件的设计中，这是必须考虑的因素。图 1-19 所示为在 300K 时 Ge、Si 和 GaAs 中电子和空穴迁移率与杂质浓度的关系。

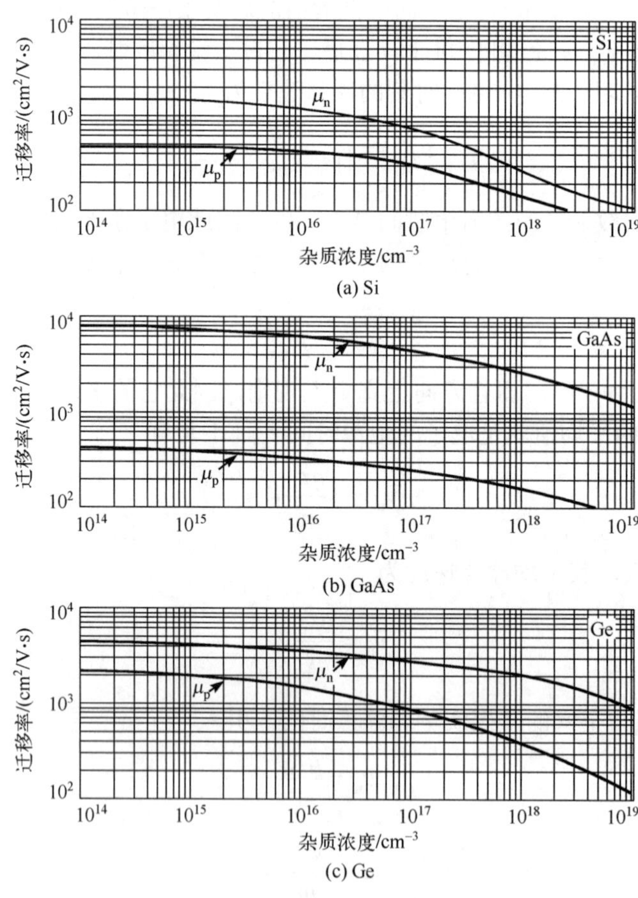

图 1-19 在 300K 时 Si、GaAs 和 Ge 中电子和空穴迁移率与杂质浓度的关系图

实验发现，在电场不太强的情况下，半导体中漂移电流满足欧姆定律。设电子浓度为 n，它们以平均漂移速度 $\overline{v}_{\mathrm{n}}$ 沿着与电场方向相反的方向运动，则电子的漂移电流的电流密度 $\boldsymbol{j}_{\mathrm{n}}$ 为

$$\boldsymbol{j}_{\mathrm{n}} = -nq\bar{\boldsymbol{v}}_{\mathrm{n}} \tag{1-9-9}$$

将式(1-9-7)代入，则有

$$\boldsymbol{j}_{\mathrm{n}} = \sigma_{\mathrm{n}}\mathscr{E} = nq\mu_{\mathrm{n}}\mathscr{E} \tag{1-9-10}$$

与微分形式的欧姆定律 $\boldsymbol{j} = \sigma\mathscr{E}$ 对照，可见**电子电导率**为

$$\sigma_{\mathrm{n}} = nq\mu_{\mathrm{n}} \tag{1-9-11}$$

对于 N 型半导体，在杂质电离范围内，起导电作用的主要是导带电子。式(1-9-11)就是 N 型半导体的电导率公式。

对于 P 型半导体，如果空穴浓度是 p，则类似可得**空穴电导率**为

$$\sigma_{\mathrm{p}} = pq\mu_{\mathrm{p}} \tag{1-9-12}$$

式(1-9-12)就是 P 型半导体的电导率。在电场不太强的情况下，空穴的漂移电流密度为

$$\boldsymbol{j}_{\mathrm{p}} = \sigma_{\mathrm{p}}\mathscr{E} = pq\mu_{\mathrm{p}}\mathscr{E} \tag{1-9-13}$$

在半导体中电子和空穴同时起作用的情况下，电导率 σ 是两者之和：

$$\sigma = nq\mu_{\mathrm{n}} + pq\mu_{\mathrm{p}} \tag{1-9-14}$$

以上讨论的是有效质量为各向同性的情况。对于硅、锗等导带中有多个对称能谷的情形，引入**电导有效质量**的概念，可以证明，材料的电导行为与各向同性的半导体类似，表示为：

$$\boldsymbol{j}_{\mathrm{n}} = nq\mu_{\mathrm{n}}\mathscr{E} \tag{1-9-15}$$

$$\mu_{\mathrm{n}} = \frac{q\tau_{\mathrm{n}}}{m_{\mathrm{c}}} \tag{1-9-16}$$

式中，m_{c} 称为**电导有效质量**。对于硅来说，其导带在 $\boldsymbol{k}$ 空间 $\langle 100\rangle$ 方向上有 6 个等价能谷，m_{c} 满足如下关系

$$\frac{1}{m_{\mathrm{c}}} = \frac{1}{3}\left(\frac{1}{m_{\mathrm{l}}} + \frac{2}{m_{\mathrm{t}}}\right) \tag{1-9-17}$$

式中，m_{l} 和 m_{t} 分别为电子的**纵向有效质量**和**横向有效质量**。用电导有效质量代替各向同性有效质量，公式(1-9-14)仍然成立。

1.9.2 扩散运动、扩散流密度和扩散电流

当半导体中出现不均匀的载流子分布时，由于存在载流子浓度梯度，将使载流子由浓度高的区域向浓度低的区域运动，载流子的这种运动称为**扩散运动**。为了描述扩散运动的强弱，引入**扩散流密度**的概念。**扩散流密度**是由扩散运动引起的单位时间垂直通过单位面积的载流子数。实验表明，扩散流密度与载流子的浓度梯度成正比，即

$$\text{空穴扩散流密度} = -D_{\mathrm{p}}\nabla p \tag{1-9-18}$$

$$\text{电子扩散流密度} = -D_{\mathrm{n}}\nabla n \tag{1-9-19}$$

式中，比例常数 D_{p} 和 D_{n} 分别称为空穴和电子的**扩散系数**，具有 cm^2/s 的量纲。等式右端的负号表示扩散流密度的方向与载流子浓度梯度的方向相反，即：载流子总是向浓度低的方向扩散。将式(1-9-18)和式(1-9-19)分别乘以空穴和电子的电荷就得到**扩散电流密度**

$$\text{空穴扩散电流密度} = -qD_{\mathrm{p}}\nabla p \tag{1-9-20}$$

$$\text{电子扩散电流密度} = qD_{\mathrm{n}}\nabla n \tag{1-9-21}$$

1.9.3 流密度、电流密度和电流方程

在外电场和载流子浓度梯度同时存在的情况下，载流子同时要作漂移运动和扩散运动。载流子由于漂移运动，单位时间通过垂直于漂移方向的单位面积的载流子数称为**漂移流密度**，漂移流密度等于载流子浓度与它们在电场中的平均漂移速度之积，因而，空穴和电子的漂移流密度分别为

$$空穴漂移流密度 = p\mu_{\mathrm{p}}\mathscr{E} \tag{1-9-22}$$

$$电子漂移流密度 = -n\mu_{\mathrm{n}}\mathscr{E} \tag{1-9-23}$$

式(1-9-23)中的负号表示电子沿电场 $\mathscr{E}$ 相反的方向漂移。

于是在漂移和扩散同时存在的情况下，描述空穴和电子输运的总的**流密度**分别为

$$\boldsymbol{S}_{\mathrm{p}} = p\mu_{\mathrm{p}}\mathscr{E} - D_{\mathrm{p}}\nabla p \tag{1-9-24}$$

$$\boldsymbol{S}_{\mathrm{n}} = -n\mu_{\mathrm{n}}\mathscr{E} - D_{\mathrm{n}}\nabla n \tag{1-9-25}$$

粒子的流密度与粒子的某种属性的乘积就是这种粒子属性的流密度。例如：空穴和电子的流密度乘以空穴和电子所带的电荷就是空穴和电子的电流密度，分别为

$$\boldsymbol{j}_{\mathrm{p}} = pq\mu_{\mathrm{p}}\mathscr{E} - qD_{\mathrm{p}}\nabla p \tag{1-9-26}$$

$$\boldsymbol{j}_{\mathrm{n}} = nq\mu_{\mathrm{n}}\mathscr{E} + qD_{\mathrm{n}}\nabla n \tag{1-9-27}$$

在一维情况下，空穴和电子的电流强度分别为

$$I_{\mathrm{p}} = qA(p\mu_{\mathrm{p}}\mathscr{E} - D_{\mathrm{p}}\mathrm{d}p/\mathrm{d}x) \tag{1-9-28}$$

$$I_{\mathrm{n}} = qA(n\mu_{\mathrm{n}}\mathscr{E} + D_{\mathrm{n}}\mathrm{d}n/\mathrm{d}x) \tag{1-9-29}$$

1.9 节小结

式中，A 为电流垂直流过的面积。式(1-9-28)和式(1-9-29)称为**电流方程**。

1.10 非均匀半导体中的自建电场

由于偶然或需要的原因，会在半导体中引入非均匀的杂质分布。非均匀的杂质分布会在半导体中引起电场，常称为**自建电场**(built-in field)，也称为**内建电场**。对于半导体器件制造，非均匀杂质分布是一项有用的技术。

1.10.1 半导体中的静电场和静电势

电场 $\mathscr{E}$ 定义为电势 ψ 的负梯度，表示为

$$\mathscr{E} = -\nabla\psi \tag{1-10-1}$$

电势与电子的电势能的关系为

$$E = -q\psi \tag{1-10-2}$$

在半导体中，导带中电子的最低能量为 E_{c}，若电子处于 E_{c} 以上的能级，则多余的能量只能表现为动能的形式。与此类似，E_{v} 表示价带空穴的最低能量，处于 E_{v} 以下的空穴具有一部分动能。图 1-20(a)所示的能带图为无外加电场时能量和载流子位置的关系。当有外电场加于半导体时，如图 1-20(b)所示，能带就会倾斜，电子和空穴在电场中获得动能。由于 E_{c} 和 E_{v} 始终和 E_{i} 平行，并且这里所关心的只是电势梯度，故可以把电场（一维）表示为

$$\mathscr{E} = \frac{1}{q}\frac{\mathrm{d}E_\mathrm{i}}{\mathrm{d}x} = -\frac{\mathrm{d}\psi}{\mathrm{d}x} \tag{1-10-3}$$

因而，**静电势**可以定义为：

$$\psi \equiv -\frac{E_\mathrm{i}}{q} \tag{1-10-4}$$

与此类似，**费米势**定义为：

$$\phi \equiv -\frac{E_\mathrm{F}}{q} \tag{1-10-5}$$

把式(1-10-4)和式(1-10-5)代入式(1-7-28)和式(1-7-29)得到

$$n = n_\mathrm{i}\mathrm{e}^{(\psi-\phi)/V_\mathrm{T}} \tag{1-10-6}$$

$$p = n_\mathrm{i}\mathrm{e}^{(\phi-\psi)/V_\mathrm{T}} \tag{1-10-7}$$

式中

$$V_\mathrm{T} \equiv \frac{KT}{q} \tag{1-10-8}$$

称为半导体的**热电势**。

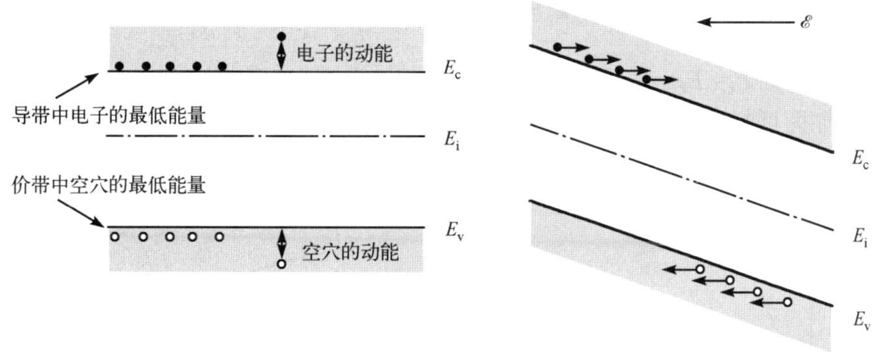

图 1-20　无外加电场和有外加电场情况下的半导体能带图

在热平衡情况下，费米势为常数，可以把它取为零基准，于是式(1-10-6)和式(1-10-7)分别简化为

$$n = n_\mathrm{i}\mathrm{e}^{\psi/V_\mathrm{T}} \tag{1-10-9}$$

$$p = n_\mathrm{i}\mathrm{e}^{-\psi/V_\mathrm{T}} \tag{1-10-10}$$

1.10.2　爱因斯坦关系

在热平衡时，半导体中的空穴电流和电子电流必须为零，即

$$I_\mathrm{p} = qA\left(p\mu_\mathrm{p}\mathscr{E} - D_\mathrm{p}\frac{\mathrm{d}p}{\mathrm{d}x}\right) = 0$$

对式(1-10-10)求导，并将 p、$\dfrac{\mathrm{d}p}{\mathrm{d}x}$ 和式(1-10-10)代入上式，得到

$$\frac{D_p}{\mu_p} = V_T = \frac{KT}{q} \tag{1-10-11}$$

对于电子同样可得

$$\frac{D_n}{\mu_n} = V_T = \frac{KT}{q} \tag{1-10-12}$$

式(1-10-11)和式(1-10-12)就是著名的**爱因斯坦关系**。它们反映了扩散系数和迁移率之间的关系。实验证明，虽然式(1-10-11)和式(1-10-12)是在热平衡情况下得到的，但在系统偏离热平衡情况下，它们也是成立的。

1.10.3 非均匀半导体和自建电场

考虑具有图 1-21(a)所示杂质分布的 N 型硅片。杂质浓度限制在 10^{18}cm^{-3} 以下。这样，在半导体中并没有简并的部分。由于在热平衡情况下 E_F 为常数，取其为零基准作能带图。假设全部杂质原子均电离，则电子浓度等于图 1-21(a)中的 $N_d(x)$。由式(1-7-28)

$$n = N_d(x) = n_i \exp\left(\frac{E_F - E_i}{KT}\right)$$

可得

$$E_i = E_F - KT\ln\frac{N_d(x)}{n_i} \tag{1-10-13}$$

可见，若 $N_d = n_i$，则 $E_i = E_F$。对于任何大于 n_i 的 N_d 值，本征费米能级 E_i 低于 E_F，而差值 $E_F - E_i$ 随着 N_d 的增加而增加。非均匀半导体片的 E_i 如图 1-21(b)中所示。在给定的温度下，由于非简并半导体的禁带宽度 E_g 为常数，所以 E_c 和 E_v 画成平行于 E_i。

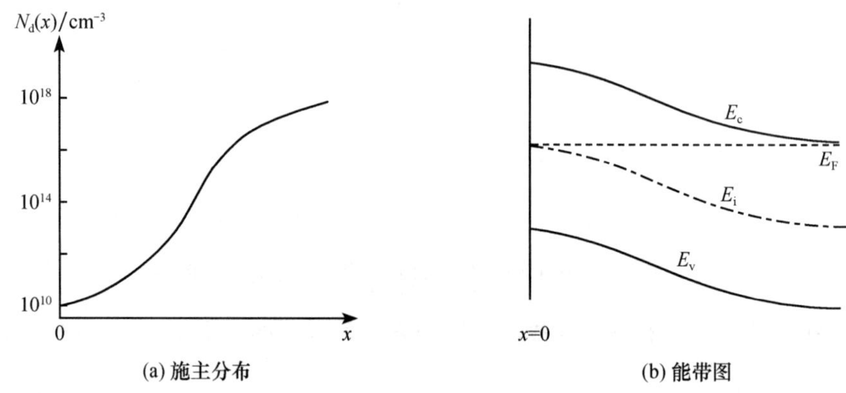

图 1-21 非均匀半导体的施主分布和能带图

取 E_F 为电势能零点，则由式(1-10-9)可以把静电势写为

$$\psi = V_T \ln\frac{N_d}{n_i} \tag{1-10-14}$$

于是，半导体内的电场为

$$\mathscr{E} = -\frac{d\psi}{dx} = -\frac{V_T}{N_d}\frac{dN_d}{dx} \tag{1-10-15}$$

同理，对于 P 型半导体，有

$$\psi = -V_{\mathrm{T}} \ln \frac{N_{\mathrm{a}}}{n_{\mathrm{i}}} \tag{1-10-16}$$

$$\mathscr{E} = \frac{V_{\mathrm{T}}}{N_{\mathrm{a}}} \frac{\mathrm{d}N_{\mathrm{a}}}{\mathrm{d}x} \tag{1-10-17}$$

1.10 节小结

从式(1-10-15)和式(1-10-17)可知，杂质在空间的非均匀分布在半导体中产生了电场，这种电场称为**自建电场(内建电场)**，自建电场往往被用来改进器件的性能。

1.11　非平衡载流子

“非平衡”一词是指自由载流子浓度偏离热平衡的情况，热平衡是指一定温度下没有外力和激发作用的稳定态。在 1.9 节讲到的载流子输运现象中，外加电场的作用只是改变了载流子在一个能带中的能级之间的分布，并没有引起电子在能带之间的跃迁，因此，导带和价带中的自由载流子数目都没有改变。但有些情况是，在外界作用下，能带中的载流子数目发生明显的改变，即产生了**非平衡载流子**。在半导体中，非平衡载流子具有极其重要的意义，许多效应都是由它们引起的。本节将讨论非平衡载流子的产生与复合的机制以及它们的运动规律。

处于热平衡状态的半导体，在一定温度下载流子的浓度是恒定的。用 n_0 和 p_0 分别表示处于热平衡状态的电子浓度和空穴浓度。n_0 和 p_0 满足质量作用定律。如果对半导体施加外界作用，就可能使它处于非平衡态。这时，半导体中的载流子浓度不再是 n_0 和 p_0，而是比它们多出一部分。比平衡态多出来的这部分载流子称为**过量载流子**(excess carriers)，习惯上也称为**非平衡载流子**。

设有一个 N 型半导体，$n_0>p_0$。若用光子能量大于禁带宽度的光照射该半导体，则可将价带的电子激发到导带，使导带比平衡时多出一部分电子 Δn，价带中多出一部分空穴 Δp，如图 1-22 所示。在这种情况下，导带电子浓度和价带空穴浓度分别为

$$n = n_0 + \Delta n \tag{1-11-1}$$

$$p = p_0 + \Delta p \tag{1-11-2}$$

由于非平衡电子和非平衡空穴总是成对产生的，所以

$$\Delta n = \Delta p \tag{1-11-3}$$

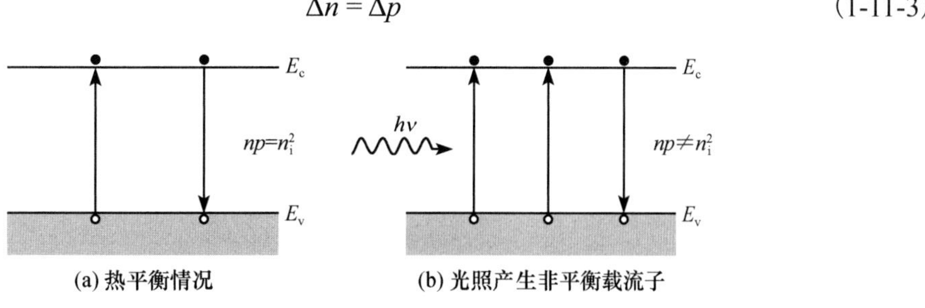

图 1-22　电子空穴对的产生

式中，Δn 和 Δp 为非平衡载流子浓度。对于 N 型半导体，电子称为**非平衡多数载流子**，简称为**非平衡多子**或**过量多子**，空穴称为**非平衡少子**或**过量少子**。对于 P 型半导体则相反。在非平衡态，$np \neq n_i^2$。

用光照射半导体产生非平衡载流子的方法称为载流子的**光注入**。除了光注入以外，还可以用**电注入**的方法产生非平衡载流子。给 PN 结加正向偏压，PN 结在接触面附近产生非平衡载流子，这就是最常见的电注入的例子。另外，当金属和半导体接触时，加上适当的偏压，也可以注入非平衡载流子。

半导体中注入载流子数量的多少，在一般情况下控制着一个器件的工作状况。注入产生非平衡载流子，可能存在两种情况。若注入的过量载流子浓度与热平衡多数载流子浓度相比是很小的(如 N 型半导体中 $\Delta n \ll n_0$)，则多子浓度基本不变，而少子浓度基本等于注入的过量少子浓度，这种情况称为**低水平注入**，也称为**小注入**，即

$$n = n_0 + \Delta n \approx n_0 \qquad (\Delta n \ll n_0) \tag{1-11-4}$$

$$p = p_0 + \Delta p \approx \Delta p \qquad (\Delta p \gg p_0) \tag{1-11-5}$$

$$\Delta n = \Delta p \tag{1-11-6}$$

从表 1-3 可以看出，虽然多子电子浓度的变化是可以忽略的，但少子空穴的浓度却增加了几个数量级。非平衡载流子在数量上对多子和少子的影响有很大的差别。

表 1-3 $N_d = 2.25\times10^{15}\text{cm}^3$ 的 N 型硅注入载流子情况对比

载流子密度/cm^{-3}	注入情况		
	平衡态	低水平	高水平
过量载流子 Δn	0	10^{13}	10^{16}
多数载流子 n_0	2.25×10^{15}	2.26×10^{15}	1.225×10^{16}
少数载流子 p_0	10^5	10^{13}	10^{16}

另一种情况是，若注入的过量载流子浓度 Δn 可以和热平衡多子浓度 n_0 相比较，则称为**高水平注入或大注入**。这些情况如表 1-3 所示。

需要指出的是，载流子的总浓度总是等于平衡载流子浓度和过量载流子浓度的总和。高水平注入往往使数学分析格外复杂，但由于它们对器件的性能并不能提供更多的物理解答，因此，只要有可能，就尽量忽略高水平注入的效应。

非平衡载流子是在外界作用下产生的，它们的存在相应于非平衡情况。当外界作用撤除以后，由于半导体的内部作用，非平衡载流子将逐渐消失，也就是导带中的非平衡电子落入到价带的空状态中，使电子和空穴成对地消失，这个过程称为**非平衡载流子的复合**。

非平衡载流子的复合是半导体由非平衡态趋向平衡态的一种弛豫过程，它是属于统计性的过程。事实上，即使在平衡态的半导体中，载流子产生和复合的微观过程也在不断地进行。通常把单位时间、单位体积内产生的载流子数称为载流子的**产生率**，而把单位时间、单位体积内复合的载流子数称为载流子的**复合率**。在热平衡情况下，由于半导体的内部作用，产生率和复合率相等，使载流子浓度维持一定，产生与复合之间达到相对平衡。当有外界作用时(如光照)，产生与复合之间的相对平衡被破坏，产生率将大于复合率，使半导体中载流子的数目增多，即产生非平衡载流子。随着非平衡载流子数目的增多，复合率增大，当产生和复合这两个过程的速率相等时，非平衡载流子的数目不再增加，达到稳定值。在外界作用撤除以后，复合率超过产生率，结果使非平衡载流子的数目逐渐减少，最后恢复到热平衡情况。

实验证明，在只存在体内复合的简单情况下，如果非平衡载流子的数目不是太大，则在

单位时间内，由于少子与多子的复合而引起非平衡载流子浓度的减少率$-\mathrm{d}\Delta p/\mathrm{d}t$与它们的浓度$\Delta p$成比例，即

$$-\frac{\mathrm{d}\Delta p}{\mathrm{d}t} \propto \Delta p$$

引入比例系数 $1/\tau$，则可写成等式

$$\frac{\mathrm{d}\Delta p}{\mathrm{d}t} = -\frac{\Delta p}{\tau} \tag{1-11-7}$$

式中，$1/\tau$ 是单位时间内每个非平衡载流子被复合掉的概率。$-\mathrm{d}\Delta p/\mathrm{d}t$ 是单位时间、单位体积内复合掉的载流子数，所以 $\Delta p/\tau$ 就是非平衡载流子的**净复合率**。后面讨论非平衡载流子问题要用到这个物理量。

求解式(1-11-7)，可得

$$\Delta p = \Delta p_0 \mathrm{e}^{-t/\tau} \tag{1-11-8}$$

式中，Δp_0是初始时刻$(t=0)$时的非平衡载流子浓度。式(1-11-8)表明，非平衡载流子浓度随时间按指数规律衰减，τ 是反映衰减快慢的时间常数。τ 越大，Δp 衰减得越慢。τ 是 Δp 衰减到 Δp_0 的 1/e 所用的时间。

在 t 至 $t+\mathrm{d}t$ 时间内复合掉的载流子数为$(1/\tau)\Delta p\mathrm{d}t = (1/\tau)\Delta p_0\mathrm{e}^{-t/\tau}\mathrm{d}t$。假设这些载流子的存活时间是 t，则$(t/\tau)\Delta p_0\mathrm{e}^{-t/\tau}\mathrm{d}t$ 是这些载流子存活时间的总和。对所有时间积分，就得到 Δp_0 个载流子存活时间的总和，再除以 Δp_0 便得到载流子平均存活时间，表示为

$$\overline{t} = \frac{1}{\Delta p_0}\int_0^{\infty}\frac{1}{\tau}\Delta p_0 \mathrm{e}^{-t/\tau} t\mathrm{d}t = \tau \tag{1-11-9}$$

因此，τ 标志着非平衡载流子在复合前平均存在的时间，通常称为非平衡载流子的寿命。

寿命是标志半导体材料质量的主要参数之一，依据半导体材料的种类、纯度和结构完整性的不同，它可以在 $10^{-9}\sim10^{-2}$s 的范围内变化。对于硅和锗容易获得非平衡载流子寿命长的样品，τ 一般可以达到毫秒的数量级。砷化镓的非平衡载流子寿命则很短，约为纳秒的数量级。平面器件用的硅材料，其寿命通常都在几十微秒以上。

1.11 节小结

1.12　准费米能级

在热平衡时，可以用一个统一的费米能级 E_F 来描述半导体中的电子浓度和空穴浓度。但在非平衡时，由于非平衡载流子的注入，系统偏离平衡态，因而没有统一的费米能级。式(1-7-28)和式(1-7-29)不再适用。

1.12.1　准费米能级的定义

在非平衡状态下可以定义 E_{Fn} 和 E_{Fp} 两个量以代替式(1-7-28)和式(1-7-29)中的 E_F，表示为

$$n = n_\mathrm{i}\exp\left(\frac{E_{\mathrm{Fn}} - E_\mathrm{i}}{KT}\right) = n_\mathrm{i}\mathrm{e}^{(\psi-\phi_\mathrm{n})/V_\mathrm{T}} \tag{1-12-1}$$

$$p = n_\mathrm{i}\exp\left(\frac{E_\mathrm{i} - E_{\mathrm{Fp}}}{KT}\right) = n_\mathrm{i}\mathrm{e}^{(\phi_\mathrm{p}-\psi)/V_\mathrm{T}} \tag{1-12-2}$$

式中，E_{Fn}和E_{Fp}分别称为电子和空穴的**准费米能级**，ϕ_{n}和ϕ_{p}分别为相应的**准费米势**，表示为

$$\phi_{\mathrm{n}} \equiv -\frac{E_{\mathrm{Fn}}}{q} \tag{1-12-3}$$

$$\phi_{\mathrm{n}} \equiv -\frac{E_{\mathrm{Fp}}}{q} \tag{1-12-4}$$

由式(1-12-1)和式(1-12-2)，有

$$np = n_{\mathrm{i}}^2 \mathrm{e}^{(\phi_{\mathrm{p}}-\phi_{\mathrm{n}})/V_{\mathrm{T}}} \tag{1-12-5}$$

在热平衡条件下，$n=n_0$，$p=p_0$，$\phi_{\mathrm{n}}=\phi_{\mathrm{p}}=\phi$，由式(1-12-5)有

$$n_0 p_0 = n_{\mathrm{i}}^2 \tag{1-12-6}$$

从式(1-12-1)可以看到，随着注入的增加，式(1-12-1)中的差$E_{\mathrm{Fn}}-E_{\mathrm{i}}$随着$n$的增加而增加，这使$E_{\mathrm{Fn}}$更靠近导带底$E_{\mathrm{c}}$。与此类似，由式(1-12-2)可以看到，随着注入的增加，E_{Fp}移向价带顶E_{v}。

1.12.2 修正的欧姆定律

利用式(1-12-1)和式(1-12-2)，可用更简单的形式改写电流方程。对式(1-12-1)微分，得

$$\frac{\mathrm{d}n}{\mathrm{d}x} = \frac{n}{V_{\mathrm{T}}}\left(\frac{\mathrm{d}\psi}{\mathrm{d}x} - \frac{\mathrm{d}\phi_{\mathrm{n}}}{\mathrm{d}x}\right) \tag{1-12-7}$$

把式(1-12-1)、式(1-10-3)及式(1-12-4)代入式(1-9-28)中，电子电流方程变成

$$J_{\mathrm{n}} = \frac{I_{\mathrm{n}}}{A} = -qn\mu_{\mathrm{n}}\frac{\mathrm{d}\phi_{\mathrm{n}}}{\mathrm{d}x} = -\sigma_{\mathrm{n}}(x)\frac{\mathrm{d}\phi_{\mathrm{n}}}{\mathrm{d}x} \tag{1-12-8}$$

同样，对于空穴电流有

$$J_{\mathrm{p}} = \frac{I_{\mathrm{p}}}{A} = -qp\mu_{\mathrm{p}}\frac{\mathrm{d}\phi_{\mathrm{p}}}{\mathrm{d}x} = -\sigma_{\mathrm{p}}(x)\frac{\mathrm{d}\phi_{\mathrm{p}}}{\mathrm{d}x} \tag{1-12-9}$$

式(1-12-8)和式(1-12-9)称为**修正的欧姆定律**，其中

$$\sigma_{\mathrm{n}}(x) = qn(x)\mu_{\mathrm{n}} \tag{1-12-10}$$

和

$$\sigma_{\mathrm{p}}(x) = qp(x)\mu_{\mathrm{p}} \tag{1-12-11}$$

分别称为电子和空穴的**等效电导率**。修正的欧姆定律虽然在形式上和欧姆定律一致，但它包括了载流子的漂移和扩散的综合效应。

1.12 节小结

1.13 复合机制

半导体中非平衡载流子的复合过程，根据电子和空穴所经历的状态，可以分为**直接复合**和**间接复合**两种类型。在直接复合过程中，电子由导带直接跃迁到价带的空状态，使电子和空穴成对消失。直接复合也称为**带间复合**。如果直接复合过程中同时发射光子，则称为**直接辐射复合**或**带间辐射复合**。

间接复合中最主要的是通过**复合中心**的复合。复合中心是指晶体中的一些杂质或缺陷，它们在禁带中引入离导带底和价带顶都比较远的局域化能级，即**复合中心能级**。在间接复合过程中，电子跃迁到复合中心能级，然后再跃迁到价带的空状态，使电子和空穴成对地消失。换一种说法是，复合中心从导带俘获一个电子，再从价带俘获一个空穴，完成电子-空穴对的

复合。电子-空穴对的产生过程也是通过复合中心分两步完成的。在多数情况下，间接复合不能产生光子，因此也称为**非辐射复合**。

1.13.1　直接复合

直接复合过程如图 1-23 所示。图中 a 表示电子-空穴对的复合，b 表示 a 的逆过程，即电子-空穴对的产生。为明确起见，图 1-23 中所画的是跃迁前的情况，导带只画电子，价带只画空穴，箭头表示电子跃迁的方向。

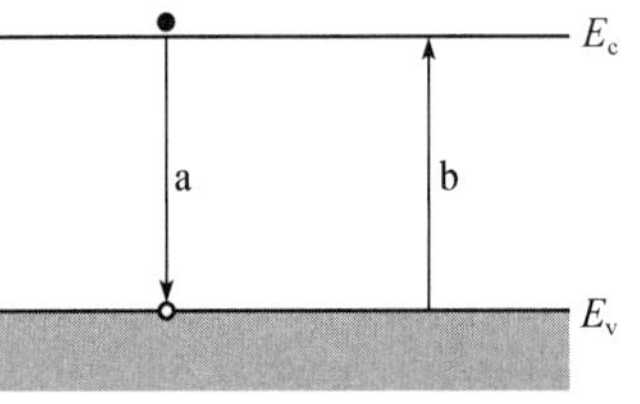

图 1-23　直接复合

在直接复合过程中，单位时间、单位体积半导体中复合掉的电子-空穴对数称为**复合率**。复合率 R 应当与电子浓度 n 和空穴浓度 p 成正比，即

$$R = rnp \tag{1-13-1}$$

式中，比例系数 r 称为**概率系数或复合系数**。在一定温度下，r 有完全确定的值，与电子和空穴的浓度无关。上述过程的逆过程是电子-空穴对的产生过程。它是价带电子激发到导带中的空状态的过程。单位时间、单位体积半导体中产生的电子-空穴对数称为**产生率**。如果价带中缺少一些电子，也就是说，存在一些空穴，产生率就会相应地减少。同样，如果导带中有些状态已经被电子占据，当然也会影响产生率。但是在非简并的情况下，无论价带中的空穴数与价带状态数的比例，还是导带中的电子数与导带状态数的比例，都是非常小的。可以近似地认为，价带上基本充满电子，而导带上基本是空的。于是，产生率 G 与载流子浓度 n 和 p 无关。因此，在所有非简并的情况下，产生率基本是相同的，就等于热平衡的产生率 G_0。于是产生率为

$$G = G_0 = R_0 = rn_0 p_0 = rn_i^2 \tag{1-13-2}$$

在非平衡情况下，电子-空穴对的净复合率 U 为

$$U = R - G = r(np - n_0 p_0) \tag{1-13-3}$$

将 $n = n_0 + \Delta n$、$p = p_0 + \Delta p$ 和 $\Delta n = \Delta p$ 代入式(1-13-3)，则得到

$$U = r(n_0 + p_0 + \Delta p)\Delta p \tag{1-13-4}$$

净复合率与载流子寿命的关系为

$$U = \frac{\Delta p}{\tau} \tag{1-13-5}$$

将式(1-13-5)与式(1-13-4)相比较，便得到寿命为

$$\tau = \frac{1}{r(n_0 + p_0 + \Delta p)} \tag{1-13-6}$$

在小注入条件下，$\Delta p \ll n_0 + p_0$，式(1-13-6)可近似为

$$\tau = \frac{1}{r(n_0 + p_0)} \tag{1-13-7}$$

对于本征半导体，有

$$\tau_i = \frac{1}{2rn_i} \tag{1-13-8}$$

对于 N 型和 P 型半导体，分别为

$$\text{N 型：}\tau_p \approx \frac{1}{rn_0} = \frac{1}{rN_d} \qquad \text{（杂质饱和电离）} \tag{1-13-9}$$

$$\text{P 型：}\tau_n \approx \frac{1}{rp_0} = \frac{1}{rN_a} \qquad \text{（杂质饱和电离）} \tag{1-13-10}$$

式(1-13-9)和式(1-13-10)说明，在掺杂半导体中，非平衡少子的寿命比在本征半导体中的短。τ 和多子浓度成反比，即和杂质浓度成反比。也可以说，样品的电导率越高，非平衡少子的寿命越短。

1.13.2 通过复合中心的复合

用 E_t 表示复合中心能级，N_t 和 n_t 分别表示复合中心浓度和复合中心上的电子浓度。通过复合中心的复合和产生有四种过程，如图 1-24 所示。图中过程 a 表示的是电子被复合中心俘获的过程。过程 b 是过程 a 的逆过程，是电子的产生过程，它表示复合中心上的电子激发到导带的空状态。过程 c 是空穴被复合中心俘获的过程。过程 d 是过程 c 的逆过程，即空穴的产生过程，它表示复合中心上的空穴跃迁到价带或者说价带电子跃迁到复合中心的空状态。

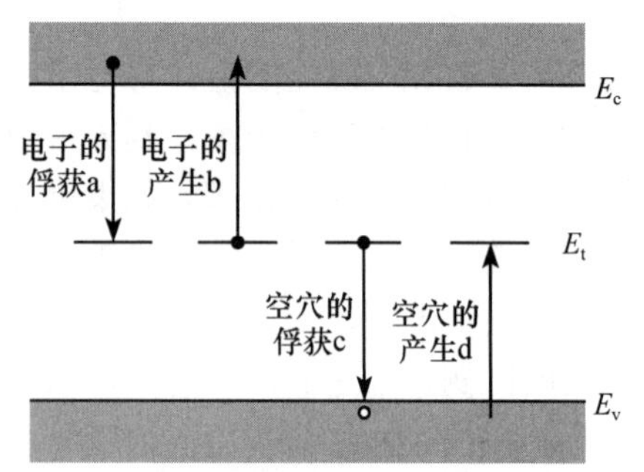

图 1-24 通过复合中心的复合和产生

1. 电子的俘获过程

电子被复合中心俘获的概率应该与电子的浓度 n 和空的复合中心密度(N_t-n_t)成正比。所以电子的俘获率 R_n 可以表示为

$$R_n = C_n n(N_t - n_t) \tag{1-13-11}$$

式中，C_n 称为**电子的俘获系数**。

2. 电子的产生过程

在一定温度下，复合中心上的每个电子都有一定的概率激发到导带中的空状态。在非简并情况下，可以认为导带基本上是空的，于是电子激发到导带的激发概率 s_n 与导带电子浓度无关。如果复合中心上的电子浓度为 n_t，则产生率 G_n 应当与 n_t 成正比，即

$$G_n = s_n n_t \tag{1-13-12}$$

在热平衡情况下，电子的产生率和俘获率相等，即

$$s_n n_{t0} = C_n n_0 (N_t - n_{t0}) \tag{1-13-13}$$

式中，n_0 为平衡时的导带电子浓度，即

$$n_0 = N_c \exp\left(-\frac{E_c - E_F}{KT}\right) \tag{1-13-14}$$

n_{t0} 是复合中心上的电子浓度，取为

$$n_{t0} = \frac{N_t}{\exp\left(\frac{E_t - E_F}{KT}\right) + 1} \tag{1-13-15}$$

将式(1-13-14)和式(1-13-15)代入式(1-13-13)，可得

$$s_n = C_n N_c \exp\left(-\frac{E_c - E_t}{KT}\right) = C_n n_1 \tag{1-13-16}$$

式中

$$n_1 = N_c \exp\left(-\frac{E_c - E_t}{KT}\right) = n_i \exp\left(\frac{E_t - E_i}{KT}\right) \tag{1-13-17}$$

利用式(1-13-16)，产生率可改写为

$$G_n = C_n n_1 n_t \tag{1-13-18}$$

3. 空穴的俘获过程

只有每个被电子占据的复合中心才能从价带俘获空穴，所以每个空穴被俘获的概率与 n_t 和 p 成正比。于是，空穴的俘获率可以写为

$$R_p = C_p p n_t \tag{1-13-19}$$

式中，比例系数 C_p 称为**空穴的俘获系数**。

4. 空穴的产生过程

只有被空穴占据的复合中心才能向价带激发空穴。在非简并情况下，价带基本上充满电子，空穴浓度很低。复合中心上的空穴激发到价带的概率 s_p 与价带空穴浓度无关。因此，空穴的产生率可以表示为

$$G_p = s_p (N_t - n_t) \tag{1-13-20}$$

式中，$N_t - n_t$ 为复合中心上的空穴浓度。

在热平衡时，空穴的产生率与俘获率相等，即

$$s_p (N_t - n_{t0}) = C_p p_0 n_{t0} \tag{1-13-21}$$

式中，p_0 为热平衡空穴浓度，表示为

$$p_0 = N_v \exp\left(-\frac{E_F - E_v}{KT}\right) \tag{1-13-22}$$

将式(1-13-22)和式(1-13-15)代入式(1-13-21)可得

$$s_p = C_p p_1 \tag{1-13-23}$$

式中

$$p_1 = N_v \exp\left(-\frac{E_t - E_v}{KT}\right) = n_i \exp\left(\frac{E_i - E_t}{KT}\right) \tag{1-13-24}$$

利用式(1-13-23)，空穴的产生率可写成

$$G_p = C_p p_1 (N_t - n_t) \tag{1-13-25}$$

5. 肖克利-里德(Shockley-Read)公式

式(1-13-11)和式(1-13-18)分别代表电子在导带和复合中心能级之间跃迁引起的俘获和产生过程，从中可以得出电子的净俘获率为

$$U_n = R_n - G_n = C_n[n(N_t - n_t) - n_1 n_t] \tag{1-13-26}$$

如图 1-24 所示，过程 c 和过程 d 可以看成空穴在价带和复合中心能级的跃迁所引起的俘获和产生过程。于是空穴的净俘获率为

$$U_p = R_p - G_p = C_p[p n_t - p_1 (N_t - n_t)] \tag{1-13-27}$$

通过复合中心的复合，一般都是在稳态情况下导出非平衡载流子寿命公式。达到稳态的

条件是维持恒定的外界激发源。在稳态下，各种能级上的电子和空穴数目应该保持不变，这称为**细致平衡原理**。显然，复合中心能级上的电子浓度不变的条件是，复合中心对电子的净俘获率 U_n 必须等于对空穴的净俘获率 U_p，并且这也就是电子-空穴对的净复合率 U，即

$$U = U_n = U_p \tag{1-13-28}$$

由式(1-13-26)和式(1-13-27)，有

$$C_n[n(N_t - n_t) - n_1 n_t] = C_p[p n_t - p_1(N_t - n_t)] \tag{1-13-29}$$

从而得出

$$n_t = \frac{N_t(C_n n + C_p p)}{C_n(n + n_1) + C_p(p + p_1)} \tag{1-13-30}$$

把 n_t 代入式(1-13-29)的左端或右端，且由于 $n_1 p_1 = n_i^2$，便得到电子和空穴的净俘获率为

$$U = \frac{C_p C_n N_t(np - n_i^2)}{C_n(n + n_1) + C_p(p + p_1)} \tag{1-13-31}$$

引入

$$\frac{1}{\tau_n} = C_n N_t, \qquad \frac{1}{\tau_p} = C_p N_t \tag{1-13-32}$$

显然 $1/\tau_p$ 表示复合中心充满电子时，对每个空穴的俘获概率，而 $1/\tau_n$ 表示复合中心充满空穴时对每个电子的俘获概率。

利用式(1-13-32)，式(1-13-31)可表示为

$$U = \frac{np - n_i^2}{\tau_p(n + n_1) + \tau_n(p + p_1)} \tag{1-13-33}$$

由

$$n = n_0 + \Delta n, \qquad p = p_0 + \Delta p$$

并假设

$$\Delta p = \Delta n$$

在小注入条件下，$\Delta p \ll n_0 + p_0$，式(1-13-33)可写成

$$U = \frac{(n_0 + p_0)\Delta p}{\tau_p(n_0 + n_1) + \tau_n(p_0 + p_1)} \tag{1-13-34}$$

根据寿命公式 $U = \Delta p/\tau$，则得到

$$\tau = \tau_p \frac{n_0 + n_1}{n_0 + p_0} + \tau_n \frac{p_0 + p_1}{n_0 + p_0} \tag{1-13-35}$$

式(1-13-35)就是通过复合中心复合的小注入寿命公式，也称为**肖克利-里德公式**。

在一般情况下，如果考虑复合中心上电子浓度的变化 Δn_t，则电中性条件应当写成

$$\Delta p = \Delta n + \Delta n_t \tag{1-13-36}$$

在这种情况下

$$U = \frac{\Delta n}{\tau_n'} = \frac{\Delta p}{\tau_p'} \tag{1-13-37}$$

式中，τ'_n 和 τ'_p 分别为非平衡电子和非平衡空穴的寿命。由于式(1-13-37)中的 $\Delta p \neq \Delta n$，因此非平衡电子和非平衡空穴的寿命不再相等。只有当复合中心的浓度远小于多数载流子浓度时，

电中性条件 $\Delta p = \Delta n$ 才近似地成立，也才有 $\tau'_{p} = \tau'_{n} = \tau$。因此，式(1-13-35)实际上是低复合中心浓度下的寿命公式。

复合中心能级 E_t 在禁带中的位置不同对非平衡载流子复合的影响将有很大的差别。一般来说，只有杂质的能级 E_t 比费米能级离导带底或价带顶更远的深能级杂质，才能成为有效的复合中心。

为简单计算，假设复合中心对电子和空穴的俘获系数相等，这时 $\tau_p = \tau_n$，令 $\tau_p = \tau_n = \tau_0$，净复合率公式(1-13-34)可改写成

$$U = \frac{1}{\tau_0} \frac{np - n_i^2}{(n+p)+(n_1+p_1)} \tag{1-13-38}$$

将式(1-13-17)和式(1-13-24)代入式(1-13-38)，则有

$$U = \frac{1}{\tau_0} \frac{np - n_i^2}{(n+p) + 2n_i \cosh\left(\dfrac{E_t - E_i}{KT}\right)} \tag{1-13-39}$$

容易看出，当 $E_t = E_i$ 时，式(1-13-39)分母中的第二项的值最小，U 的值最大。也就是说，当复合中心能级与本征费米能级重合时，复合中心的复合作用最强，寿命 τ 达到极小值。当 $E_t \neq E_i$ 时，无论 E_t 在 E_i 的上方还是在 E_i 的下方，它与 E_i 的距离越大，复合中心的复合作用越弱，寿命的值越大。

1.13 节小结

1.14　表面复合和表面复合速度

以上讨论的复合过程都发生在半导体的体内。载流子的类似活动也会发生在半导体的表面。事实上，晶格结构在表面出现的不连续性在禁带中引入了大量的能量状态，这些能量状态称为**表面态**。它们大大地增加了表面区域的载流子复合率。除表面态外，还存在着由于紧贴表面的层内的吸附离子、分子或机械损伤等所造成的其他缺陷。例如，吸附的离子可能带电，这样在接近表面处就形成一层空间电荷层。不论表面缺陷的来源是什么，实验证明在表面处的复合率和表面处的非平衡载流子浓度 Δp 成正比，因此**表面复合率**(在单位时间、单位表面积上复合的非平衡载流子数目)可以表示为

$$U_S = S\Delta p \tag{1-14-1}$$

式中，比例系数 S 具有速度的量纲，称为**表面复合速度**。根据式(1-14-1)可以给 S 下一个直观的定义：由于表面复合而失去的非平衡载流子的数目，就等于在表面处以大小为 S 的垂直速度流出表面的非平衡载流子的数量。

表面复合使得在半导体表面非平衡少子的浓度低于体内非平衡少子的浓度。这就形成了一个由体内到表面的浓度梯度，而且非平衡少子浓度越大，U_S 越大，这个浓度梯度越大。这种浓度梯度将产生一个扩散电流，它等于表面复合电流，即

$$-qD_p \left.\frac{d\Delta p}{dx}\right|_{x=0} = qU_S = qS\Delta p \tag{1-14-2}$$

然而，在表面还必须有同等数目的电子以完成复合。因此，电子电流和空穴电流正好互相抵消，结果使得表面净电流为零。

表面复合速度的大小随大气条件和所经受的表面处理情况而变化，可能在一个宽广的范

围内变动。在早期的晶体管研制中，表面漏电和击穿是影响器件性能的严重问题。平面硅器件采用氧化硅钝化技术已减少了这方面的问题。

1.14 节小结

1.15　半导体中的基本控制方程

1. 连续性方程

在半导体中取一单位体积，在单位时间、单位体积内空穴数量的改变与以下因素有关：单位时间流出该体积的空穴数等于空穴流密度 $\boldsymbol{S}_p$ 的散度 $\nabla\cdot\boldsymbol{S}_p$；由于外界作用，该体积内单位时间内产生的空穴数等于产生率 G；单位时间该体积内由于复合而减少的空穴数等于空穴的复合率 $U=\Delta p/\tau_p$。若不存在陷阱效应和其他效应，粒子数守恒要求单位时间内单位体积增加的空穴数为

$$\frac{\partial p}{\partial t}=-\nabla\cdot\boldsymbol{S}_p+G-\frac{\Delta p}{\tau_p} \tag{1-15-1}$$

式中，τ_p 为非平衡空穴的寿命。同理，对于电子有

$$\frac{\partial n}{\partial t}=-\nabla\cdot\boldsymbol{S}_n+G-\frac{\Delta n}{\tau_n} \tag{1-15-2}$$

式中，τ_n 为非平衡电子的寿命。式(1-15-1)和式(1-15-2)称为载流子的连续性方程，它是粒子数守恒的具体表现。

将式(1-9-24)和式(1-9-25)分别代入式(1-15-1)和式(1-15-2)中，可得

$$\frac{\partial p}{\partial t}=D_p\nabla^2 p-\mu_p\mathscr{E}\cdot\nabla p-\mu_p p\nabla\cdot\mathscr{E}+G-\frac{\Delta p}{\tau_p} \tag{1-15-3}$$

$$\frac{\partial n}{\partial t}=D_n\nabla^2 n+\mu_n\mathscr{E}\cdot\nabla n+\mu_n n\nabla\cdot\mathscr{E}+G-\frac{\Delta n}{\tau_n} \tag{1-15-4}$$

在一维情况下，式(1-15-3)和式(1-15-4)变成

$$\frac{\partial p}{\partial t}=D_p\frac{\partial^2 p}{\partial x^2}-\mu_p\mathscr{E}\frac{\partial p}{\partial x}-\mu_p p\frac{\partial}{\partial x}\mathscr{E}+G-\frac{\Delta p}{\tau_p} \tag{1-15-5}$$

$$\frac{\partial n}{\partial t}=D_n\frac{\partial^2 n}{\partial x^2}+\mu_n\mathscr{E}\cdot\frac{\partial n}{\partial x}+\mu_n n\frac{\partial}{\partial x}\mathscr{E}+G-\frac{\Delta n}{\tau_n} \tag{1-15-6}$$

在式(1-15-5)和式(1-15-6)中，等式右边第一项是由于扩散流密度不均匀引起的载流子积累，第二项是漂移过程中由于载流子浓度不均匀引起的载流子积累，第三项是在不均匀的电场中因漂移速度随位置的变化而引起的载流子积累。

在连续性方程式(1-15-5)和式(1-15-6)中，电场是外加电场和载流子扩散产生的自建电场之和，它与非平衡载流子浓度之间满足泊松方程，即

$$\frac{\partial}{\partial x}\mathscr{E}=\frac{q(\Delta p-\Delta n)}{\varepsilon_r\varepsilon_0} \tag{1-15-7}$$

式中，ε_r 为相对介电常数，ε_0 为真空介电常数，其数值为 $8.85418\times10^{-14}\,\text{F/cm}$。在严格满足电中性条件，即 $\Delta p=\Delta n$ 的情况下，$\partial\mathscr{E}/\partial x=0$，则式(1-15-5)和式(1-15-6)变成

$$\frac{\partial p}{\partial t}=D_{\mathrm{p}}\frac{\partial^2 p}{\partial x^2}-\mu_{\mathrm{p}}\mathscr{E}\frac{\partial p}{\partial x}+G-\frac{\Delta p}{\tau_{\mathrm{p}}}\mathscr{E} \tag{1-15-8}$$

$$\frac{\partial n}{\partial t}=D_{\mathrm{n}}\frac{\partial^2 n}{\partial x^2}+\mu_{\mathrm{n}}\mathscr{E}\cdot\frac{\partial n}{\partial x}+G-\frac{\Delta n}{\tau_{\mathrm{n}}} \tag{1-15-9}$$

连续性方程也可以用电流密度表示。利用 $\boldsymbol{j}_{\mathrm{p}}=q\boldsymbol{S}_{\mathrm{p}},\boldsymbol{j}_{\mathrm{n}}=-q\boldsymbol{S}_{\mathrm{n}}$，式(1-15-1)和式(1-15-2)可以分别写成

$$\frac{\partial p}{\partial t}=-\frac{1}{q}\nabla\cdot\boldsymbol{j}_{\mathrm{p}}+G-\frac{\Delta p}{\tau_{\mathrm{p}}} \tag{1-15-10}$$

$$\frac{\partial n}{\partial t}=\frac{1}{q}\nabla\cdot\boldsymbol{j}_{\mathrm{n}}+G-\frac{\Delta n}{\tau_{\mathrm{n}}} \tag{1-15-11}$$

在一维情况下

$$\frac{\partial p}{\partial t}=-\frac{1}{q}\frac{\partial j_{\mathrm{p}}}{\partial x}+G-\frac{\Delta p}{\tau_{\mathrm{p}}} \tag{1-15-12}$$

$$\frac{\partial n}{\partial t}=\frac{1}{q}\frac{\partial j_{\mathrm{n}}}{\partial x}+G-\frac{\Delta n}{\tau_{\mathrm{n}}} \tag{1-15-13}$$

2. 泊松方程

半导体作为总体是电中性的，然而存在着局部的荷电区域，这些区域里存在空间电荷。半导体内净的空间电荷量为正电荷总量减去负电荷总量。在饱和电离的情况下，电荷密度为

$$\rho=q(p+N_{\mathrm{d}}-n-N_{\mathrm{a}}) \tag{1-15-14}$$

设空间电荷所形成的电势分布为ψ，则ψ与ρ之间满足泊松方程，表示为

$$\nabla^2\psi=-\frac{\rho}{\varepsilon}=-\frac{q}{\varepsilon}(p+N_{\mathrm{d}}-n-N_{\mathrm{a}}) \tag{1-15-15}$$

式中，$\varepsilon=\varepsilon_{\mathrm{r}}\varepsilon_0$，为半导体的介电常数。

连续性方程、泊松方程和电流方程(1-9-28)、(1-9-29)构成半导体中的**基本控制方程**。当给定初始条件和边界条件时，这些方程将给出确定的电荷分布、电场分布和电流分布。

1.15 节小结

习题

1-1　设晶格常数为 a 的一维晶体，导带极小值附近能量为

$$E_{\mathrm{c}}(k)=\frac{\hbar^2k^2}{3m}+\frac{\hbar^2(k-k_1)^2}{m}$$

价带极大值附近的能量为

$$E_{\mathrm{v}}(k)=\frac{\hbar^2k^2}{6m}-\frac{3\hbar^2k^2}{m}$$

式中，m 为自由电子质量，$k_1=\pi/a$，$a=3.14$Å，试求：

(1) 禁带宽度；

(2) 导带底电子的有效质量；

(3) 价带顶空穴的有效质量。

1-2 在一维情况下，求解下列问题。

(1) 利用周期性边界条件证明：表示独立状态的 k 值数目等于晶体的原胞数。

(2) 设电子能量为 $E=\hbar^2k^2/(2m_n^*)$，并考虑到电子的自旋可以有两种不同的取向，试证明在单位长度的晶体中，单位能量间隔的状态数为 $N(E)=(\sqrt{2m_n^*}/h)E^{-1/2}$。

1-3 设硅晶体导带中电子的纵向有效质量为 m_l，横向有效质量为 m_t，则：

(1) 如果外加电场沿〈100〉方向，试分别写出在〈100〉和〈001〉方向能谷中电子的加速度；

(2) 如果外加电场沿〈110〉方向，试求出〈100〉方向能谷中电子的加速度和电场之间的夹角。

1-4 设导带底在布里渊区中心，导带底 E_c 附近的电子能量可以表示为 $E(k)=E_c+\hbar^2k^2/(2m_n^*)$。式中，$m_n^*$ 是电子的有效质量。试在二维和三维两种情况下，分别求出导带附近的状态密度。

1-5 一块硅片掺磷浓度为 10^{15}cm^{-3}。求室温下(300K)的载流子浓度和费米能级。

1-6 若 N 型半导体中：(1) $N_d=ax$，a 为常数；(2) $N_d=N_0e^{-ax}$。推导出其中的电场。

1-7 (1) 一块硅样品的 $N_d=10^{15}\text{cm}^{-3}$，$\tau_p=1\mu\text{s}$，光照产生率 $G_L=5\times10^{19}\text{cm}^{-3}\text{s}^{-1}$，计算它的电导率和准费米能级。

(2) 求产生的空穴浓度为 10^{15}cm^{-3} 的 G_L 值，它的电导率和费米能级是多少？

1-8 一半导体 $N_a=10^{16}\text{cm}^{-3}$，$\tau_n=10\mu\text{s}$，$n_i=10^{10}\text{cm}^{-3}$，$G_L=10^{18}\text{cm}^{-3}\text{s}^{-1}$，计算 300K(室温)时的准费米能级。

1-9 (1) 一块半无限的 N 型硅片受到光照产生率为 G_L 的均匀光照，写出此条件下的空穴连续方程。

(2) 若在 $x=0$ 处表面复合速度为 S，解新的连续方程，证明稳定态的空穴分布可表示为

$$p_n(x)=p_{n_0}+\tau_pG_L\left(1-\frac{\tau_pSe^{-x/L_p}}{L_p+S\tau_p}\right)\qquad (L_p=\sqrt{D_p\tau_p}\text{，称为空穴扩散长度})$$

1-10 由于在一般的半导体中电子和空穴的迁移率是不同的，所以在电子和空穴数目恰好相等的本征半导体中不显示最高的电阻率。在这种情况下，最高的电阻率是本征半导体电阻率的多少倍？如果 $\mu_n>\mu_p$，最高电阻率的半导体是 N 型的还是 P 型的？

1-11 用光照射 N 型半导体样品(小注入)，假设光被均匀吸收，电子-空穴对的光照产生率为 G_L，空穴的寿命为 τ，光照开始时，即 $t=0$，$\Delta p=0$，试求出：

(1) 光照开始后任意时刻 t 的过量空穴浓度 $\Delta p(t)$；

(2) 在光照下，达到稳定态时的过量空穴浓度。

1-12 施主浓度 $N_d=10^{15}\text{cm}^{-3}$ 的 N 型硅。由于光的照射产生了非平衡载流子 $\Delta n=\Delta p=10^{14}\text{cm}^{-3}$，试计算这种情况下准费米能级的位置，并与原来的费米能级进行比较。

1-13 一个 N 型硅样品，$\mu_p=430\text{cm}^2/(\text{V}\cdot\text{s})$，空穴寿命为 5μs。在它的一个平面形的表面有稳定的空穴注入，过剩空穴浓度 $\Delta p=10^{13}\text{cm}^{-3}$。试计算从这个表面扩散进入半导体内部的空穴电流密度，以及在离表面多远处过剩空穴浓度等于 10^{12}cm^{-3}。

参考文献

爱德华·S·扬, 1981. 半导体器件物理基础. 卢纪译. 北京：人民教育出版社.

曹培栋, 2001. 微电子技术基础. 北京：电子工业出版社.

黄昆, 韩汝琦, 1979. 半导体物理基础. 北京：科学出版社.

黄昆, 谢希德, 1958. 半导体物理学. 北京：科学出版社.

刘恩科, 朱秉升, 罗晋生, 等, 1998. 半导体物理学. 西安：西安交通大学出版社.

刘文明, 1982. 半导体物理学. 长春: 吉林人民出版社.
孟宪章, 康昌鹤, 1993. 半导体物理学. 长春: 吉林大学出版社.
施敏, 1987. 半导体器件物理. 2 版. 黄振岗译. 北京: 电子工业出版社.
施敏, 1992. 半导体器件: 物理和工艺. 王阳元, 嵇光大, 卢文豪译. 北京: 科学出版社.
施敏, 2001. 现代半导体器件物理. 刘晓彦, 贾霖, 康晋锋译. 北京: 科学出版社.
史密斯 R A, 1987. 半导体. 2 版. 高鼎三, 等译. 北京: 科学出版社.
王家骅, 李长健, 牛文成, 1983. 半导体器件物理. 北京: 科学出版社.
叶良修, 1987. 半导体物理学(上、下). 北京: 高等教育出版社.
余秉才, 姚杰, 1989. 半导体器件物理. 广州: 中山大学出版社.
曾树荣, 2002. 半导体器件物理基础. 北京: 北京大学出版社.
张兴, 黄如, 刘晓彦, 2000. 微电子学概论. 北京: 北京大学出版社.
CASEY H C JR, PANISH M B, 1978. Heterostructure lasers. New York: Academic Press.
KIREEV P S, 1978. Semiconductor physics (English Translation). Moscow: Mir Publisher.
NANAVATI R P, 1975. Semiconductor devices. New York: Intext Educational Publishers.
SHUR M, 1975. Physics of semiconductor devices. Englewood Cliffs: Prentice Hall.

第 2 章 PN 结

2.1 引言

教学要求

1. 掌握下列名词、术语和基本概念：结(接触)、PN 结、同质结、异质结、同型结、异型结。
2. 了解 PN 结的四种类型，并能举例说明。

由 P 型半导体和 N 型半导体实现冶金学接触(原子级接触)所形成的结构称为 **PN 结**。PN 结(junction)是几乎所有半导体器件的基本单元。除金属-半导体接触器件外，所有结型器件都由 PN 结构成。PN 结本身就是一种器件——**整流器**。PN 结包含丰富的半导体器件物理知识，掌握 PN 结的物理原理是学习其他半导体器件物理的基础。

任何两种物质(绝缘体除外)的冶金学接触都称为**结**，有时也称为**接触**(contact)。

由同种半导体(如硅)构成的结称为**同质结**，由不同种半导体(如硅和锗)构成的结称为**异质结**。由同种导电类型的半导体(如 P 型硅和 P 型硅、N 型硅和 N 型锗)构成的结称为**同型结**，由不同种导电类型的半导体(如 P 型硅和 N 型硅、P 型硅和 N 型锗)构成的结称为**异型结**。因此半导体结有**同型同质结**、**同型异质结**、**异型同质结**和**异型异质结**之分。广义地说，金属和半导体接触也是异质结，不过为了意义更具体，把它们称为**金属-半导体接触**或**金属-半导体结**(MS 结)。

2.2 PN 结制备工艺

教学要求

1. 掌握下列名词、术语和基本概念：合金结、扩散结、突变结、线性缓变结、氧化、离子注入、杂质扩散、外延、同质外延、异质外延、光刻、正性光刻胶、负性光刻胶、结深。
2. 掌握合金结和扩散结的基本制作工艺流程。
3. 掌握杂质扩散的基本规律，了解恒定表面源扩散和表面有限源扩散两种情形下杂质分布函数的具体形式。
4. 熟练掌握突变结和线性缓变结的杂质分布函数。

2.2.1 合金结

早期制作 PN 结的方法是**合金工艺**，这是将金属与半导体相熔合的一种技术。应用合金工艺制作出的 PN 结也称为**合金结**。以铝硅合金结为例，如图 2-1 所示，将一小块金属铝放置在 N 型<111>取向的硅晶片上，然后升温到略高于铝硅共晶温度(～580℃)，则在铝和硅的界面附近将变为熔融状态的铝硅混合物，然后降低温度，铝硅混合物再结晶。由于铝在硅中是有效的受主杂质，因此，再结晶区域变成重掺杂的 P 型区，从而在 P 型区与 N 型区界面处形成 PN 结。凝固的金属铝与重掺杂的 P 型区可形成良好的**欧姆接触**(详见 4.9 节)，在 N 型区表面蒸镀金锑合金，在大约 400℃下退火后，可在界面处形成重掺杂的 N 型区(锑进入硅中成为有效的施主杂质)，从而在 N 型区也形成良好的欧姆接触。这种方法虽然工艺简单，但是很难控制合金区的杂质浓度。

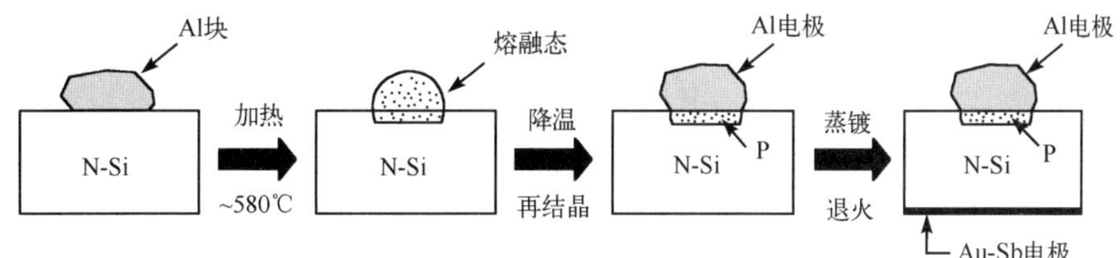

图 2-1 铝硅合金结的制作工艺示意图

2.2.2 平面工艺

20 世纪 70 年代以来，制备硅 PN 结的主要技术是**硅平面工艺**。硅平面工艺主要包括**氧化工艺**、**离子注入工艺**、**扩散工艺**、**外延工艺**、**光刻工艺**、**真空镀膜工艺**、**测试和封装工艺**等。

1. 氧化工艺

硅的**氧化工艺**是指，硅片与高纯氧气或水蒸气在高温条件下发生化学反应，从而在硅片表面生成致密的二氧化硅薄膜的技术方法。二氧化硅薄膜在制作硅基电子器件中具有重要作用：①可屏蔽杂质的扩散；②可消除硅片表面的悬挂键，起到表面钝化作用；③可作为金属-氧化物-半导体(MOS)电容的绝缘介质；④可作为 MOS 场效应晶体管(详见第 6 章)的绝缘栅材料；⑤可作为集成电路中的隔离介质和绝缘介质。如果利用干燥的氧气与硅片直接高温反应生成二氧化硅薄膜，这样的工艺称为**干法氧化**；如果用水蒸气代替干燥氧气，这样的氧化工艺称为**水汽氧化**；如果将氧气通入加热的去离子水携带部分水蒸气后作为氧化气氛，这种氧化工艺称为**湿法氧化**。一般水汽氧化的速度远高于干氧氧化速度，而湿法氧化速度介于二者之间。

2. 离子注入工艺

离子注入工艺是一种半导体掺杂技术，由奥尔(R.Ohl)和肖克莱(W. B. Shockley)于 1950 年发明。离子注入的基本原理是将杂质原子电离，变成带电的杂质离子，杂质离子在强电场下加速，获得很高的动能(10keV～1MeV)后直接入射到半导体基片(靶片)中，再经过退火处理，一方面修复杂质离子轰击造成的晶格缺陷，另一方面杂质离子可占据半导体晶格格点位成为替位式杂质，从而使杂质激活，于是在半导体基片中形成一定的杂质分布。离子注入技术具有很多优点：①在较低的温度下即可实现掺杂；②通过控制杂质离子的通量和动能可精确控制杂质浓度和杂质注入深度；③可通过离子分析器选择具有特定荷质比的杂质离子进行掺杂，避免了其他杂质的混入；④可在较大面积上实现薄而均匀的掺杂；⑤通过控制离子束的聚焦和扫描区域，可以方便地实现局域掺杂。目前，离子注入技术已经成为制作大规模集成电路必不可少的掺杂手段。

3. 扩散工艺

另一种半导体掺杂技术是**扩散工艺**，由富勒(C. S. Fuller)于1956年发明，它是指将一定数量和一定种类的杂质在高温下通过扩散运动掺入半导体基片中的技术。按照不同的杂质源形态进行分类，扩散工艺包括**固态源扩散**、**液态源扩散**和**气态源扩散**。杂质在半导体中的扩散运动满足**菲克定律**(Fick's Law)。杂质通过某一截面的扩散流密度(或扩散通量)J正比于该截面处杂质浓度N的负梯度，比例系数称为杂质的扩散系数D，一维情形下可写为

$$\boldsymbol{J}(x) = -D\frac{\mathrm{d}N(x)}{\mathrm{d}x} \tag{2-2-1}$$

式中的负号说明杂质总是由浓度高的区域向浓度低的区域扩散。式(2-2-1)被称为**菲克第一定律**。在菲克第一定律的基础上，很容易得到**菲克第二定律**，即：考虑非稳态情形，某处杂质浓度随时间的变化率等于该处杂质扩散流密度的负散度，在一维情况下可以表示为

$$\frac{\partial N(x,t)}{\partial t} = -\frac{\partial \boldsymbol{J}(x,t)}{\partial x} = D\frac{\partial^2 N(x,t)}{\partial x^2} \tag{2-2-2}$$

这里假设杂质扩散系数为常数。

如果知道初始条件和边界条件，就可以利用菲克第二定律求解杂质浓度在任意时刻的空间分布。实际的扩散工艺中，通常有以下两种扩散方式。

(1)恒定表面源扩散。

在整个扩散过程中，如果半导体表面的杂质浓度始终保持不变，这种类型的扩散就称为**恒定表面源扩散**。对于恒定表面源扩散，杂质浓度的初始条件和边界条件分别为

$$N(x,0) = 0, \quad (x > 0) \tag{2-2-3}$$

$$N(0,t) = N_\mathrm{s}, \quad N(\infty,t) = 0 \qquad (t \geqslant 0) \tag{2-2-4}$$

式中，N_s为半导体的表面杂质浓度，是一个常数。根据式(2-2-3)和式(2-2-4)求解偏微分方程(2-2-2)，得到的杂质浓度分布具有余误差函数的形式，即：

$$N(x,t) = N_\mathrm{s}\mathrm{erfc}\left(\frac{x}{2\sqrt{Dt}}\right) \tag{2-2-5}$$

由式(2-2-5)描述的杂质浓度分布如图2-2(a)所示。在一定扩散温度下，半导体的表面杂质浓度由该杂质在半导体中的**固溶度**决定。所谓固溶度是指一定温度下杂质在半导体中能够掺入的最大浓度。一般而言，温度越高，则杂质的扩散系数越大，固溶度越高。由图2-2(a)可知，扩散时间越长、扩散温度越高，则扩散到半导体内的杂质总量越大，杂质的扩散深度也越深。

(2)表面有限源扩散。

如果扩散之前在半导体表面先沉积一层杂质，在整个扩散过程中这层杂质作为扩散的杂质源，不再有新的杂质源补充进来，则这种类型的扩散称为**表面有限源扩散**。对于表面有限源扩散，半导体中的杂质总量一直保持不变。假设杂质总量为Q，则表面有限源扩散得到的杂质浓度分布满足高斯分布，即

$$N(x,t) = \frac{Q}{\sqrt{\pi Dt}}\exp\left(-\frac{x^2}{4Dt}\right) \tag{2-2-6}$$

由式(2-2-6)描述的杂质浓度分布如图2-2(b)所示。由于杂质总量不变，图2-2(b)中不同扩散

时间对应的杂质分布曲线下方的面积应该相同。扩散时间越长、扩散温度越高，则杂质的扩散深度越深、半导体表面的杂质浓度越低。

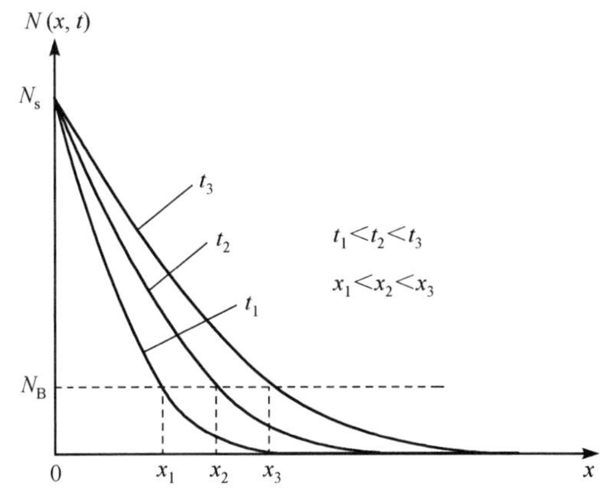

(a) 恒定表面源扩散形成的杂质分布满足余误差函数形式

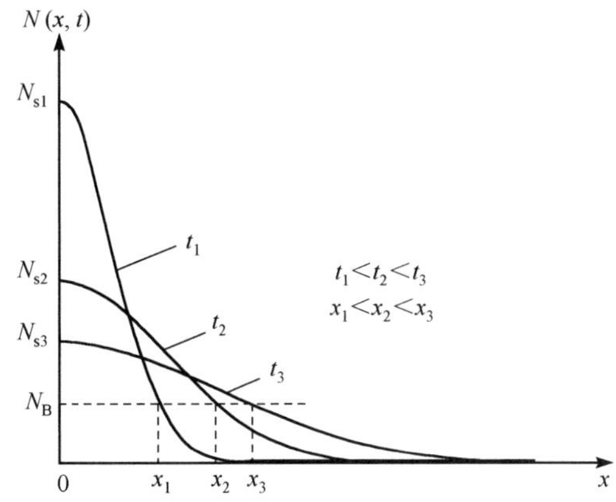

(b) 表面有限源扩散形成的杂质分布满足高斯函数形式

图 2-2 杂质浓度分布示意图

在实际扩散工艺中，通常采用两步法进行扩散。第一步称为**预扩散**或**预沉积**，即：采用恒定表面源扩散方式，在较低温度下、短时间内将杂质扩散到半导体表面附近很浅的一薄层内，目的是控制杂质总量。第二步称为**主扩散**或**再分布**，即：以预扩散引入的杂质为扩散源，采用表面有限源扩散方式，在高温条件下进行扩散，目的是控制表面的杂质浓度和杂质的扩散深度。

4. 外延工艺

1960 年，卢尔(H. H. Loor)和克里斯坦森(H. Christenson)发明了**外延工艺**。外延工艺是一种薄膜生长技术，是指在单晶衬底上沿晶体原来的晶向向外延伸生长一层单晶薄膜或单晶层的方法。利用外延工艺既可以在单晶衬底上生长同一种单晶材料，称为**同质外延**；也可以在单晶衬底上生长另外一种单晶材料，称为**异质外延**。外延技术有很多种，例如：液相外延(LPE)、气相外延(VPE)、分子束外延(MBE)等，现在应用最广的是气相外延技术。常用的气相外延技术包括金属有机化学气相沉积(MOCVD)、低压化学气相沉积(LPCVD)、等离子体增强化学气相沉积(PECVD)等。利用外延技术可以在衬底上生长导电类型不同、杂质浓度不同、杂质分布陡峭的外延层，从而提高器件设计的灵活性，改善器件的性能。

5. 光刻工艺

1970 年，斯皮勒(E. Spiller)和卡斯特兰尼(E. Castellani)发明了**光刻工艺**。光刻工艺是利用光刻胶在紫外线照射下会发生改性的特点将掩膜版上的图形转移到基片上的技术。**光刻胶**是由光敏化合物、树脂和有机溶剂组成的高分子有机化合物。在紫外光的照射下，光刻胶会发生光化学反应，从而实现改性。光刻过程中，让紫外线通过掩膜版照射到附有一层光刻胶的基片表面，这一过程称为**曝光**。由于掩膜版上图形的遮光作用，光刻胶的某些部分会被曝光，而其他部分未被曝光。将曝光后的基片放入特定的有机溶液(显影液)中，溶解去除部分光刻胶，这一过程称为**显影**。如果被曝光区域的光刻胶很容易被显影液溶解去除，而未被曝光区域的光刻胶不溶于显影液，则这种光刻胶称为**正性胶**；反之，如果被曝光区域的光刻胶不溶于显影液得以保留，而未被曝光区域的光刻胶被显影液溶解去除，则这种光刻胶称为**负性胶**。无论是正性胶还是负性胶，经过显影后，掩膜版上的图形将转移到光刻胶上。最后再利用刻蚀技术，由于光刻胶能够保护其下方的基片不被刻蚀，最终将掩膜版上的图形转移到基片上。利用光刻技术可以实现精细的电极图案设计和电极布线、半导体基片的选择性掺杂、器件的表面钝化等。也正是由于光刻技术的发明，才实现了半导体器件的小型化和大规模集成。

真空镀膜工艺主要是指在半导体基片上蒸镀金属电极，本书不做详细介绍。上述工艺与测试和封装工艺等构成了硅平面工艺。正是由于硅平面工艺的发展与成熟，才有大规模集成电路和微电子技术飞速发展的今天。

2.2.3 平面 PN 结

目前，制备 PN 结最普遍的方法是杂质扩散工艺，利用杂质扩散工艺制作的 PN 结称为**扩散结**。图 2-3 给出了典型的采用硅平面工艺制备 PN 结的主要工艺流程及 PN 结结构。通过扩散形成的 P 型区的受主杂质浓度 N_a 一定高于 N 型外延层的施主杂质浓度 N_d，P 型区的有效受主浓度为 $N_a - N_d$。由图 2-2 可知，无论是哪种扩散形式，表面处的杂质浓度最高，随着扩散深度的增加，杂质浓度逐渐降低。显然，对应 $N_a = N_d$ 的位置是 P 型区与 N 型区的分界，即：PN 结的位置。假设半导体体内原有杂质浓度为 N_B，扩散杂质浓度从表面下降到 N_B 时的

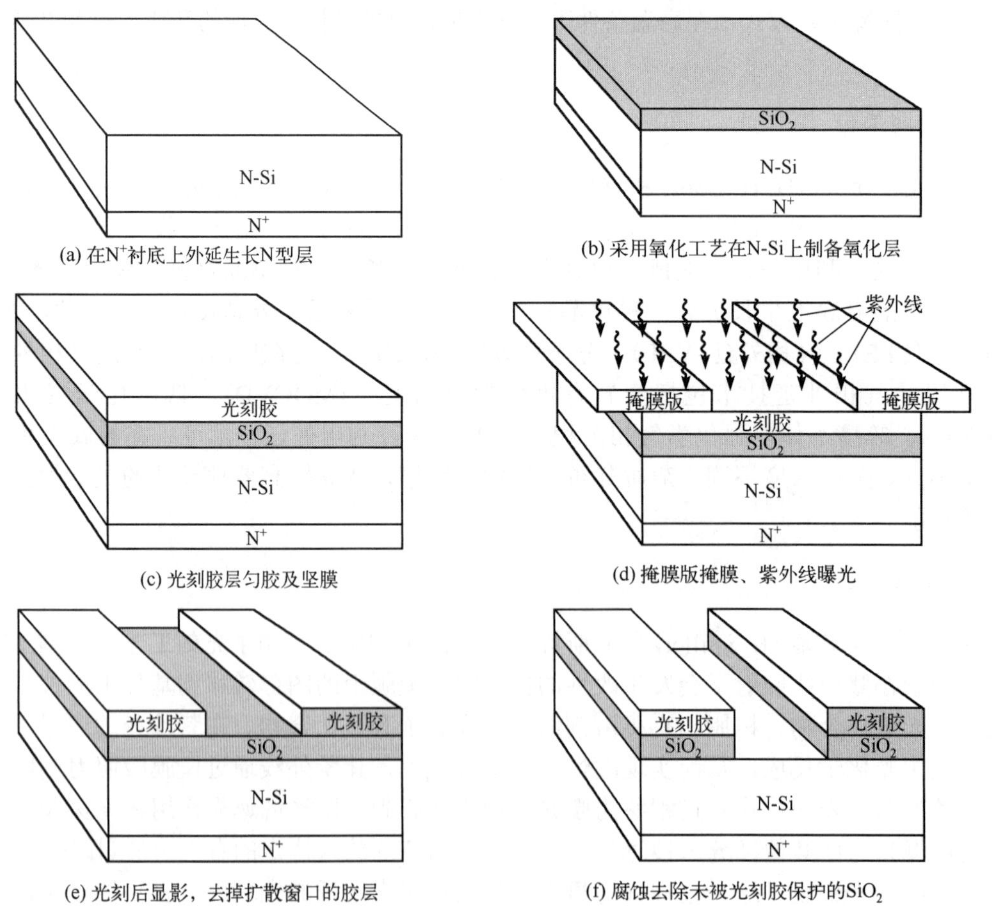

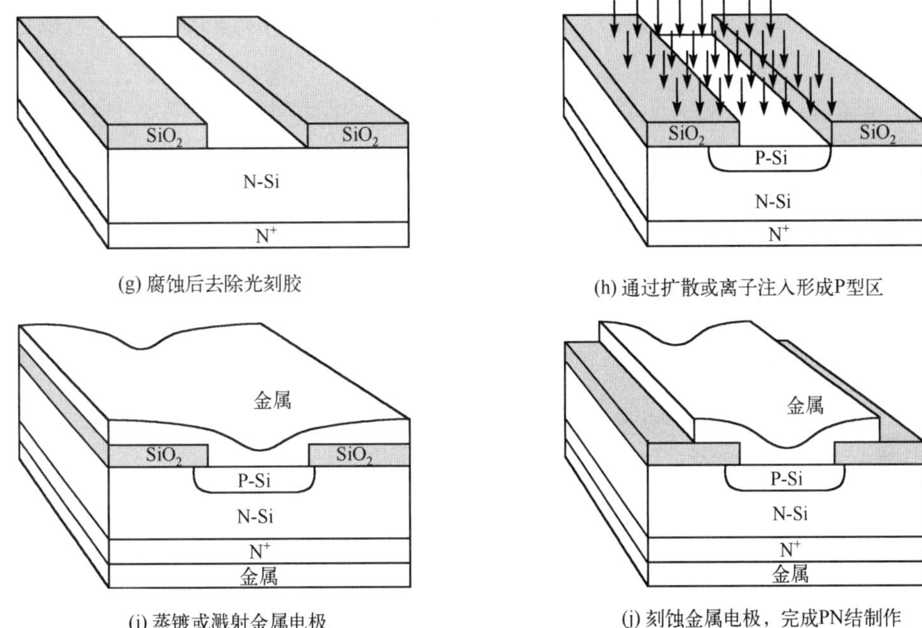

图 2-3　以单晶硅材料为例制作平面 PN 结的主要工艺过程

扩散深度称为 PN 结的**结深**，也就是 PN 结距离半导体表面的长度。如图 2-2 所示，x_1、x_2 和 x_3 分别为经过不同扩散时间所得到的结深。显然，如果扩散系数一定，扩散时间越长，结深越长；如果扩散时间一定，扩散系数越大，结深越长。

2.2.4　突变结和线性缓变结

虽然扩散得到的杂质分布为余误差函数或高斯函数，但是在实际解决 PN 结的问题时，为了数学处理方便，常根据杂质分布的形式，采用近似方法简化杂质分布函数。最常见的有两种近似情况：**突变结**(abrupt junction)近似和**线性缓变结**(linearly graded junction)近似。

合金结及浅扩散结一般满足**突变结近似**，即在 PN 结附近的杂质变化非常陡峭，可以近似认为 P 型区和 N 型区的杂质浓度分别为常数，而在 PN 结处，杂质浓度不连续，是突变的，如图 2-4(a)所示。假设 PN 结所在的位置定义为坐标原点，则突变结的杂质分布可以近似表示为：

$$N(x)=\begin{cases}N_a-N_d\approx N_a, & (x<0)\\ N_a-N_d\approx -N_d, & (x>0)\end{cases} \tag{2-2-7}$$

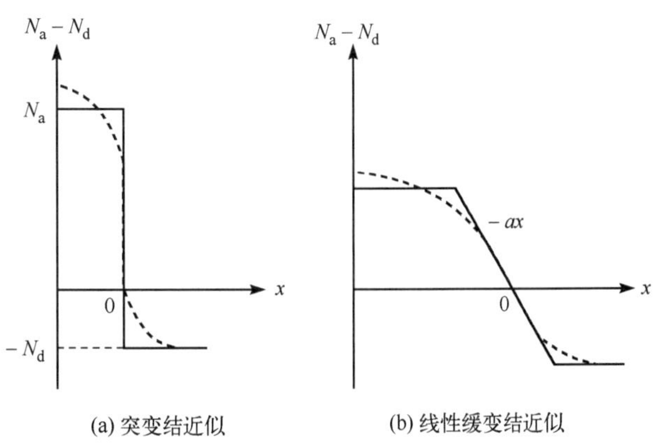

图 2-4　PN 结杂质分布示意图

结深较深的扩散结一般满足**缓变结近似**，即在 PN 结附近的杂质变化比较缓慢，是渐变的。如果 PN 结附近的杂质分布可以近似用空间坐标的线性函数来描述，这样的缓变结即为**线性缓变结**，如图 2-4(b)所示。

如果 PN 结所在的位置定义为坐标原点，则线性缓变结在 PN 结附近的杂质分布可以近似表示为：

$$N(x) = N_a - N_d = -ax \tag{2-2-8}$$

式中，a 为**杂质浓度梯度**，单位为 cm^{-4}。

采用这两种模型进行的理论计算和实际扩散结的一级近似符合得很好。由于突变结更易于作解析描述，因此我们的分析主要建立在突变结的基础上，同时给出线性缓变结的相应结果。

2.2 节小结

2.3 热平衡 PN 结

教学要求

1. 掌握下列名词、术语和基本概念：单边突变结、空间电荷区、耗尽层、耗尽近似、中性区、内建电场、内建电势差、势垒、势垒区。
2. 分别采用费米能级和载流子漂移与扩散的观点解释 PN 结空间电荷区(SCR)的形成。
3. 正确画出热平衡 PN 结的能带图(图 2-5(a))。
4. 导出空间电荷区内建电势差公式(2-3-9)。
5. 利用 Poisson 方程求解突变结和线性缓变结 SCR 内建电场、内建电势、内建电势差和耗尽层宽度。

2.3.1 PN 结空间电荷区

假设在形成 PN 结之前 N 型和 P 型半导体材料在实体上是分离的。在 N 型材料中费米能级靠近导带底，在 P 型材料中费米能级靠近价带顶，如图 2-5(a)所示。当 P 型材料和 N 型材

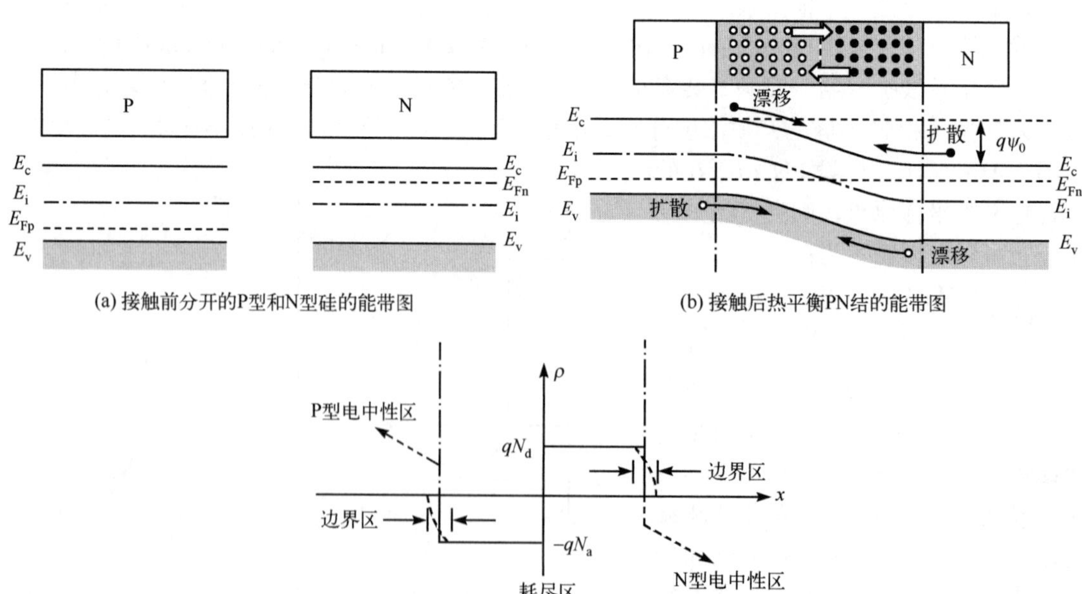

(a) 接触前分开的P型和N型硅的能带图

(b) 接触后热平衡PN结的能带图

(c) 对应的空间电荷分布

图 2-5 PN 结的能带图和空间电荷分布示意图

料形成原子级接触时，费米能级在热平衡时必定恒等，否则，根据修正欧姆定律就要流过电流。恒定费米能级的条件是由电子从 N 型一侧转移至 P 型一侧，空穴沿相反方向转移实现的。热平衡时 PN 结的能带图如图 2-5(b)所示。电子和空穴的转移在 N 型和 P 型各边分别留下没有载流子补偿的固定的施主离子和受主离子，结果建立了如图 2-5(c)所示的两个电荷层。这些荷电的施主离子和受主离子称为**空间电荷**。空间电荷所存在的区域称为**空间电荷层**或**空间电荷区**(space charge region，SCR)。

另外，也可以通过考虑载流子的扩散和漂移得到这种电荷分布。当 N 型和 P 型材料形成接触时，由于在 P 型材料中有多得多的空穴，它们将向 N 型一侧扩散。与此同时，在 N 型一侧的电子将沿着相反的方向向 P 型区扩散。由于电子和空穴的扩散，在互相靠近的 N 侧和 P 侧分别出现了未被补偿的、固定的施主离子和受主离子。空间电荷建立了一个电场，即空间电荷区电场，也叫**内建电场**。内建电场沿着抵消载流子扩散趋势的方向，它使载流子向与扩散运动相反的方向作漂移运动。在热平衡时，载流子的漂移运动和扩散运动达到动态平衡，使得净载流子流为零。结果，建立了如图 2-5(c)所示的电荷分布。

上述讨论说明有两种方法可用于分析半导体器件。采用费米能级和准费米能级不仅能够得到更深入的物理理解，往往还会导致简单而精巧的表示形式，但它不能提供有关载流子和电流分布的具体形式。载流子扩散和漂移的分析直接给出了载流子浓度和电流成分，但它不能提供有关内部物理机制的详细知识。在大多数工程书籍中，采用的是第二种方法。下面将采用这种方法并将准费米能级描述作为讨论的补充。

2.3.2 电场分布与电势分布

电荷分布与静电势之间的关系可用泊松方程(1-15-15)表示。在一维情况下为

$$\frac{\mathrm{d}^2\psi}{\mathrm{d}x^2}=-\frac{\rho}{\varepsilon_0\varepsilon_\mathrm{r}}=-\frac{q}{\varepsilon_0\varepsilon_\mathrm{r}}(p-n+N_\mathrm{d}-N_\mathrm{a}) \tag{2-3-1}$$

电子和空穴密度分别用式(1-10-21)和式(1-10-22)表示。若取费米势为零基准，则可分别采用式(1-10-24)和式(1-10-25)，现重写如下：

$$n=n_i\mathrm{e}^{\psi/V_\mathrm{T}} \tag{2-3-2a}$$

$$p=n_i\mathrm{e}^{-\psi/V_\mathrm{T}} \tag{2-3-2b}$$

式(2-3-1)和式(2-3-2)可适用于 PN 结中的各个区域。这些区域包括：①远离空间电荷区的**中性区**(electric neutral region)；②电离杂质浓度远大于自由载流子浓度的**空间电荷区**，假设该区域完全没有自由载流子(自由载流子被耗尽)，所以该区域又称为**耗尽区**或**耗尽层**(depletion layer)；③中性区和耗尽区之间的**边界层**。在边界层中，既存在着一些电离施主和电离受主，又存在着一些自由载流子，电荷分布是很复杂的。利用计算机计算可知，边界层的宽度约为一个特征长度的 3 倍，此特征长度称为**非本征德拜长度**(debye length)，表示为

$$L_\mathrm{D}=\left(\frac{\varepsilon_0\varepsilon_\mathrm{r}V_\mathrm{T}}{q\left|N_\mathrm{d}-N_\mathrm{a}\right|}\right)^{1/2} \tag{2-3-3}$$

L_D 是对耗尽层边缘锐度的量度。例如，在净杂质浓度为 $10^{16}\,\mathrm{cm}^{-3}$ 的硅中，$L_\mathrm{D}\approx 3\times10^{-6}\,\mathrm{cm}$，通常，边界层远小于耗尽区的宽度，所以它完全可以忽略。于是 PN 结可简单地划分为中性区和耗尽区。由于耗尽区就是空间电荷区，所以耗尽区和空间电荷区两词经常交替使用。

热平衡时，PN结的一维坐标系如图2-6(a)所示，设PN结的结平面位于坐标原点，P区和N区的宽度分别为W_p和W_n，P侧和N侧的耗尽层宽度分别为x_p和x_n。下面分别求解PN结各区域中的电场和电势分布。

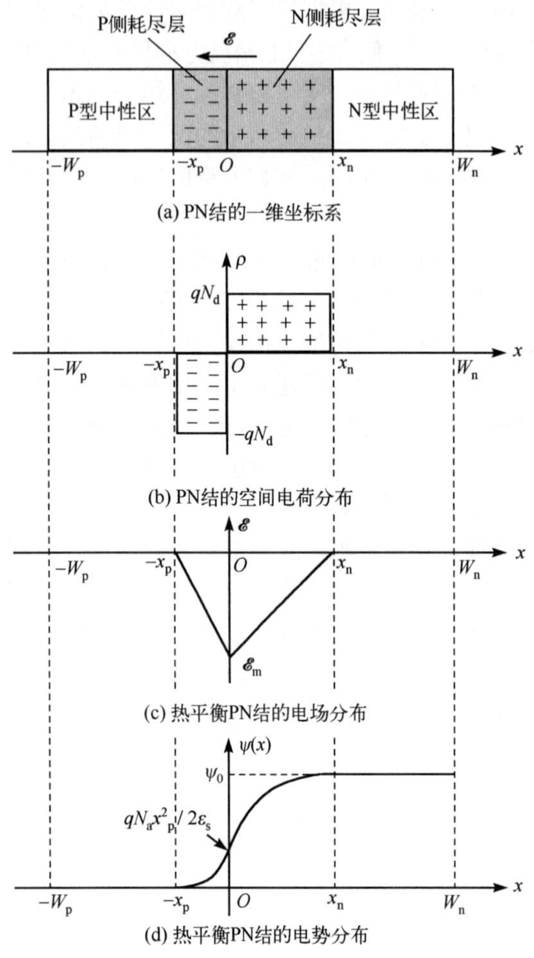

图2-6 热平衡时PN结的一维坐标系及空间电荷、电场和电势分布示意图

1. 中性区

远离空间电荷区的P型区和N型区不存在空间电荷，电阻率很低，称为**中性区**。在中性区，电荷的体密度为零。于是，式(2-3-1)成为

$$\frac{d^2\psi}{dx^2}=0 \tag{2-3-4}$$

$$p-n+N_d-N_a=0 \tag{2-3-5}$$

由于中性区中没有空间电荷，且P型中性区和N型中性区分别位于空间电荷区的两侧，因此，内建电场只能存在于空间电荷区内部，中性区中的电场为零。即

$$\mathscr{E}=-\frac{d\psi}{dx}=0 \tag{2-3-6}$$

由式(2-3-6)可知，P型中性区和N型中性区的电势都应该是与空间坐标无关的常数。热平衡时，PN结有统一的费米能级，如图2-5(b)所示，若取费米势为电势的零点，则由式(2-3-2)可以分别求出P型中性区和N型中性区的静电势。

在P型中性区($-W_p \leqslant x \leqslant -x_p$)，电中性条件为：$p=N_a$，因此，P型中性区的静电势为

$$\psi_p=-V_T\ln\frac{p}{n_i}=-V_T\ln\frac{N_a}{n_i} \tag{2-3-7}$$

在N型中性区($x_n \leqslant x \leqslant W_n$)，电中性条件为：$n=N_d$，因此，N型中性区的静电势为

$$\psi_n=V_T\ln\frac{n}{n_i}=V_T\ln\frac{N_d}{n_i} \tag{2-3-8}$$

可见，N型中性区的静电势高于P型中性区的静电势，二者之间的电势差为

$$\psi_0=\psi_n-\psi_p=V_T\ln\frac{N_dN_a}{n_i^2} \tag{2-3-9}$$

式中，ψ_0称为**内建电势差**(Built-in Potential Difference)或**扩散电势差**。这一电势差降落在热平衡PN结的空间电荷区上。在热平衡情况下，由于ψ_0的存在，电子(空穴)从N(P)区进入到P(N)区需要克服能量势垒$q\psi_0$，如图2-5(b)所示。因此，也把空间电荷区称为**势垒区**。

内建电势差ψ_0也可以由热平衡时费米能级恒定的条件推导出来。根据图2-5中的能带图可知

$$q\psi_0 = (E_{\text{Fn}} - E_{\text{i}}) + (E_{\text{i}} - E_{\text{Fp}}) = kT\ln\frac{N_{\text{d}}N_{\text{a}}}{n_{\text{i}}^2} \tag{2-3-10}$$

等式两边同时除以q，即可得到与式(2-3-9)完全一致的内建电势差公式。

【例2-1】 已知硅PN结，P区掺杂浓度为10^{17}cm^{-3}，N区掺杂浓度为10^{15}cm^{-3}，试计算室温下该PN结热平衡时的内建电势差ψ_0。

解 室温下，$V_{\text{T}} \approx 26\text{mV}$，硅的本征载流子浓度$n_{\text{i}} = 1.45\times10^{10}\text{cm}^{-3}$，将杂质浓度$N_{\text{a}} = 10^{17}\text{cm}^{-3}$，$N_{\text{d}} = 10^{15}\text{cm}^{-3}$代入式(2-3-9)，很容易求得$\psi_0 = 0.71\text{V}$。

例2-1中，若P区掺杂浓度减小一个数量级，即为10^{16}cm^{-3}，其余条件不变，则计算得到内建电势差为$\psi_0 = 0.65\text{V}$。

例2-1中，若制作PN结的材料是砷化镓，不是硅，其余条件不变，则计算得到的内建电势差为$\psi_0 = 1.18\text{V}$。

可见，温度一定的情况下，PN结的内建电势差ψ_0由P区和N区的掺杂浓度决定，掺杂浓度越高，内建电势差ψ_0越大。对于掺杂浓度和温度一定的情况下，禁带宽度越大的半导体材料，本征载流子浓度越低，因而内建电势差ψ_0越大。

为了讨论问题方便，一般将PN结P侧中性区的电势取为电势零点，则N侧中性区的电势应为ψ_0，如图2-6(d)所示。在下面的讨论中，也做这样的势能零点假设。

2. 耗尽区

由于忽略了边界层，因此突变结的空间电荷区可用如图2-6(b)所示的箱式分布表示。在此区域中，与电离杂质浓度相比，自由载流子浓度可以忽略，这称为**耗尽近似**(Depletion Approximation)，这也是把该区域称为耗尽区或耗尽层的缘故。在完全耗尽的区域，自由载流子浓度为零($n = p = 0$)，式(2-3-1)成为

$$\frac{\text{d}^2\psi}{\text{d}x^2} = \frac{q}{\varepsilon_0\varepsilon_{\text{r}}}(N_{\text{a}} - N_{\text{d}}) \tag{2-3-11}$$

于是在N侧和P侧，泊松方程可以分别简化为

$$\frac{\text{d}^2\psi}{\text{d}x^2} = -\frac{qN_{\text{d}}}{\varepsilon_0\varepsilon_{\text{r}}} \qquad (0 \leqslant x \leqslant x_{\text{n}}) \tag{2-3-12}$$

$$\frac{\text{d}^2\psi}{\text{d}x^2} = \frac{qN_{\text{a}}}{\varepsilon_0\varepsilon_{\text{r}}} \qquad (-x_{\text{p}} \leqslant x \leqslant 0) \tag{2-3-13}$$

在N侧耗尽层中，对式(2-3-12)作一次积分，并利用边界条件，即

$$\mathscr{E}(x_n) = -\left.\frac{\text{d}\psi}{\text{d}x}\right|_{x=x_{\text{n}}} = 0 \tag{2-3-14}$$

可得N侧耗尽层中的电场分布：

$$\mathscr{E}(x) = \frac{qN_{\text{d}}}{\varepsilon_0\varepsilon_{\text{r}}}(x - x_{\text{n}}) \qquad (0 \leqslant x \leqslant x_{\text{n}}) \tag{2-3-15}$$

同理，在P侧耗尽层中，对式(2-3-13)作一次积分，并利用边界条件，即

$$\mathscr{E}(x_p) = -\left.\frac{\mathrm{d}\psi}{\mathrm{d}x}\right|_{x=x_p} = 0 \tag{2-3-16}$$

可得 P 侧耗尽层中的电场分布：

$$\mathscr{E}(x) = -\frac{qN_a}{\varepsilon_0\varepsilon_r}(x+x_p) \qquad (-x_p \leqslant x \leqslant 0) \tag{2-3-17}$$

显然，N 侧和 P 侧耗尽层中的电场均为负值，说明电场的方向沿 x 的负方向。由于在 PN 结结平面处（$x=0$）电场应该连续，且电场的强度最大，记为 $\mathscr{E}_m$

$$\mathscr{E}_m = -\frac{qN_a x_p}{\varepsilon_0\varepsilon_r} = -\frac{qN_d x_n}{\varepsilon_0\varepsilon_r} \tag{2-3-18}$$

可见

$$N_a x_p = N_d x_n \tag{2-3-19}$$

这说明 PN 结结平面两侧的正负空间电荷数量相等，半导体整体依然保持电中性，这显然是合理的。式中，x_p 和 x_n 分别表示在 P 侧和 N 侧的空间电荷区(耗尽层)宽度，因而整个空间电荷区宽度 W 为

$$W = x_p + x_n \tag{2-3-20}$$

式(2-3-15)和式(2-3-17)还可以用最大电场强度分别表示为

$$\mathscr{E}(x) = \mathscr{E}_m\left(1-\frac{x}{x_n}\right) \qquad (0 \leqslant x \leqslant x_n) \tag{2-3-21}$$

$$\mathscr{E}(x) = \mathscr{E}_m\left(1+\frac{x}{x_p}\right) \qquad (-x_p \leqslant x \leqslant 0) \tag{2-3-22}$$

PN 结的电场分布如图 2-6(c)所示。由 PN 结的电场分布很容易由下式求得空间电荷区的电势分布，即

$$\psi(x) = \int -\mathscr{E}(x)\mathrm{d}x \tag{2-3-23}$$

将式(2-3-15)代入式(2-3-23)中，可推导出 N 侧空间电荷区的电势分布：

$$\psi(x) = \psi_0 - \frac{qN_d}{2\varepsilon_0\varepsilon_r}(x-x_n)^2 \qquad (0 \leqslant x \leqslant x_n) \tag{2-3-24}$$

这里利用了 $x = x_n$ 处的边界条件，即

$$\psi(x_n) = \psi_0 \tag{2-3-25}$$

将式(2-3-17)代入式(2-3-23)中，可推导出 P 侧空间电荷区的电势分布：

$$\psi(x) = \frac{qN_a}{2\varepsilon_0\varepsilon_r}(x+x_p)^2 \qquad (-x_p \leqslant x \leqslant 0) \tag{2-3-26}$$

这里利用了 $x = -x_p$ 处的边界条件，即

$$\psi(-x_p) = 0 \tag{2-3-27}$$

PN 结的电势分布如图 2-6(d)所示。由 $x=0$ 处电势连续的条件，结合式(2-3-24)和式(2-3-26)可以得到：

$$\psi_0 = \frac{qN_d x_n^2}{2\varepsilon_0\varepsilon_r} + \frac{qN_a x_p^2}{2\varepsilon_0\varepsilon_r} \tag{2-3-28}$$

将式(2-3-19)和式(2-3-28)联立，很容易得到 N 侧和 P 侧空间电荷区的宽度，即

$$x_n = \sqrt{\frac{2\varepsilon_0\varepsilon_r\psi_0}{q(N_d+N_a)}\frac{N_a}{N_d}} \tag{2-3-29}$$

$$x_p = \sqrt{\frac{2\varepsilon_0\varepsilon_r\psi_0}{q(N_d+N_a)}\frac{N_d}{N_a}} \tag{2-3-30}$$

再利用式(2-3-20)，很容易得到空间电荷区的总宽度，即

$$W = \sqrt{\frac{2\varepsilon_0\varepsilon_r\psi_0}{q}\left(\frac{1}{N_a}+\frac{1}{N_d}\right)} \tag{2-3-31}$$

可见，PN 结的空间电荷区的宽度也是由掺杂浓度决定的，掺杂浓度越高，空间电荷区宽度越小。

【例 2-2】 分别计算【例 2-1】中 PN 结的 N 侧、P 侧和总的空间电荷区宽度，以及空间电荷区中的最大电场强度。

解　硅的相对介电常数 $\varepsilon_r = 11.8$，将 $\varepsilon_0 = 8.854\times10^{-14}\,\text{F/cm}$、$q = 1.6\times10^{-19}\,\text{C}$、掺杂浓度和内建电势差分别代入式(2-3-29)、式(2-3-30)和式(2-3-31)，可得 $x_n = 0.958\,\mu\text{m}$，$x_p = 9.58\,\text{nm}$，$W = 0.968\,\mu\text{m}$。

由式(2-3-18)可以求出最大电场强度：

$$\mathscr{E}_m = -\frac{qN_d x_n}{\varepsilon_0\varepsilon_r} = -\frac{1.6\times10^{-19}\,\text{C}\times10^{15}\,\text{cm}^{-3}\times9.58\times10^{-5}\,\text{cm}}{8.854\times10^{-14}\,\text{F/cm}\times11.8} = -1.47\times10^4\,\text{V/cm}$$

可见，PN 结的内建电势差虽然很小，但由于空间电荷区的宽度一般只有微米量级，因此空间电荷区内的电场却很强。

若 PN 结的一侧杂质浓度远高于结的另一侧，则这样的结称为**单边突变结**(one-sided abrupt junction)。单边突变结对于结深很浅的扩散结是一个很好的近似。在例 2-1 和例 2-2 中的 PN 结就属于单边突变结。若 P 侧掺杂浓度远高于 N 侧掺杂浓度，常称为 **P^+N 结**；若 N 侧掺杂浓度远高于 P 侧掺杂浓度，则称为 **N^+P 结或 PN^+ 结**。

由例 2-2 可知，在 P^+N 结中，由于 $N_a \gg N_d$，则 $x_n \gg x_p$，因此空间电荷区主要集中在低掺杂的 N 侧，由式(2-3-29)和式(2-3-31)可知：

$$W \approx x_n \approx \left(\frac{2\varepsilon_0\varepsilon_r\psi_0}{qN_d}\right)^{1/2} \tag{2-3-32}$$

这在物理上意味着在重掺杂一边的空间电荷层的厚度是可忽略的。由于 x_p 很小，由电势连续性可知，内建电势差的绝大部分都降落在低掺杂的 N 侧空间电荷区上，重掺杂的 P 侧空间电荷区上的电势差可以忽略。由式(2-3-32)很容易得到：

$$\psi_0 \approx \frac{qN_d x_n^2}{2\varepsilon_0\varepsilon_r} \tag{2-3-33}$$

上式也可以由式(2-3-28)近似得到。

由式(2-3-18)、式(2-3-32)和式(2-3-33)很容易得到由内建电势差计算空间电荷区最大电场强度的公式，即

$$\mathscr{E}_{\mathrm{m}} = -2(\psi_0 / W) \tag{2-3-34}$$

这个公式更加简洁，物理意义也更加清晰。但是这个公式只适用于突变结。对于线性缓变结和其他非均匀掺杂的PN结，式(2-3-34)的系数不再是2，具体数值由掺杂函数决定。

2.3.3 线性缓变结的电场分布与电势分布

线性缓变结的杂质分布如图2-4(b)所示，在结区杂质分布近似为空间坐标的线性函数，而在中性区杂质分布近似为常数。假设空间电荷区宽度为W，由PN结整体保持电中性的条件可知，结两侧的空间电荷区宽度必然相等，即$x_{\mathrm{n}} = x_{\mathrm{p}} = W/2$。考虑一维情况，以结平面作为坐标原点，则耗尽层内空间电荷分布可表示为

$$\rho(x) = q(N_{\mathrm{d}} - N_{\mathrm{a}}) = qax \qquad (-W/2 \leqslant x \leqslant W/2) \tag{2-3-35}$$

式中，$a > 0$，为杂质浓度分布函数的斜率。电荷分布如图2-7(a)所示。

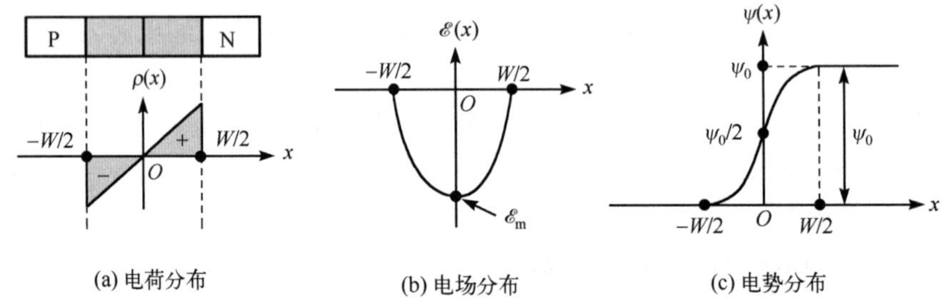

图2-7 线性缓变结的电荷分布、电场分布及电势分布示意图

因而，泊松方程可写成

$$\frac{\mathrm{d}^2\psi}{\mathrm{d}x^2} = -\frac{\mathrm{d}}{\mathrm{d}x}\mathscr{E}(x) = -\frac{\rho(x)}{\varepsilon_0\varepsilon_{\mathrm{r}}} = -\frac{qax}{\varepsilon_0\varepsilon_{\mathrm{r}}} \tag{2-3-36}$$

由于中性区的电场为零，利用边界条件

$$\mathscr{E}(-W/2) = \mathscr{E}(W/2) = 0 \tag{2-3-37}$$

求解方程(2-3-36)，可以得到热平衡时空间电荷区内的电场分布为

$$\mathscr{E}(x) = \frac{qa}{2\varepsilon_0\varepsilon_{\mathrm{r}}}\left(x^2 - \frac{W^2}{4}\right) \qquad (-W/2 \leqslant x \leqslant W/2) \tag{2-3-38}$$

电场分布为开口向上的抛物线，如图2-7(b)所示。最大电场强度位于结平面处，即

$$\mathscr{E}_{\mathrm{m}} = -\frac{qaW^2}{8\varepsilon_0\varepsilon_{\mathrm{r}}} \tag{2-3-39}$$

负号表示电场的方向沿x轴的负方向(由N区指向P区)。

假设P侧中性区电势为零，利用边界条件

$$\psi(-W/2) = 0 \tag{2-3-40}$$

对式(2-3-38)积分，可以求出电势分布为

$$\psi(x) = \int -\mathscr{E}(x)\mathrm{d}x = -\frac{qa}{2\varepsilon_0\varepsilon_r}\left(\frac{x^3}{3} - \frac{W^2}{4}x - \frac{W^3}{12}\right) \qquad (-W/2 \leqslant x \leqslant W/2) \tag{2-3-41}$$

如图 2-7(c)所示。由于内建电势差全部降落在空间电荷区上，因此另一个边界条件为

$$\psi(W/2) = \psi_0 \tag{2-3-42}$$

由此可以得出内建电势差与空间电荷区之间的关系式

$$\psi_0 = \frac{qaW^3}{12\varepsilon_0\varepsilon_r} \tag{2-3-43}$$

或者

$$W = \left(\frac{12\varepsilon_0\varepsilon_r\psi_0}{qa}\right)^{1/3} \tag{2-3-44}$$

注意：由于空间电荷区内杂质分布函数的不同，导致线性缓变结和突变结的空间电荷区宽度与内建电势差的依赖关系也不同，前者正比于$\psi_0^{1/3}$，后者正比于$\psi_0^{1/2}$。

由于ψ_0和 W 都是未知的，要确定线性缓变结的内建电势差和空间电荷区宽度，还必须得到ψ_0和 W 的另一个关系式。这可由内建电势差与掺杂浓度的关系式(2-3-9)得到，即

$$\psi_0 = V_T \ln\frac{N_a(-W/2)\cdot N_d(W/2)}{n_i^2} = 2V_T \ln\frac{aW}{2n_i} \tag{2-3-45}$$

由式(2-3-43)和式(2-3-45)联立方程组，即可求得ψ_0和 W。由于涉及超越方程，一般可用图解法进行求解。

【例 2-3】 有一基于硅材料的线性缓变结，结区的杂质分布函数为 $N_d - N_a = ax$，其中斜率 $a = 10^{20}\text{cm}^{-4}$，求该线性缓变结在热平衡时的空间电荷区宽度、内建电势差和结区内的最大电场强度。

解 利用作图法。将ψ_0看做是 W 的函数，根据式(2-3-43)和式(2-3-45)，分别画出$\psi_0 \sim W$ 的函数图像，如图 2-8 所示。由图可知，空间电荷区的宽度 $W \approx 0.80\mu\text{m}$，内建电势差 $\psi_0 \approx 0.65\text{V}$。将 W 的数值代入式(2-3-39)，可以得到最大电场强度为$1.23\times10^4\text{V/cm}$。

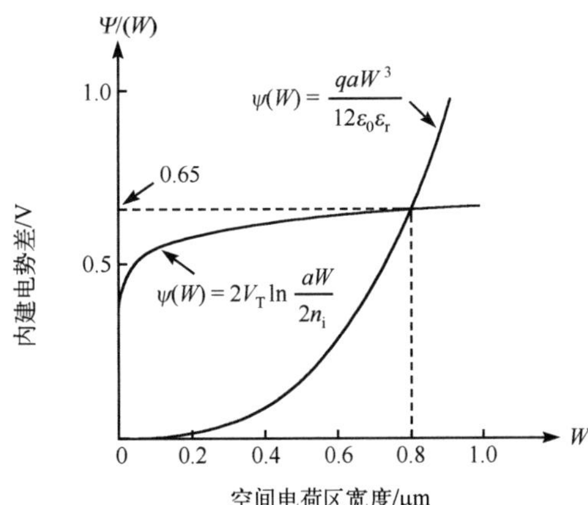

图 2-8 图解法求线性缓变结的空间电荷区宽度和内建电势差

由式(2-3-39)和式(2-3-43)可以得到线性缓变结的最大电场与内建电势差之间的关系式

$$\mathscr{E}_m = -\frac{3}{2}(\psi_0 / W) \tag{2-3-46}$$

2.3 节小结

与式(2-3-34)相比，只有系数不同。

2.4 加偏压的PN结

教学要求

1．掌握名词、术语和基本概念：正向注入、反向抽取、扩散近似、扩散区。
2．正确画出加偏压PN结能带图(图2-9)。
3．根据能带图和修正欧姆定律分析PN结的单向导电性。
4．根据载流子扩散与漂移的观点分析PN结的单向导电性。
5．记忆反偏压下突变结耗尽层宽度公式(2-4-1)，理解偏压对耗尽层宽度的影响。
6．导出结边缘的少数载流子浓度公式(2-4-11)和式(2-4-12)。

2.4.1 PN结的单向导电性

当有一外电源连接在PN结两端时，热平衡被破坏，将会有电流在半导体内流过。在一般情况下，空间电荷区的电阻远远高于电中性区，使得后一区域内的电压降与前者相比可以忽略不计，即空间电荷区以外的中性区不产生电压降。因此，可以认为外加电压直接加于空间电荷区的两端。

流过PN结的传导电流的大小强烈地依赖于外加电压的极性。若在P侧加上相对N侧为正的电压V，如图2-9(b)所示，PN结的势垒高度下降至$q(\psi_0 - V)$。减小了的势垒高度有助于载流子扩散通过PN结，形成大的电流，这种电压极性是**正向偏压**(positive voltage，forward-bias)，简称**正偏**。正向偏压给PN结造成了低阻的电流通路。

若在P侧加上相对N侧为负的电压$-V_R$，如图2-9(c)所示，势垒高度增加至$q(\psi_0 + V_R)$。增高的势垒阻挡载流子通过PN结扩散。因此，通过PN结的电流非常小，结的阻抗很高。这称为**反向偏压**(negative voltage，reverse-bias)连接，简称**反偏**。以上分析说明PN结具有**单向导电性**，又称为**整流**(rectification)特性。

在图2-9(b)和(c)中，概略画出在正向和反向偏压两种条件下的准费米能级。准费米能级通过式(1-12-1)和式(1-12-2)与载流子密度相联系，而电流则与ϕ_n和ϕ_p的梯度有关。

在图2-9(b)中，在电中性区多数载流子浓度仍保持其相应的平衡数值，所以在这些区域内多数载流子的准费米能级未偏离平衡费米能级。在空间电荷区，如果忽略载流子的产生和复合，载流子浓度不发生变化，所以准费米能级不变(曹培栋，2001；Sze，1981)。但是，外加电压V使N区中的ϕ_n与P区中的ϕ_p错开。准费米能级的分裂表明在紧靠耗尽区的电中性区内出现了过量载流子。这些物理图像将和以后要推导的载流子分布和电流分布一起进行分析。

在反向偏压的条件下，如用$\psi_0 + V_R$代替内建电势差ψ_0，耗尽近似仍然成立。式(2-3-31)和式(2-3-44)仍然成立。对于P^+N结，耗尽层宽度变为

$$W = \left[\frac{2\varepsilon_0 \varepsilon_r (\psi_0 + V_R)}{qN_d}\right]^{1/2} \tag{2-4-1}$$

对于线性缓变结为

$$W=\left[\frac{12\varepsilon_0\varepsilon_r(\psi_0+V_R)}{qa}\right]^{1/3} \tag{2-4-2}$$

式(2-4-1)和式(2-4-2)说明，PN 结耗尽层的宽度随着反向偏压的增加而增加。

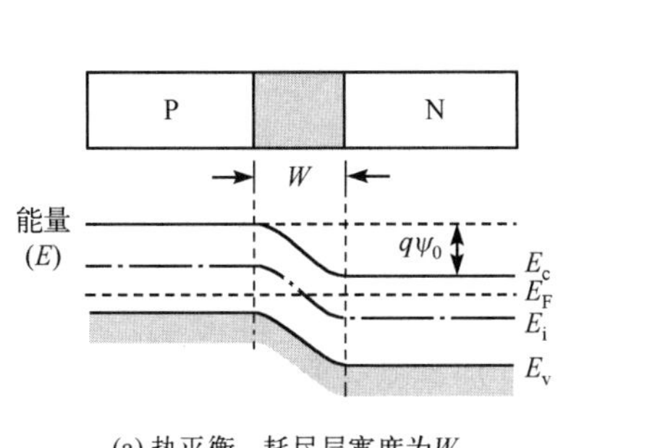

(a) 热平衡，耗尽层宽度为W

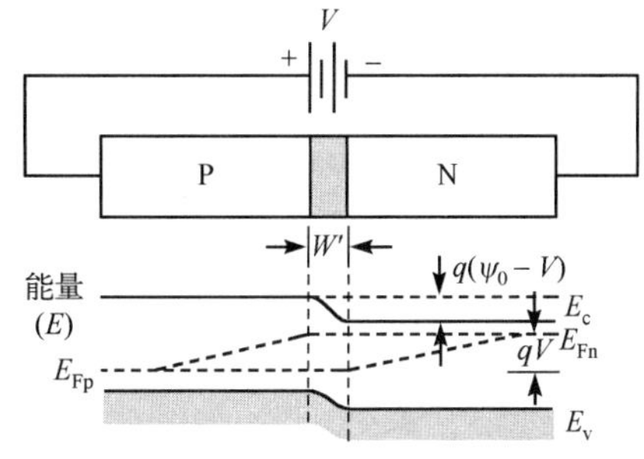

(b) 加正向偏压V，耗尽层宽度$W'<W$

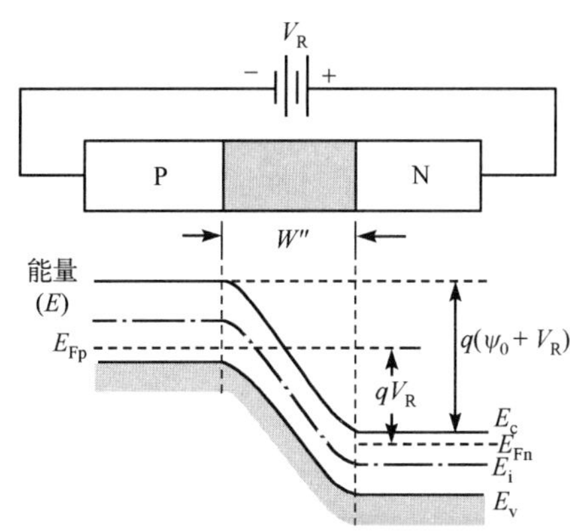

(c) 加反向偏压V_R，耗尽层宽度$W''>W$

图 2-9 单边突变结的能带图

在正向偏压的条件下，载流子的注入是穿过空间电荷层进行的。对于很小的电流，注入载流子浓度没有达到严重影响空间电荷的地步，因此若用$-V$代替V_R，式(2-4-1)和式(2-4-2)仍能利用。但是当电流增加时，空间电荷区的载流子浓度将达到与固定的杂质离子浓度可以比拟的程度，耗尽近似不再成立。在这种条件下，不能再应用式(2-4-1)和式(2-4-2)。在实际中，对于正向电流的大部分范围，式(2-4-1)和式(2-4-2)是不能适用的。

2.4.2 少数载流子的注入与输运

在正向偏压下，如图 2-9(b)所示的情形，外加电压降低了 PN 结空间电荷区的势垒。势垒的降低加强了电子从 N 侧向 P 侧的扩散以及空穴从 P 侧向 N 侧的扩散。换句话说，电子由 N 区注入 P 区，而空穴则由 P 区注入 N 区。由于注入 N(P)区的空穴(电子)对于 N(P)区来说是少数载流子(**少子**)，因此这种现象称为**少子注入**。本节将讨论少子注入和输运的现象和规律。

1. 扩散近似(diffusion approximation)

现在考虑伴随空穴的注入，在 N 侧电中性区中的载流子的行为。由于有注入的过量空穴的正电荷存在，在注入空穴存在的区域将建立起一个电场。此电场将吸引过量电子以中和注

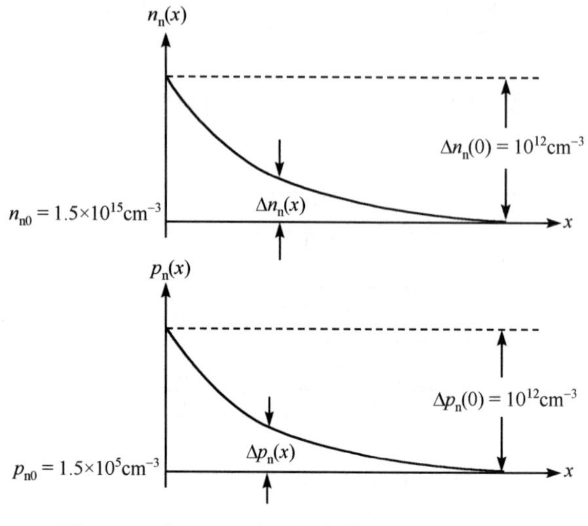

图 2-10 注入 PN 结 N 侧扩散区中的少子空穴及其所引起的多子电子的分布

入的空穴。过量电子的分布与注入的过量空穴的分布相同。过量电子的出现抵消了由注入空穴所引起的电场，使电中性得以恢复(所用的时间为介电弛豫时间，约 10^{-12}s)。根据以上分析可以认为，在注入载流子存在的区域不存在电场。结果如图 2-10 所示，可能有很高的过量载流子浓度而无显著的空间电荷效应。考虑到这种物理图像，可以推断，在正偏 PN 结中注入的少子是决定的因素。多数载流子(**多子**)处于被动的地位，它们的功能只限于中和注入的少子所引起的电场，因此，可以忽略多子的影响。在注入的过量少子存在的区域，如果不考虑少子注入的瞬时特性，空间电荷的电中性条件完全得到满足，因而可以忽略电场的存在。于是，少子只能通过扩散运动在电中性区中输运。这种近似称为**扩散近似**。在扩散近似下，N 侧中性区内少子空穴的连续性方程可表示为

$$\frac{\partial p_n}{\partial t}=D_p\frac{\partial^2 p_n}{\partial x^2}-\frac{p_n-p_{n0}}{\tau_p} \tag{2-4-3}$$

空穴电流为

$$I_p=-qAD_p\frac{dp_n}{dx} \tag{2-4-4}$$

通过选择适当的边界条件解方程(2-4-3)和方程(2-4-4)便可得到注入的空穴分布和空穴电流的大小。

与此类似，在结的 P 侧，少子电子连续性方程和电流分别为

$$\frac{\partial n_p}{\partial t}=D_n\frac{\partial^2 n_p}{\partial x^2}-\frac{n_p-n_{p0}}{\tau_n} \tag{2-4-5}$$

$$I_n=qAD_n\frac{dn_p}{dx} \tag{2-4-6}$$

式(2-4-3)～式(2-4-6)中，空穴和电子浓度的脚标 n 和 p 分别表示 PN 结的 N 侧和 P 侧，脚标 0 表示热平衡条件。例如，n_{n0} 和 n_{p0} 分别表示 N 侧和 P 侧的热平衡电子浓度。

2. 空间电荷区边界的少子浓度

解连续性方程求少子分布需要知道少子的边界条件。其中一个边界条件就是空间电荷区边界的少子浓度值。

利用质量作用定律 $p_{p0}n_{p0}=n_i^2$，式(2-3-9)可改写成

$$\psi_0=V_T\ln\frac{p_{p0}n_{n0}}{n_i^2}=V_T\ln\frac{n_{n0}}{n_{p0}} \tag{2-4-7}$$

式中，分别用热平衡多子浓度 p_{p0} 和 n_{n0} 代替了 N_a 和 N_d。由式(2-4-7)可以得到

$$n_{n0} = n_{p0}e^{\psi_0/V_T} \tag{2-4-8}$$

与此类似，可以得到

$$p_{p0} = p_{n0}e^{\psi_0/V_T} \tag{2-4-9}$$

从式(2-4-8)和式(2-4-9)可以看出，在结的空间电荷区，两侧的载流子浓度是和势垒高度 $q\psi_0$ 相联系的。当势垒高度被外加电压改变时，有理由假设仍满足同样的规律(Sze，1981)。

忽略中性区电阻，加上偏压 V，空间电荷区电势差变成 $\psi_0 - V$，所以式(2-4-8)被修改为

$$n_n = n_p e^{(\psi_0 - V)/V_T} \tag{2-4-10}$$

由于偏压 V 加在空间电荷区两侧，因此式中 n_n 和 n_p 分别为在 N 侧和 P 侧空间电荷区边缘的非平衡电子浓度。对于低水平注入，N 侧的过量电子浓度与 n_{n0} 相比是很小的，因此可以假设 $n_n = n_{n0}$。把这一条件和式(2-4-8)代入式(2-4-10)，得到

$$n_p(-x_p) = n_{p0}e^{V/V_T} \tag{2-4-11}$$

类似地有

$$p_n(x_n) = p_{n0}e^{V/V_T} \tag{2-4-12}$$

式(2-4-11)和式(2-4-12)确定了空间电荷区边界的少子浓度值。它们是少子连续性方程在 PN 结**空间电荷区边界处的边界条件**。从式(2-4-11)和式(2-4-12)可以看出空间电荷区边缘的少子浓度值与偏压成 e 指数关系。此外，空间电荷区边缘的少子浓度值与热平衡少子浓度值成正比，即与杂质浓度成反比。例如，处于正偏状态的 P^+N 单边突变结，从 P 区注入到 N 区的空穴要比从 N 区注入到 P 区的电子多得多，这种现象称为**单边注入**。

根据式(2-4-11)和式(2-4-12)，当 PN 结正偏时，在结边缘 $n_p > n_{p0}, p_n > p_{n0}$，这种现象称为**载流子正向注入**。当 PN 结反偏时，将偏压 V 换成 $-V_R$，式(2-4-11)和式(2-4-12)仍然成立。此时，$n_p < n_{p0}$，$p_n < p_{n0}$，这种现象称为**载流子反向抽取**。

3. 电极接触处的少子浓度

根据图 2-6(a)所示，除了空间电荷区的边界外，还存在 PN 结与外电路连接的电极接触边界。一般需要电极与半导体之间形成良好的欧姆接触(将在第四章中详细介绍)，相当于接触处的表面复合速度无穷大。在这种情况下，电极接触处的少子浓度总是等于热平衡少子浓度，即

$$n_p(-W_p) = n_{p0} \tag{2-4-13}$$

$$p_n(W_n) = p_{n0} \tag{2-4-14}$$

2.4 节小结

式(2-4-13)和式(2-4-14)确定了少子在 PN 结**电极接触处的边界条件**。

2.5　理想 PN 结二极管的直流电流-电压特性

教学要求

1. 理解理想 PN 结基本假设及其意义。

2．推导出理想 PN 结两侧的少子分布和少子电流分布的一般表达式。
3．推导出理想长 PN 结和短 PN 结少子分布及少子电流分布。
4．推导出理想 PN 结二极管的 *I-V* 方程。
5．理解正向电流机制和反向饱和电流的物理意义。
6．能够画出正向和反向偏压下 PN 结少子分布、电流分布和总电流示意图。

PN 结二极管(diode)是指封装好的两端整流器。其中，电流只能沿着一个方向通过。在大多数情况下，一个二极管只包含一个 PN 结。因此，PN 结和二极管这两个名词经常可交替使用。PN 结中的直流电流–电压关系(简称 *I-V* 特性)也称为 PN 结的**直流特性**。

2.5.1 理想 PN 结的基本假设

在定量研究 PN 结的直流特性之前，需要对施加偏压的 PN 结建立理论模型，抓住物理本质，忽略一些次要因素，这样才能方便地建立起理想化物理模型，从而得到数学的定量描述。在此基础上，再分别讨论非理想化因素的影响，对数学描述进行必要的修正。这是常用的分析问题的方法。在定量研究其他器件时，也采取同样的方法。

理想 PN 结的直流特性，基于以下几个基本假设。

(1) 忽略中性区的体电阻和接触电阻，外加电压全部降落在耗尽区上。

(2) 半导体均匀掺杂。

(3) 小注入，即 $p_n = p_{n0}e^{V/V_T} \ll n_{n0}$ 和 $n_p = n_{p0}e^{V/V_T} \ll p_{p0}$。

(4) 空间电荷区内不存在复合电流和产生电流。

(5) 半导体为非简并的，掺杂浓度不是很高。

2.5.2 理想 PN 结二极管的 *I-V* 特性

PN 结的电流–电压关系可通过解连续方程(2-4-3)、(2-4-5)和电流方程(2-4-4)、(2-4-6)求得。

1．N 侧扩散区少子空穴浓度分布及空穴电流

在 N 型中性区，稳态时 $\partial p_n/\partial t = 0$，故有

$$D_p \frac{d^2 p_n(x)}{dx^2} - \frac{p_n(x) - p_{n0}}{\tau_p} = 0 \tag{2-5-1}$$

如图 2-6(a)建立一维坐标系，设定 PN 结空间电荷区 N 侧边界坐标为 x_n，外部电极接触面的坐标为 W_n，将式(2-5-1)写为

$$\frac{d^2[p_n(x) - p_{n0}]}{dx^2} - \frac{p_n(x) - p_{n0}}{L_p^2} = 0 \tag{2-5-2}$$

式中，$L_p = (D_p\tau_p)^{1/2}$ 为**空穴的扩散长度**(diffusion length of hole)。边界条件取为

$$p_n(x) - p_{n0} = \begin{cases} 0 & (x = W_n) \\ p_{n0}(e^{V/V_T} - 1) & (x = x_n) \end{cases} \tag{2-5-3}$$

式(2-5-2)满足上述边界条件的解为

$$p_{\mathrm{n}}(x)-p_{\mathrm{n0}}=p_{\mathrm{n0}}(\mathrm{e}^{V/V_{\mathrm{T}}}-1)\frac{\sinh\left(\dfrac{W_{\mathrm{n}}-x}{L_{\mathrm{p}}}\right)}{\sinh\left(\dfrac{W_{\mathrm{n}}-x_{\mathrm{n}}}{L_{\mathrm{p}}}\right)}\qquad(x_{\mathrm{n}}\leqslant x\leqslant W_{\mathrm{n}})\tag{2-5-4}$$

式(2-5-4)即为N侧中性区少子空穴的浓度分布。

将少子空穴的浓度代入电流方程(2-4-4)中，即可求得少子空穴的扩散电流，即

$$I_{\mathrm{p}}(x)=\frac{qD_{\mathrm{p}}A}{L_{\mathrm{p}}}p_{\mathrm{n0}}(\mathrm{e}^{V/V_{\mathrm{T}}}-1)\frac{\cosh\left(\dfrac{W_{\mathrm{n}}-x}{L_{\mathrm{p}}}\right)}{\sinh\left(\dfrac{W_{\mathrm{n}}-x_{\mathrm{n}}}{L_{\mathrm{p}}}\right)}\qquad(x_{\mathrm{n}}\leqslant x\leqslant W_{\mathrm{n}})\tag{2-5-5}$$

可见，对于普通的理想PN结，其少子空穴浓度和少子空穴电流在扩散区的空间分布满足双曲正弦和双曲余弦函数。为了更直观地了解少子空穴浓度和少子空穴电流的空间分布，给出一个典型的例子。

【例2-4】 已知：室温下的硅PN结，N区掺杂浓度为$2.25\times10^{16}\mathrm{cm}^{-3}$，少子空穴的扩散系数为$D_{\mathrm{p}}=10\mathrm{cm}^2/\mathrm{s}$，空穴寿命为 0.9 μs，N 区宽度$W_{\mathrm{n}}=100\mu\mathrm{m}$，结面积$A=10^{-4}\mathrm{cm}^2$，PN结正偏，正偏电压为0.5V，求：(1) $x=x_{\mathrm{n}}$和$x=W_{\mathrm{n}}$处的少子空穴浓度和少子空穴电流强度；(2)画出少子空穴浓度和少子空穴电流在N侧中性区中的分布图。

解　(1)由少子边界条件可知

$$P_{\mathrm{n}}(W_{\mathrm{n}})=P_{\mathrm{n0}}=n_{\mathrm{i}}^2/N_{\mathrm{d}}\approx10^4\mathrm{cm}^{-3}$$

$$P_{\mathrm{n}}(x_{\mathrm{n}})=P_{\mathrm{n0}}\mathrm{e}^{V/V_{\mathrm{T}}}=10^4\times\mathrm{e}^{0.5/0.026}\approx2.25\times10^{12}\mathrm{cm}^{-3}$$

要确定少子空穴的电流强度，需要计算出少子空穴的扩散长度，即

$$L_{\mathrm{p}}=(D_{\mathrm{p}}\tau_{\mathrm{p}})^{1/2}=30\mu\mathrm{m}$$

将相关参数和物理常数的数值代入到式(2-5-5)中。考虑到空间电荷区的宽度x_{n}远远小于W_{n}的值，因此可以忽略。于是，可计算出少子空穴在边界处的电流强度

$$I_{\mathrm{p}}(x_{\mathrm{n}})=\frac{qD_{\mathrm{p}}A}{L_{\mathrm{p}}}p_{\mathrm{n0}}(\mathrm{e}^{V/V_{\mathrm{T}}}-1)\coth\left(\frac{W_{\mathrm{n}}-x_{\mathrm{n}}}{L_{\mathrm{p}}}\right)\approx0.12\mu\mathrm{A}$$

$$I_{\mathrm{p}}(W_{\mathrm{n}})=\frac{qD_{\mathrm{p}}A}{L_{\mathrm{p}}}p_{\mathrm{n0}}(\mathrm{e}^{V/V_{\mathrm{T}}}-1)/\sinh\left(\frac{W_{\mathrm{n}}-x_{\mathrm{n}}}{L_{\mathrm{p}}}\right)\approx8.57\mathrm{nA}$$

(2)将各参数代入式(2-5-4)和式(2-5-5)中，并利用数学软件很容易画出N侧中性区中少子空穴浓度和少子空穴电流的空间分布，如图2-11所示。

由【例2-4】可知，在正向注入时，少子空穴在N侧空间电荷区边界处浓度最高，浓度梯度也最大，因而扩散电流强度也最大。随着向中性区内部扩散，少子空穴不断与多子电子复合，因而空穴浓度指数衰减，少子浓度梯度也指数下降，在电极接触边界处，少子空穴浓度已经降到热平衡时的数值，少子空穴的电流强度也减小到最低值。少子空穴电流的最大值和最小值可分别表示为

$$I_{\text{pmax}} = I_{\text{p}}(x_{\text{n}}) = \frac{qD_{\text{p}}A}{L_{\text{p}}} p_{\text{n0}}(\text{e}^{V/V_{\text{T}}} - 1)\coth\left(\frac{W_{\text{n}} - x_{\text{n}}}{L_{\text{p}}}\right) \tag{2-5-6}$$

$$I_{\text{pmin}} = I_{\text{p}}(W_{\text{n}}) = \frac{qD_{\text{p}}A}{L_{\text{p}}} p_{\text{n0}}(\text{e}^{V/V_{\text{T}}} - 1) / \sinh\left(\frac{W_{\text{n}} - x_{\text{n}}}{L_{\text{p}}}\right) \tag{2-5-7}$$

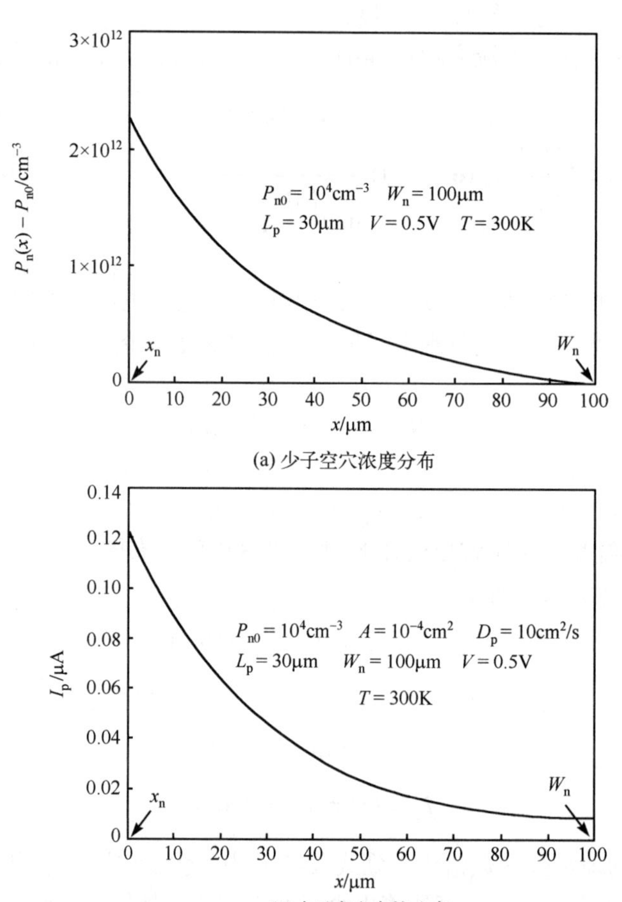

(a) 少子空穴浓度分布

(b) 少子空穴电流分布

图 2-11 注入普通 PN 结 N 侧中性区中的少子空穴浓度和少子空穴电流分布

2. P 侧扩散区少子电子浓度分布及电子电流

与求解少子空穴浓度和电流分布时完全类似，可以求解稳态时 P 侧扩散区中的少子电子的连续性方程，即

$$D_{\text{n}} \frac{\text{d}^2 n_{\text{p}}(x)}{\text{d}x^2} - \frac{n_{\text{p}}(x) - n_{\text{p0}}}{\tau_{\text{n}}} = 0 \tag{2-5-8}$$

在如图 2-6(a)建立的一维坐标系下，PN 结空间电荷区 P 侧边界坐标为 $-x_{\text{p}}$，外部电极接触处的坐标为 $-W_{\text{p}}$，将式(2-5-8)改写为

$$\frac{\text{d}^2[n_{\text{p}}(x) - n_{\text{p0}}]}{\text{d}x^2} - \frac{n_{\text{p}}(x) - n_{\text{p0}}}{L_{\text{n}}^2} = 0 \tag{2-5-9}$$

式中，$L_n=(D_n\tau_n)^{1/2}$ 为**电子的扩散长度**(diffusion length of electron)。边界条件取为

$$n_p(x)-n_{p0}=\begin{cases}0 & (x=-W_p)\\ n_{p0}(e^{V/V_T}-1) & (x=-x_p)\end{cases} \tag{2-5-10}$$

式(2-5-9)满足上述边界条件的解为

$$n_p(x)-n_{p0}=n_{p0}(e^{V/V_T}-1)\frac{\sinh\left(\dfrac{W_p+x}{L_n}\right)}{\sinh\left(\dfrac{W_p-x_p}{L_n}\right)} \quad (-W_p\leqslant x\leqslant -x_p) \tag{2-5-11}$$

式(2-5-11)即为 P 侧中性区少子电子的浓度分布。

将少子电子的浓度代入电流方程(2-4-6)中，即可求得少子电子的扩散电流，即

$$I_n(x)=\frac{qD_nA}{L_n}n_{p0}(e^{V/V_T}-1)\frac{\cosh\left(\dfrac{W_p+x}{L_n}\right)}{\sinh\left(\dfrac{W_p-x_p}{L_n}\right)} \quad (-W_p\leqslant x\leqslant -x_p) \tag{2-5-12}$$

【例 2-5】 假设例 2-4 中的 PN 结，P 区掺杂浓度为 $2.25\times10^{17}\text{cm}^{-3}$，少子电子的扩散系数为 $D_n=25\text{cm}^2/\text{s}$，电子寿命为 1.0 μs，P 区宽度 $W_p=100\mu\text{m}$，其余条件不变，求：(1) $x=-x_p$ 和 $x=-W_p$ 处的少子电子浓度和少子电子的电流强度；(2)画出少子电子浓度和少子电子电流在 P 侧中性区中的分布图。

解 (1)由少子边界条件可知

$$n_p(-W_p)=n_{p0}=n_i^2/N_a\approx10^3\text{cm}^{-3}$$

$$n_p(-x_p)=n_{p0}e^{V/V_T}=10^3\times e^{0.5/0.026}\approx2.25\times10^{11}\text{cm}^{-3}$$

要确定少子电子的电流强度，需要计算出少子电子的扩散长度，即

$$L_n=(D_n\tau_n)^{1/2}=50\mu\text{m}$$

将相关参数和物理常数的数值代入到式(2-5-12)中。考虑到空间电荷区的宽度 x_p 远远小于 W_p 的值，因此可以忽略。于是，可计算出少子空穴在边界处的电流强度

$$I_n(-x_p)=\frac{qD_nA}{L_n}n_{p0}(e^{V/V_T}-1)\coth\left(\frac{W_p-x_p}{L_n}\right)=18.67\text{nA}$$

$$I_n(-W_p)=\frac{qD_nA}{L_n}n_{p0}(e^{V/V_T}-1)/\sinh\left(\frac{W_p-x_p}{L_n}\right)=4.96\text{nA}$$

(2)将各参数代入式(2-5-11)和式(2-5-12)中，利用数学软件很容易画出 P 侧中性区中少子电子浓度和少子电子电流的空间分布，如图 2-12 所示。

与注入 N 侧中性区的少子空穴类似，注入 P 侧中性区的少子电子在空间电荷区边界处浓度最高，浓度梯度也最大，因而空间电荷区边界处电子的扩散电流也最大。随着向中性区内部扩散，少子电子不断与多子空穴复合，导致少子浓度指数衰减，少子浓度梯度也快速下降，所以少子电流也迅速减小。在电极接触的边界处，少子电子浓度和少子电流均达到最小值。少子空穴电流的最大值和最小值可分别表示为

$$I_{\text{nmax}}=I_{\text{n}}(-x_{\text{p}})=\frac{qD_{\text{n}}A}{L_{\text{n}}}n_{\text{p0}}(\mathrm{e}^{V/V_{\text{T}}}-1)\coth\left(\frac{W_{\text{p}}-x_{\text{p}}}{L_{\text{n}}}\right) \tag{2-5-13}$$

$$I_{\text{nmin}}=I_{\text{n}}(-W_{\text{p}})=\frac{qD_{\text{n}}A}{L_{\text{n}}}n_{\text{p0}}(\mathrm{e}^{V/V_{\text{T}}}-1)/\sinh\left(\frac{W_{\text{p}}-x_{\text{p}}}{L_{\text{n}}}\right) \tag{2-5-14}$$

在例 2-4 和例 2-5 中，由于 PN 结 P 区掺杂浓度比 N 区掺杂浓度高一个数量级，因此在相同正偏压下，从 P 区注入 N 区的空穴浓度比从 N 区注入 P 区的电子浓度高出一个数量级，在空间电荷区边界处的空穴电流也要比电子电流大得多。这属于单边注入的情形。

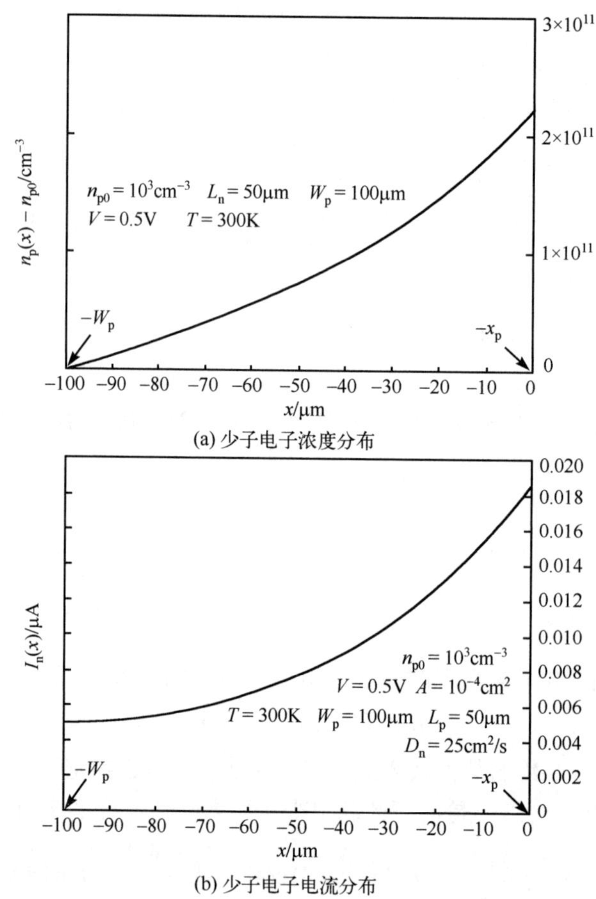

(a) 少子电子浓度分布

(b) 少子电子电流分布

图 2-12 注入普通 PN 结 P 侧中性区中的少子电子浓度和少子电子电流分布

3. 空间电荷区内的电流及总电流

对于理想 PN 结，忽略了空间电荷区中载流子的产生和复合，不考虑产生电流和复合电流的影响，所以可以认为空穴和电子在渡越空间电荷区的过程中，保持空穴电流和电子电流不变，分别等于空间电荷区边界处的空穴电流和电子电流，即

$$I_{\text{n}}(x)=I_{\text{n}}(-x_{\text{p}}) \quad (-x_{\text{p}}\leqslant x\leqslant x_{\text{n}}) \tag{2-5-15}$$

$$I_{\text{p}}(x)=I_{\text{p}}(x_{\text{n}}) \quad (-x_{\text{p}}\leqslant x\leqslant x_{\text{n}}) \tag{2-5-16}$$

空间电荷区的总电流应该等于空间电荷区中电子电流与空穴电流的和，将式(2-5-6)和式(2-5-13)相加，即

$$I = I_p(x_n) + I_n(-x_p) = I_0(e^{V/V_T} - 1) \tag{2-5-17}$$

其中

$$I_0 = Aq\left[\frac{D_p p_{n0}}{L_p}\coth\left(\frac{W_n - x_n}{L_p}\right) + \frac{D_n n_{p0}}{L_n}\coth\left(\frac{W_p - x_p}{L_n}\right)\right] \tag{2-5-18}$$

可见，空间电荷区内总电流保持恒定，与空间坐标无关。事实上，流过 PN 结各处的总电流都应该保持恒定，这是电流连续性决定的。因此，式(2-5-17)就是描述**理想 PN 结二极管的 *I-V* 方程**，称为**肖克莱方程**(Schokley equation)。式(2-5-18)描述的 I_0 称为 PN 结二极管的**反向饱和电流**(reverse saturation current)。式(2-5-18)是反向饱和电流的一般表达式。针对特殊尺寸或结构的 PN 结，I_0 的表达式可以合理简化。由于 I_0 由热平衡少子浓度决定，因此非常小。

根据例 2-4 可知，PN 结正偏时，注入 N 侧中性区的少子空穴在向中性区内部扩散过程中，少子空穴的扩散电流不断减小，而总电流要保持恒定，这说明减小的少子空穴扩散电流转化为多子电子电流。多子电子主要通过漂移运动输运到过量空穴存在的区域，并通过与空穴复合的方式使过量空穴消失掉。类似地，由例 2-5 可知，注入 P 侧中性区的少子电子在向中性区内部扩散的过程中，少子电子扩散电流也不断减小，转化为多子空穴的漂移电流了。中性区既然存在多子漂移电流，说明中性区内也应该存在电场，只不过电场很弱而已。这也是可以理解的。尽管在小注入情形下中性区的电阻远小于 PN 结结区电阻，但是中性区电阻并不为零，中性区上也应该承担少部分外加偏压，从而在中性区内产生一定的电场。因为多子的浓度很高，所以只需要很小的电场强度，产生的多子漂移电流就可以补偿少子扩散电流的减小量。由于电场很弱，少子的漂移电流远远小于少子的扩散电流，因此少子电流主要以扩散电流为主。因此，对少子而言，扩散近似是合理的。根据例 2-4 和例 2-5 中的数据，结合上述的讨论，正偏时流过 PN 结的总电流、电子电流和空穴电流的分布如图 2-13 所示。为了突出显示空间电荷区内的电流成分，有意拓展了空间电荷区的宽度。

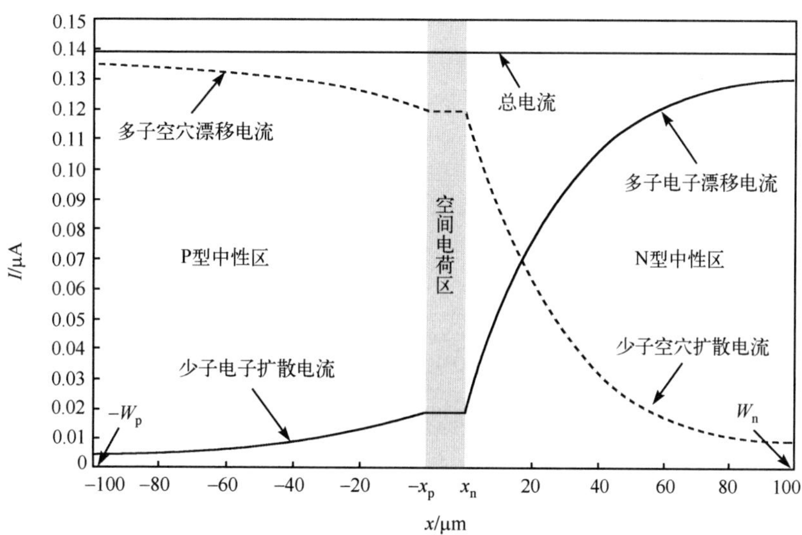

图 2-13　依据例 2-4 和例 2-5 中的数据获得的电子电流、空穴电流和总电流分布图

【思考题】 如果例 2-4 中的少子空穴电流全部转化为多子电子电流，试估算需要的电场强度。

需要指出的是，虽然例题中的 PN 结都是正偏，但是，本节中推导出的所有公式也同样适用于 PN 结反偏的情况。在反偏情况下，公式中 $V<0$。即式(2-5-17)描述的肖克莱方程不仅适用于 PN 结正偏情况，也适用于 PN 结反偏情形，对于反偏压，只要给电压 V 加上负号即可。

二极管正向偏压工作时，一般地 $V \gg V_T$，故

$$I = I_0(e^{V/V_T} - 1) \approx I_0 e^{V/V_T} \tag{2-5-19}$$

可见，正偏时，流过 PN 结的电流将随外加偏压的增大而 e 指数增大。

一般地，反向偏压 $V_R \gg V_T$，故

$$I = I_0(e^{-V_R/V_T} - 1) \approx -I_0 \tag{2-5-20}$$

式(2-5-20)中的负号表示反向电流与正向电流方向相反，沿坐标 x 的负方向。式(2-5-20)说明，PN 结的反向电流呈现饱和形式，饱和电流即为 I_0，所以把 I_0 称为**反向饱和电流**。

式(2-5-17)揭示的理想 PN 结二极管的直流特性如图 2-14 所示。PN 结正向电流随外加电压 e 指数增加，反向电流则很小，呈现饱和特性。这就是 PN 结的单向导电性。在本节后面部分会具体讨论 PN 结反偏时的电流性质。

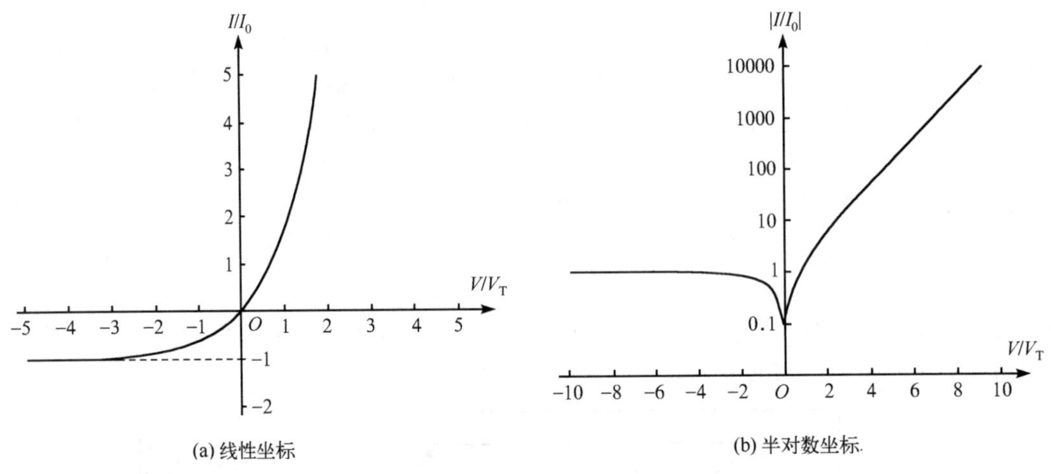

图 2-14 理想 PN 结二极管的直流特性

4. 长 PN 结近似

如果 PN 结中性区长度远大于载流子的扩散长度，这样的 PN 结称为**长 PN 结**(也称为长二极管)。对于长 PN 结，少子浓度的分布、少子电流的分布及 I-V 方程都可以进行简化。

如果 PN 结的 N 区很长($W_n \gg L_p$)，式(2-5-4)可以简化为

$$p_n(x) - p_{n0} = p_{n0}(e^{V/V_T} - 1)e^{(x_n - x)/L_p} \quad (x \geqslant x_n) \tag{2-5-21}$$

相应地，注入少子空穴的扩散电流分布可以简化为

$$I_p(x) = \frac{qAD_p}{L_p} p_{n0}(e^{V/V_T} - 1)e^{(x_n - x)/L_p} \quad (x \geqslant x_n) \tag{2-5-22}$$

在空间电荷层边缘 $x = x_n$ 处，少子空穴扩散电流强度有最大值，为

$$I_{\text{pmax}} = I_{\text{p}}(x_{\text{n}}) = \frac{qAD_{\text{p}}}{L_{\text{p}}} p_{\text{n0}}(\text{e}^{V/V_{\text{T}}} - 1) \tag{2-5-23}$$

于是，式(2-5-22)给出的空穴电流分布可改写成

$$I_{\text{p}}(x) = I_{\text{p}}(x_{\text{n}})\text{e}^{(x_{\text{n}}-x)/L_{\text{p}}} \qquad (x \geqslant x_{\text{n}}) \tag{2-5-24}$$

可见，N 侧注入的少子空穴浓度和少子空穴电流沿远离空间电荷区的方向 e 指数地减小。在距离 N 侧空间电荷区边界一个空穴扩散长度 L_{p} 处，注入的少子空穴浓度和少子空穴电流均下降为最大值的 1/e，如图 2-15 所示。为方便起见，把距离 N 侧空间电荷区边界一个 L_{p} 左右的电中性区范围称为**少子空穴的扩散区**(diffusion region of hole)，在扩散区内少子主要以扩散形式进行输运。因为总电流相对于 x 来说必定不变，才能满足电流连续性，所以多子电子电流必然随着 x 增加而增加，以补偿空穴电流的下降。也就是说，少子电流通过电子-空穴对的复合不断地转换为多子电流。

同理，如果 PN 结的 P 区很长($W_{\text{p}} \gg L_{\text{n}}$)，则 P 侧中性区的少子电子浓度分布式(2-5-11)可以简化为

$$n_{\text{p}}(x) - n_{\text{p0}} = n_{\text{p0}}(\text{e}^{V/V_{\text{T}}} - 1)\text{e}^{(x+x_{\text{p}})/L_{\text{n}}} \tag{2-5-25}$$

注入少子电子电流强度可简化为

$$I_{\text{n}}(x) = \frac{qAD_{\text{n}}}{L_{\text{n}}} n_{\text{p0}}(\text{e}^{V/V_{\text{T}}} - 1)\text{e}^{(x+x_{\text{p}})/L_{\text{n}}} \qquad (x \leqslant -x_{\text{p}}) \tag{2-5-26}$$

在空间电荷层边缘 $x = -x_{\text{p}}$ 处，少子电子扩散电流强度有最大值，为

$$I_{\text{nmax}} = I_{\text{n}}(-x_{\text{p}}) = \frac{qAD_{\text{n}}}{L_{\text{n}}} n_{\text{p0}}(\text{e}^{V/V_{\text{T}}} - 1) \tag{2-5-27}$$

于是，少子电子扩散电流分布也可改写为

$$I_{\text{n}}(x) = I_{\text{n}}(-x_{\text{p}})\text{e}^{(x+x_{\text{p}})/L_{\text{n}}} \qquad (x \leqslant -x_{\text{p}}) \tag{2-5-28}$$

P 侧的注入的少子电子浓度和少子电子电流在远离空间电荷区的方向上也 e 指数衰减。在距离 P 侧空间电荷区边界一个电子扩散长度 L_{n} 处，注入的少子电子浓度和少子电子电流也下降为最大值的 1/e，如图 2-15 所示。为方便起见，把距离 P 侧空间电荷区边界一个 L_{n} 左右的电中性区范围称为**少子电子的扩散区**(diffusion region of electron)。

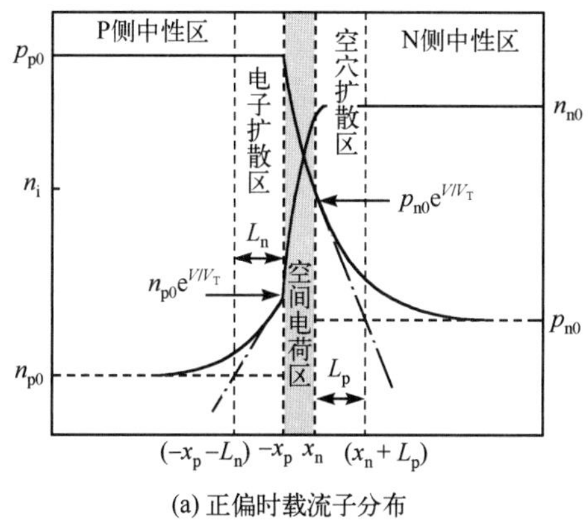

(a) 正偏时载流子分布

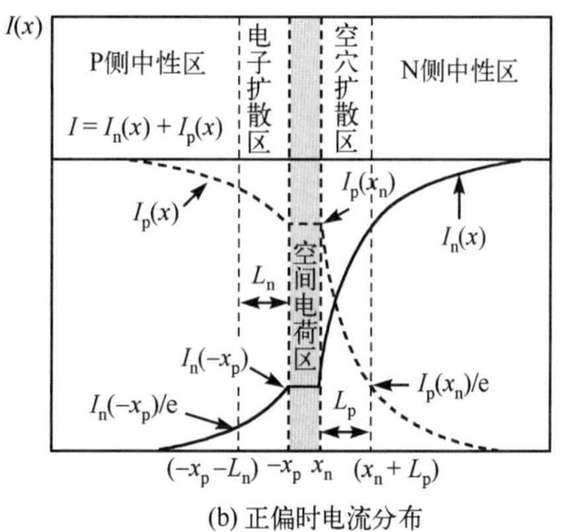

(b) 正偏时电流分布

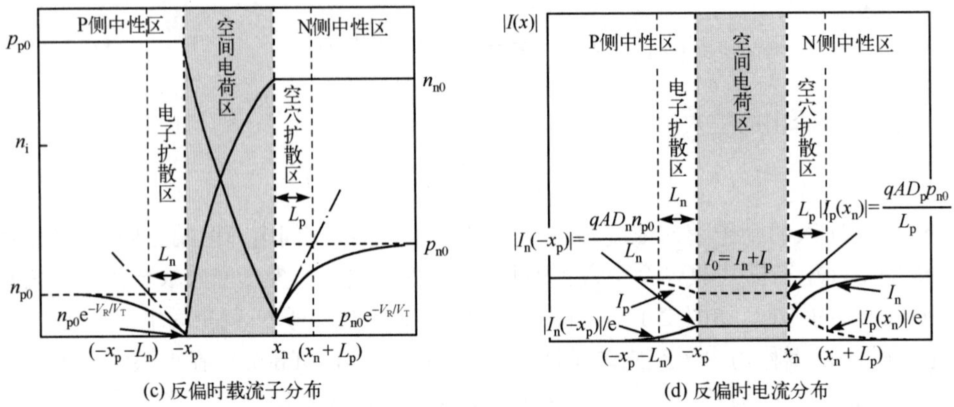

图 2-15　长 PN 结正偏及反偏时的载流子分布和电流分布

于是，长 PN 结的总电流也具有肖克莱方程形式

$$I=I_p(x_n)+I_n(-x_p)=I_{01}(e^{V/V_T}-1) \tag{2-5-29}$$

其中

$$I_{01}=\frac{qAD_p p_{n0}}{L_p}+\frac{qAD_n n_{p0}}{L_n} \tag{2-5-30}$$

称为**长 PN 结二极管的反向饱和电流**，式(2-5-30)也可以由式(2-5-18)直接化简得到。

【例 2-6】　硅长 PN 结具有下列参数：$N_a=10^{18}\text{cm}^{-3}$，$N_d=10^{16}\text{cm}^{-3}$，$\tau_p=\tau_n=1\mu\text{s}$，$A=10^{-4}\text{cm}^2$。求在 300 K 温度下的反向饱和电流和正向电流为 1mA 时的结电压。

解　从图 1-19 查得 P 侧的电子迁移率为 $280\text{cm}^2/\text{V}\cdot\text{s}$，N 侧的空穴迁移率为 $420\text{cm}^2/\text{V}\cdot\text{s}$。利用爱因斯坦关系

$$D_p=\mu_p V_T=420\times0.026=10.92\text{cm}^2/\text{s}$$

$$D_n=\mu_n V_T=280\times0.026=7.28\text{cm}^2/\text{s}$$

于是

$$L_p=\sqrt{D_p\tau_p}=3.3\times10^{-3}\text{cm}$$

$$L_n=\sqrt{D_n\tau_n}=2.7\times10^{-3}\text{cm}$$

$$p_{n0}=\frac{n_i^2}{N_d}=\frac{(1.5\times10^{10})^2}{10^{16}}=2.25\times10^4\text{cm}^{-3}$$

$$n_{p0}=\frac{n_i^2}{N_a}=\frac{(1.5\times10^{10})^2}{10^{18}}=2.25\times10^2\text{cm}^{-3}$$

由式(2-5-27)可得

$$I_{01}=1.6\times10^{-19}\times10^{-4}\times\left[\frac{10.92\times2.25\times10^4}{3.3\times10^{-3}}+\frac{7.28\times2.25\times10^2}{2.7\times10^{-3}}\right]=1.2\times10^{-15}\text{A}=1.2\text{fA}$$

可见反向饱和电流的确是非常小的，本例中仅为 fA 量级。

再由肖克莱方程式(2-5-26)可得

$$V=V_T\ln\left(\frac{I}{I_0}+1\right)\approx0.026\times\ln\left(\frac{10^{-3}}{1.2\times10^{-15}}\right)=0.71\text{V}$$

即要获得 1mA 的正向电流，PN 结需要施加 0.71V 的正向偏压。

在讨论 PN 结各种特性时，为了方便，往往把长 PN 结的反向饱和电流 I_{01} 写成下面几种形式。根据 $n_{n0}=N_d$， $p_{p0}=N_a$，以及 $n_{n0}p_{n0}=n_{p0}p_{p0}=n_i^2$，可得

$$I_{01}=qAn_i^2\left(\frac{D_p}{L_pN_d}+\frac{D_n}{L_nN_a}\right) \tag{2-5-31}$$

根据 $n_i^2=N_cN_v\mathrm{e}^{-E_g/kT}$，可得

$$I_{01}=qAN_cN_v\left(\frac{D_p}{L_pN_d}+\frac{D_n}{L_nN_a}\right)\mathrm{e}^{-E_g/kT} \tag{2-5-32}$$

根据 $L_p^2=D_p\tau_p$, $L_n^2=D_n\tau_n$，可得

$$I_{01}=qA\left(\frac{p_{n0}}{\tau_p}L_p+\frac{n_{p0}}{\tau_n}L_n\right) \tag{2-5-33}$$

$$I_{01}=qAn_i^2\left(\frac{L_p}{N_d\tau_p}+\frac{L_n}{N_a\tau_n}\right) \tag{2-5-34}$$

由 I_{01} 的这些表达式可知，在其他条件不变的情况下，掺杂浓度越高， I_{01} 越小；禁带宽度越大， I_{01} 越小；少子寿命越长， I_{01} 越小；少子扩散系数越小， I_{01} 越小。

下面分析 PN 结反向电流的来源。由式(2-5-33)得反向电流为

$$I=-qAL_p\frac{p_{n0}}{\tau_p}-qAL_n\frac{n_{p0}}{\tau_n} \tag{2-5-35}$$

式中， n_{p0}/τ_n 和 p_{n0}/τ_p 实际上等于 P 区和 N 区少子的产生率。因为加反向偏压时，边界附近少子浓度几乎为 0，平均非平衡载流子浓度近似为 $-n_{p0}$ 和 $-p_{n0}$。而根据式(1-11-7)，电子和空穴的净复合率分别为

$$\frac{\Delta n_p}{\tau_n}=-\frac{n_{p0}}{\tau_n}$$

$$\frac{\Delta p_n}{\tau_p}=-\frac{p_{n0}}{\tau_p}$$

负的复合率意味着正的产生率。因此式(2-5-35)中的两项分别是 PN 结空穴扩散区和电子扩散区中所发生的空穴产生电流和电子产生电流。这表明在反向偏压的情况下，由于空间电荷区中电场的加强，几乎每一个能扩散到空间电荷区的少数载流子都立即被电场扫走。因此，反向电流就是由在 PN 结空间电荷区附近所产生的而又有机会扩散到空间电荷区边界的少数载流子形成的，这当然是扩散区内产生的少数载流子。可见，反偏 PN 结具有少子抽取的作用，它把 P 区边界 $-x_p$ 附近的电子拉向 N 区，把 N 区边界 x_n 附近的空穴拉向 P 区，于是造成了扩散区内少子浓度梯度，使少子向空间电荷区扩散。在一般情况下，由于 P 区中的电子和 N 区中的空穴都是少数载流子，浓度很小，因此反向电流通常很小且呈饱和性质。

5. 短 PN 结近似

如果 PN 结中性区长度远小于载流子的扩散长度，这样的 PN 结称为短 PN 结。第三章双

极结型晶体管的发射结一般就属于短 PN 结。下面分别讨论 N 区和 P 区的少子及少子电流的分布情形。

如果 PN 结的 N 区很短（$W_n \ll L_p$），式(2-5-4)可以简化为

$$p_n(x) - p_{n0} = p_{n0}(e^{V/V_T} - 1)\frac{W_n - x}{W_n - x_n} \qquad (x_n \leqslant x \leqslant W_n) \tag{2-5-36}$$

相应地，注入少子空穴的扩散电流分布可以简化为

$$I_p(x) = \frac{qAD_p}{W_n - x_n} p_{n0}(e^{V/V_T} - 1) \qquad (W_n \geqslant x \geqslant x_n) \tag{2-5-37}$$

少子空穴及其电流的分布如图 2-16 所示。

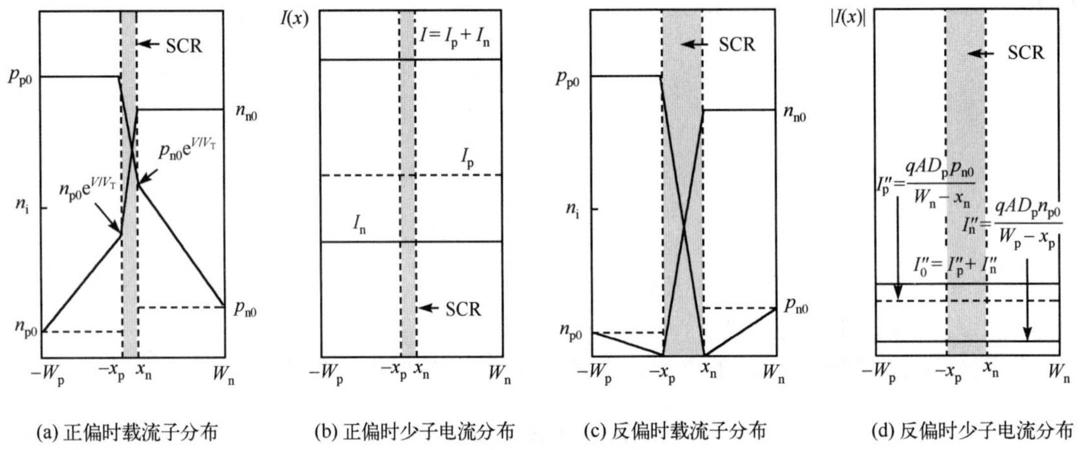

图 2-16 理想短 PN 结正偏及反偏时的载流子分布和少子电流分布

如果 PN 结的 P 区很短（$W_p \ll L_n$），式(2-5-11)可以简化为

$$n_p(x) - n_{p0} = n_{p0}(e^{V/V_T} - 1)\frac{W_p + x}{W_p - x_p} \qquad (-W_p \leqslant x \leqslant -x_p) \tag{2-5-38}$$

相应地，注入少子电子的扩散电流分布可以简化为

$$I_n(x) = \frac{qAD_n}{W_p - x_p} n_{p0}(e^{V/V_T} - 1) \qquad (-W_p \leqslant x \leqslant -x_p) \tag{2-5-39}$$

少子电子及其电流的分布如图 2-16 所示。

因此，理想短 PN 结的总电流为

$$I = qA\left(\frac{D_p p_{n0}}{W_n - x_n} + \frac{D_n n_{p0}}{W_p - x_p}\right)(e^{V/V_T} - 1) = I_{0s}(e^{V/V_T} - 1) \tag{2-5-40}$$

其中

$$I_{0s} = qA\left(\frac{D_p p_{n0}}{W_n - x_n} + \frac{D_n n_{p0}}{W_p - x_p}\right) \tag{2-5-41}$$

可称为**短 PN 结二极管的反向饱和电流**。与长 PN 结相比，就是用电中性区的宽度代替了少子的扩散长度。

由上述讨论可知，对于短 PN 结，其注入的少子分布近似为线性分布，而注入的少子电流近似为常数，与空间坐标无关。这是因为如果电中性区的宽度远小于少子的扩散长度，那么注入少子的绝大部分都会扩散到达电极接触边界，在一级近似下，被多子复合消失的少子数目可以忽略不计，因而少子的扩散电流几乎不变。短 PN 结的 *I-V* 方程在形式上与长 PN 结一致，也满足肖克莱方程形式，只是反向饱和电流的表达式有所不同。短 PN 结的反向饱和电流与电中性区的宽度有关，与少子扩散长度无关。

在本书后续的讨论中，如果没有特殊说明，都满足长 PN 结近似，为方便起见，其反向饱和电流统一记为 I_0，并由式(2-5-30)表示。

2.5 节小结

2.6 空间电荷区复合电流和产生电流

教学要求

1. 理解并掌握概念：正偏复合电流、反偏产生电流。
2. 了解空间电荷区复合电流和产生电流的产生机制。
3. 推导式(2-6-4)、式(2-6-5)和式(2-6-10)。
4. 了解复合电流和产生电流的性质及其对二极管行为的影响。

实际的 PN 结中，电流–电压特性显著地偏离式(2-5-17)。造成这种现象的根本原因是非理想因素的影响。因而，在实际 PN 结中，需要对理想的 *I-V* 特性进行必要的修正。

理想 PN 结二极管的基本假设之一是空间电荷区不存在载流子的复合电流与产生电流。然而，当 PN 结施加偏压时，热平衡状态被打破，空间电荷区内必然存在载流子的复合或产生，从而必然引起**复合电流**或**产生电流**。

2.6.1 正偏复合电流

PN 结正偏时，P 区空穴通过空间电荷区向 N 区注入，N 区电子通过空间电荷区向 P 区注入。这些载流子穿越空间电荷区时，根据式(1-12-5)，$pn = n_i^2 e^{(\phi_p - \phi_n)/V_T} > n_i^2$，将使得空间电荷区载流子浓度超过平衡值。因而，在空间电荷区中必然会有非平衡载流子的复合。单位时间在空间电荷区内通过复合消失的正电荷量称为 PN 结的**正偏复合电流**。非平衡载流子主要是通过复合中心的间接复合。根据定义，正偏复合电流 I_R 的表达式为

$$I_R = qA\int_0^W U\mathrm{d}x \tag{2-6-1}$$

式中，W 为空间电荷区宽度，A 为结面积，U 为载流子通过复合中心复合的净复合率。考虑最大复合电流所带来的影响，由式(1-13-39)可知，当 $E_t = E_i$ 时，最大净复合率为

$$U = \frac{1}{\tau_0}\frac{np - n_i^2}{(n+p)+2n_i}$$

式中，$n+p$ 最小时，U 最大。由

$$\begin{cases} d(n+p) = 0 \\ np = n_i^2 e^{V/V_T} \end{cases}$$

得到

$$n = p = n_i e^{V/2V_T} \tag{2-6-2}$$

于是

$$U_{max} = \frac{n_i}{2\tau_0}(e^{V/2V_T} - 1) \tag{2-6-3}$$

将式(2-6-3)代入式(2-6-1)，可得最大正偏复合电流为

$$I_R = \frac{qAn_iW}{2\tau_0}(e^{V/2V_T} - 1) = I_r(e^{V/2V_T} - 1) \tag{2-6-4}$$

式中

$$I_r = \frac{qAn_iW}{2\tau_0} \tag{2-6-5}$$

由后面的讨论可知，I_r实质为**PN结的反偏产生电流**。

当$V \gg V_T$时，正偏复合电流可简化为

$$I_R \approx I_r e^{V/2V_T} \tag{2-6-6}$$

I_R是在极端的条件下，也就是复合率最大的情况下推导出来的。图2-17所示为典型硅二极管实际测量的I-V特性。在低电流水平时(图2-17中的(a)段)，复合电流成分占优势。用半对数坐标所绘制的曲线表明，随着电流增加，曲线斜率从复合电流为主时的$1/2V_T$改变至扩散电流为主(图2-17中的(b)段)时的$1/V_T$。在高电流水平下，大注入和串联电阻(图2-17中的(c)和(d)段)的影响导致PN结实际正向电流随电压的变化规律偏离了理想情形，将在2.7节重点讨论。

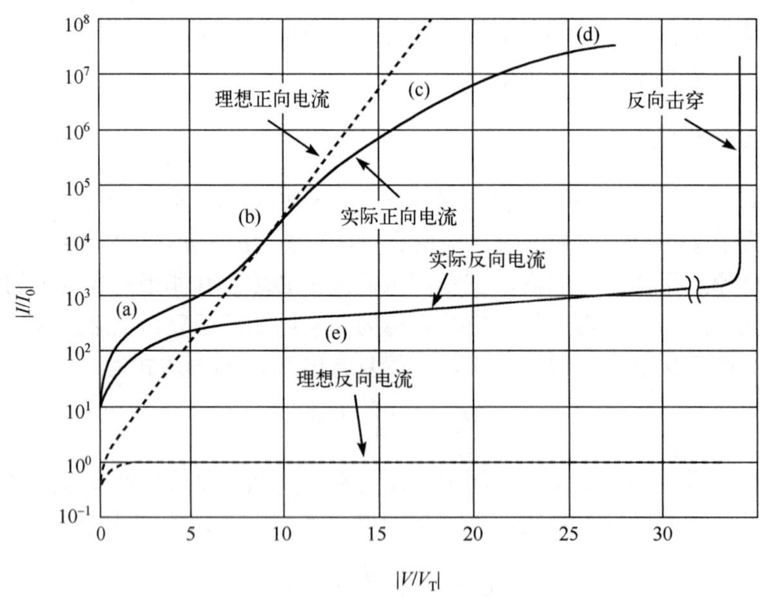

图2-17　实际硅PN结二极管的I-V曲线

注：(a)正偏复合电流区；(b)扩散电流区；(c)大注入电流区；(d)串联电阻影响区；(e)实际反向电流由反偏产生电流和表面泄漏电流构成

下面把空间电荷区复合电流与载流子注入引起的扩散电流进行比较。根据式(2-5-29)和式(2-5-34)，为了方便，把扩散电流记为I_d，对于P^+N结

$$I_d = qAL_p \frac{n_i^2}{\tau_p N_d} e^{V/V_T} \approx qAL_p \frac{n_i^2}{\tau_0 N_d} e^{V/V_T}$$

于是

$$\frac{I_d}{I_R} = 2\left(\frac{L_p}{W}\right)\left(\frac{n_i}{N_d}\right) e^{V/2V_T} \tag{2-6-7}$$

式(2-6-7)表明，n_i/N_d越小，电压越低，势垒区复合电流的影响越大。禁带宽度较小的半导体材料，n_i比较大。用硅制作的PN结，在小注入情况下，正向电流可能由势垒区的复合电流所控制。锗PN结空间电荷区复合电流的影响可以忽略不计，正向电流遵守通常扩散电流的规律。

当外加偏压增加0.1V时，正向注入电流增加

$$e^{\Delta V/V_T} = e^{0.1/0.026} \approx 50\text{倍}$$

空间电荷区复合电流增加

$$e^{\Delta V/2V_T} = e^{0.1/2\times 0.026} \approx 7\text{倍}$$

因此，在工作电流较小或者说在较低的正偏压下，空间电荷区复合电流的作用将不可忽略。随着正向电压的增加，扩散电流变得越来越主要。例如，硅PN结，通常在$V > 0.5$V，电流密度$J > 10^{-5}$A/cm^{2}时，空间电荷区复合电流的影响就变得比较小了。

2.6.2 反偏产生电流

PN结在反向偏压的条件下，空间电荷区中$np < n_i^2$，这将引起非平衡载流子的产生。单位时间在空间电荷区内产生的正电荷量称为PN结的**反偏产生电流**。根据定义，反偏产生电流I_G的表达式为

$$I_G = qA\int_0^W G\mathrm{d}x \tag{2-6-8}$$

式中，G为空间电荷区内的净产生率。

与正偏复合电流分析方法类似，由式(2-6-3)，PN结反偏时(假设反偏电压远大于热电势V_T)的净复合率为

$$U = -\frac{n_i}{2\tau_0} \tag{2-6-9}$$

$U < 0$意味着正的净产生率，即$G = -U = n_i / 2\tau_0$，将其代入式(2-6-8)可得产生电流I_G的大小为

$$I_G = \frac{qn_iAW}{2\tau_0} \tag{2-6-10}$$

比较式(2-6-10)和式(2-6-5)可知，I_r与I_G一致，其实质为PN结的反偏产生电流。实际上，反偏时，令式(2-6-4)中的电压V为负值，即可求得反偏产生电流。

由于空间电荷层的宽度随着反向偏压的增加而增加，因此反偏产生电流I_G也将随着反向偏压的增加而增加，因而反向电流并不是饱和的。在实际的硅二极管中，产生电流常常远大于式(2-5-18)所表示的反向饱和电流，如图2-17中的(e)段曲线所示。实际PN结二极管的反向电流中，不仅包含反偏产生电流，还包含表面泄漏电流。为了减小表面泄漏电流，PN结

的表面常常要进行钝化处理。硅中的金杂质会减少非平衡少数载流子的寿命，从而增加产生率，使得反偏产生电流增大。

当 PN 结的反偏电压增大到某一临界值时，PN 结的反向电流会急剧增大，发生反向击穿现象(如图 2-17 所示)，将在 2.13 节中讨论。

2.6 节小结

2.7 大注入效应

教学要求

1. 理解并掌握概念：大注入效应。
2. 能够推导大注入时少子的边界条件。
3. 推导大注入条件下 PN 结二极管的 *I-V* 方程。
4. 了解大注入效应和串联电阻效应对 PN 结 *I-V* 特性的影响。

在理想 PN 结的假设中，引入了小注入条件。小注入条件只有在正偏电压很小时才能满足。当正偏电压增大到一定程度时，注入中性区的少子浓度可能接近或超过热平衡多子浓度，这时，PN 结的 *I-V* 方程将偏离理想情况，产生**大注入效应**。下面以长 PN 结为例，定量分析大注入条件下的少子边界条件和 PN 结的 *I-V* 特性。

2.7.1 大注入时的少子边界条件

假设正向注入 N 侧中性区的非平衡空穴浓度 Δp_n 远大于热平衡电子浓度 n_{n0}，则在 $x = x_n$ 处的载流子浓度为

$$n_n(x_n) = n_{n0} + \Delta n_n \approx \Delta n_n \tag{2-7-1}$$

$$p_n(x_n) = p_{n0} + \Delta p_n \approx \Delta p_n \tag{2-7-2}$$

受到电中性条件的限制，边界处非平衡空穴浓度 Δp_n 和非平衡电子浓度 Δn_n 应该相等。于是

$$p_n(x_n) \approx n_n(x_n) \approx \Delta p_n \tag{2-7-3}$$

由式(1-12-5)可知

$$p_n(x_n) n_n(x_n) = n_i^2 e^{(\phi_p - \phi_n)/V_T} = n_i^2 e^{V/V_T} \tag{2-7-4}$$

所以，在 $x = x_n$ 处**少子空穴的大注入边界条件**为

$$p_n(x_n) \approx n_n(x_n) \approx n_i e^{V/2V_T} \tag{2-7-5}$$

同理，在 P 侧空间电荷区边界处，**少子电子的大注入边界条件**为

$$n_p(-x_p) \approx p_p(-x_p) \approx n_i e^{V/2V_T} \tag{2-7-6}$$

2.7.2 大注入时的 *I-V* 方程

在大注入条件下，由于空间电荷区边界处的多子和少子浓度均远大于中性区内部的多子和少子浓度，因此，多子和少子都会向中性区内部进行扩散。由于多子向中性区内部扩散后，不会从 PN 结的另一侧注入补充，而少子却可以通过正向注入得到补充，因此，在多子的扩

散区内，局部的电中性被破坏，从而产生一个自建电场，该电场阻碍多子从空间电荷区边界处向中性区内部扩散，并引起多子从中性区内部向空间电荷区边界处漂移。达到动态平衡时，在空间电荷区边界附近多子的扩散电流密度和自建电场引起的多子漂移电流密度的和为零。对于长 PN 结 N 侧的多子电子而言，总的电子电流密度为零，即

$$\boldsymbol{J}_{\rm n}=qD_{\rm n}\frac{{\rm d}n_{\rm n}(x)}{{\rm d}x}+qn_{\rm n}(x)\mu_{\rm n}\mathscr{E}=0 \tag{2-7-7}$$

于是，可以求得空间电荷区边界的自建电场为

$$\mathscr{E}=-\frac{V_{\rm T}}{n_{\rm n}(x)}\frac{{\rm d}n_{\rm n}(x)}{{\rm d}x} \tag{2-7-8}$$

自建电场也会引起少子的漂移，少子的漂移方向与扩散方向一致。自建电场的作用相当于加速了少子从空间电荷区边界向中性区内部的输运。对于长 PN 结 N 侧的少子空穴而言，其电流密度可以写为

$$\boldsymbol{J}_{\rm p}=-qD_{\rm p}\frac{{\rm d}p_{\rm n}(x)}{{\rm d}x}+qp_{\rm n}(x)\mu_{\rm p}\mathscr{E} \tag{2-7-9}$$

将式(2-7-8)代入，并利用爱因斯坦关系式可得

$$\boldsymbol{J}_{\rm p}=-qD_{\rm p}\left[\frac{{\rm d}p_{\rm n}(x)}{{\rm d}x}+\frac{p_{\rm n}(x)}{n_{\rm n}(x)}\frac{{\rm d}n_{\rm n}(x)}{{\rm d}x}\right] \tag{2-7-10}$$

在空间电荷区边界附近的中性区内，电子和空穴的浓度近似相同，于是

$$\boldsymbol{J}_{\rm p}\approx-q(2D_{\rm p})\frac{{\rm d}p_{\rm n}(x)}{{\rm d}x} \tag{2-7-11}$$

可见，大注入时，由于多子扩散引起的自建电场作用，其效果相当于使得少子的扩散系数增大了一倍。

同理，如果 P 侧也存在大注入效应，则少子电子的电流密度可以表示为

$$\boldsymbol{J}_{\rm n}\approx-q\left(2D_{\rm n}\right)\frac{{\rm d}n_{\rm p}(x)}{{\rm d}x} \tag{2-7-12}$$

由式(2-5-21)可知，对于长 PN 结，N 侧少子空穴的浓度分布可以表示为

$$p_{\rm n}(x)=[p_{\rm n}(x_{\rm n})-p_{\rm n0}]{\rm e}^{(x_{\rm n}-x)/L_{\rm p}}+p_{\rm n0} \tag{2-7-13}$$

将式(2-7-5)和式(2-7-13)代入式(2-7-11)，并忽略热平衡少子浓度，可得

$$\boldsymbol{J}_{\rm p}(x)=q\left(\frac{2D_{\rm p}}{L_{\rm p}}\right)n_{\rm i}{\rm e}^{V/2V_{\rm T}}{\rm e}^{(x_{\rm n}-x)/L_{\rm p}}\qquad(x\geqslant x_{\rm n}) \tag{2-7-14}$$

在空间电荷区边界处，少子空穴电流强度最大，即

$$I_{\rm pmax}=I_{\rm p}(x_{\rm n})=\frac{2D_{\rm p}qAn_{\rm i}}{L_{\rm p}}{\rm e}^{V/2V_{\rm T}} \tag{2-7-15}$$

同理，如果 P 侧也存在大注入效应，则少子电子的电流密度可以表示为

$$\boldsymbol{J}_{\rm n}(x)=q\left(\frac{2D_{\rm n}}{L_{\rm n}}\right)n_{\rm i}{\rm e}^{V/2V_{\rm T}}{\rm e}^{(x_{\rm p}+x)/L_{\rm n}}\qquad(x\leqslant -x_{\rm p}) \tag{2-7-16}$$

在空间电荷区边界处，少子电子电流强度最大，即

$$I_{\text{nmax}} = I_{\text{n}}(-x_{\text{p}}) = \frac{2D_{\text{n}}qAn_{\text{i}}}{L_{\text{n}}} \text{e}^{V/2V_{\text{T}}} \tag{2-7-17}$$

大注入情况下，可以忽略空间电荷区的复合电流，于是总电流为

$$I = I_{\text{p}}(x_{\text{n}}) + I_{\text{n}}(-x_{\text{p}}) = 2qAn_{\text{i}}\left(\frac{D_{\text{n}}}{L_{\text{n}}} + \frac{D_{\text{p}}}{L_{\text{p}}}\right)\text{e}^{V/2V_{\text{T}}} \tag{2-7-18}$$

可见，在大注入条件下，ln$I$ 随 V 线性增大，其斜率为 $1/2V_{\text{T}}$，如图 2-17 中(c)段所示。如果继续增大正偏电压，PN 结的空间电荷区将变得非常窄，结电阻变得很小，此时，绝大部分的偏压降落在串联电阻(包括中性区的体电阻和电极接触电阻)上，此时 PN 结类似于电阻元件，电流 I 随 V 不再 e 指数增大，而近似为线性增大，如图 2-17 中(d)段所示，这一现象称为**串联电阻效应**。

2.7 节小结

2.8 隧道电流

教学要求

1. 了解产生隧道电流的条件。
2. 画出能带图解释隧道二极管的 I-V 特性。
3. 了解隧道二极管的特点和局限性。

理想 PN 结的基本假设之一为非简并半导体，即 PN 结两侧的掺杂浓度不是很高。正偏时，载流子主要以跨越 PN 结势垒的方式产生正向少子注入，形成少子的扩散电流。如果 PN 结两侧均为重掺杂的情况，由于量子力学的隧道效应，有些载流子还可能以量子隧穿(代替越过)势垒的方式进行注入，从而产生**隧道电流**(tunnel current)。

隧道电流产生的条件可以概括为：①费米能级进入能带，即费米能级位于导带和价带的内部；②空间电荷区的宽度很窄，因而有很高的量子隧穿概率；③在相同的能量水平上，在一侧的能带中有电子，而在另一侧的能带中有空的状态。当结的两边均为重掺杂，从而成为简并半导体时，条件①和②得到满足。

图 2-18(a)表示这样的结处在 0K 和没有外加偏压的情形。温度选为绝对零度是为了使得在费米能级以下的状态都被占据，而在费米能级以上的状态都空着。这种假设简化了物理图像而又不失去室温下物理真相的本质。

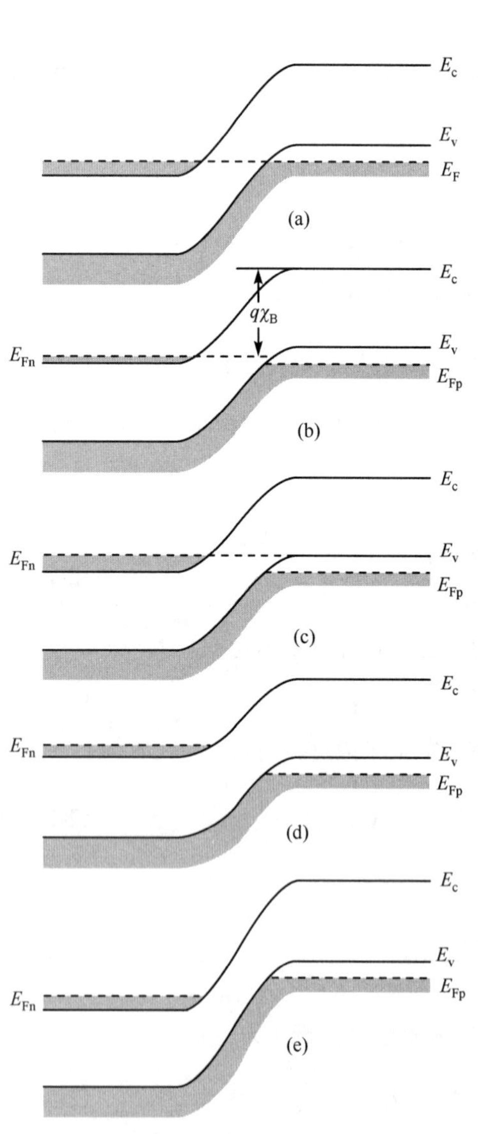

图 2-18　各种偏压下隧道结的能带图

当加上正向偏压时，能带图就变成图 2-18(b)的情形。注意现在N侧导带中一些电子的能量被提高到与结的P侧空状态相对应的水平。结果使得电子可能隧道穿透 PN 结势垒以产生电流。这种隧道电流的大小受N侧提供的能够隧道穿透的电子数和P侧能够提供的与可穿透电子处于相同能量水平的空状态数的限制。从而，在图 2-18(c)所示的偏压条件下达到最大电流。进一步增加正向偏压，由于在P侧能容纳隧道穿透电子的空状态变少，电流便会减小。在图 2-18(d)的能带图中实现了隧道电流为零的条件。在反向偏压下，图 2-18(e)所示的能带图说明，反向隧道电流随着反偏压的增加而增加。

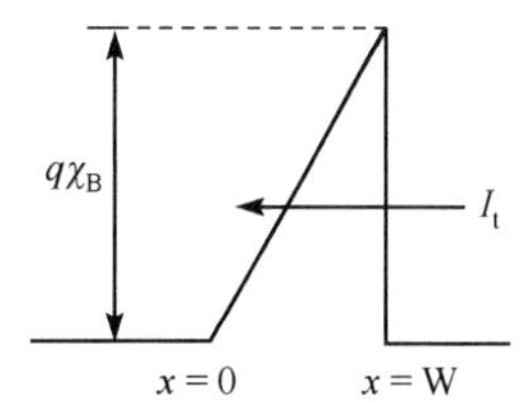

图 2-19 对应于图 2-18 正偏压隧道结的势垒

对隧道机制的分析需要有量子力学知识。在这里采用一个简单的模型对隧道机制进行分析。考虑示于图 2-19 中处于正偏压的隧道结势垒，其中，$q\chi_B$为势垒高度，大致等于禁带能量E_g；势垒厚度 W 为空间电荷层宽度，n为能供隧道穿透的电子数。在这种情况下，简化的隧道穿透概率为(不予证明)

$$T_i = \exp(-8\pi\sqrt{2qm_n}\chi_B^{3/2} / 3h\mathscr{E}) \tag{2-8-1}$$

在图 2-18 中

$$\mathscr{E} = \chi_B / W \tag{2-8-2}$$

把式(2-8-2)代入式(2-8-1)，得到

$$T_i = \exp\left[-\frac{8\pi W}{3h}(2qm_n\chi_B)^{1/2}\right] \tag{2-8-3}$$

假设在势垒的另一边，即$x>W$处，空状态数目很大，则隧道电流可表示为

$$I_t = qAv_{th}nT_i \tag{2-8-4}$$

式中，v_{th}为隧道电子的速度。例如，让一个硅二极管的两边重掺杂，使空间电荷层的宽度为5nm，势垒高度为1.1eV，二极管的面积为10^{-4}cm^2，$m_n = 0.2m_0$(m_0为自由电子质量)，$n = 2\times10^{20}\text{cm}^{-3}$。这时的隧道穿透几率为$10^{-7}$，隧道电流为2mA。在电流密度较大时隧道穿透几率非常小。

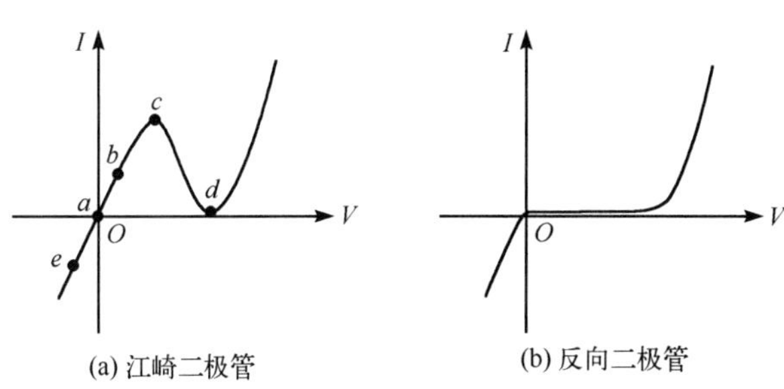

图 2-20 江崎二极管和反向二极管的电流-电压特性

除隧道电流成分外，扩散电流在高的正偏压下变得重要。如图 2-20(a)所示，包括隧道分量和扩散分量的结电流–电压特性叠加在一起，a～e 五个点分别对应图 2-18 中(a)～(e)五种情况。具有这种 I-V 曲线的二极管称为**隧道二极管**或**江崎二极管**。杂质浓度一般为$5\times10^{19}\text{cm}^{-3}$，耗尽层厚度在5～10nm的数量级。若掺杂浓度稍减少，使正向隧道电流可予忽略，I-V 曲线则将被改变成图 2-20(b)中的情形。这称为**反向二极管**。

由以上分析可以看出，隧道二极管是利用多子的隧道效应工作的。由于单位时间内通过PN 结的多数载流子的数目起伏较小，因此隧道二极管具有较低的噪音。隧道结是用重掺杂的简并半导体制成的，温度对多子的影响小，这使隧道二极管的工作温度范围大。此外，由于隧道效应的本质是量子的跃迁过程，电子穿越势垒极其迅速，不受电子渡越时间的限制，

2.8 节小结

因此它可以在极高频率下工作。这种优越的性能使隧道二极管能够应用于振荡器、双稳态触发器、单稳多谐振荡器、高速逻辑电路和低噪音微波放大器。然而，由于应用两端有源器件的困难以及难以把它们制成集成电路的形式，隧道二极管的利用受到了限制。

2.9 温度对 PN 结 *I-V* 特性的影响

教学要求

1. 推导式(2-9-4)、式(2-9-7)和式(2-9-8)。
2. 根据式(2-9-4)、式(2-9-7)和式(2-9-8)了解温度对 PN 结 *I-V* 特性的影响。

根据前面几节的讨论，在 PN 结中可以存在着由少子注入引起的扩散电流、空间电荷区正偏复合电流、反偏产生电流和隧道电流等电流成分。隧道电流对温度不灵敏。扩散电流、产生电流和复合电流则强烈地依赖于温度。这是器件设计和使用中必须注意的问题。

PN 结在正向偏置情况下，根据式(2-5-29)、式(2-5-31)和式(2-6-4)有

$$\frac{I_d}{I_R}=\frac{2\tau_0}{W}\left(\frac{D_p}{L_pN_d}+\frac{D_n}{L_nN_a}\right)n_i e^{V/2V_T} \tag{2-9-1}$$

由于式(2-9-1)中 n_i 随温度的增加而迅速增加，可见在温度高于室温时，不太大的正偏压(～0.3 V)就使 I_d 占优势。

当 PN 结处于反向偏置时，$I_d=-I_0$，结合式(2-6-10)有

$$\left|\frac{I_d}{I_G}\right|\approx\frac{2\tau_0}{W}\left(\frac{D_p}{L_pN_d}+\frac{D_n}{L_nN_a}\right)n_i \tag{2-9-2}$$

随着温度增加，n_i 迅速增大，也是扩散电流占优势。

由此可见，无论在正偏还是反偏情况下，二极管的温度特性主要由式(2-5-29)所给出的二极管方程决定。即式(2-5-29)足以描述大多数二极管的 *I-V* 特性对温度的依赖关系。

温度的影响隐含于 I_0 和 V_T。先考虑 I_0 对温度的依赖关系，由式(2-5-31)可知

$$I_0=qA\left(\frac{D_p}{L_pN_d}+\frac{D_n}{L_nN_a}\right)n_i^2$$

相对来说，括号内的参量对温度变化不灵敏，所以 I_0 的温度效应主要表现在 n_i^2 对温度的依赖关系上。利用式(1-7-23)，得到

$$I_0\propto n_i^2\propto T^3 e^{-E_{g0}/KT} \tag{2-9-3}$$

式(2-9-3)对 T 求导，所得的结果除以 I_0，得到

$$\frac{1}{I_0}\frac{dI_0}{dT}=\frac{3}{T}+\frac{E_{g0}}{KT^2}\approx\frac{E_{g0}}{KT^2} \tag{2-9-4}$$

在大多数情况下，$3/T$ 项可以忽略。室温下，硅第一项 0.01，第二项 0.155。式(2-9-4)反映了反向饱和电流的温度特性。温度每增加 6K，反向饱和电流增加 1 倍。温度对反向饱和电流的影响是相当大的。

在正向偏置情况下，取 $I = I_0 e^{V/V_T}$，不难导出

$$\left.\frac{\mathrm{d}V}{\mathrm{d}T}\right|_{I=\text{常数}} = \frac{V}{T} - V_T\left(\frac{1}{I_0}\frac{\mathrm{d}I_0}{\mathrm{d}T}\right) \tag{2-9-5}$$

$$\left.\frac{\mathrm{d}I}{\mathrm{d}T}\right|_{V=\text{常数}} = I\left(\frac{1}{I_0}\frac{\mathrm{d}I_0}{\mathrm{d}T} - \frac{V}{TV_T}\right) \tag{2-9-6}$$

将式(2-9-4)代入式(2-9-5)和式(2-9-6)中，得到

$$\frac{\mathrm{d}V}{\mathrm{d}T} = \frac{V - E_{g0}/q}{T} \tag{2-9-7}$$

和

$$\frac{1}{I}\frac{\mathrm{d}I}{\mathrm{d}T} = \frac{E_{g0} - qV}{KT^2} \tag{2-9-8}$$

对于硅二极管，$E_{g0} = 1.21\text{eV}$，典型的工作电压为 $0.6 \sim 0.7\text{V}$，在室温(300K)时，每增加10℃，电流约增加1倍。电压随温度线性地减小，系数约为 –2mV/℃。结电压随温度变化十分灵敏，这一特性被用来精确测温和控温。二极管温敏器件就是根据PN结的正偏温度特性制造的。硅二极管正向和反向两种偏压下的温度依赖关系如图2-21所示。

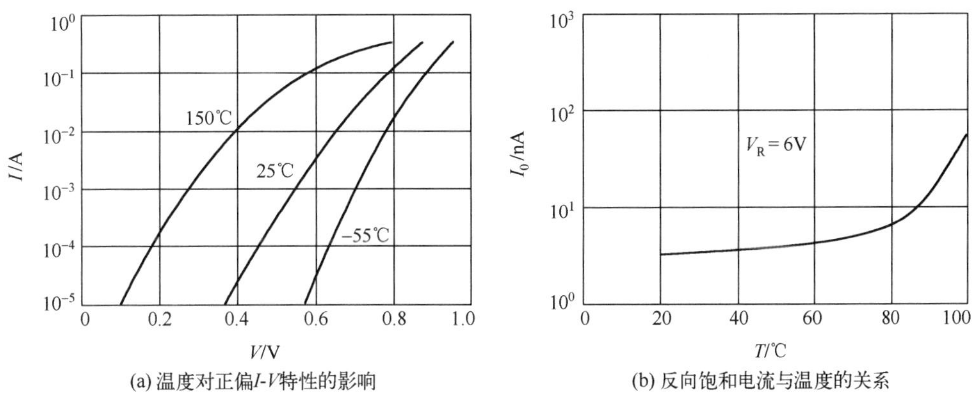

(a) 温度对正偏I-V特性的影响　　(b) 反向饱和电流与温度的关系

图2-21　硅平面二极管 I-V 特性的温度效应

2.9节小结

2.10　耗尽层电容、求杂质分布和变容二极管

教学要求

1. 掌握概念：耗尽层电容、求杂质分布、变容二极管、超突变结。
2. 记忆耗尽层电容公式(2-10-3)。
3. 掌握 C-V 关系式(2-10-9)及其应用。
4. 推导求杂质分布公式(2-10-15)。
5. 掌握求杂质分布的概念及求解程序。
6. 掌握使用图2-24求电容的方法。
7. 了解变容二极管的应用及其设计原则。

由式(2-4-1)可知，PN 结空间电荷区宽度是外加偏压的函数。当 PN 结反向偏压增加时耗尽层将展宽，空间电荷的数量将增加；当反向偏压减小时耗尽层将变窄，空间电荷的数量将减少。空间电荷是固定不动的。空间电荷的增加实际上是随着反向偏压的增加，空间电荷区边界有一部分电子和空穴被抽出，从而遗留下更多的没有电子和空穴中和的施主离子和受主离子。空间电荷的减少则是随着反向偏压的减小，有电子和空穴注入空间电荷区中和了部分施主离子和受主离子。以上分析说明，在偏压作用下 PN 结具有充放电的电容作用。这种由于耗尽层内空间电荷随偏压变化所引起的电容称为 PN 结的**耗尽层电容**(depletion-layer capacitance)，又称为**势垒电容**(barrier capacitance)或**过渡电容**(transition capacitance)，记为 C_T。除了耗尽层电容外，PN 结还有扩散电容，将在本章 2.11 节介绍。PN 结在反偏时，以耗尽层电容为主；在正偏时，以扩散电容为主。

2.10.1　反偏 PN 结的 *C-V* 特性

耗尽层内正、负空间电荷的总量是相同的，分别正比于正、负空间电荷区的宽度。以突变结为例，正的空间电荷或负的空间电荷总量为

$$|Q| = qAN_d x_n = qAN_a x_p = A\sqrt{\frac{2q\varepsilon_r\varepsilon_0(\psi_0 + V_R)N_a N_d}{N_a + N_d}} \tag{2-10-1}$$

这里利用了式(2-3-29)和式(2-3-30)。

耗尽层电容强烈地依赖于偏压信号的频率。小信号耗尽层电容的定义式为

$$C_T \equiv \frac{d|Q|}{dV_R} \tag{2-10-2}$$

把式(2-10-1)代入式(2-10-2)导出

$$C_T = A\left[\frac{q\varepsilon_r\varepsilon_0 N_a N_d}{2(V_R + \psi_0)(N_a + N_d)}\right]^{1/2} \tag{2-10-3}$$

由式(2-3-31)可知，反偏时，耗尽层近似依然成立，空间电荷区的宽度可表示为

$$W = \left[\frac{2\varepsilon_r\varepsilon_0(V_R + \psi_0)(N_a + N_d)}{qN_a N_d}\right]^{1/2} \tag{2-10-4}$$

与式(2-10-3)比较，易于得到

$$C_T = \frac{A\varepsilon_r\varepsilon_0}{W} \tag{2-10-5}$$

可见，反偏 PN 结的耗尽层电容可以等效为平行板电容器，正、负空间电荷区相当于正、负极板，极板面积为结面积 A，极板间距为空间电荷区宽度 W。

【例 2-7】 假设有一 Si 基突变结，结面积 $A = 10^{-4}\,\text{cm}^{-2}$，P 区掺杂浓度为 $10^{16}\,\text{cm}^{-3}$，N 区掺杂浓度为 $10^{15}\,\text{cm}^{-3}$，求反偏电压为 5V 时，室温下该 PN 结的耗尽层电容。

解　先求内建电势差

$$\psi_0 = V_T \ln\frac{N_a N_d}{n_i^2} = 0.026\ln\frac{10^{16}\times 10^{15}}{(1.5\times 10^{10})^2} = 0.64(\text{V})$$

再求空间电荷区宽度

$$W=\left[\frac{2\varepsilon_r\varepsilon_0(V_R+\psi_0)(N_a+N_d)}{qN_aN_d}\right]^{1/2}=\left[\frac{2\times11.8\times8.85\times10^{-14}(5+0.64)(10^{16}+10^{15})}{1.6\times10^{-19}\times10^{16}\times10^{15}}\right]^{1/2}=2.85(\mu\text{m})$$

最后求耗尽层电容

$$C_T=\frac{A\varepsilon_r\varepsilon_0}{W}=\frac{10^{-4}\times11.8\times8.85\times10^{-14}}{2.85\times10^{-4}}=3.67\times10^{-13}(\text{F})=0.367(\text{pF})$$

可见，反偏 PN 结的耗尽层电容很小，只有皮法量级。而且随着反偏电压增大，空间电荷区宽度不断展宽，耗尽层电容将不断减小。

在正偏压条件下，空间电荷区宽度与偏压关系不再满足式(2-4-1)，一般用下式估算正偏压耗尽层电容，即

$$C_T=4C_0 \tag{2-10-6}$$

C_0 由式(2-10-3)中取 $V_R=0$ 得到，即

$$C_0=A\left[\frac{q\varepsilon_r\varepsilon_0N_aN_d}{2\psi_0(N_a+N_d)}\right]^{1/2} \tag{2-10-7}$$

一般情况下式(2-10-3)可以写作

$$C_T=C_0(1+V_R/\psi_0)^{-n} \tag{2-10-8}$$

对于突变结，$n=1/2$。

式(2-10-3)可以改写为

$$\frac{1}{C_T^2}=\frac{2(N_a+N_d)}{q\varepsilon_r\varepsilon_0A^2N_aN_d}(V_R+\psi_0) \tag{2-10-9}$$

对于单边突变结，式(2-10-9)可以简化。以 P^+N 结为例，空间电荷区主要集中在低掺杂的 N 侧，因此，耗尽层电容主要由 N 侧掺杂浓度决定，此时，式(2-10-9)简化为

$$\frac{1}{C_T^2}=\frac{2}{q\varepsilon_r\varepsilon_0A^2N_d}(V_R+\psi_0) \tag{2-10-10}$$

单边突变结的 $1/C_T^2$ 对 V_R 的实验曲线如图 2-22 所示。根据该图中的直线斜率可以计算出施主浓度。此外，由式(2-10-3)可知，将直线外推至电压轴可求出内建电势差，即 $1/C_T^2=0$ 时 $V_R=-\psi_0$。

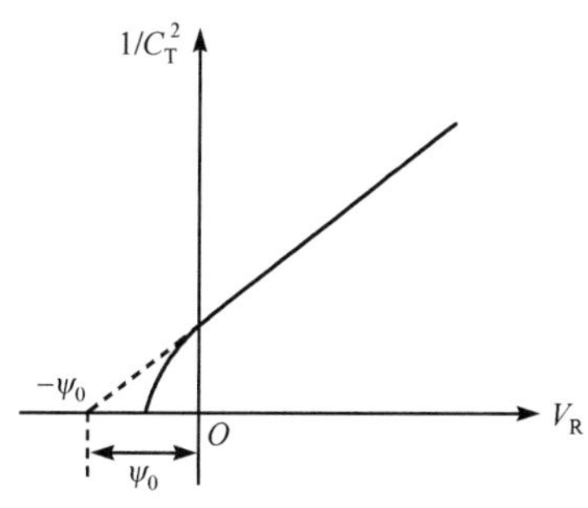

图 2-22　P^+N 二极管的 C-V 特性实验曲线

2.10.2　求杂质分布

在杂质分布未知的 PN 结中，可以利用电容–电压曲线描绘出轻掺杂一边的杂质分布，这个过程称为**求杂质分布**(measuring impurity profile)。考虑图 2-23 所示的一任意杂质分布，假设在某一偏压下耗尽层边界在 $x=W$ 处。当增加偏压使 W 增加 $\mathrm{d}W$ 时，电荷的增量为

$$\mathrm{d}Q=qAN(W)\mathrm{d}W \tag{2-10-11}$$

式中，$N(W)$ 是在空间电荷层边缘 W 处的杂质浓度。由泊松方程，电场的增量为

$$\mathrm{d}\mathscr{E}=\frac{\mathrm{d}Q}{\varepsilon_r\varepsilon_0A} \tag{2-10-12}$$

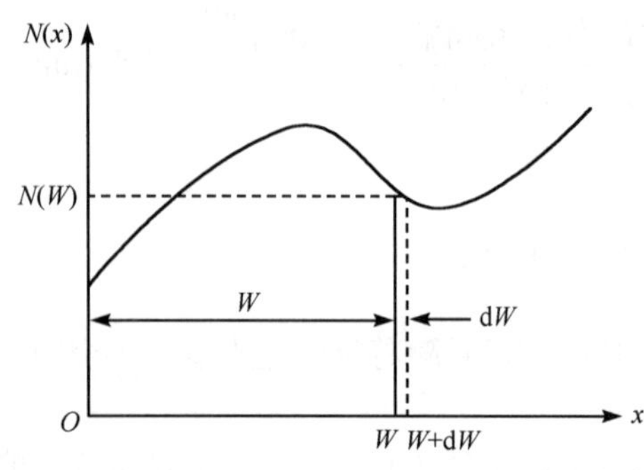

图 2-23 P⁺N 二极管 N 侧的任意杂质分布

电场的增量可以表示为偏压的增量的函数

$$\mathrm{d}\mathscr{E}=\frac{\mathrm{d}V}{W} \tag{2-10-13}$$

由式(2-10-12)和式(2-10-13)得到

$$C_{\mathrm{T}}\equiv\frac{\mathrm{d}Q}{\mathrm{d}V}=\frac{A\varepsilon_{\mathrm{r}}\varepsilon_0}{W} \tag{2-10-14}$$

式(2-10-14)给出了耗尽层电容的表达式，与掺杂均匀的突变结耗尽层电容完全一致。

把式(2-10-12)～式(2-10-14)代入式(2-10-11)并将结果重新整理得到

$$N(W)=\frac{2}{q\varepsilon_{\mathrm{r}}\varepsilon_0 A^2}\frac{1}{\mathrm{d}(1/C_{\mathrm{T}}^{\,2})/\mathrm{d}V} \tag{2-10-15}$$

对于在轻掺杂一边有任意杂质浓度的任何 PN 结，可以在不同反偏压下测量电容并画出 $1/C_{\mathrm{T}}^{\,2}$ 相对 V 的曲线。从此曲线中取 $\Delta(1/C_{\mathrm{T}}^{\,2})/\Delta V$ 并将其结果代入式(2-10-15)就可以求出 $N(W)$。W 可用式(2-10-14)求出。根据这样一系列的计算，可以画出完整的杂质分布。这种方法可用于扩散结或离子注入区，以求其杂质分布。值得注意的是，倘若存在高密度的陷阱中心和界面态，如硅中掺金情形，前面的分析必须加以修正，以适应这些荷电的状态。

扩散结的电容可以通过解泊松方程求出耗尽层宽度，然后利用式(2-10-14)计算出来。由劳伦斯(Lawrence)和沃纳(Warner)用计算机算出的结果如图 2-24 所示。图中，N_{BC} 和 N_0 分别为衬底杂质浓度和硼扩散的表面浓度。

【例 2-8】 在 $N_{\mathrm{d}}=2\times10^{15}\mathrm{cm}^{-3}$ 的 N 型硅衬底上，通过硼扩散制成了 PN 结。硼的表面浓度为 $10^{18}\mathrm{cm}^{-3}$，结深为 $5\mu\mathrm{m}$。假设自建电势差为 0.8V，求在 5V 反偏压下的结电容。

解 $N_{\mathrm{BC}}=2\times10^{15}\mathrm{cm}^{-3}$，$N_0=10^{18}\mathrm{cm}^{-3}$，所以有 $N_{\mathrm{BC}}/N_0=2\times10^{-3}$。此外

$$\frac{\psi_0+V_{\mathrm{R}}}{N_{\mathrm{BC}}}=\frac{5.8}{2\times10^{15}}=2.9\times10^{-15}$$

利用图 2-24(b)可得到单位面积的耗尽层电容约为 $C_{\mathrm{T}}'=4\times10^3\ \mathrm{pF/cm^2}$。

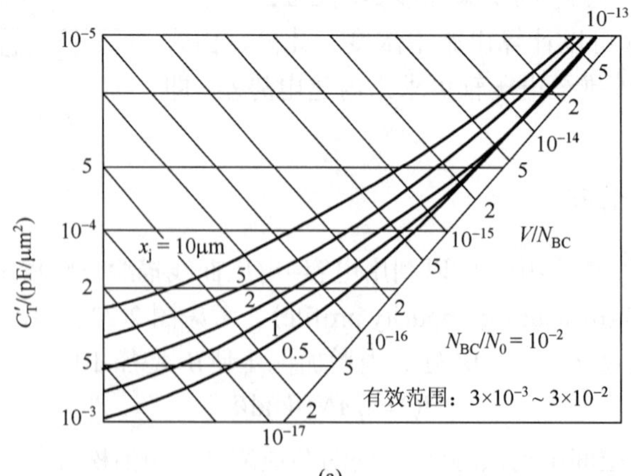

(a)

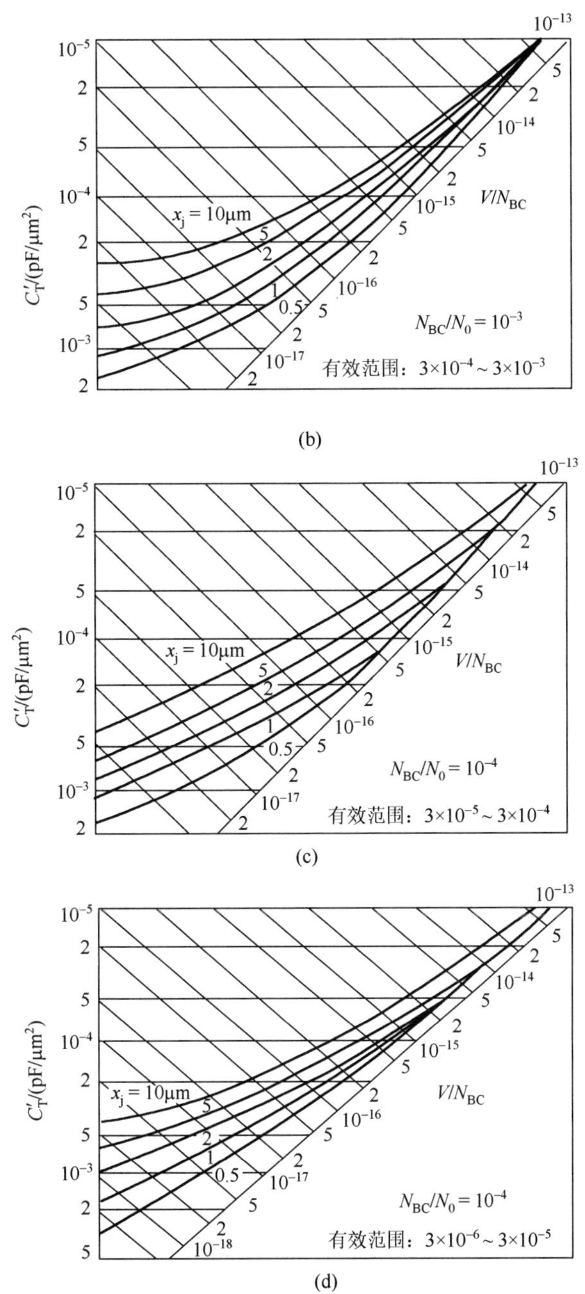

图 2-24 硅基扩散 PN 结二极管在各种结深 x_j 的情况下，单位面积电容 C'_T 与 V/N_{BC} 的关系

注：$V = \psi_0 + V_R$ 为反偏 PN 结上的总电势差；N_{BC} 为衬底的杂质浓度；N_0 为表面杂质浓度

2.10.3 变容二极管

在 LC 调谐电路中反向偏置的 PN 结可以作为电容使用。该电路的谐振频率由外部电压控制。专门为此目的制造的二极管称为**变容二极管**。

式(2-10-8)给出，反偏 PN 结二极管的 C-V 方程的一般形式可写成

$$C = C_0(1 + V_R / \psi_0)^{-n}$$

包括一个PN结电容的LC振荡电路的谐振频率为

$$\omega_r = \frac{1}{\sqrt{LC}} = \frac{(1+V_R/\psi_0)^{n/2}}{\sqrt{LC_0}} \tag{2-10-16}$$

n的数值由PN结的掺杂函数决定。假设PN结低掺杂一侧的掺杂函数为$N(x)=\alpha x^m$，则$m=0$时为突变结情形，空间电荷区宽度$W \propto V_R^{1/2}$，此时$n=1/2$；$m=1$时为线性缓变结情形，空间电荷区宽度$W \propto V_R^{1/3}$，此时$n=1/3$。可以证明，$n=1/(m+2)$。

变容二极管的设计原则为：①在LC振荡电路应用中，希望谐振频率和控制电压之间有线性关系，也就是要求$n=2$，所以需要$m=-3/2$，即PN结低掺杂一侧的掺杂函数具有$N(x)=\alpha x^{-3/2}$的形式，这种PN结称为**超突变结**(hyperabrupt junction)。②尽量减小变容二极管的串联电阻和漏电流，使得谐振电路的选择性Q值较高。③变容二极管的电容变动范围要大，使得频率的调谐范围足够大。Q为20以及6倍的电容变化是可以达到的设计目标。

2.10节小结

2.11 PN结二极管的频率特性

教学要求

1. 掌握概念：交流导纳、扩散电导、扩散电阻、扩散电容和二极管等效电路。
2. 导出交流少子边界条件公式(2-11-11)。
3. 导出交流少子满足的扩散方程(2-11-5)。
4. 导出交流少子空穴分布表达式(2-11-13)和式(2-11-14)。
5. 导出交流少子空穴电流表达式(2-11-15)。
6. 导出交流导纳公式(2-11-23)。
7. 解释扩散电导(扩散电阻)的物理意义。
8. 解释扩散电容的物理意义。
9. 正确画出并记忆PN结二极管的等效电路图。

PN结二极管和晶体管在电路工作中，通过器件的电流信号、加在器件上的电压信号是多种多样的。其中主要的是随时间以一定周期变化的连续波、脉冲和数字信号。器件处理连续波时所表现出来的性能称为器件的**频率特性**(frequency response)；处理数字信号和脉冲信号时，在两个稳定状态之间往复跃变，跃变过程中表现出来的特性称为**开关特性**(switching characteristics)，也叫**瞬变特性**(transient characteristics)。

信号有**大信号**与**小信号**之分。大信号工作是指通过器件的信号电流、加在器件上的电压摆动幅度很大。开关工作时，电流、电压摆动幅度很大，因而是大信号工作。连续波既可以是小信号工作也可以是大信号工作。模拟电路经常工作于小信号。连续波大信号工作的例子是各类功率放大电路，如功率放大器、功率整流器中的晶体管等。

PN结在大信号工作的特点是I-V特性、C-V特性等都是非线性的。PN结在交流小信号工作时，如果信号电流与信号电压之间满足线性关系，从物理上说，就是器件内部的载流子分布的变化跟得上信号的变化。

在讨论 PN 结交流小信号工作时，可以把电流、电压以及非平衡载流子的瞬态值表示成直流成分与交流成分的叠加。当小信号电压叠加于直流电压V上，整个外加电压表示为

$$v = V + v_{\mathrm{a}}\mathrm{e}^{\mathrm{j}\omega t} \tag{2-11-1}$$

若外加交流信号电压$v_{\mathrm{a}} \ll V_{\mathrm{T}}$，则满足小信号条件。流过二极管的电流为

$$i = I + i_{\mathrm{a}}\mathrm{e}^{\mathrm{j}\omega t} \tag{2-11-2}$$

N 型中性区空穴分布为

$$p_{\mathrm{n}}(x,t) = P_{\mathrm{n}}(x) + p_{\mathrm{a}}\mathrm{e}^{\mathrm{j}\omega t} \tag{2-11-3}$$

式中，右边第一项代表稳定分布，第二项代表与时间有关的分布。$p_{\mathrm{n}}(x,t)$满足连续性方程，即

$$\frac{\partial p_{\mathrm{n}}(x,t)}{\partial t} = D_{\mathrm{p}}\frac{\partial^2 p_{\mathrm{n}}(x,t)}{\partial x^2} - \frac{p_{\mathrm{n}}(x,t) - p_{\mathrm{n0}}}{\tau_{\mathrm{p}}} \tag{2-11-4}$$

将式(2-11-3)代入式(2-11-4)，由于$D_{\mathrm{p}}\dfrac{\mathrm{d}^2 P_{\mathrm{n}}(x)}{\mathrm{d}x^2} - \dfrac{P_{\mathrm{n}}(x) - p_{\mathrm{n0}}}{\tau_{\mathrm{p}}} = 0$，得到关于交流空穴浓度$p_{\mathrm{a}}$的微分方程为

$$\frac{\mathrm{d}^2 p_{\mathrm{a}}}{\mathrm{d}x^2} - \frac{p_{\mathrm{a}}}{L_{\mathrm{p}}'^2} = 0 \tag{2-11-5}$$

式中

$$L_{\mathrm{p}}' = L_{\mathrm{p}}\Big/\sqrt{1 + \mathrm{j}\omega\tau_{\mathrm{p}}} \tag{2-11-6}$$

L_{p}'称为**交流少子空穴的扩散长度**。求解方程(2-11-5)需要知道p_{a}在$x = x_{\mathrm{n}}$处和$x = W_{\mathrm{n}}$处的边界值。

根据式(2-4-12)，在 PN 结边缘 N 侧$x = x_{\mathrm{n}}$处

$$p_{\mathrm{n}}(x_{\mathrm{n}},t) = p_{\mathrm{n0}}\mathrm{e}^{v/V_{\mathrm{T}}} \tag{2-11-7}$$

式中，v由式(2-11-1)给出。

对于$v_{\mathrm{a}}/V_{\mathrm{T}} \ll 1$，采用如下近似

$$\exp\left(\frac{v_{\mathrm{a}}}{V_{\mathrm{T}}}\mathrm{e}^{\mathrm{j}\omega t}\right) = 1 + \frac{v_{\mathrm{a}}}{V_{\mathrm{T}}}\mathrm{e}^{\mathrm{j}\omega t} \tag{2-11-8}$$

得到

$$p_{\mathrm{n}}(x_{\mathrm{n}},t) = P_{\mathrm{n}}(x_{\mathrm{n}}) + p_{\mathrm{a1}}\mathrm{e}^{\mathrm{j}\omega t} \tag{2-11-9}$$

式中

$$P_{\mathrm{n}}(x_{\mathrm{n}}) = p_{\mathrm{n0}}\mathrm{e}^{v/V_{\mathrm{T}}} \tag{2-11-10}$$

$$p_{\mathrm{a1}} = \frac{p_{\mathrm{n0}}v_{\mathrm{a}}}{V_{\mathrm{T}}}\mathrm{e}^{v/V_{\mathrm{T}}} \tag{2-11-11}$$

式(2-11-11)给出了$x = x_{\mathrm{n}}$处注入的交流少子空穴的边界值。于是方程(2-11-4)的边界条件取为

$$p_{\mathrm{a}} = \begin{cases} p_{\mathrm{a1}} & x = x_{\mathrm{n}} \\ 0 & x = W_{\mathrm{n}} \end{cases} \tag{2-11-12}$$

$x = W_{\mathrm{n}}$是 N 区欧姆接触处。方程(2-11-5)满足边界条件(2-11-12)的解为

$$p_a = p_{a1}\frac{\sinh\left(\dfrac{W_n - x}{L_p'}\right)}{\sinh\left(\dfrac{W_n - x_n}{L_p'}\right)} \qquad (x_n \leqslant x \leqslant W_n) \tag{2-11-13}$$

对于长二极管($W_n \gg L_p$)，N 型中性区空穴的交流分量为

$$p_a = p_{a1}\exp\left(-\frac{x - x_n}{L_p'}\right) \qquad (x_n \leqslant x \leqslant W_n) \tag{2-11-14}$$

$x = x_n$ 处空穴电流的交流分量为

$$i_{pa}(x_n) = -qAD_p\left.\frac{\mathrm{d}p_a}{\mathrm{d}x}\right|_{x_n} = \frac{qAD_p p_{n0} v_a}{V_T L_p'}\mathrm{e}^{V/V_T} \tag{2-11-15}$$

同理，注入 P 区的电子的交流分量为

$$n_a = n_{a1}\exp\left(\frac{x + x_p}{L_n'}\right) \tag{2-11-16}$$

式中

$$n_{a1} = \frac{n_{p0} v_a}{V_T}\mathrm{e}^{V/V_T} \tag{2-11-17}$$

表示 $x = -x_p$ 处注入的交流少子电子的边界值。

$$L_n' = L_n / \sqrt{1 + \mathrm{j}\omega\tau_n} \tag{2-11-18}$$

称为**交流少子电子的扩散长度**。于是，$x = -x_p$ 处电子电流的交流分量为

$$i_{na}(-x_p) = \frac{qAD_n n_{p0} v_a}{V_T L_n'}\mathrm{e}^{V/V_T} \tag{2-11-19}$$

将式(2-11-15)和式(2-11-19)相加，即可得到通过 PN 结的总的交流电流

$$i_a = i_{pa}(x_n) + i_{na}(-x_p) = \frac{qAv_a}{V_T}\left(\frac{D_p p_{n0}}{L_p'} + \frac{D_n n_{p0}}{L_n'}\right)\mathrm{e}^{V/V_T} \tag{2-11-20}$$

而 $i(t) = i_a\mathrm{e}^{\mathrm{j}\omega t}$。

反映二极管频率特性的一个重要参量是二极管的**交流导纳**，其定义为

$$Y \equiv \frac{i_a}{v_a} \tag{2-11-21}$$

将式(2-11-6)、式(2-11-18)和式(2-11-20)代入式(2-11-21)，有

$$Y = \frac{qA}{V_T}\left(\frac{D_p p_{n0}}{L_p}\sqrt{1 + \mathrm{j}\omega\tau_p} + \frac{D_n n_{p0}}{L_n}\sqrt{1 + \mathrm{j}\omega\tau_n}\right)\mathrm{e}^{V/V_T} \tag{2-11-22}$$

假设 $\tau_p = \tau_n = \tau_0$，且 $\omega\tau_0 \ll 1$，则有

$$Y \approx \frac{I}{V_T}\left(1 + \mathrm{j}\frac{\omega\tau_0}{2}\right) = g_D + \mathrm{j}\omega C_D \tag{2-11-23}$$

式中，$I = qA\left(\dfrac{D_p p_{n0}}{L_p} + \dfrac{D_n n_{p0}}{L_n}\right)e^{V/V_T}$ 为 PN 结二极管正向电流的直流成分。

$$g_D = I / V_T \tag{2-11-24}$$

称为二极管**直流电导**(direct-current conductance)，也叫**扩散电导**(diffusion conductance)，其倒数称为**扩散电阻**(diffusion resistance)。它与偏压的大小有关。

$$C_D = \frac{\tau_0 I}{2V_T} \tag{2-11-25}$$

称为 PN 结**扩散电容**(diffusion capacitance)。它是正偏压 PN 结注入并存留在扩散区的少数载流子电荷(称为**存储电荷**(storage charge)，详见 2.12 节)随偏压变化所引起的电容。

器件物理中常以乘积 $\omega\tau$ 来划分频率的高低。其中，τ 是非平衡少子的寿命，也就是存储电荷再分布的弛豫时间。$\omega\tau_0 \ll 1$ 的条件标志着外加信号变化周期远大于存储电荷再分布时间的低频情况，此时 C_D 由式(2-11-25)表示。对于 $\omega\tau_0 \gg 1$ 的高频情形，存储电荷跟不上结电压的变化，C_D 很小。另外，C_D 随直流偏压的增加而增加。所以，在低频正偏情况下，扩散电容特别重要，一般远大于耗尽层电容。

【例 2-9】 已知硅 P^+N 结二极管，N 侧掺杂浓度为 10^{15}cm^{-3}，少子空穴的寿命为 0.1μs，空穴迁移率 $400\text{cm}^2/\text{Vs}$，结面积为 10^{-4}cm^2，试计算室温下正偏电压为 0.7V 时二极管的扩散电容和扩散电阻。

解 N 侧热平衡少子空穴的浓度为：$p_{n0} = n_i^2 / N_d = (1.5\times10^{10})^2 / 10^{15} = 2.25\times10^5(\text{cm}^{-3})$；
空穴的扩散系数为：$D_p = \mu_p V_T = 400\times0.026 = 10.4(\text{cm}^2/\text{s})$；
空穴的扩散长度为：$L_p = \sqrt{D_p\tau_p} = \sqrt{10.4\times0.1\times10^{-6}} = 1.02\times10^{-3}(\text{cm}) = 10.2(\mu\text{m})$；
正向电流大小为：$I \approx \dfrac{qAD_p p_{n0}e^{V/V_T}}{L_p} = \dfrac{1.6\times10^{-19}\times10^{-4}\times10.4\times2.25\times10^5\times e^{0.7/0.026}}{1.02\times10^{-3}} = 18.1(\text{mA})$；
扩散电容为：$C_D = I\tau_0 / 2V_T = 18.1\times10^{-3}\times0.1\times10^{-6} / (2\times0.026) = 34.8(\text{nF})$；
扩散电阻为：$r_D = 1/g_D = V_T / I = 0.026/(18.1\times10^{-3}) = 1.44(\Omega)$。

可见，正偏 PN 结的扩散电容比耗尽层电容大 3～4 个数量级。

在许多应用中，总是根据在使用条件下半导体器件各部分的物理作用，用电阻、电容、电流源和电压源等组成一定的电路来等效地表达器件的功能，这种电路称为器件的**等效电路**(equivalent circuit)。根据以上讨论，PN 结小信号交流等效电路如图 2-25 所示。图中，C_T 为耗尽层电容，在反偏压情况下 C_T 起主要作用；C_D 为扩散电容，在低频正偏压情况下起主要作用；r_s 为串联电阻，它是由半导体电中性区和电极接触上的电压降引起的；g_D 是二极管直流电导。

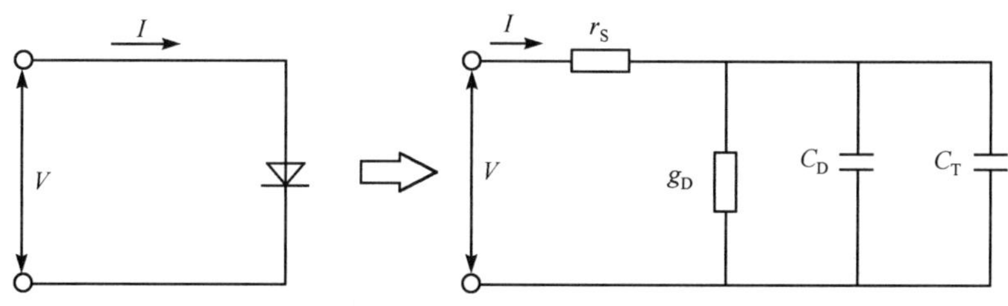

图 2-25　PN 结二极管在交流小信号工作时的等效电路图

2.11 节小结

2.12 PN结二极管的开关特性

教学要求

1. 掌握以下概念：PN结二极管的开关作用、反向瞬变、电荷存储、存储时间、电荷控制分析方法、阶跃恢复二极管。

2. 理解反偏压PN结二极管的少数载流子分布示意图，并根据示意图定量地解释PN结二极管的反向瞬变现象。

3. 利用电荷控制方法导出存储时间 t_s 公式(2-12-7)。

4. 理解阶跃恢复二极管的工作原理。

PN 结二极管处于正向偏置时允许通过较大的电流，处于反向偏置时通过二极管的电流很小，因此，常把处于正向偏置时二极管的工作状态称为**开态**(on state)，而把处于反向偏置时的工作状态称为**关态**(off state)。可见，PN结二极管能起到**开关作用**(switching function)。

2.12.1 电荷存储效应和反向瞬变

考虑图2-26(a)中的二极管，外加图2-26(b)所示的阶跃函数的电压。在处于正向偏压 V_f 时，流过PN结的电流为正向电流 I_f。当PN结从正向偏压改变为反向偏压 $-V_r$ 时，加在PN结两端的电压 v_d 并不是立即改变成 $-V_r$，流过 PN 结的电流也不是立即改变为很小的反向饱和电流 $-I_0$，而是呈现出如图2-26(c)和图2-26(d)所示的电流和电压波形。

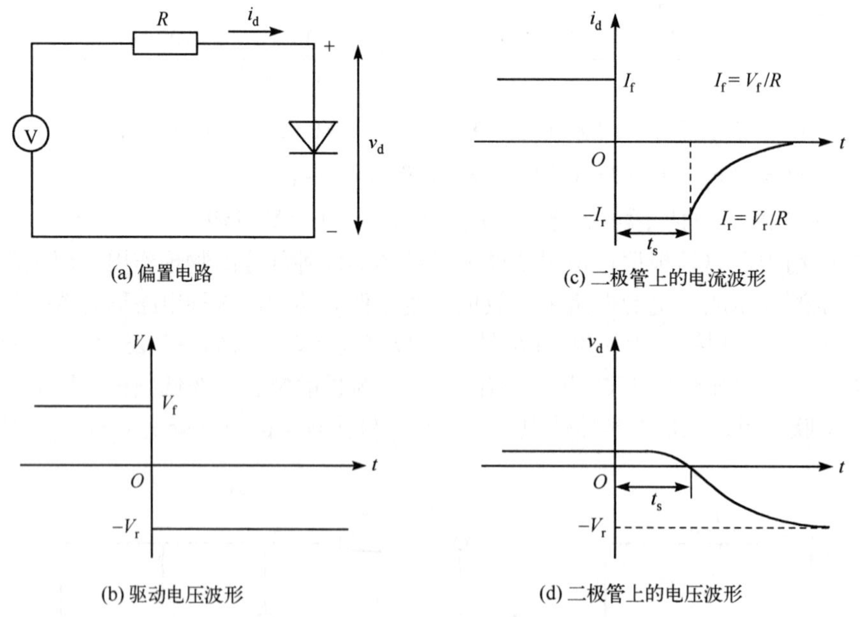

图2-26 PN结二极管的反向瞬变

图2-26所示的电流和电压的延迟现象称为PN结的**反向瞬变**(reverse transient)。反向瞬变起因于PN结的**电荷存储效应**(charge-storage effect)。当加一恒定的正向偏压时，载流子被

注入并保持在 PN 结二极管中。这种现象称为电荷存储效应。当正偏压突然转换至反偏压时，在稳态条件下所存储的载流子并不能立刻消除，由此导致 PN 结二极管的反向瞬变。

PN 结 N 侧的总存储电荷定义为

$$Q_S = qA\int_{x_n}^{W_n} \Delta p_n \mathrm{d}x \tag{2-12-1}$$

图 2-27 所示为在外加一阶跃函数的反向电流之后，通过求解载流子连续性方程得到的不同时刻的注入少数载流子分布。

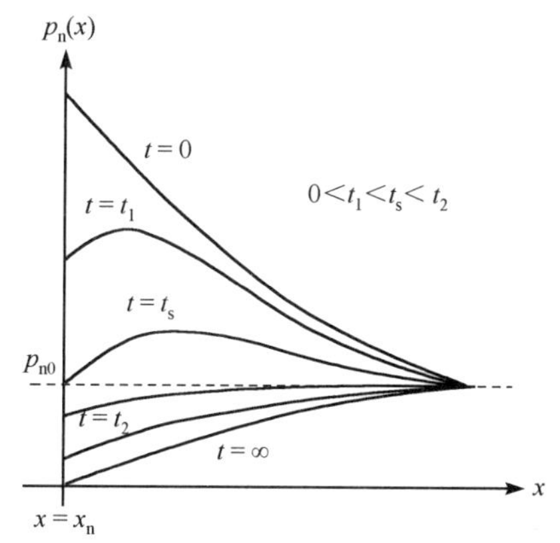

图 2-27　P⁺N 结二极管在反向瞬变过程中少数载流子分布的变化

从图 2-27 可见，从 $t=0$ 到 $t<t_s$，在 PN 结界面 $x=x_n$ 处注入的载流子浓度不断下降，注入载流子浓度的梯度 $\mathrm{d}p_n/\mathrm{d}x\big|_{x=x_n}$ 沿 x 轴的负方向。这是由于撤去正向偏压以后，由于失去正向偏压的支持，在 $x=x_n$ 面上注入的非平衡载流子将向相反的方向(向 PN 结的空间电荷区)流动。进入到 PN 结空间电荷区的空穴被空间电荷区电场迅速漂移进入 P 区。于是，存储的非平衡载流子迅速减少，反向扩散电流 I_r 很大。此外，图 2-27 中给出，在 $t=0$ 到 $t<t_s$ 阶段，注入的非平衡少子的浓度梯度不变，因此反向扩散电流 I_r 为常量。这就解释了当偏压由 V_f 变成 $-V_r$ 之后，电流变成反向电流 $-I_r$ 且很大的原因。

在 $t=0$ 到 $t<t_s$ 阶段，由于在 $x=x_n$ 面上 $p_n(x_n)$ 仍然大于 p_{n0}，根据 $p_n(x_n)=p_{n0}\mathrm{e}^{v_d/V_T}$，可见结电压 $v_d>0$，如图 2-26 所示。但在这一段时间内，由于 $p_n(x_n)$ 在减小，因此 v_d 也在减小，当 $t=t_s$ 时，可以认为 $p_n(x_n)=p_{n0}$，即全部注入的非平衡少子被去除完毕，于是结电压为零。

在 $t>t_s$ 之后，$p_n(x)<p_{n0}$，因而 $v_d<0$；$\left.\dfrac{\mathrm{d}p_n}{\mathrm{d}x}\right|_{x_n}$ 也越来越小，因此 I_d 也越来越小，这就是图 2-26(c)和(d)中出现的电流和电压波形中的“尾巴”。

当 $t=\infty$ 时，即达到稳定的反偏状态(耗尽状态)之后，由于反偏 PN 结的抽取作用，在 $x=x_n$ 面上 $p_n(x_n)=0$，$p_n(x)$ 达到反偏 PN 结耗尽状态时的分布，此时 $v_d=-V_r$，$I=-I_0$。

现在考虑长 P⁺N 二极管的电荷存储效应。它可由精确求解连续性方程求得。这里采用一种简明的近似方法——电荷控制分析方法。

对连续性方程(1-15-10)(令 $G=0$)从 x_n 至 W_n 求一次积分并利用式(2-12-1)，得到

$$I_p(x_n)-I_p(W_n)=\frac{\mathrm{d}Q_S}{\mathrm{d}t}+\frac{Q_S}{\tau_p} \tag{2-12-2}$$

式(2-12-2)称为**电荷控制方程**(charge control equation)。在长二极管中，可假设 $I_p(W_n)$ 为零。取 $\mathrm{d}Q_S/\mathrm{d}t=0$ 就得到二极管的稳态正向电流，表示为

$$I_f=I_p(x_n)=\frac{Q_{Sf}}{\tau_p} \tag{2-12-3}$$

式中，Q_{sf} 是稳态、正偏压条件下的存储电荷。由式(2-12-3)可得

$$Q_{Sf}=I_f\tau_p \tag{2-12-4}$$

现在假设在 $t=0^+$ 时通过反向偏压外加一负电流 I_r，如图 2-26 所示。电荷控制方程成为

$$-I_r=\frac{dQ_S}{dt}+\frac{Q_S}{\tau_p} \tag{2-12-5}$$

用式(2-12-4)作为初始条件解式(2-12-5)，推导出

$$Q_S(t)=\tau_p[-I_r+(I_f+I_r)e^{-t/\tau_p}] \tag{2-12-6}$$

定义**存储时间**(storage time) t_s 为全部存储电荷均被去除，也就是 $Q_S\approx 0$ 所需要的时间，从而

$$t_s=\tau_p\ln\left(1+\frac{I_f}{I_r}\right) \tag{2-12-7}$$

另外，通过解依赖于时间的连续性方程进行精确分析得到

$$\operatorname{erf}\sqrt{\frac{t_s}{\tau_p}}=\frac{I_f}{I_r+I_f} \tag{2-12-8}$$

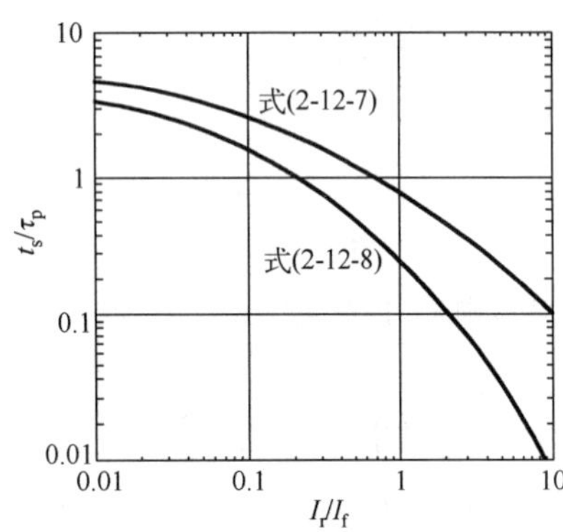

图 2-28 归一化的存储时间与二极管电流比的对应关系

式(2-12-8)的近似解就是式(2-12-7)。两个结果都给在图 2-28 中，它表明电荷控制分析是一个合理的近似。然而，示于图 2-26 的反向恢复瞬变的尾巴只有通过准确的解才能得到，在这里没有给出。

在一般情况下，可以把时间 t_s 规定为反向瞬变的结束。也就是说，在 t_s 之后，正偏压结的低阻抗状态转换至反偏压结的高阻抗状态。从式(2-12-7)可见，要在 PN 结二极管中得到高的开关速度，少数载流子寿命应当很短。此外，在电路设计时需要有大的反偏电流和小的正偏电流。

二极管由关态转变为正偏的开态的过程称为**开瞬态**。在载流子寿命很短且正偏电流很小的情况下，开瞬态时间非常短。

在实际应用中，对用于制造计算机的二极管，掺金是一种缩短少子寿命的有效方法。开关二极管的存储时间一般为 0.5～10ns，功率整流器的存储时间为 1～10ms。

2.12.2 阶跃恢复二极管

反向瞬变波形可以通过在二极管中引入一自建电场进行修正。通过对二极管做非均匀掺杂就可获得这样一种电场。例如若 P^+N 二极管轻掺杂一侧的杂质浓度为

$$N_d=N_d(x_n)e^{ax} \tag{2-12-9}$$

式中，$N_d(x_n)$ 是在 PN 结边缘 x_n 处的杂质浓度，a 为常数。则由式(1-10-15)，自建电场 $\mathscr{E}$ 为

$$\mathscr{E}=-aV_T \tag{2-12-10}$$

于是由电流方程可知，注入的非平衡少子空穴既有扩散运动，也有在自建场作用下的漂移运动。由式(2-12-10)表示的内建电场沿着 $-x$ 方向，它将起到把注入的空穴束缚在空间电荷区 N 侧边缘附近的作用。当二极管由正向偏置转换到反向偏置之后，注入少子空穴开始反向流向空间电荷区，而此时内建电场 $\mathscr{E}$ 将加速这种流动(漂移电流也沿 $-x$ 方向)，从而 t_s 将缩短。此外，由于内建电场的漂移作用，在全部存储电荷被去除之前，PN 结 N 区边界 $x=x_n$ 处

的注入少子浓度是达不到零的，于是图 2-26(c)和(d)中的“尾巴”去掉了，二极管突然转换到它的高阻态。具有这种特性的二极管称为**阶跃恢复二极管**(step recovery diode)，它对于快脉冲和高频谐波的发生是有用处的。

2.12 节小结

2.13 PN 结击穿

教学要求

1. 掌握概念：PN 结击穿、齐纳击穿、雪崩击穿、电离率、雪崩倍增因子、电离积分。
2. 导出雪崩倍增因子和雪崩击穿判据的表达式(2-13-9)和(2-13-10)。
3. 能够使用通用公式(2-13-15)计算 PN 结的击穿电压。
4. 导出公式(2-13-17)并说明其物理依据。
5. 〔扩展知识〕利用公式(2-13-14)编写一个数值计算硅 PN 结击穿电压与杂质浓度之间关系的程序并绘制出图来。把所得结果与图 2-32 比较。

在器件设计中要考虑的最重要问题之一是结的击穿。当反偏电压增加到一定数值时，PN 结的反向电流会急剧增加，这种现象称为**PN 结击穿**(junction breakdown)。击穿过程并非都具有破坏性，只要最大电流受到限制，它可以长期地重复。

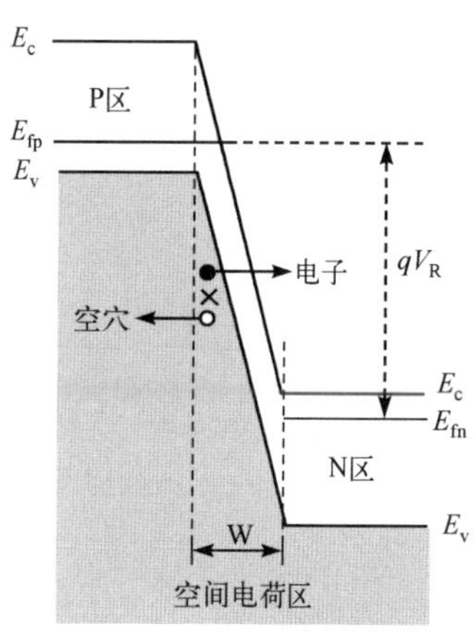

图 2-29 齐纳击穿示意图

在早期的研究中，PN 结击穿是在齐纳(Zener)的场发射理论基础上作出解释的。齐纳提出，在强电场下耗尽区的共价键断裂产生电子和空穴，如图 2-29 所示，即有些价电子通过量子力学的隧道效应从价带转移到导带，从而形成反向隧道电流，这种机制称为**齐纳击穿**(Zener breakdown)或**隧道击穿**(tunnel breakdown)。齐纳击穿一般存在于高掺杂的 PN 结中，击穿电压比较低，且击穿电压随温度升高而降低，具有负温度系数。

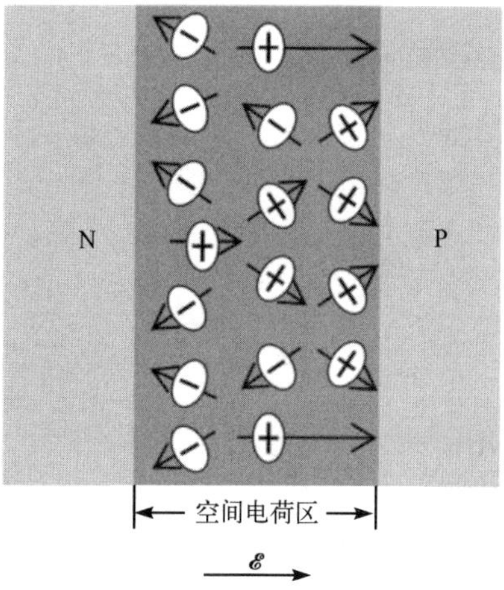

图 2-30 N 侧注入的一个空穴在空间电荷区引起的雪崩倍增

对于在高电压下击穿的结(如在硅中击穿电压大于 6V)，雪崩(avalanche)机制是产生击穿的原因。由于大多数结是通过雪崩过程达到击穿的，因此本节主要讨论这种效应。

考虑如图 2-30 所示的一反偏结的空间电荷区。在 N 区的一个杂散空穴进入空间电荷区，在它向 P 区漂移的过程中，从电场获得动能。空穴带着高能和晶格碰撞，可以从晶格中电离出一个电子从而产生一个电子–空穴对。在第一次碰撞之后，原始的和产生的载流子将继续它们的行程，并且可能发生更多次的碰撞，产生更多的载流子，结果使载流子的增加是一个倍增过程，这种现象称为**雪崩倍增**(avalanche multiplication)或**碰撞电离**(impact ionization)。雪崩击穿一般发生在掺杂浓度不是很高的PN结中，击穿电压较高，且随温度的升高而增大，具有正的温度系数。

一个电子(空穴)在单位距离路程上所产生的电子–空穴对数称为电子(空穴)的**电离系数**(ionization rate)。电子的电离系数$\alpha(x)$和空穴的电离系数$\beta(x)$都是电场强度的函数，在一般情况下它们是不相等的。然而，为了推导的简化，在下面的分析中，假设$\alpha(x)$和$\beta(x)$相同。

考察图 2-31 所示的物理图像。没有发生碰撞电离的载流子是以$I_p(0)$、$I_n(W)$和空间电荷产生率G引入空间电荷区的。$I_p(0)+I_n(W)$就是饱和电流I_0。I_0+I_G就是PN结的反向电流。发生碰撞电离之后，反向电流将增加为$M(I_0+I_G)$。从理论上说，当M接近无限大时雪崩击穿就发生了。M称为**雪崩倍增因子**(multiplication factor)。下面考察图 2-31 中发生的物理过程，分析雪崩过程的物理机制以及和雪崩倍增因子有关的因素。在碰撞电离过程中，空穴向着右方边漂移边增加，电子向着左方边漂移边增加。在Δx内每单位面积上空穴电流的连续性要求

$$I_p(x+\Delta x)-I_p(x)=\alpha(x)[I_n(x)+I_p(x)]\Delta x+qAG\Delta x \tag{2-13-1}$$

或是

$$\frac{dI_p(x)}{dx}=\alpha(x)I+qAG \tag{2-13-2}$$

式中

$$I=I_n(x)+I_p(x) \tag{2-13-3}$$

与此类似

$$I_n(x)-I_n(x+\Delta x)=\alpha(x)[I_n(x)+I_P(x)]\Delta x+qAG\Delta x$$

或

$$-\frac{dI_n(x)}{dx}=\alpha(x)I+qAG \tag{2-13-4}$$

式(2-13-4)左边的负号是由于从x到$x+\Delta x$电子电流减少的缘故。

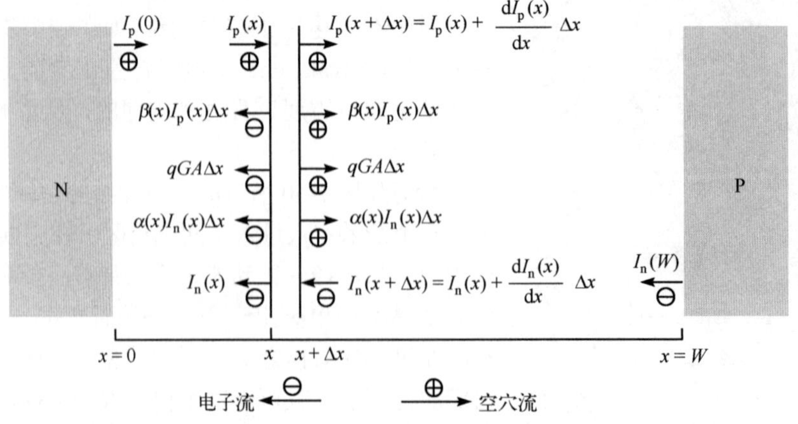

图 2-31 在雪崩击穿条件下反偏PN结中的电子流和空穴流成分

对式(2-13-2)从 0 至 x 求积分，对式(2-13-4)从 x 至 W 求积分得到

$$I_{\mathrm{p}}(x)-I_{\mathrm{p}}(0)=I\int_{0}^{x}\alpha(x)\mathrm{d}x+\int_{0}^{x}qAG\mathrm{d}x \tag{2-13-5}$$

和

$$-I_{\mathrm{n}}(W)+I_{\mathrm{n}}(x)=I\int_{x}^{W}\alpha(x)\mathrm{d}x+\int_{x}^{W}qAG\mathrm{d}x \tag{2-13-6}$$

将式(2-13-5)和式(2-13-6)相加并重新整理结果，得到

$$I=\frac{I_0+I_{\mathrm{G}}}{1-\int_{0}^{W}\alpha(x)\mathrm{d}x} \tag{2-13-7}$$

符号 I_0 和 I_{G} 分别表示 PN 结反向饱和电流和空间电荷区产生电流。把式(2-13-7)写成

$$I=M(I_0+I_{\mathrm{G}}) \tag{2-13-8}$$

式中，M 即为雪崩倍增因子，定义为

$$M\equiv\frac{1}{1-\int_{0}^{W}\alpha(x)\mathrm{d}x} \tag{2-13-9}$$

从理论上讲，当 M 接近无限大时，就达到雪崩击穿的条件。因而，击穿的判据是

$$\int_{0}^{W}\alpha(x)\mathrm{d}x=1 \tag{2-13-10}$$

式(2-13-10)的物理意义是：如果平均每个载流子在渡越空间电荷区时至少碰撞电离产生一个电子-空穴对，就会发生雪崩击穿。

要确定击穿电压需要求出电离系数作为 x 的函数。该函数可以利用下面的经验公式表示

$$\alpha=A\exp[-(B/\mathscr{E})^{m}] \tag{2-13-11}$$

式中，A 和 B 是材料常数，$\mathscr{E}$ 是电场强度。对于硅，$A=9\times10^{5}\,\mathrm{cm}^{-1}$，$B=1.8\times10^{6}\,\mathrm{V/cm}$。对于 Ge、Si，$m=1$；对于 GaAs、GaP，$m=2$。电场强度则要通过求解泊松方程进行计算。

【例 2-10】 计算硅单边突变结的击穿电压。

解　将式(2-3-21)中 x_{n} 换成 W，再代入式(2-13-11)得到

$$\alpha=A\exp\{-B/[\mathscr{E}_{\mathrm{m}}(1-x/W)]\} \tag{2-13-12}$$

注意：在式(2-3-21)中，最大电场在 $x=0$ 处，大多数雪崩倍增发生在那里。作为近似计算，可采用级数展开以简化指数项，并考虑到对于 $x\approx0$，有

$$(1-x/W)^{-1}\approx1+x/W \tag{2-13-13}$$

把式(2-13-12)和式(2-13-13)代入式(2-13-10)并求积分得到

$$(AW\mathscr{E}_{\mathrm{m}}/B)[\exp(-B/\mathscr{E}_{\mathrm{m}})-\exp(-2B/\mathscr{E}_{\mathrm{m}})]=1 \tag{2-13-14}$$

把式(2-3-18)和式(2-4-1)一起代入式(2-13-14)，就得到雪崩击穿电压与轻掺杂一侧杂质浓度的关系，其结果如图 2-32 所示。对于线性缓变结可以进行类似的计算。计算的结果如图 2-33 所示。

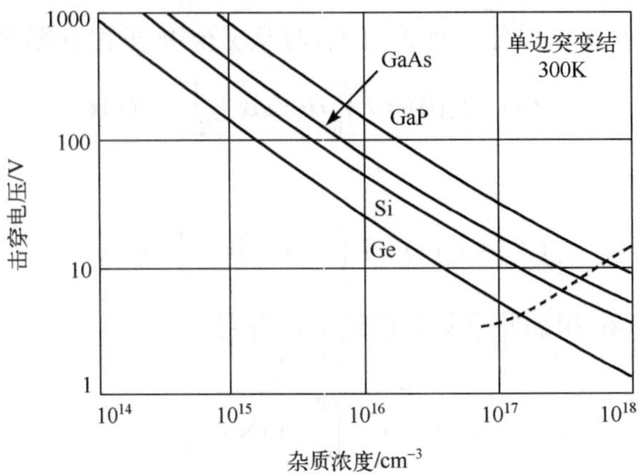

图 2-32　单边突变结的雪崩击穿电压与低掺杂一侧杂质浓度的关系

注：虚线标出最大浓度，超过此浓度齐纳击穿为主

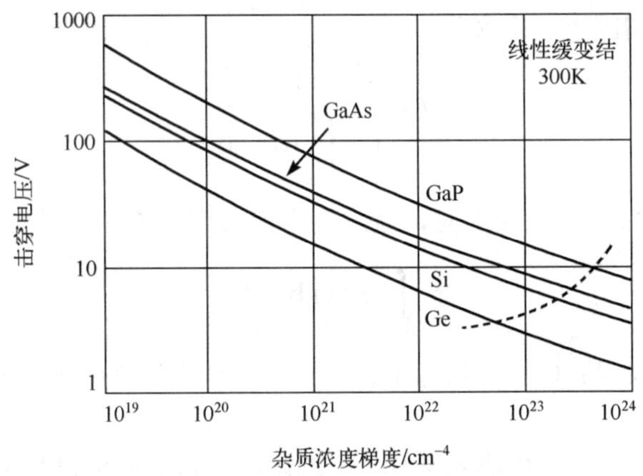

图 2-33　线性缓变结的雪崩击穿电压与杂质浓度梯度的关系

注：虚线标出最大梯度，超过此梯度时隧穿机制发生作用

【例 2-11】 数值计算：根据式(2-13-14)计算硅 PN 结击穿电压与掺杂浓度关系。

解　PN 结发生雪崩击穿时，内建电势差ψ_0与V_R（单边突变结的雪崩击穿电压V_{BS}）相比很小，可以忽略，于是击穿时的空间电荷区宽度为

$$W=\sqrt{\frac{2\varepsilon_r\varepsilon_0(\psi_0+V_{BS})}{qN_d}}\approx\sqrt{\frac{2\varepsilon_r\varepsilon_0 V_{BS}}{qN_d}}$$

将W、最大电场强度$\mathscr{E}_m=qN_dW/(\varepsilon_r\varepsilon_0)$、$A=9\times10^5\,\text{cm}^{-1}$、$B=1.8\times10^6\,\text{V/cm}$，$q=1.6\times10^{-19}\,\text{C}$、$\varepsilon_0=8.854\times10^{-14}\,\text{F/cm}$、$\varepsilon_r=11.8$依次代入式(2-13-14)中，可以得到击穿电压$V_{BS}$与$N_d$的关系为

$$N_d=\frac{1.06\times10^{19}}{V_{BS}\cdot\left[\ln\left(\frac{1}{2}-\sqrt{\frac{1}{4}-\frac{1}{V_{BS}}}\right)\right]^2}\tag{2-13-15}$$

用 MATLAB 求解上式，可以得到V_{BS}与N_d的关系曲线，计算结果与图 2-32 一致。

在器件设计工作中，有时使用下面给出的通用公式进行击穿电压的近似估算更为方便。对于硅、锗、砷化镓和磷化镓四种材料，可归纳出以下通用公式：

$$
\left.\begin{aligned}
V_{BS} &= 60\left(\frac{E_g}{1.1}\right)^{3/2}\left(\frac{N_B}{10^{16}}\right)^{-3/4} \\
V_{BL} &= 60\left(\frac{E_g}{1.1}\right)^{6/5}\left(\frac{a}{3\times 10^{20}}\right)^{-2/5}
\end{aligned}\right\} \tag{2-13-16}
$$

式中，N_B 为单边突变结轻掺杂一侧掺杂浓度，V_{BS} 为单边突变结雪崩击穿电压；a 为线性缓变结的杂质浓度梯度，V_{BL} 为线性缓变结的雪崩击穿电压。由式(2-13-16)可以绘制出 V_{BS} 与 N_B 的关系曲线，以及 V_{BL} 与 a 的关系曲线，分别如图 2-34 和图 2-35 所示。与图 2-32 和图 2-33 比较可知，在掺杂浓度较低或杂质浓度梯度较小时，由近似的通用公式给出的击穿电压与理论计算得到的结果符合得很好。

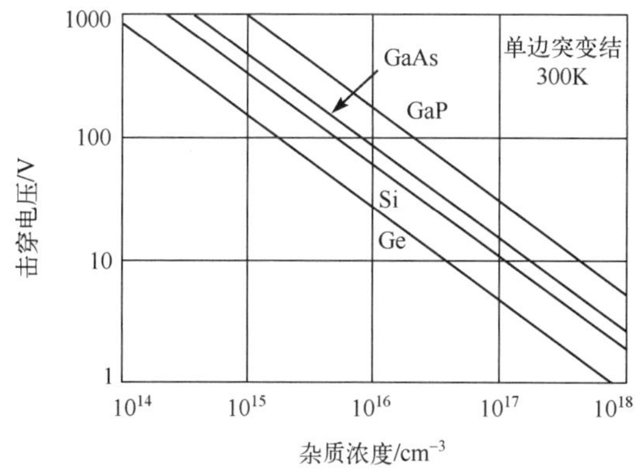

图 2-34 由近似通用公式给出的单边突变结的雪崩击穿电压与杂质浓度的关系

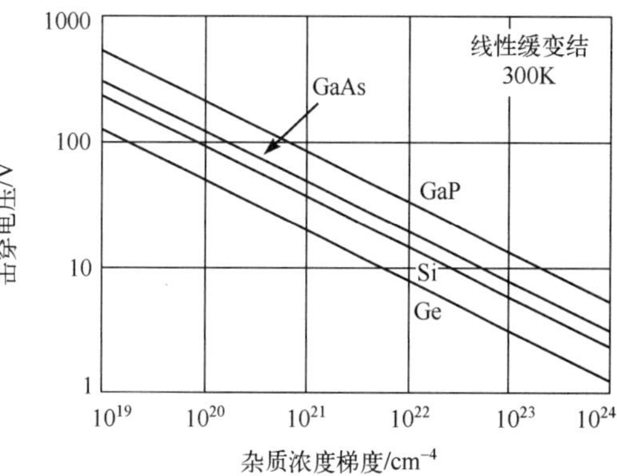

图 2-35 由近似通用公式给出的线性缓变结的雪崩击穿电压与杂质浓度梯度的关系

由式(2-13-16)可知，V_{BS} 反比于 $N_B^{3/4}$，低掺杂区杂质浓度越高则击穿电压越低；V_{BL} 反比于 $a^{2/5}$，杂质浓度梯度越大则击穿电压越低。对于不同材料，禁带越窄则雪崩击穿电压越低，这是因为碰撞电离是电子从价带激发到导带的过程，禁带越窄越容易发生，倍增越明显，因而击穿电压也就越低。

按照式(2-13-12)，由于电离率强烈地依赖于电场强度，因此在雪崩击穿时，空间电荷区的最高电场强度是一个重要参数，被称为**雪崩击穿临界电场强度**(critical field of alavanche breakdown)。令 $\mathscr{E}_{mS}$ 为单边突变结临界击穿电场，$\mathscr{E}_{mL}$ 为线性缓变结的临界击穿电场。利用外加电压和电场强度的关系可以得出 $\mathscr{E}_{mS}$ 和 $\mathscr{E}_{mL}$ 的表示式。对于硅 PN 结，有

$$\mathscr{E}_{mS} = 4.3\times 10^3 N_B^{1/8} \tag{2-13-17}$$

$$\mathscr{E}_{mL} = 1.6\times 10^4 a^{1/15} \tag{2-13-18}$$

雪崩击穿临界电场强度对于分析其他非标准的单边突变结、线性缓变结的击穿特性是很有用处的。

冶金结附近是雪崩倍增最为显著的区域。这一范围内电场数值大小及分布形式对电离积分的影响很大。其他的 PN 结只要在冶金结附近的杂质分布形式与标准的单边突变结或线性缓变结相同，那么其击穿条件可以规定为空间电荷区最大电场强度达到标准 PN 结的雪崩击穿临界电场强度。例如 P^+NN^+ 二极管，假定 P^+、N 和 N^+ 三个区域杂质都是均匀分布的，N 区杂质浓度较小，击穿时 N 区穿通。正空间电荷不仅布满 N 区而且分布到 N^+ 区，如图 2-36 所

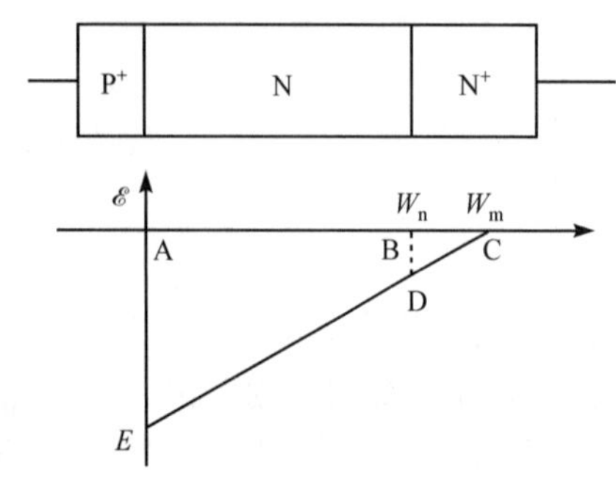

图 2-36　P^+NN^+结击穿时的电场分布

示。由于冶金结附近杂质分布与单边突变结相同，因此最高电场强度达到单边突变结的 $\mathscr{E}_{mS}$ 时击穿。击穿电压 V_{BS} 近似等于梯形 ABDE 的面积。为简化推导，设想另外有一个 N 区掺杂浓度相同，击穿时 N 区未穿通的单边突变结。此结击穿时的最高电场强度也等于 $\mathscr{E}_{mS}$，击穿电压 V'_{BS} 等于三角形 ACE 的面积。未穿通的单边突变结的雪崩击穿电压能用通用公式(2-13-16)计算。按以上考虑，V_{BS} 与 V'_{BS} 之比应等于梯形面积与三角形面积之比，由此推出

$$V_{BS} = V'_{BS}\frac{W_n}{W_m}\left(2-\frac{W_n}{W_m}\right) \tag{2-13-19}$$

对于在一侧有线性杂质浓度梯度而另一侧为恒定掺杂的扩散结，其击穿电压将介于突变结和线性缓变结两种极限情形之间。如果杂质浓度梯度 a 很大，而恒定掺杂浓度 N_B 较低时，该扩散结的击穿电压 V_B 将由突变结的结果给出；如果 a 较小，而 N_B 很大时，V_B 将由线性缓变结的结果决定。此外，对于平面结，击穿电压还会受到 PN 结曲率的影响。因为相对于结平面，结的柱面或球面区域有更高的电场强度，因而雪崩击穿电压大小由这些区域决定。

2.13 节小结

利用 PN 结电击穿后电流急剧增大而电压基本维持不变的特性，可以制作稳压二极管。利用雪崩倍增机制可以制作雪崩光电探测器，极大地提高探测器的响应度和探测灵敏度。

习题

2-1　硅突变结二极管的掺杂浓度为 $N_d = 10^{15}\text{cm}^{-3}$，$N_a = 4\times10^{20}\text{cm}^{-3}$，在室温下计算：①自建电势；②耗尽层宽度；③零偏压下的最大内建电场。

2-2　若突变结两边的掺杂浓度为同一数量级，试证明内建电势和耗尽层宽度可用下式表示：

$$\psi_0 = \frac{qN_aN_d(x_n+x_p)^2}{2\varepsilon_r\varepsilon_0(N_a+N_d)},\quad x_n = \left[\frac{2\varepsilon_r\varepsilon_0\psi_0N_a}{qN_d(N_a+N_d)}\right]^{1/2},\quad x_p = \left[\frac{2\varepsilon_r\varepsilon_0\psi_0N_d}{qN_a(N_a+N_d)}\right]^{1/2}$$

2-3　推导出线性缓变 PN 结的下列表示式：①电场分布；②电势分布；③耗尽层宽度；④内建电势差。

2-4　推导出 N^+N 结(常称为高低结)内建电势差表达式。

2-5　P^+N 结空间电荷区边界分别为 $-x_p$ 和 x_n，利用 $np = n_i^2e^{V/V_T}$ 导出一般情况下的 $p_n(x_n)$ 表达式。给出 N 区空穴为小注入和大注入两种情况下的 $p_n(x_n)$ 表达式。

2-6　根据电子电流公式 $I_n = qA\left(n\mu_nq + D_n\dfrac{\partial n}{\partial x}\right)$ 推导内建电势差公式

$$\psi_0 = \psi_n - \psi_p = V_T\ln\frac{N_dN_a}{n_i^2}$$

2-7　根据修正欧姆定律和空穴扩散电流公式证明，在外加正向偏压 V 作用下，PN 结 N 侧空穴扩散区准费米能级的改变量为 $\Delta E_{FP} = qV$。

2-8　(1) PN 结的空穴注射效率定义为在 $x=0$ 处的 I_p/I_0，证明此效率可表示为

$$\gamma = \frac{I_p}{I} = \frac{1}{1+(\sigma_nL_p)/(\sigma_pL_n)}$$

(2) 在实际的二极管中怎样才能使 γ 接近 1。

2-9 长 PN 结二极管处于反偏状态时，求解下列问题：

(1) 解扩散方程求少子分布 $n_p(x)$ 和 $p_n(x)$，并画出它们的分布示意图。

(2) 计算扩散区内少子存储电荷。

(3) 证明反向电流 $I=-I_0$ 为 PN 结扩散区内的载流子产生电流。

2-10 若 PN 结边界条件为 $x=W_n$ 处 $p=p_{n0}$，$x=-W_p$ 处 $n=n_{po}$。其中，W_p 和 W_n 分别与 L_p 与 L_n 具有相同的数量级，求 $n_p(x)$、$p_n(x)$ 以及 $I_n(x)$、$I_p(x)$ 的表达式。

2-11 在 P^+N 结二极管中，N 区的宽度 W_n 远小于 L_p，用 $I_p\big|_{x=w_n}=qS\Delta p_n A$ (S 为表面复合速度) 作为 N 侧末端的少数载流子电流，并以此为边界条件之一，推导出载流子和电流分布。绘出在 $S=0$ 和 $S=\infty$ 时 N 侧少数载流子的分布形状(数值解)。

2-12 把一个硅二极管用做变容二极管。在结的两边掺杂浓度分别为 $N_a=10^{19}\text{cm}^{-3}$ 以及 $N_d=10^{15}\text{cm}^{-3}$。二极管的面积为 100 mil^2。

(1) 求在 $V_R=1\text{V}$ 和 5V 时的二极管的电容。

(2) 计算用此变容二极管及 $L=2\text{mH}$ 的储能电路的共振频率。

(注：密耳(mil)为长度单位，$1\text{mil}=10^{-3}\text{inch}$ (英寸) $=2.54\times10^{-5}\text{m}$)

2-13 P^+N 结杂质分布 N_a= 常数，$N_d=N_{d0}e^{-x/L}$，导出 C-V 特性表达式。

2-14 若 P^+N 二极管 N 区宽度 W_n 是和扩散长度同一数量级，推导小信号交流空穴分布和二极管导纳，假设在 $x=W_n$ 处表面复合速度无限大。

2-15 一个硅二极管工作在 0.5 V 的正向电压下，当温度从 25℃ 上升到 150℃ 时，计算电流增加的倍数。假设 $I\approx I_0 e^{V/2V_T}$，I_0 每 10℃ 增加一倍。

2-16 采用电容测试仪在 1MHz 测量 GaAs P^+N 结二极管的电容反偏压关系。下面是从 0～5V 每次间隔 0.5 V 测得的电容数据，以 pF 为单位：19.9，17.3，15.6，14.3，13.3，12.4，11.6，11.1，10.5，10.1，9.8，计算 ψ_0 和 N_d。二极管的面积为 $4\times10^{-4}\text{cm}^2$。

2-17 在 $I_f=0.5\text{mA}, I_r=1.0\text{mA}$ 条件下测量 P^+N 长二极管恢复特性，得到的结果是 $t_s=350\text{ns}$。用严格解和近似公式两种方法计算 τ_p。

2-18 用二极管恢复法测量 P^+N 二极管空穴寿命。

(1) 对于 $I_f=1\text{mA}$ 和 $I_r=2\text{mA}$，在具有 0.1ns 上升时间的示波器上测得 $t_s=3\text{ns}$，求 τ_p。

(2) 若问题(1)中快速示波器无法得到，只得采用一只具有 10ns 上升时间较慢的示波器，问怎样才能使测量精确？并叙述结果。

2-19 在硅中当最大电场接近 10^6 V/cm 时发生击穿。假设在 P 侧 $N_a=10^{20}\text{cm}^{-3}$，为要得到 2V 的击穿电压，采用单边突变近似，求 N 侧的施主浓度。

2-20 对于图题 2-20 中的 $P^+\nu N^+$ 二极管，假设 P^+ 和 N^+ 区不承受任何外加电压，证明雪崩击穿的条件可表示为

$$\frac{A\varepsilon_r\varepsilon_0\mathscr{E}_m^2}{qN_v B}\exp\left(-\frac{B}{|\mathscr{E}_m|}\right)\left[1-\exp\left(-\frac{qBN_vW_i}{\varepsilon_r\varepsilon_0\mathscr{E}_m^2}\right)\right]=1$$

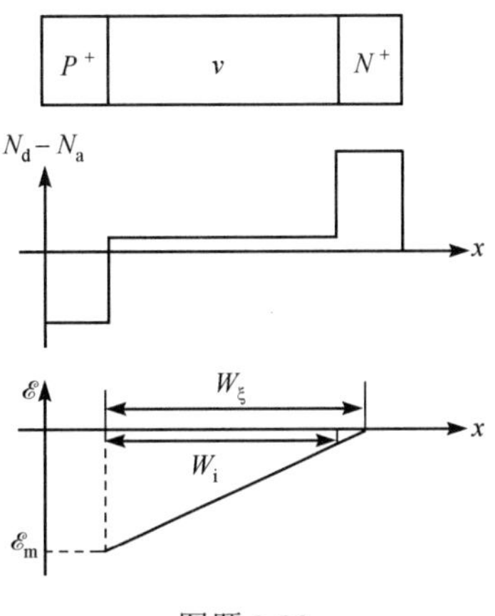

图题 2-20

参 考 文 献

曹培栋, 2001. 微电子技术基础. 北京: 电子工业出版社.

DIMITRIJEV S, 2000. Understanding semiconductor devices. New York: Oxford University Press.

KANO K, 1998. Semiconductor devices. Upper Saddle River: Prentice Hall.

LAWRENCE H, WARNER R M JR, 1960. Diffused junction depletion layer calculations. The bell systerm technical journal, 39(2): 389-403.

LAX B, NEUSTADTER S F, 1954. Transient response of a p-n junction. Journal of applied physics, 25(9): 1148.

LI S S, 1993. Semiconductor physical electronics. New York: Plenum Press.

MOLL J L, HAMILTON S A, 1969. Physical modelling of the step recovery diode for pulse and harmonic generation circuits. Proceedings of the IEEE, 57(7): 1250.

MULLER R S, KAMINS T I, 1986. Device electronics for integrated circuits. 2nd ed. New York: John Wiley & Sons.

NAVON D H, 1986. Semiconductor micro-devices and materials. New York: Holt, Rinehart & Winston.

NEUDECK G W, 1989. The PN junction diode. vol. 2 of the modular series on solid state devices. 2nd ed. Reading, MA: Addison-Wesley.

NG K K, 1995. Complete guide to semiconductor devices. New York: McGraw-Hill.

PIERRET R F, 1996. Semiconductor device fundamentals. Boston: Addison-Wesley.

ROULSTON D J, 1999. An introduction to the physics of semiconductor devices. New York: Oxford University Press.

SHOCKLEY W, 1949. Theory of p-n junction in semiconductors and p-n junction transistors. Bell system technical journal, 28(3): 435.

SHUR M, 1990. Physics of semiconductor devices. Englewood Cliffs: Prentice Hall.

SHUR M, 1996. Introduction to electronic devices. New York: John Wiley & Sons.

SINGH J, 2001. Semiconductor devices: basic principles. New York: John Wiley & Sons.

SZE S M, 1981. Physics of semiconductor devices. 2nd ed. New York: John Wiley & Sons.

SZE S M, 2001. Semiconductor devices: physics and technology. 2nd ed. New York: John Wiley & Sons.

SZE S, GIBBONS G, 1966. Avalanche breakdown voltages of abrupt and linearly graded p-n junctions in Ge, Si, GaAs, and Gap. Applied physics letters, 8(5): 111-113.

WANG S, 1989. Fundamentals of semiconductor theory and device physics. Englewood Cliffs: Prentice Hall.

YANG E S, 1988. Microelectronic devices. New York: McGraw-Hill.

第3章 双极结型晶体管

3.1 引言

双极结型晶体管(bipolar junction transistor，BJT)是由靠得很近的两个PN结构成的半导体器件。一般包括N、P、N或P、N、P三个区域，前者称为**NPN晶体管**，后者称为**PNP晶体管**。NPN晶体管和PNP晶体管结构示意图及电路符号如图3-1所示。

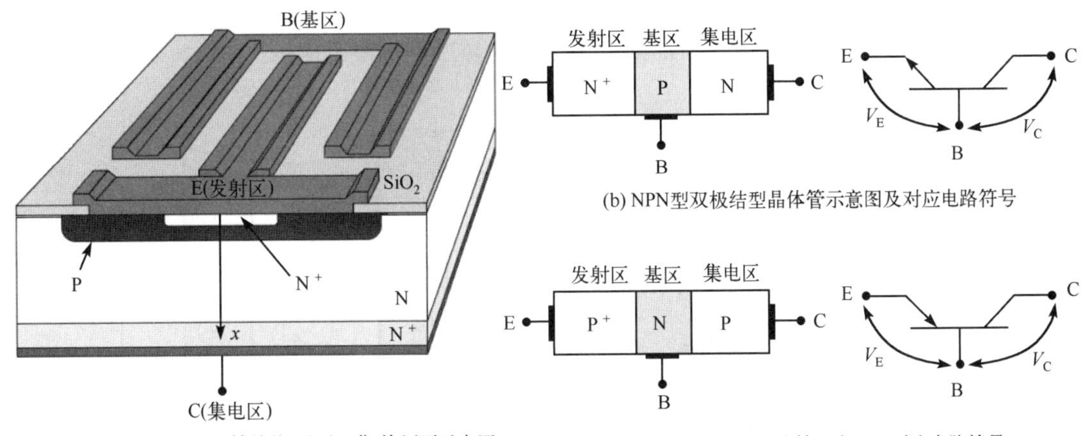

(a) NPN型硅双极结型晶体管结构(平面工艺)的剖面示意图

(b) NPN型双极结型晶体管示意图及对应电路符号

(c) PNP型双极结型晶体管示意图及对应电路符号

图3-1 双极结型晶体管示意图

图3-1(a)和(b)所示为NPN晶体管。图中左端高掺杂的N^+区称为**发射区**，所引出的电极称为**发射极**(emitter)。右端低掺杂的N区称为**集电区**，引出的电极为**集电极**(collector)。中间的P区称为**基区**，引出电极为**基极**(base)。发射极、基极和集电极分别用其英文字头E、B、C表示。发射区和基区之间的PN结称为**发射结**。集电区和基区之间的PN结称为**集电结**。图3-1(c)所示为PNP晶体管。加在基极与发射极之间的偏压(发射结偏压)记为$V_E = V_{BE} = V_B - V_E$，加在基极与集电极之间的偏压(集电结偏压)记为$V_C = V_{BC} = V_B - V_C$。发射极的箭头指示发射结正偏时发射极电流的方向。

1947年12月23日，美国贝尔实验室的肖克莱(W. Shockley)、巴丁(J. Bardeen)和布拉顿(W. H. Brattain)发明了**点接触晶体管**，并因此共同获得1956年诺贝尔物理学奖。这是世界上第一只晶体管。晶体管的发明开创了固体电子学的新时代，可以说晶体管的发明是20世纪最伟大的发明之一。到1951年时，点接触晶体管的电流增益为1~2，功率增益达到20 dB，在做成放大器时，最高工作频率达到10 MHz。

1951年，**结型晶体管**问世。早期的结型晶体管为PNP锗**合金结型晶体管**，后来又发展了锗NPN、硅PNP、硅NPN以及大功率晶体管。这种合金结型晶体管取代了点接触晶体管，大约存在了20年，对于固体电子器件的实际应用起过巨大的作用。20世纪70年代，硅平面工艺迅速发展，采用平面工艺制造的**平面晶体管**又取代了合金结型晶体管。

在20世纪60年代，**场效应晶体管**迅速兴起。在这类器件中，只有一种导电类型的载流子对电流传输起主要作用，于是人们把场效应晶体管称为**单极晶体管**(unipolar transistor)。在NPN和PNP晶体管中，两种载流子同时对电流传输起重要作用，所以NPN和PNP晶体管被称为**双极结型晶体管**。

3.2 双极结型晶体管的结构和制造工艺

教学要求

1. 掌握概念：扩散晶体管、漂移晶体管。
2. 了解典型BJT的基本结构和工艺过程。

本节介绍一种典型双极结型晶体管的管芯结构及其制造工艺。图3-2所示为小功率双基极接触硅平面外延NPN晶体管的横截面示意图和各次光刻掩膜图形套合在一起的工艺复合图。芯片的制造步骤如下：

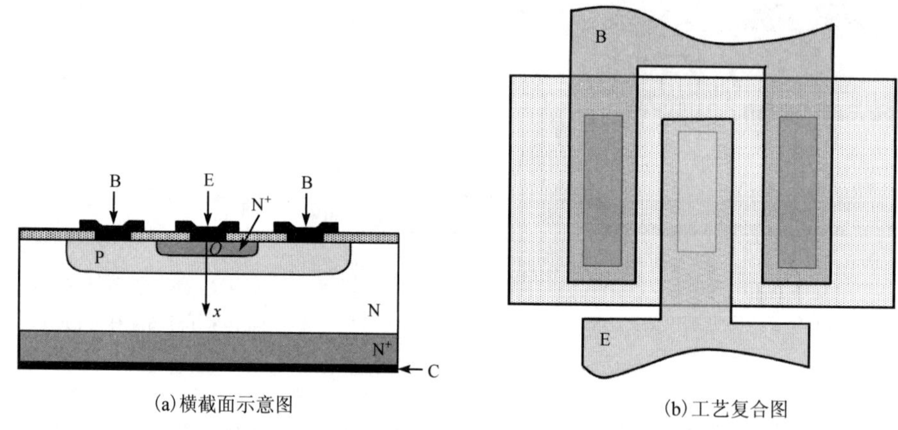

(a)横截面示意图　(b)工艺复合图

图3-2　硅平面外延NPN晶体管横截面示意图和工艺复合图

(1)**衬底制备**。衬底为低阻N^+型硅，电阻率在0.001Ω·cm左右，沿(111)面切成厚约400μm的圆片，研磨抛光到表面光亮如镜。

(2)**外延**。外延层为N型，按电参数要求确定其掺杂浓度，厚度约为20μm。

(3)**一次氧化**。高温生长的氧化层用来阻挡硼、磷等杂质向不掺杂的硅中扩散，同时也起表面钝化作用。

(4)**光刻硼扩散窗口**。

(5)**硼扩散和二次氧化**。硼扩散后在外延层上形成P型区(厚度约为3μm)，二次热氧化生长的氧化层用来阻挡下一步磷扩散时向不掺杂的硅中扩散，并起钝化作用。

(6)**光刻磷扩散窗口**。

(7)**磷扩散和三次氧化**。磷扩散后，在P型区磷杂质浓度远高于硼杂质，杂质补偿后形成N^+型区，厚度约为2μm。三次热氧化生长的氧化层用作金属与硅片间电绝缘介质，并起钝化作用。

(8)**光刻发射极和基极接触孔**。

(9)**蒸发铝**。

(10)**在铝上光刻出电极图形**。

从图 3-2 可以看出，按上述工艺制造出来的是 N^+PNN^+ 四层结构器件。发射极从磷扩散区引出，基极从硼扩散区表面引出，集电极从衬底引出。硼扩散后形成集电结，磷扩散后形成发射结。发射结面积不等于集电结面积，前者小于后者。为便于介绍器件的工作原理，通常将发射结和集电结距离最短的那一部分基区称作**内基区**(或**本征基区**)，其余部分则称作**外基区**(或**非本征基区**)。

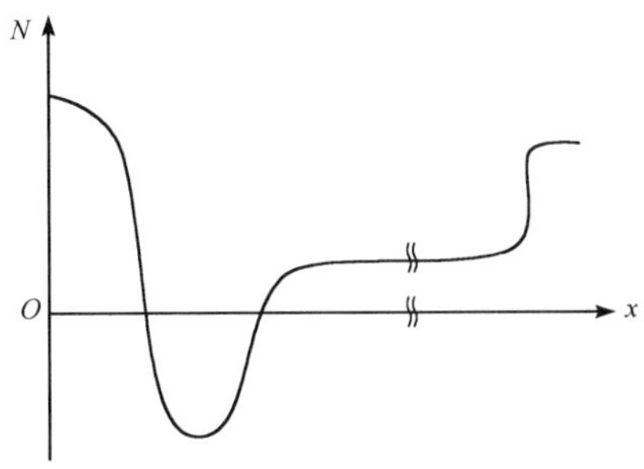

图 3-3　硅平面外延 NPN 晶体管的净掺杂浓度分布

穿过内基区，沿 x 方向(图 3-2)的净掺杂浓度分布如图 3-3 所示，图中 $N = N_d - N_a$。硼、磷两种杂质皆采用预淀积、再分布两步法扩散，各自在硅中形成高斯函数分布。如图 3-3 所示净掺杂浓度在 N^+PN 区的分布可表示为

$$N = N_{0E}e^{-x^2/L_E^2} - N_{0B}e^{-x^2/L_B^2} + N_C \tag{3-2-1}$$

式中，$L_E^2 = 4D_E t_E$，$L_B^2 = 4D_B t_B$，D_E 为发射区的磷杂质在硅中的扩散系数，D_B 为基区的硼杂质在硅中的扩散系数，t_E 和 t_B 为扩散时间，N_{0E} 为发射区的磷杂质表面浓度，N_{0B} 为基区的硼杂质表面浓度，N_C 为集电区外延层的掺杂浓度。由于氧化层掩蔽，磷未扩散进入外基区表面，因此通过外基区沿 x 方向的杂质分布与内基区不相同，其净掺杂分布可以用式(3-2-1)右端后两项表示。由此可知，与外基区相连接的集电结实际上是单扩散结。集电结与内基区相连部分的杂质分布虽然与两种扩散杂质都有关，但分布到集电结附近的磷浓度与外延层掺杂浓度相比已经很低，所以在讨论空间电荷区内各种效应(如过渡电容和雪崩倍增)时，仍可看作单扩散结。值得注意的是，发射结和集电结都是用氧化层掩蔽扩散方法制备的，边缘部分是曲面结，分析电学特性时要考虑到这一结构特点。

双极结型晶体管基区中的电流传输过程与杂质分布形式有极密切的关系。按照传输机构的不同，BJT 被划分为均匀基区和缓变基区两类。均匀基区晶体管的基区杂质浓度等于常数，不随位置而变化，低注入下基区少子的运动形式是扩散。早期文献中称这种晶体管为**扩散晶体管**。缓变基区晶体管的基区掺杂浓度是随位置变化的，低注入下少子的运动既有扩散也有漂移，曾被称作**漂移晶体管**。上面例举的双扩散平面外延晶体管即为缓变基区晶体管。大部分分立器件及集成晶体管都属于这一类。均匀基区晶体管的典型实例是合金结型晶体管、双极集成电路中的横向 PNP 晶体管和衬底 PNP 晶体管。后二者及纵向 PNP 晶体管是集成晶体管的三种主要结构形式。

3.2 节小结

3.3　双极结型晶体管的基本工作原理

教学要求

1. 掌握概念：发射极注射效率、基区输运因子、共基极电流增益、共发射极电流增益、穿透电流。
2. 掌握 BJT 的四种工作模式及偏压条件。
3. 画出 BJT 电流分量示意图，写出各极电流及其相互关系公式。
4. 分别用能带图和载流子输运的观点解释 BJT 的放大作用。
5. 解释理想 BJT 共基极连接正向有源模式下集电极电流与集电结电压无关的现象。

6. 解释理想 BJT 共发射极连接正向有源模式下集电极电流与集电极－发射极间的电压无关的现象。

7. 解释理想 BJT 共基极连接和共发射极连接的输出特性曲线。

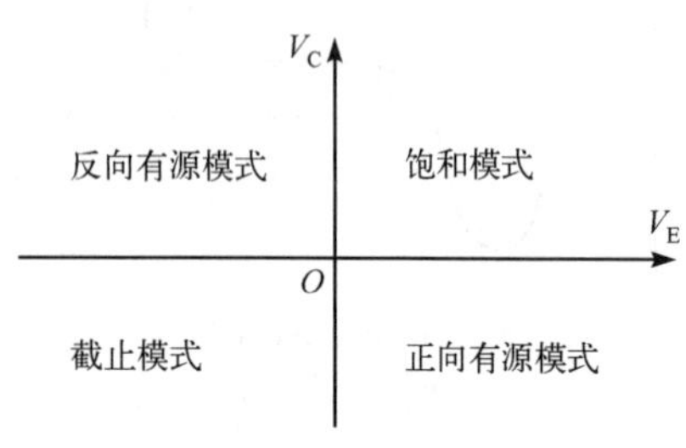

图 3-4 BJT 的四种工作模式

BJT 在电路中根据发射结和集电结所处偏压情况，可以有如下四种**工作模式**，相应地称为四个**工作区**，如图 3-4 所示。

(1) **正向有源模式**(active mode) ($V_E>0$，$V_C<0$)。

(2) **反向有源模式**(reverted mode) ($V_E<0$，$V_C>0$)。

(3) **饱和模式**(saturation mode) ($V_E>0$，$V_C>0$)。

(4) **截止模式**(cut off mode) ($V_E<0$，$V_C<0$)。

四种工作模式的工作条件表示在括号中。

3.3.1 放大作用

以正向有源工作模式为例说明双极结型晶体管的放大作用。图 3-5 所示为晶体管偏置在正向有源模式下的电路图和能带图。电路图中基极既处于输入电路中，又处于输出电路中，晶体管的这种连接方法称为**共基极接法**(common base configuration)。由于发射结正偏，势垒降低了 qV_E，电子将从发射区向基区注入，空穴将从基区向发射区注入。基区出现过量电子，发射区出现过量空穴。过量载流子浓度取决于发射结正偏电压的大小和掺杂浓度。当基区宽度很小(远小于电子的扩散长度)时，从发射区注入基区的电子除少部分被复合掉外，其余大部分能到达集电结耗尽区边缘。集电结处于反偏，集电结势垒高度增加了 qV_C。到达集电结的电子被电场扫入集电区，成为集电极电流。这个注入电子电流远大于反偏集电结所提供的反向电流，构成集电极电流的主要部分。根据以上分析可以看出，BJT 输入电流的变化将引起输出电流的变化。如果在集电极回路中接入适当的负载 R_L 就可以实现电压信号放大($V_{out}=\Delta I_C\cdot R_L$)，这就是双极结型晶体管放大作用的基本原理。

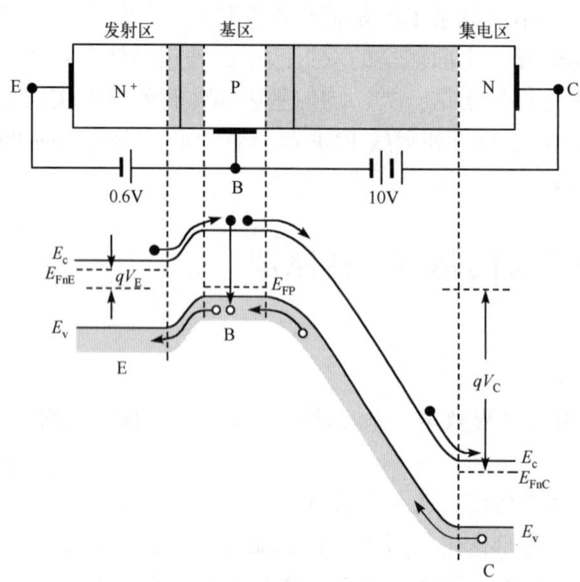

图 3-5 NPN 双极结型晶体管的共基极放大电路图及对应能带图

由上述分析可知，**基区宽度很窄是晶体管实现放大作用的必要条件**。如果基区较宽(大于电子扩散长度)，注入基区的过量电子在到达集电结之前被复合殆尽，那么此时晶体管是两个背靠背的 PN 结，不可能有放大作用。

3.3.2　电流分量

图 3-6 所示为处于放大状态的 NPN 晶体管内的各电流分量。为了便于分析载流子的输运过程，图 3-6 中晶体管内部的箭头表示载流子流动的方向，而晶体管外部的箭头代表设定的极电流方向。空穴流的方向与空穴电流方向一致，而电子流的方向与电子电流方向相反。I_{nE} 为从发射区注入基区中的电子电流，I_{nC} 为电子电流 I_{nE} 中到达集电结的部分，$I_{nE}-I_{nC}$ 为基区注入电子通过基区时复合掉的电子电流，I_{pE} 为从基区注入到发射区的空穴电流，I_{RE} 为发射结空间电荷区内的复合电流，I_{C0} 为集电结反向电流，它包括集电结反向饱和电流和集电结空间电荷区的产生电流。

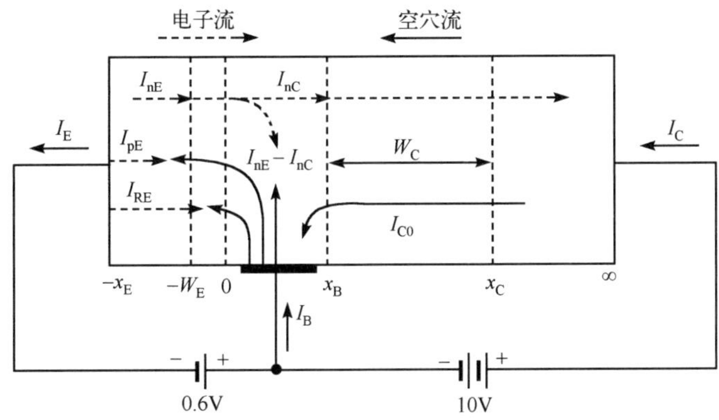

图 3-6　NPN 晶体管内的各电流分量

由图 3-6 可知，发射极电流 I_E、基极电流 I_B 和集电极电流 I_C (统称为**极电流**)分别为

$$I_E = I_{nE} + I_{pE} + I_{RE} \tag{3-3-1}$$

$$I_B = I_{pE} + I_{RE} + (I_{nE} - I_{nC}) - I_{C0} \tag{3-3-2}$$

$$I_C = I_{nC} + I_{C0} \tag{3-3-3}$$

三个极电流之间满足以下关系：

$$I_E = I_B + I_C \tag{3-3-4}$$

3.3.3　直流电流增益

电流增益(current gain)是双极晶体管最重要的参数，它标志晶体管的放大能力。电流增益有**直流电流增益**和**交流电流增益**之分。交流电流增益是指器件承载交流信号时的电流增益。直流电流增益则是器件不承载交流信号时的电流增益。这里先考虑直流电流增益。在给出直流电流增益的定义之前，先定义两个与之相关的参量。

1. *发射极注射效率*(emitter efficiency)γ

$$\gamma \equiv \frac{I_{nE}}{I_E} = \frac{I_{nE}}{I_{nE} + I_{pE} + I_{RE}} \tag{3-3-5}$$

2. 基区输运因子(base transport factor) β_T

$$\beta_T = \frac{I_{nC}}{I_{nE}} \tag{3-3-6}$$

显然，γ 的意义是从发射极注入基极的电子电流在总的发射极电流中所占的比例。β_T 的意义是发射极注入到基极的电子电流中能够到达集电极的那部分所占的比例。

3. 共基极直流电流增益(common base current gain) α_0

共基极直流电流增益 α_0 定义为

$$\alpha_0 = \frac{I_C - I_{C0}}{I_E} \tag{3-3-7}$$

显然

$$\alpha_0 = \frac{I_{nC}}{I_{nE} + I_{pE} + I_{RE}} = \gamma\beta_T \tag{3-3-8}$$

共基极直流电流增益 α_0 是晶体管理论中的一个极为重要的参数。式(3-3-8)说明共基极直流电流增益是能够到达集电极的电子电流在总的发射极电流中所占的比例。式(3-3-8)还说明 α_0 是基区输运因子和发射极注射效率的乘积。由于 $|I_{nC}| < |I_{nE}| < |I_E|$，因此 α_0 总是小于 1。做得好的晶体管 α_0 非常接近于 1(达到 0.99 或以上)。提高电流增益的途径是提高 γ 和 β_T。例如，采用 N^+P 结以增加 I_{nE}，减小 I_{pE}，提高晶体质量以减小 I_{RE}，窄基区以减小 $I_{nE} - I_{nC}$。

式(3-3-7)可以改写成

$$I_C = \alpha_0 I_E + I_{C0} \tag{3-3-9}$$

式(3-3-9)说明了以基极作为公共端时输出集电极电流与输入发射极电流之间的关系。因此，α_0 称为共基极电流增益。当发射结处于正向偏置而集电结是反向偏置时，式(3-3-9)有效。根据式(3-3-9)，当发射极开路时，$I_E = 0$，$I_C = I_{C0}$，所以 I_{C0} 是发射极开路时的集电结反向电流，通常也记作 I_{CBO}。由于发射极电流 I_E 与发射极偏压有关，与集电极偏压无关，理想情况下 I_{C0} 也基本上与集电结电压无关，因此，根据式(3-3-9)，理想情况下集电极电流 I_C 与集电结电压无关。

当集电结处于正向偏压时，集电区将向基区注入电子，基区向集电区注入空穴。考虑到集电结正反两种偏压条件，式(3-3-9)中的 I_{C0} 要用正向二极管(集电结)电流代替，同时以 I_{C0} 作为反向电流。此时 I_C 的完全表达式变为

$$I_C = \alpha_0 I_E - I_{C0}(e^{V_C/V_T} - 1) \tag{3-3-10}$$

式(3-3-10)第二项是正偏集电结的电子和空穴注入引起的扩散电流。它与正偏发射结的扩散电流方向相反。

在式(3-3-10)中，若 V_C 是负的且很大时，则式(3-3-10)还原为式(3-3-9)。

以 I_E 为参数，画出 I_C 相对 V_{CB} 的晶体管电流–电压特性如图 3-7 所示。由于集电极电流 I_C 和集电结上的偏压 V_{CB} 分别代表输出端的电流和电压，因此 I_C 与 V_{CB} 的关系曲线被称为 BJT **共基极接法的输出特性曲线**。注意：除非集电结处于正向偏压，即 $V_{CB} < 0$ 的情形，集电极电流保持为常数，与 V_{CB} 无关。此结果与式(3-3-9)和式(3-3-10)相符。

4. 共发射极电流增益(common emitter current gain) β_0

在大多数电路应用中，把发射极用作公共端，分别用基极和集电极作为输入和输出端。这种连接方式称为**共发射极接法**(common emitter configuration)，如图 3-8 所示。

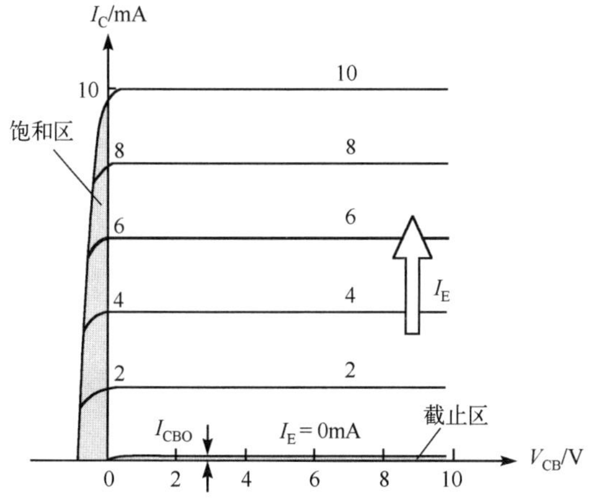

图 3-7　共基极接法的输出特性曲线

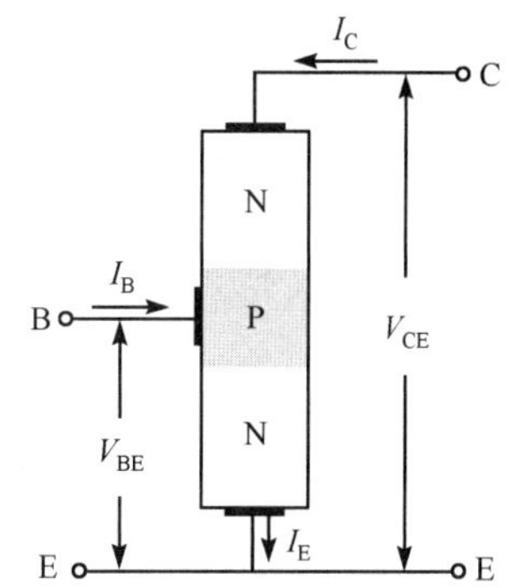

图 3-8　NPN 晶体管的共发射极接法

根据式(3-3-4)，可以把式(3-3-9)写成

$$I_C = \alpha_0(I_C + I_B) + I_{CBO} \tag{3-3-11}$$

$$I_C = \frac{\alpha_0}{1-\alpha_0}I_B + \frac{I_{CBO}}{1-\alpha_0} = \beta_0 I_B + I_{CEO} \tag{3-3-12}$$

式中，定义

$$\beta_0 = \frac{\alpha_0}{1-\alpha_0} \tag{3-3-13}$$

$$I_{CEO} \equiv \frac{I_{CBO}}{1-\alpha_0} \tag{3-3-14}$$

式中，参量 β_0 (有时也表示成 h_{FE})称为**共发射极直流电流增益**。由于 α_0 非常接近于 1，因此，β_0 一般可达 100 以上。I_{CEO} 是基极开路即 $I_B = 0$ 时，集电极-发射极之间的电流，称为**漏电流**，也称为**穿透电流**。

共发射极电路中，I_B 为输入端电流，I_C 和 V_{CE} 分别为输出端电流和电压。以 I_B 为参数，I_C 相对于 V_{CE} 的电流-电压特性曲线如图 3-9 所示，称为 BJT **共发射极接法的输出特性曲线**。图中标定了三个工作区域：截止区对应于发射结和集电结都处于反向偏置的情形；正向有源区对应于发射结正向偏置而集电结处于反向偏置的情形；饱和区则对应于两个结都是正向偏置的情形。作为

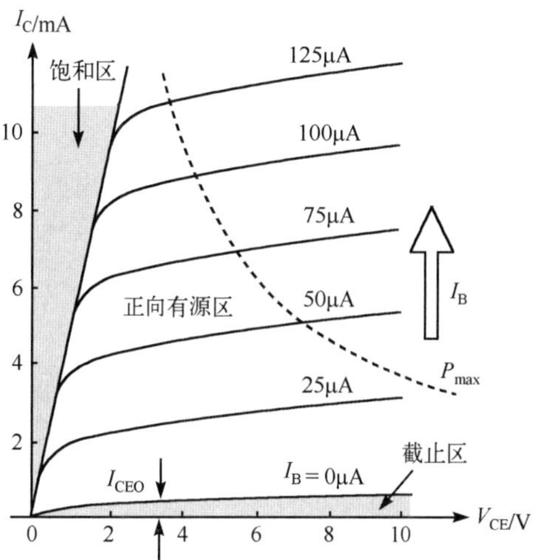

图 3-9　共发射极接法的输出特性曲线

放大器使用时，晶体管工作在正向有源区。当晶体管工作处于开关状态时，经常往返于饱和区(开态)和截止区(关态)之间。

由于I_{CBO}非常小，因此式(3-3-12)中的I_{CEO}一般远小于I_B，理论上I_B主要受输入端电压控制，与输出端电压无关，所以输出端电流I_C应该只受输入端电流I_B控制，与输出端电压无关，呈现饱和特性。然而，如图3-9所示，实际的输出特性曲线中，I_C会随着V_{CE}的增大而缓慢增大，呈现出不饱和特性，这是**基区宽度调变效应**(也称为**厄利**(Early)**效应**)导致的，将在本章3.5节详细讨论。

3.3节小结

在晶体管规格参数中，P_{max}规定为晶体管可能耗散的并不会使之过热的最大功率。乘积$VI = P_{max}$的等值曲线(最大功耗曲线)也绘于图3-9中，晶体管不应运用于此曲线之外。

3.4 理想双极结型晶体管中的电流传输

教学要求

1. 理解理想BJT的基本假设及其意义。
2. 写出发射区、基区、集电区少子满足的扩散方程，并解之求出少子分布和少子电流分布。
3. 掌握式(3-4-5)和式(3-4-6)，这两个公式有什么样的对称关系？
4. 掌握正向有源模式基区电子电流表达式(3-4-24)。
5. 掌握正向有源模式下基区输运因子表达式(3-4-25)。
6. 能够画出四种工作模式下BJT各区的少子分布图。
7. 解释图3-13中β_0随工作电流变化的现象。

3.4.1 理想BJT的基本假设

理想晶体管主要基于如下假设。

(1)各区杂质都是均匀分布的。

(2)PN结是理想的平面结。

(3)横向尺寸远大于基区宽度，并且不考虑边缘效应，所以载流子运动是一维的。

(4)集电区宽度远大于少子扩散长度。

(5)发射结为短PN结。

(6)中性区的电导率足够高，串联电阻可以忽略。

(7)发射结面积和集电结面积相等。

(8)小注入条件。

(9)中性基区宽度恒定不变。

本节以理想NPN型BJT为例，求解电流分量和极电流。图3-10是理想NPN型BJT的一维坐标系，图中阴影的区域为发射结和集电结的空间电荷区。发射结是N^+P结，集电结是P^+N结。由于发射区掺杂浓度最高，因此用N^{++}表示。

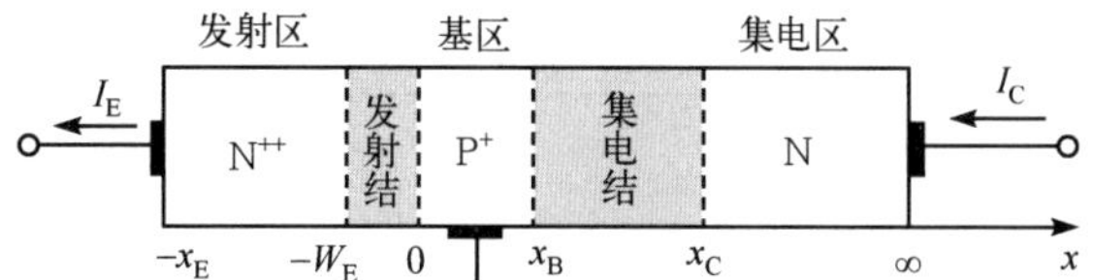

图 3-10　NPN 型 BJT 的一维坐标系

3.4.2　载流子分布与电流分量

1. 中性基区（$0 \leqslant x \leqslant x_B$）

在中性基区内，电子分布满足没有电场的稳态连续性方程

$$D_n \frac{d^2 n_p}{dx^2} - \frac{n_p - n_{p0}}{\tau_n} = 0 \tag{3-4-1}$$

边界条件为

$$n_p(0) = n_{p0} e^{V_E/V_T} \tag{3-4-2}$$

$$n_p(x_B) = n_{p0} e^{V_C/V_T} \tag{3-4-3}$$

式中，V_E 和 V_C 分别为发射结和集电结的偏压，$n_{p0} = n_i^2 / N_a$ 为基区的热平衡少子电子浓度，N_a 为 P 型基区的掺杂受主浓度。根据式(3-4-1)～式(3-4-3)解得

$$n_p(x) = n_{p0} + n_{p0}(e^{V_E/V_T} - 1)\left[\frac{\sinh\left(\dfrac{x_B - x}{L_n}\right)}{\sinh\left(\dfrac{x_B}{L_n}\right)}\right] + n_{p0}(e^{V_C/V_T} - 1)\left[\frac{\sinh\left(\dfrac{x}{L_n}\right)}{\sinh\left(\dfrac{x_B}{L_n}\right)}\right] \tag{3-4-4}$$

发射结空间电荷区边界 $x = 0$ 处的电子电流为

$$I_{nE} = qAD_n \left.\frac{dn_p(x)}{dx}\right|_{x=0} = -\frac{qAD_n n_{p0}}{L_n}\left[(e^{V_E/V_T} - 1)\coth\left(\frac{x_B}{L_n}\right) - (e^{V_C/V_T} - 1)\frac{1}{\sinh\left(\dfrac{x_B}{L_n}\right)}\right] \tag{3-4-5}$$

式中，$L_n = \sqrt{D_n \tau_n}$ 为少子电子的扩散长度，负号表示电流方向沿 x 的负方向。同理，集电结空间电荷区边界 $x = x_B$ 处的电子电流为

$$I_{nC} = qAD_n \left.\frac{dn_p(x)}{dx}\right|_{x=x_B} = -qA\frac{D_n n_{p0}}{L_n}\left[(e^{V_E/V_T} - 1)\frac{1}{\sinh\left(\dfrac{x_B}{L_n}\right)} - (e^{V_C/V_T} - 1)\coth\left(\frac{x_B}{L_n}\right)\right] \tag{3-4-6}$$

可以看出，如果把式(3-4-5)和式(3-4-6)中的 V_E 和 V_C 互换，则式(3-4-5)变成式(3-4-6)，式(3-4-6)变成式(3-4-5)，只不过相差一个符号。这反映了 BJT 结构的对称性，符号之差是由于这两种情况下电流方向相反造成的。

2. 发射区（$-x_E \leqslant x \leqslant -W_E$）

发射区少子空穴的扩散方程为

$$D_{pE}\frac{d^2 p_E(x)}{dx^2}-\frac{p_E(x)-p_{E0}}{\tau_{pE}}=0 \tag{3-4-7}$$

发射区的边界条件为

$$p_E(-W_E)=p_{E0}e^{V_E/V_T} \tag{3-4-8}$$

$$p_E(-x_E)=p_{E0} \tag{3-4-9}$$

利用边界条件求解式(3-4-7)可得

$$p_E(x)=p_{E0}+p_{E0}(e^{V_E/V_T}-1)\frac{\sinh\left(\dfrac{x+x_E}{L_{pE}}\right)}{\sinh\left(\dfrac{x_E-W_E}{L_{pE}}\right)} \tag{3-4-10}$$

式中，$p_{E0}=n_i^2/N_{dE}$、D_{pE}、τ_{pE}和$L_{pE}=\sqrt{D_{pE}\tau_{pE}}$分别为发射区中热平衡少子空穴浓度、空穴的扩散系数、空穴寿命和空穴扩散长度，N_{dE}是 N 型发射区的掺杂施主浓度。一般$x_E \ll L_{pE}$(短 PN 结)，且$W_E \ll x_E$，于是式(3-4-10)可以简化为

$$p_E(x)=p_{E0}+p_{E0}(e^{V_E/V_T}-1)\frac{x+x_E}{x_E-W_E}\approx p_{E0}+p_{E0}(e^{V_E/V_T}-1)\left(1+\frac{x}{x_E}\right) \tag{3-4-11}$$

发射区少子空穴的扩散电流为

$$I_{pE}=-qAD_{pE}\left.\frac{dP_E(x)}{dx}\right|_{x=-W_E}=-\frac{qAD_{pE}P_{E0}}{x_E}(e^{V_E/V_T}-1) \tag{3-4-12}$$

式中，负号表示电流方向沿 x 的负方向。由于发射结为短 PN 结，因此发射区少子空穴扩散电流近似与空间坐标无关，处处恒定不变。

3. 集电区($x_C \leqslant x \leqslant \infty$)

集电区少子空穴的扩散方程为

$$D_{pC}\frac{d^2 p_C(x)}{dx^2}-\frac{p_C(x)-p_{C0}}{\tau_{pC}}=0 \tag{3-4-13}$$

集电区的边界条件为

$$p_C(x_C)=p_{C0}e^{V_C/V_T} \tag{3-4-14}$$

$$p_C(\infty)=p_{C0} \tag{3-4-15}$$

利用边界条件求解式(3-4-13)可得

$$p_C(x)=p_{C0}+p_{C0}(e^{V_C/V_T}-1)e^{(x_C-x)/L_{pC}} \tag{3-4-16}$$

式中，$p_{C0}=n_i^2/N_{dC}$、D_{pC}、τ_{pC}和$L_{pC}=\sqrt{D_{pC}\tau_{pC}}$分别为集电区中热平衡少子空穴浓度、空穴的扩散系数、空穴寿命和空穴扩散长度，N_{dC}是 N 型集电区的掺杂施主浓度。

于是，集电区少子空穴的扩散电流为

$$I_{pC}(x)=-qAD_{pC}\frac{dp_C(x)}{dx}=\frac{qAD_{pC}p_{C0}}{L_{pC}}(e^{V_C/V_T}-1)e^{(x_C-x)/L_{pC}} \tag{3-4-17}$$

由式(3-4-17)可知，集电结如果正偏，集电区内的少子空穴扩散电流将随 x 增大而 e 指数衰减，转化为多子电子的漂移电流。集电区少子空穴电流的最大值位于 $x = x_C$ 的边界处

$$I_{pC}(x_C) = \frac{qAD_{pC}p_{C0}}{L_{pC}}(e^{V_C/V_T} - 1) \tag{3-4-18}$$

把集电区边界取在∞处。式(3-4-7)和式(3-4-13)中 p_{E0} 和 p_{C0} 分别为发射区和集电区热平衡少子空穴浓度，p_E 和 p_C 分别表示发射区和集电区空穴浓度。

3.4.3　不同工作模式下的少子分布和少子电流

1. 正向有源模式

当晶体管处于正向有源模式(放大状态)时，$V_E > 0$，$V_C < 0$，所以 $e^{V_C/V_T} \approx 0$，于是少子分布和少子电流分布的公式都可以进行简化。

(1)中性基区的少子分布。

由式(3-4-4)简化可得

$$n_p(x) = n_{p0} + n_{p0}(e^{V_E/V_T} - 1)\left[\frac{\sinh\left(\frac{x_B - x}{L_n}\right)}{\sinh\left(\frac{x_B}{L_n}\right)}\right] - n_{p0}\left[\frac{\sinh\left(\frac{x}{L_n}\right)}{\sinh\left(\frac{x_B}{L_n}\right)}\right] \tag{3-4-19}$$

由于 $x_B \ll L_n$，因此式(3-4-19)可进一步化简为

$$n_p(x) \approx n_{p0}e^{V_E/V_T}\left(1 - \frac{x}{x_B}\right) \tag{3-4-20}$$

(2)集电区的少子分布。

由式(3-4-16)简化可得

$$p_C(x) = p_{C0} - p_{C0}e^{(x_C - x)/L_{pC}} \tag{3-4-21}$$

(3)发射区的少子分布。

式(3-4-11)中不包含 e^{V_C/V_T}，因而无需化简。

于是，正向有源模式下 NPN 型 BJT 的少子分布如图 3-11(a)所示。

(4)中性基区的少子电子电流。

由式(3-4-5)和式(3-4-6)简化可得

$$I_{nE} = -\frac{qAD_n n_{p0}}{L_n}\left[(e^{V_E/V_T} - 1)\coth\left(\frac{x_B}{L_n}\right) + \frac{1}{\sinh\left(\frac{x_B}{L_n}\right)}\right] \tag{3-4-22}$$

$$I_{nC} = -qA\frac{D_n n_{p0}}{L_n}\left[(e^{V_E/V_T} - 1)\frac{1}{\sinh\left(\frac{x_B}{L_n}\right)} + \coth\left(\frac{x_B}{L_n}\right)\right] \tag{3-4-23}$$

由于 $x_B \ll L_n$，因此式(3-4-22)和式(3-4-23)可进一步化简，在一级近似条件下可得

$$I_{nE} \approx I_{nC} \approx -\frac{qAD_n n_{p0}}{x_B} e^{V_E/V_T} \tag{3-4-24}$$

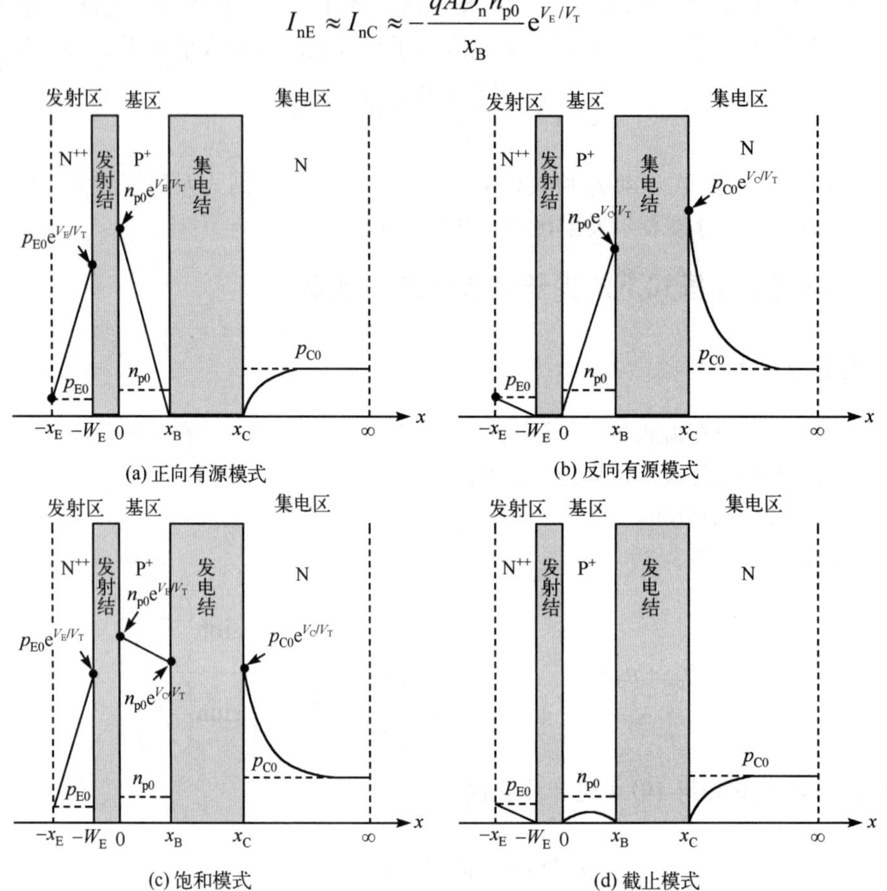

图 3-11 BJT 的少子分布示意图

这说明，当基区宽度非常窄时，可以忽略注入少子在基区的复合，基区传输因子 $\beta_T \approx 1$。然而，实际情形是基区传输因子一定小于 1。为了估算基区传输因子，必须在式(3-4-22)和式(3-4-23)的简化过程中保留更高阶无穷小。在保留二级近似条件下可得

$$\beta_T = I_{nC} / I_{nE} \approx \frac{1}{\cosh\left(\frac{x_B}{L_n}\right)} \approx 1 - \frac{x_B^2}{2L_n^2} \tag{3-4-25}$$

可见，要想提高基区输运因子，必须减小基区宽度，提高少子的扩散长度。

(5)集电区少子空穴电流。

由式(3-4-17)化简可得

$$I_{pC}(x) = -\frac{qAD_{pC} p_{C0}}{L_{pC}} e^{(x_C - x)/L_{pC}} \tag{3-4-26}$$

式中，负号表示电流沿 x 的负方向。在 $x = x_C$ 的边界处，集电区少子空穴电流最大，仅为集电结的反向饱和电流大小，即

$$I_{C0} = I_{CBO} \approx I_{pC}(x_C) = -\frac{qAD_{pC} p_{C0}}{L_{pC}} \tag{3-4-27}$$

(6) 发射区少子空穴电流。

式(3-4-12)中不包含 e^{V_C/V_T}，因而无需化简。

(7) 基极电流。

由式(3-3-2)可知

$$I_B = I_{pE} + I_{RE} + (I_{nE} - I_{nC}) - I_{C0} \approx I_{pE} + I_{RE} + I_{nE}(1-\beta_T) \tag{3-4-28}$$

式中，I_{RE} 为正偏发射结的复合电流，可表示为

$$I_{RE} = -\frac{qAW_E n_i}{2\tau_0}(e^{V_E/2V_T} - 1) \approx -\frac{qAW_E n_i}{2\tau_0} e^{V_E/2V_T} \tag{3-4-29}$$

将式(3-4-12)、式(3-4-24)、式(3-4-25)和式(3-4-29)代入式(3-4-28)中，化简可得

$$I_B \approx -qAn_i^2 \left[\left(\frac{D_{pE}}{x_E N_{dE}} + \frac{D_n x_B}{2N_a L_n^2} \right) e^{V_E/V_T} + \frac{W_E}{2\tau_0 n_i} e^{V_E/2V_T} \right] \tag{3-4-30}$$

可见，I_B 和 V_E 的关系可以写成一般形式为

$$I_B \propto e^{V_E/(\eta V_T)} \tag{3-4-31}$$

式中，η 是一个因子，对于硅晶体管，η 的数值在 1～2 之间变化。对于共发射极电路，输入端电流 I_B 与输入端电压 V_E 的关系曲线被称为**输入特性曲线**，如图 3-12 所示。由式(3-4-31)可知，$\ln I_B \propto V_E$，在半对数坐标系中，$\ln I_B$ 与 V_E 成线性关系，斜率为 $1/\eta V_T$，在不同的输入电压区间，η 因子的数值不同。①复合电流区：当 V_E 很小时，发射结复合电流占主导，$\eta \approx 2$；②理想区：当发射结正常开启后，$\eta \approx 1$；③串联电阻区：当 V_E 较大时，发射结的结区电阻很小，基区串联电阻 R_B 将承载大部分的外加偏压，使得斜率变小，$\eta > 1$。

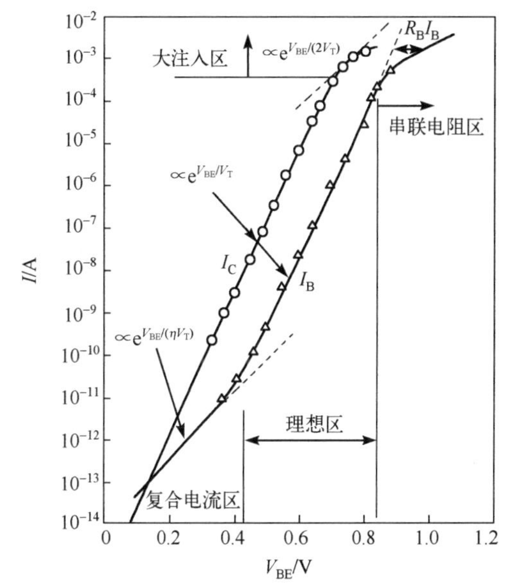

图 3-12　共发射极接法的硅基 BJT 的输入特性曲线和转移特性曲线

(8) 集电极电流。

由式(3-4-24)和式(3-4-27)代入式(3-3-3)可得

$$I_C = I_{nC} + I_{C0} \approx I_{nC} = -\frac{qAD_n n_{p0}}{x_B} e^{V_E/V_T} \tag{3-4-32}$$

可见，$\ln I_C \propto V_E$。在半对数坐标系中，$\ln I_C$ 与 V_E 成线性关系，斜率为 $1/V_T$，如图 3-12 所示。输出端电流 I_C 与输入端电压 V_E 的关系曲线也被称为**转移特性曲线**。从图 3-12 中可以看出，当 V_E 不是很大时，I_C 与 V_E 的实验曲线与理论符合得很好。当 V_E 较大时，集电区的空间电荷区边界附近率先满足大注入条件，$\ln I_C$ 与 V_E 的斜率减小为 $1/(2V_T)$。继续增大 V_E，串联电阻效应变得显著，$\ln I_C$ 与 V_E 的斜率进一步减小。

(9) 发射极电流。

将式(3-4-12)、式(3-4-24)、式(3-4-29)分别代入式(3-3-1)中，化简可得

$$I_E \approx -qAn_i^2\left[\left(\frac{D_{pE}}{x_E N_{dE}}+\frac{D_n}{x_B N_a}\right)e^{V_E/V_T}+\frac{W_E}{2\tau_0 n_i}e^{V_E/2V_T}\right] \tag{3-4-33}$$

式中，括号中的最后一项是发射结的正偏复合电流。由图 3-12 的实验曲线可以看出，当发射结正常开启后，复合电流的影响可以忽略。

(10)发射极注射效率。

如果忽略发射结的正偏复合电流，由式(3-3-5)可得

$$\gamma=\frac{I_{nE}}{I_E}=\frac{I_{nE}}{I_{pE}+I_{nE}+I_{RE}}\approx\frac{I_{nE}}{I_{pE}+I_{nE}}=\left(1+\frac{I_{pE}}{I_{nE}}\right)^{-1} \tag{3-4-34}$$

将式(3-4-12)和式(3-4-24)代入式(3-4-34)中，可得

$$\gamma=\left(1+\frac{D_{pE}p_{E0}x_B}{D_n n_{p0}x_E}\right)^{-1}\approx 1-\frac{D_{pE}N_a x_B}{D_n N_{dE}x_E} \tag{3-4-35}$$

(11)共基极直流电流增益。

将式(3-4-25)和式(3-4-35)代入式(3-3-8)中，忽略高阶无穷小，可以得到共基极直流电流增益的表达式

$$\alpha_0=\gamma\beta_T=\left(1-\frac{D_{pE}N_a x_B}{D_n N_{dE}x_E}\right)\left(1-\frac{x_B^2}{2L_n^2}\right)\approx 1-\frac{D_{pE}N_a x_B}{D_n N_{dE}x_E}-\frac{x_B^2}{2L_n^2} \tag{3-4-36}$$

显然，要提高共基极电流增益，需要：①提高发射区的掺杂浓度，使得发射区的掺杂浓度远大于基区掺杂浓度；②减小基区宽度，尽量减小基区与发射区的宽度之比；③对于 NPN 型晶体管，尽量选用电子迁移率远大于空穴迁移率的材料；④提高晶体质量，从而减小复合电流，延长载流子的寿命，并增大了少子的扩散长度。这些方法之间有时是相互制约的，实际工作中需要折中考虑。

(12)共发射极直流电流增益。

将式(3-4-36)代入式(3-3-13)中，容易求得共发射极直流电流增益的表达式。提高共基极电流增益的举措同样适用于提高共发射极直流电流增益。实验中发现，BJT 工作时，共发射极直流电流增益并不是固定的数值，而是与工作电流大小密切相关，如图 3-13 所示。当工作电流不是很大时，由式(3-3-12)可知，如果忽略 I_{CEO}，并结合式(3-4-31)和式(3-4-32)，可得

$$\beta_0\approx\frac{I_C}{I_B}\propto\frac{e^{V_E/V_T}}{e^{V_E/(\eta V_T)}}=e^{(1-1/\eta)V_E/V_T}\propto I_C^{(1-1/\eta)} \tag{3-4-37}$$

在工作电流很小时，I_B 受复合电流影响大，$\eta\approx 2$，此时，$\ln\beta_0\sim\ln I_C$ 的斜率约等于 1/2，β_0 随 I_C 增大而增大，如图 3-13 所示。当发射结正常开启后，进入理想工作区，$\eta\approx 1$，此时 β_0 趋于饱和，与工作电流无关。当工作电流很大，I_C 率先满足大注入工作条件时

$$\beta_0\approx\frac{I_C}{I_B}\propto\frac{e^{V_E/(2V_T)}}{e^{V_E/V_T}}=e^{-V_E/(2V_T)}\propto I_C^{-1} \tag{3-4-38}$$

可见，$\ln\beta_0\sim\ln I_C$ 的斜率约等于-1，β_0 随 I_C 增大而下降，如图 3-13 所示，这一现象称为**韦斯特效应**(Webster effect)。在实际工作中，为了使 BJT 有较大的增益，尽量避免在大注入条件下工作。

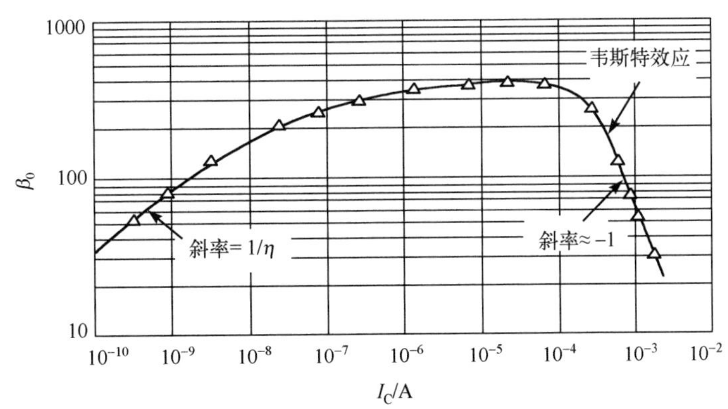

图 3-13　共发射极直流电流增益受工作电流的影响

2. 反向有源模式

当晶体管处于反向有源模式时，$V_E < 0$，$V_C > 0$，当$|V_E| \gg V_T$时，$e^{V_E/V_T} \approx 0$，于是少子分布和少子电流分布的公式也都可以进行简化。

(1)基区少子分布。

由式(3-4-4)可得

$$n_p(x) \approx n_{p0}\left[1-\frac{\sinh\left(\dfrac{x_B - x}{L_n}\right)}{\sinh\left(\dfrac{x_B}{L_n}\right)}\right] + n_{p0}(e^{V_C/V_T}-1)\left[\frac{\sinh\left(\dfrac{x}{L_n}\right)}{\sinh\left(\dfrac{x_B}{L_n}\right)}\right] \tag{3-4-39}$$

再利用$L_n \gg x_B$的条件保留一级近似，进一步化简可得

$$n_p(x) \approx n_{p0} e^{V_C/V_T} x / x_B \tag{3-4-40}$$

可见，基区少子电子的分布函数近似为线性，如图 3-11(b)所示。

(2)发射区少子分布。

令式(3-4-11)中的$e^{V_E/V_T} = 0$，化简得到反向有源模式下的发射区少子分布为

$$p_E(x) \approx p_{E0} - p_{E0}\left(\frac{x + x_E}{x_E - W_E}\right) \tag{3-4-41}$$

其分布函数如图 3-11(b)所示，也是线性函数。

(3)集电区的少子分布。

集电区的少子分布中不包含e^{V_E/V_T}，因而分布函数如式(3-4-16)，无需化简。

$$p_C(x) = p_{C0} + p_{C0}(e^{V_C/V_T}-1)e^{(x_C - x)/L_{pC}}$$

可见，反向有源模式下，基区注入集电区空间电荷区边界的少子空穴随着向集电区内部扩散而通过与多子电子复合的方式 e 指数衰减。

(4)发射区的少子空穴电流。

由式(3-4-12)可知，反向有源模式下

$$I_{pE} \approx qAD_{pE}P_{E0} / x_E \tag{3-4-42}$$

由于热平衡少子空穴浓度 P_{E0} 很小，所以 I_{pE} 非常小。

(5)基区少子电子电流。

令式(3-4-5)和式(3-4-6)中 $e^{V_E/V_T}=0$，并对双曲函数化简可得

$$I_{nE} \approx \frac{qAD_n n_{p0} e^{V_C/V_T}}{L_n \sinh(x_B / L_n)} \approx \frac{qAD_n n_{p0} e^{V_C/V_T}}{x_B} \tag{3-4-43}$$

$$I_{nC} \approx \frac{qAD_n n_{p0} e^{V_C/V_T} \coth(x_B / L_n)}{L_n} \approx \frac{qAD_n n_{p0} e^{V_C/V_T}}{x_B} \tag{3-4-44}$$

在一级近似下，$I_{nE} \approx I_{nC}$。对双曲函数采用二级近似，可以求得基区传输因子，与正向有源模式时的式(3-4-25)完全一致。

(6)集电区少子空穴电流。

集电区少子空穴电流与式(3-4-17)表述一致。

在反向有源模式下，由于集电结正偏，因此会有电子从集电区注入基区，通过渡越基区到达反偏的发射结边缘，并在发射结内部的强电场作用下漂移进入发射区，形成发射极电流。由于集电区的掺杂浓度远低于基区的掺杂浓度，因此从集电区注入基区的电子电流只占集电极电流的一小部分，集电极的注射效率非常低。如果将反向有源模式下的集电结看作输入端，发射结看作输出端，则共基极直流电流增益将远小于 1。所以，BJT 很少工作在反向有源模式。这里不做定量讨论。

3. 饱和模式

在饱和模式下，发射结和集电结均正偏，因而，e^{V_E/V_T} 和 e^{V_C/V_T} 均需要保留。由于发射区和基区都远小于少子扩散长度，因此发射区和基区的少子分布都可近似为线性分布，如图 3-11(c)所示。根据少子在发射区和基区的边界条件，很容易确定少子的线性分布函数。基区的少子分布可以表示为

$$n_p(x) \approx n_{p0}[e^{V_E/V_T} + (e^{V_C/V_T} - e^{V_E/V_T})x / x_B] \tag{3-4-45}$$

发射区的少子分布与正向有源模式时一致。集电区的少子分布与反向有源模式时一致。

4. 截止模式

在截止模式下，发射结和集电结均反偏，因而，令 $e^{V_E/V_T} \approx 0$，$e^{V_C/V_T} \approx 0$，发射区、基区和集电区的少子分布函数都可以简化。发射区的少子分布与反向有源模式时一致，如式(3-4-41)所示。集电区的少子分布等同于正向有源模式时，如式(3-4-21)所示。基区的少子分布为

$$n_p(x) \approx 0 \tag{3-4-46}$$

这是因为发射结和集电结都反偏，因而基区的少子电子几乎被电场抽空。截止模式时的少子分布如图 3-11(d)所示。需要说明的是，即使在截止模式下，依然会有极其微弱的电流流过 BJT，因而，基区的少子电子依然会形成一个很小的浓度梯度以维持微弱的电流。

3.4 节小结

上述讨论只是针对理想 BJT 模型，在实际工作中，还有很多非理想效应会影响 BJT 的性能，将在 3.5 节中重点论述。

3.5　非理想效应

教学要求

1. 掌握概念：基区宽度调变效应、输出电导、厄利电压、有源基区、无源基区、基区扩展电阻、电流集聚效应、缓变基区晶体管、根梅尔数、发射区禁带宽度变窄效应。
2. 能够应用共发射极输出特性曲线求解厄利电压。
3. 了解减弱电流集聚效应的常用方法及其原理。
4. 能够推导根梅尔-普恩模型和基区传输因子的一般表达式。
5. 了解重掺杂硅材料的带隙减小量与掺杂浓度的关系，能够定量分析带隙变窄效应对发射极注射效率和电流增益的影响。

在实际工作中，理想 BJT 的理想化条件并不能严格得到满足，由此产生的非理想效应对 BJT 的性能会产生较大影响。例如，3.4 节中的韦斯特效应就是大注入条件引起的非理想效应，还有基区串联电阻对 BJT 输入特性和转移特性的影响也属于非理想效应。本节将讨论其他几个常见的非理想效应。

3.5.1　基区宽度调变效应

理想 BJT 的基本假设之一是中性基区的宽度为常数，而实际情况却并非如此。在共发射极电路中，如果 BJT 工作在正向有源模式，则随着输出端电压 V_{CE} 的增大，集电结上的反偏电压不断增大，反偏集电结的空间电荷区将展宽，从而使得中性基区的宽度减小，从发射区注入到基区的少子浓度梯度增大，如图 3-14 所示，因而导致集电极电流随 V_{CE} 的增大而增大，呈现不饱和特性，如图 3-15 所示，这种现象称作**基区宽度调变效应**(base width modulation effect)，也叫**厄利效应**(Early effect)。

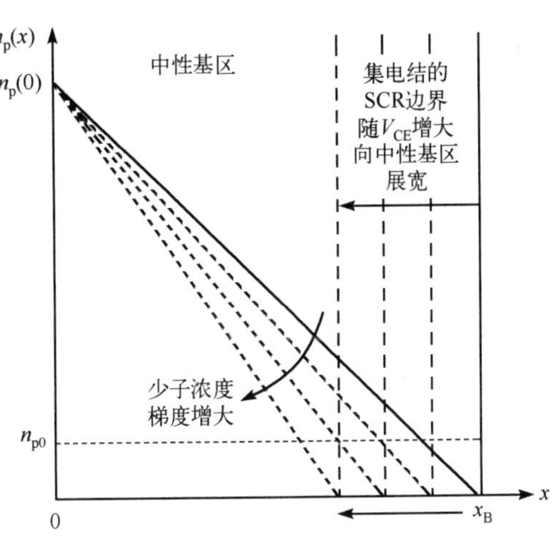

图 3-14　BJT 的中性基区宽度和少子浓度梯度受 V_{CE} 的调制

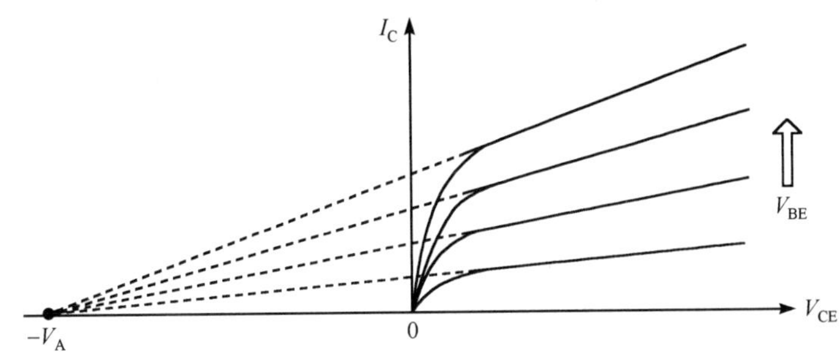

图 3-15　正向有源模式下 I_C 随 V_{CE} 的增大而线性增大，I-V 曲线斜率为输出电导，与电压轴的截距为厄利电压

基区宽度调变效应也可做如下解释。根据式(3-3-13)、式(3-3-8)和式(3-4-25)，可得

$$\beta_0 = \frac{\alpha_0}{1-\alpha_0} = \frac{\gamma\beta_T}{1-\gamma\beta_T} \approx \frac{\beta_T}{1-\beta_T} = \frac{1}{\beta_T^{-1}-1} \approx \frac{2L_n^2}{x_B^2} \tag{3-5-1}$$

由式(3-5-1)可知，共发射极电流增益反比于 x_B^2，当 V_{CE} 增加时，集电结空间电荷区展宽，使有效基区宽度 x_B 减小，从而 β_0 增大，集电极电流 I_C 将随 V_{CE} 的增加而增加。

另外，根据式(3-3-14)有

$$I_{CEO} = \frac{I_{CBO}}{1-\alpha_0} = (1+\beta_0)I_{CBO} \tag{3-5-2}$$

可以看到，I_{CEO} 也将随 V_{CE} 的增加而增加，呈现出不饱和特性。

由图 3-15 可知，由于受到基区宽度调变效应的影响，在正向有源工作区，集电极电流 I_C 随 V_{CE} 的增加近似线性增加，直线的斜率具有电导的量纲，称为**输出电导**，记为 g_0。正向有源区的输出特性曲线的反向延长线交于电压轴上同一点，该点对应的电压值称为**厄利电压**(Early voltage)，记作 V_A。厄利电压为正值，是 BJT 的一个常见的性能参数，一般约为 100～300 V。由图 3-15 很容易给出输出电导与输出电压的关系

$$g_0 = \frac{\mathrm{d}I_C}{\mathrm{d}V_{CE}} = \frac{I_C}{V_{CE}+V_A} \tag{3-5-3}$$

根据式(3-5-3)，很容易写出共发射极接法时 BJT 输出端的电流-电压方程

$$I_C = g_0(V_{CE}+V_A) \tag{3-5-4}$$

由式(3-5-4)可以很直观地看到 I_C 随 V_{CE} 线性增加，通过实验测量得到的 $I_C \sim V_{CE}$ 关系曲线可以确定输出电导和厄利电压。

3.5.2 基区扩展电阻和电流集聚效应

1. 基区扩展电阻

在理想 BJT 的基本假设中，忽略了中性区的电阻，认为中性区不承载外加偏压。实际上中性区一定存在体电阻，特别是中性基区的体电阻对 BJT 性能的影响更大。中性基区的体电阻包括**有源基区电阻**(发射极下方的基区电阻)和**无源基区电阻**(发射极两侧的基区电阻)，有源基区电阻和无源基区电阻的总和统称为**基区扩展电阻**，通常记作 $r_{bb'}$。

2. 电流集聚效应

当发射结正偏时，基极电流将流经无源基区和有源基区，如图 3-16 所示，由于基区扩展电阻的存在，必然在无源基区和有源基区产生横向的电位降，从而导致有源基区中心处的电位低于无源基区的电位，即靠近有源基区中心附近发射结上的正偏压小于靠近基极和无源基区附近发射结上的正偏压，于是，少数载流子的注入从基区边缘起随着向基区内部的深入而下降。非均匀载流子的注入使得沿着发射结出现非均匀的电流分布，造成在靠近边缘处有更高的电流密度，这种现象称为**电流集聚效应**(current crowding)。

电流集聚效应不仅减少了晶体管有源区的有效面积，而且容易造成基区边缘电流密度过大引起的发热现象，特别是在功率晶体管中更是如此。功率晶体管一方面要有足够大的发射极面积以保持较大的电流密度，又要防止电流聚集效应造成晶体管性能受损。为此，

功率晶体管通常在基区内制备出多个狭窄的发射区，并采用如图 3-17 所示的交叉指状基极和发射极结构，获得很大的周界/面积比。一方面使得每对叉指间的基区扩展电阻大大减小，减弱了电流集聚效应，另一方面多个发射区串联在一起保证了发射极具有足够的电极面积。

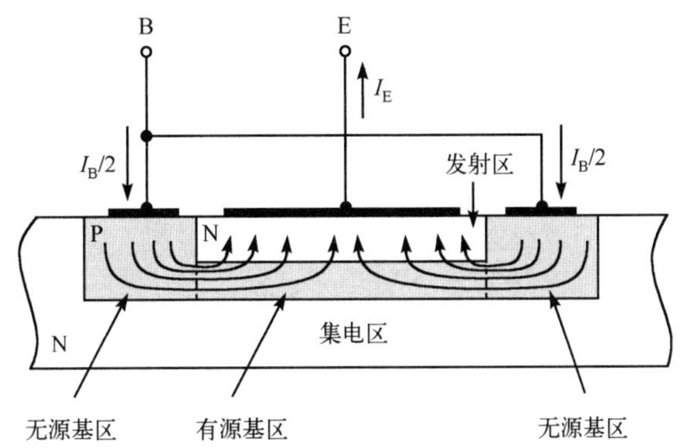

图 3-16　NPN 型 BJT 的基极电流分布和基区的横向电压降引起的电流集聚效应

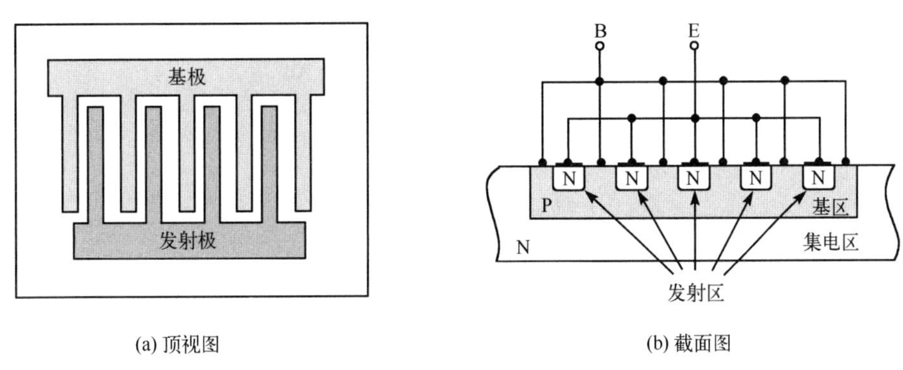

图 3-17　具有叉指电极结构的 NPN 型 BJT 示意图

3.5.3　缓变基区晶体管

理想 BJT 的基本假设之一是基区和发射区的杂质是均匀分布的。而在实际的晶体管中，杂质分布是不均匀的，如图 3-18 所示的情形。发射区和基区的杂质分布都是缓慢变化的。缓变的发射区掺杂对晶体管性能的影响很小，将予以忽略。而基区的缓变杂质分布，要引入一内建电场

$$\mathscr{E}_{bi} = \frac{V_T}{N_a(x)} \frac{dN_a(x)}{dx} \tag{3-5-5}$$

这个电场沿着杂质浓度增加的方向，有助于从发射区注入基区的少子在大部分基区范围内输运。这时少子通过扩散和漂移两种输

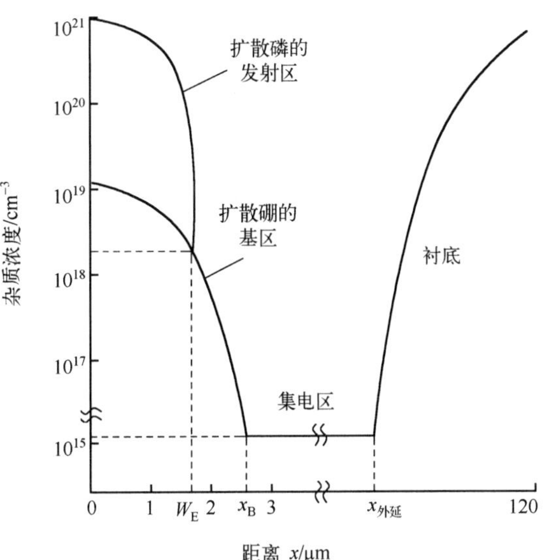

图 3-18　典型的 2N3866 晶体管的杂质分布

运方式渡越基区薄层，致使基区输运因子增加，少子渡越基区的时间缩短，既有利于提高晶体管的电流增益，又有利于提高晶体管的截止频率(详见 3.8 节)，这种晶体管被称为**缓变基区晶体管**(graded base transistor，GBT)，或者**漂移晶体管**(drift transistor)。下面来推导缓变基区晶体管的少数载流子分布、电流和基区输运因子的表示式。

因为基区少子既有扩散又有漂移，所以基区的少子电子电流可以写为

$$I_{\mathrm{n}}=qAn_{\mathrm{p}}(x)\mu_{\mathrm{n}}\mathscr{E}_{\mathrm{bi}}+qAD_{\mathrm{n}}\frac{\mathrm{d}n_{\mathrm{p}}(x)}{\mathrm{d}x} \tag{3-5-6}$$

把式(3-5-5)代入式(3-5-6)，并利用爱因斯坦关系得到下列方程

$$\frac{I_{\mathrm{n}}}{qAD_{\mathrm{n}}}=\frac{\mathrm{d}n_{\mathrm{p}}(x)}{\mathrm{d}x}+\frac{n_{\mathrm{p}}(x)}{N_{\mathrm{a}}(x)}\frac{\mathrm{d}N_{\mathrm{a}}(x)}{\mathrm{d}x} \tag{3-5-7}$$

式(3-5-7)的两边乘以 $N_{\mathrm{a}}(x)\mathrm{d}x$ 并从 x 到 x_{B} 积分，得到

$$\frac{I_{\mathrm{n}}}{qAD_{\mathrm{n}}}\int_{x}^{x_{\mathrm{B}}}N_{\mathrm{a}}(x)\mathrm{d}x=N_{\mathrm{a}}(x_{\mathrm{B}})n_{\mathrm{p}}(x_{\mathrm{B}})-N_{\mathrm{a}}(x)n_{\mathrm{p}}(x) \tag{3-5-8}$$

在大多数实际的平面晶体管中，基区复合是可以忽略的，因此，I_{n} 取为常数。对于正向有源模式，把边界条件 $n_{\mathrm{p}}(x_{\mathrm{B}})=0$ 代入式(3-5-8)，得到基区内电子分布为

$$n_{\mathrm{p}}(x)=-\frac{I_{\mathrm{n}}}{qAD_{\mathrm{n}}N_{\mathrm{a}}(x)}\int_{x}^{x_{\mathrm{B}}}N_{\mathrm{a}}(x)\mathrm{d}x \tag{3-5-9}$$

在 $x=0$ 处少子的边界条件为

$$n_{\mathrm{p}}(0)=n_{\mathrm{p0}}(0)\mathrm{e}^{V_{\mathrm{E}}/V_{\mathrm{T}}}=\frac{n_{\mathrm{i}}^{2}}{N_{\mathrm{a}}(0)}\mathrm{e}^{V_{\mathrm{E}}/V_{\mathrm{T}}} \tag{3-5-10}$$

将 $x=0$ 代入式(3-5-9)并与式(3-5-10)比较可得

$$I_{\mathrm{n}}=-\frac{qAD_{\mathrm{n}}n_{\mathrm{i}}^{2}}{\int_{0}^{x_{\mathrm{B}}}N_{\mathrm{a}}(x)\mathrm{d}x}\mathrm{e}^{V_{\mathrm{E}}/V_{\mathrm{T}}} \tag{3-5-11}$$

式(3-5-11)常称为**根梅尔-普恩模型**(Gummel-Poon model)，简称 G-P 模型，分母中的积分代表基区中单位面积下总的杂质原子数，称为**根梅尔数**(Gummel number)。从式(3-5-11)看到，窄的基区宽度对应于小的根梅尔数，可得到更大的电流。

为了计算基区输运因子，首先把整个基区复合电流取为

$$I_{\mathrm{RB}}=qA\int_{0}^{x_{\mathrm{B}}}U(x)\mathrm{d}x=qA\int_{0}^{x_{\mathrm{B}}}\frac{\Delta n_{\mathrm{p}}(x)}{\tau_{\mathrm{n}}}\mathrm{d}x\approx-\frac{qA}{\tau_{\mathrm{n}}}\int_{0}^{x_{\mathrm{B}}}n_{\mathrm{p}}(x)\mathrm{d}x \tag{3-5-12}$$

这样，根据基区输运因子的定义便得到

$$\beta_{\mathrm{T}}=\frac{I_{\mathrm{n}}}{I_{\mathrm{n}}+I_{\mathrm{RB}}}=\frac{1}{1+I_{\mathrm{RB}}/I_{\mathrm{n}}}\approx1-\frac{I_{\mathrm{RB}}}{I_{\mathrm{n}}}=1+\frac{qA}{I_{\mathrm{n}}\tau_{\mathrm{n}}}\int_{0}^{x_{\mathrm{B}}}n_{\mathrm{p}}(x)\mathrm{d}x \tag{3-5-13}$$

把式(3-5-9)代入式(3-5-13)，并利用关系式 $L_{\mathrm{n}}^{2}=D_{\mathrm{n}}\tau_{\mathrm{n}}$，便得到

$$\beta_{\mathrm{T}}=1-\frac{1}{L_{\mathrm{n}}^{2}}\int_{0}^{x_{\mathrm{B}}}\left(\frac{1}{N_{\mathrm{a}}(x)}\int_{x}^{x_{\mathrm{B}}}N_{\mathrm{a}}(x)\mathrm{d}x\right)\mathrm{d}x \tag{3-5-14}$$

这是计算基区输运因子的一般表示式，对任意杂质分布的扩散基区均适用。对于均匀基区，式(3-5-14)可简化为式(3-4-25)。

3.5.4 发射区禁带宽度变窄效应

发射区高掺杂有利于发射极注射效率的提高。但是太高的掺杂浓度又会导致杂质带展宽，与能带相连，形成带尾，从而使得发射区带隙变窄，本征载流子浓度增大，其结果一方面导致发射区热平衡少子浓度增大，另一方面使得发射结复合电流增大，从而使得发射极的注射效率减小，电流增益也变小。这种现象被称为**发射区禁带宽度变窄**效应(emitter bandgap narrowing)。

对于重掺杂的硅材料，禁带宽度减小量与掺杂浓度的关系近似满足如下公式

$$\Delta E_g = 22.5(N_{dE} / 10^{18})^{1/2} \tag{3-5-15}$$

式中，发射区杂质浓度 N_{dE} 的单位为 cm^{-3}，ΔE_g 的单位为 meV。实验结果与式(3-5-15)符合得很好，如图 3-19 所示。

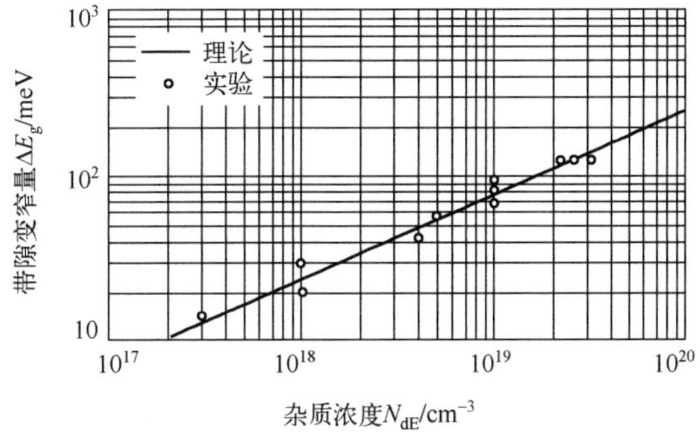

图 3-19 硅中掺杂浓度与带隙减小量的关系

考虑到发射区禁带宽度变窄效应，发射区的实际本征载流子浓度可由下式求得

$$n_{iE}^2 = N_c N_v \exp[-(E_{g0} - \Delta E_g) / kT] = n_{i0}^2 \exp(\Delta E_g / kT) \tag{3-5-16}$$

式中，n_{i0} 为禁带宽度无变化时的本征载流子浓度。由式(3-5-16)可知，随着禁带宽度变窄，本征载流子浓度指数增加。

由式(3-4-35)，考虑到发射区禁带宽度变窄效应后，发射极的注射效率可写为

$$\gamma' \approx \left(1 + \frac{D_{pE} P'_{E0} x_B}{D_n n_{p0} x_E}\right)^{-1} \tag{3-5-17}$$

式中，$p'_{E0} = n_{iE}^2 / N_{dE}$，$n_{p0} = n_{i0}^2 / N_a$，将式 (3-5-16)代入可得

$$\gamma' \approx \left[1 + \frac{D_{pE} N_a x_B}{D_n N_{dE} x_E} \exp\left(\frac{\Delta E_g}{kT}\right)\right]^{-1} \tag{3-5-18}$$

当 $\Delta E_g = 0$ 时，式(3-5-18)与不考虑禁带宽度变窄效应时的式(3-4-35)一致。由于禁带宽度变窄效应，$\Delta E_g > 0$，导致发射极注射效率减小了。

再考虑禁带宽度变窄效应对共发射极电流增益的影响

$$\beta_0 = \frac{\alpha_0}{1-\alpha_0} = \frac{\gamma'\beta_T}{1-\gamma'\beta_T} \approx \frac{1}{(\gamma'\beta_T)^{-1} - 1} \approx \frac{1}{(\gamma')^{-1} - 1} \tag{3-5-19}$$

将式(3-5-18)代入式(3-5-19)可得

3.5 节小结

$$\beta_0 \approx \frac{D_n N_{dE} x_E}{D_{pE} N_a x_B} \exp\left(-\frac{\Delta E_g}{kT}\right) \tag{3-5-20}$$

显然，β_0 随 ΔE_g 的增大而指数减小。

3.6　埃伯斯-莫尔方程

教学要求

1. 掌握概念：正向共基极电流增益、反向共基极电流增益、互易关系、发射极开路集电结反向电流、集电极开路发射结反向电流、浮空电势、穿透电流。
2. 理解并记忆 BJT 四种工作模式下的少子分布的边界条件。
3. 理解埃伯斯-莫尔模型的基本思想。
4. 根据埃伯斯-莫尔模型的等效电路图导出 E-M 方程。
5. 了解 E-M 方程中四个参数的物理意义。
6. 根据 E-M 方程写出四种模式下发射极电流和集电极电流表达式。
7. 能够利用 E-M 方程证明 I_{CBO} 与 I_{R0}、I_{EBO} 与 I_{F0} 的关系式，并能推导浮空电压的表达式。

由 3.4 节的讨论可知，描述 BJT 电流分量和极电流的表达式很繁琐。为了便于分析，埃伯斯(Ebers)和莫尔(Moll)于 1954 年提出了一个描述 BJT 直流特性的数学模型。该模型由两个方程组成，称为**埃伯斯-莫尔(Ebers-Moll)方程**，简称 **E-M 方程**。E-M 方程中的两个方程包含 BJT 的六个变量(V_{BE}、V_{BC}、V_{CE}、I_E、I_B、I_C)中的四个独立变量。E-M 方程适用于各种结构的 BJT 和 BJT 的各种工作模式。

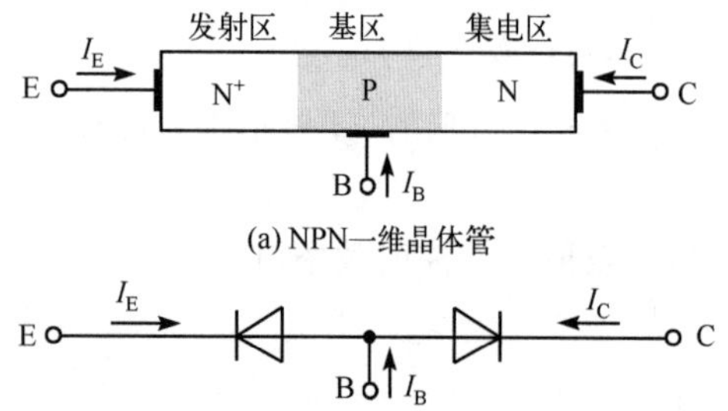

(a) NPN一维晶体管

(b) 将晶体管表示为公共区域的背靠背连接的二极管

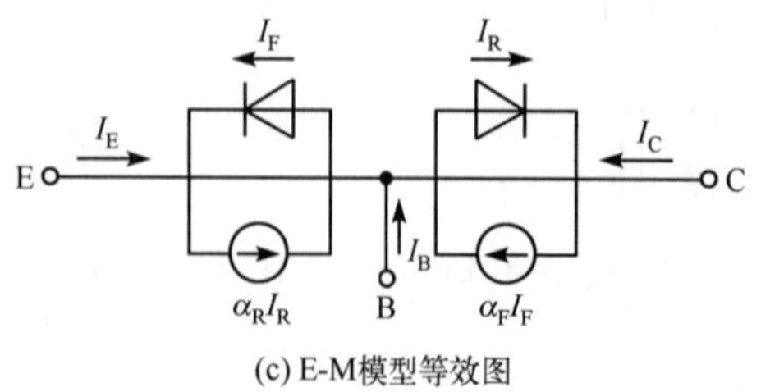

(c) E-M模型等效图

图 3-20　埃伯斯-莫尔模型示意图

3.6.1　埃伯斯-莫尔模型

E-M 方程可用名为**埃伯斯-莫尔模型**的等效电路图 3-20 进行简单说明。首先把 NPN 晶体管看作两个背靠背的互相有关联的二极管，如图 3-20(b)所示，这种关联是指一个二极管的正向电流的大部分流入另一个反向偏置的二极管中。

在图 3-20(c)中，把空间电荷区复合电流看作外部电流。流过发射结的正向电流表示为 I_F，它是发射结电压 V_E 的函数。在正向有源工作模式下，I_F 绝大部分($\alpha_F I_F$)流入集电极。α_F 称为**正向共基极电流增益**。图 3-20(c)中 $\alpha_F I_F$ 是受控于 I_F 的受控电流源。在反向有源工作模式下，集电结是正向偏置的，而发射结是反向偏置的。集电结二极管电流表示为 I_R，它是集电结电压 V_C 的函数。在发射结有电流 $\alpha_R I_R$ 流过，图中电流源 $\alpha_R I_R$ 受控于 I_R。α_R 称为**反向共基极电流增益**。BJT 的 α_F 远大于 α_R。

根据图 3-20(c)容易得到下列关系式

$$I_F = I_{F0}(e^{V_E/V_T} - 1) \tag{3-6-1}$$

$$I_R = I_{R0}(e^{V_C/V_T} - 1) \tag{3-6-2}$$

式中，I_{F0} 和 I_{R0} 分别为两个二极管的反向饱和电流。显然，式(3-6-1)是发射结二极管独立存在时的电流方程，式(3-6-2)是集电结二极管独立存在时的电流方程。极电流(在 E-M 模型等效电路中，三个极电流均以流入晶体管为正)为

$$I_E = -I_F + \alpha_R I_R \tag{3-6-3}$$

$$I_C = \alpha_F I_F - I_R \tag{3-6-4}$$

联立式(3-6-1)～式(3-6-4)得到

$$I_E = -I_{F0}(e^{V_E/V_T} - 1) + \alpha_R I_{R0}(e^{V_C/V_T} - 1) \tag{3-6-5}$$

$$I_C = \alpha_F I_{F0}(e^{V_E/V_T} - 1) - I_{R0}(e^{V_C/V_T} - 1) \tag{3-6-6}$$

式(3-6-5)和式(3-6-6)称为 **E-M 方程**。基极电流由 E-M 模型等效电路中 $I_B + I_E + I_C = 0$ 给出。式(3-6-5)和式(3-6-6)确定了 BJT 的 I-V 特性。

E-M 方程中出现 I_{F0}、I_{R0}、α_F 和 α_R 四个参数。下面的分析将给出这四个参数与晶体管的结构参数和材料参数之间的关系。

基区少数载流子电流 I_{nE} 由式(3-4-5)给出。对于 $x_B \ll L_n$ 的情形，式(3-4-5)简化为

$$I_{nE} = -\frac{qAD_n n_i^2}{N_a x_B}[(e^{V_E/V_T} - 1) - (e^{V_C/V_T} - 1)] \tag{3-6-7}$$

由于暂时把发射结空间电荷区复合电流看作是外部电流，于是

$$I_E = I_{pE} + I_{nE}$$

把式(3-4-12)和式(3-6-7)代入上式，有

$$I_E = a_{11}(e^{V_E/V_T} - 1) + a_{12}(e^{V_C/V_T} - 1) \tag{3-6-8}$$

式中

$$a_{11} = -qAn_i^2\left(\frac{D_n}{N_a x_B} + \frac{D_{pE}}{N_{dE} x_E}\right),\quad a_{12} = \frac{qAD_n n_i^2}{N_a x_B} \tag{3-6-9}$$

由 BJT 结构上的对称性，用类似的方法得到

$$I_C = a_{21}(e^{V_E/V_T} - 1) + a_{22}(e^{V_C/V_T} - 1) \tag{3-6-10}$$

式中

$$a_{21} = \frac{qAD_n n_i^2}{N_a x_B},\qquad a_{22} = -qAn_i^2\left(\frac{D_n}{N_a x_B} + \frac{D_{pC}}{N_{dC} L_{pC}}\right) \tag{3-6-11}$$

此结果对于任何形状的晶体管和晶体管的各种工作模式均有效。式(3-6-8)和式(3-6-10)是 E-M 方程的另一种表述。注意：$a_{12} = a_{21}$。将式(3-6-8)与式(3-6-5)比较，式(3-6-10)与式(3-6-6)比较，得到

$$\begin{cases} a_{11} = -I_{F0} \\ a_{12} = \alpha_R I_{R0} \\ a_{21} = \alpha_F I_{F0} \\ a_{22} = -I_{R0} \end{cases} \tag{3-6-12}$$

方程(3-6-12)把 E-M 模型的参数 I_{F0}、I_{R0}、α_F 和 α_R 通过 a_{11}、a_{12}、a_{21} 和 a_{22} 同器件的公共参数联系了起来。由于 $a_{12} = a_{21}$，所以有

$$\alpha_R I_{R0} = \alpha_F I_{F0} \tag{3-6-13}$$

式(3-6-13)称为**互易关系**(reciprocity)。由于 I_{F0}、I_{R0}、α_F 和 α_R 四个模型参数具有式(3-6-13)所给出的关系，所以四个参数中只有三个是独立的。

以上讨论的 E-M 方程，只是一种非线性直流模型，通常将它记为 E-M_1 模型。在 E-M_1 模型的基础上计及非线性电荷存储效应和欧姆电阻，就构成第二级复杂程度的 E-M_2 模型。第三级复杂程度的 E-M_3 模型则还包括多种二级效应，如基区宽度调制、基区展宽效应以及器件参数随温度的变化等，这里不再介绍。

3.6.2 工作模式和少子分布

前面指出，双极晶体管有四种工作模式，取决于发射结和集电结的偏置状况。普遍情况下的边界条件可以写成

$$p_E(-x_E) = p_{E0}, \quad P_E(-W_E) = P_{E0}e^{V_E/V_T}, \quad n_p(0) = n_{p0}e^{V_E/V_T}$$

$$n_p(x_B) = n_{p0}e^{V_C/V_T}, \quad P_C(x_C) = P_{C0}e^{V_C/V_T}, \quad p_C(\infty) = p_{C0}$$

在四种工作模式下，E-M 方程和少子边界条件可以进行如下简化。

(1) 正向有源工作模式($V_E > 0$，$V_C < 0$)：基区少子满足的边界条件为 $n_p(0) = n_{p0}e^{V_E/V_T}$，$n_p(x_B) = 0$。E-M 方程为

$$I_E = -I_{F0}(e^{V_E/V_T} - 1) - \alpha_R I_{R0} \tag{3-6-14}$$

$$I_C = \alpha_F I_{F0}(e^{V_E/V_T} - 1) + I_{R0} \tag{3-6-15}$$

(2) 反向有源工作模式($V_E < 0$，$V_C > 0$)：相应的边界条件为 $n_p(0) = 0$，$n_p(x_B) = n_{p0}e^{V_C/V_T}$。E-M 方程为

$$I_E = I_{F0} + \alpha_R I_{R0}(e^{V_C/V_T} - 1) \tag{3-6-16}$$

$$I_C = -\alpha_F I_{F0} - I_{R0}(e^{V_C/V_T} - 1) \tag{3-6-17}$$

(3) 饱和工作模式($V_E > 0$，$V_C > 0$)：相应的边界条件为 $n_p(0) = n_{p0}e^{V_E/V_T}$，$n_p(x_B) = n_{p0}e^{V_C/V_T}$。E-M 方程与方程(3-6-5)和方程(3-6-6)相同

$$I_E = -I_{F0}(e^{V_E/V_T} - 1) + \alpha_R I_{R0}(e^{V_C/V_T} - 1)$$

$$I_C = \alpha_F I_{F0}(e^{V_E/V_T} - 1) - I_{R0}(e^{V_C/V_T} - 1)$$

(4) 截止工作模式($V_E < 0$，$V_C < 0$)：相应的边界条件为 $n_p(0) = n_p(x_B) = 0$。E-M 方程为

$$I_E = I_{F0} - \alpha_R I_{R0} \tag{3-6-18}$$

$$I_C = -\alpha_F I_{F0} + I_{R0} \tag{3-6-19}$$

加上边界条件 $p_E(-x_E) = p_{E0}$，$P_E(-W_E) = P_{E0}e^{V_E/V_T}$，$P_C(x_C) = P_{C0}e^{V_C/V_T}$，$p_C(\infty) = p_{C0}$，四种工作模式相应的少子分布如图 3-11 所示。

3.6.3　反向电流和浮空电势

利用 E-M 方程分析和解决一些 BJT 实际问题是非常方便的。下面应用 E-M 方程分析 BJT 的反向电流之间的关系。

1. I_{CBO} 与 I_{R0} 的关系

如果发射极开路，则发射极电流为零，此时，流过反偏集电结的电流称为**发射极开路集电结反向电流**，常记为 I_{CBO}，如图 3-21(a)所示。在 E-M 方程(3-6-5)和(3-6-6)中，令 $I_E=0$，$e^{-V_C/V_T}\approx 0$（因为 $V_C<0$），得到的 I_C 即为 I_{CBO}，于是 E-M 方程可写为

$$\begin{cases} I_E=-I_{F0}(e^{V_E/V_T}-1)-\alpha_R I_{R0}=0 \\ I_C=I_{CBO}=\alpha_F I_{F0}(e^{V_E/V_T}-1)+I_{R0} \end{cases} \tag{3-6-20}$$

由式(3-6-20)联立的方程组，利用代入消元法很容易证明

$$I_{CBO}=(1-\alpha_F\alpha_R)I_{R0} \tag{3-6-21}$$

由于正向共基极电流增益 α_F 和反向共基极电流增益 α_R 都是小于 1 的正数，所以

$$I_{CBO}<I_{R0} \tag{3-6-22}$$

即发射极开路集电结反向电流 I_{CBO} 小于 I_{R0}。

I_{R0} 实质是发射结短路时集电结的反向电流，或者是集电结独立存在时的反向饱和电流，如图 3-21(b)所示。这也可以由 E-M 方程来说明。如果发射结短路，则发射结上的偏压为零。在 E-M 方程(3-6-5)和(3-6-6)中，令 $V_E=0$，$e^{-V_C/V_T}\approx 0$（因为 $V_C<0$），即可得到：$I_E=-\alpha_R I_{R0}$，$I_C=I_{R0}$。

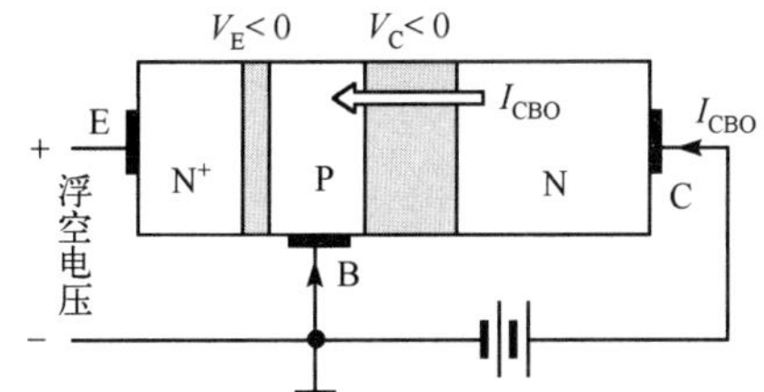

(a) 发射极开路时集电结的反向电流和发射极浮空电势

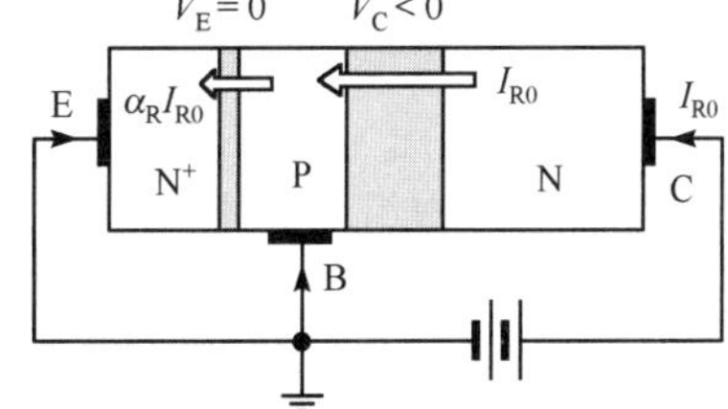

(b) 发射结短路时集电结的反向电流

图 3-21　BJT 集电结的反向电流示意图

利用 E-M 方程可以证明：当集电结反偏、发射极开路时，虽然发射极电流为零，但是发射结上的偏压不为零，相对于基极而言发射极存在一个**浮空电势**(floating potential)，使得发射结处于反偏状态。由式(3-6-20)中的第一个方程可得

$$e^{V_E/V_T}=1-\alpha_R I_{R0}/I_{F0}=1-\alpha_F \tag{3-6-23}$$

这里利用了式(3-6-13)的互易关系。因为 $0<\alpha_F<1$，所以有

$$V_E=V_T\ln(1-\alpha_F)<0 \tag{3-6-24}$$

可见，发射结上的确存在很小的反偏电压。这一现象可以这样理解：由于在集电结上施加了较大的反偏电压，造成基区的少子电子被反偏电场部分抽取，由于发射极开路，发射极电流为零，因此没有电子能够从发射区向基区源源不断地补充，使得基区中的少子电子浓度处处低于热平衡时的少子浓度，如图 3-22(a)所示。既然发射结与基区边界处的少子浓度小

于热平衡时少子浓度，由少子的边界条件可知，发射结必然反偏，从而发射区的少子浓度也低于热平衡时的少子浓度。而在发射结短路时，发射极电流不为零，在集电结反偏时会有电子从发射区源源不断地向基区补充，从而保证发射结空间电荷区边界处的少子浓度始终等于热平衡少子浓度，使得发射结始终处于零偏压，如图 3-22(b)所示。从图 3-22 可以看出，与

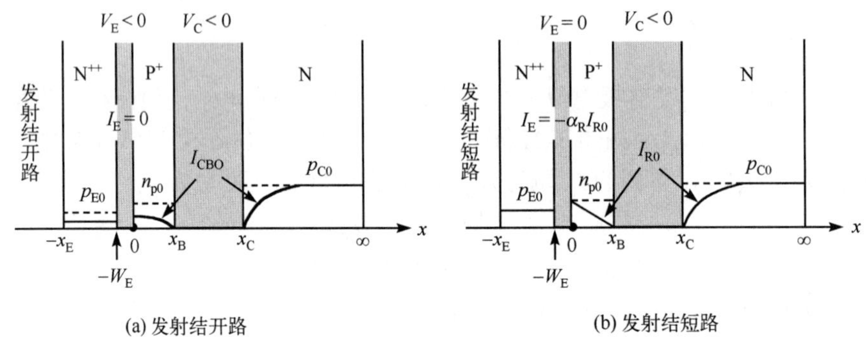

(a) 发射结开路 (b) 发射结短路

图 3-22 集电结反偏时 BJT 的少子分布示意图

发射结短路时相比，发射极开路时，基区的少子浓度梯度减小了，因此，发射极开路时的集电结反向电流 I_{CBO} 必然小于发射结短路时的集电结反向电流 I_{R0}。

2. I_{EBO} 与 I_{F0} 的关系

如果集电极开路，则集电极电流为零，此时，流过反偏发射结的电流称为**集电极开路发射结反向电流**，常记为 I_{EBO}，如图 3-23(a)所示。在 E-M 方程(3-6-5)和(3-6-6)中，令 $I_C=0$，$e^{V_E/V_T}\approx 0$（因为 $V_E<0$），得到的 I_E 即为 I_{EBO}，于是 E-M 方程可写为

$$\begin{cases} I_E = I_{EBO} = I_{F0} + \alpha_R I_{R0}(e^{V_C/V_T}-1) \\ I_C = -\alpha_F I_{F0} - I_{R0}(e^{V_C/V_T}-1) = 0 \end{cases} \tag{3-6-25}$$

由式(3-6-25)联立的方程组，利用代入消元法很容易证明

$$I_{EBO} = (1-\alpha_F\alpha_R)I_{F0} < I_{F0} \tag{3-6-26}$$

即集电极开路发射结反向电流 I_{EBO} 小于 I_{F0}。

I_{F0} 实质是集电结短路时发射结的反向电流，或者是发射结独立存在时的反向饱和电流，如图 3-23(b)所示。这也可以由 E-M 方程来说明。如果集电结短路，则集电结上的偏压为零。在 E-M 方程(3-6-5)和(3-6-6)中，令 $V_C=0$，$e^{V_E/V_T}\approx 0$（因为 $V_E<0$），即可得到：$I_E=I_{F0}$，$I_C=-\alpha_F I_{F0}$。

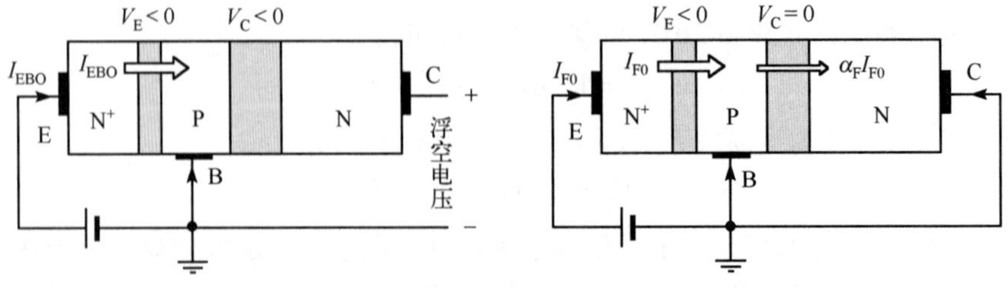

(a) 集电极开路时发射结的反向电流和集电极浮空电势 (b) 集电结短路时发射结的反向电流

图 3-23 BJT 发射结的反向电流示意图

利用 E-M 方程可以证明：当发射结反偏、集电极开路时，虽然集电极电流为零，但是集电结上的偏压不为零，相对于基极而言集电极也存在一个浮空电势，使得集电结处于反偏状态。由式(3-6-25)中的第二个方程可得

$$e^{V_C/V_T} = 1 - \alpha_F I_{F0} / I_{R0} = 1 - \alpha_R \tag{3-6-27}$$

这里利用了式(3-6-13)的互易关系。由于 $0 < \alpha_R < 1$，因此有

$$V_C = V_T \ln(1 - \alpha_R) < 0 \tag{3-6-28}$$

可见，集电结上的确存在很小的反偏电压。这一现象的解释与发射极开路、集电结反偏时发射结存在反偏的浮空电压时类似，这里不再赘述，相应的少子分布如图 3-24(a)所示。集电结短路、发射结反偏时的少子分布如图 3-24(b)所示。显然，与集电结短路时相比，集电极开路时，基区的少子浓度梯度减小了，因此，集电极开路时的发射结反向电流 I_{EBO} 必然小于集电结短路时的发射结反向电流 I_{F0}。

3. I_{CEO} 与 I_{CBO} 的关系

如果 NPN 型 BJT 的基极开路、集电极连接电源正极、发射极连接电源负极，如图 3-25(a)所示，此时集电结必然反偏，发射结为正偏，基极电流为零，此时，流过 BJT 的电流称为**穿透电流**或**漏电流**，常记为 I_{CEO}。I_{CEO} 与 I_{CBO} 的关系由式(3-3-14)给出。式(3-3-14)由图 3-25(a)很容易说明。基极开路时，流过正偏发射结和反偏集电结的电流都应该是 I_{CEO}。如果具体分析反偏集电结的电流成分应该由两部分构成，一部分是集电结的反向饱和电流 I_{CBO}，另一部分是流入反偏集电结的正偏发射结电流 $\alpha_F I_{CEO}$，因此

$$I_{CEO} = I_{CBO} + \alpha_F I_{CEO} \tag{3-6-29}$$

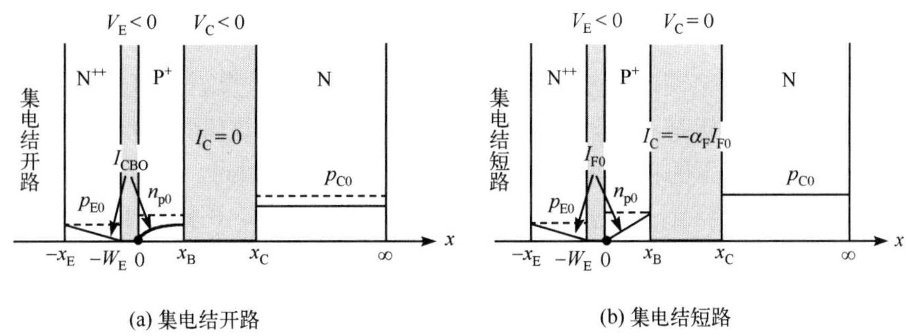

(a) 集电结开路　　(b) 集电结短路

图 3-24　发射结反偏时 BJT 的少子分布示意图

于是可得

$$I_{CEO} = \frac{I_{CBO}}{1 - \alpha_F} \tag{3-6-30}$$

与式(3-3-14)完全一致。事实上，利用 E-M 方程也可以证明 I_{CEO} 与 I_{CBO} 的关系式，并且还可证明发射结的正偏电压为

$$V_E = V_T \ln\left(1 + \frac{\alpha_R^{-1} - 1}{\alpha_F^{-1} - 1}\right) \tag{3-6-31}$$

此时，BJT 各区的少子分布如图 3-25(b)所示。式(3-6-30)和式(3-6-31)的具体证明过程作为

本章的习题，这里不做推导。I_{CEO} 的大小主要由图 3-25(b)中基区的少子浓度梯度决定，与决定 I_{CBO} 大小的图 3-22(a)中的少子浓度梯度比较，显然 I_{CEO} 要远大于 I_{CBO}。

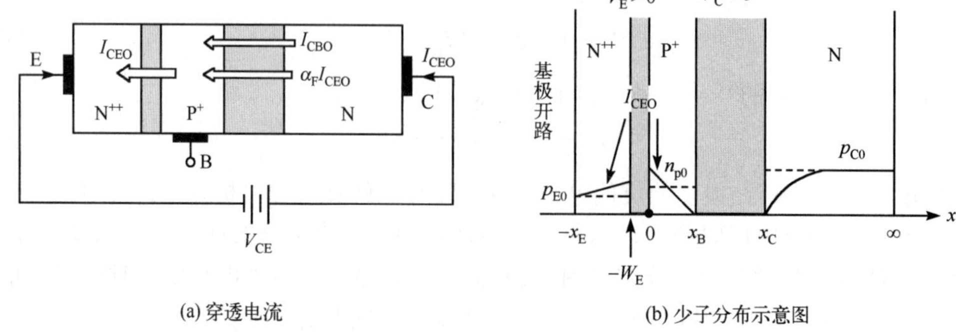

(a) 穿透电流 (b) 少子分布示意图

图 3-25 基极开路时 BJT 的穿透电流和少子分布示意图

3.6 节小结

3.7 反向击穿特性

教学要求

1. 熟悉共基极击穿电压和共发射极击穿电压的计算公式。
2. 了解穿通击穿现象，能够根据能带图和空间电荷区电场的变化分析穿通击穿的物理过程。
3. 导出穿通击穿电压公式(3-7-4)。
4. 理解提高击穿电压的具体措施。

BJT 在一定的反偏压范围内，反向电流几乎保持不变，超过这一电压范围之后，反向电流会随着反偏压的增加而迅速增加。规定反向电流增加到一定数值时的反偏压为晶体管的击穿电压。晶体管中最高电压的根本限制与在 PN 结二极管中的相同，即雪崩击穿或齐纳击穿。但是在晶体管中，电压击穿不仅依赖于所涉及的 PN 结的性质，还依赖于晶体管所处的外部电路结构。下面首先讨论共发射极电路和共基极电路两种情况的击穿电压以及外部基极阻抗对击穿电压的影响，最后讨论晶体管的基区穿通击穿。

3.7.1 共基极击穿电压

在共基极连接情况下，将发射极开路，此时晶体管集电极和基极之间容许的最高反向偏压用 BV_{CBO} 来表示，这个电压由集电结的雪崩击穿电压所决定，称为**共基极击穿电压**。雪崩倍增因子 M 可用经验公式表示，对于共基极电路为

$$M=\frac{1}{1-(V_{CB}/BV_{CBO})^n} \tag{3-7-1}$$

对于 Si 而言，$n=2\sim4$。当 $V_{CB}=BV_{CBO}$ 时，$M\to\infty$，雪崩击穿发生。在 $I_E=0$ 的情况下，在击穿区内集电结的电流-电压特性如图 3-26 所示，在 $V_{CB}=BV_{CBO}$ 处 I_C 突然增加，这是击穿现象的显著特点。

3.7.2 共发射极击穿电压

在共发射极连接情况下，如果基极开路，如图 3-25(a)所示，在反偏的集电结没有雪崩倍增效应发生时，穿透电流满足式(3-6-29)。如果反偏集电结发生雪崩倍增时，式(3-6-29)将变为

$$I_{\text{CEO}} = M(I_{\text{CBO}} + \alpha_{\text{F}} I_{\text{CEO}}) = M(I_{\text{CBO}} + \alpha_0 I_{\text{CEO}}) \tag{3-7-2}$$

于是

$$I_{\text{CEO}} = \frac{MI_{\text{CBO}}}{1 - M\alpha_0} \tag{3-7-3}$$

此时，只要满足 $M\alpha_0 = 1$，就会发生雪崩击穿。由于 α_0 非常接近于 1，当 M 不要比 1 大很多时就能满足共发射极击穿条件。在基极开路情况下的**共发射极击穿电压**用 BV_{CEO} 表示，由于基极开路时，绝大部分反偏电压都降落在反偏集电结上，而正偏发射结的压降非常小，因此 $V_{\text{CB}} \approx V_{\text{CE}} = BV_{\text{CEO}}$。将其代入式(3-7-1)，并令 $M = 1/\alpha_0$，解得

$$BV_{\text{CEO}} = BV_{\text{CBO}}(1 - \alpha_0)^{1/n} \approx BV_{\text{CBO}} \beta_0^{-1/n} \tag{3-7-4}$$

可见，在 β_0 值较大时，共发射极击穿电压 BV_{CEO} 可比共基极击穿电压 BV_{CBO} 低很多。如果通过一个基极电阻 R_{B} 使基极向发射极回流，可以使集电极和发射极之间的击穿电压大于 BV_{CEO}。若 R_{B} 很大，基极基本上是开路的，击穿电压接近 BV_{CEO}。若 R_{B} 很小并接近零，基极基本上与发射极短路，击穿电压接近 BV_{CBO}。对于有限的 R_{B} 值，击穿电压介于 BV_{CEO} 与 BV_{CBO} 之间，如图 3-26 所示。需要说明的是，在共发射极电路中，BJT 在击穿刚开始发生时常常会伴随负阻效应的发生，如图 3-26 所示的负阻区。这是因为，当集电极电流很小时，受到发射结复合电流的影响，电流增益 α_0 很小，因而满足雪崩击穿的 M 值较大，因此需要较大的击穿电压 BV_{CEO}；随着电流的增大，α_0 逐渐恢复到正常数值，M 值减小，BV_{CEO} 也随之下降到正常值，称之为**维持电压** V_{SUS}，其大小由式(3-7-4)决定；由于输出特性曲线的击穿点发生左移，因此形成负阻区。

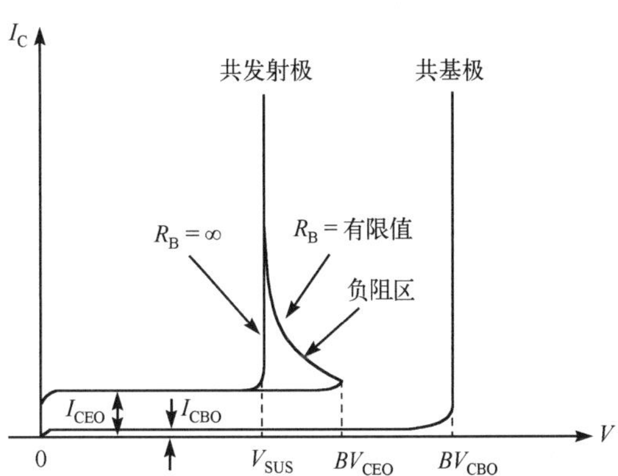

图 3-26 BJT 共发射极和共基极电路的击穿电压

由上述的分析可知，BJT 的雪崩击穿主要发生在反偏的集电结。集电结可以看作是单边突变结，要提高雪崩击穿电压，需要适当减小集电区的掺杂浓度。此外集电区还要有足够的厚度。

3.7.3 穿通击穿

在基极开路的情况下，随着 V_{CE} 的增加，集电结的空间电荷区将展宽。很可能在发生雪崩击穿之前集电结的空间电荷区就已经扩展到了发射结。这种现象称为**基区穿通**。基区穿通时晶体管中会有很大的电流流过，晶体管发生击穿。这种击穿常称为**穿通击穿**(punchthrough breakdown)。

一个 N^+PN 晶体管的空间电荷区、能带图和穿通击穿时的 I-V 曲线如图 3-27 所示。基区穿通时，发射结和集电结的空间电荷区被连接成好像一个连续的空间电荷区。基区穿通时发射结处的势垒被集电结电压降低了 ΔV。于是发射结得到了一个正向偏压 ΔV，结果产生很大的发射极电流流过晶体管并发生击穿。通常，穿通击穿的 I-V 曲线不像雪崩击穿那样陡直，如图 3-27(d)所示。

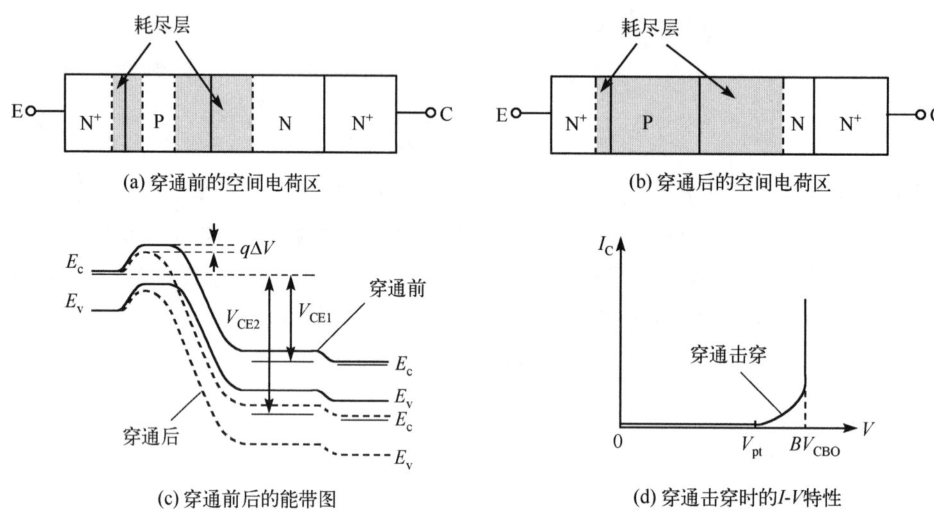

图 3-27　NPN 晶体管的基区穿通前后的空间电荷区、能带图及 I-V 曲线

当发生穿通击穿时，集电结空间电荷区向基区扩展的宽度为 x_B。忽略发射结空间电荷区的宽度，则发生穿通击穿时集电结空间电荷区在基区的宽度等于基区冶金学宽度 W_B。于是根据空间电荷区宽度公式，有

$$W_B = \left\{ \frac{2\varepsilon_r \varepsilon_0 (\psi_{0C} + V_{pt})}{q} \cdot \frac{N_{dc}}{N_a} \cdot \frac{1}{N_{dc} + N_a} \right\}^{1/2} \tag{3-7-5}$$

式中，V_{pt} 代表穿通电压，ψ_{0C} 表示集电结的内建电势差，于是

$$V_{pt} = \frac{qW_B^2}{2\varepsilon_r \varepsilon_0} \frac{N_a (N_{dc} + N_a)}{N_{dc}} - V_T \ln \frac{N_a N_{dc}}{n_i^2} \tag{3-7-6}$$

由式(3-7-6)可知，若要提高穿通击穿电压、防止穿通击穿发生，需要：①在保证电流增益满足要求的情况下适当增大基区的冶金学宽度；②在保证发射极注射效率的情况下适当提高基区的掺杂浓度；③适当减小集电区的掺杂浓度；④保证集电区有足够的宽度，避免集电区的空间电荷区到达重掺杂的衬底；⑤提高基区掺杂的均匀性和基区晶体的质量，避免由于位错等局部缺陷引起基区的局部穿通。

3.7 节小结

3.8　BJT 的混接 π 模型及频率响应特性

教学要求

1. 掌握概念：频率响应、交流电流增益、跨导、直流输入导纳、共基极截止频率、共发射极截止频率、特征频率(增益-带宽积)、基区渡越时间、基区展宽效应(科尔克效应)。

2. 导出式(3-8-3)、式(3-8-5)、式(3-8-8)、式(3-8-14)、式(3-8-24)、式(3-8-25)和式(3-8-26)。
3. 画出混接π模型等效电路，理解电路图中各参数的物理意义。
4. 解释扩散电容的起因。
5. 解释 BJT 频率响应的物理机制。
6. 导出基区渡越时间公式(3-8-31)。
7. 推导 BJT 输出短路时的最高截止频率。
8. 解释科尔克效应。

3.8.1 交流电流增益

本节讨论正向有源工作模式下晶体管的小信号频率特性。在低频时，电流增益与工作频率无关。但随着频率升高，在达到一定的临界频率之后增益幅度下降。这种现象就称为器件的**频率响应**。

由于频率响应现象，需要定义**交流电流增益**。在小信号情况下，交流电流增益定义为输出端电压保持恒定时，输出电流随输入电流的变化率。于是，**交流小信号共基极电流增益**和**交流小信号共发射极电流增益**的定义式分别为

$$\alpha = \left.\frac{\mathrm{d}I_{\mathrm{C}}}{\mathrm{d}I_{\mathrm{E}}}\right|_{V_{\mathrm{CB}}=\text{常数}} \tag{3-8-1}$$

$$\beta = \left.\frac{\mathrm{d}I_{\mathrm{C}}}{\mathrm{d}I_{\mathrm{B}}}\right|_{V_{\mathrm{CE}}=\text{常数}} \tag{3-8-2}$$

根据式(3-8-2)和极电流之间的关系，容易得到

$$\beta = \frac{\mathrm{d}I_{\mathrm{C}}}{\mathrm{d}I_{\mathrm{B}}} = \frac{\mathrm{d}I_{\mathrm{C}}}{\mathrm{d}(I_{\mathrm{E}}-I_{\mathrm{C}})} = \frac{\mathrm{d}I_{\mathrm{C}}/\mathrm{d}I_{\mathrm{E}}}{1-\mathrm{d}I_{\mathrm{C}}/\mathrm{d}I_{\mathrm{E}}} = \frac{\alpha}{1-\alpha} \tag{3-8-3}$$

可见，交流小信号时共发射极电流增益与共基极电流增益的关系在形式上与直流情况完全一致。

3.8.2 混接π模型

为了计算小信号时 BJT 的频率响应，需要用简单的等效电路来表示 BJT，常用的等效电路模型是**混接π模型**(Hybrid-Pi Model，或称 H-P 模型)。构建 BJT 等效电路的基础是第 2 章介绍的 PN 结交流小信号导纳参数。图 3-28 所示为一共发射极接法的 NPN 型 BJT 的截面图。交流信号加在图中晶体管的外部连接点 C、B、E 电极。C′、B′、E′ 则分别是理想化后的内部集电区、基区和发射区。下面通过对每一个不同的端点的分析，构建 BJT 等效电路。

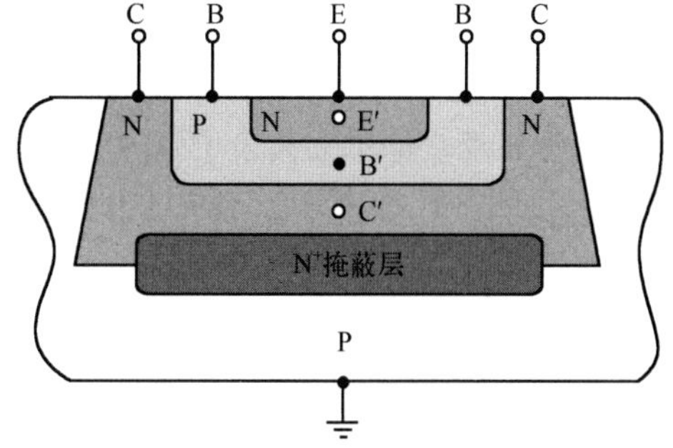

图 3-28 H-P 模型中 NPN 型 BJT 的截面图 (Neamen，2005)

图 3-29(a)是外部基极输入端和发射极输入端之间的等效电路。电阻 $r_{\mathrm{bb'}}$ 是基区外端点 B 和内基区 B′之间的基极扩展电阻。B′E′结正偏，所以 C_{D} 是扩散电容。r_{e} 是扩散电阻，其倒数为直

流电导。与C_D、r_e并联的是发射结耗尽层电容C_{TE}。r_{es}是 E 和E′之间的串联电阻，其数值在 1～2Ω，很小。

图 3-29(b)是从集电极看进去的等效电路。其中，电阻r_{cs}是外集电极和内集电极之间的串联电阻。C_s是反偏集电区-衬底结的结电容。$g_m v_{b'e'}$是受控电流源，表示晶体管的集电极电流受控于内部基区-发射区电压。电阻r_0是输出电导的倒数，来源于厄利效应，r_0很大。

图 3-29(c)是反偏B′C′ 结的等效电路。电容C_{TC}是反偏集电结的耗尽层电容。r_c是反偏集电结的扩散电阻，在兆欧量级，可以忽略。

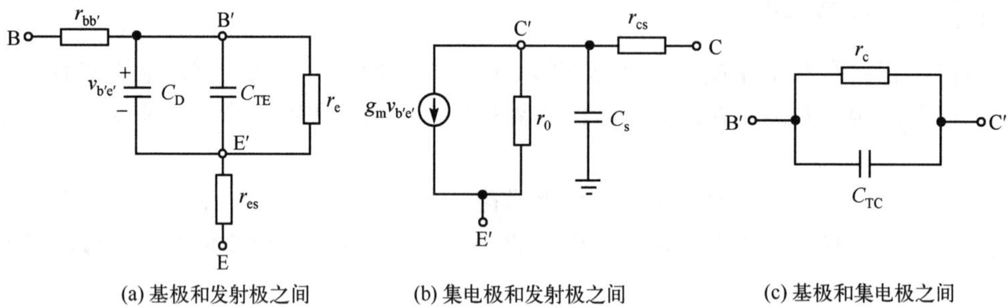

(a) 基极和发射极之间　　(b) 集电极和发射极之间　　(c) 基极和集电极之间

图 3-29　H-P 模型等效电路中的组成部分

根据以上分析得到如图 3-30 所示的等效电路。由于元素众多，该模型通常需要进行计算机仿真。但是，为了对晶体管的频率响应进行适当的估计，可以进行适当的简化。最广泛采用的简化等效电路如图 3-31 所示。它代表了工作在共发射极电路中的正向有源模式的晶体管。

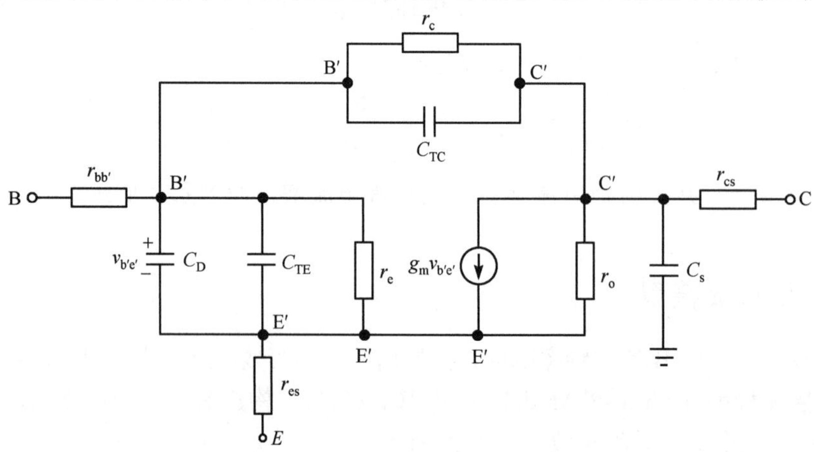

图 3-30　H-P 模型等效电路(Neamen, 2005)

混接π模型基本上代表了基区存储电荷的动态增长变化对发射结外加电压增长变化的依赖关系，如图 3-32 所示。$+\Delta V_E$的改变导致ΔQ_B增加，从而使ΔI_C增加。图 3-30 中各参数定义如下。

1. 跨导g_m

$$g_m = \frac{dI_C}{dV_E} \tag{3-8-4}$$

跨导(transconductance，mutual conductance)反映了发射结电压(输入端电压)对集电极电流(输出端电流)的调制。在正向有源模式下，根据式(3-4-24)，忽略表示电流方向的符号，有

$$I_{\mathrm{C}} \approx I_{\mathrm{nC}} = \frac{qAD_{\mathrm{n}}n_{\mathrm{p0}}}{x_{\mathrm{B}}}\mathrm{e}^{V_{\mathrm{E}}/V_{\mathrm{T}}}$$

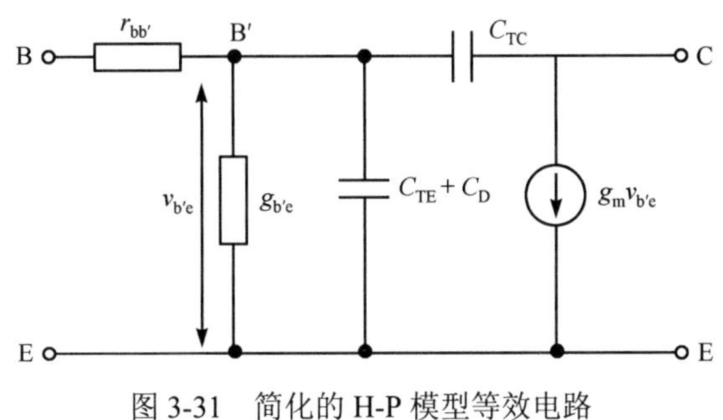

图 3-31 简化的 H-P 模型等效电路

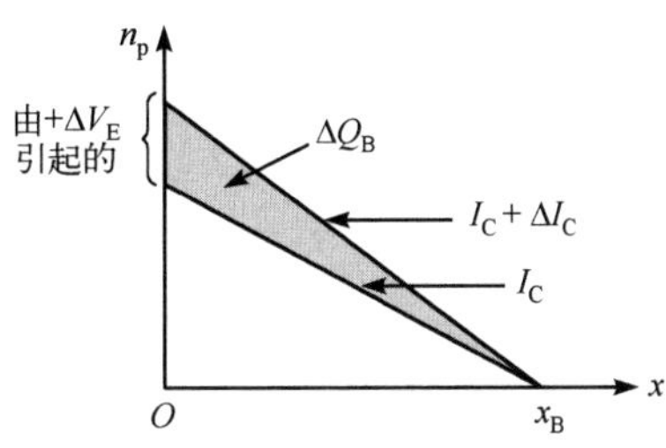

图 3-32 V_{E}、Q_{B}和I_{C}之间关系的示意图

于是

$$g_{\mathrm{m}} = \frac{I_{\mathrm{C}}}{V_{\mathrm{T}}} \tag{3-8-5}$$

2. 直流输入电导 $g_{\mathrm{b'e}}$

$$g_{\mathrm{b'e}} = \frac{\mathrm{d}I_{\mathrm{B}}}{\mathrm{d}V_{\mathrm{E}}} \tag{3-8-6}$$

直流输入电导(input conductance)是发射结扩散电阻的倒数，表示为基极电流(输入端电流)随发射结偏压(输入端电压)的变化率。略去式(3-4-30)中的空间电荷区复合电流和表示电流方向的符号，可得

$$I_{\mathrm{B}} = qAn_{\mathrm{i}}^2\left(\frac{D_{\mathrm{pE}}}{x_{\mathrm{E}}N_{\mathrm{dE}}} + \frac{D_{\mathrm{n}}x_{\mathrm{B}}}{2N_{\mathrm{a}}L_{\mathrm{n}}^2}\right)\mathrm{e}^{V_{\mathrm{E}}/V_{\mathrm{T}}} \tag{3-8-7}$$

于是求出

$$g_{\mathrm{b'e}} = \frac{1}{r_{\mathrm{e}}} = \frac{I_{\mathrm{B}}}{V_{\mathrm{T}}} = \frac{I_{\mathrm{C}}}{\beta_0 V_{\mathrm{T}}} = \frac{g_{\mathrm{m}}}{\beta_0} \tag{3-8-8}$$

3. 扩散电容 C_{D}

$$C_{\mathrm{D}} = \frac{\mathrm{d}Q_{\mathrm{B}}}{\mathrm{d}V_{\mathrm{E}}} \tag{3-8-9}$$

扩散电容 C_{D} 定义为基区存储电荷随发射结偏压(输入电压)的变化率。由图 3-32 可知，存储在基区的总电荷为

$$Q_{\mathrm{B}} = qAn_{\mathrm{p}}(0)x_{\mathrm{B}}/2 \tag{3-8-10}$$

由于 I_{C} 可以写为

$$I_{\mathrm{C}} = \frac{qAD_{\mathrm{n}}n_{\mathrm{p0}}}{x_{\mathrm{B}}}\mathrm{e}^{V_{\mathrm{E}}/V_{\mathrm{T}}} = \frac{qAD_{\mathrm{n}}n_{\mathrm{p}}(0)}{x_{\mathrm{B}}} \tag{3-8-11}$$

于是

$$Q_B = \frac{x_B^2}{2D_n} I_C = \tau_B I_C \tag{3-8-12}$$

式(3-8-12)中，τ_B 具有时间的量纲，为**基区渡越时间**，其实质是从发射区注入到基区的非平衡少子渡越中性基区的平均时间，在本节后面讨论 BJT 的延迟时间时会更清晰地理解其物理实质。对于掺杂均匀的基区，渡越时间 τ_B 为

$$\tau_B = \frac{x_B^2}{2D_n} = \frac{x_B^2}{2L_n^2}\tau_n \approx (1-\beta_T)\tau_n \approx \frac{\tau_n}{\beta_0} \tag{3-8-13}$$

由式(3-8-8)、式(3-8-9)和式(3-8-12)得到

$$C_D = \tau_B \frac{dI_C}{dV_E} = \frac{Q_B}{V_T} = g_m \tau_B = g_{b'e}\tau_n \tag{3-8-14}$$

4. 发射结势垒电容 C_{TE}

正向有源模式下，发射结处于正偏，因而发射结的势垒电容 C_{TE} 约为零偏时势垒电容的 4 倍，即

$$C_{TE} = 4C_{TE}(0) \tag{3-8-15}$$

5. 进一步简化的等效电路

反偏集电结的耗尽层电容为 C_{TC}，远小于正偏发射结势垒电容 C_{TE} 和扩散电容 C_D，在频率不是很高的情况下，反偏集电结的容抗非常大，可以认为没有电流流过 C_{TC}。基极扩展电阻 $r_{bb'}$ 已在 3.5 节讨论了，这里不再赘述。为了简便，忽略 $r_{bb'}$ 的影响，则 BJT 的 H-P 模型的等效电路图可以进一步简化，如图 3-33 所示。

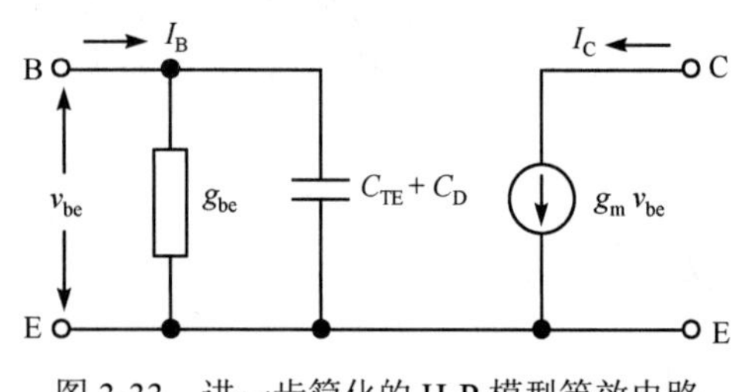

图 3-33　进一步简化的 H-P 模型等效电路

在低频情况下，发射结势垒电容 C_{TE} 和扩散电容 C_D 总的容抗很大，远大于发射结的扩散电阻，所以输入端基极电流为

$$I_B \approx v_{be} g_{be} \tag{3-8-16}$$

输出端集电极电流为

$$I_C \approx v_{be} g_m \tag{3-8-17}$$

由式(3-8-2)和式(3-8-8)可知，此时交流共发射极电流增益为

$$\beta = dI_C / dI_B = g_m / g_{be} = \beta_0 \tag{3-8-18}$$

可见，在低频情况下，交流共发射极电流增益近似为常数，与直流电流增益近似相等。

随着频率的增高，发射结电容的导纳逐渐增大，不再可以忽略，此时，输入端基极电流为

$$I_B \approx v_{be}[g_{be} + j\omega(C_{TE} + C_D)] \tag{3-8-19}$$

于是，由式(3-8-2)和式(3-8-8)可知，交流共发射极电流增益为

$$\beta = \frac{\mathrm{d}I_{\mathrm{C}}}{\mathrm{d}I_{\mathrm{B}}} = \frac{g_{\mathrm{m}}}{g_{\mathrm{be}} + \mathrm{j}\omega(C_{\mathrm{TE}} + C_{\mathrm{D}})} = \frac{\beta_0}{1 + \mathrm{j}\omega(C_{\mathrm{TE}} + C_{\mathrm{D}})r_{\mathrm{e}}} \tag{3-8-20}$$

可见，随着频率的增大，交流共发射极电流增益的模量将不断减小。这就是 BJT 的频率响应。

3.8.3　BJT 的截止频率和特征频率

为了更方便地描述 BJT 的频率响应特性，引入几个特殊的频率参数。

1. 共发射极截止频率 ω_{β}

由式(3-8-20)可知，$(C_{\mathrm{TE}} + C_{\mathrm{D}})r_{\mathrm{e}}$ 具有时间的量纲，是角频率的倒数，因而交流共发射极电流增益可写为

$$\beta = \frac{\beta_0}{1 + \mathrm{j}\omega / \omega_{\beta}} \tag{3-8-21}$$

显然，当 $\omega = \omega_{\beta}$ 时，$|\beta| = \beta_0 / \sqrt{2}$。将共发射极交流电流增益 β 下降到低频值 β_0 的 $1/\sqrt{2}$ 时对应的频率称为**共发射极截止频率**(common-emitter cutoff frequency)，记为 ω_{β}。**截止频率**(cutoff frequency)又称为**工作带宽**(working bandwidth)。

2. 共基极截止频率 ω_{α}

类似地，可将共基极交流电流增益 α 下降到低频值 α_0 的 $1/\sqrt{2}$ 时的频率定义为**共基极截止频率**(common-base cutoff frequency)，记为 ω_{α}。共基极交流电流增益的频率响应可写为

$$\alpha = \frac{\alpha_0}{1 + \mathrm{j}\omega / \omega_{\alpha}} \tag{3-8-22}$$

显然，当 $\omega = \omega_{\alpha}$ 时，$|\alpha| = \alpha_0 / \sqrt{2}$。

3. 特征频率(增益带宽积) ω_{T}

当 BJT 的共发射极交流电流增益下降到 1 时对应的频率称为**特征频率**(characteristic frequency)，或者称为**单位增益频率**(unity gain frequency)，记为 ω_{T}。按照特征频率的定义，由式(3-8-21)可得

$$|\beta| = \left|\frac{\beta_0}{1 + \mathrm{j}\omega_{\mathrm{T}} / \omega_{\beta}}\right| = \frac{\beta_0}{\sqrt{1 + \omega_{\mathrm{T}}^2 / \omega_{\beta}^2}} = 1 \tag{3-8-23}$$

于是

$$\omega_{\mathrm{T}} = \omega_{\beta}\sqrt{\beta_0^2 - 1} \approx \omega_{\beta}\beta_0 \tag{3-8-24}$$

由于 ω_{β} 和 β_0 分别是 BJT 共发射极接法工作时的工作带宽和电流增益，故 ω_{T} 又称为**增益-带宽积**(gain-bandwidth product)。

利用 α 和 β 之间的关系式(3-8-3)，并代入式(3-8-21)和式(3-8-22)，不难证明

$$\omega_{\beta} = \omega_{\alpha}(1 - \alpha_0) \tag{3-8-25}$$

由于 α_0 非常接近于 1，所示式(3-8-25)说明共发射极截止频率 ω_{β} 要比共基极截止频率 ω_{α} 低得多。

由式(3-8-24)和式(3-8-25)，可得

$$\omega_{\mathrm{T}} = \beta_0\omega_\beta = \frac{\alpha_0}{1-\alpha_0}\omega_\beta = \alpha_0\omega_\alpha \tag{3-8-26}$$

可见，ω_{T} 作为增益-带宽积，与外部电路的接法无关，因而被称作 BJT 的特征频率。由式(3-8-26)可知，ω_{T} 非常接近于 ω_α。

4. 3dB 频率

电流增益是两个电流的比值，是一个无量纲的量，通常也可以用以 10 为底的对数来表示，分别采用 $20\lg|\alpha|$ 和 $20\lg|\beta|$ 表示共基极交流电流增益和共发射极交流电流增益，单位为分贝(dB)。

当 $\omega=\omega_\alpha$ 时，有

$$20\lg|\alpha| = 20\lg(\alpha_0/\sqrt{2}) = 20\lg\alpha_0 - 10\lg 2 \approx 20\lg\alpha_0 - 3\mathrm{dB} \tag{3-8-27}$$

同理可证明，当 $\omega=\omega_\beta$ 时，$20\lg\beta_0 - 20\lg|\beta| \approx 3\mathrm{dB}$。因此，$\omega_\alpha$ 和 ω_β 分别对应于共基极和共发射极接法时电流增益下降 3dB 时的频率，因此，它们又称为 **3dB 频率**或 **3dB 带宽**，如图 3-34 所示，为典型的电流增益频率响应的简图。

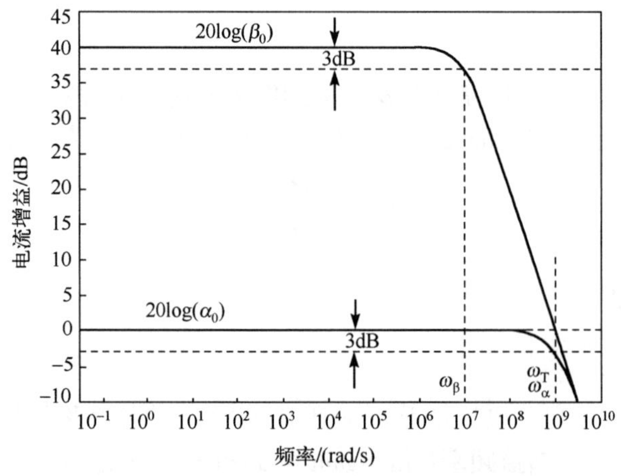

图 3-34 典型的电流增益频率响应曲线

从图 3-34 容易看出，在该例中，BJT 在低频时的共发射极电流增益为 40dB，很容易求得 $\beta_0=100$。当共发射极电流增益下降到 37dB 时，对应的角频率为 $10^7\,\mathrm{rad/s}$，即共发射极截止频率为 $\omega_\beta=10^7\,\mathrm{rad/s}$。因此，特征频率(增益-带宽积)为 $\omega_{\mathrm{T}}=10^9\,\mathrm{rad/s}$。由 β_0 的数值，很容易求得共基极电流增益为 $\alpha_0\approx 0.99$，相应的共基极截止频率(3dB 频率)为 $\omega_\alpha\approx 1.01\times 10^9\,\mathrm{rad/s}$。可见，$\omega_\alpha$ 与 ω_{T} 十分接近。

5. 输出短路时的截止频率

令图 3-31 中共发射极接法的 BJT 的输出端短路，即用导线直接将集电极与发射极连接起来，如图 3-35 所示，可以求得输出短路时的共发射极截止频率和特征频率。由图 3-35 可知输入电流为

$$i_{\mathrm{in}} = v_{\mathrm{b'e}}[g_{\mathrm{b'e}} + \mathrm{j}\omega(C_{\mathrm{TE}} + C_{\mathrm{D}} + C_{\mathrm{TC}})] \tag{3-8-28}$$

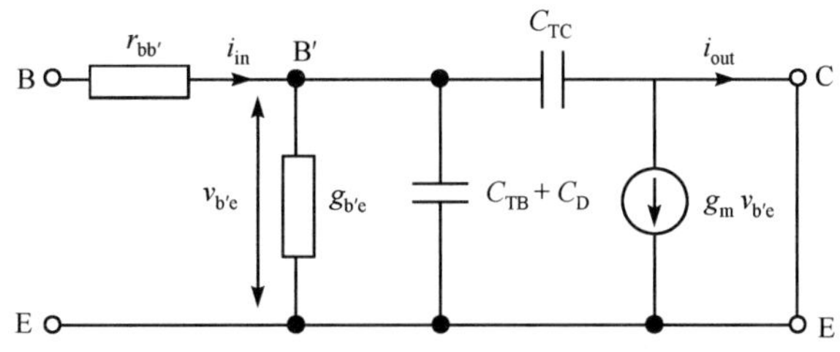

图 3-35　BJT 输出短路时的等效电路图

当频率不是特别高时，输出电流为

$$i_{out}=(j\omega C_{TC}-g_m)v_{b'e}\approx -g_m v_{b'e} \tag{3-8-29}$$

于是，共发射极交流电流增益为

$$|\beta|=\left|\frac{i_{out}}{i_{in}}\right|=\left|\frac{-g_m}{g_{b'e}+j\omega(C_{TE}+C_D+C_{TC})}\right|=\frac{g_m}{\sqrt{g_{b'e}^2+\omega^2(C_{TE}+C_D+C_{TC})^2}} \tag{3-8-30}$$

根据共发射极截止频率的定义，当 $\omega=\omega_\beta$ 时，$|\beta|^2=\beta_0^2/2$。由式(3-8-8)和式(3-8-30)可以导出

$$\omega_\beta=\frac{g_{b'e}}{C_D+C_{TE}+C_{TC}} \tag{3-8-31}$$

一般扩散电容 C_D 远大于势垒电容 C_{TE} 和 C_{TC}，所以，增益-带宽积为

$$\omega_T=\beta_0\omega_\beta=\frac{g_m}{C_D+C_{TE}+C_{TC}}\approx\frac{g_m}{C_D}=\frac{1}{\tau_B}=\frac{2D_n}{x_B^2} \tag{3-8-32}$$

显然，提高 BJT 工作带宽的有效方法是减小基区宽度，提高基区少子的扩散系数，从而减小载流子渡越基区的时间。

3.8.4　BJT 频率响应的物理机制

造成 BJT 频率响应的原因是信号从发射极向集电极传送时要有一个时间延迟。当输入信号变化时晶体管内部的载流子分布要发生相应的变化，从而引起输出信号的相应变化。当输入信号频率较低时载流子分布的改变跟得上信号的变化，于是输出信号能够随着输入信号即时地变化。当输入信号频率升高到一定程度时，器件载流子分布的改变跟不上输入信号的变化，输出信号就不能随着输入信号即时地变化，造成了信号从发射极向集电极传送时的时间延迟。这种时间延迟使器件的增益等性能变差。由于存在时间延迟现象，因此 BJT 是一种时间延迟器件。

在 BJT 中造成时间延迟的因素有很多种，从而有很多种因素限制着截止频率，下面叙述四个最重要的因素。当信号从发射极向集电极传送时，每种因素都引入了时间延迟。

1. 发射结过渡电容充电时间 τ_E

BJT 是由 PN 结构成的，PN 结有电容效应。高频信号通过 PN 结时必须对 PN 结电容充放电。电容充放电需要一定的时间，导致信号延迟。正向偏置的发射结耗尽层电容 C_{TE} 是偏置电压的函数，由于它和扩散电容并联，因而难以测量。这一电容用式(3-8-15)计算。此电容与结电阻(PN 结扩散电阻) r_e 并联，充电时间常数为

$$\tau_E=r_eC_{TE}=4V_TC_{TE}(0)/I_E \tag{3-8-33}$$

在肖克莱方程中以 I_E 取代 I，以 V_E 取代 V，然后取 dI_E/dV_E 就可推导出 r_e。

2. 基区渡越时间 τ_B

对晶体管频率特性最严格的限制是载流子穿过基区薄层的输运。可以通过解基区少数载流子的交流扩散方程，推导出描述晶体管频率特性的方程。但在这里使用一种称为“渡越时间分析”的简单方法代替严密的推导，所得到的结果和解扩散方程所得到的结果相同。

设基区少数载流子电子以有效速度 $v(x)$ 渡越基区，则基区电子电流为

$$I_n = qAn_p(x)v(x) \tag{3-8-34}$$

由于 $dx = v(x)dt$，运用式(3-8-34)并积分可求出一个电子渡过基区所需要的时间

$$\tau_B = \int_0^{x_B} \frac{dx}{v(x)} = \int_0^{x_B} \frac{qAn_p(x)}{I_n} dx \tag{3-8-35}$$

根据式(3-5-9)(不计符号)，式(3-8-35)可以表示为

$$\tau_B = \frac{1}{D_n} \int_0^{x_B} \frac{dx}{N_a(x)} \int_x^{x_B} N_a(x)dx \tag{3-8-36}$$

对于均匀基区晶体管，由式(3-8-36)得到

$$\tau_B = \frac{x_B^2}{2D_n}$$

这与式(3-8-13)完全一致。一般基区渡越时间对 BJT 的频率特性影响最大。小的 τ_B 意味着短的信号延迟或高的工作频率。因此，为了实现较好的频率特性，就要把晶体管的基区宽度设计得小。在像双扩散晶体管这种具有自建场的晶体管中，发现基区渡越时间为式(3-8-13)所给的一半，因此最高频率大体上是均匀掺杂基区晶体管的两倍。

3. 集电结耗尽层渡越时间 τ_d

在集电结的两边加上高反向偏压，使得耗尽层显著加宽，这使载流子要花费一定时间才能通过。由于这里的电场很高，可以假设载流子已达到饱和速度 v_s，因此载流子通过耗尽层的渡越时间

$$\tau_d = \frac{x_m}{v_s} \tag{3-8-37}$$

式中，x_m 是集电结耗尽层的总宽度。

4. 集电结电容充电时间 τ_C

集电结处在反向偏压下，与结电容并联的结扩散电阻很大，可视为开路。结果使得充电时间常数由电容 C_{TC} 和集电极串联电阻 r_{sc} 所决定，即

$$\tau_C = r_{sc}C_{TC} \tag{3-8-38}$$

由于重掺杂的外延衬底，图 3-1 中平面型外延晶体管的集电极串联电阻很小，因此 τ_C 可以忽略，但在集成晶体管中应把它计算进去。从发射极到集电极的信号传播全部延迟时间为

$$\tau_{ec} = \tau_E + \tau_B + \tau_d + \tau_C \tag{3-8-39}$$

截止频率 ω_α 等于从发射极到集电极的信号传播中的全部延迟时间的倒数

$$\omega_{\alpha} = 1/\tau_{ec} \tag{3-8-40}$$

$$f_{\alpha} = \frac{1}{2\pi\tau_{ec}} \tag{3-8-41}$$

在现代小功率晶体管中，τ_{ec} 在百皮秒左右。

3.8.5　基区展宽效应

现在来分析一下工作电流对截止频率的影响。根据式(3-8-33)，当发射极电流增加时，发射结时间常数 τ_E 变小，因此 ω_{α} 增加。这说明，频率特性的改进可以通过增加工作电流来实现。但如果允许电流无限地增加，截止频率终将要降低。这种现象是由于基区宽度展宽造成的，因此称为**基区展宽效应**(base broadening effect)，也称为**科尔克效应**(Kirk effect)。

科尔克效应在如图 3-18 所示的平面型外延晶体管中最为明显。在此图中，作为集电区的 N 型外延层的掺杂浓度远低于 P 型基区掺杂浓度，因而 N 型外延层内耗尽层宽度远大于 P 型基区内的耗尽层宽度。当发射极电流 I_E 很大时(大注入情形)，大量从发射区注入基区的电子抵达集电结，在渡越反偏集电结空间电荷区的过程中，增加了空间电荷区负电荷的浓度，中和了集电结空间电荷区的电离施主所带的正电荷，形成一中性区，从而使强电场区域从原有的集电结向 N^+衬底方向移动，相当于有效的中性基区宽度增大了。极限情况下，最大电场位于 N 型集电区外延层与 N^+衬底形成的 N^+N 结处，如图 3-36 所示。中性基区展宽的结果导致基区渡越时间变长，即 τ_B 变得很大，从而引起 ω_{α} 下降。在高频和大功率晶体管中科尔克效应尤为重要。

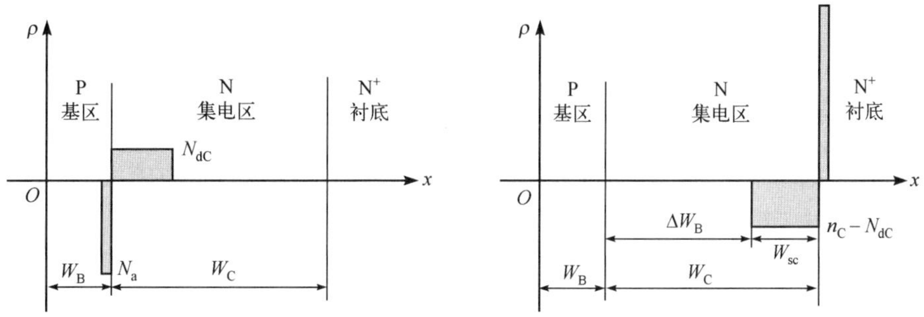

图 3-36　NPN 型 BJT 集电结空间电荷区示意图

假设科尔克效应发生时，注入集电区的电子浓度为 n_C，在空间电荷区内，注入电子在强场下平均漂移速度达到饱和，记为 v_s，则集电极的电流密度为

$$j_C = qn_C v_s \tag{3-8-42}$$

如图 3-36(b)所示，靠近高掺杂衬底的空间电荷区主要集中在集电区一侧，中和了电离施主后的净电子浓度为 $n_C - N_{dC}$，这些电子构成了负的空间电荷区，新产生的空间电荷区宽度可写为

$$W_{sC} = \sqrt{\frac{2\varepsilon_r\varepsilon_0 V_{CB}}{q(n_C - N_{dC})}} \tag{3-8-43}$$

式中，V_{CB} 为反偏集电结上的偏压，远大于 N^+N 高低结的内建电势差。于是，由科尔克效应引起的基区宽度增量为

$$\Delta W_B = W_C - W_{sC} = W_C - \sqrt{\frac{2\varepsilon_r\varepsilon_0 v_s V_{CB}}{j_C - qv_s N_{dC}}} \tag{3-8-44}$$

式中，W_C 为集电区的冶金学宽度。定义科尔克效应发生时的临界集电极电流密度为 j_K，即 $j_C = j_K$ 时，$\Delta W_B = 0$。由此可求得临界集电极电流密度的表达式

$$j_K = qv_s\left(N_{dC} + \frac{2\varepsilon_r\varepsilon_0 V_{CB}}{qW_C^2}\right) \tag{3-8-45}$$

根据式(3-8-45)，式(3-8-44)可改写为

$$\Delta W_B = W_C\left(1 - \sqrt{\frac{j_K - qv_s N_{dC}}{j_C - qv_s N_{dC}}}\right) \tag{3-8-46}$$

3.8 节小结

显然，只要 $j_C > j_K$，ΔW_B 就大于零，科尔克效应即可发生。当 $j_C \gg j_K$ 时，$\Delta W_B \approx W_C$。

要防止科尔克效应的发生，需要：①适当提高集电区的掺杂浓度；②适当减小集电区宽度；③限定最大允许的集电极工作电流。

3.9 晶体管的开关特性

教学要求

1. 解释晶体管开关工作的原理。
2. 了解晶体管开关时间所涉及的物理过程。
3. 为什么当发射结正偏时，基极电流增加会使晶体管进入饱和状态？
4. 建立电荷控制方程求解存储时间 t_s 即式(3-9-14)。

晶体管处于饱和状态时可以通过大的电流，处于截止状态流过的电流很小，因此使晶体管的工作状态往返于饱和与截止状态之间，晶体管就可以起到通-断的开关作用。

3.9.1 开关工作原理

考虑图 3-37(a)中的晶体管，集电极电流和电压满足

$$V_{CE} = V_{CC} - I_C R_L \tag{3-9-1}$$

由($V_{CE} = V_{CC}, I_C = 0$)和($V_{CE} = 0, I_C = V_{CC}/R_L$)两点确定的直线称为负载线，其斜率为 $-1/R_L$。负载线确定了晶体管的工作点。由图 3-37(b)所示的电流脉冲驱动，使得晶体管运用于截止区与饱和区。当 $I_B = -I_{B2}$ 时，发射结反偏，集电极电流很小，$V_{CE} \approx V_{CC}$，集电结也处于反偏状态，此时晶体管处于截止模式。当 $I_B > 0$ 且不断增加时，I_C 将不断增加，V_{CE} 将不断减小。由于 $V_{CE} = V_{CB} + V_{BE}$，$V_{BE} > 0$，因此 V_{CE} 的不断减小终将导致 $V_{CB} < 0$，即集电结正偏。此时发射结和集电结都处于正偏状态，晶体管进入饱和模式。由于在截止区没有电流流过，因此被认为是断态。在饱和状态，集电极电流很大，阻抗很低，所以晶体管被认为是通态。

在饱和状态

$$I_{CS} = \frac{V_{CC} - V_{CE(sat)}}{R_L} \approx \frac{V_{CC}}{R_L} \tag{3-9-2}$$

式中，$V_{CE(sat)}$ 为处于饱和状态的集电极-发射极电压(对于硅晶体管一般为 0.2V，远小于 V_{CC})。

式(3-9-2)说明集电极电流被负载电阻所限制，也就是说晶体管进入饱和状态之后再增加基极电流也不能使集电极电流增加了，故有饱和之称。式(3-9-2)中的I_{CS}就是饱和集电极电流。驱动晶体管刚刚进入饱和状态(称为**临界饱和状态**)时所需要的最小基极电流为

$$I_{BA}=\frac{I_{CS}}{\beta_0}\approx\frac{V_{CC}}{\beta_0 R_L} \tag{3-9-3}$$

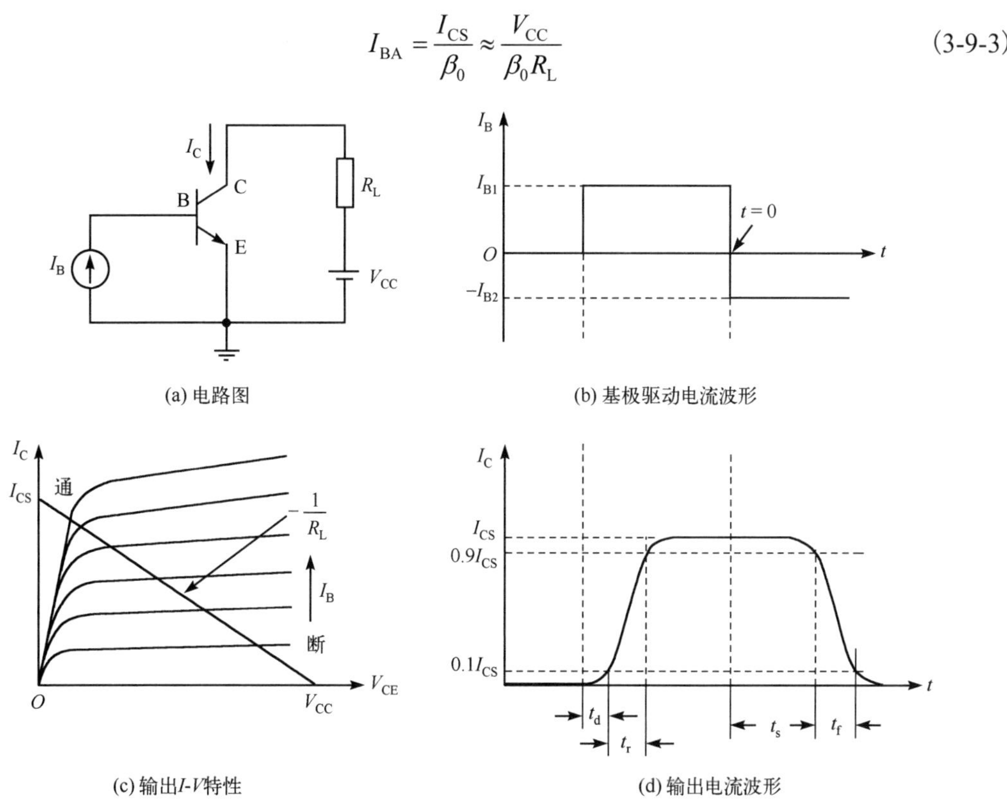

图 3-37　双极晶体管的开关运用

3.9.2　开关时间

从物理上说，若发射结与集电结两者都处于正向偏压，则满足饱和条件；若两个结都处于反偏压，则满足截止条件。晶体管从一个状态到另一状态所经历的过渡时间称为**开关时间**。对于平面型外延晶体管，相应的基区和集电区少数载流子分布如图 3-38 所示。晶体管在“通”和“断”两个状态之间的转换是通过改变载流子的分布来完成的。如同 PN 结二极管中的情况一样，这些载流子分布不能立刻改变，所经历的时间即为开关时间。开关时间对应于建立和去除相应的少数载流子的时间。集电极电流的典型开关波形如图 3-37(d)所示。开关时间包括**导通延迟时间**、**上升时间**、**存储时间**和**下降时间**。

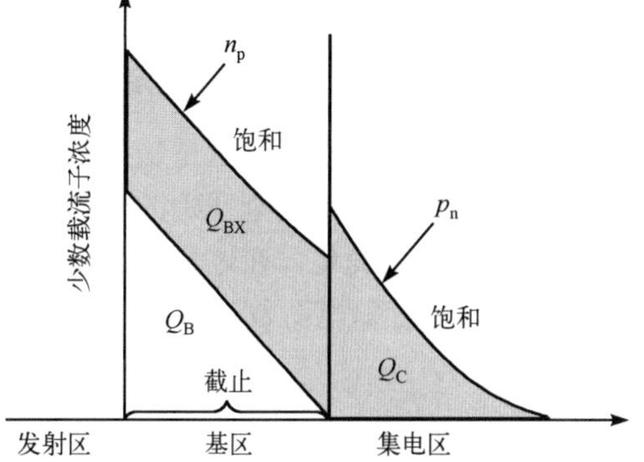

图 3-38　饱和时存储在基区和集电区中的过量存储电荷(同时表示了处在截止和有源区的电荷)

1. 导通延迟时间 t_d

导通延迟时间 t_d 是从加上输入阶跃脉冲至输出电流达到最终值的 10%（$0.1I_{CS}$）所经历的时间。

输入脉冲信号从反偏压改变到新电平，发射结偏压是逐渐从反偏压变成正偏压的。正的输入基极电流 I_{B1} 首先填充发射结空间电荷区，补偿了部分空间电荷，使发射结空间电荷区宽度逐渐变小，发射结电压由负偏压转变为零偏压，再由零偏压逐渐转变为正向导通电压。这个过程是发射结耗尽层电容充电过程。

在发射结上偏压发生变化的同时，集电结上的偏压也发生变化，反向偏压减小。反向偏压减小使集电结空间电荷区宽度变窄，这就需要有电子和空穴来补偿部分空间电荷。这个过程是给集电结耗尽层电容充电的过程。在发射结偏压发生变化的同时，基区少数载流子分布也发生变化。当基区建立起一定的载流子浓度梯度，或者是积累起一定量的电荷时，就产生了一定的集电极电流。在 $t = t_d$ 的时刻，I_C 达到 I_{CS} 的 10%。

通过以上分析可知，导通延迟时间 t_d 受到下列因素的限制：①从反偏压改变到新电平，发射结和集电结耗尽层电容充电时间；②载流子通过基区和集电结耗尽层的渡越时间。

2. 上升时间 t_r

上升时间 t_r 是集电极电流从 I_{CS} 的 10%上升到 90%所需要的时间。它对应于在基区建立相应的少数载流子分布所需要的时间。在这段时间内晶体管处于正向有源模式，建立正向有源模式的存储电荷 Q_B。由于在 I_C 上升的过程中负载 R_L 上的压降增大，这就使集电结偏压从很大的反偏压减小到零偏压附近。集电结偏压的减小，需要空间电荷区逐渐变窄，这是通过对集电结耗尽层电容充电来实现的。因此，上升时间 t_r 受输出时间常数 $C_{TC}R_L$ 的影响。

经历上升时间 t_r 之后，基极驱动继续提供电流，造成过量存储电荷 Q_{BX} 和 Q_C，晶体管进入饱和模式。当晶体管处于饱和模式时，发射结和集电结均为正向偏置。结果使得在基区和集电区当中，过量存储载流子超过了保持正向有源工作模式的需要，如图 3-38 中阴影部分所示。

导通延迟时间 t_d 和上升时间 t_r 之和称为开关晶体管的**导通时间**。

3. 存储时间 t_s

存储时间 t_s 是从基极电流发生负阶跃到集电极电流下降到 $0.9I_{CS}$ 之间的时间。在限制开关晶体管的开关速度方面，这是最重要的参数。在这段时间里，反向基极电流会把基区中的过量存储电荷抽取出来。刚开始的时候，集电极电流不会有大幅度的减少，因为基区少子浓度并没有立即发生变化。在过量载流子被去除之前晶体管处于饱和模式，因此输出电流不能改变。去除过量存储电荷 Q_{BX} 和 Q_C 使晶体管的集电结由正向偏压变为零偏压，之后集电极电流才开始变化。

4. 下降时间 t_f

关断的下降时间 t_f 表示集电极电流从它最大值的 90%下降到 10%的时间间隔，这是上升时间的逆过程。在这段时间里，将去除正向有源模式下的存储电荷 Q_B。下降时间 t_f 受到和上升时间同样因素的限制。

电流瞬变波形中，$t > t_f$ 一段时间是晶体管达到反偏的耗尽状态所需要的时间。

常把存储时间 t_s 和下降时间 t_f 之和称为开关晶体管的**关断时间**。

导通时间和关断时间之和称为开关晶体管的开关时间。

开关时间的存在限制了晶体管的使用。如果开关时间比输入脉冲的持续时间短得多，那么晶体管就能很好地完成开关作用。如果开关时间与输入脉冲的持续时间很相近或更长，那么晶体管就失去了开关作用。

完全的开关时间响应可用图 3-20 中的埃伯斯-莫尔模型计算。其步骤包括：①把 α_F 和 α_R 用它们的频率依赖式(3-8-22)来代替；②在频率范畴内分析输入基极电流为阶跃函数时的 E-M 方程；③用拉普拉斯变换求出时间响应。以上步骤虽然简单，但这种分析的细节是非常复杂的。因此，采用最初在 2.12 节中介绍的电荷控制分析方法(Beaufoy R et al，1957)。考虑到多数晶体管中去除存储电荷 Q_{BX} 的时间是主要的，所以下面仅限于有关它的讨论。

在式(2-12-2)中，用 $i_B = i_n(0) - i_n(x_B)$ 代替 $I_P(x_n) - I_P(W_n)$，用 $Q_B + Q_{BX}$ 代替 Q_S，用 τ_n 代替 τ_p，便得到正向有源模式的基区电荷控制方程为

$$i_B = \frac{Q_B}{\tau_n} + \frac{Q_{BX}}{\tau_s} + \frac{dQ_B}{dt} + \frac{dQ_{BX}}{dt} \tag{3-9-4}$$

式中，Q_B 为正向有源模式下的基区电荷，Q_{BX} 为图 3-38 中饱和模式下的过量基区存储电荷，τ_s 为与去除 Q_{BX} 相关的时间常数。

电荷 Q_B 满足方程

$$i_B = \frac{dQ_B}{dt} + \frac{Q_B}{\tau_n} \tag{3-9-5}$$

式中

$$Q_B = qAx_B n_p(0) / 2 \tag{3-9-6}$$

应该指出，集电极电流是通过式(3-8-12)和式(3-9-6)与电荷存储量相联系的，因而，若 Q_B 已知，则集电极电流就被确定了。在稳态条件下，式(3-9-5)中依赖于时间的项为零，基极电流可表示为

$$I_B = Q_B / \tau_n \tag{3-9-7}$$

利用式(3-9-3)和式(3-9-7)，晶体管刚刚进入饱和状态的基极电流

$$I_{BA} = \frac{Q_{BA}}{\tau_n} = \frac{V_{CC}}{\beta_0 R_L} \tag{3-9-8}$$

Q_{BA} 为临界饱和状态基区存储电荷。

若在 $t = 0^-$ 时，$i_B = I_{B1} \geqslant I_{BA}$，令方程(3-9-4)中的时间依赖项为零，则得到过量电荷

$$Q_{BX} = \tau_s (I_{B1} - I_{BA}) \tag{3-9-9}$$

在 $t = 0^+$ 时，突然把基极电流从 I_{B1} 改变到 $-I_{B2}$，如图 3-37(b)所示。饱和过量电荷开始减少，但有源电荷 Q_B 在 $t = 0^+$ 和 t_s 之间保持不变。在这段时间内可以令

$$\frac{dQ_B}{dt} = 0 \tag{3-9-10}$$

$$\frac{Q_B}{\tau_n} = I_{BA} \tag{3-9-11}$$

因为 Q_B/τ_n 对应于开始饱和的情形，所以得到方程

$$-I_{B2} = I_{BA} + \frac{Q_{BX}}{\tau_s} + \frac{dQ_{BX}}{dt} \tag{3-9-12}$$

用式(3-9-9)作为初始条件，方程(3-9-12)的解为

$$Q_{BX} = \tau_s(I_{B1} + I_{B2})e^{-t/\tau_s} - \tau_s(I_{B2} + I_{BA}) \tag{3-9-13}$$

假设在 $t = t_s$ 时，过量少子电荷 Q_{BX} 被去除掉，即 $Q_{BX} = 0$，由此求得

3.9 节小结

$$t_s = \tau_s \ln\frac{I_{B1} + I_{B2}}{I_{BA} + I_{B2}} \tag{3-9-14}$$

τ_s 与基区中少数载流子的寿命有关，通常在开关晶体管的规格中给出。

3.10* PNPN 结构

PNPN 结构可用作二端、三端或四端器件。作为二端器件，它具有开关性质，称为**PNPN 二极管**，其基本结构如图 3-39(a)所示。如果在内部 P_2 区加第三个电极(称为**栅极或控制极**)，就构成三端器件，开关过程由通过第三栅极的电流控制。三端的 PNPN 器件称为**半导体可控整流器或可控硅**，因为它实际上只用硅材料制作。具有 PNPN 结构的器件统称为**晶闸管**(thyristor)。依赖于器件结构，晶闸管的开态电流可高达几百安培至几千安培，关态电压可达几千伏特甚至上万伏特。就像集成电路是微电子技术的基础一样，晶闸管是电力电子技术的重要基础。本节主要讨论 PNPN 二极管的基本特性。

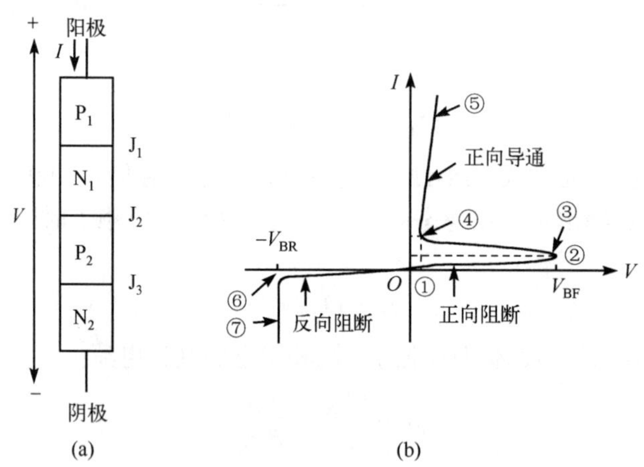

图 3-39 PNPN 二极管的基本结构和电流-电压特性

PNPN 二极管基本的电流-电压特性如图 3-39(b)所示，它有几个不同的区域：

①～②正向高阻区；

②～③电压正向转折区；

③～④负阻区；

④～⑤正向低阻区；

①～⑥反向关断区；

⑥～⑦反向击穿区。

可见，在正向区工作的 PNPN 二极管是一个双稳态器件，它能在高阻的关断态和低阻的导通态之间互相转换。

为了便于理解 PNPN 二极管的正向特性，可以把它看成两个背对背连接的晶体管，一个是 PNP 管(BJT_1)，另一个是 NPN 管(BJT_2)，中间的 P 区和 N 区为两个晶体管共有，如图 3-40 所示。这样，BJT_1 的基区和 BJT_2 的集电区相连，即 $I_{B1}=I_{C2}$；而 BJT_1 的集电区和 BJT_2 的基区相连，即 $I_{C1}=I_{B2}$。

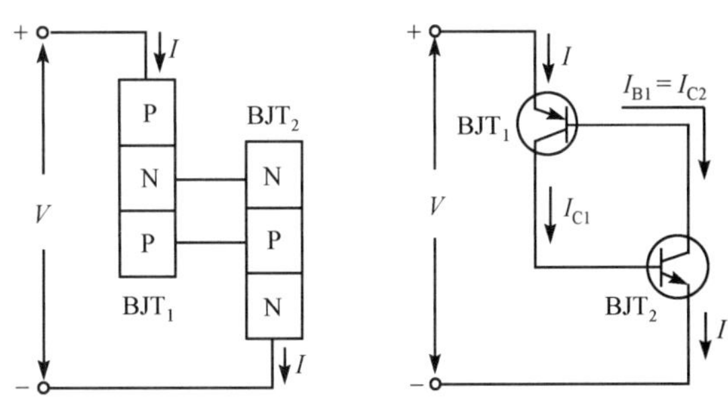

图 3-40　PNPN 二极管的等效电路图

令两个晶体管的电流增益分别为 α_1 和 α_2，漏电流分别为 I_{CEO1} 和 I_{CEO2}，则有

$$I_{B1}=I_{E1}-I_{C1}=(1-\alpha_1)I_{E1}-I_{CEO1} \tag{3-10-1}$$

$$I_{C2}=\alpha_2 I_{E2}+I_{CEO2} \tag{3-10-2}$$

利用 $I_{B1}=I_{C2}$，并注意 $I_{E1}=I_{E2}=I$，得到

$$I=\frac{I_{CEO}}{1-(\alpha_1+\alpha_2)} \tag{3-10-3}$$

式中，$I_{CEO}=I_{CEO1}+I_{CEO2}$。当小电流时，$\alpha_1$ 和 α_2 都比 1 小得多，流过器件的电流就是漏电流 I_{CEO}。当外加电压增加到正向转折电压 V_{BF} 时，$\alpha_1+\alpha_2$ 接近于 1，流过器件的电流迅速增大。

在正向关断时，PNPN 二极管外侧的两个 PN 结 J_1 和 J_3 正向偏置，中间的 PN 结 J_2 反向偏置，外加电压主要降落在 J_2 上，如图 3-41 所示。发生正向转折以后，由于 $\alpha_1+\alpha_2>1$，从 J_1 和 J_3 注入内部 P 区和 N 区的载流子总数 $(\alpha_1+\alpha_2)I/q$ 中只有 I/q 能通过 J_2 结，结果 J_2 结因为两侧载流子堆积而变成正偏，因此器件上的电压突然下降，器件进入正向导通状态。这时，三个结都处在正向偏置，两个晶体管都处在饱和状态，整个器件上的电压很低，等于 $V_1-|V_2|+V_3$，它近似等于一个 PN 结的导通电压。

在反向关断状态，J_2 结正偏，J_1 结和 J_3 结反偏，内部 N 区一般是高阻区，所以反偏时外加偏压主要降落在结 J_1 上，如图 3-42 所示。

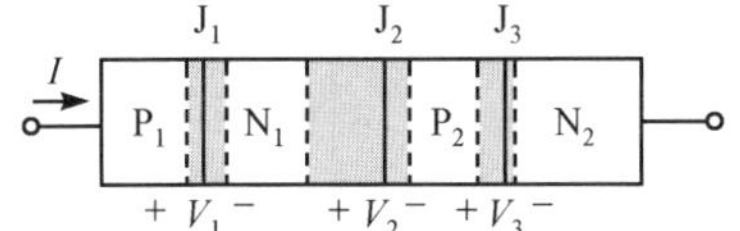

图 3-41　正向关断时，PNPN 二极管的电压降和耗尽层

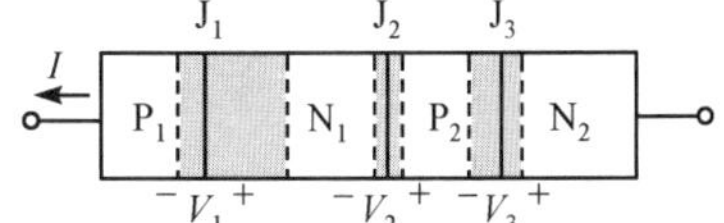

图 3-42　反向关断时，PNPN 二极管的电压降和耗尽层

如果在内部 P_2 区上制作第三个电极作为控制极，就构成了可控整流器件。当通过控制极加一个触发信号时，等效的 NPN 管首先导通，信号电流被放大，随即驱动等效的 PNP 管导通。由于两个晶体管的集电极电流分别流向另一晶体管的基极，所以器件被信号触发以后就维持导通，而不需要触发信号继续存在，只有当加在两端的电压下降到零或反向时器件才关断。

寄生的 PNPN 结构可能给半导体器件带来很大麻烦，最典型的例子是 CMOS 反相器中出现的**闩锁效应**(latch-up)。所谓闩锁效应，是寄生于 CMOS 器件中的 PNPN 结构在某些不稳定因素的触发下正向导通，有很大的电流通过，引起器件失效。

3.11* 异质结双极晶体管

异质结是由两种不同的半导体材料形成的 PN 结。例如在 P 型 GaAs 上形成 N 型 $Al_xGa_{1-x}As$。$Al_xGa_{1-x}As$ 是 AlAs 和 GaAs 这两种Ⅲ－Ⅴ族化合物半导体固溶形成的合金。x 是 AlAs 在合金中所占的摩尔分数。异质结具有许多同质结所不具有的特性，在半导体技术中得到了许多重要的应用，尤其是在光电子器件和量子效应器件方面。

3.11.1 热平衡异质结

异质结的特性之一是禁带宽度 E_g 随合金的摩尔分数的变化而变化。在 $Al_xGa_{1-x}As$ 中，禁带宽度 E_g 随 x 的变化如图 3-43 所示。从图 3-43 可见，对于 $0<x<0.45$，Γ 方向上的禁带宽度 E_g^{Γ} 小于 X 方向和 L 方向上的禁带宽度 E_g^X 和 E_g^L，各个对称方向的禁带宽度随 AlAs 的摩尔分数 x 的变化关系可以表示为

$$E_g^{\Gamma}(x)=1.424+1.247x \quad (0\leqslant x\leqslant 0.45) \tag{3-11-1a}$$

$$E_g^{\Gamma}(x)=1.424+1.247x+1.147(x-0.45)^2 \quad (0.45\leqslant x\leqslant 1) \tag{3-11-1b}$$

$$E_g^X(x)=1.900+0.125x+0.143x^2 \tag{3-11-2}$$

$$E_g^L(x)=1.708+0.642x \tag{3-11-3}$$

从图 3-43 中还看到，除了 E_g 随 x 增加而增加之外，当 $x>0.45$ 时，由于 $E_g^X<E_g^{\Gamma}$，材料由直接带隙转变为间接带隙。显然 $x=0$ 时，材料为 GaAs。在 300K，其禁带宽度为 1.424eV，晶格常数为 0.56533nm；当 $x=1$ 时，材料为 AlAs，其禁带宽度为 2.168eV，晶格常数为 0.56606nm。$Al_xGa_{1-x}As$ 的晶格常数随 x 的变化很小，甚至在 $x=0$ 和 $x=1$ 的两种极端情况下，晶格失配也仅为 0.1%。晶格常数匹配是形成理想异质结所需要的重要条件。

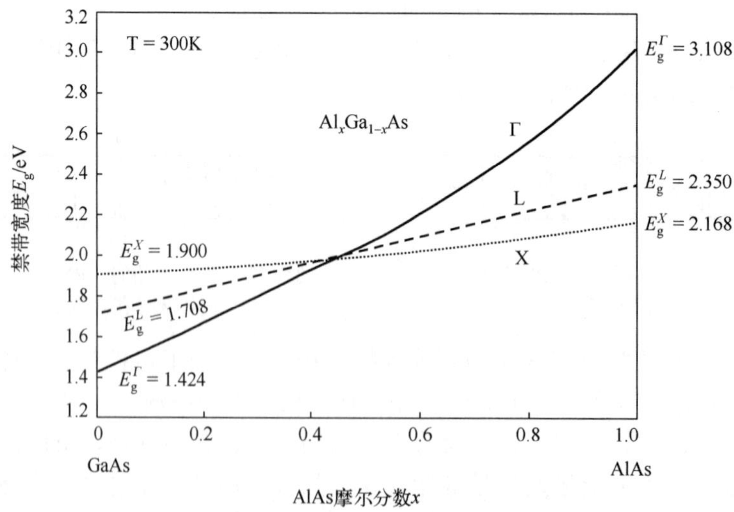

图 3-43 $Al_xGa_{1-x}As$ 的禁带宽度随 AlAs 摩尔分数 x 的变化关系(Casey et al., 1978)

图 3-44 是形成异质结之前，分离的 N 型 $Al_xGa_{1-x}As$ 和 P 型 GaAs 的能带图。这两个半导体有不同的禁带宽度 E_g，不同的介电常数 ε，不同的功函数 $q\phi$ 以及不同的电子亲和势 χ_s。

功函数定义为把一个电子从费米能级移到真空能级所需做的功。电子亲和势定义为把一个电子从导带底 E_c 移到真空能级所需做的功。在以下过程中，用下标 1 代表窄禁带半导体，用下标 2 代表宽禁带半导体。两种半导体导带边缘的能量差用 ΔE_c 表示，价带边缘的能量差用 ΔE_v 表示，如图 3-44 所示。显然

$$\Delta E_c = \chi_1 - \chi_2 \tag{3-11-4}$$

$$\Delta E_v = (E_{g2} - E_{g1}) - \Delta E_c \tag{3-11-5}$$

$$\Delta E_c + \Delta E_v = E_{g2} - E_{g1} \tag{3-11-6}$$

当两种半导体形成冶金学接触以后，在热平衡情况下费米能级恒等的事实要求，P 区空穴向 N 区转移，N 区电子向 P 区转移，结果在接触面附近形成空间电荷区。与同质结一样，在突变结及耗尽近似下，空间电荷区内的泊松方程为

$$\frac{d^2\psi_1}{dx^2} = \frac{qN_a}{\varepsilon_{r1}\varepsilon_0} \tag{3-11-7}$$

$$\frac{d^2\psi_2}{dx^2} = -\frac{qN_d}{\varepsilon_{r2}\varepsilon_0} \tag{3-11-8}$$

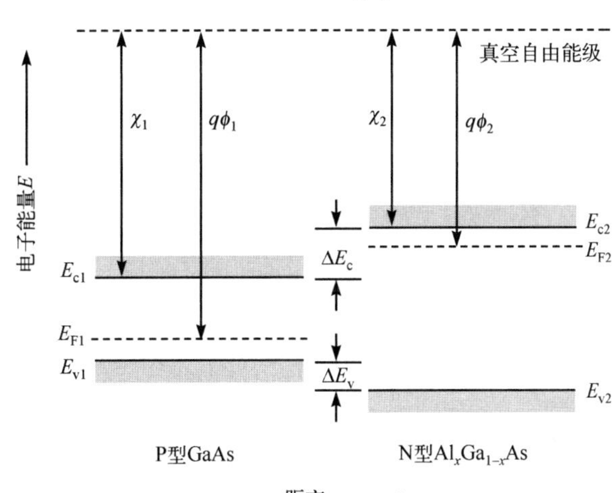

图 3-44　形成 P-GaAs/N-$Al_xGa_{1-x}As$ 异质结前的能带图

式中，ψ_1 和 ψ_2 分别为 GaAs 区和 $Al_xGa_{1-x}As$ 区空间电荷区的电势分布。$\varepsilon_r(\text{GaAs}) = \varepsilon_{r1} = 13.1$，$\varepsilon_r(\text{AlAs}) = 10.06$，对于 $Al_xGa_{1-x}As$

$$\varepsilon_r(Al_xGa_{1-x}As) = \varepsilon_{r2} = 13.1 - 3.0x \tag{3-11-9}$$

对式(3-11-7)和式(3-11-8)积分一次，取空间电荷区边界电场为零，得到

$$\mathscr{E}_1(x) = -\frac{d\psi_1}{dx} = -\frac{qN_a}{\varepsilon_{r1}\varepsilon_0}(x + x_p) \quad (-x_p \leqslant x \leqslant 0) \tag{3-11-10}$$

$$\mathscr{E}_2(x) = -\frac{d\psi_2}{dx} = -\frac{qN_d}{\varepsilon_{r2}\varepsilon_0}(x_n - x) \quad (0 \leqslant x \leqslant x_n) \tag{3-11-11}$$

式(3-11-10)和式(3-11-11)中 $-x_p$ 和 x_n 分别为空间电荷区在 GaAs 区和 $Al_xGa_{1-x}As$ 区中的边界。

对式(3-11-10)再积分一次，取 $\psi_1(-x_p) = 0$，得

$$\psi_1(x)=\frac{qN_a}{2\varepsilon_{r1}\varepsilon_0}(x_p+x)^2 \qquad (-x_p \leqslant x \leqslant 0) \tag{3-11-12}$$

当 $x=0$ 时

$$\psi_1(0)=\frac{qN_a}{2\varepsilon_{r1}\varepsilon_0}x_p^2 \tag{3-11-13}$$

则 P 区的内建电势差为

$$\psi_{01}=\psi_1(0)-\psi_1(-x_p)=\frac{qN_a}{2\varepsilon_{r1}\varepsilon_0}x_p^2 \tag{3-11-14}$$

取 $\psi_2(x_n)=\psi_0$ 为整个异质结的内建电势差，则 N 区电势分布为

$$\psi_2(x)=\psi_0-\frac{qN_d}{2\varepsilon_{r2}\varepsilon_0}(x_n-x)^2 \qquad (0 \leqslant x \leqslant x_n) \tag{3-11-15}$$

在 $x=0$ 处

$$\psi_2(0)=\psi_0-\frac{qN_d}{2\varepsilon_{r2}\varepsilon_0}x_n^2 \tag{3-11-16}$$

$$\psi_{02}=\psi_0-\psi_2(0)=\frac{qN_d}{2\varepsilon_{r2}\varepsilon_0}x_n^2 \tag{3-11-17}$$

在 $x=0$ 处，$\psi_1(0)=\psi_2(0)$，于是

$$\psi_0=\psi_{01}+\psi_{02}=\frac{qN_a}{2\varepsilon_{r1}\varepsilon_0}x_p^2+\frac{qN_d}{2\varepsilon_{r2}\varepsilon_0}x_n^2 \tag{3-11-18}$$

也可以把 $\psi_2(x)$ 写为

$$\psi_2(x)=\psi_{01}+\frac{qN_d}{2\varepsilon_{r2}\varepsilon_0}[x_n^2-(x_n-x)^2] \qquad (0 \leqslant x \leqslant x_n) \tag{3-11-19}$$

图 3-45 为根据以上分析所得到的异质结的空间电荷分布、电场分布和内建电势分布示意图。

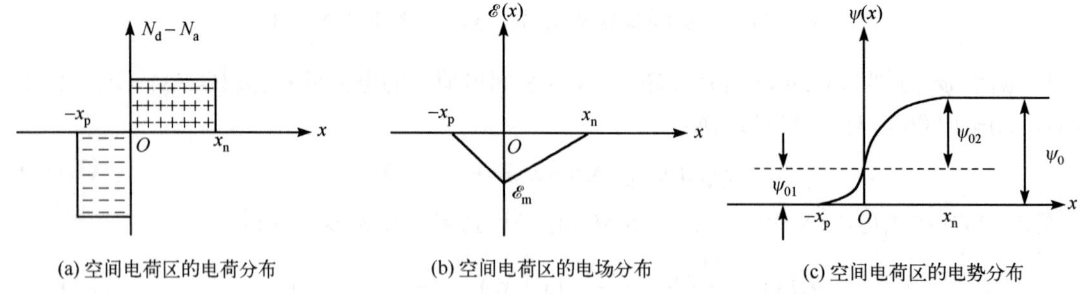

(a) 空间电荷区的电荷分布　　(b) 空间电荷区的电场分布　　(c) 空间电荷区的电势分布

图 3-45　热平衡情况下 P-GaAs/N-Al$_x$Ga$_{1-x}$As 异质结空间电荷区内的电荷、电场和电势分布

由于异质结界面上(在 $x=0$ 处)没有自由电荷，因此电位移矢量连续，即 $\varepsilon_1\mathscr{E}_1=\varepsilon_2\mathscr{E}_2$。在空间电荷区，电中性条件要求

$$N_a x_p = N_d x_n \tag{3-11-20}$$

式(3-11-14)除以式(3-11-17)有

$$\frac{\psi_{01}}{\psi_{02}}=\frac{\varepsilon_{r2}N_a x_p^2}{\varepsilon_{r1}N_d x_n^2} \tag{3-11-21}$$

把式(3-11-20)代入式(3-11-21)得到

$$\frac{\psi_{01}}{\psi_{02}}=\frac{\varepsilon_{r2}N_d}{\varepsilon_{r1}N_a} \tag{3-11-22}$$

由式(3-11-14)和式(3-11-17)可以给出 P 侧和 N 侧耗尽层宽度分别为

$$x_p=\left(\frac{2\varepsilon_{r1}\varepsilon_0\psi_{01}}{qN_a}\right)^{1/2} \tag{3-11-23}$$

$$x_n=\left(\frac{2\varepsilon_{r2}\varepsilon_0\psi_{02}}{qN_d}\right)^{1/2} \tag{3-11-24}$$

根据以上分析可见，空间电荷区内建电势$\psi(x)$的存在，电子出现附加电势能$E(x)=-q\psi(x)$。加上这个附加电势能，在空间电荷区内与同质 PN 结不同的是，在能带图上要加上导带和价带的不连续性引起的ΔE_c和ΔE_v。热平衡 N 型 $Al_xGa_{1-x}As$ 异质 PN 结界面处亲和势突变,它的阻碍有一种限制作用,这是同质结中所没有的现象。图 3-46 所示为 N 型 $Al_xGa_{1-x}As$ 与 P 型 GaAs 形成的异质结的能带图。

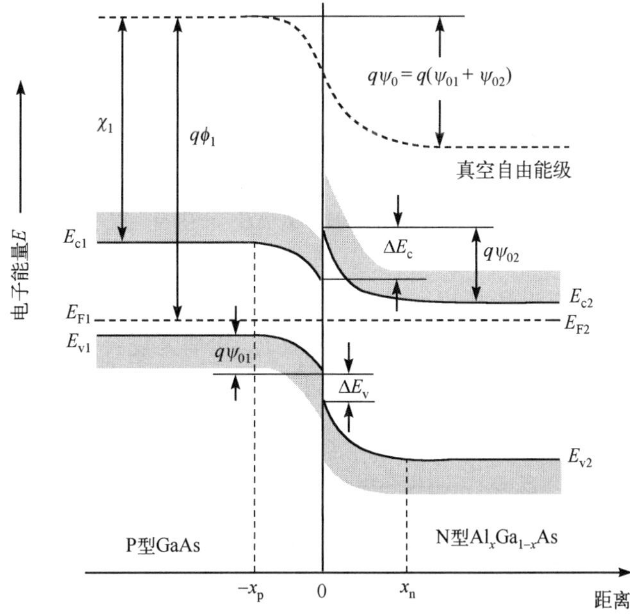

图 3-46 热平衡情况下 P-GaAs/N-$Al_xGa_{1-x}As$ 异质结的能带图

3.11.2 加偏压的异质结

如果在异质结两端加上任意偏压$V=V_1+V_2$，其中，V_1和V_2分别为分配在两种半导体上的电压。对于方程(3-11-12)，边界条件变成

$$\psi_1(0)=\psi_{01}-V_1 \tag{3-11-25}$$

$$\psi_{01} - V_1 = \frac{qN_a x_p^2}{2\varepsilon_{r1}\varepsilon_0} \tag{3-11-26}$$

类似地，对于方程(3-11-15)，边界条件变成

$$\psi_{02} - V_2 = \frac{qN_d x_n^2}{2\varepsilon_{r2}\varepsilon_0} \tag{3-11-27}$$

相应地式(3-11-22)变成

$$\frac{\psi_{01} - V_1}{\psi_{02} - V_2} = \frac{\varepsilon_{r2}N_d}{\varepsilon_{r1}N_a} \tag{3-11-28}$$

耗尽层宽度则相应地变成

$$x_p = \left[\frac{2\varepsilon_{r1}\varepsilon_0(\psi_{01} - V_1)}{qN_a}\right]^{1/2} \tag{3-11-29}$$

$$x_n = \left[\frac{2\varepsilon_{r2}\varepsilon_0(\psi_{02} - V_2)}{qN_d}\right]^{1/2} \tag{3-11-30}$$

与同质 PN 结一样，在有外加偏压的情况下，N 区和 P 区费米能级分开。如果是正向偏压V，则 N 区费米能级相对 N 区费米能级上移qV，对于反向偏压V_R，N 区费米能级相对 P 区费米能级向下移动qV_R。

3.11.3 异质结双极晶体管放大的基本理论

图 3-47(a)是具有宽禁带发射区的异质结双极晶体管(heterojunction bipolar transistor，HBT)的热平衡能带图。该器件用 N 型 $Al_xGa_{1-x}As$ 作为发射区，用 P 型 GaAs 作为基区，用 N 型 GaAs 作为集电区。从图 3-47 可以看出，与电子从发射区向基区注入相比，空穴由基区向发射区注射时，要克服一个附加的能量ΔE_v，由于ΔE_v的存在，可以提高晶体管的注射效率。

在放大状态下，如 3.3 节所指出，晶体管的基极电流来自以下几个方面：发射结耗尽层内的复合电流I_{RE}，基区向发射区注入的空穴电流I_{PE}和基区复合电流$I_{nE} - I_{nC}$。集电极电流主要是来自发射结注入并穿过基区的电流I_{nC}。于是由式(3-3-8)和式(3-3-13)共发射极电流增益可以表示成

$$\beta_0 = \frac{I_{nC}}{I_{PE} + I_{nE} - I_{nC} + I_{RE}} < \frac{I_{nE}}{I_{PE}} = \gamma_{max} \tag{3-11-31}$$

式中，γ_{max}称为注入比，也就是晶体管受注入比限制时的最大电流增益。

根据式(3-4-12)和式(3-4-24)，在放大状态下(不计符号)

$$I_{nE} \approx qA\frac{D_n n_{iB}^2}{N_a x_B} e^{V_E/V_T} \tag{3-11-32}$$

$$I_{PE} \approx qA\frac{D_{PE} n_{iE}^2}{N_{dE} x_E} e^{V_E/V_T} \tag{3-11-33}$$

式中，n_{iB}和n_{iE}分别为 P 型 GaAs 基区和 N 型 $Al_xGa_{1-x}As$ 射区的本征载流子浓度，式(3-11-33)中假设$x_E \ll L_{pE}$。根据式(3-11-32)和式(3-11-33)，有

$$\gamma_{\max} = \frac{D_n}{D_{PE}} \cdot \frac{x_E}{x_B} \cdot \frac{N_{dE}}{N_a} \cdot \frac{n_{iB}{}^2}{n_{iE}{}^2} \tag{3-11-34}$$

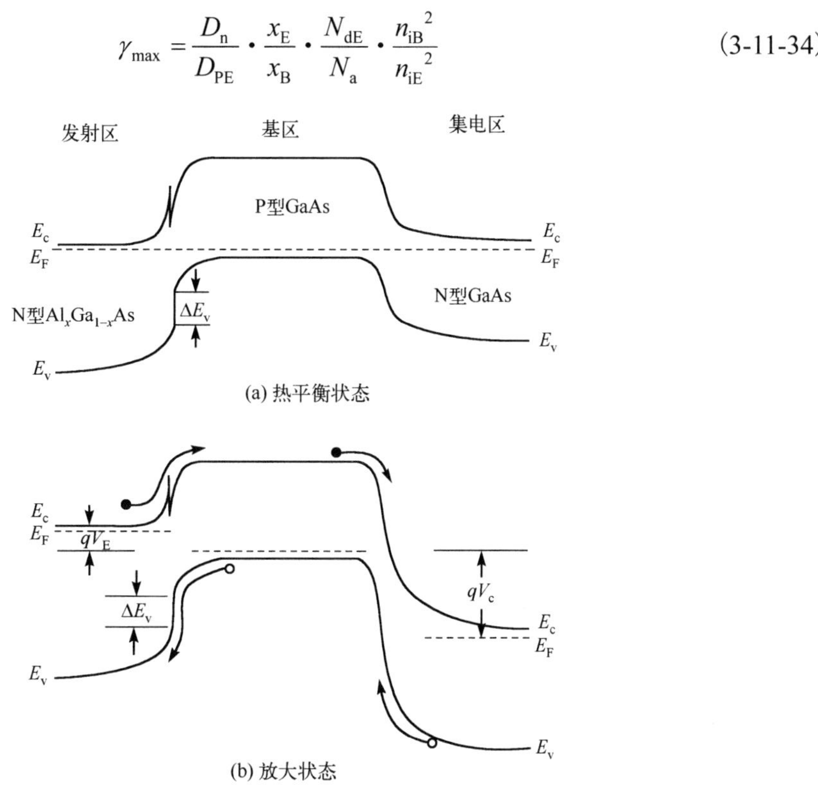

图 3-47　NPN 型异质结双极晶体管在热平衡和放大状态下的能带图

如果忽略不同半导体材料之间的有效状态密度 N_c 和 N_v 的差别，有

$$\frac{n_{iB}{}^2}{n_{iE}{}^2} = \exp\left(\frac{E_{gE} - E_{gB}}{kT}\right) = \exp\left(\frac{\Delta E_g}{kT}\right) \tag{3-11-35}$$

式中，E_{gE} 和 E_{gB} 分别表示发射区材料和基区材料的禁带宽度。将上述比值代入式(3-11-34)，有

$$\gamma_{\max} = \frac{D_n}{D_{PE}} \cdot \frac{x_E}{x_B} \cdot \frac{N_{dE}}{N_a} \exp\left(\frac{\Delta E_g}{kT}\right) \tag{3-11-36}$$

对于同质结，$\Delta E_g = 0$，于是与掺杂相同的同质结晶体管(BJT)相比，$\gamma_{\max}$ 之比为

$$\frac{\gamma_{\max}(\text{HBT})}{\gamma_{\max}(\text{BJT})} = \exp\left(\frac{\Delta E_g}{kT}\right) \tag{3-11-37}$$

可见，宽禁带发射区异质结可以使双极晶体管的电流增益大幅度地提高。通常选用 ΔE_g 大于10kT 的材料，与同质结相比，$\gamma_{\max}$ 提高 10^4 倍以上。这样，基区可以高掺杂，其浓度可达 $10^{20}\,\text{cm}^{-3}$。基区高掺杂将使器件性能大大改善，主要表现在：第一，基区不容易穿通，从而厚度可以做得很小，即它有利于器件尺寸缩小；第二，基区电阻可以显著降低，从而提高振荡频率；第三，基区电导调制不明显，从而大电流密度时电流增益不会明显下降；第四，基区电荷对输出电压(集电结电压)不敏感，从而发射结耗尽层电容大大减小，器件的电流增益截止频率提高。

利用外延技术可以制成各种各样的 HBT。其中包括采用组分缓变材料作为基区的器件(如用 $Al_xGa_{1-x}As$ 作基区，x 值从发射结到集电结递减)，以提供一个内建电场，减小基区渡越时间；也有采用双异质结结构(宽禁带发射区和宽禁带集电区)的器件，以使发射结和集电结对称，改善正向有源和反向有源工作模式下的电流增益。

3.12* 几类常见的 HBT

有多种材料体系可以制作异质结器件，下面介绍几类常见的异质结双极晶体管。

1. AlGaAs/GaAs HBT

这类 HBT 的发射区采用 $Al_xGa_{1-x}As$ 材料，Al(或 AlAs)的摩尔分数 x 选择在 0.25 左右，高于此值时 N 型 $Al_xGa_{1-x}As$ 中开始出现深施主，使发射结电容增加。当 $x = 0.25$ 时，发射区的禁带宽度比基区的大 0.39eV，注入效率可以显著提高。基区采用 P^+型 GaAs 材料，典型厚度为 $0.05 \sim 0.1\mu m$，典型掺杂浓度 N_a 为 $5\times10^{18} \sim 1\times10^{20}cm^{-3}$。集电区通常也采用 GaAs 材料(N 型)。集电区往下依次为 N^+型 GaAs 埋层和半绝缘 GaAs 衬底。半绝缘 GaAs 是通过向 GaAs 引入深能级杂质(因而费米能级被钉扎在禁带中央)而获得的。这类 HBT 的一个重要优点是 $Al_xGa_{1-x}As$/GaAs 材料体系可以有良好的晶格匹配。由于 AlAs 和 GaAs 的晶格常数十分接近，而且它们热膨胀系数之间的差别也很小，因此无论怎样选择 Al 的摩尔分数 x 之值都能实现晶格匹配。其次，由于采用半绝缘衬底，器件之间容易隔离和互连，器件或互连线同衬底之间的电容可以忽略。特别在微波电路中，为了限制微波信号的衰减和降低电阻，互连线宽度较大，从而衬底的影响十分重要。单片微波集成电路用 GaAs 材料容易实现，而用 Si 材料则很难。此外 $Al_xGa_{1-x}As$/GaAs 已被用来制作激光器、发光二极管、光探测器等光电子器件，这些器件同以 $Al_xGa_{1-x}As$/GaAs HBT 为基础的电路可以单片集成。

2. InGaAs HBT

同 InP 晶格匹配的Ⅲ-V族化合物半导体中包括 $In_{0.53}Ga_{0.47}As$(简写为 InGaAs)和 $In_{0.52}Al_{0.48}As$(简写为 InAlAs)，InGaAs 的禁带宽度是 0.75eV，InAlAs 的禁带宽度是 1.5eV，而 InP 的禁带宽度是 1.35eV。用 InGaAs 作为基区而 InP 或 InAlAs 作为发射区构成 HBT，其主要优点是 InGaAs 中的电子迁移率很高，对于本征材料(无杂质散射)，其电子迁移率是 GaAs 的 1.6 倍、Si 的 9 倍。这类器件的半绝缘衬底采用掺 Fe 的 InP。

3. $Si/Si_{1-x}Ge_x$ HBT

加入 Ge 会降低 Si 的禁带宽度，形成可以用于 HBT 基区的合金。由于 Ge 和 Si 的晶格常数(分别为 0.56575nm 和 0.54310nm)相差超过 4%，SiGe 合金的晶格常数将和 Si 的相差甚大，不可能实现晶格匹配。但是，如果合金层的厚度低于临界值，SiGe 合金和 Si 之间可以弹性调节，而不出现晶格失配，这就是所谓的应变层结构。实验表明，SiGe 合金层的厚度(基区宽度)超过 0.2μm 时，基极电流增加，这是失配位错所致。SiGe 合金和 Si 之间的禁带宽度差基本上是产生价带台阶 ΔE_v，这种情形对制作 NPN 型 HBT 是十分有利的。SiGe 合金中 Ge 的摩尔分数已达到 20%，相应的禁带宽度差约为 200meV(8kT)。由前面的讨论可知，这类 HBT 可以有很高的注入效率。近年来，随着分子束外延(MBE)和金属有机物化学汽相淀积(MOCVD)技术的发展，能够制作高质量应变层结构的 SiGe/Si 异质结，包括 HBT 在内的 SiGe/Si 异质结构器件受到广泛重视。与化合物异质结器件相比，这类器件由于采用成熟的硅工艺，工艺简单、可靠、价格便宜、机械和导热性能良好，并且可以在同一衬底上集成电子器件和光电子器件。

习题

3-1 (1) 画出 PNP 晶体管在平衡时以及在正向有源工作模式下的能带图；

(2) 画出电流分量示意图并表示出所有的电流成分，写出各极电流表达式；

(3) 画出发射区、基区、集电区少子分布示意图。

3-2 一个 NPN 硅晶体管具有下列参数：$x_B = 2\mu m$，在均匀掺杂基区 $N_a = 5\times10^{16} cm^{-3}$，$\tau_n = 1\mu s$，$A = 0.01cm^2$。若集电结被反向偏置，$I_{nE} = 1mA$，计算在发射结基区一边的过量电子浓度、发射结电压以及基区输运因子。

3-3 在习题 3-2 的晶体管中，假设发射极的掺杂浓度为 $10^{18} cm^{-3}$，$x_E = 2\mu m$，$\tau_{pE} = 10ns$，发射结空间电荷区中 $\tau_0 = 0.1\mu s$。计算在 $I_{nE} = 1mA$ 时的发射极注射效率和 β_0。

3-4 (1) 根据式(3-4-5)和式(3-4-6)，证明对于任意的 x_B / L_n 值，式(3-6-9)和(3-6-11)变成

$$a_{11} = -qAn_i^2\left[\frac{D_n}{N_a L_n}\left(\coth\frac{x_B}{L_n}\right) + \frac{D_{PE}}{N_{dE} x_E}\right]$$

$$a_{12} = a_{21} = \frac{qAD_n n_i^2}{N_a L_n}\operatorname{csch}\frac{x_B}{L_n}$$

$$a_{22} = -qAn_i^2\left[\frac{D_n}{N_a L_n}\left(\coth\frac{x_B}{L_n}\right) + \frac{D_{PC}}{N_{dC} L_{PC}}\right]$$

(2) 证明：若 $x_B / L_n \ll 1$，(1) 中的表达式约化为式(3-6-9)和式(3-6-11)。

3-5 证明在正向有源模式下，晶体管发射极电流–电压特性可表示为

$$I_E \approx \frac{I_{E0}}{1-\alpha_F\alpha_R} e^{V_E/V_T} + \frac{qAn_i W_E}{2\tau_0} e^{V_E/V_T}$$

式中，I_{E0} 为集电极开路时发射结反向饱和电流。

提示：首先由 E-M 方程导出 $I_{F0} = \dfrac{I_{E0}}{1-\alpha_F\alpha_R}$。

3-6 (1) 忽略空间电荷区的复合电流，证明晶体管共发射极输出特性的精确表达式为

$$V_{CE} = -V_T \ln\frac{I_{R0}(1-\alpha_F\alpha_R) + \alpha_F I_B - I_C(1-\alpha_F)}{I_{F0}(1-\alpha_F\alpha_R) + I_B + I_C(1-\alpha_R)} - V_T \ln\frac{\alpha_R}{\alpha_F}$$

提示：首先求出用电流表示结电压的显式解。

(2) 若 $I_B \gg I_{E0}$ 且 $\alpha_F I_B \gg I_{R0}(1-\alpha_F\alpha_R)$，证明上式可化为

$$V_{CE} = V_T \ln\frac{1/\alpha_R + I_C / I_B\beta_{0R}}{1 - I_C / I_B\beta_{0F}}$$

式中，$\beta_{0F} = \dfrac{\alpha_F}{1-\alpha_F}$，$\beta_{0R} = \dfrac{\alpha_R}{1-\alpha_R}$。

3-7 利用 E-M 方程证明式(3-6-30)和式(3-6-31)。

3-8 一个用离子注入制造的 NPN 晶体管，中性区内浅能级杂质浓度为 $N_a(x) = N_0 e^{-x/L}$，$N_0 = 2\times10^{18} cm^{-3}$，$l = 0.3\mu m$。

(1) 求宽度为 0.8μm 的中性区内单位面积的杂质总量；

(2)求出中性区内的平均杂质浓度；

(3)若 $L_{\mathrm{pE}}=1\mu\mathrm{m}$，$N_{\mathrm{dE}}=10^{19}\mathrm{cm}^{-3}$，$D_{\mathrm{pE}}=1\mathrm{cm}^2/\mathrm{s}$，基区内少子平均寿命为 $10^{-6}\mathrm{s}$，基区的平均扩散系数和(2)中的杂质浓度相应，求共发射极电流增益。

3-9 若在公式 $I_{\mathrm{n}}=\dfrac{qAD_{\mathrm{n}}n_{\mathrm{i}}^2}{\int_0^{x_{\mathrm{B}}}N_{\mathrm{a}}\mathrm{d}x}\mathrm{e}^{V_{\mathrm{E}}/V_{\mathrm{T}}}$ 中假设 $I_{\mathrm{C}}=I_{\mathrm{n}}$，则可由集电极电流 $I_{\mathrm{C}}\sim V_{\mathrm{E}}$ 曲线计算出根梅尔数。求出图 3-12 中晶体管中的根梅尔数。采用 $D_{\mathrm{n}}=35\mathrm{cm}^2/\mathrm{s}$、$A=0.1\mathrm{cm}^2$ 以及 $n_{\mathrm{i}}=1.5\times10^{10}\mathrm{cm}^{-3}$。

3-10 (1)证明对于均匀掺杂的基区，式

$$\beta_{\mathrm{T}}=1-\frac{1}{L_{\mathrm{n}}^2}\int_0^{x_{\mathrm{B}}}\left(\frac{1}{N_{\mathrm{a}}}\int_x^{x_{\mathrm{B}}}N_{\mathrm{a}}\mathrm{d}x\right)\mathrm{d}x$$

可简化为

$$\beta_{\mathrm{T}}=1-\frac{1}{2}\frac{x_{\mathrm{B}}^2}{L_{\mathrm{n}}^2}$$

(2)若基区杂质为指数分布，即 $N_{\mathrm{a}}=N_0\mathrm{e}^{-ax/x_{\mathrm{B}}}$，推导出基区输运因子的表示式。

3-11 基区直流扩展电阻对集电极电流的影响可表示为

$$I_{\mathrm{C}}=I_0\exp[(V_{\mathrm{E}}-I_{\mathrm{B}}r_{\mathrm{bb'}})/V_{\mathrm{T}}]$$

用公式以及如图 3-12 所示的数据估算出 $r_{\mathrm{bb'}}$。

3-12 (1)推导出均匀掺杂基区晶体管的基区渡越时间表达式。假设 $x_{\mathrm{B}}/L_{\mathrm{n}}\ll1$。

(2)若基区杂质分布为 $N_{\mathrm{a}}=N_0\mathrm{e}^{-ax/x_{\mathrm{B}}}$，重复问题(1)。

3-13 硅 NPN 晶体管在 300K 时具有如下参数：$I_{\mathrm{E}}=1\mathrm{mA}$，$C_{\mathrm{TE}}=1\mathrm{pF}$，$x_{\mathrm{B}}=0.5\mu\mathrm{m}$，$D_{\mathrm{n}}=25\mathrm{cm}^2/\mathrm{s}$，$x_{\mathrm{m}}=0.5\mu\mathrm{m}$，$r_{\mathrm{sc}}=20\Omega$，$C_{\mathrm{TC}}=0.1\mathrm{pF}$。求发射区-集电区渡越时间和截止频率。

3-14 证明均匀基区 BJT 穿通击穿电压可表示为：

$$BV_{\mathrm{BC}}=\frac{qW_{\mathrm{B}}^2}{2\varepsilon_{\mathrm{r}}\varepsilon_0}\frac{N_{\mathrm{a}}(N_{\mathrm{a}}+N_{\mathrm{dc}})}{N_{\mathrm{dc}}}$$

3-15 一均匀基区硅 BJT，基区宽度为 $0.5\mu\mathrm{m}$，基区杂质浓度 $N_{\mathrm{a}}=10^{16}\mathrm{cm}^{-3}$。若穿通电压期望值为 $BV_{\mathrm{BC}}=25\mathrm{V}$，那么集电区掺杂浓度为多少？如果不使集电区穿通，那么集电区宽度至少应大于多少？

参 考 文 献

爱德华・S・扬, 1981. 半导体器件物理基础. 卢纪译. 北京：人民教育出版社.

ADACHI S, 1985. GaAs, AlAs, and $\mathrm{Al}_x\mathrm{Ga}_{1-x}\mathrm{As}$: material parameters for use in research and device applications. Applied physics reviews, 1: 1-29.

BEAUFOY R, SPARKS J J, 1957. The junction transistor as a charge controlled device. ATE, 13: 310-327.

CASEY H C Jr, PANISH M B, 1978. Heterostructure laser. New York:Academic Press.

KANO K, 1998. Semiconductor devices. Upper Saddle River: Prentice Hall.

LEE H J, Juravel L Y, Woolley J C, et al, 1980. Electron transport and band structure of $\mathrm{Ga}_{1-x}\mathrm{Al}_x\mathrm{As}$ alloys. Physical review B, 21(2): 659-669.

MULLER R S, Kamins T I, 1986. Device electronics for integrated circuits. 2nd ed. New York:John Wiley & Sons.

NAVON D H, 1986. Semiconductor microdevices and materials. New York:Holt, Rinehart & Winston.

NEAMEN D A, 2005. 半导体物理与器件. 赵毅强, 姚素英, 解晓东, 等译. 北京：电子工业出版社.

NEUDECK G W, 1989. The PN junction diode. vol. 2 of the modular series on solid state devices. 2nd ed. Reading,

MA:Addison-Wesley.

NG K K, 1995. Complete guide to semiconductor devices. New York: McGraw-Hill.

NING T H, ISAAC R D, 1980.Effect of emitter contact on current gain of silicon bipolar devices. IEEE transactions on electron devices, 27(11): 2051-2055.

PIERRET R F, 1996. Semiconductor device fundamentals. Boston: Addison-Wesley.

ROULSTON D J, 1990. Bipolar semiconductor devices. New York: McGraw-Hill.

ROULSTON D J, 1999. An Introduction to the physics of semiconductor devices. New York: Oxford University Press.

SHUR M, 1987. GaAs devices and circuits. New York: Plenum Press.

SHUR M, 1990. Physics of semiconductor devices. Englewood Cliffs: Prentice Hall.

SHUR M, 1996. Introduction to electronic devices. New York: John Wiley & Sons.

SINGH J, 1994. Semiconductor devices: an introduction. New York: McGraw-Hill.

SZE S M, 1981. Physics of semiconductor devices. 2nd ed. New York: John Wiley & Sons.

SZE S M, 1990. High-speed semiconductor devices. New York: John Wiley & Sons.

TAUR Y, Ning T H, 1998. Fundamentals of modern VLSI devices. New York: Cambridge University Press.

TIWARI S, Wright S L, Kleinsasser A W, 1987. Transport and related properties of(Ga, Al) As/GaAs double heterojunction bipolar junction transistors. IEEE transactions on electron devices, 34(2): 185-187.

WANG S, 1989. Fundamentals of semiconductor theory and device physics. Englewood Cliffs: Prentice Hall.

WARNER R M Jr, GRUNG B L, 1983. Transistors: fundamentals for the integrated-circuit engineer. New York: John Wiley & Sons.

YANG E S, 1988. Microelectronic devices. New York: McGraw-Hill.

第 4 章 金属-半导体结

4.1 引言

金属-半导体结(Metal-Semiconductor Junction，MS 结)是由金属和半导体接触形成的。把须状的金属触针压在半导体晶体上(点接触)或者在高真空下向半导体表面上蒸镀大面积的金属薄膜(面接触)都可以获得金属-半导体结。金属-半导体接触有可能产生两种重要效应：整流效应或欧姆效应。前者称为**整流接触**，又称为**整流结**。后者称为**欧姆接触**，又称为**非整流结**。

金属-半导体结是形成金属-半导体器件的基础。金属-半导体器件是应用于电子学的最古老的固态器件。早在 1874 年，布劳恩(Braun)就提出了金属与硫化铅晶体点接触的不对称电导特性。1906 年，皮卡德(Pickard)得到了硅点接触整流器的专利。20 世纪 20 年代出现了钨与硫化铅的点接触整流器和氧化铜整流器。为了弄清楚金属-半导体接触整流作用的机理，1931 年，肖特基(Schottky)、斯托梅尔(Störmer)和韦伯(Waibel)提出在金属和半导体接触处可能存在某种势垒。1932 年，威尔逊(Wilson)等人用量子力学的隧道效应通过势垒解释了金属-半导体的整流性质。1938 年，肖特基和莫特(Mott)各自独立地提出了电子以漂移和扩散过程越过势垒的看法。莫特认为，金属-半导体势垒的发生是由于金属和半导体的功函数不同，但莫特的理论与实验不一致。塔姆(Tamm)和肖特基把这种不一致归因于与金属接触的半导体的表面上存在有表面态。在半导体物理发展的基础上，1942 年，贝特(Bethe)又提出了热离子发射理论，他认为金属和半导体接触时电流取决于电子由半导体向金属的发射过程，而不是肖特基和莫特的漂移和扩散过程。1947 年，巴丁(Bardeen)提出了金属和半导体表面存在一个表面层，因而存在受表面态控制的巴丁势垒。

第一个实用的点接触整流器是在第二次世界大战中用于微波检波的锗点接触二极管整流器。由于点接触二极管的重复性很差，故 20 世纪 50 年代，在大多数情况下它们已由 PN 结二极管所代替。到 70 年代，采用新的半导体平面工艺和真空工艺来制造具有重复性的金属-半导体结，使金属-半导体器件获得迅速的发展和应用，出现了一系列有重要意义的器件，如肖特基势垒太阳能电池、肖特基势垒场效应晶体管等。此外，核粒子探测器、压力传感器、声波换能器等都是利用金属-半导体整流特性制造的。其中，肖特基势垒场效应晶体管已在微波低噪声、大功率应用方面取得了重要的实用价值。

非整流结不论外加电压的极性如何都具有低的欧姆压降而且不呈整流效应。这种接触几乎对所有半导体器件的研制和生产都是不可缺少的部分，因为所有半导体器件都需要用欧姆接触与其他器件或电路元件相连接。

金属-半导体器件中最主要的有**肖特基势垒二极管**(Schottky barrier diode，SBD)和**肖特基势垒场效应晶体管**(Schottky barrier field effect transistor，SBFET)两类。本章着重介绍肖特基势垒二极管的结构和物理模型。肖特基势垒场效应晶体管将在第五章中与结型场效应晶体管一起介绍，因为二者具有极其类似的电流-电压特性。本章将在最后对欧姆接触进行讨论。

4.2　肖特基势垒

教学要求

1. 画出热平衡情况下的肖特基势垒能带图。
2. 根据能带图给出 $\psi_0 = \phi_m - \phi_s$ 和 $\phi_b = \psi_0 + V_n$。
3. 画出加偏压的肖特基势垒能带图，根据能带图解释肖特基势垒二极管的整流特性。
4. 为什么偏压情况下 $q\phi_b$ 不变？
5. 掌握式(4-2-7)、式(4-2-8)和式(4-2-9)。
6. 通过例 4-1 掌握利用 $\frac{1}{C^2} \sim V_R$ 曲线求内建电势差、杂质浓度和肖特基势垒高度的方法。

4.2.1　肖特基势垒的形成

图 4-1 所示是金属和 N 型半导体在形成接触之前的理想能带图。理想能带图的意思是假设半导体表面没有表面态，其能带直到表面都是平直的。图中，金属功函数 $q\phi_m$ 大于半导体的功函数 $q\phi_s$，χ_s 为半导体的**电子亲和势**，具有能量的量纲。

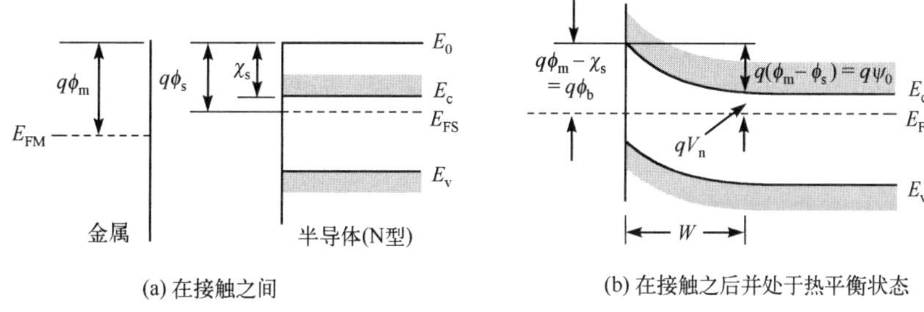

(a) 在接触之间　　(b) 在接触之后并处于热平衡状态

图 4-1　$\phi_m > \phi_s$ 的金属-半导体接触能带图

用某种方法把金属和半导体接触，由于 $q\phi_s < q\phi_m$，$E_{FS} > E_{FM}$，半导体中的电子比金属中的电子占据更高的能级。于是半导体中的电子将渡越到金属，使二者的费米能级拉平。由于电子的转移，半导体表面出现了由失去电子中和的电离施主构成的空间电荷层。在金属表面则出现了一个由于电子积累而形成的空间电荷层。电中性要求金属表面的负电荷与半导体表面的正电荷量值相等、符号相反。由于金属中具有大量的自由电子，因此金属表面的空间电荷层很薄(约 0.5nm)。半导体中施主浓度比金属中电子浓度低几个数量级，所以半导体的空间电荷层相对要厚得多。和 PN 结一样，空间电荷的电场将阻止半导体中电子流入金属。达到热平衡时形成了确定的空间电荷区宽度、稳定的内建电场和确定的内建电势差。半导体的能带向上弯曲，形成了阻止半导体中电子向金属渡越的势垒，如图 4-1(b)所示。从能带图可以看出，该内建电势差为

$$\psi_0 = \phi_m - \phi_s \tag{4-2-1}$$

ψ_0 由宽度为 W 的空间电荷层所承受，如图 4-1(b)所示。从图 4-1(b)还可以看出，对于从金属流向半导体的电子，需要跨过的势垒为

$$q\phi_b = q\phi_m - \chi_s \tag{4-2-2}$$

势垒 $q\phi_b$ 就是所谓的**肖特基势垒**。

由式(4-2-2)可见，由于不同金属的功函数不同，因此不同金属与半导体接触形成的肖特基势垒高度是不同的。图 4-1(b)给出

$$\phi_b = \psi_0 + V_n \tag{4-2-3}$$

式中

$$V_n = \frac{E_c - E_F}{q} = V_T \ln\frac{N_c}{n} = V_T \ln\frac{N_c}{N_d} \tag{4-2-4}$$

V_n 常称为半导体的**体电势**，其数值可由杂质浓度推导出来。对于热平衡肖特基结，在半导体空间电荷区解泊松方程(边界条件取为 $\psi(W)=0$)可以求得

$$\psi_s = -\psi_0 = -\frac{qN_d W^2}{2\varepsilon_r\varepsilon_0} \tag{4-2-5}$$

$$W = \left(\frac{2\varepsilon_r\varepsilon_0\psi_0}{qN_d}\right)^{1/2} \tag{4-2-6}$$

式(4-2-5)中的 ψ_s 为半导体的**表面势** $\psi(0)$，W 为半导体表面空间电荷区的宽度。

4.2.2 加偏压的肖特基势垒

如果在半导体上相对于金属加一负电压 V，则半导体-金属之间的电势差减少为 $\psi_0 - V$，半导体中的电子能级相对金属向上移动 qV，半导体一侧的势垒高度则由 $q\psi_0$ 变成 $q(\psi_0 - V)$。由于金属一侧的空间电荷层相对很薄，ϕ_b 基本上保持不变，如图 4-2(b)所示。这种偏压方式称为**正向偏压**。半导体一边势垒的降低使得半导体中的电子更易于移向金属，能够流过大的电流。

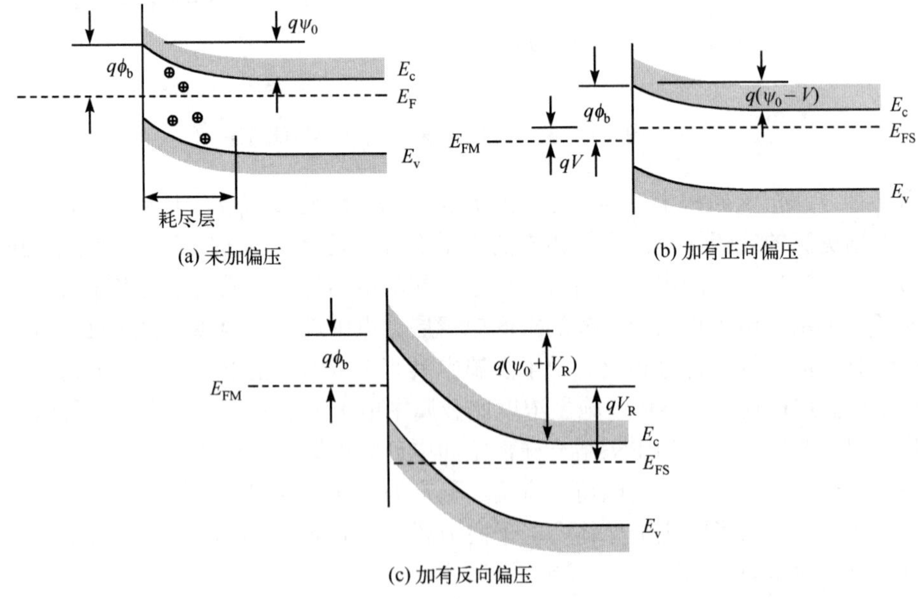

图 4-2 肖特基势垒的能带图

相反地，如果半导体一侧相对于金属加上正电压 V_R，这便是**反向偏压**条件。在反向偏压条件下，半导体中的电子能级相对金属向下移动 qV_R，ϕ_b 同样基本上保持不变。半导体-金

属之间的电势差增加为ψ_0+V_R，如图 4-2(c)所示。被提高的势垒阻挡电子由半导体向金属渡越，流过的电流很小。

以上分析说明肖特基势垒具有**单向导电性**，即**整流特性**。

对于均匀掺杂的半导体，肖特基势垒的空间电荷区宽度和单边突变 P^+N 结的相同：

$$W=\left[\frac{2\varepsilon_r\varepsilon_0(\psi_0+V_R)}{qN_d}\right]^{1/2} \tag{4-2-7}$$

式中，N_d为半导体的掺杂浓度，V_R为反向偏压。

结电容可以表示为

$$C=\frac{A\varepsilon_r\varepsilon_0}{W}=A\left[\frac{q\varepsilon_r\varepsilon_0N_d}{2(\psi_0+V_R)}\right]^{1/2} \tag{4-2-8}$$

式(4-2-8)还可写成

$$\frac{1}{C^2}=\frac{2}{q\varepsilon_r\varepsilon_0N_dA^2}(V_R+\psi_0) \tag{4-2-9}$$

与 PN 结情形一样，可以给出$1/C^2$与V_R的关系曲线以得到直线关系，如图 4-3 所示。内建电势差和半导体的掺杂情况可以从这种电容-电压曲线的斜率和截距计算出来。

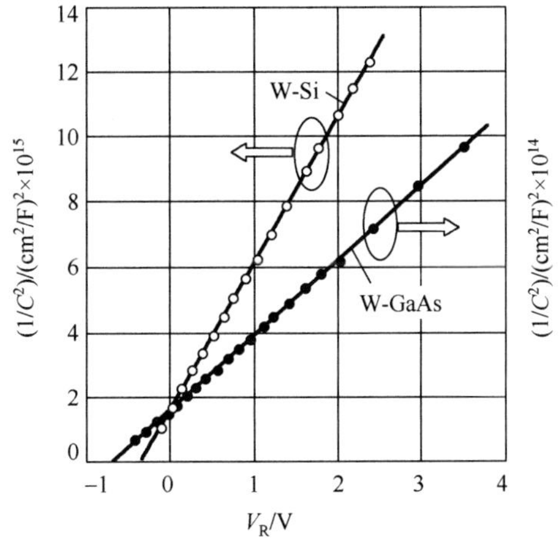

图 4-3　钨-硅(∘)和钨-砷化镓(•)的二极管$1/C^2$与外加偏压的对应关系(爱德华，1981)

【例 4-1】 从图 4-3 计算硅肖特基势垒二极管的施主浓度、内建电势差和势垒高度。

解　利用式(4-2-9)，有

$$N_d=\frac{2}{q\varepsilon_r\varepsilon_0A^2}\frac{d(V_R+\psi_0)}{d(1/C^2)}=\frac{2}{q\varepsilon_r\varepsilon_0A^2}\frac{\Delta V_R}{\Delta(1/C^2)}$$

在图 4-3 中，电容是按单位面积表示的，因此，令$A=1$。由图 4-3 可知：$V_R=1\text{V}$时，$1/C^2=6\times10^{15}\text{cm}^4/\text{F}^2$；$V_R=2\text{V}$时，$1/C^2=10.6\times10^{15}\text{cm}^4/\text{F}^2$。于是，$1/C^2$随外加偏压$V_R$的变化率的倒数为

$$\frac{\Delta V_R}{\Delta(1/C^2)}=\frac{1\text{V}}{4.6\times10^{15}\text{cm}^4/\text{F}^2}=2.17\times10^{-16}(\text{V}\cdot\text{F}^2/\text{cm}^4)$$

将其代入N_d的表达式，并代入各个物理常数和硅的相对介电常数，可得 N 型硅的掺杂浓度为

$$N_d = \frac{2\times 2.17\times 10^{-16}\text{V}\cdot\text{F}^2/\text{cm}^4}{1.6\times 10^{-19}\text{C}\times 11.8\times 8.854\times 10^{-14}\text{F}/\text{cm}} = 2.6\times 10^{15}\text{cm}^{-3}$$

将其代入式(4-2-4)。可得 N 型硅的体电势为

$$V_n = V_T \ln\frac{N_c}{N_d} = 0.026\ln\frac{2.8\times 10^{19}}{2.6\times 10^{15}} = 0.24(\text{V})$$

由式(4-2-9)可得内建电势差为

$$\psi_0 = \frac{q\varepsilon_r\varepsilon_0 N_d A^2(1/C^2)}{2} - V_R = \frac{1.6\times 10^{-19}\times 11.8\times 8.854\times 10^{-14}\times 2.6\times 10^{15}\times 6\times 10^{15}}{2} - 1 = 0.3(\text{V})$$

于是，由式(4-2-3)可得

$$\phi_b = \psi_0 + V_n = 0.3 + 0.24 = 0.54(\text{V})$$

4.2 节小结

即该钨-硅二极管的肖特基势垒高度为 0.54eV。

4.3 界面态对势垒高度的影响

由式(4-2-2)所确定的势垒高度 $q\phi_b$，往往与根据 C-V 曲线测量所得到的 ϕ_b 不一致。这是因为在实际的肖特基势垒二极管中，在半导体表面或界面处由于晶格周期性的中断而产生大量能量状态，称为**界面态**或**表面态**，位于禁带内。界面态通常按能量连续分布，并可用一**中性能级** E_0 表征界面态的带电状态。如果中性能级 E_0 以下的界面态全部被电子占据，而 E_0 以上的界面态全部是空着的，则这时的表面为电中性。也就是说，当 E_0 以下的状态空着时，表面带正电，类似于电离施主的作用，这样的界面态称为**施主型界面态**；当 E_0 以上的状态被电子占据时，表面带负电，类似于电离受主的作用，因而称为**受主型界面态**。若 E_0 与费米能级持平，则净表面电荷为零。

在实际的 M-S 接触中，当 $E_0 > E_F$ 时，界面态的净电荷为正，类似于施主。这些正电荷和金属表面的负电荷所形成的电场在金属和半导体之间的微小间隙 δ 中产生电势差，所以耗尽层内需要较少的电离施主以达到平衡。结果使得内建电势差被显著降低，如图 4-4(a)所示，并且根据式(4-2-3)，势垒高度 ϕ_b 也被降低。从图 4-4(a)可以看到，更小的 ϕ_b 使 E_F 更接近 E_0。

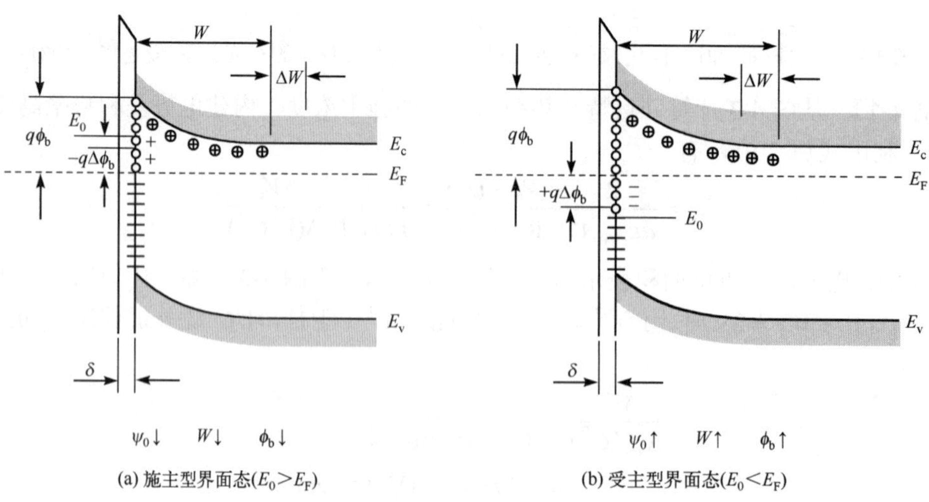

图 4-4 被界面态钳位的费米能级

与此类似，若 $E_0 < E_F$，则在界面态中有负电荷，并使 ϕ_b 增加，还是使 E_F 和 E_0 接近，如图 4-4(b)所示。因此，界面态的电荷具有负反馈效应，它趋向于使 E_F 和 E_0 接近。若界面态密度很大，则费米能级实际上被钳位在 E_0，而 ϕ_b 变成与金属和半导体的功函数无关，这种现象称为**费米能级钉扎效应**。

由上述分析可知，肖特基势垒的高度不仅与金属功函数有关，而且与界面态密切相关。下面具体分析肖特基势垒高度与**界面态密度**(单位面积、单位能量间隔中包含的界面态数量)和金属功函数的关系。假设：①金属和半导体紧密接触后，金属和半导体之间存在一个界面层(真空隙)，该界面层厚度 δ 为原子尺度的量级，因而电子可以自由隧穿该界面层，但界面层上会承载电势差；②界面态密度只与半导体表面的性质有关，与金属无关。考虑到界面层和界面态影响后，金属与 N 型半导体形成肖特基接触后的能带图如图 4-5 所示。

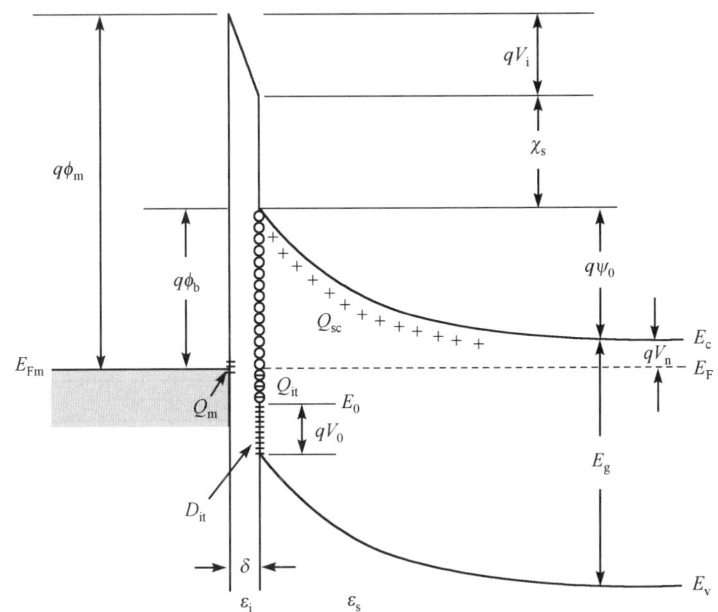

图 4-5　金属和 N 型半导体形成肖特基接触的能带图

在图 4-5 中，中性能级 E_0 与半导体表面的价带顶之间的能量差为 qV_0，中性能级 E_0 位于费米能级之下，因而存在受主型的界面态，界面态密度为 D_{it}，电离的受主型界面态的电荷面密度为 Q_{it}，界面层的厚度为 δ，降落在界面层上的电势差为 qV_i，界面层的介电常数为 ε_i，半导体表面空间电荷区的面电荷密度为 Q_{sc}，金属表面的面电荷密度为 Q_m。

假设 E_0 与 E_F 之间的界面态密度 D_{it} 为常数，则电离的受主型界面态所带电荷面密度为

$$Q_{it} = -qD_{it}(E_F - E_0) = -qD_{it}(E_g - q\phi_b - qV_0) \tag{4-3-1}$$

假设 N 型半导体的施主浓度为 N_d，则半导体表面空间电荷的面密度为

$$Q_{sc} = qN_dW = qN_d(2\varepsilon_s\psi_0 / qN_d)^{1/2} = \sqrt{2N_d\varepsilon_s q(\phi_b - V_n)} \tag{4-3-2}$$

式中，W 为半导体表面空间电荷区的宽度，ε_s 为半导体的介电常数，V_n 为半导体的体电势。

半导体表面总的电荷面密度为 $Q_{it} + Q_{sc}$。如果界面层中没有其他的空间电荷，则电中性条件要求金属表面存在与半导体表面等量的极性相反的电荷，即金属表面的面电荷密度为

$$Q_m = -(Q_{it} + Q_{sc}) \tag{4-3-3}$$

因此，界面层可以看作厚度为 δ 的平行板电容，其单位面积的电容大小为 ε_i/δ，因而，降落在该电容器上的电势差为

$$V_i = -\delta Q_m / \varepsilon_i \tag{4-3-4}$$

由图 4-5 容易得到界面层的电势差与肖特基势垒的关系为

$$V_i = \phi_m - \phi_b - \chi_s / q \tag{4-3-5}$$

于是，将式(4-3-1)～式(4-3-5)联立，可以得到

$$E_g - q\phi_b - qV_0 = \frac{\sqrt{2N_d\varepsilon_s q(\phi_b - V_n)}}{qD_{it}} - \frac{\varepsilon_i}{qD_{it}\delta}\left(\phi_m - \phi_b - \frac{\chi_s}{q}\right) \tag{4-3-6}$$

根据式(4-3-6)可以讨论两种极端情形：①若界面态密度非常大，即 $D_{it}\to\infty$ 时，式(4-3-6)的等号右边趋于零，因此，$q\phi_b = E_g - qV_0$，此时肖特基势垒高度与金属功函数无关，由界面态中性能级的位置决定，这正是费米能级钉扎效应的结果；②若界面态密度很小，界面层厚度可以忽略，即 $D_{it}\delta\to 0$ 时，则等号右侧第二项括号内的值必为零，即 $q\phi_b = q\phi_m - \chi_s$，这正是无界面态影响时的结果。

在大多数实用的肖特基势垒中，界面态在决定 ϕ_b 的数值中处于支配地位，势垒高度基本上与金属和半导体的功函数差以及半导体中的掺杂浓度无关。由实验观测到的势垒高度列于表 4-1 中。可以发现，大多数半导体的中性能级 E_0 是在离开价带边 $E_g/3$ 附近。在半导体中，由于界面态密度无法预知，因此势垒高度是一个经验值。

表 4-1 以电子伏特(eV)为单位的 N 型半导体上的肖特基势垒高度

金属	$q\phi_m$(eV)	Si($\chi=4.05$eV)	Ge($\chi=4.13$eV)	GaAs($\chi=4.07$eV)	GaP($\chi=4.0$eV)
Al	4.2	0.5～0.77	0.48	0.80	1.05
Au	4.7	0.81	0.45	0.90	1.28
Cu	4.4	0.69～0.79	0.48	0.82	1.20
Pt	5.4	0.9	—	0.86	1.45

4.3 节小结

4.4 镜像力对势垒高度的影响

教学要求

1. 什么是肖特基效应？解释肖特基效应的物理机制。
2. 根据总能量公式和图 4-6(c)解释肖特基效应。
3. 导出肖特基势垒降低公式(4-4-8)和总能量最大值发生的位置公式(4-4-6)。

在半导体中，金属表面附近 x 处的电子会在金属上感应出正电荷。电子与感应正电荷之间的吸引力等于位于 x 处的电子和位于 $-x$ 处的等量正电荷之间的静电引力，这个正电荷称为**镜像电荷**，静电引力称为**镜像力**。根据库仑定律，镜像力为

$$F = -\frac{q^2}{4\pi\varepsilon_r\varepsilon_0(2x)^2} = -\frac{q^2}{16\pi\varepsilon_r\varepsilon_0 x^2} \tag{4-4-1}$$

距金属表面 x 处的电子的电势能为

$$E_1(x)=\int_x^{\infty}F\mathrm{d}x=-\frac{q^2}{16\pi\varepsilon_r\varepsilon_0 x} \tag{4-4-2}$$

式中，边界条件取为当 $x=\infty$ 时 $E=0$ 和当 $x=0$ 时 $E=-\infty$ 。

对于肖特基势垒，这个势能将叠加到理想肖特基势垒能带图上，使原来的理想肖特基势垒的电子能量曲线在 $x=0$ 处下降，也就是说使肖特基势垒高度下降，这种现象称为肖特基势垒的镜像力降低，又称为**肖特基效应**，如图 4-6 所示。

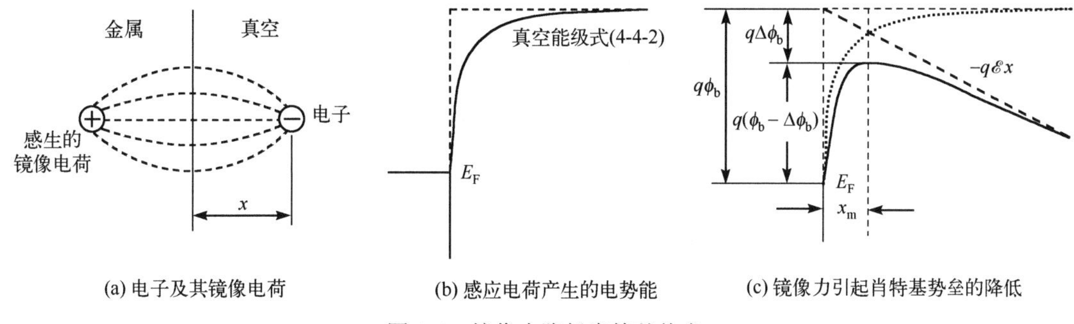

(a) 电子及其镜像电荷　(b) 感应电荷产生的电势能　(c) 镜像力引起肖特基势垒的降低

图 4-6　镜像力降低肖特基势垒

为求出势垒降低的大小和发生的位置，现将界面附近原来的势垒近似地看成线性的，因而界面附近的导带底势能曲线为

$$E_2(x)=-q\mathscr{E}x \tag{4-4-3}$$

式中，$\mathscr{E}$ 为表面附近的电场(内建电场和外加电场之和)，等于势垒区最大电场。总能量为

$$E(x)=E_1(x)+E_2(x)=-\frac{q^2}{16\pi\varepsilon_r\varepsilon_0 x}-q\mathscr{E}x \tag{4-4-4}$$

设势垒高度降低的位置发生在 x_m 处，势垒高度降低值为 $q\Delta\phi_b$ 。令 $\mathrm{d}E(x)/\mathrm{d}x=0$ ，由式 (4-4-4) 得到

$$q\mathscr{E}-\frac{q^2}{16\pi\varepsilon_r\varepsilon_0 x_m^2}=0$$

$$\mathscr{E}=\frac{q}{16\pi\varepsilon_r\varepsilon_0 x_m^2} \tag{4-4-5}$$

所以

$$x_m=(q/16\pi\varepsilon_r\varepsilon_0\mathscr{E})^{1/2} \tag{4-4-6}$$

由于

$$E(x_m)=-q\Delta\phi_b=-\frac{q^2}{16\pi\varepsilon_r\varepsilon_0 x_m}-q\mathscr{E}x_m \tag{4-4-7}$$

因此

$$\Delta\phi_b=\mathscr{E}x_m+\frac{q}{16\pi\varepsilon_r\varepsilon_0 x_m}=2\mathscr{E}x_m=(q\mathscr{E}/4\pi\varepsilon_r\varepsilon_0)^{1/2} \tag{4-4-8}$$

式 (4-4-8) 说明，在大电场下，肖特基势垒被镜像力降低很多。

【例 4-2】　分别计算真空条件下金属附近电场分别为 10^5V/cm 和 10^7V/cm 时，势垒降低的大小和势垒距离金属表面的位置。

解　真空条件下，$\varepsilon_r=1$ 。将 $\mathscr{E}_1=10^5\ \mathrm{V/cm}$ 和 $\mathscr{E}_2=10^7\ \mathrm{V/cm}$ 分别代入式 (4-4-6) 和式 (4-4-8)

中，可得

$$x_{m1}=(q/16\pi\varepsilon_r\varepsilon_0\mathscr{E}_1)^{1/2}=\sqrt{\frac{1.6\times10^{-19}\mathrm{C}}{16\times3.14\times8.85\times10^{-14}(\mathrm{F/cm})\times10^5(\mathrm{V/cm})}}=6.0\times10^{-7}\mathrm{cm}=6.0\mathrm{nm}$$

$$\Delta\phi_{b1}=2\mathscr{E}_1x_{m1}=2\times10^5(\mathrm{V/cm})\times6\times10^{-7}\mathrm{cm}=0.12\mathrm{V}$$

$$x_{m2}=(q/16\pi\varepsilon_r\varepsilon_0\mathscr{E}_2)^{1/2}=6.0\times10^{-8}\mathrm{cm}=0.6\mathrm{nm}$$

$$\Delta\phi_{b2}=2\mathscr{E}_2x_{m2}=2\times10^7(\mathrm{V/cm})\times6\times10^{-8}\mathrm{cm}=1.2\mathrm{V}$$

可见，电场越强，肖特基势垒降低越显著，势垒的位置越靠近金属电极。在实际的肖特基势垒二极管中，半导体空间电荷区内的电场并不是常数，此时，式(4-4-6)和式(4-4-8)中的电场经常用空间电荷区内的最强电场(金属和半导体界面处的电场)替代，此时肖特基势垒的减小量为

$$\Delta\phi_b=(q\mathscr{E}_m/4\pi\varepsilon_r\varepsilon_0)^{1/2} \tag{4-4-9}$$

在耗尽层近似和热平衡条件下，最大电场强度与均匀掺杂的N型半导体表面的内建电势差的关系为

$$\mathscr{E}_m=\frac{2\psi_0}{W}=\sqrt{\frac{2\psi_0qN_d}{\varepsilon_s}} \tag{4-4-10}$$

式中，ε_s为半导体的介电常数。在施加反偏电压V_R的情况下，耗尽层近似依然成立，式(4-4-10)变为

$$\mathscr{E}_m=\sqrt{\frac{2qN_d(\psi_0+V_R)}{\varepsilon_s}} \tag{4-4-11}$$

此时，肖特基势垒的减小量为

$$\Delta\phi_R=\left[\frac{q^3N_d(\psi_0+V_R)}{8\pi^2\varepsilon_s^3}\right]^{1/4} \tag{4-4-12}$$

可见，在反偏情况下，随着反偏电压的增大，耗尽层中的电场增强，因而肖特基势垒下降得更加显著。而在正偏情况下，耗尽层近似不再成立。随着正偏电压的增大，空间电荷区内的电场不断减弱，肖特基效应越来越弱。正偏时的肖特基势垒高度减小量$\Delta\phi_F$将比热平衡时小一些。不同偏压下的肖特基效应如图4-7所示。

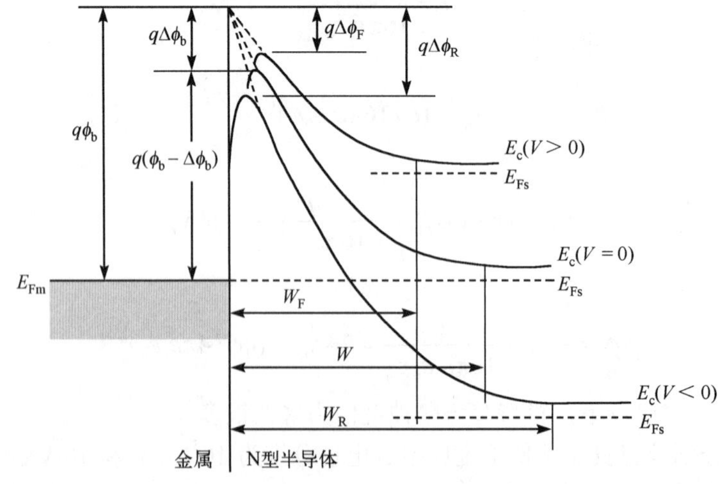

图4-7 金属与N型半导体的整流接触在不同偏压下的肖特基效应示意图

注：$\Delta\phi_F$和$\Delta\phi_R$分别表示正偏和反偏时的$\Delta\phi$；W_F和W_R分别表示正偏和反偏时的空间电荷区宽度

镜像力使肖特基势垒高度降低的前提是金属表面附近的半导体导带要有电子存在。因此，在测量势垒高度时，如果所用方法与电子在金属和半导体间的输运有关，则所得结果是 $\phi_b - \Delta\phi_b$；如果测量方法只与耗尽层的空间电荷有关而不涉及电子的输运(如电容方法)，则测量结果不受镜像力的影响。

空穴也产生镜像力，它的作用是使半导体能带的价带顶附近向上弯曲，但价带顶不像导带底那样有极值。

4.4 节小结

4.5　肖特基势垒二极管的结构

图 4-8 所示为三种实用的 Si 肖特基势垒二极管结构。在图 4-8(a)中，在 N^+-Si 衬底上的 N 型外延层经过清洁处理及热氧化。随后，用标准的光刻技术开出窗口，并通过在真空系统中进行蒸发或溅射以沉积金属。金属图形由另一步光刻确定。这是一种最简单的结构。这种结构具有陡峭的边沿并在 Si-SiO_2 界面存在正的固定电荷，这使得在靠近周边的半导体耗尽区建立一强电场，导致在拐角处有过量的电流。这种拐角效应除了造成软的反向特性和低击穿电压之外，还造成低劣的噪声特性。因此，这种简单结构不能提供理想的肖特基势垒特性。

图 4-8(b)所示为金属搭接结构。该结构将金属搭接在氧化层上，从而可以消除周边效应，使金属–氧化物–半导体(MOS)电容下边的耗尽区得到修整，引起软击穿的陡沿被消除。搭接区应当很小，不然附加的电容会降低二极管的高频特性。

为了得到理想的 *I-V* 特性，在图 4-8(c)的结构中采用了一种通过附加的 P^+扩散环(保护环)来降低边缘效应的方法。由于搭接金属结构较为简单，因此通常在集成电路中采用它更为合适。

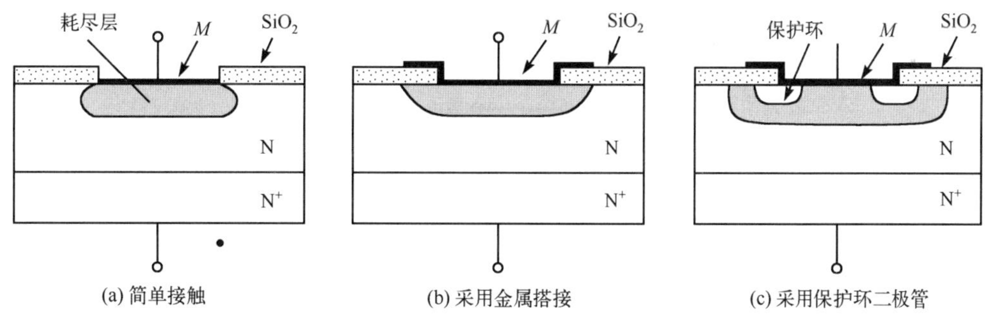

图 4-8　实用的 Si 肖特基势垒二极管结构

4.6　肖特基势垒二极管的电流-电压特性

教学要求

1. 掌握概念：热离子发射电流、热电子、热载流子二极管、理查德森常数、有效理查德森常数、理想化因子、理查德森-杜什曼方程。

2. 掌握肖特基势垒二极管的电流机制。

3. 推导出肖特基势垒二极管的电流-电压特性，即理查德森-杜什曼方程。

4. 能够利用正偏时的 I-V 实验曲线，确定理想化因子和肖特基势垒高度。

5. 结合例 4-4，比较少子空穴电流与多子电流，理解肖特基势垒二极管是多子器件。

4.6.1 肖特基势垒二极管的电流机制

与 PN 结二极管不同，肖特基势垒二极管的正向电流主要是多子电流。在正偏条件下，流过肖特基势垒二极管的电流机制主要包括五种，以金属与 N 型半导体形成的肖特基接触为例，①**热离子发射电流**：半导体导带中的电子越过势垒，通过热离子发射方式进入金属电极；②**隧道电流**：半导体导带中的电子直接隧穿势垒进入金属电极；③**正偏复合电流**：与 PN 结空间电荷区的正偏复合电流类似，肖特基结正偏时，空间电荷区内也存在正偏复合电流；④**电子扩散电流**：半导体体内的电子通过扩散进入到空间电荷区，并扩散到金属电极附近；⑤**空穴扩散电流**：空穴从金属注入半导体，并向半导体内部进行扩散。这五种载流子输运过程如图 4-9 所示。在重掺杂半导体中，隧道电流比较显著，这时金属和半导体容易形成非整流的欧姆接触，将在 4.10 节介绍。在掺杂浓度不是很高的情况下，N 型半导体中的电子主要通过扩散和热离子发射的方式进入金属电极。一般载流子先通过扩散到达金属表面附近，再通过热离子发射过程进入金属中。如果电子的热离子发射速度远大于电子的扩散速度，则肖特基势垒二极管的电流主要由载流子的扩散所控制。如果电子的热离子发射速度远小于电子的扩散速度，则肖特基势垒二极管的电流主要由载流子的热离子发射过程所控制。现已清楚，对于载流子迁移率较大的常用半导体材料，在室温下其肖特基势垒二极管的电流输运机制主要受到热离子发射过程的限制。正偏复合电流只有在正偏电压很小时才有影响。少子空穴的扩散电流一般远小于多子电子的热离子发射电流。因此，普通的肖特基势垒二极管的正偏电流机制主要是多子的热离子发射电流。

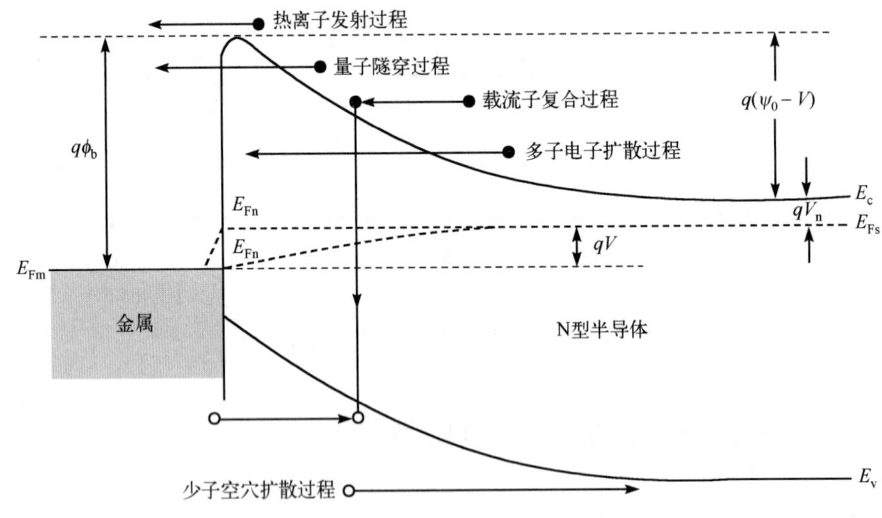

图 4-9 肖特基势垒二极管在正偏条件下的五种载流子输运过程

当电子来到势垒顶上向金属发射时，它们的能量比金属中的电子的能量高出约 $q\phi_b$。进入金属之后它们在金属中碰撞以给出这份多余的能量之前，由于它们的等效温度高于金属中的电子，因此把这些电子看成是热电子。由于这个缘故肖特基势垒二极管有时被称为**热载流子二极管**。这些进入到金属中的载流子在很短的时间内就会和金属电子达到平衡，这个时间一般小于 0.1ns。

4.6.2　肖特基势垒二极管的热离子发射理论

热离子发射理论一般基于以下假设：①肖特基势垒高度远大于 qV_{T}；②在靠近金属表面的半导体空间电荷区内，近似满足热平衡条件，因此，在只考虑热离子发射过程时可以认为半导体空间电荷区内的费米能级是平直的；③尽管有电流流过肖特基势垒二极管，但是并不改变半导体空间电荷区内的热平衡近似。基于上述假设，热离子发射电流只依赖于势垒的高度，与势垒的形状无关。只考虑载流子从半导体到金属或者从金属到半导体发射的一维运动(设为 x 方向)过程，只要半导体导带中的电子动能大于势垒高度，就可以进入金属中。于是，从半导体向金属一侧发射的电子电流密度可以表示为

$$J_{\mathrm{S}\to\mathrm{M}}=\int_{E_{\mathrm{Fm}}+q\phi_{\mathrm{b}}}^{\infty}qv_x\mathrm{d}n \tag{4-6-1}$$

式中，$E_{\mathrm{Fm}}+q\phi_{\mathrm{b}}$ 表示半导体导带中的电子向金属中发射所需的最低能量，v_x 是载流子沿 x 方向的运动速度，$\mathrm{d}n$ 表示能量为 $E\to E+\mathrm{d}E$ 的电子密度，显然

$$\mathrm{d}n=N(E)\cdot f(E)\cdot\mathrm{d}E\approx\frac{4\pi(2m^*)^{3/2}}{h^3}\sqrt{E-E_{\mathrm{c}}}\exp\left(\frac{E_{\mathrm{Fs}}-E}{kT}\right)\mathrm{d}E \tag{4-6-2}$$

式(4-6-2)中，$N(E)$ 为导带底的有效状态密度，考虑非简并情形，用玻尔兹曼分布代替了费米分布。半导体导带中大于导带底的电子能量都表现为电子的动能，于是有

$$E-E_{\mathrm{c}}=\frac{1}{2}m^*v^2 \tag{4-6-3}$$

$$\mathrm{d}E=m^*v\cdot\mathrm{d}v \tag{4-6-4}$$

$$E_{\mathrm{Fs}}-E=E_{\mathrm{c}}-qV_{\mathrm{n}}-E=-\frac{1}{2}m^*v^2-qV_{\mathrm{n}} \tag{4-6-5}$$

将式(4-6-3)～式(4-6-5)代入式(4-6-2)中，可得

$$\mathrm{d}n=2\left(\frac{m^*}{h}\right)^3\exp\left(-\frac{V_{\mathrm{n}}}{V_{\mathrm{T}}}\right)\exp\left(\frac{-m^*v^2}{2kT}\right)\left(4\pi v^2\mathrm{d}v\right) \tag{4-6-6}$$

式(4-6-6)表示单位体积中速度为 $v\to v+\mathrm{d}v$ 范围的向各个方向运动的电子数。将速度表示为笛卡尔坐标系中的分量形式，即

$$v^2=v_x^2+v_y^2+v_z^2 \tag{4-6-7}$$

将速度空间中的球坐标系变为笛卡尔坐标系，则微分元变换公式为 $4\pi v^2\mathrm{d}v=\mathrm{d}v_x\mathrm{d}v_y\mathrm{d}v_z$，于是式(4-6-1)可以写为

$$J_{\mathrm{S}\to\mathrm{M}}=2q\left(\frac{m^*}{h}\right)^3\exp\left(\frac{-qV_{\mathrm{n}}}{kT}\right)\int_{v_{0x}}^{\infty}v_x\exp\left(-\frac{m^*{v_x}^2}{2kT}\right)\mathrm{d}v_x\int_{-\infty}^{\infty}\exp\left(-\frac{m^*{v_y}^2}{2kT}\right)\mathrm{d}v_y\int_{-\infty}^{\infty}\exp\left(-\frac{m^*{v_z}^2}{2kT}\right)\mathrm{d}v_z \tag{4-6-8}$$

由特殊积分公式 $\int_{-\infty}^{\infty}\mathrm{e}^{-t^2}\mathrm{d}t=\sqrt{\pi}$ 和 $\int_{-\infty}^{\infty}\mathrm{e}^{-at^2}\mathrm{d}t=\sqrt{\pi/a}$ 可知

$$\int_{-\infty}^{\infty}\exp\left(-\frac{m^*{v_y}^2}{2kT}\right)\mathrm{d}v_y=\int_{-\infty}^{\infty}\exp\left(-\frac{m^*{v_z}^2}{2kT}\right)\mathrm{d}v_z=\sqrt{2kT\pi/m^*} \tag{4-6-9}$$

$$\int_{v_{0x}}^{\infty} v_x \exp\left(-\frac{m^* v_x{}^2}{2kT}\right) \mathrm{d}v_x = -\frac{kT}{m^*} \exp\left(-\frac{m^* v_x{}^2}{2kT}\right)\Bigg|_{v_{0x}}^{\infty} = \exp\frac{kT}{m^*}\left(-\frac{m^* v_{0x}{}^2}{2kT}\right) \tag{4-6-10}$$

将式(4-6-9)和式(4-6-10)分别代入式(4-6-8)中可得

$$J_{\mathrm{S\to M}} = \frac{4\pi q m^* k^2}{h^3} T^2 \exp\left(-\frac{V_{\mathrm{n}}}{V_{\mathrm{T}}}\right) \exp\left(\frac{-m^* v_{0x}^2}{2kT}\right) \tag{4-6-11}$$

式中，v_{0x}是指沿 x 方向跨越势垒所需要的最小速度。显然

$$\frac{1}{2} m^* v_{0x}^2 = q(\psi_0 - V) \tag{4-6-12}$$

将式(4-6-12)代入式(4-6-11)中，可得

$$J_{\mathrm{S\to M}} = \frac{4\pi q m^* k^2}{h^3} T^2 \mathrm{e}^{-\phi_{\mathrm{b}}/V_{\mathrm{T}}} \mathrm{e}^{V/V_{\mathrm{T}}} = R^* T^2 \mathrm{e}^{-\phi_{\mathrm{b}}/V_{\mathrm{T}}} \mathrm{e}^{V/V_{\mathrm{T}}} \tag{4-6-13}$$

式中

$$R^* = \frac{4\pi q m^* k^2}{h^3} \tag{4-6-14}$$

称为**有效理查德森常数**。当 $m^* = m_0$ 时，式(4-6-14)称为**理查德森常数**，记作 R，代入各个物理常数可以得到：$R = 120\ \mathrm{A \cdot cm^{-2} \cdot K^{-2}}$。

对于导带底附近电子有效质量为各向同性的半导体，例如 N 型 GaAs，有效理查德森常数可以写为

$$R^* = R(m^*/m_0) = 120(m^*/m_0) \tag{4-6-15}$$

R^* 的单位为 $\mathrm{A \cdot cm^{-2} \cdot K^{-2}}$，其数值依赖于有效质量。

而对于导带具有多个能谷的 N 型半导体，有效理查德森常数可以写为

$$R^* = \frac{R}{m_0} \sqrt{l_1^2 m_y^* m_z^* + l_2^2 m_z^* m_x^* + l_3^2 m_x^* m_y^*} \tag{4-6-16}$$

式中，l_1、l_2 和 l_3 为导带能谷附近的能量椭球主轴与热离子发射平面的法线之间的方向余弦，m_x^*、m_y^* 和 m_z^* 为能量椭球主轴方向的电子有效质量。

Si 沿<100>晶向具有 6 个导带能谷，其能谷附近的电子等能面为旋转椭球面，其纵向电子有效质量为 $m_{\mathrm{l}}^* = 0.98 m_0$，横向电子有效质量为 $m_{\mathrm{l}}^* = 0.19 m_0$。因此，N 型 Si 的有效理查德森常数在<100>晶向有最小值，即

$$R^*_{\text{N-Si<100>}} = \frac{R}{m_0} (2 m_{\mathrm{t}}^* + 4\sqrt{m_{\mathrm{l}}^* m_{\mathrm{t}}^*}) \approx 2.1R \tag{4-6-17}$$

而在<111>晶向有极大值，即

$$R^*_{\text{N-Si<111>}} = \frac{6R}{m_0} \sqrt{\frac{(m_t^*)^2 + 2 m_{\mathrm{l}}^* m_{\mathrm{t}}^*}{3}} \approx 2.2R \tag{4-6-18}$$

对于 P 型 Si 和 GaAs 等半导体，空穴的热离子发射电流包括重空穴带和轻空穴带的贡献，由于价带顶位于布里渊区中心，因此重空穴和轻空穴的等能面都近似为球面，它们对热离子发射电流的贡献基本一致，是各向同性的，因而，其有效理查德森常数可表示为

$$R^*_{\text{P-Si}} = \frac{m_{\mathrm{lp}}^* + m_{\mathrm{hp}}^*}{m_0} R \tag{4-6-19}$$

式中，m_{lp}^* 和 m_{hp}^* 分别为轻空穴和重空穴的有效质量。对于 P 型 Si 而言，$m_{lp}^* = 0.16m_0$，$m_{hp}^* = 0.49m_0$，因此 $R^*_{\text{P-Si}} \approx 0.65R$。

在半导体导带中的电子向金属一侧发射的同时，金属中的电子也要向半导体一侧发射，从而产生金属向半导体的热离子发射电流 $J_{M\to S}$。金属中的电子需要跨越肖特基势垒 $q\phi_b$ 后才能进入半导体。因为肖特基势垒高度与外加偏压无关，所以 $J_{M\to S}$ 也应该不受外加偏压的控制，恒等于热平衡时的 $J_{M\to S}$。在热平衡时，净电流为零，因此 $J_{M\to S}$ 应该与零偏压时的 $J_{S\to M}$ 大小相等，方向相反，即

$$J_{M\to S} = -R^*T^2 e^{-\phi_b/V_T} \tag{4-6-20}$$

联合式(4-6-20)和式(4-6-13)，很容易得到肖特基势垒二极管的 *I-V* 方程，即

$$J = J_{S\to M} + J_{M\to S} = R^*T^2 e^{-\phi_b/V_T}(e^{V/V_T} - 1) = J_s(e^{V/V_T} - 1) \tag{4-6-21}$$

式中

$$J_s = R^*T^2 e^{-\phi_b/V_T} \tag{4-6-22}$$

或者

$$I = I_s(e^{V/V_T} - 1) \tag{4-6-23}$$

$$I_s = AR^*T^2 e^{-\phi_b/V_T} \tag{4-6-24}$$

式中，J_s 和 I_s 分别为肖特基势垒二极管的**反向饱和电流密度**和**反向饱和电流**，A 为结面积。可见，肖特基势垒二极管的 *I-V* 方程在形式上与 PN 结二极管完全类似，但是其反向饱和电流的形式和电流机制却显著不同。

在上述讨论过程中，只考虑载流子的热离子发射过程，忽略了其他的载流子输运过程。事实上，载流子在跨越势垒时会受到光学声子散射作用而被势垒发射回来；如果考虑到量子过程，即使载流子的动能不足以跨越势垒，也会有一定的几率隧穿势垒，即使载流子的动能足以跨越势垒，也会有一定几率被势垒反射回来，这是载流子的波粒二象性的本质决定的；此外，载流子的扩散速度也对热离子的发射电流有一定的影响。这些物理因素的影响可以反映在有效理查德森常数上，用**折合的有效理查德森常数** R^{**} 代替 R^*。折合的有效理查德森常数 R^{**} 约为 R^* 的一半，与半导体的掺杂浓度和空间电荷区的电场强度有关。对于掺杂浓度为 10^{16}cm^{-3} 的 Si，Si 的折合的有效理查德森常数与电场的关系如图 4-10 所示。

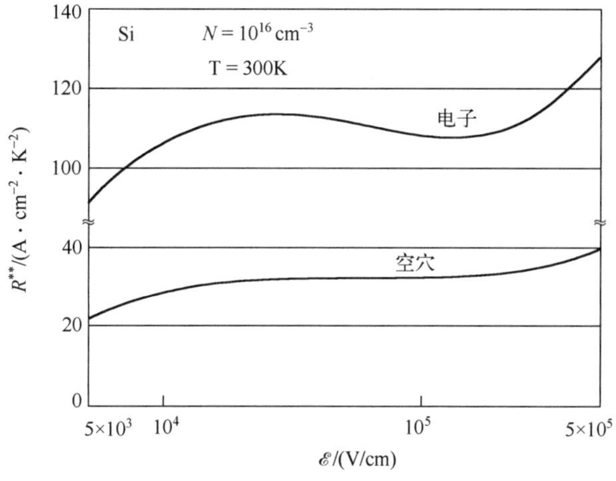

图 4-10　硅基肖特基势垒二极管的折合有效理查德森常数与电场的关系

从图 4-10 中可以看出，在电场强度为 $10^4\sim2\times10^5$V/cm 的范围内，R^{**} 基本为常数，对于 N 型 Si，$R^{**}\approx110\text{A}\cdot\text{cm}^{-2}\cdot\text{K}^{-2}$；对于 P 型 Si，$R^{**}\approx30\text{A}\cdot\text{cm}^{-2}\cdot\text{K}^{-2}$。对于 N 型 GaAs，计算得到 $R^{**}\approx4.4\text{A}\cdot\text{cm}^{-2}\cdot\text{K}^{-2}$。

当肖特基势垒被施加反向偏压 $-V_\text{R}$ 时，将式(4-6-21)或式(4-6-24)中的 V 换成 $-V_\text{R}$ 即可得到反向偏压下的 I-V 关系。考虑到半导体掺杂浓度较高时的隧道电流，以及小的正偏电压时空间电荷区内正偏复合电流的影响，需要对式(4-6-21)和式(4-6-24)进一步修正，写为

$$J=J_\text{s}(\text{e}^{V/nV_\text{T}}-1) \tag{4-6-25}$$

$$I=I_\text{s}(\text{e}^{V/nV_\text{T}}-1) \tag{4-6-26}$$

式(4-6-26)称为**理查德森-杜什曼方程**(Richardson-dushman Equation)。式中，n 称为**理想化因子**，它是由隧道电流、空间电荷区复合电流等非理想效应引起的。事实上，反向饱和电流也要受到这些非理想因素的影响。图 4-11 是 Au-Si 二极管的反向饱和电流 J_s 和理想化因子 n 在不同温度下与掺杂浓度的关系。由图 4-11(a)可知，当掺杂浓度小于 10^{17}cm^{-3}，温度 $T\geqslant300$K 时，J_s 基本与掺杂浓度无关。当掺杂浓度高于 10^{17}cm^{-3}，J_s 随掺杂浓度增大而迅速增大，说明隧道电流的影响更加显著。由图 4-11(b)可知，在高温、低掺杂条件下，理想化因子非常接近于 1，但是随着温度的降低和掺杂浓度的增大，理想化因子 n 快速增大。

需要指出的是，根据式(4-6-22)，反向饱和电流应该是与偏压无关的常数，但实验结果却不是这样，特别是在反偏情况下，反向饱和电流会随着反向偏压的增大而增大。其根本原因是 4.4 节中所指出的镜像力作用引起了肖特基势垒高度的降低，如图 4-7 所示。所以，应该把式(4-6-22)中的 ϕ_b 换成 $\phi_\text{b}-\Delta\phi_\text{b}$，$R^*$ 替换为 R^{**}，即饱和电流 J_s 应该修正为

$$J_\text{s}=R^{**}T^2\text{e}^{-(\phi_\text{b}-\Delta\phi_\text{b})/V_\text{T}} \tag{4-6-27}$$

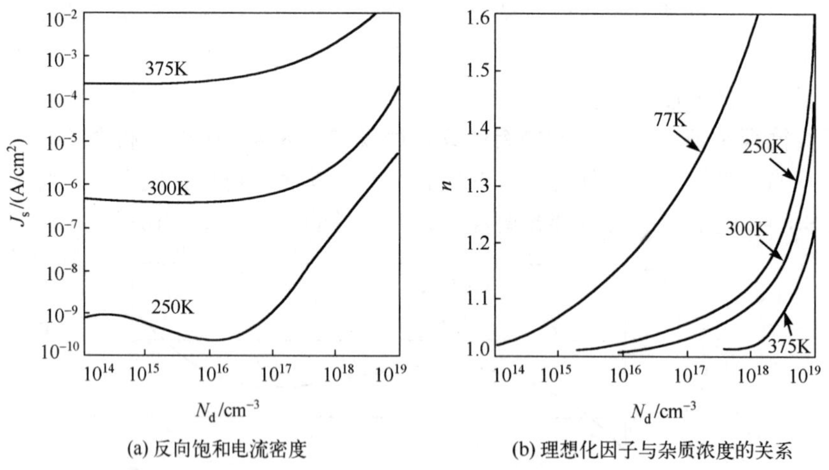

(a) 反向饱和电流密度　　(b) 理想化因子与杂质浓度的关系

图 4-11　不同温度下 Au-Si 二极管的反向饱和电流密度和理想化因子与杂质浓度的关系

4.6.3　利用 I-V 关系测量肖特基势垒高度

当正偏电压 $V>3V_\text{T}$ 时，肖特基势垒二极管正向开启，此时理查德森-杜什曼方程可简化为

$$J\approx J_\text{s}\text{e}^{V/nV_\text{T}} \tag{4-6-28}$$

于是

$$\ln J = \frac{1}{nV_{\mathrm{T}}}V + \ln J_{\mathrm{s}} \tag{4-6-29}$$

可见，在正偏条件下，肖特基势垒二极管的 $\ln J$ 与 V 应为线性关系，利用拟合直线的斜率可以确定理想化因子 n，利用拟合直线与电流轴的截距，可以确定热平衡时的反向饱和电流 J_{s}，再根据式(4-6-27)，可以得到热平衡时的肖特基势垒高度为

$$\phi_{\mathrm{b}} = V_{\mathrm{T}} \ln \frac{R^{**}T^2}{J_{\mathrm{s}}} \tag{4-6-30}$$

【例 4-3】 实验测量得到的 W-Si 和 W-GaAs 肖特基势垒二极管正偏条件下的 J-V 曲线如图 4-12 所示，为半对数坐标系，电流轴为对数坐标，电压轴是线性坐标。Si 和 GaAs 均为普通掺杂的 N 型半导体材料，实线为拟合曲线。利用实验数据，分别确定两个肖特基势垒二极管的理想化因子和肖特基势垒高度。

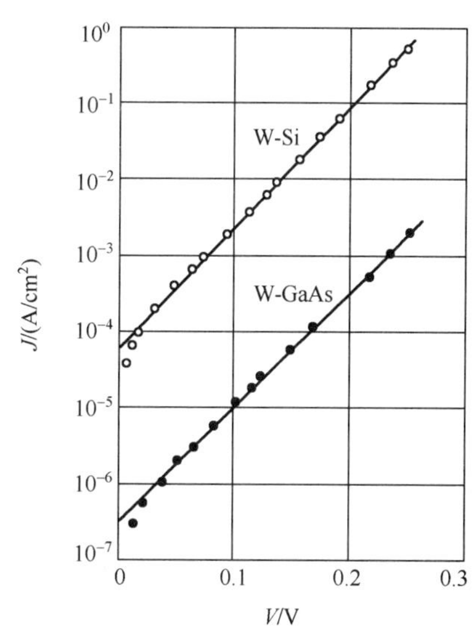

图 4-12 W-Si 和 W-GaAs 肖特基势垒二极管正向电流密度与电压的关系(爱德华，1981)

解 (1)先求 W-Si 肖特基势垒二极管的理想化因子和反向饱和电流密度。由图 4-12 取拟合直线上的两点坐标。

点 1：$V_1 = 0.2\mathrm{V}$ 时，$J_1 = 10^{-1}\mathrm{A/cm^2}$；

点 2：$V_2 = 0.08\mathrm{V}$ 时，$J_2 = 10^{-3}\mathrm{A/cm^2}$；

因此，根据式(4-6-29)，$\ln J$ 与 V 的斜率为

$$\frac{1}{nV_{\mathrm{T}}} = \frac{\ln(J_1/J_2)}{V_1 - V_2} = \frac{\ln 10^2}{0.12\mathrm{V}} \approx 38.38\mathrm{V}^{-1}$$

所以理想化因子为

$$n = 38.38 \times 0.026 \approx 1.00$$

将得到的理想化因子和点 1 的坐标代入式(4-6-28)可以得到饱和电流密度，即

$$J_{\mathrm{s}} = J_1 \mathrm{e}^{-V_1/nV_{\mathrm{T}}} = 10^{-1}\mathrm{e}^{-0.2/0.026} = 4.56\times10^{-5}(\mathrm{A/cm^2})$$

再将得到的 J_{s} 代入式(4-6-30)，即可求得肖特基势垒高度为

$$\phi_{\mathrm{b}} = V_{\mathrm{T}} \ln \frac{R^{**}T^2}{J_{\mathrm{s}}} = 0.026 \ln \frac{110\times300^2}{4.56\times10^{-5}} = 0.68(\mathrm{V})$$

(2)同理，可以求得 W-GaAs 肖特基势垒二极管的理想化因子和肖特基势垒高度。取 W-GaAs 拟合直线上的两点坐标，

点 3：$V_3 = 0.23\mathrm{V}$ 时，$J_3 = 10^{-3}\mathrm{A/cm^2}$；

点 4：$V_4 = 0.1\mathrm{V}$ 时，$J_4 = 10^{-5}\mathrm{A/cm^2}$；

所以理想化因子为

$$n = \frac{V_3 - V_4}{V_{\mathrm{T}} \ln(J_3/J_4)} = \frac{0.23 - 0.1}{0.026 \ln 10^2} = 1.08$$

饱和电流密度为

$$J_{\mathrm{s}} = J_4 \mathrm{e}^{-V_4/nV_{\mathrm{T}}} = 10^{-5}\mathrm{e}^{-0.1/(1.08\times0.026)} = 2.84\times10^{-7}(\mathrm{A/cm^2})$$

肖特基势垒高度为

$$\phi_b = V_T \ln\frac{R^{**}T^2}{J_s} = 0.026\ln\frac{4.4\times300^2}{2.84\times10^{-7}} = 0.73(\text{V})$$

可见，利用正偏情况下实验测量得到的 $I\text{-}V$ 关系，可以很方便地确定肖特基势垒二极管的理想化因子和肖特基势垒高度。利用这种方法时，点的坐标一定要读取准确。

4.6.4 少子空穴的注入电流

热离子发射电流是跨越肖特基势垒的多子电子电流。除了多子电流以外，还有一少子电流存在，它是由空穴从金属注入半导体中形成的。这个电流实际上是半导体价带顶附近的电子流向金属费米能级以下的空状态而形成的。空穴注入和在 PN 结中情况相同，电流可表示成

$$I_p = I_{p0}(e^{V/V_T} - 1) \tag{4-6-31}$$

式中

$$I_{p0} = \frac{qAD_pN_cN_V}{N_dL_p}e^{-E_g/kT} \tag{4-6-32}$$

可以看到，用式(4-6-31)所表示的少子电流与式(4-6-26)所表示的多子电流具有相同的形式。式(4-6-32)的书写形式很利于对 I_{p0} 和 I_s 的大小进行比较。在像硅这样的共价键半导体中，ϕ_b 要比 E_g 小的多，结果是热离子发射电流通常远远大于少子扩散电流。

【例 4-4】考虑例 4-3 中的 W-Si 肖特基势垒二极管，N 型 Si 的掺杂浓度为 $N_d = 10^{16}\text{cm}^{-3}$，计算势垒高度和耗尽层宽度。比较多子电流和少子电流，假设 $\tau_p = 10^{-6}\text{s}$，$D_p = 10\text{cm}^2/\text{s}$。

解 由【例 4-3】可知，$J_s = 4.56\times10^{-5}\text{A}/\text{cm}^2$，$\phi_b = 0.68\text{V}$。

$$V_n = V_T \ln\frac{N_C}{N_d} = 0.026\ln\frac{2.8\times10^{19}}{10^{16}} = 0.21(\text{V})$$

于是

$$\psi_0 = \phi_b - V_n = 0.68 - 0.21 = 0.47(\text{V})$$

当 $V_R = 0$ 时，耗尽层宽度为

$$W = \sqrt{\frac{2\varepsilon_r\varepsilon_0\psi_0}{qN_d}} = \sqrt{\frac{2\times11.8\times8.85\times10^{-14}\times0.47}{1.6\times10^{-19}\times10^{16}}} = 2.5\times10^{-5}(\text{cm})$$

$$L_p = \sqrt{D_p\tau_p} = 3.16\times10^{-3}(\text{cm})$$

因此

$$J_{p0} = \frac{qD_pn_i^2}{L_pN_d} = \frac{1.6\times10^{-19}\times10\times(1.5\times10^{10})^2}{3.16\times10^{-3}\times10^{16}} = 1.14\times10^{-11}(\text{A/cm}^2)$$

$$\frac{J_s}{J_{p0}} = \frac{4.56\times10^{-5}}{1.14\times10^{-11}} = 4.0\times10^6$$

4.6 节小结

可见多子的热离子发射电流要比少子扩散电流大得多。肖特基势垒二极管的电流基本上是由多子传导的，少子电流常常可以忽略。

4.7　金属-绝缘体-半导体隧道二极管

当金属电极被蒸发到化学制备的硅表面上时，在金属和半导体之间的界面上总有一层氧化层。氧化层很薄，一般为 1～3nm。这种结构的器件不同于将在第六章讨论的金属-氧化物-半导体(MOS)电容，施加正向偏压会产生比较显著的电流，施加偏压后电子和空穴的准费米能级会发生劈裂，体系没有统一的费米能级。由于这种器件的正向电流主要受载流子隧穿氧化层的几率控制，因此称为**金属-绝缘体-半导体隧道二极管**(MIS tunnel diode)，简称 **MIS 隧道二极管**。

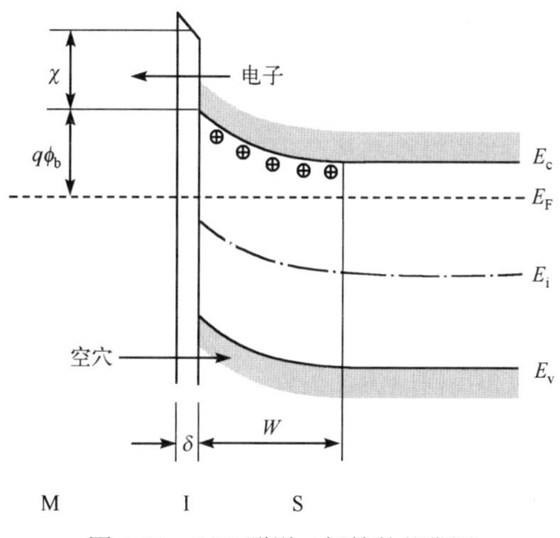

图 4-13　MIS 隧道二极管的能带图

MIS 隧道二极管热平衡时的能带图如图 4-13 所示。与传统的肖特基势垒二极管相比，MIS 隧道二极管具有三个主要的不同点：①由于很薄的氧化层存在，相同正偏条件下正向电流显著减小；②由于金属和半导体功函数差不同引起的内建电势差有一部分降落在氧化层上，因此降落半导体表面空间电荷区上的内建电势差减小了；③理想化因子增大。

在 MIS 隧道二极管中，传导电流是由载流子隧道穿透氧化层所形成的，可表示为

$$I = AR^{*}T^{2}\mathrm{e}^{-\chi^{1/2}\delta}\mathrm{e}^{-\phi_b/V_T}\mathrm{e}^{V/nV_T} \tag{4-7-1}$$

式中，χ 是从导带边缘算起的平均势垒高度，以 eV 为单位。δ 是氧化层厚度，以 Å 为单位。为了方便起见，忽略了隧穿几率指数中的 $\sqrt{4m^{*}/\hbar^{2}}$ (其数值约为 $1.01\mathrm{eV}^{-1/2}\text{Å}^{-1}$)，而用 $\mathrm{e}^{-\chi^{1/2}\delta}$ 表示载流子隧穿氧化层势垒的几率，认为 $\chi^{1/2}\delta$ (称为隧道指数)无量纲。后一指数项中的因子 n 是由跨越在氧化层上的外加电压的分压引起的，因此跨越在半导体上的电压减少了。注意：当 $\delta=0$ 和 $n=1$ 时，式(4-7-1)简化为式(4-6-23)。

由式(4-7-1)可以看出，若外加电压不变，薄氧化层的存在减少了多子热离子发射电流。但计算表明，在氧化层厚度小于 2nm 时，氧化层的存在对少子扩散电流影响很小。这导致少子电流与多子电流的比率的增长，提高了少子的注射效率，这有利于提高发光二极管的注射效率和肖特基势垒型太阳能电池的开路电压，将在第八章和第九章中进行进一步讨论。

4.8　肖特基势垒二极管和 PN 结二极管之间的比较

如在 4.6 节中所述，肖特基势垒二极管中的电流是由多数载流子传导的。由此造成肖特基势垒二极管与 PN 结二极管存在以下几个方面的不同。

1. 高的工作频率和开关速度

当 PN 结从正偏压突然转换成反偏压时，存储的少数载流子不能立即被去除，开关速度受到这种少数载流子存储效应的限制。在肖特基势垒中，由于没有少数载流子存储，因此频

率特性不受电荷存储的限制，只是受到 RC 时间常数的限制。由于这个原因，肖特基势垒二极管对于高频和快速开关的应用是理想的。

2. 大的饱和电流

由于多数载流子电流远高于少数载流子电流，肖特基势垒二极管中的饱和电流远高于具有同样面积的 PN 结二极管的饱和电流。

3. 低的正向电压降

因为肖特基势垒中的饱和电流远高于具有同样面积的 PN 结二极管的饱和电流，所以对于同样的电流，在肖特基势垒上的正向电压降要比 PN 结上的低得多。图 4-14 所示为 Al-Si 肖特基势垒二极管和 PN 结二极管的电流–电压特性。肖特基势垒二极管的导通电压或开启电压（I-V 曲线的拐弯处）一般为 0.3V，而硅 PN 结为 0.6～0.7V。低的导通电压使得肖特基势垒二极管对于箝位和限幅的应用具有吸引力。然而在反偏压下，肖特基势垒二极管具有更高的非饱和反向电流。另外，在肖特基势垒二极管中通常存在额外的漏电流和软击穿，因而在器件制造中必须十分小心。非理想的反向特性可以通过采用前面讨论到的保护环或金属搭接结构进行消除。

4. 温度依赖关系的区别

肖特基势垒和 PN 结对温度依赖关系在正偏压下是不同的，实验结果如图 4-15 所示。从图中观测到温度系数相差 0.4mV/°C。肖特基势垒二极管具有更稳定的温度特性。这种差别在利用两类二极管作电路设计时应该考虑。

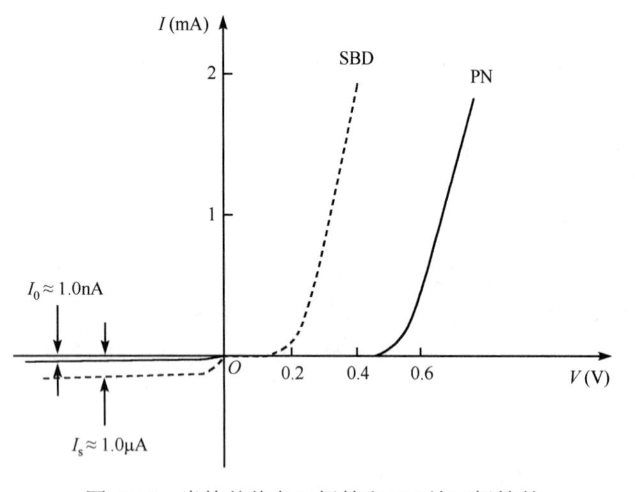

图 4-14 肖特基势垒二极管和 PN 结二极管的电流–电压特性

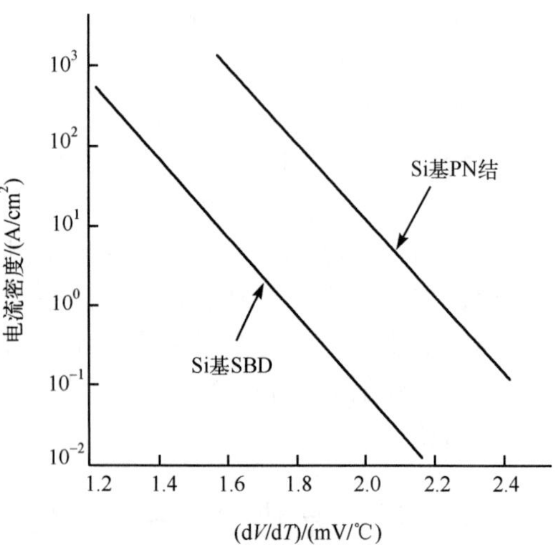

图 4-15 Si 基肖特基势垒二极管和 PN 结二极管在正偏时温度系数与电流密度的关系

4.9 肖特基势垒二极管的应用

作为多数载流子器件，肖特基势垒二极管没有少数载流子的存储效应，可以在 1ns 的时间之内关断。肖特基势垒在工艺制造上的简便使得有可能生产面积很小、供高频工作的器件，其工作频率有可能高达 100GHz。本节介绍两种有效的应用。肖特基太阳能电池和场效应晶体管将在后面章节中讨论。

4.9.1　肖特基势垒检波器或混频器

在小信号的运用中，肖特基势垒二极管可以用图 4-16 所示的等效电路表示。在此图中，C_d 为结电容，r_s 为欧姆串联电阻。**二极管结电阻**定义为

$$r_d = \frac{dV}{dI} \tag{4-9-1}$$

一个有效的检波器或混频器要求射频功率被二极管结电阻 r_d 所吸收，并且在 r_s 上的功率耗散很小。在通常情况下 $r_s \ll r_d$，因此，在低频时 r_s 的影响可以忽略。但是随着工作频率的增高，相对于 r_s 来说，结阻抗减小，最终会到达这样一个频率，这时，在 r_s 上的功率耗散和在结上的功率耗散相等，这个频率称为肖特基二极管的**截止频率**，其角频率记为 ω_c。

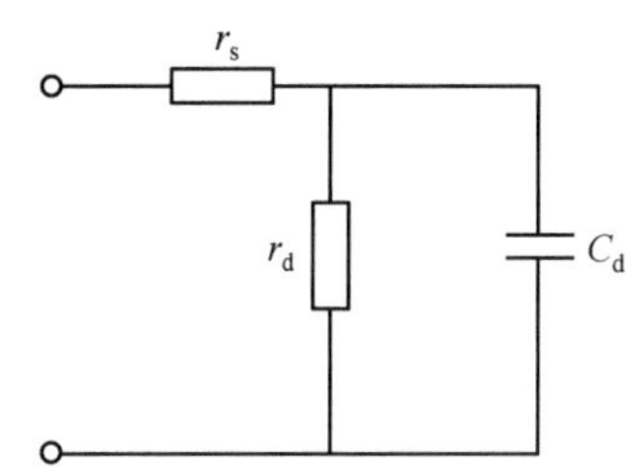

图 4-16　肖特基势垒二极管的等效电路

在频率为 ω 的交流情况下，肖特基二极管的结区阻抗为

$$Z = \frac{1}{j\omega C_d + 1/r_d} = \frac{r_d}{1+\omega^2 C_d{}^2 r_d{}^2}(1 - j\omega C_d r_d) \tag{4-9-2}$$

当 $\omega = \omega_c$ 时，按照截止频率的定义，结区阻抗的实部应该等于串联电阻，即

$$r_s = \frac{r_d}{1+\omega_c{}^2 C_d{}^2 r_d{}^2} \tag{4-9-3}$$

因为 $r_d \gg r_s$，所以式(4-9-3)中，$\omega_c{}^2 C_d{}^2 r_d{}^2 \gg 1$，于是

$$\omega_c \approx \frac{1}{C_d\sqrt{r_d r_s}} \tag{4-9-4}$$

对于高频运用，C_d、r_d 和 r_s 都应该很小。如果半导体具有高杂质浓度和高迁移率，能够保证串联电阻 r_s 很小。GaAs 基肖特基势垒二极管的工作截止频率可以达到 100GHz。

4.9.2　肖特基钳位晶体管

由于肖特基势垒二极管具有快速开关响应，因此可以把它和 NPN 晶体管的集电结并联连接，以减小晶体管的存储时间，这样的晶体管称为**肖特基钳位晶体管**(Schottky-clamped transistor，SCT)，如图 4-17(a)所示。当晶体管饱和时，集电结被正向偏置约为 0.5V。若肖特基势垒二极管上的正向压降(一般为 0.3V)低于晶体管基极–集电极的开态电压，则大部分过量基极电流将流过肖特基势垒二极管。由于肖特基势垒二极管没有少数载流子存储效应，因此，与单独的晶体管相比较，肖特基钳位晶体管的存储时间得到了显著的降低。测得的存储时间可以低于 1ns。肖特基箝位晶体管是按如图 4-13(b)所示的结构以集成电路的形式实现的。铝在轻掺杂的 N 型集电区上形成极好的肖特基势垒，同时在重掺杂的 P 型基区上面形成优良的欧姆接触。这两种接触可以只通过一步金属化做成，无须额外的工艺。

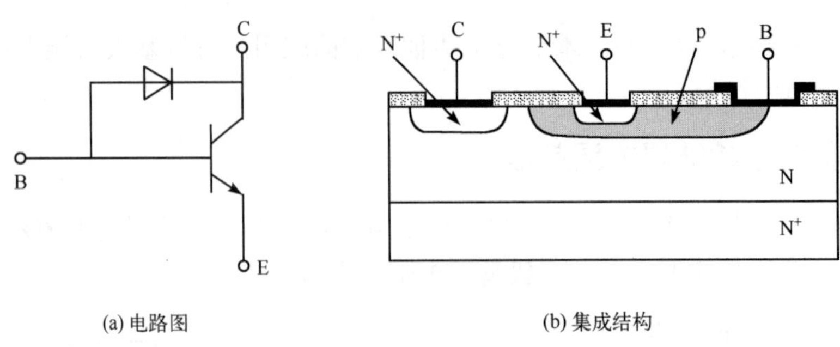

(a) 电路图　　(b) 集成结构

图 4-17　肖特基钳位晶体管

4.10 欧姆接触

教学要求

1. 画出能带图说明下述现象。

金属-P 型半导体：当 $\phi_m > \phi_s$ 时，形成欧姆结；当 $\phi_m < \phi_s$ 时，形成整流结。

金属-N 型半导体：当 $\phi_m > \phi_s$ 时，形成整流结；当 $\phi_m < \phi_s$ 时，形成欧姆结。

2. 画出金属-N 型半导体（$\phi_m < \phi_s$）正偏压和反偏压的能带图，说明结的欧姆性质。
3. 了解由于表面态的存在，金属和半导体的欧姆接触只是理想情况。
4. 使用金属和重掺杂半导体来形成欧姆接触的物理机制是什么？
5. 画出能带图说明金属和重掺杂半导体之间形成欧姆接触。

欧姆接触是金属和半导体形成的**非整流接触**，这种接触在所使用的结构上不会添加较大的寄生阻抗，且不足以改变半导体内的平衡载流子浓度使器件特性受到影响。考虑 $\phi_m < \phi_s$ 的金属和 N 型半导体的接触。它们在接触之前的能带图如图 4-18(a)所示。图 4-18(b)所示为接

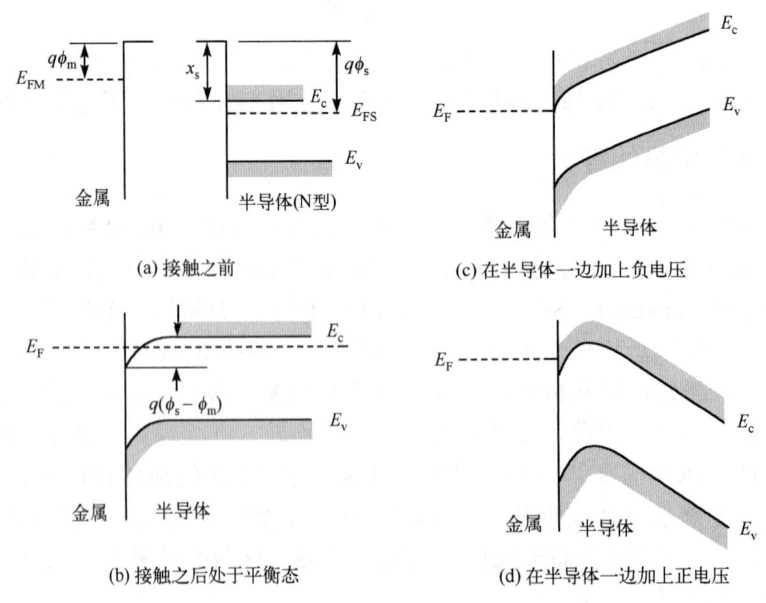

图 4-18　$\phi_m < \phi_s$ 的理想金属和 N 型半导体形成欧姆接触的能带图

触后由于载流子交换产生的能带图。在结处几乎不存在势垒，因此，载流子可以自由地从任意一侧流向另外一侧，这种金属和半导体形成的结没有明显的整流特性，类似于一个电阻一样，因此又称为**欧姆结**。

可以证明金属与 P 型半导体接触时，如果$\phi_m > \phi_s$，也会形成欧姆接触，但若$\phi_m < \phi_s$，则形成**整流接触**，即肖特基结。

实际上，不论是 N 型还是 P 型半导体，由于在界面态上的电荷效应，理想的欧姆接触只能是一种近似，在金属和半导体之间的直接接触一般不形成欧姆结，特别是当半导体为低掺杂时尤其如此。但如果半导体为重掺杂，例如，具有$10^{19}cm^{-3}$或更高的杂质密度，那么金属与半导体容易形成欧姆接触。在图 4-18(a)中，若 N 型半导体是重掺杂的，空间电荷层宽度 W 变得如此之薄，以至载流子可以隧道穿透而不是越过势垒。由于在势垒每边的电子都可能隧道穿透到另一边，所以实现了在正、反向偏压下基本上对称的 *I-V* 曲线。因此，这种接触是非整流的，并有一低电阻。在$N_d > 10^{19}cm^{-3}$的 N 型 Si 上蒸发 Al、Au 或 Pt 都可以实现实际的欧姆接触。这也是器件工艺中采用重掺杂衬底的原因之一。图 4-19 所示为在小的正偏压下非整流 MS 结的能带图和它的 *I-V* 特性。

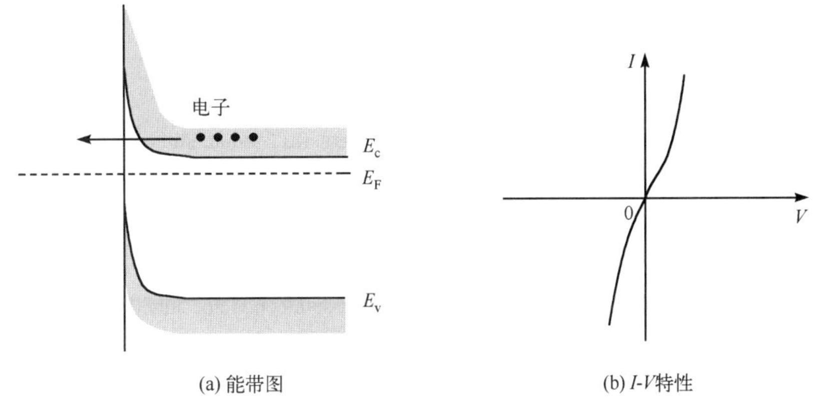

(a) 能带图　　(b) *I-V*特性

图 4-19　金属在 N$^+$半导体上形成的欧姆接触的能带图和 *I-V* 特性

4.10 节小结

习题

4-1　一个硅肖特基势垒二极管有 $0.01cm^2$ 的接触面积，半导体中施主浓度为 $10^{16}cm^{-3}$。设 $\psi_0 = 0.7V$，$V_R = 10.3V$。计算：①耗尽层厚度；②势垒电容；③在表面处的电场。

4-2　(1)根据图 4-3 的 GaAs 肖特基势垒二极管电容-电压曲线，求出它的施主浓度、内建电势差和肖特基势垒高度。

(2)根据图 4-12，计算势垒高度并与(1)的结果进行比较。

4-3　画出金属和 P 型半导体形成接触的能带图，忽略表面态。指出$\phi_m > \phi_s$和$\phi_m < \phi_s$两种情形是整流结还是非整流结，并确定内建电势差和势垒高度。

4-4　自由硅表面的施主浓度为$10^{15}cm^{-3}$，均匀分布的表面态密度为$D_{it} = 10^{12}cm^{-2}eV^{-1}$，电中性级为$E_v + 0.3eV$，计算该表面的表面势。(提示：首先求出费米能级与电中性能级之间的能量差，存在于这些表面态中的电荷必定与表面势所承受的耗尽层电荷相等)。

4-5　已知 Si 肖特基势垒二极管的下列参数：$\phi_m = 5.0V$，$\chi_s = 4.05eV$，$N_c = 2.8\times10^{19}cm^{-3}$，$N_d = 10^{15}cm^{-3}$，

以及 $\varepsilon_r = 11.8$ 。忽略界面态密度和镜像力影响，在 300K 时计算下列问题：

(1) 零偏压时势垒高度、内建电势差和耗尽层宽度；

(2) 在 0.3V 的正偏压时的热离子发射电流密度。

4-6 在一个 Si 基肖特基势垒二极管中，势垒高度为 $q\phi_b = 0.8\text{eV}$，有效理查德森常数为 $R^{**} = 110\text{A}/\text{cm}^2 \cdot \text{K}^2$，$E_g = 1.12\text{eV}$，$N_d = 10^{16}\text{cm}^{-3}$，$N_c = 2.8\times10^{19}\text{cm}^{-3}$，$N_v = 10^{19}\text{cm}^{-3}$。

(1) 计算在 300K、零偏压时半导体的体电势 V_n 和内建电势差；

(2) 假设 $\mu_p = 400\text{cm}^2/\text{V}\cdot\text{s}$ 和 $\tau_p = 0.1\mu\text{s}$，计算多子热发射电流对少子扩散电流的注入比。

4-7 计算室温时金与 N 型 GaAs 形成的肖特基势垒的多子热发射电流对少子扩散电流的比例。已知施主浓度为 10^{15}cm^{-3}，$L_p = 1\mu\text{m}$，$\tau_p = 10^{-6}\text{s}$，以及 $R^{**} = 0.068R$。

4-8 在一个肖特基势垒中，外电场 $\mathscr{E} = 10^4\text{V/cm}$，在相对介电常数 ε_r 分别为 4 和 12 时计算 $\Delta\phi_b$ 和 x_m。

4-9 (1) 推导出在肖特基势垒二极管中 $\mathrm{d}V/\mathrm{d}T$ 作为电流密度函数的表达式。假设少数载流子可以忽略。

(2) 如果在 300K 时，$V = 0.25\text{V}$，$\phi_b = 0.7\text{V}$，估计温度系数。

4-10 肖特基检波器具有 10pF 的电容，10Ω 的串联电阻以及 100Ω 的二极管电阻，计算它的截止频率。

参考文献

爱德华・S・扬, 1981. 半导体器件物理基础. 卢纪译. 北京: 人民教育出版社.

王家华, 李长健, 牛文成, 1983. 半导体器件物理. 北京: 科学出版社.

BETHE H A, 1942. Theory of Boundary Layer of Crystal Rectifiers. MIT radiat. lab. rep.: 43-12 .

CROWLEY A M, SZE S M, 1965. Surface states and barrier height of metal-semiconductor systems. Journal of applied physics, 36: 3212.

MEAD C A, 1996. Metal-semiconductor surface barriers. Solid-state electron, 9: 1023.

MILNES A G, FEUCHT D L, 1972. Heterojunction and metal-semiconductor Junctions. New York: Academic Press.

PIERRET R F, 1996. Semiconductor device fundamentals. Reading, MA: Addison-Wesley.

RHODERICK E H, 1972. Comments on the conduction mechanism schottky diodes. Journal of physics D applied physics, 5(10): 1920-1929.

RIDEOUT V L, 1978. A review of the theory, technology and applications of metal-semiconductor rectifiers. Thin solid films, 48(3): 261-291.

SINGH J, 2001. Semiconductor devices: basic principles. New York: John Wiley & Sons.

STREETMAN B G, BANERJEE S, 2000. Solid state electronic devices. 5th ed. Upper Saddle River: Prentice Hall.

SZE S M, 1981. Physics of semiconductor devices, 2nd ed. New York: John Wiley & Sons.

WANG S, 1989. Fundamentals of semiconductor theory and device physics. Englewood Cliffs: Prentice Hall.

WOLFE C M, HOLONYAK N JR, STILLMAN G E, 1989. Physical properties of semiconductors. Englewood Cliffs: Prentice Hall.

YANG E S, 1988. Microelectronic devices. New York: McGraw-Hill.

YU A Y C, 1970. The metal-semiconductor contact: an old device with a new future. IEEE spectrum, 7: 83-90.

第 5 章 结型场效应晶体管和金属-半导体场效应晶体管

5.1 引言

结型场效应晶体管(junction field effect transistor)是指 **PN 结场效应晶体管**，英文缩写为 JFET。JFET 利用 PN 结作为栅结去控制两个欧姆结之间的电阻，从而实现对两个欧姆结之间的电流的控制。由此看来，JFET 本质上是一个由电压控制的电阻。JFET 的特点是只有多数载流子承担电流的输运，这种器件被称作**单极器件**(unipolar device)。JFET 是单极晶体管，肖特基势垒二极管也属于单极器件。PN 结二极管和双极结型晶体管(BJT)都是两种载流子参与导电的器件，因而被称为**双极器件**(bipolar device)。

金属-半导体场效应晶体管(metal semiconductor field effect transistor)，英文缩写 MESFET，也称为**肖特基势垒场效应晶体管**(Schottky barrier field effect transistor)。MESFET 与 JFET 的区别在于用金属-半导体结替代 PN 结作为栅结。

结型场效应晶体管和金属-半导体场效应晶体管都是利用栅结的外加电压控制耗尽层厚度进而控制两个欧姆结之间的电流。由于这两种结在反偏时空间电荷区厚度随外加电压变化的规律相似，因此它们的工作原理是相同的。本章各节对 JFET 的讨论所得到的结果，完全适用于 MESFET。

5.2 JFET 的基本结构和工作原理

教学要求

1. 掌握沟道夹断、漏电流饱和、夹断电压等概念。
2. 画出 JFET 的基本结构示意图并简述其工艺过程。
3. 简述 JFET 的基本工作原理。
4. 了解 JFET 的特点。

5.2.1 JFET 的基本结构

采用标准的平面外延工艺制成的理想 JFET 如图 5-1(a)所示。下边的重掺杂 P^+ 层为衬底。在 P^+ 衬底上外延生长轻掺杂的 N 型层。上边的重掺杂 P^+ 层是通过向 N 型外延层中扩散硼形成的。夹在两个 P^+ 层之间的 N 型层称为器件的**有源层**。有源层也称为**导电沟道**(channel)，或者称为**有源沟道**(active channel)。上下两个 P^+ 区被内连接或被外连接形成**栅极**(gate)。连接在沟道两端的欧姆接触分别称为**漏极**(drain)和**源极**(source)。

还可以采用双扩散技术制造 JFET。该技术通过扩散形成沟道和上栅，如图 5-1(b)所示。在图 5-1 所示的 JFET 中，在漏、源之间加上电压就会有电流通过导电沟道流通。这个电流称

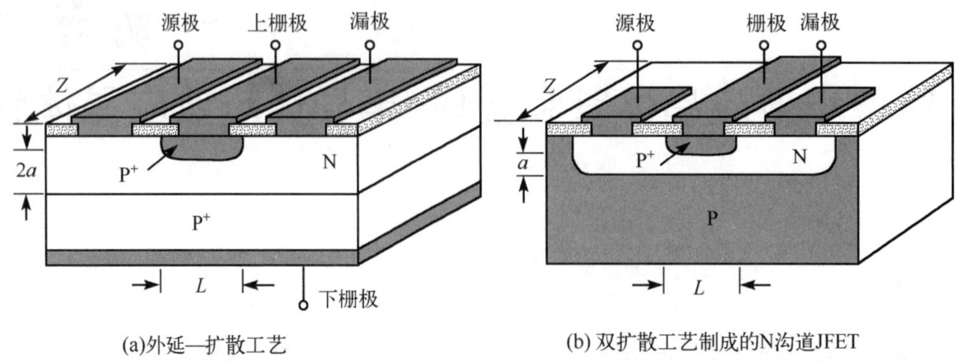

(a)外延—扩散工艺

(b) 双扩散工艺制成的N沟道JFET

图 5-1 由外延—扩散工艺和双扩散工艺制成的 N 沟道 JFET

为**沟道电流** I_D（又称为**漏极电流或漏电流**）。源极发射载流子，漏端收集载流子。源极、漏极之称由此而来。由于沟道掺入的是施主杂质，沟道电流由电子传输，因此这里表示的结构称为 **N 沟道 JFET**。如果沟道是受主原子掺杂的 P 型而栅区为 N^+ 型，则沟道电流是由空穴传输的。这种器件称为 **P 沟道 JFET**。由于电子的迁移率比空穴的迁移率高，N 沟道器件能提供更高的电导和更高的速度，因此 N 沟道 JFET 在大多数应用中处于优先地位。以下讨论将以 N 沟道 JFET 为例，讨论所用的方法也适用于 P 沟道 JFET。

5.2.2 JFET 的工作原理

在正常工作条件下，反向偏压加于栅 PN 结的两侧，使得空间电荷区向沟道内部扩展，耗尽层中的载流子耗尽。结果是，沟道的截面积被减小，因而沟道电导减小。这样，源和漏之间流过的电流就受到栅极电压的调制。这种通过表面电场调制半导体电导的效应就称为**场效应**。这就是 JFET 的基本工作原理。

JFET 实际应用中，源极一般接地。为了更加清晰地理解 JFET 的工作原理，分别定性讨论栅极电压 V_G 和漏极电压 V_D 对导电沟道及沟道电流 I_D 的调控作用。

1. 栅极电压 V_G 对沟道的调控作用

图 5-2(a) 显示了一个当栅极与源极短路（$V_G = 0$）时的 N 沟道 JFET。此时，N 沟道可以看作是一个电阻。只要漏极电压 $V_D > 0$，就会产生沟道电流 I_D。在 V_D 很小时，I_D 随 V_D 的增加而线性增大，JFET 的**输出特性曲线**（输出端电流 I_D 随输出端电压 V_D 的变化曲线）如图 5-2(a) 所示，JFET 工作在**线性区**。

如果 $V_G < 0$，则栅结反偏，栅结的空间电荷区展宽，沟道的横截面积变小，沟道电导减小。与 $V_G = 0$ 时相比，I_D 随 V_D 的增加变缓，但是，只要 V_D 较小，JFET 依然工作在线性区，其输出特性曲线如图 5-2(b) 所示。

如果继续增大栅结反偏电压，V_G 达到某一临界值时，上下栅结的空间电荷区将刚好连通，导电沟道完全被耗尽区填充，如图 5-2(c) 所示，这种情况称为**沟道完全夹断**。此时，即使在漏极和源极之间施加较大的电压，漏极电流 I_D 也极其微弱，因为耗尽区隔离了源端和漏端，JFET 处于**截止区**，其输出特性曲线如图 5-2(c) 所示。

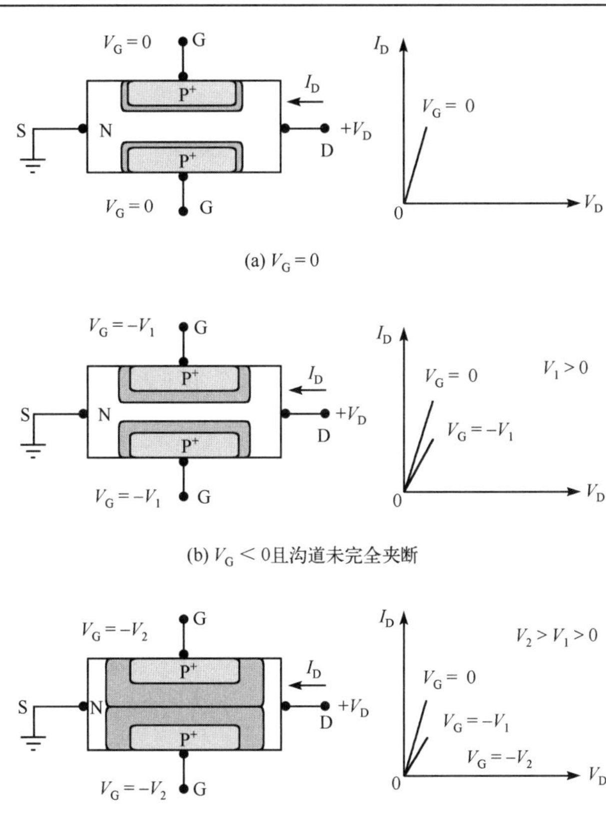

(a) $V_G = 0$

(b) $V_G < 0$且沟道未完全夹断

(c) $V_G < 0$且沟道完全夹断

图 5-2　在不同栅极电压下栅结的空间电荷区分布及 JFET 的输出特性曲线(V_D较小时)

2. 漏极电压 V_D对沟道的调控

以栅极与源极均接地(简称**栅源短接**，$V_G = 0$)时为例，分析漏极电压 V_D对沟道的调控作用。当$V_D > 0$且很小时，导电沟道可看作矩形电阻，如图 5-3(a)所示。此时，沟道电流 I_D随V_D线性增大。

由于栅源短接，因此当$V_D > 0$时，N 型沟道中各处的电位高于栅极电位，相当于给栅结施加了反偏电压。因而随着 V_D 的增大，导致栅结的空间电荷区不断展宽，沟道的横截面积减小，即沟道的电导减小，从而使得 I_D 随 V_D 的增长率减缓，如图 5-3(b)所示。

因为沟道电阻的存在，当电流流过沟道时，从漏端到源端沿着沟道方向会产生电位降，靠近漏端一侧电位高于靠近源端一侧的电位。这说明降落在栅结上的反偏电压从漏端到源端逐渐减小，因此栅结的空间电荷区宽度从漏端向源端不断变窄，导电沟道的横截面积从源端到漏端不断变小。

随着 V_D 的不断增大，当 V_D 达到某一临界值 V_{DS} 时，沟道将首先在漏端夹断，如图 5-3(c)所示。此时的漏极电流称为**饱和漏极电流**，记为 I_{DS} 。

漏极电压 V_D继续增大，当$V_D > V_{DS}$时，夹断点将由漏端向源端移动，但夹断点处的电位将保持不变，因为沟道夹断后额外增加的那部分漏极电压主要降落在长度为 ΔL 的耗尽区上，从而在耗尽区内产生一个由漏极指向源极的电场，如图 5-3(d)所示，这个电场把到达夹断点处的电子迅速扫入到漏极，形成漏极电流。如果沟道的长度 L 远远大于沟道的宽度 a ，则可以近似认为沟道夹断后沟道电阻保持不变，降落在有源沟道上的压降也保持不变，因而漏极电流保持不变，等于沟道刚刚夹断时的饱和漏极电流。

一般将$V_D < V_{DS}$的区间称为**线性工作区**，将$V_D \geqslant V_{DS}$且JFET尚未击穿的工作区间称为**饱和工作区**。

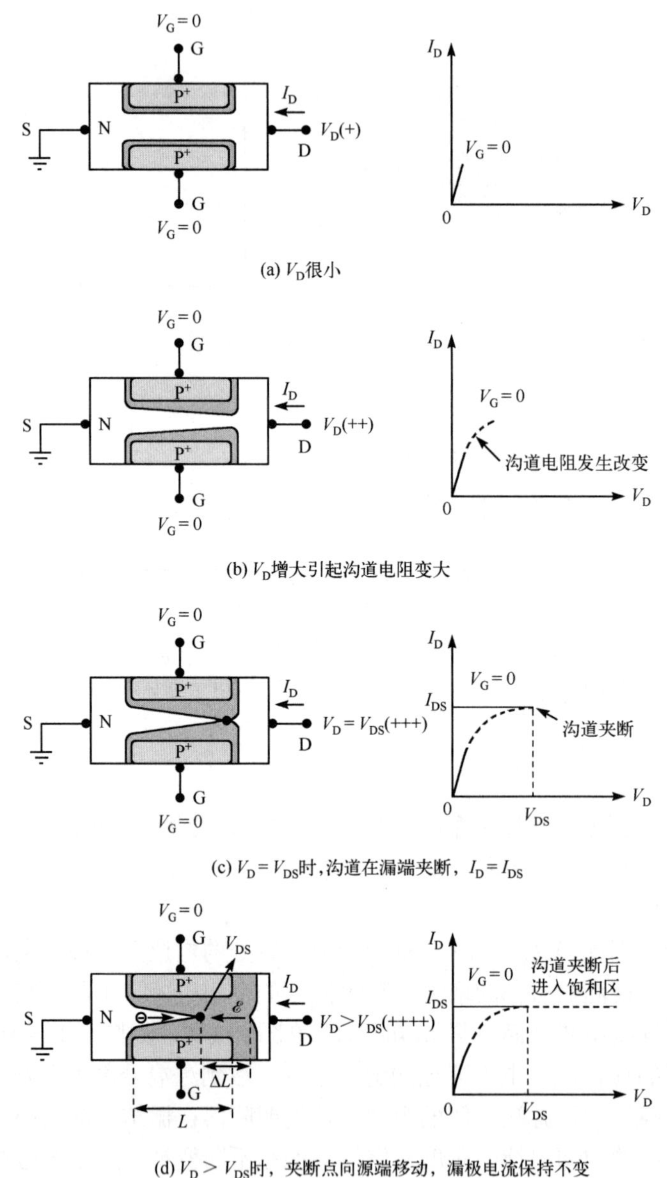

图 5-3　不同漏极电压下栅结的空间电荷分布和JFET的输出特性曲线(V_G=0)

5.2.3　JFET 的特点

通过上述对JFET的结构和工作原理的简单介绍，不难看出，JFET与BJT的结构和工作原理迥然不同，它具有以下几个突出的特点。

(1)JFET的电流传输主要由一种型号的载流子—多数载流子承担，不存在少数载流子的存储效应，因此有利于实现比较高的截止频率和快的开关速度。

(2) JFET 是电压控制器件。它的输入电阻要比 BJT 的高得多，因此在应用电路中易于实现级间直接耦合，其输入端易于与标准的微波系统匹配。

(3) 因为是多子器件，所以抗辐射能力强。

(4) 因为是多子器件，所以有更好的温度稳定性，更低的噪声。

(5) 与 BJT 及 MOS 工艺兼容，有利于集成。

早期的 JFET 大多用半导体硅材料制作。进入 20 世纪 90 年代，InP、GaInAsP 等化合物半导体 JFET 被成功地制造出来。它们易于同 GaInAsP 激光器及探测器集成在同一光电集成电路芯片上。此外，在高速 GaAs 数字集成电路中，用 MESFET 代替 JFET，可以改善电路单元的一些性能并能提高芯片的电学参数的合格率。

5.3　理想 JFET 的 *I-V* 特性

教学要求

1. 掌握理想 JFET 的基本假设及其意义。
2. 导出式(5-3-3)。
3. 深入理解沟道夹断和夹断电压的含义。根据式(5-3-3)理解夹断电压仅由器件的材料参数和结构参数决定，它是器件的固有参数，以及“在夹断点夹断电压相等”的根据。
4. 导出 JFET 的 *I-V* 特性方程(5-3-9)。
5. 熟悉 *I-V* 特性曲线，即图 5-5，解释其物理意义。

5.3.1　理想 JFET 的基本假设

在图 5-4 中，栅极相对于源极加负偏压 V_G ($V_G < 0$)，空间电荷区的轮廓说明电场和载流子的分布是二维的。为了突出对电流传导机制的了解，对问题加以简化。简化是通过引入以下假设实现的(Shockley，1952)。

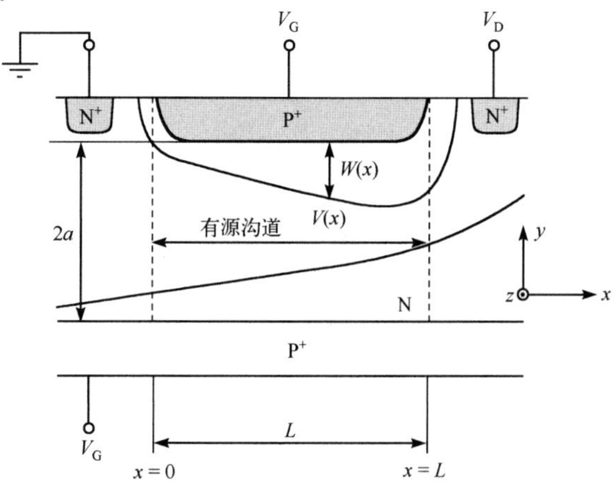

图 5-4　JFET 中的有源沟道示意图

注：在有源沟道内空间电荷区宽度逐渐改变，加上 N^+ 区是为了提供良好的欧姆接触

(1) 单边突变结。

(2)沟道内杂质分布均匀。

(3)沟道内载流子迁移率为常数。

(4)忽略有源区以外源、漏区以及接触上的电压降，于是沟道长度为 L。

(5)**缓变沟道近似**，即空间电荷区内电场沿 y 方向($\partial\mathscr{E}/\partial y \gg \partial\mathscr{E}/\partial x$)，而导电沟道内的电场只有 x 方向上的分量($\partial\mathscr{E}/\partial x \gg \partial\mathscr{E}/\partial y$)。

(6) **长沟道近似**：导电沟道的长度 L 远大于导电沟道的冶金学宽度 $2a$，一般要求 $L > 2(2a)$，于是 W 沿着 L 改变很小，看作是矩形沟道。

假设(5)和(6)有时合起来通称为**缓变沟道近似**。

5.3.2 夹断电压和内夹断电压

由于假设栅 PN 结为单边突变结，则 JFET 中 x 处耗尽层宽度为

$$W(x) = \left\{ \frac{2\varepsilon_r\varepsilon_0\left[\psi_0 + V(x) - V_G\right]}{qN_d} \right\}^{1/2} \tag{5-3-1}$$

式中，$V(x) - V_G$ 为在 x 处(如图 5-4 所示)施加在栅结上的反偏电压。

当导电沟道刚刚夹断时，在夹断点处上、下栅结空间电荷区的总宽度正好等于导电沟道的冶金学宽度。考虑到上、下栅结空间电荷区的宽度一致，令式(5-3-1)中 $W = a$，即可求得在夹断点处降落在栅结上的外加偏压，这个电压称为**夹断电压**，记作 V_p，则

$$V_p = \frac{qa^2N_d}{2\varepsilon_r\varepsilon_0} - \psi_0 = \frac{qa^2N_d}{2\varepsilon_r\varepsilon_0} - V_T \ln\frac{N_aN_d}{n_i^2} \tag{5-3-2}$$

式中，N_a 和 N_d 分别为栅结的 P^+ 区和导电沟道的掺杂浓度。

当导电沟道刚刚夹断时，在夹断点处，降落在栅结空间电荷区的总的电压为

$$V_{p0} = V_p + \psi_0 = \frac{qa^2N_d}{2\varepsilon_r\varepsilon_0} \tag{5-3-3}$$

V_{p0} 称为**内夹断电压**，等于夹断电压与栅结的内建电势差之和。从式(5-3-2)和式(5-3-3)可以看出，V_p 和 V_{p0} 仅由器件的材料参数和结构参数决定，与外加电压无关。对于给定的器件，内夹断电压 V_{p0} 和夹断电压 V_p 都是确定的，与偏压等外部工作条件无关。

若沟道在坐标 x 处夹断，则夹断点处的电位为

$$V(x) = V_p + V_G \tag{5-3-4}$$

沟道夹断后，夹断点处的电位保持不变，若忽略沟道长度调制效应，则沟道电流饱和。

【例 5-1】 已知 Si 基 N 型沟道 JFET 中，栅结的掺杂浓度分别为 $N_a = 10^{19}\text{cm}^{-3}$，$N_d = 5\times10^{15}\text{cm}^{-3}$，有源沟道的冶金学尺寸为：$a = 1\mu\text{m}$，$L = 15\mu\text{m}$，$Z = 0.1\text{cm}$，Si 的相对介电常数为 12，求该 JFET 的内夹断电压和夹断电压。

解 先根据式(5-3-3)求得内夹断电压为

$$V_{p0} = \frac{qa^2N_d}{2\varepsilon_r\varepsilon_0} = \frac{1.6\times10^{-19}\times5\times10^{15}\times(1\times10^{-4})^2}{2\times12\times8.854\times10^{-14}} = 3.76(\text{V})$$

再求出栅结的内建电势差为

$$\psi_0 = V_T \ln\frac{N_aN_d}{n_i^2} = 0.026\ln\left[\frac{10^{19}\times5\times10^{15}}{(1.5\times10^{10})^2}\right] = 0.86(\text{V})$$

于是，夹断电压为

$$V_{\mathrm{p}} = V_{\mathrm{p0}} - \psi_0 = 2.90(\mathrm{V})$$

5.3.3　直流 *I-V* 方程

由于假设在电中性沟道中，电子分布是均匀的，电子的浓度梯度为零，因此，沟道电流中便只有电子漂移电流的成分。于是，漏极电流可以表示为

$$I_{\mathrm{D}} = Aqn\mu_{\mathrm{n}}\mathscr{E} = 2Z(a-W)qN_{\mathrm{d}}\mu_{\mathrm{n}}(-\mathrm{d}V/\mathrm{d}x) \tag{5-3-5}$$

式中，I_{D} 表示漏极电流，$2Z(a-W)$ 为电流流过的截面积。把式(5-3-1)代入式(5-3-5)并求积分：

$$\int_0^L \frac{I_{\mathrm{D}}\mathrm{d}x}{2q\mu_{\mathrm{n}}N_{\mathrm{d}}Z} = -\int_0^{V_{\mathrm{D}}}\left[a - \sqrt{\frac{2\varepsilon_{\mathrm{r}}\varepsilon_0}{qN_{\mathrm{d}}}\left(\psi_0 + V - V_{\mathrm{G}}\right)}\right]\mathrm{d}V \tag{5-3-6}$$

积分限由从 $x=0$ 到 $x=L$ 的有源区长度和从 0 到 V_{D} 的相应电压确定。求出积分，得

$$I_{\mathrm{D}} = -G_0\left\{V_{\mathrm{D}} - \frac{2}{3}\sqrt{\frac{1}{V_{\mathrm{p0}}}}\left[(V_{\mathrm{D}} + \psi_0 - V_{\mathrm{G}})^{3/2} - (\psi_0 - V_{\mathrm{G}})^{3/2}\right]\right\} \tag{5-3-7}$$

推导中利用了内夹断电压公式(5-3-3)。式中，负号表示电流沿 $-x$ 方向，即从漏极流向源极。式中，G_0 为没有任何耗尽层时的沟道电导，即**冶金学电导**，也称为**增益因子**，它是 JFET 能提供的最大电导，也标志着 JFET 的信号放大能力，具体表达式为

$$G_0 = 2qaZ\mu_{\mathrm{n}}N_{\mathrm{d}}/L \tag{5-3-8}$$

为了方便起见，在后续讨论中常把负号去掉，将 JFET 的 *I-V* 关系表示为

$$I_{\mathrm{D}} = G_0\left\{V_{\mathrm{D}} - \frac{2}{3}\sqrt{\frac{1}{V_{\mathrm{p0}}}}\left[(V_{\mathrm{D}} + \psi_0 - V_{\mathrm{G}})^{3/2} - (\psi_0 - V_{\mathrm{G}})^{3/2}\right]\right\} \tag{5-3-9}$$

式(5-3-9)称为**肖克利模型**。

肖克利模型描述了在达到夹断条件之前漏极电流与漏极电压和栅极电压之间的函数关系，或者说肖克利模型只适用于 JFET 的线性工作区。当有源沟道夹断后，JFET 进入饱和工作区，在忽略沟道长度调制效应时，漏极电流等于饱和漏极电流，肖克利模型不再适用，但是依然可以用肖克利模型计算临界饱和时的漏极电流大小。

【例 5-2】 假设例 5-1 中 Si 基 N 沟道 JFET 的电子迁移率为 $\mu_{\mathrm{n}} = 1350\mathrm{cm}^2/\mathrm{V\cdot s}$，栅源短接，分别计算 $V_{\mathrm{D}} = 1\mathrm{V}$ 和 $V_{\mathrm{D}} = V_{\mathrm{p}}$ 时的漏极电流。

解　由于栅源短接，因而 $V_{\mathrm{G}} = 0\mathrm{V}$，此时，肖克利模型简化为

$$I_{\mathrm{D}} = G_0\left\{V_{\mathrm{D}} - \frac{2}{3}\sqrt{\frac{1}{V_{\mathrm{p0}}}}\left[(V_{\mathrm{D}} + \psi_0)^{3/2} - {\psi_0}^{3/2}\right]\right\}$$

根据式(5-3-8)，有源沟道的冶金学电导为

$$G_0 = \frac{2qaZ\mu_{\mathrm{n}}N_{\mathrm{d}}}{L} = \frac{2\times1.6\times10^{-19}\times10^{-4}\times0.1\times1350\times5\times10^{15}}{15\times10^{-4}} = 1.44\times10^{-2}(\Omega^{-1})$$

将例 5-1 中的 V_{p0}、ψ_0 和 G_0 分别代入简化后的肖克利模型，可以计算得到：

当 $V_{\mathrm{D1}} = 1\mathrm{V}$ 时，$I_{\mathrm{D1}} = 1.44\times10^{-2}\left\{1 - \frac{2}{3}\sqrt{\frac{1}{3.76}}\left[(1+0.86)^{3/2} - (0.86)^{3/2}\right]\right\} = 5.79(\mathrm{mA})$；

当$V_{D2}=V_p$时，$I_{D2}=1.44\times10^{-2}\left\{2.9-\dfrac{2}{3}\sqrt{\dfrac{1}{3.76}}\left[(2.9+0.86)^{3/2}-(0.86)^{3/2}\right]\right\}=9.61(\text{mA})$。

在本例中，$V_{D2}-V_G=V_p$，此时有源沟道刚好在漏端夹断，所以计算得到的I_{D2}实质是该JFET在栅源短接时的饱和漏极电流。

图5-5是按照例5-2中的数据绘制而成的理想I-V特性曲线，由图可知，当$V_D-V_G=V_p$时，导电沟道刚刚在漏极夹断，此时漏极电流达到极大值，即饱和漏极电流值，对应的漏极电压即为饱和漏极电压V_{DS}，亦即

$$V_{DS}=V_p+V_G \tag{5-3-10}$$

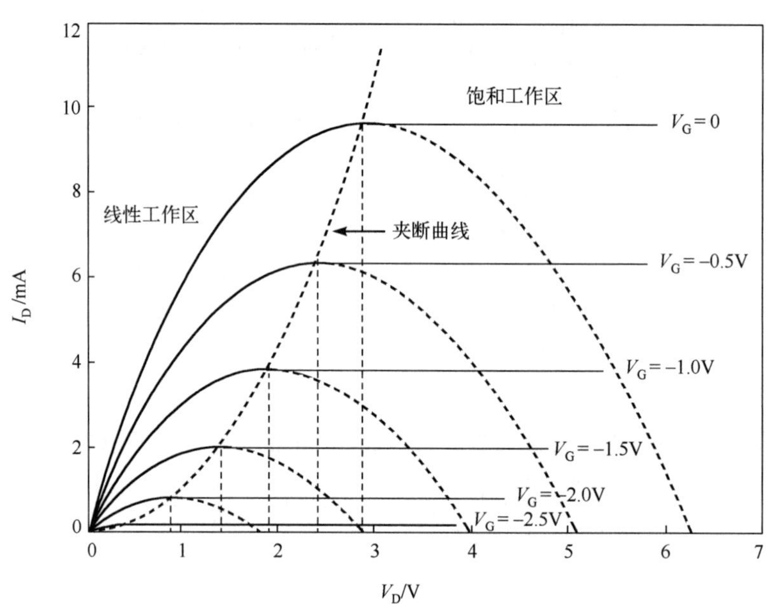

图5-5　硅基N沟道JFET的理想条件下的电流–电压特性

从图5-5可以看到，随着栅极施加的负电压越来越大，饱和漏极电压不断减小，饱和漏极电流也不断减小，这是栅极电压对沟道电导的调控作用。将对应不同栅极电压的输出特性曲线上电流临界饱和时的点连接起来，这条曲线称为**夹断曲线**，夹断曲线的左侧为线性工作区，右侧为饱和工作区。

图5-5是严格按照肖克利模型绘制而成的理想的输出特性，实际情况下漏极和源极之间的电压并非全部降落在有源沟道上，而是有部分电压降落在源端和漏端的串联电阻上，这使得实际降落在有源沟道上的电压小于漏极电压，因此，实际测量得到的饱和漏极电压比理论计算的结果大，测量得到的饱和漏极电流比理论结果更小。此外，还有载流子漂移速度饱和等非理想因素的影响。这些非理想情况将在5.5节进行讨论。

5.3节小结

5.4　JFET的特性

教学要求

1. 导出线性区I-V关系式(5-4-2)。

2. 导出饱和区 *I-V* 关系式(5-4-4)。
3. 了解 JFET 的漏极击穿及其机制。
4. 掌握概念：输出导纳、跨导。
5. 导出线性区漏极导纳式(5-4-10)。
6. 导出线性区跨导式(5-4-12)和饱和区跨导式(5-4-13)。

图 5-5 中的输出特性曲线用夹断条件作为界限的夹断曲线划分为线性区和饱和区。夹断曲线左边的区域称为 *I-V* 特性的线性区；夹断曲线右边的区域称为 *I-V* 特性的饱和区，在该区域漏极电流是饱和的。下面推导线性区和饱和区的 *I-V* 关系。

5.4.1　线性区

分析图 5-5 所示的 *I-V* 特性，不难看出当漏极电压很小时，漏极电流与漏极电压成正比。同时也看到，在原点附近 *I-V* 曲线的斜率是栅极电压的函数。在线性区，令 $V_D \ll \psi_0 - V_G$，运用多项式级数展开，可以把式(5-3-9)中的第二项写成

$$(V_D + \psi_0 - V_G)^{3/2} = (\psi_0 - V_G)^{3/2}\left(1 + \frac{V_D}{\psi_0 - V_G}\right)^{3/2} \approx (\psi_0 - V_G)^{3/2} + \frac{3}{2}V_D(\psi_0 - V_G)^{1/2} \tag{5-4-1}$$

把式(5-4-1)代入式(5-3-9)并化简，得到

$$I_D = G_0\left(1 - \sqrt{\frac{\psi_0 - V_G}{V_{p0}}}\right)V_D \tag{5-4-2}$$

式(5-4-2)表明，漏极电流对漏极电压的确是线性依赖关系。也反映出栅极电压对 *I-V* 曲线斜率的影响，即栅极电压对沟道电导的调制作用。

5.4.2　饱和区

式(5-4-2)说明漏极电压和栅极电压都对沟道夹断起作用。因此，对于不同的栅极电压，为达到夹断条件所需要的漏极电压是不同的。夹断点首先发生在漏端。在漏端，$V(L) = V_{DS}$。由式(5-3-10)和式(5-3-2)可知，临界饱和时的漏极电压为

$$V_D = V_{DS} = V_{p0} - \psi_0 + V_G \tag{5-4-3}$$

将式(5-4-3)代入式(5-3-9)，导出饱和漏极电流 I_{DS} 为

$$I_{DS} = G_0\left(\frac{2}{3}\sqrt{\frac{\psi_0 - V_G}{V_{p0}}} - 1\right)(\psi_0 - V_G) + \frac{1}{3}G_0V_{p0} \tag{5-4-4}$$

由式(5-4-4)可见，饱和漏极电流与漏极电压无关，是栅极电压的函数，反映了栅极电压对漏极电流的控制作用，称为 JFET 的**转移特性**。

当 $V_G < 0$ 时，I_{DS} 随着 $|V_G|$ 的不断增大而减小。当 $V_G = \psi_0 - V_{p0}$ 时，即使没有施加漏极电压，沟道已经完全夹断，JFET 处于截止状态，由式(5-4-4)可知，$I_{DS} = 0$。

根据式(5-4-4)，当 $V_G = \psi_0$ 时，饱和漏极电流应该有极大值，即

$$I_{DS,\max} = \frac{1}{3}G_0V_{p0} \tag{5-4-5}$$

然而事实上，当栅结正偏时，空间电荷区的耗尽层近似已经不再成立，因而肖克利模型只能

在栅结的正偏电压很小时才近似成立，栅结的正偏电压较大时，肖克利模型不再适用。

本章讨论的 JFET 都是 N 沟道器件，并且当 $V_G = 0$ 时，导电沟道是开启的，要想使得导电沟道关闭，需要栅极电压 $V_G < 0$，这样的 JFET 称为 **N 沟道耗尽型 JFET**。对于 N 沟道耗尽型 JFET，栅结上一般不施加正偏电压。所以，实际工作中，当栅源短接时，即 $V_G = 0$ 时，N 沟道耗尽型 JFET 有最大的饱和漏极电压和饱和漏极电流，分别记为 V_{DSS} 和 I_{DSS}。这是 JFET 比较重要的两个参数。显然，由式(5-4-3)和式(5-4-4)很容易得到这两个参数，即

$$V_{DSS} = V_{p0} - \psi_0 = V_p \tag{5-4-6}$$

$$I_{DSS} = G_0\psi_0\left(\frac{2}{3}\sqrt{\frac{\psi_0}{V_{p0}}} - 1\right) + \frac{1}{3}G_0 V_{p0} \tag{5-4-7}$$

为了方便起见，常常将饱和漏极电流表示为栅极电压的二次函数，将 JFET 工作在饱和区的转移特性描述为抛物线形式，即

$$I_{DS} = I_{DSS}\left(1 - \frac{|V_G|}{V_p}\right)^2 \tag{5-4-8}$$

由式(5-4-4)和近似表达式(5-4-8)描述的转移特性曲线如图 5-6 所示，两条曲线非常接近。实验发现，即使在 y 方向为任意非均匀的杂质分布，所有 JFET 的转移特性都落在图 5-6 中所示的两条曲线之间。在放大应用当中，JFET 通常工作在饱和区，并且在已知栅极电压信号时，可利用转移特性求得输出的漏极电流。

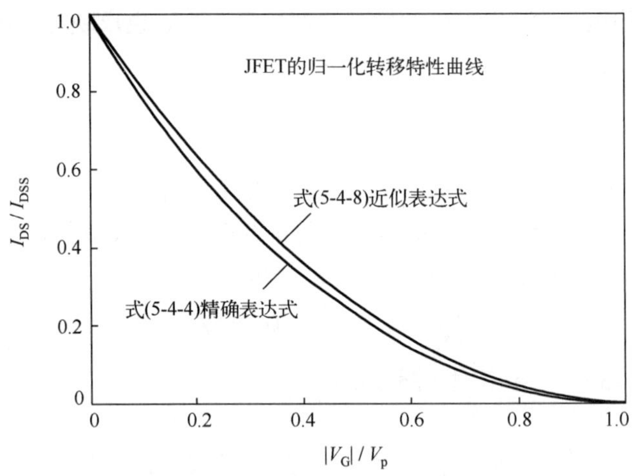

图 5-6 JFET 的归一化转移特性曲线

5.4.3 击穿特性

随着漏极电压的增加，降落在栅结上的反向偏压变大，栅结空间电荷区内的电场增强，当电场达到栅结的雪崩击穿临界电场时，雪崩击穿发生，漏极电流会突然增加，如图 5-7 中所示。雪崩击穿首先发生在沟道的漏端，因为那里有最高的反向偏压，此时，击穿电压可用下式表示

$$V_{BS} = V_{DB} - V_G \tag{5-4-9}$$

式中，V_{DB} 为 JFET 击穿时的漏极电压。对于 N 沟道 JFET，栅极施加负电压，栅极电压的绝对值越大，JFET 击穿所需的漏极电压越小，在图 5-7 中，可以清楚看到这一现象。

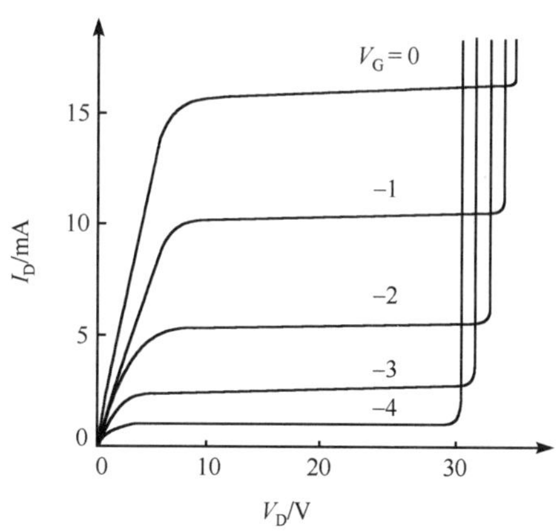

图 5-7　JFET 的击穿特性曲线

5.4.4　输出导纳

输出导纳，又称为**漏极导纳**，定义为漏极电流对漏极电压的变化率。

在线性区，对式(5-4-2)求导，可以得到线性区漏极导纳 g_{dl}，表示为

$$g_{dl}=\left.\frac{\partial I_D}{\partial V_D}\right|_{V_G=\text{常数}}=G_0\left(1-\sqrt{\frac{\psi_0-V_G}{V_{p0}}}\right) \tag{5-4-10}$$

从式中可以看出漏极导纳受到外加栅极电压的调控。正是这种特性使得 JFET 适用于作为电压控制的可变电阻。

式(5-4-10)只有在 $V_D \ll \psi_0-V_G$ 时才近似成立。漏极导纳更严格的表达式应该由式(5-3-9)对漏极电压求偏导得到，即

$$g_{dl}=\left.\frac{\partial I_D}{\partial V_D}\right|_{V_G=\text{常数}}=G_0\left(1-\sqrt{\frac{V_D+\psi_0-V_G}{V_{p0}}}\right) \tag{5-4-11}$$

式(5-4-11)说明沟道电导不仅受到栅极电压的调控，漏极电压对沟道电导也有一定的控制作用，特别当漏极电压较大时，这也是沟道能够夹断进入饱和区的原因。当 $V_D \ll \psi_0-V_G$ 时，式(5-4-11)自然简化为式(5-4-10)。

在饱和区，漏极电流与漏极电压无关。所以理想情况下，饱和区漏极导纳 $g_{ds}=0$。如果考虑沟道长度调制效应(详见 5.5 节)，饱和区的漏极导纳并非为零。

5.4.5　跨导

跨导定义为漏极电流对栅极电压的变化率，记作 g_m。跨导反映了晶体管的增益。

在线性区，将式(5-4-2)对 V_G 求偏导，可得到线性区的跨导，即

$$g_{ml}=\left.\frac{\partial I_D}{\partial V_G}\right|_{V_D=\text{常数}}=\frac{1}{2}G_0\frac{V_D}{\sqrt{V_{p0}\left(\psi_0-V_G\right)}} \tag{5-4-12}$$

在饱和区，将式(5-4-4)对 V_G 求偏导，可推导出饱和区的跨导，即

$$g_{ms}=\left.\frac{\partial I_{DS}}{\partial V_G}\right|_{V_D=\text{常数}}=G_0\left(1-\sqrt{\frac{\psi_0-V_G}{V_{p0}}}\right) \tag{5-4-13}$$

比较式(5-4-10)和式(5-4-13)可知，饱和区跨导与线性区输出导纳相等。需要指出的是，式(5-4-10)只有在漏极电压很小的时候才近似成立，式(5-4-13)只有在忽略沟道长度调制效应时才成立。因此，只有在漏极电压很小且忽略沟道长度调制效应时饱和区跨导与线性区输出导纳才近似相等。虽然饱和区跨导与线性区输出导纳近似相等，但是二者的物理意义却并不相同。输出导纳描述的是漏极电压对漏极电流的控制，线性区漏极导纳近似等于沟道的电导。

而跨导体现的是栅极电压对漏极电流的控制能力，是输入端(栅极和源极构成的回路)电压对输出端(漏极与源极构成的回路)电流的调控作用，饱和区跨导是由 JFET 转移特性决定的。

JFET 是电压控制器件，其输出电压为 $I_D R_L$，R_L 为输出端的负载电阻。JFET 的电压增益定义为

5.4 节小结

$$K_V = \partial(I_D R_L) / \partial V_G = g_m R_L \tag{5-4-14}$$

可见，跨导 g_m 标志了 JFET 的放大能力。

5.5 非理想因素的影响

教学要求

1. 掌握概念：沟道长度调制效应、速度饱和效应。
2. 为什么沟道夹断后漏极电流可以表示为 $I'_{DS} = I_{DS} L / L'$？
3. 导出沟道夹断后沟道长度公式(5-5-4)。
4. 通过例 5-3 掌握小信号漏极电阻的计算方法。

5.5.1 沟道长度调制效应

当 JFET 的沟道发生夹断时，夹断条件要求上、下栅结的空间电荷区在沟道中心相遇，如在图 5-8 中以实线表示的情形。夹断首先发生在漏端。当漏极电压进一步增加时，沟道中更多的自由载流子被耗尽，耗尽区的长度增加，结果使夹断点从漏端向源端移动，电中性的沟道长度减小，电中性的沟道电导增大，这种现象称为**沟道长度调制效应**。沟道夹断后，外加漏极电压由沟道的耗尽区和电中性区分摊。电中性的沟道区承受的电压由加断点处的电位决定。若忽略漏端的串联电阻，沟道刚刚在漏端夹断时，夹断点处的电位为饱和漏极电压 V_{DS}，继续增大漏极电压，夹断点向源端移动，由于耗尽区的电阻远大于电中性沟道电阻，夹断点处的电位依然保持 V_{DS} 不变，额外增加的电压 $V_D - V_{DS}$ 由沟道耗尽区承受。由于被减短的电中性沟道(长度为 L')承受着同样的 V_{DS}，因此沟道夹断后会使漏极电流随着漏极电压的增加略有增加。由于这个原因，沟道夹断后的漏极电流不是饱和的，漏极导纳不为零，漏极电阻为有限值。

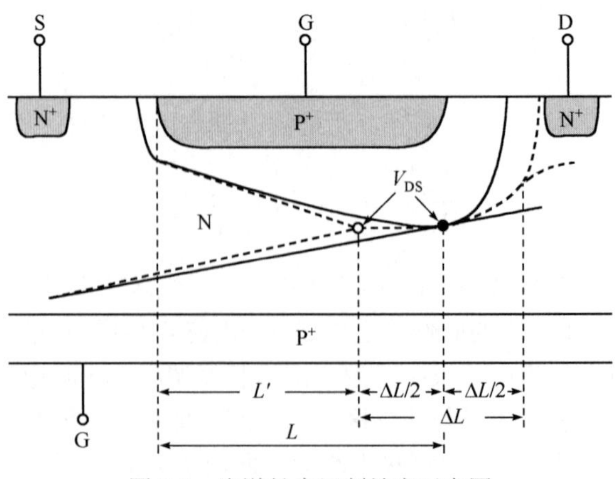

图 5-8 沟道长度调制效应示意图

根据这种物理图像，可以推导出饱和区的漏极电阻。由于夹断后，长度 L' 的新的电中性沟道承受的电压保持 V_{DS} 不变，故 $I'_{DS}L' = I_{DS}L$。由式(5-4-4)，夹断后的漏极电流可表示为

$$I'_{DS} = G'_0\left(\frac{2}{3}\sqrt{\frac{\psi_0 - V_G}{V_{p0}}} - 1\right)(\psi_0 - V_G) + \frac{G'_0 V_{p0}}{3} \tag{5-5-1}$$

式中

$$G'_0 = \frac{2qaZ\mu_n N_d}{L'} \tag{5-5-2}$$

根据耗尽层宽度公式，漏极电压在夹断后使被耗尽的沟道长度增加了 ΔL，即

$$\Delta L = \left[\frac{2\varepsilon_r\varepsilon_0(V_D - V_{DS})}{qN_d}\right]^{1/2} \tag{5-5-3}$$

假设被耗尽的沟道向源端的扩展与向漏端的扩展相等，则得到 L' 为

$$L' = L - \frac{1}{2}\Delta L = L - \frac{1}{2}\left[\frac{2\varepsilon_r\varepsilon_0(V_D - V_{DS})}{qN_d}\right]^{1/2} \tag{5-5-4}$$

夹断时的小信号漏极电阻 r_{ds} 可近似地用漏极电流-电压特性的斜率表示为

$$r_{ds} = \frac{\Delta V_{DS}}{\Delta I_{DS}} \tag{5-5-5}$$

由于电流对漏极电压不是线性关系，必须对每个漏极电压情况下的漏极电阻 r_{ds} 进行计算以求得漏极电阻的变化。例 5-3 给出了 r_{ds} 的计算方法。

【例 5-3】 考虑例 5-1 中的 JFET。求出 $V_D = V_{DS} + 2\text{V}$ 和 $V_G = 0$ 时的漏极电阻。

解 由于夹断后电中性沟道的电压不变，故

$$I'_{DS} = I_{DS}\frac{L}{L'} = I_{DS}\frac{L}{L - \Delta L/2}$$

$$\Delta L = \left(\frac{2\times 12\times 8.85\times 10^{-14}\times \Delta V}{1.6\times 10^{-19}\times 5\times 10^{15}}\right)^{1/2}$$

在 $V_D = V_{DS}$+2V 附近取 $V'_D = V_{DS} + 1\text{V}$ 和 $V''_D = V_{DS} + 3\text{V}$ 作为 I-V 曲线上的两点。求得

在 V'_D，$\Delta V = V'_D - V_{DS} = 1\text{V}$，$\Delta L' = 0.52\mu\text{m}$，$I'_{DS} = I_{DS}\dfrac{L}{L - \Delta L'/2} = I_{DS}\dfrac{15}{14.72}$；

在 V''_D，$\Delta V = V''_D - V_{DS} = 3\text{V}$，$\Delta L'' = 0.90\mu\text{m}$，$I''_{DS} = I_{DS}\dfrac{L}{L - \Delta L'/2} = I_{DS}\dfrac{15}{14.55}$。

由式(5-5-5)得

$$r_{ds} = \frac{V''_D - V'_D}{I''_{DS} - I'_{DS}} = \frac{2}{(15/14.55 - 15/15.72)(9.61\times 10^{-3})} = 17.5(\text{k}\Omega)$$

式中，$I_{DS} = 9.61\text{mA}$。

由例 5-3 可知，考虑到沟道长度调制效应后，漏极电阻不再是无限大，而是数十 kΩ 的有限电阻。在短沟道器件中（$L/a < 2$），沟道长度调制效应更加显著。

5.5.2　速度饱和效应

在理想 JFET 的基本假设中，认为沟道中的载流子迁移率为常数。而实际情况是载流子迁移率是电场的函数，在强电场条件下，迁移率会随着电场的增加而下降，使得载流子的平

均漂移速度在强电场下达到饱和。特别对于短沟道 JFET，载流子的漂移速度很容易达到饱和，从而使得 JFET 的输出特性曲线严重偏离理想情形，漏极电压尚未达到使沟道夹断所需要的饱和漏极电压时，漏极电流就已经饱和了，这种现象称为**速度饱和效应**(velocity saturation effects)。

图 5-9 显示了漏极和源极之间施加电压后的沟道示意图。由于沟道电流处处连续，随着靠近漏端的沟道逐渐变窄，电场越来越强，载流子漂移速度不断增加。当电场达到某一临界值时，载流子的漂移速度首先在沟道漏端达到饱和，此时，栅结的空间电荷区的宽度达到饱和，漏极电流也达到饱和，表示为

$$I_{\mathrm{D,sat}} = 2qN_{\mathrm{d}}v_{\mathrm{sat}}(a - W_{\mathrm{sat}})Z \tag{5-5-6}$$

其中，v_{sat} 为载流子的饱和漂移速度，W_{sat} 为栅结空间电荷区的饱和宽度。

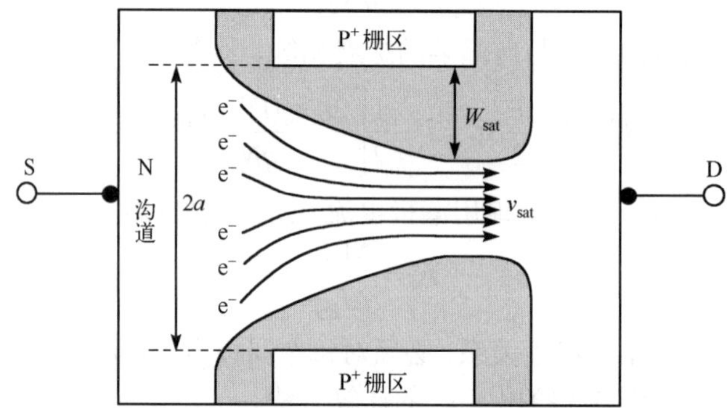

图 5-9 载流子速度和空间电荷区宽度饱和效应的 JFET 剖面图

速度饱和效应发生时的漏极电压小于理想时的饱和漏极电压 V_{DS}，也就是说在沟道夹断之前载流子的漂移速度就已经达到饱和，因此，实际的饱和漏极电流 $I_{\mathrm{D,sat}}$ 要比理想的沟道夹断时的饱和漏极电流 I_{DS} 低得多。

图 5-10 为 JFET 归一化的输出特性曲线。迁移率为常数时，理想的归一化输出特性曲线如图 5-10(a)所示。受到速度饱和效应的影响，JFET 实际的输出特性曲线如图 5-10(b)所示。从图中可以看到，在速度饱和效应的影响下，JFET 的输出特性曲线发生了显著变化，不仅饱和漏极电流显著变小，JFET 的跨导也变小了，即栅极电压对漏极电流的调控作用减弱了，因此，当速度达到饱和时，JFET 的有效增益也相应地减小了。

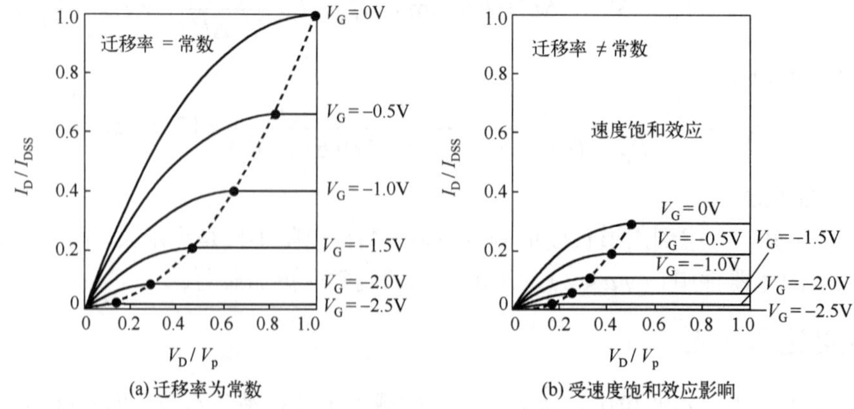

5.5 节小结

图 5-10 JFET 的迁移率为常数时和受速度饱和效应影响的归一化输出特性曲线

5.6　等效电路和截止频率

教学要求

1. 掌握概念：栅源扩散电阻、栅漏扩散电阻、栅极电容、漏极电阻、截止频率。
2. 绘出交流小信号等效电路图 5-12。
3. 绘出简化的交流小信号等效电路图 5-13。
4. 导出源极串联电阻对跨导的影响公式(5-6-3)。
5. 导出栅极总电容公式(5-6-6)。
6. 导出截止频率公式(5-6-11)。
7. 指出提高 JFET 截止频率的方法。

为了分析 JFET 的交流特性，需要建立 JFET 的等效电路图或数学分析模型。其中最有用的模型是 JFET 的交流小信号等效电路模型，利用等效电路能够很方便地分析 JFET 的频率响应特性。

5.6.1　交流小信号等效电路

图 5-11 表示一个 N 沟道 JFET 的横截面图，包含了源区和漏区的串联电阻 R_S 和 R_D，S′和 D′分别为内部的源极和漏极。图 5-12 是 JFET 的小信号等效电路图。

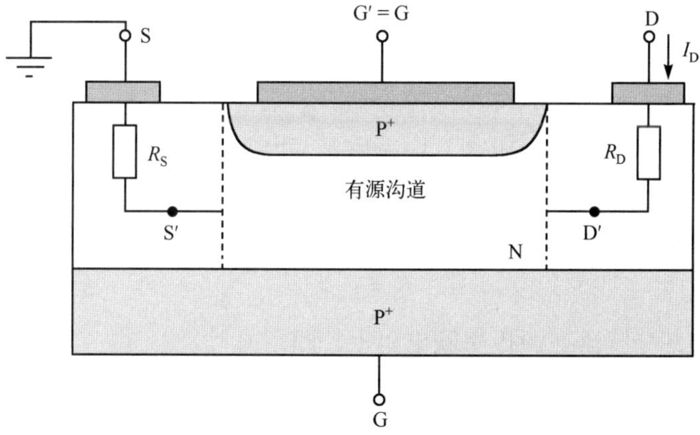

图 5-11　具有源电阻和漏电阻的 N 沟道 JFET 横截面图

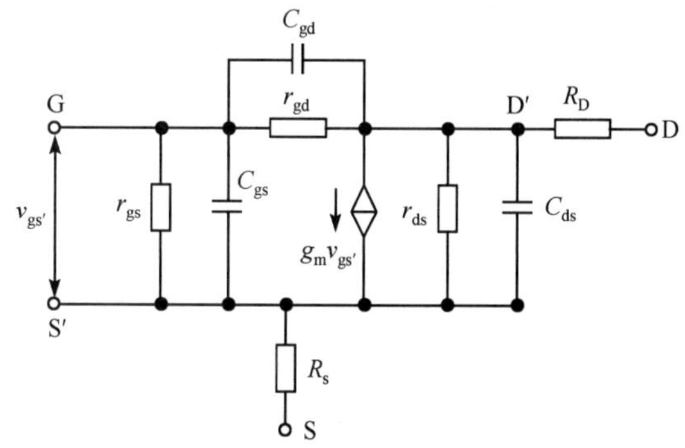

图 5-12　JFET 交流小信号等效电路图

图 5-12 中，内部的源极S′和栅极G之间以及内部的漏极D′和栅极G之间均为反偏的P^+N结，因而等效为结电容和结电阻的并联。r_{gs}和C_{gs}分别为栅源之间P^+N结的扩散电阻和结电容，r_{gd}和C_{gd}分别为栅漏之间P^+N结的扩散电阻和结电容。栅源之间的电压$v_{gs'}$为输入端电压，输入端电压对输出端电流的控制作用可以用受控电流源$g_m v_{gs'}$来表示，g_m为 JFET 的跨导，标志着 JFET 的输入端电压对输出端电流的控制能力和信号放大能力。r_{ds}是大小为 100 kΩ 左右的漏极电阻，是考虑了 JFET 的沟道长度调制效应引入的。C_{ds}是由于封装在漏源之间引入的寄生电容。

为了分析问题方便起见，可以对图 5-12 的等效电路图进行简化。对于耗尽型器件，考虑到栅结总是反偏状态，因而扩散电阻r_{gs}和r_{gd}非常大，其所在支路近似为开路状态；一般串联电阻R_S和R_D很小，可以忽略；最后，忽略沟道长度调制效应和漏源之间的寄生效应等非理想因素。于是，简化之后的等效电路图如图 5-13(a)所示。

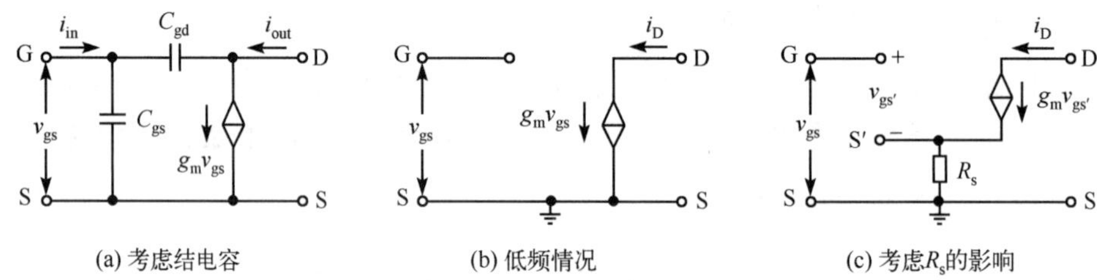

图 5-13 简化的 JFET 交流小信号等效电路图

在低频情况下，栅源电容C_{gs}和栅漏电容C_{gd}的容抗非常大，也可以近似为开路，等效电路图可以进一步简化为如图 5-13(b)所示。此时，输出端的漏极电流可以表示为

$$i_D = g_m v_{gs} \tag{5-6-1}$$

此时，输出端电流正比于输入端电压，比例系数为跨导g_m。这里忽略了源极串联电阻R_S的影响。实际上，尽管R_S很小，但是对 JFET 的跨导影响显著。如果考虑R_S的影响，JFET 低频时的等效电路图将如图 5-13(c)所示。此时，输出端电流为

$$i_D = g_m v_{gs'} \tag{5-6-2}$$

而输入端电压有一部分降落在源极串联电阻上，即

$$v_{gs} = v_{gs'} + i_D R_S = (1 + g_m R_S) v_{gs'} \tag{5-6-3}$$

因此，考虑源极串联电阻后，JFET 的跨导为

$$g'_m = \frac{\partial i_D}{\partial v_{gs}} = \frac{g_m}{1 + g_m R_S} \tag{5-6-4}$$

可见，如果$R_S = 0$，则$g'_m = g_m$；如果$R_S > 0$，则$g'_m < g_m$。即源极的串联电阻使得 JFET 的跨导减小，减弱了 JFET 的放大能力。因此，在制作 JFET 的工艺中，一定要尽量减小源极的串联电阻。

对于实际的 JFET，除考虑串联电阻的影响外，有时也要考虑栅源扩散电阻r_{gs}和栅漏扩散电阻r_{gd}的影响。栅源扩散电阻和栅漏电阻引起的电流是 PN 结反向饱和电流、产生电流和表面漏泄电流的总和，称为**栅极漏泄电流**。在平面型 JFET 中，PN 结反向饱和电流和产生电流很小。在一般器件中，栅极漏泄电流的数值在$10^{-12} \sim 10^{-9}$ A 之间，由此得到的输入阻抗大于$10^8 \Omega$。由于生产控制不良会引起较大的表面泄漏电流成分，这会严重地降低 JFET 的输入阻抗。

在具体问题的分析中，很难确定栅源电容 C_{gs} 和栅漏电容 C_{gd} 的具体数值。一般也没有必要分别确定 C_{gs} 和 C_{gd} 的具体数值，因为 JFET 的交流特性是由 C_{gs} 与 C_{gd} 的总和决定的。栅源电容 C_{gs} 与栅漏电容 C_{gd} 的和称为**栅极总电容**，记为 C_G，即

$$C_G = C_{gs} + C_{gd} \tag{5-6-5}$$

栅极总电容主要是栅结的耗尽层电容。令 $\overline{W}$ 为栅结的平均耗尽层宽度，则栅极总电容可以用下式表示

$$C_G = 2ZL\frac{\varepsilon_r\varepsilon_0}{\overline{W}} \tag{5-6-6}$$

因子 2 是因为考虑了两个 PN 结的贡献，每个结的面积为 ZL。在 $V_G = 0$，并处于夹断条件时，平均耗尽层宽度为 $a/2$。因而，夹断时的栅电容为

$$C_G = 4ZL\frac{\varepsilon_r\varepsilon_0}{a} \tag{5-6-7}$$

5.6.2　JFET 的最高工作频率

随着工作频率的升高，JFET 的电流增益(输出电流与输入电流之比)会下降。频率 f_{CO} 定义为晶体管电流增益下降到 1，亦即不能再放大输入信号时的最高工作频率。这个频率有时也称为**截止频率**。

运用图 5-13(a)所示的等效电路，考虑输出短路的情形。当通过输入电容的电流与输出电流相等时，JEFT 的增益为 1。输入电流可表示为

$$i_{in} = j2\pi f_{CO}(C_{gs} + C_{gd})v_{gs} = j2\pi f_{CO}C_G v_{gs} \tag{5-6-8}$$

输出电流为

$$i_{out} = g_m v_{gs} - j2\pi f_{CO}C_{gd}v_{gs} \tag{5-6-9}$$

当 $2\pi f_{CO} \ll g_m / C_{gd}$ 时，忽略公式(5-6-9)中的第二项，令

$$\left|\frac{i_{out}}{i_{in}}\right| = \frac{g_m}{2\pi f_{CO}C_G} = 1 \tag{5-6-10}$$

得到截止频率

$$f_{CO} = \frac{g_m}{2\pi C_G} \leqslant \frac{G_0}{2\pi C_G} = \frac{qa^2\mu_n N_d}{4\pi\varepsilon_r\varepsilon_0 L^2} = \frac{V_{p0}\mu_n}{2\pi L^2} \tag{5-6-11}$$

式(5-6-11)中最后的结果是利用了式(5-3-8)和式(5-6-7)并令 $g_m \leqslant G_0$ 得到的。式(5-6-11)说明，截止频率 f_{CO} 由夹断电压、迁移率和沟道长度所决定。在考虑最高频率时，通常夹断电压这一项无法调节，其他可调节的量为迁移率和沟道长度。因此，为了实现最好的高频性能，要有高的迁移率和短的沟道长度。为此，人们研制了基于 GaAs 材料的肖特基势垒场效应晶体管，详见 5.7 节。

5.6 节小结

5.7　金属-半导体场效应晶体管

教学要求

1. 掌握 MESFET 的基本结构和工作原理。

2. 了解 MESFET 和 GaAs MESFET 的突出特点。
3. 了解 MESFET 的两种类型。

为了提高场效应晶体管的工作频率，继 G. C. Dacey 等人研制出第一只 JFET 之后，1966 年，C. A. Mead 首次报道了 MESFET。MESFET 的基本结构如图 5-14 所示。目前，半导体材料多选用 GaAs。在半绝缘 GaAs 衬底上外延生长一层 N 型 GaAs，以减小寄生阻抗，然后用蒸发方法在 N 型外延层顶面上一次完成源极、漏极的欧姆接触和栅极的肖特基接触。金属-半导体接触工艺允许 MESFET 的沟道做得更短，有利于提高器件的开关速度和工作频率。

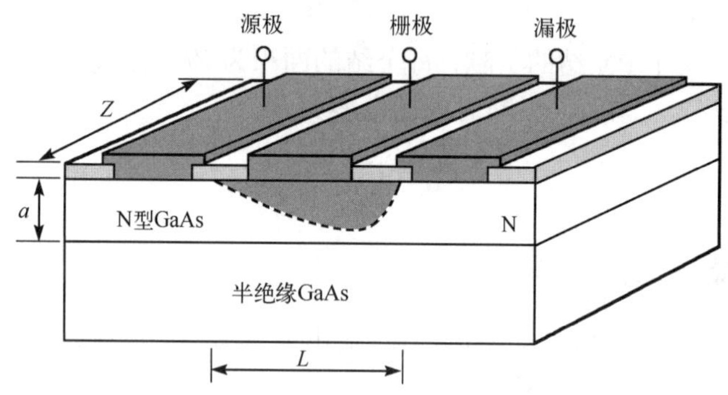

图 5-14 MESFET 的基本结构

由于硅的 MESFET 难以制作，要倾注很大力量防止沉积金属前硅表面生成天然氧化层。而 N 型 GaAs 与金属的肖特基势垒高度在 0.72～0.90V，对于通常沉积金属前的 GaAs 表面处理不灵敏。更为重要的是，金属与 GaAs 之间的界面陷阱不妨碍偏压对耗尽层厚度的调整，这为制作 GaAs MESFET 提供了必要的条件。此外，GaAs 的电子迁移率约为硅的 6 倍，这使它更适合于高频应用。目前，尽管多种化合物半导体晶体管不断被发明出来，并已包含了异质结构，但最为普及、能大量应用、技术成熟并作为商品化的化合物半导体晶体管的多是 N 型 GaAs MESFET，无论是作为分立器件或以 IC 形式出现，情况都是如此。

$V_G = 0$ 时，MESFET 的肖特基势垒可以穿透 N 型 GaAs 外延层达到半绝缘衬底，也可以没有达到半绝缘衬底。前者需要给耗尽层加上正向偏压，使耗尽层变窄，以致耗尽层的下边缘向 N 型 GaAs 层内回缩，离开半绝缘衬底，使得在耗尽层下方和半绝缘体衬底之间形成导电沟道。这种 MESFET 称为**常闭型或增强型 MESFET**。后一种 MESFET 在 $V_G = 0$ 时，就存在导电沟道，而欲使沟道夹断则需给耗尽层加上负的栅极偏压。这种 MESFET 称为**常开型或耗尽型 MESFET**。

在本章开始时指出，由于 MESFET 与 JFET 工作原理相同，因此前面几节对 JFET 给出的理论公式都适合于 MESFET，不过对于增强型 MESFET，式(5-3-3)和式(5-3-4)中的 V_P 通常换成 $-V_{TH}$。V_{TH} 称为**阈值电压**，它是使晶体管导通所需施加的最小正向偏压。由式(5-3-3)和式(5-3-4)得

$$V_{TH} = -V_p = -(V - V_G) = \psi_0 - V_{p0} \tag{5-7-1}$$

V_{p0} 由式(5-3-3)给出。对于增强型 MESFET，$V_{p0} < \psi_0$，V_{TH} 总是正的。此外，由于 MESFET 没有下栅极，因此其冶金学沟道电导 G_0 的表达式(5-3-8)中，沟道的厚度应为 a，而不是 $2a$，如图 5-14 所示，即

$$G_0 = qaZ\mu_n N_d / L \tag{5-7-2}$$

【例 5-4】 一个 N 沟道增强型 GaAs MESFET，在 T=300K 时，假设 $\phi_b = 0.89\text{V}$。N 沟道掺杂浓度 $N_d = 2\times10^{15}\text{cm}^{-3}$，$V_{TH} = 0.25\text{V}$。计算沟道厚度。

解
$$V_n = V_T \ln\left(\frac{N_c}{N_d}\right) = 0.026\ln\left(\frac{4.7\times10^{17}}{2\times10^{15}}\right) = 0.14(\text{V})$$
$$\psi_0 = \phi_b - V_n = 0.89 - 0.14 = 0.75(\text{V})$$
$$V_{p0} = \psi_0 - V_{TH} = 0.75 - 0.25 = 0.50(\text{V})$$

由式(5-3-3)可得沟道厚度为
$$a = \left(\frac{2\varepsilon_r\varepsilon_0 V_{p0}}{qN_d}\right)^{1/2} = \left(\frac{2\times13.1\times8.85\times10^{-14}\times0.50}{1.6\times10^{-19}\times2\times10^{15}}\right)^{1/2} = 0.60(\mu\text{m})$$

例 5-4 说明，N 沟增强型 MESFET 内夹断电压低于内建电势差，很小的沟道厚度可以形成较大的阈值电压。

5.7 节小结

5.8　JFET 和 MESFET 的类型

教学要求

掌握 JFET 和 MESFET 的四种类型：N 沟道耗尽(depletion)型、N 沟道增强(enhancement)型、P 沟道耗尽型和 P 沟道增强型。

耗尽型(常开型 normally on)：栅极偏压为零时就存在导电沟道，要使沟道夹断，必须施加反向偏压，使沟道内载流子耗尽。

增强型(常闭型 normally off)：栅极偏压为零时，沟道是夹断的，只有外加正偏压时，才能开始导电。

在 5.7 节指出，用 N 型 GaAs 制造的 MESFET 有**增强型**和**耗尽型**两种。同样 JFET 也有增强型和耗尽型两种。耗尽型指 JFET 在栅极偏压为零时就存在导电沟道，而要使沟道夹断，必须给 PN 结施加反向偏压，使沟道内载流子耗尽。增强型 JFET 同增强型 MESFET 一样，在栅极偏压为零时，沟道是夹断的，只有外加正偏压时才能开始导电。

考虑到 P 沟道和 N 沟道两类导电沟道，则总共可有四种类型的 JFET 和 MESFET，即 N 沟道增强型、N 沟道耗尽型、P 沟道增强型和 P 沟道耗尽型。上述四种器件的电学符号如图 5-15 所示。

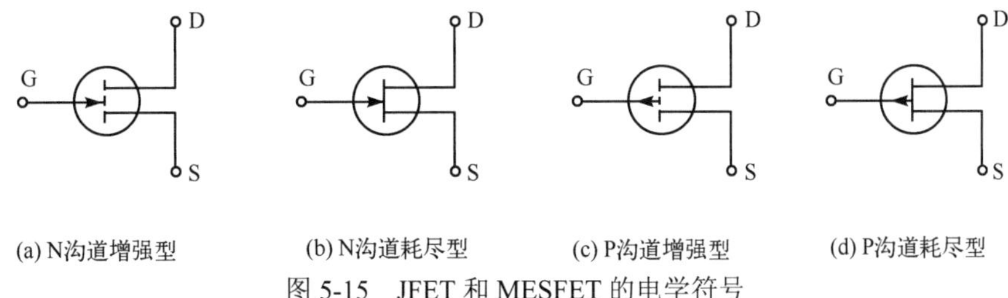

图 5-15　JFET 和 MESFET 的电学符号

5.9*　异质结 MESFET 和 HEMT

异质结 MESFET 的主要优点是工作速度快，称为**快速晶体管**。图 5-16(a)所示的是用Ⅲ-Ⅴ族化合物 $Ga_{0.47}In_{0.53}As$ 作为有源沟道层的双异质结 MESFET 的截面图。各半导体层是利用分子束外延技术在<100>方向的半绝缘 InP 衬底上生长的。半导体层和 InP 衬底具有良好的晶格匹配，这使界面陷阱密度很低。图 5-16(b)所示为热平衡时的能带图。顶部的 $Al_{0.48}In_{0.52}As$ 层和铝栅极形成肖特基势垒($\phi_b = 0.8V$)，于是沟道中的电子被限制在 $Ga_{0.47}In_{0.53}As$ 有源层内。若用 Al 直接和有源层接触，作为整流接触来说，势垒太低。由于这一有源层载流子迁移率比 GaAs 的迁移率高，因此能获得较高的跨导和较高的工作速度。

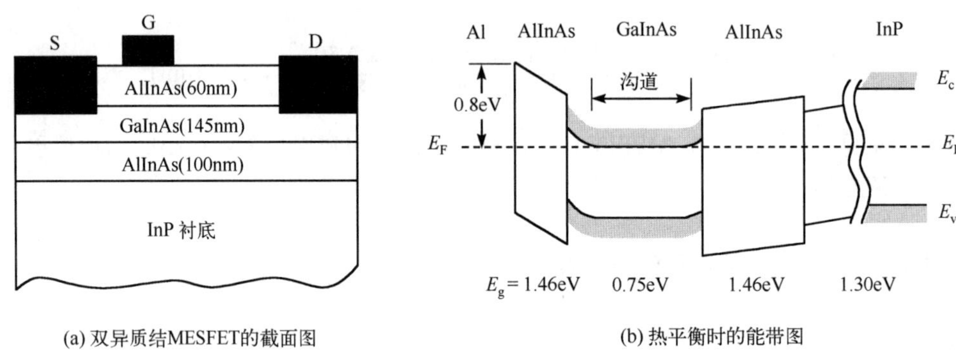

(a) 双异质结MESFET的截面图　　(b) 热平衡时的能带图

图 5-16　双异质结 MESFET 的基本结构和能带图

HEMT 称为**高电子迁移率晶体管**(high electronic mobility transistor)，它是另一种类型的异质结 MESFET。如图 5-17(a)所示，在不掺杂的 GaAs 衬底(i-GaAs)上，用外延技术生长一薄层(2~7 nm)宽禁带的 $Al_xGa_{1-x}As$ 薄层(i-$Al_xGa_{1-x}As$)，在 i-$Al_xGa_{1-x}As$ 层上再生长一层 N^+ 型 $Al_xGa_{1-x}As$ 层。后者通常称为控制层，它和金属栅极形成肖特基势垒，和 GaAs 层形成异质结。通过对栅极加正向偏压，可以将电子引入异质结界面处的 GaAs 层中。

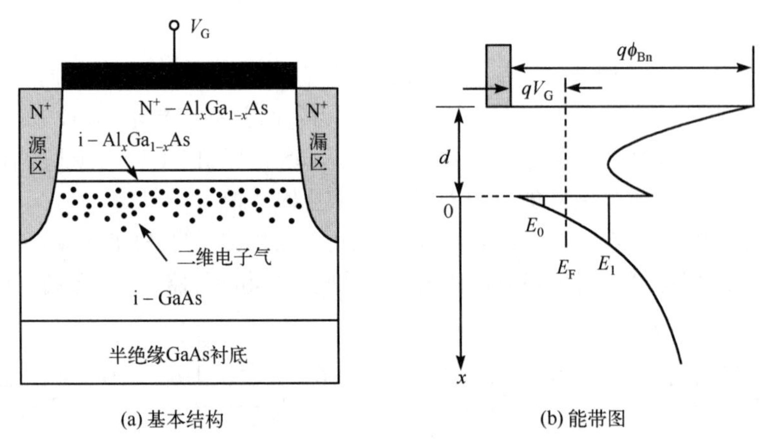

(a) 基本结构　　(b) 能带图

图 5-17　HEMT 的基本结构和能带图

AlGaAs 的厚度和掺杂浓度(典型值为几十 nm 和$10^{17} \sim 10^{18} cm^{-3}$)决定器件的阈值电压，正常情况下使之完全耗尽。如果 AlGaAs 层较厚或者掺杂浓度较高，则当栅压 $V_G = 0$ 时，异质结界面处的 GaAs 表面的电子势阱内已经有电子存在，MESFET 是耗尽型的；相反，如果 AlGaAs 层较薄或者掺杂浓度较低，则当 $V_G = 0$ 时耗尽层伸展到 GaAs 内部，势阱内没有电子，器件是增强型的。AlGaAs 禁带宽度比 GaAs 的大，它们形成异质结时，导带边不连续。AlGaAs 的导带边比 GaAs 的高 ΔE_c，这是由于前者的电子亲合势比后者的小，结果电子从 AlGaAs 向 GaAs 转移引起界面处能带弯曲，在 GaAs 表面形成近似三角形的电子势阱。当电子势阱较深时，电子基本上被限制在势阱宽度所决定的薄层（~100 nm）内。这样的电子系统被称为**二维电子气**（2DEG）。2DEG 是指电子（或空穴）被限制在平行于界面的平面内自由运动，而在垂直于界面的方向上受到限制。电子势阱的深度受到栅极偏压 V_G 的控制，故 2DEG 的浓度（面密度）将受到 V_G 的控制，从而器件的电流受到 V_G 的控制。

2DEG 和提供自由电子的 N^+型 AlGaAs 层之间夹着不掺杂的 AlGaAs 薄层，从而基本上不受电离杂质散射，迁移率显著增加。比体材料的电子迁移率高得多。GaAs 不掺杂，也是为了避免陷阱内电离杂质散射。这种器件依靠迁移率很高的 2DEG 导电，具有更高的工作速度和更高的截止频率。因此，这种结构的 MESFET 常称为 **2DEG 场效应晶体管**（TEGFET）、**调制掺杂场效应晶体管**（MODFET）或**选择掺杂异质结晶体管**。前者说明这种器件高频、高速的原因是电子迁移率高，后者强调得到高迁移率的方法是调制掺杂或者选择掺杂。

5.9 节小结

习题

5-1　硅 N 沟道 JFET 具有图 5-1(a)的结构和以下参数：$N_a = 10^{18}\text{cm}^{-3}$，$N_d = 10^{15}\text{cm}^{-3}$，$a = 2\mu\text{m}$，$L = 20\mu\text{m}$ 和 $Z = 0.2\text{cm}$。计算：(1) 内建电势 ψ_0；(2) 夹断电压 V_{p0} 和 V_p；(3) 电导 G_0；(4) 在栅极和漏极为零偏压时实际的沟道电导。

5-2　试推导 N 沟道 JEFT 的电流与电压关系。它的截面为 $2a\times2a$，为 P^+区所包围，器件长度为 L。

5-3　推导结型场效应四级管的电流-电压关系，在该四级管中，两个栅极是分开的。两个栅极上的外加电压分别为 V_{G1} 和 V_{G2}。假设为单边突变结。

5-4　计算并画出在 25℃、150℃和−50℃时习题 5-1 中 JFET 的转移特性。采用第 1 章给出的电子迁移率数据。栅极电压的增量采用 0.5V（数值解）。

5-5　(1) 计算并绘出在 25℃时习题 5-1 中 JFET 的小信号饱和跨导。

(2) 若串联电阻 $R_S = 50\Omega$ 时，重复(1)（数值解）。

5-6　有一个 N 沟道 GaAs JFET，只有上栅极，没有下栅极。该器件在 T=300K 时具有如下参数：$N_a = 5\times10^{18}\text{cm}^{-3}$，$N_d = 2\times10^{16}\text{cm}^{-3}$，$a = 0.35\mu\text{m}$，$L = 10\mu\text{m}$，$Z = 30\mu\text{m}$，$\mu_n = 8000\text{cm}^2/(\text{V}\cdot\text{s})$，计算：(1) 冶金学电导 G_0；(2) $V_G = V_p/2$ 时的饱和漏极电压 V_{DS} 和饱和漏极电流 I_{DS}；(3) 利用(2)中的结果绘制输出特性曲线（数值解）。

5-7　(1) 估算习题 5-1 中 JFET 的截止频率。

(2) 若 $L = 2\mu\text{m}$，重复(1)。

(3) 若采用 N 型 GaAs，重复(1)。

5-8　计算在 $V_D = V_p + 5\text{V}$ 和 $V_G = -1\text{V}$ 时，习题 5-1 中 JFET 的漏极电阻 r_{ds}。

5-9　一个 N 沟道增强型 GaAs MESFET，在 T=300K 时，假设 $\phi_b = 0.89\text{V}$，N 沟道掺杂浓度 $N_d = 2\times10^{15}\text{cm}^{-3}$，沟道厚度 $a = 0.5\mu\text{m}$，计算阈值电压 V_{TH}。

5-10　一个 N 沟道 GaAs MESFET，其 $\phi_b = 0.9\text{V}, N_d = 10^{17}\text{cm}^{-3}, a = 0.2\mu\text{m}, L = 1\mu\text{m}, Z = 10\mu\text{m}$。(1) 这是增强型器件还是耗尽型器件？(2) 计算阈值电压或夹断电压；(3) 求 $V_G = 0$ 时的饱和电流；(4) 计算截止频率。

参 考 文 献

爱德华・S・扬, 1981. 半导体器件物理基础. 卢纪译. 北京：人民教育出版社.

尼曼, 2005. 半导体物理与器件. 3 版. 赵毅强, 姚素英, 解晓东, 等译. 北京：电子工业出版社.

CHANG C S, DAY D Y S, 1989. Analytic theory for current-voltage characteristics and field distribution of GaAs MESFETs. IEEE transactions on electron devices, 36(2): 269-280.

COBBOLD R S C, 1970. Theory and application of the field-effect transistors. New York: John Wiley & Sons.

DARING R B, 1989. Subthreshold conduction in uniformly doped epitaxial GaAs MESFETs. IEEE transactions on electron devices, 36(7): 1264-1273.

DI-LORENZO J V, KHANDELWAL D D, 1982. GaAs FET principles and technology. Dedham, MA: Artech House.

DRUMMOND T J, MASSELINK W T, MORKOC H, 1986. Modulation-doped GaAs/(Al, Ga)As heterojunction field-effect transistors: MODFETs. Proceedings of the IEEE, 74(6): 773-812.

FRITZSCHE D, 1987. Heterostructures in MODFETs. Solid-state electronics, 30(11): 1183-1195.

KANO K, 1998. Semiconductor devices. Upper Saddle River, Prentice Hall.

KIM C, Yang E S, 1970. An analysis of current saturation mechanisms of junction field-effect transistors. IEEE transactions on electron devices, 17(2): 120 -127.

LIAO S Y, 1985. Microwave solid-state devices. Englewood Cliffs, Prentice Hall.

LIECHTI C A, 1976.Microwave field-effect transistors.IEEE transactions on microwave theory and techniques, 24(6):279-300.

NG K K, 1995. Complete guide to semiconductor devices. New York: McGraw-Hill.

PIERRET R F, 1990. Field effect devices. vol. 4 of the modular series on solid state devices. 2nd ed. Reading, MA: Addison-Wesley.

PIERRET R F, 1996. Semiconductor device fundamentals. Reading, MA: Addison-Wesley.

ROULSTON D J, 1999. An introduction to the physics of semiconductor devices. New York: Oxford University Press.

SEVIN L J JR, 1965. Field effect transistors. New York: McGraw-Hill.

SHOCKLEY W, 1952. A unipolar "field-effect" transistor. Proc IRE, 40: 1365.

SHUR M, 1987. GaAs devices and circuits. New York: Plenum Press.

SINGH J, 1994. Semiconductor devices: an introduction. New York: McGraw-Hill.

SINGH J, 2001. Semiconductor devices: basic principles. New York: John Wiley & Sons.

STREETMAN B G, BANERJEE S, 2000. Solid state electronic devices. 5th ed. Upper Saddle River: Prentice Hall.

SZE S M, 1981. Physics of semiconductor devices. 2nd ed. New York: John Wiley & Sons.

SZE S M, 1985. Semiconductor devices: physics and technology. New York: John Wiley & Sons.

SZE S M, 1990. High-speed semiconductor devices. New York: John Wiley & Sons.

YANG E S, 1972. Current saturation mechanisms in junction field-effect transistors. Adv electron phys, 31: 247.

YANG E S, 1988. Microelectronic devices. New York: McGraw-Hill.

第 6 章 金属-氧化物-半导体场效应晶体管

6.1 引言

金属-氧化物-半导体场效应晶体管(metal oxide semiconductor field effect transistor，MOSFET)。MOSFET 也常简称为 MOST(MOS 晶体管)。MOSFET 是微处理器、半导体存储器等超大规模集成电路中的核心器件和主流器件，也是一种重要的功率器件。

一个典型的 MOSFET 的透视图如图 6-1 所示。其基本的工艺过程是：在 P 型硅上生长一层二氧化硅；光刻磷扩散窗口；磷扩散生成两个 N^+区，即**源区**和**漏区**；光刻接触电极窗口；蒸镀铝膜形成金属电极。氧化物上的金属电极称为**栅极**，源区和漏区引出的电极分别称为**源极**和**漏极**。

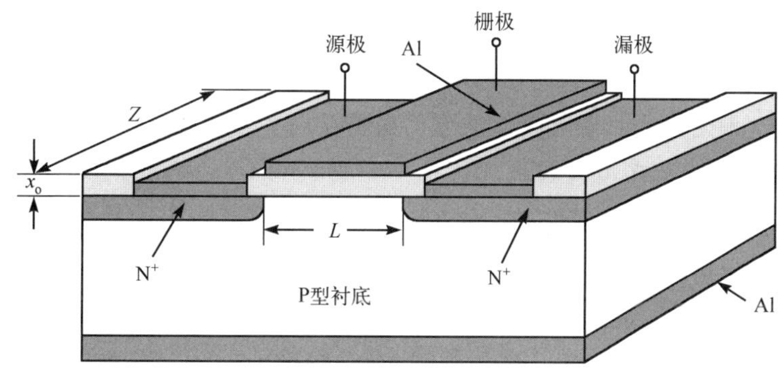

图 6-1　MOSFET 的透视图

可以看出，源极、衬底和漏极构成两个背靠背的二极管，如果不加栅极偏压，那么不论源极和漏极之间的偏压如何都只能有很小的反向饱和电流通过。如果栅极相对半导体加上足够大的正电压，那么栅极下方半导体表面会反型，即栅极下方半导体表面会变成 N 型薄层。这个 N 型薄层把 N^+型源区和漏区连起来。这时，如果在漏极相对于源极加上正偏压，就会有较大的电流从漏极流入源极，这个电流称为**漏极电流**。

N 型反型层称为**导电沟道**。如果导电沟道的厚度为 x_I，则导电沟道是一个长为 L，截面积为 $Z \cdot x_I$ 的电阻。导电沟道的电导受控于栅极偏压，这种现象就称为**场效应**。由于导电沟道是 N 型的，因此这种 MOSFET 称为 **N 沟道 MOSFET**。反之，如果衬底是 N 型半导体，则导电沟道是 P 型反型层，这种 MOSFET 称为 **P 沟道 MOSFET**。由于导电沟道的电导受控于栅极偏压，因此漏极电流的大小不仅受漏极电压的控制，也受栅极电压的调制，这是 MOSFET 晶体管工作的基本原理。MOSFET 的实质是用 MOS 电容取代了 JFET 的栅结的场效应晶体管。

根据以上介绍可以看出，MOSFET 的核心结构是金属-氧化物-半导体构成的 MOS 结构。其中，氧化物起绝缘作用，也可以使用其他绝缘介质代替。因此，这种结构的晶体管一般地称为**金属-绝缘体-半导体场效应晶体管**(MISFET)或**绝缘栅场效应晶体管**(IGFET)。

MOSFET 中只有一种载流子传输电荷，是单极器件。在第 5 章已经学习了两种单极器件——JFET 和 MESFET。

MOSFET 的工作机制涉及半导体表面的性质。半导体表面一直是半导体物理研究的重要方面，是一个极其复杂的研究课题。MOSFET 主要涉及半导体表面空间电荷区、MOS 电容、沟道电导和阈值电压等。在介绍 MOSFET 的理论、结构和设计之前，将在 6.2 节～6.5 节分别介绍这些知识。

6.2 理想 MOS 结构的表面空间电荷区

教学要求

1. 了解理想 MOS 结构基本假设及其意义。
2. 根据电磁场边界条件导出空间电荷与电场强度的关系式(6-2-1)。
3. 掌握载流子积累、载流子耗尽、载流子反型和载流子强反型的概念。
4. 正确画出载流子积累、载流子耗尽、载流子反型和载流子强反型四种情况的能带图。
5. 导出半导体表面反型和强反型条件。
6. 解释为什么出现强反型之后继续增加偏压 V_G，能带弯曲并不显著增加，而且空间电荷区的势垒高度、固定的受主负电荷以及空间电荷区的宽度基本上保持不变。
7. 掌握式(6-2-21)~式(6-2-23)。

图 6-2(a)为典型的金属-氧化物-半导体结构。Al 金属电极和 P 型 Si 被一个薄的 SiO_2 层隔开，这种结构也称为 **MOS 电容器**。图中 x_o 为 SiO_2 层的厚度，V_G 为加在 Al 电极上的偏压。前面指出，MOS 结构涉及到半导体表面的性质，而实际半导体表面是非常复杂的，因此先考虑理想 MOS 结构，在此基础上再考虑实际的 MOS 结构。

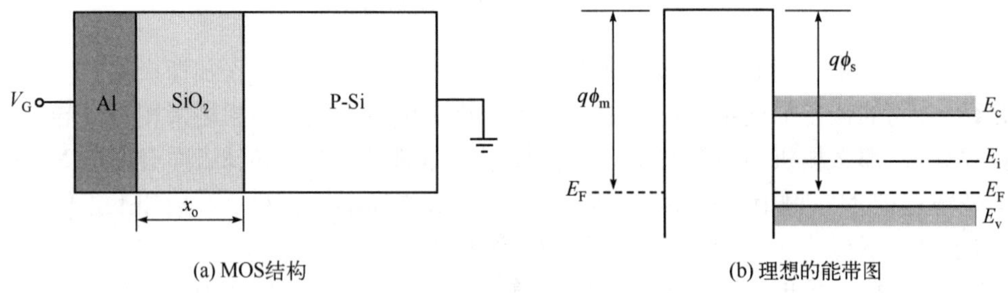

(a) MOS结构　　(b) 理想的能带图

图 6-2 MOS 电容器的结构和能带图

理想 MOS 结构基于以下假设。

(1)在氧化物中和在氧化物与半导体之间的界面上不存在电荷。

(2)金属和半导体之间的功函数差为零，如图 6-2(b)所示的情形。

根据上述两条假设，在没有外加偏压的情况下，半导体的能带从表面到内部都将是平直的。

(3)SiO_2 层是良好的绝缘体，能阻挡直流电流流过。根据假设(3)，即使有外加电压，在达到热平衡状态时，整个半导体表面的空间电荷区中费米能级为常数，与体内费米能级持平。

这些假设在以后将被取消而接近实际的 MOS 结构。

6.2.1　半导体表面空间电荷区

在 MOS 电容器中金属为一极板，半导体为另一极板。在电容器两端加上电压，则一个极板带正电，另一个极板带负电。在它们之间的 SiO_2 层内建立起电场 $\mathscr{E}_o$。设金属板上电荷为 Q_M，则半导体表面感应电荷为 $Q_S=-Q_M$。由于金属的自由电子浓度很大，金属的表面空间电荷区基本上局限于一个原子层的厚度内，而半导体的自由载流子浓度比金属小很多，所以电中性要求半导体的表面电荷要扩展到比金属表面空间电荷区厚得多的一层。这就是说，在外电场作用下，在半导体表面形成一个具有相当厚度的空间电荷区(μm 量级)，它对外电场起到屏蔽作用。空间电荷区的形成原因是自由载流子的过剩或欠缺以及杂质能级上电子浓度的变化引起的。

与空间电荷区相联系的是电场的变化。在空间电荷区中存在着电场 $\mathscr{E}$，$\mathscr{E}$ 从半导体表面到内部逐渐减弱，直到空间电荷区的内边界才基本上全部被屏蔽而为零。

根据电磁场的边界条件，每个极板上的感应电荷与电场强度之间满足如下关系

$$Q_M=-Q_S=\varepsilon_o\mathscr{E}_o=\varepsilon_s\mathscr{E}_s \tag{6-2-1}$$

式中，ε_o 为氧化物介电常数，ε_s 为半导体介电常数，$\mathscr{E}_o$ 为氧化物中的电场强度，$\mathscr{E}_s$ 为半导体表面处的电场强度，Q_M 为金属极板电荷面密度，Q_S 为半导体极板电荷面密度。

在空间电荷区中电场的出现使半导体表面与体内之间产生一个电位差。金属、氧化物和 P 型半导体(以下分析以 P 型半导体为例)的电势分布如图 6-3 所示，取半导体内部为电势零点。为了避免在界面处电场的不连续性，位置坐标 x 应换成 x/ε_r，ε_r 为有关材料相应的相对介电常数。但为了方便，仍记以 x。图中 V_o 为降落在氧化层上的电压，ψ_s 为半导体的表面势，x_d 为空间电荷区在半导体内部的边界。

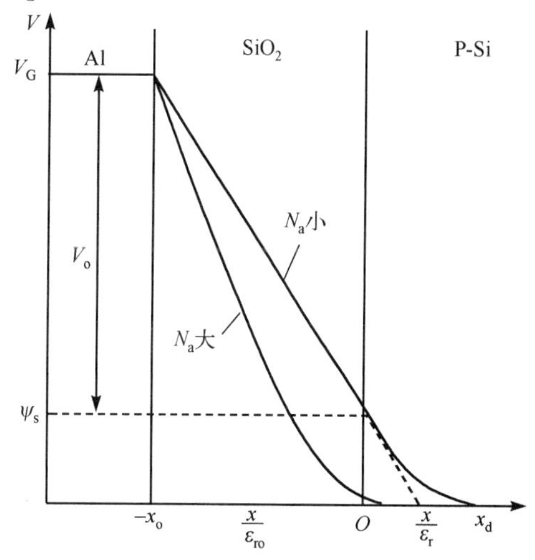

图 6-3　加上电压 V_G 时 MOS 结构内的电位分布

加上电压 V_G，V_G 被降落在氧化层的电压 V_o 和表面势 ψ_s 所分摊，即

$$V_G=V_o+\psi_s \tag{6-2-2}$$

6.2.2　载流子积累、耗尽和反型

空间电荷区静电势 $\psi(x)$ 的出现改变了空间电荷区中的能带图。根据所加电压 V_G 的极性和大小，在半导体表面有可能实现三种不同的载流子分布情况：载流子积累、载流子耗尽和载流子反型。

热平衡时载流子浓度用式(1-7-28)和式(1-7-29)表示，为叙述方便，现重写如下：

$$n=n_i e^{(E_F-E_i)/KT} \tag{6-2-3}$$

$$p=n_i e^{(E_i-E_F)/KT} \tag{6-2-4}$$

设半导体体内本征费米能级为 E_{i0}，则在空间电荷区内，$E_i(x)=E_{i0}-q\psi(x)$。在半导体表面处，$E_{is}=E_{i0}-q\psi_s$，令

$$\phi_{\mathrm{f}}=\frac{E_{\mathrm{i0}}-E_{\mathrm{F}}}{q}=V_{\mathrm{T}}\ln\frac{N_a}{n_i} \tag{6-2-5}$$

为半导体**体内的费米势**。显然，对于 p 型半导体，$\phi_{\mathrm{f}}>0$； 而对于 N 型半导体，$\phi_{\mathrm{f}}<0$。由式(6-2-3)可得

$$n(x)=n_{\mathrm{i}}\mathrm{e}^{[E_{\mathrm{F}}-E_{\mathrm{i}}(x)]/KT}=n_{\mathrm{i}}\mathrm{e}^{[E_{\mathrm{F}}-E_{\mathrm{i0}}+q\psi(x)]/KT}=n_0\mathrm{e}^{\psi(x)/V_{\mathrm{T}}} \tag{6-2-6}$$

式中

$$n_0=n_{\mathrm{i}}\mathrm{e}^{-\phi_{\mathrm{f}}/V_{\mathrm{T}}} \tag{6-2-7}$$

或者

$$n(x)=n_{\mathrm{i}}\mathrm{e}^{[\psi(x)-\phi_{\mathrm{f}}]/V_{\mathrm{T}}} \tag{6-2-8}$$

于是，半导体表面的电子浓度为

$$n_{\mathrm{s}}=n_{\mathrm{i}}\mathrm{e}^{(\psi_{\mathrm{s}}-\phi_{\mathrm{f}})/V_{\mathrm{T}}} \tag{6-2-9}$$

同理可得

$$p(x)=p_0\mathrm{e}^{-\psi(x)/V_{\mathrm{T}}} \tag{6-2-10}$$

$$p_0=n_{\mathrm{i}}\mathrm{e}^{\phi_{\mathrm{f}}/V_{\mathrm{T}}} \tag{6-2-11}$$

或者

$$p(x)=n_{\mathrm{i}}\mathrm{e}^{[\phi_{\mathrm{f}}-\psi(x)]/V_{\mathrm{T}}} \tag{6-2-12}$$

半导体表面的空穴浓度为

$$p_{\mathrm{s}}=n_{\mathrm{i}}\mathrm{e}^{(\phi_{\mathrm{f}}-\psi_{\mathrm{s}})/V_{\mathrm{T}}} \tag{6-2-13}$$

上述公式将用于分析半导体表面层的载流子分布的变化。

1. 载流子积累

当金属电极上加上负电压时，在半导体表面形成负表面电势ψ_{s}，表面空间电荷区中能带向上弯曲，如图 6-4(a)所示。由于半导体的费米能级E_{F}保持常数，能带向上弯曲使接近表面处有更大的$E_{\mathrm{i}}-E_{\mathrm{F}}$，因此，根据式(6-2-3)和式(6-2-4)，与体内相比，在表面处有更低的电子密度和更高的空穴密度。这种半导体表面多数载流子浓度高于体内多数载流子浓度的现象称为**半导体表面的载流子积累**。载流子积累增加了半导体表面的电导率。在载流子积累的情况下，表面电荷为

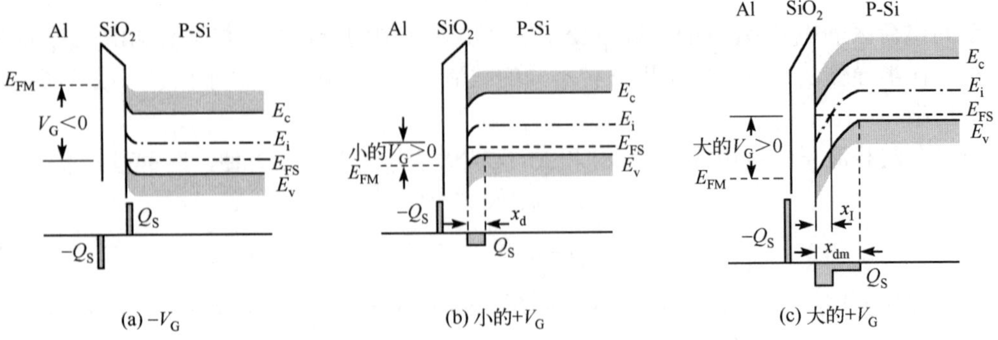

图 6-4 MOS 结构在几种偏压情况下的能带和电荷分布

$$Q_S = q\int_0^{x_d}[p(x) - p_0]\mathrm{d}x \tag{6-2-14}$$

式中，x_d 为载流子积累层——空间电荷区的宽度。

2. 载流子耗尽

当金属电极加上不太大的正偏压 V_G 时，表面势 ψ_s 为正，空间电荷区中能带向下弯曲，本征费米能级 E_i 靠近费米能级 E_F，$E_i - E_F$ 值减小，根据式(6-2-3)和式(6-2-4)，表面空穴浓度低于体内热平衡值，造成多数载流子空穴的耗尽。少数载流子电子有所增加，但由于热平衡少子数目极小，因此，少子数目仍然可以忽略。空间电荷由没有空穴中和的固定的受主离子构成。单位面积下的总的空间电荷电荷量为

$$Q_S = Q_B = -qN_a x_d \tag{6-2-15}$$

式中，x_d 为耗尽层宽度，如图 6-4(b)所示。Q_B 定义为半导体空间电荷区中单位面积下的受主离子总电荷，负号表示电荷的极性。采用耗尽近似解泊松方程可以求出 $\psi(x)$，ψ_s 和 x_d 之间的关系：

$$\psi_s = \frac{qN_a x_d^2}{2\varepsilon_s} \tag{6-2-16}$$

$$x_d = \sqrt{\frac{2\varepsilon_s \psi_s}{qN_a}} \tag{6-2-17}$$

$$\psi(x) = \psi_s\left(1 - \frac{x}{x_d}\right)^2 \tag{6-2-18}$$

这些结果与 P 侧轻掺杂的 N^+P 单边突变结的相同。

3. 载流子反型

若在耗尽基础上进一步增加偏压 V_G，MOS 系统半导体表面空间电荷区中的能带进一步下弯。大的能带弯曲使硅表面及其附近的禁带中央能量 E_i 超越恒定的费米能级，即来到费米能级 E_F 的下面，如图 6-4(c)所示。由式(6-2-3)和式(6-2-4)可知，由于少数载流子电子浓度高于本征载流子浓度，而多数载流子空穴的浓度低于本征载流子的浓度，这一层半导体由 P 型变成了 N 型，称为**反型层**，这种现象称为**载流子反型**。在图 6-4(c)中，x_I 的右边区域 $E_i > E_F$，仍为 P 型，而 x_I 左边区域已变成 N 型，因而在金属电极下边感应出 PN 结。这种 PN 结称为**物理 PN 结**，也叫**场感应结**。场感应结不同于第 2 章所讨论的合金 PN 结。当外加电压 V_G 撤掉之后，反型层消失，场感应 PN 结也随之消失。

6.2.3　反型和强反型条件

当 $n_s = n_i$ 时，半导体表面呈现本征状态，此后，再增加 ψ_s，半导体表面就会发生反型，一般规定当 $n_s = n_i$ 时，半导体表面开始发生反型。于是由式(6-2-9)或式(6-2-13)得到

$$\psi_s = \phi_f \tag{6-2-19}$$

即当半导体表面势等于体内费米势时，半导体表面开始发生反型。式(6-2-19)常称为**反型条件**。

根据以上分析，当半导体表面的本征费米能级 E_{is} 一旦向下超过 E_F，表面就发生反型，但除非 E_{is} 低于 E_F 很多，否则电子浓度很低，这种现象称为**弱反型**。对于大多数 MOSFET 应

用，希望确定一种条件，在超过它之后，反型层中的电子电荷浓度相当高。规定当表面电子浓度等于体内平衡多子浓度时，半导体表面形成**强反型层**。由式(6-2-9)和式(6-2-11)有

$$\psi_{si} = 2\phi_f \tag{6-2-20}$$

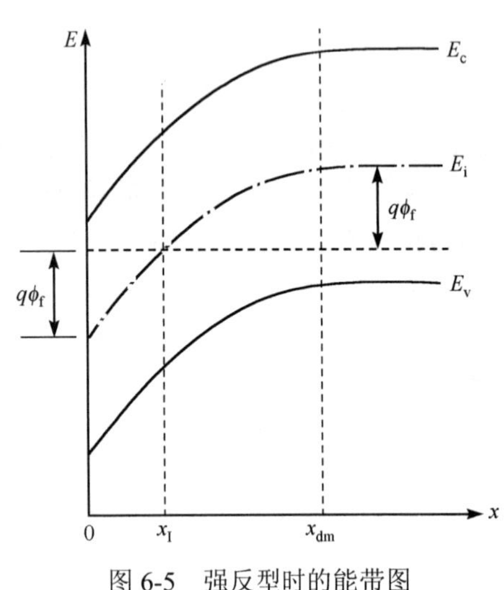

图 6-5　强反型时的能带图

式中，ψ_{si} 表示出现强反型时的表面势。式(6-2-20)称为**强反型条件**。强反型条件下的能带图示于图 6-5 中。

一旦实现了强反型条件后，如果继续增加偏压 V_G，能带弯曲并不显著增加。这是因为式(6-2-3)中的指数项现在已经相当大，当偏压 V_G 继续增加时，导带电子在很薄的强反型层中迅速增加，屏蔽了外电场。于是空间电荷区的势垒高度、表面势、固定的受主负电荷以及空间电荷区的宽度基本上保持不变。

以上分析说明，在外电场的作用下，可以改变半导体表面以内相当厚的一层中的载流子浓度和它们的型号，从而可以控制该层中的导电能力和性质。这一反型层又常称为**导电沟道**。这种现象就称为**半导体的表面场效应**。这是 MOS 场效应晶体管工作的物理基础。

运用式(6-2-16)并令 $\psi_s = \psi_{si}$，得到强反型感生 PN 结耗尽层宽度为

$$x_{dm} = \sqrt{\frac{2\varepsilon_s \psi_{si}}{qN_a}} = \sqrt{\frac{4\varepsilon_s \phi_f}{qN_a}} \tag{6-2-21}$$

式中，x_{dm} 为形成强反型层时空间电荷区宽度。电离受主 Q_B 为

$$Q_B = -qN_a x_{dm} = -\sqrt{4\varepsilon_s qN_a \phi_f} \tag{6-2-22}$$

超过强反型以后，表面空间电荷区内的空间电荷为

$$Q_s = Q_I + Q_B = Q_I - qN_a x_{dm} \tag{6-2-23}$$

式中，Q_I 为反型层中单位面积下的场感应可动电荷，又称为**沟道电荷**。对于 P 型半导体的情况，Q_I 就是反型层中单位面积下的感生电子电荷。Q_I 是外加电压 V_G 的函数，在 MOSFET 中是传导电流的载流子。

6.2 节小结

对于金属-氧化物-N 型半导体系统，分析方法完全一样，只不过式(6-2-22)中的 Q_B 为正的离化施主。发生反型时，E_{is} 向上超越 E_F。与 P 型半导体一样，$\psi_s = \phi_f$ 为反型条件，强反型条件是 $\psi_{si} = 2\phi_f$。

6.3　理想 MOS 电容器

教学要求

1. 导出式(6-3-24)和式(6-3-25)。

2. 了解电荷 Q_I 的产生机制。

3. 了解积累区、耗尽区、反型区及强反型情况下，MOS 电容的变化规律及影响 MOS 电容的主要因素，并对图 6-7 做出正确分析。

对于一个理想的 MOS 系统，当外加偏压 V_G 变化时，金属电极上的电荷 Q_M 和半导体表面空间电荷 Q_S 都要相应地变化。这就是说，MOS 系统有一定的电容效应，所以把它称为 **MOS 电容器**。但一般说来，Q_M 并不正比于外加偏压 V_G，有意义的是微分电容。

MOS 系统单位面积的微分电容定义为

$$C = \frac{dQ_M}{dV_G} \tag{6-3-1}$$

微分电容 C 的数值随外加偏压 V_G 变化的规律称为 MOS 系统的**电容-电压特性**(C-V 特性)。C-V 特性可以用来分析半导体表面的性质。由式(6-3-1)

$$\frac{1}{C} = \frac{dV_G}{dQ_M} = \frac{dV_o}{dQ_M} + \frac{d\psi_s}{dQ_M} \tag{6-3-2}$$

若令

$$C_o = \frac{dQ_M}{dV_o} \tag{6-3-3}$$

$$C_s = \frac{dQ_M}{d\psi_s} = -\frac{dQ_S}{d\psi_s} \tag{6-3-4}$$

则

$$\frac{1}{C} = \frac{1}{C_o} + \frac{1}{C_s} \tag{6-3-5}$$

式中，C_o 为单位面积绝缘层电容，C_s 为单位面积半导体表面空间电荷区电容，简称为**半导体表面电容**。式(6-3-5)表示，MOS 电容 C 是绝缘层电容 C_o 和半导体表面电容 C_s 串联的结果，如图 6-6 所示。电容串联后，总电容变小，而且其数值主要由较小的一个电容所决定。因为大部分电压都落在小电容上。式(6-3-5)可改写成

$$C = \frac{C_o C_s}{C_o + C_s} \tag{6-3-6}$$

图 6-6　MOS 电容的等效电路

或者

$$\frac{C}{C_o} = \frac{1}{1 + C_o/C_s} \tag{6-3-7}$$

式中，C/C_o 称为 MOS 系统的**归一化电容**。

对于理想 MOS 系统，由高斯定律：$\mathscr{E} = Q_M/\varepsilon_o = V_o/x_o$ 求得

$$C_o = \frac{dQ_M}{dV_o} = \frac{\varepsilon_o}{x_o} \tag{6-3-8}$$

可见，C_o 是一个不随外加电压变化的常数，它与通常平行板电容器是一样的。

半导体的表面电容 C_s 是表面势 ψ_s 的函数，因而也是外加偏压 V_G 的函数。求出了 C_s 随 V_G 变化的规律，也就得到了 MOS 系统的总电容 C 随外加偏压 V_G 变化的规律。将 MOS 电容随偏压的变化分成几个区域，归一化 MOS 电容随电压变化大致情况如图 6-7 所示。

1. 积累区($V_G<0$)

当 MOS 电容器的金属电极上加有较大的负偏压时，能带明显向上弯曲，在表面造成多数载流子空穴的大量积累。根据式(6-2-9)，只要表面势ψ_s稍有变化，就会引起表面空间电荷Q_S的很大变化。所以，半导体表面电容比较大。它与绝缘体电容串联起来以后，可以把它忽略不计。MOS 系统的电容C基本上等于绝缘体电容C_o。当负偏压的数值逐渐减少时，空间电荷区积累的空穴数随之减少，Q_S随ψ_s的变化也逐渐减慢，C_s变小。它的作用就不能忽略。由于电容串联起来以后将使总电容减小，因此负偏压的数值愈小，C_s愈小，MOS 电容器的总电容C也就愈小。图 6-7 的 C-V 曲线中$V_G<0$代表积累层的特性。随着V_G的增加(即绝对值减小)，电容C逐渐减小。

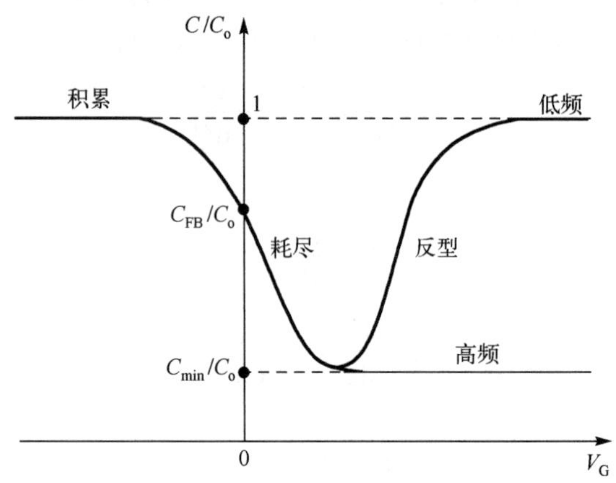

图 6-7 P 型半导体 MOS 电容的 C-V 特性

2. 平带情况($V_G=0$)

当$V_G=0$时，$\psi_s=0$，能带是平直的，称为**平带情况**。

在平带情况附近，Q_S随ψ_s的变化可由求解泊松方程求得。在平带附近，由式(6-2-10)，空间电荷区中

$$p(x)=p_0\mathrm{e}^{-\psi(x)/V_T}$$

由空穴的过剩或欠缺引起的电荷密度为

$$\rho(x)=q[p(x)-p_0]=qp_0[\mathrm{e}^{-\psi(x)/V_T}-1] \tag{6-3-9}$$

在平带附近，$|\psi(x)|\ll V_T$。将式(6-3-9)中的指数项展开，保留前两项，有

$$\rho(x)\approx-\frac{qp_0\psi(x)}{V_T}=-\frac{q^2p_0\psi(x)}{KT} \tag{6-3-10}$$

于是，空间电荷区内泊松方程为

$$\frac{\mathrm{d}^2\psi(x)}{\mathrm{d}x^2}=\frac{q^2p_0}{\varepsilon_s KT}\psi(x)=\frac{\psi(x)}{L_D^2} \tag{6-3-11}$$

式中

$$L_D = \left(\frac{\varepsilon_s KT}{q^2 p_0}\right)^{1/2} \tag{6-3-12}$$

常数 L_D 具有长度的量纲，标志着为了屏蔽外电场而形成的空间电荷区厚度，通常称为**德拜长度**(Debye Length)。L_D 与 $p_0^{-1/2}$ 成比例。若 $\varepsilon_{rs}=10$，p_0 为 $10^{14}\sim10^{17}\text{cm}^{-3}$，则室温下 L_D 为 $1.1\times10^{-6}\sim3.5\times10^{-5}\text{cm}$。这是几十到上千个原子间距的数量级。

式(6-3-11)的普遍解为

$$\psi(x) = A\mathrm{e}^{-x/L_D} + B\mathrm{e}^{x/L_D} \tag{6-3-13}$$

由于要求在体内当 x 很大时，$\psi(x)=0$，因此 $B=0$，满足这种条件的解为

$$\psi(x) = \psi_s \mathrm{e}^{-x/L_D} \tag{6-3-14}$$

其中，ψ_s 为表面势。将式(6-3-14)代入式(6-3-10)中，得到电荷密度为

$$\rho(x) = -\frac{q^2 p_0}{KT}\psi_s \mathrm{e}^{-x/L_D} = -\frac{\varepsilon_s}{L_D^2}\psi_s \mathrm{e}^{-x/L_D} \tag{6-3-15}$$

式(6-3-14)和式(6-3-15)分别表示电势和电荷密度随着 x 的增加按指数规律衰减，衰减的快慢由德拜长度 L_D 决定。

单位面积内的总电荷为

$$Q_S = \int_0^\infty \rho(x)\mathrm{d}x = -\frac{\varepsilon_s}{L_D^2}\psi_s \int_0^\infty \mathrm{e}^{-x/L_D}\mathrm{d}x = -\frac{\varepsilon_s}{L_D}\psi_s \tag{6-3-16}$$

式(6-3-16)表示，空间电荷 Q_S 与表面势 ψ_s 成正比，符号相反。对式(6-3-16)取微商，便得到平带情况下半导体表面的小信号微分电容

$$C_s = -\frac{\mathrm{d}Q_S}{\mathrm{d}\psi_s} = \frac{\varepsilon_s}{L_D} \tag{6-3-17}$$

平带电容的表示式与相距为 L_D 的平行板电容器的电容公式在形式上是类似的。在杂质饱和电离的情况下，L_D 可表示为

$$L_D = \left(\frac{\varepsilon_s KT}{q^2 N_a}\right)^{1/2} \tag{6-3-18}$$

将式(6-3-17)代入式(6-3-7)，则得到平带情况下 MOS 的归一化电容，即

$$\frac{C_{FB}}{C_o} = \frac{1}{1+\dfrac{\varepsilon_o L_D}{\varepsilon_s x_o}} \tag{6-3-19}$$

式中，C_{FB}/C_o 称为**归一化平带电容**。因为 L_D 与掺杂浓度有关，所以 C_{FB}/C_o 也与掺杂浓度有关，也和氧化层厚度 x_o 有关。图 6-8 所示为不同掺杂浓度的 C_{FB}/C_o 随 x_o 的变化曲线。在分析实际问题时，常需要根据掺杂浓度和 x_o 求出归一化平带电容。

3. 耗尽区($V_G>0$)

在耗尽区，由

$$Q_S = -qN_a x_d$$

和

$$\psi_s = \frac{qN_a x_d^2}{2\varepsilon_s}$$

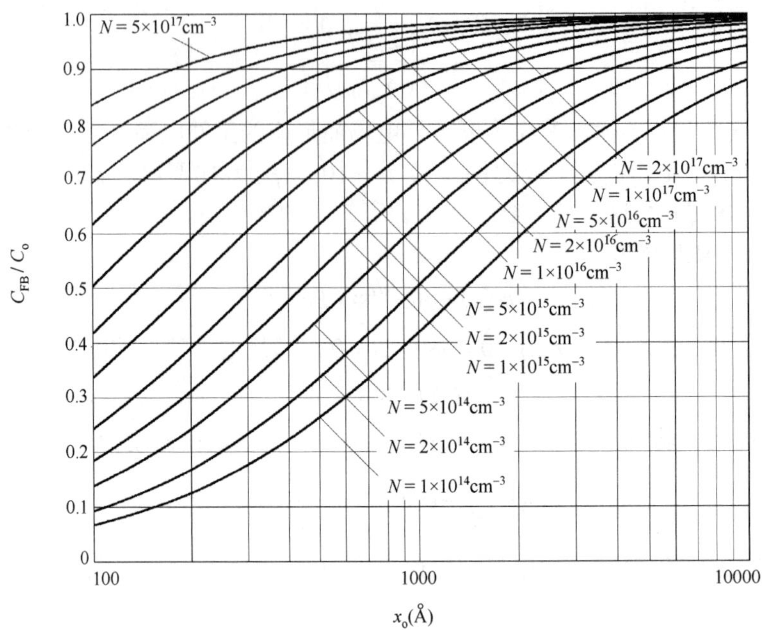

图 6-8 理想 MOS 的归一化平带电容随杂质浓度和氧化层厚度的关系

有

$$Q_S = -(2qN_a\varepsilon_s\psi_s)^{1/2} \tag{6-3-20}$$

于是求得

$$C_s = -\frac{dQ_S}{d\psi_s} = \frac{\varepsilon_s}{x_d} \tag{6-3-21}$$

C_s 相当于一个两板间距为 x_d 的平板电容。从式(6-3-21)可见，由于随着外加偏压 V_G 的增加，x_d 将增大，因此电容 C_s 将减小。由 C_s 和 C_o 串联而成的 MOS 电容也将随 V_G 的增加而减小。归一化电容表示为

$$\frac{C}{C_o} = \frac{1}{1+\dfrac{\varepsilon_o x_d}{\varepsilon_s x_o}} \tag{6-3-22}$$

下面求出耗尽区归一化电容和偏压 V_G 的关系。对于氧化层电容，$V_o = -\dfrac{Q_S}{C_o}$。代入到式 (6-2-2) 中有

$$V_G = -\frac{Q_S}{C_o} + \psi_s \tag{6-3-23}$$

把式(6-2-15)和式(6-2-16)代入式(6-3-23)解出 x_d 为

$$x_d = -\frac{\varepsilon_s}{C_o} + \frac{\varepsilon_s}{C_o}\sqrt{1+\frac{2V_G}{q\varepsilon_s N_a}C_o^{\,2}} \tag{6-3-24}$$

$$\frac{C}{C_o} = \left[1+\left(\frac{2C_o^2}{qN_a\varepsilon_s}\right)V_G\right]^{-1/2} = \left(1+\frac{2\varepsilon_o^{\,2}}{qN_a\varepsilon_s x_o^{\,2}}V_G\right)^{-1/2} \tag{6-3-25}$$

可见，在耗尽区，归一化 MOS 电容 C/C_o 随着外加偏压 V_G 的增加而减小，如图 6-7 所示。

4. 反型区（$V_G > 0$）

实践证明，出现反型层以后的电容C与测量频率有很大关系，如图 6-9 所示。在测量电容C时，在 MOS 系统上施加有直流偏压V_G，然后在V_G之上再加小信号的交变电压，使电荷Q_M变化，从而测量C。在不同的直流偏压下测量C，便得到电容-电压关系。所谓电容C与测量频率有关，就是与交变信号电压的频率有关。

在积累区和耗尽区，当表面势ψ_s变化时，空间电荷的变化是通过多数载流子空穴的流动实现的。在这种情况下，电荷变化的快慢由衬底的介电弛豫时间τ_d所决定，它非常短，约为 ps 量级。因此，只要交变电压信号的频率$f \ll 1/\tau_d$，电荷的变化就能跟得上交变电压的变化，电容C就与频率无关。

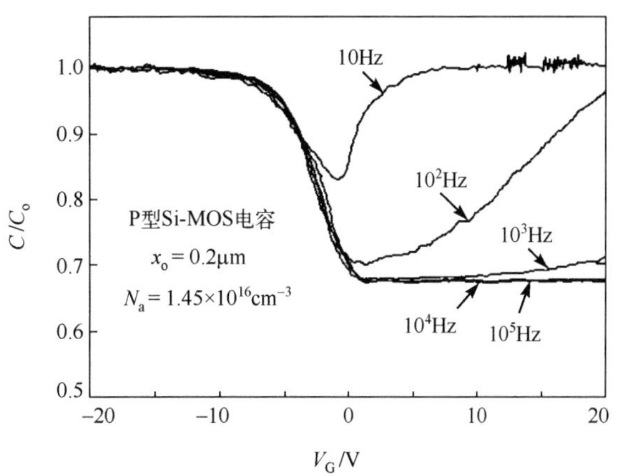

图 6-9　C-V 特性的频率依赖性（Grove et al，1964）

在出现反型层以后，特别是在接近强反型时，表面电荷Q_S则由两部分所组成：一部分是反型层中的电子电荷Q_I，它的变化是通过少子的产生与复合过程实现的；另一部分是耗尽层中的电离受主电荷Q_B，它是通过多子空穴的输运实现，由介电弛豫时间τ_d决定。即

$$Q_S = Q_I + Q_B \tag{6-2-23}$$

于是，表面电容C_S为

$$C_s = -\frac{dQ_S}{d\psi_s} = -\frac{dQ_I}{d\psi_s} - \frac{dQ_B}{d\psi_s} \tag{6-3-26}$$

等式右边的两项分别表示Q_I和Q_B对C_s的贡献。

为了分析电容与测量频率之间的关系，需要考虑Q_I是怎样积累起来的。例如，当 MOS 上的电压增加时，反型层中的电子数目要增多。P 型衬底中的电子是少子，由衬底流到表面的电子非常少，因此，反型层中电子数目的增多主要依靠耗尽层中电子-空穴对的产生。这个过程的弛豫时间由非平衡载流子的寿命所决定，一般比较长（通常为 μs 数量级）。因此，在反型层中实现电子的积累是需要一个过程的。同样，当 MOS 上的电压减小时，反型层中的电子要减少。电子数目的减少主要依靠电子和空穴在耗尽层中的复合来实现。这个过程的弛豫时间也是由非平衡载流子的寿命所决定。

如果测量电容的信号频率比较高，耗尽层中电子-空穴对的产生和复合过程跟不上信号的变化，那么，反型层中的电子电荷Q_I也就来不及改变，于是$dQ_I/d\psi_s \approx 0$。这样，在高频情况下，反型区的电容表示式(6-3-26)可以被简化，并能利用耗尽层近似来求得，即

$$C_s \approx -\frac{dQ_B}{d\psi_s} = \frac{\varepsilon_s}{x_d} \tag{6-3-27}$$

$$\frac{C}{C_o} \approx \frac{1}{1+\dfrac{\varepsilon_o x_d}{\varepsilon_s x_o}} \tag{6-3-28}$$

随着直流偏压V_G的增加，x_d增大，电容C按耗尽层的电容变化规律而减小。当表面形成了强反型层时，强反型层中的电子电荷随直流偏压增加而指数增加，对直流偏置电场起屏蔽作用。于是，耗尽层宽度不再改变，达到极大值x_{dm}。这时，MOS 系统的电容C要达到极小值C_{min}。对于由金属-SiO_2-Si 构成的电容器，在高频条件下，归一化电容极小值与半导体掺杂浓度和氧化层厚度的关系如图 6-10 所示。

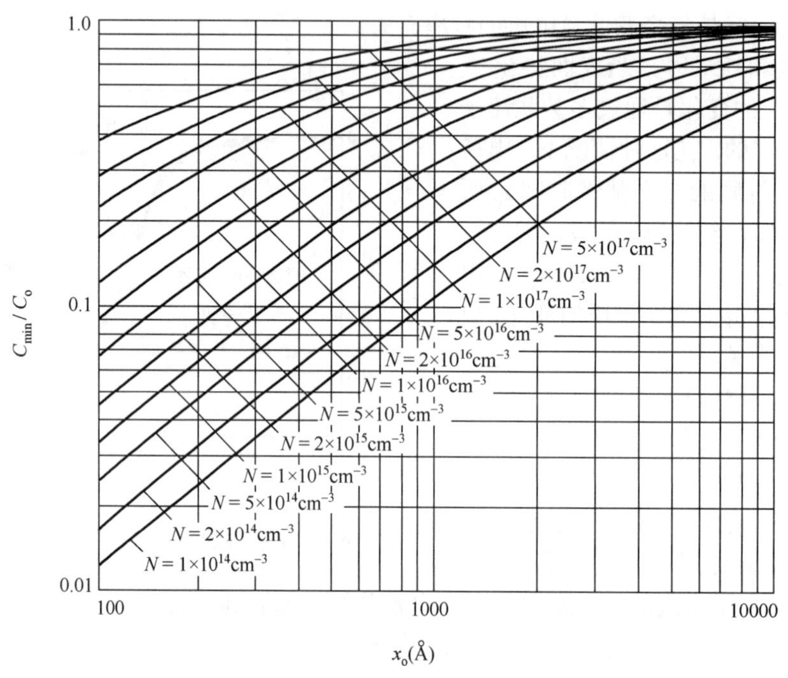

图 6-10 金属-SiO_2-Si 电容器在高频条件下的C_{min}/C_o与半导体掺杂浓度和氧化层厚度的关系

在接近强反型区，如果测量电容的信号频率比较低，耗尽层中电子-空穴对的产生与复合过程能够跟得上信号的变化，那么反型层中的电子电荷的变化屏蔽了信号电场，$dQ_I/d\psi_s$对表面电容的贡献是主要的，而耗尽层的宽度和电荷基本上不变，因此，$dQ_B/d\psi_s\approx0$。在这种情况下，表面电容由反型层中电子电荷的变化所决定，即

$$C_s\approx-\frac{dQ_I}{d\psi_s} \tag{6-3-29}$$

在形成强反型以后，Q_I随ψ_s变化很快，C_s的数值很大。于是，根据式(6-3-7)，MOS 系统的电容C趋近C_o，即

$$\frac{C}{C_o}\approx1 \tag{6-3-30}$$

从图 6-9 中的低频 C-V 曲线可以看出，随着V_G的增加，C经过一个极小值，而后迅速增大，最后趋近于C_o。

以上说明了 MOS 系统的 C-V 关系随测量频率变化的原因。在实验中通常利用约 10Hz 的频率可以测得低频曲线，用大于 10^4～10^5Hz 的频率可以测得高频曲线。至于究竟在什么频率下 MOS 电容由高频值过渡到低频值，这取决于耗尽层中少数载流子的产生率和复合率，以及有无提供少子的外界因素。例如，升高温度和光照等，都可以增加少数载流子，使表面少数载流子电荷随偏压的变化更加迅速，促使电容由高频值向低频值过渡。

如果 MOS 电容器是用 N 型半导体材料为衬底做成的，对 *C-V* 曲线的分析方法是完全类似的。对于这种情况，当偏压为正时，属于积累区；当偏压为负时，属于耗尽区和反型区。它们的 *C-V* 曲线同 P 型的刚好相反。

6.3 节小结

6.4　沟道电导与阈值电压

教学要求

1. 掌握概念：沟道电导、沟道电荷、阈值电压。
2. 导出沟道电导公式(6-4-2)。
3. 导出阈值电压公式(6-4-10)。
4. 说明阈值电压的物理意义。

6.4.1　沟道电导

沟道电导是指反型层导电沟道的电导。在 MOSFET 的应用中，沟道电导是一个非常重要的参量。如前所述，在 MOSFET 的栅极上加一足够大的正电压，在栅极下面半导体表面就出现一层反型层，如图 6-11 所示。这层反型层在源和漏之间提供了一条导电通道，称为**沟道**。

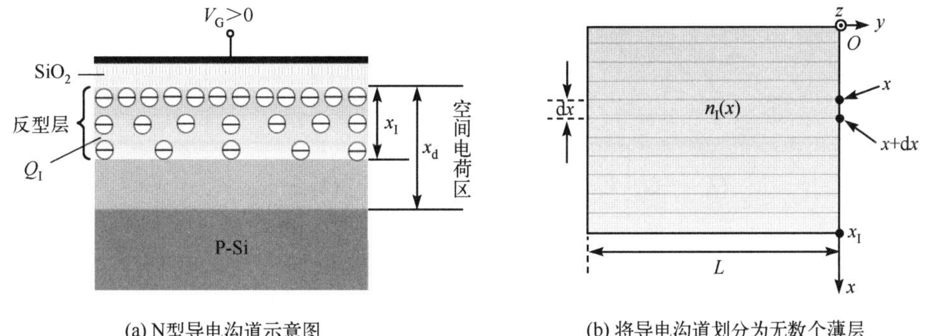

图 6-11　MOSFET 的 N 型导电沟道示意图，导电沟道可看做由无数个导电薄层并联而成

由于半导体表面沿着垂直沟道方向(*x* 方向)上的能带弯曲程度由 $\psi(x)$ 决定，因此，沟道内的电子浓度 $n_I(x)$ 不同，如图 6-11(a)所示，电导率也不同，需要用微分电导的积分来计算沟道电导。如图 6-11(b)所示，将导电沟道看作是由厚度为 d*x* 的很多个导电薄层沿 *x* 方向堆叠而成，即导电沟道是由这许多个导电薄层并联而成，因而，总的沟道电导是这许多个薄层电导的和。考虑坐标位于 *x*～*x*+d*x* 的导电薄层，由于 d*x* 是无穷小，可以认为该导电薄层内的电子浓度 $n_I(x)$ 是均匀的，于是，该导电薄层的电导为

$$dG_I = \sigma_I(x)Zdx / L = qn_I(x)\mu_n Zdx / L \tag{6-4-1}$$

式中，*Z* 为导电沟道沿 *z* 方向的尺寸，*L* 为导电沟道的长度，μ_n 为沟道内电子的迁移率。

总的沟道电导为

$$G_I = \int dG_I = \int_0^{x_I} \frac{qn_I(x)\mu_n Z}{L}dx = -\frac{\mu_n ZQ_I}{L} \tag{6-4-2}$$

式中

$$Q_{\mathrm{I}} = -\int_0^{x_{\mathrm{I}}} qn_{\mathrm{I}}(x)\mathrm{d}x \tag{6-4-3}$$

表示反型层中单位面积下的感生电子电荷，称为**沟道电荷**；x_{I} 为反型层的厚度。

也可以用平均沟道电导率来描述沟道电导。假设导电沟道的平均电导率为 $\bar{\sigma}$，则总的沟道电导可以表示为

$$G_{\mathrm{I}} = \frac{\bar{\sigma} x_{\mathrm{I}} Z}{L} \tag{6-4-4}$$

将式(6-4-4)与式(6-4-2)比较，很容易得到平均电导率的表达式，即

$$\bar{\sigma} = \frac{1}{x_{\mathrm{I}}}\int_0^{x_{\mathrm{I}}} qn_{\mathrm{I}}(x)\mu_{\mathrm{n}}\mathrm{d}x = -\frac{\mu_{\mathrm{n}} Q_{\mathrm{I}}}{x_{\mathrm{I}}} \tag{6-4-5}$$

6.4.2 阈值电压

阈值电压是 MOS 结构的另一个重要参量，定义为形成强反型所需要的最小栅极电压。由式(6-3-23)

$$V_{\mathrm{G}} = V_{\mathrm{o}} + \psi_{\mathrm{s}} = -\frac{Q_{\mathrm{S}}}{C_{\mathrm{o}}} + \psi_{\mathrm{s}} \tag{6-4-6}$$

当出现强反型时，$\psi_{\mathrm{s}} = \psi_{\mathrm{si}} = 2\phi_{\mathrm{f}}$，$Q_{\mathrm{S}} = Q_{\mathrm{I}} + Q_{\mathrm{B}}$，于是有

$$V_{\mathrm{G}} = -\frac{Q_{\mathrm{I}}}{C_{\mathrm{o}}} - \frac{Q_{\mathrm{B}}}{C_{\mathrm{o}}} + \psi_{\mathrm{si}} \tag{6-4-7}$$

或写作

$$Q_{\mathrm{I}} = -C_{\mathrm{o}}\left[V_{\mathrm{G}} - \left(-\frac{Q_{\mathrm{B}}}{C_{\mathrm{o}}} + \psi_{\mathrm{si}}\right)\right] = -C_{\mathrm{o}}\left(V_{\mathrm{G}} - V_{\mathrm{TH}}\right) \tag{6-4-8}$$

Q_{I} 为**沟道电荷面密度**。可见，当 $V_{\mathrm{G}} > V_{\mathrm{TH}}$ 时，才会出现负的感应沟道电荷 Q_{I}。也就是说，只有 $V_{\mathrm{G}} > V_{\mathrm{TH}}$ 时，半导体表面才会形成强反型层。式(6-4-8)中的 V_{TH} 称为理想 MOSFET 的阈值电压，表示为

$$V_{\mathrm{TH}} = -\frac{Q_{\mathrm{B}}}{C_{\mathrm{o}}} + \psi_{\mathrm{si}} \tag{6-4-9}$$

$V_{\mathrm{G}} = V_{\mathrm{TH}}$ 是形成强反型时所需要的最小栅极电压，从物理上说，它的第一项表示在形成强反型时，要用一部分电压去支撑空间电荷 Q_{B}；第二项表示要用一部分电压为半导体表面提供达到强反型时所需要的表面势 ψ_{si}。

当出现强反型时，Q_{B} 可表示为式(6-2-22)，于是，理想的 MOSFET 的阈值电压还可以表示为

$$V_{\mathrm{TH}} = \frac{(4qN_{\mathrm{a}}\varepsilon_{\mathrm{s}}\phi_{\mathrm{f}})^{1/2}}{C_{\mathrm{o}}} + 2\phi_{\mathrm{f}} \tag{6-4-10}$$

体电势 ϕ_{f} 由式(6-2-5)决定。

式(6-4-8)说明沟道电荷(从而沟道电导)受到偏压 V_{G} 控制，这正是 MOSFET 工作的基础——场效应。

6.4 节小结

6.5　实际 MOS 的电容-电压特性和阈值电压

教学要求

1. 正确画出 Al-SiO_2-Si 系统的能带图。
2. 根据能带图说明功函数差引起的平带电压为

$$V_{G1}=\phi'_m-\phi'_s=\phi'_{ms}$$

3. V_{G1} 的一部分降落在氧化层上，剩下的部分 ψ_s 降落在半导体上，因此 ψ_s 不等于 V_{G1}。
4. 了解在 SiO_2、SiO_2-Si 界面系统存在的电荷及其主要性质。
5. 导出平带电压公式(6-5-8)、(6-5-10)和(6-5-14)。
6. 掌握平带电压的概念、公式及各项的意义。
7. 为什么将理想 MOS 的 C-V 曲线沿着电压轴平移 V_{FB} 即可得到实际 MOS 的 C-V 曲线?
8. 对于 Al-SiO_2-(P-Si) 系统和 Al-SiO_2-(N-Si) 系统分析式(6-5-16)各项的符号。

本节考虑实际 MOS 中存在的两个重要非理想因素及其对 MOS 系统 C-V 特性和阈值电压的影响。在讨论理想的 MOS 系统 C-V 特性时，曾假设金属和半导体之间不存在接触电势差。因此，当偏压 $V_G=0$ 时，半导体的能带从表面到体内都是平直的。对于实际的 MOS 系统，由于金属与半导体的功函数不同，它们之间有接触电势差；在氧化层中存在着固定电荷和可动电荷，在氧化层和半导体交界面上存在着界面态。所有这些因素都能在半导体表面产生电场，影响 MOS 系统的 C-V 特性。正因为如此，通过分析实际 MOS 系统的 C-V 特性与理想结果的差别，就能对绝缘层中的电荷、半导体界面态等有比较清楚的了解。测试 MOS 系统的 C-V 特性成为研究半导体表面的有力工具，也能够为有关器件的设计提供指导性的意见。此外，接触电势差和氧化层电荷、界面态会在氧化层上造成电压降，在半导体表面形成表面势，这将使得实际 MOSFET 的阈值电压不同于式(6-4-9)所给出的阈值电压。也就是说，对于实际 MOS 系统，阈值电压公式(6-4-9)必须修正。

6.5.1　功函数差的影响

首先考虑金属和半导体功函数差的影响，以 Al 电极和 P-Si 衬底为例。Al 的功函数比 P-Si 的小，前者的费米能级比后者的高。构成 MOS 系统，当达到热平衡时，要求系统的费米能级为常数。功函数差的存在使面对 SiO_2 一侧的 Si 表面形成空间电荷区，空间电荷区中能带将向下弯曲。这意味着当 MOS 系统没有外加偏压时，半导体表面就存在着表面势 ψ_s，能带下弯说明 $\psi_s>0$，如图 6-12(a)所示。图中 $q\phi'_m$ 和 $q\phi'_s$ 分别为金属和半导体相对于 SiO_2 的导带底的修正功函数，即费米能级相对于 SiO_2 的导带底的能量差。功函数的原始定义为把一个电子从费米能级移到真空能级上所需要做的功。在 MOS 系统中，用修正功函数代替功函数更方便一些。由于 SiO_2 的电子亲和势(导带底与真空能级的能量差)为 0.9eV，因此，金属的修正功函数比其实际的功函数低 0.9eV。几种金属的功函数和修正功函数列于表 6-1 中。

从能带图可以看出，由于接触前金属的费米能级和半导体的费米能级不同，也就是说由于存在

$$E_{FM}-E_{Fp}=-(q\phi'_m-q\phi'_s)=-q\phi'_{ms} \tag{6-5-1}$$

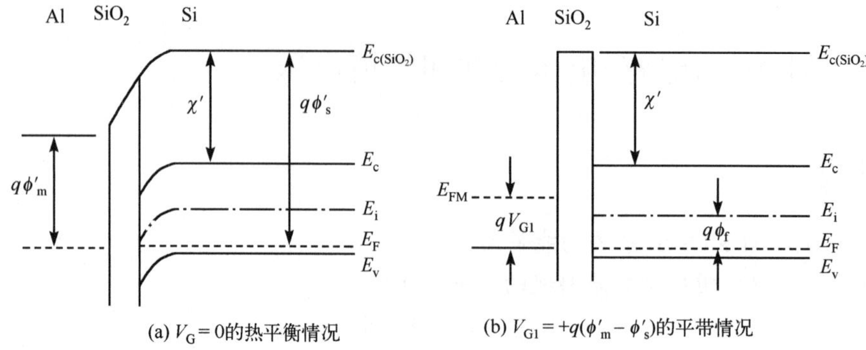

(a) $V_G=0$的热平衡情况　　(b) $V_{G1}=+q(\phi'_m-\phi'_s)$的平带情况

图 6-12　Al-SiO_2-Si 结构的能带图

表 6-1　金属-SiO_2系统的功函数和修正功函数

金属	$q\phi_m$/eV	$q\phi'_m$/eV	金属	$q\phi_m$/V	$q\phi'_m$/V
Al	4.1	3.2	Cu	4.7	3.8
Ag	5.1	4.2	Mg	3.35	2.45
Au	5.0	4.1	Ni	4.55	3.65

注：$q(\phi_m-\phi'_m)=0.9\text{eV}$

造成了半导体表面能带的弯曲。式(6-5-1)中$\phi'_{ms}=\phi'_m-\phi'_s$定义为金属与半导体的功函数电势差。因此，欲使半导体表面能带恢复平直，需要加栅极偏压V_{G1}，使得

$$V_{G1}=-\frac{(E_{FM}-E_{Fp})}{q}=\phi'_m-\phi'_s=\phi'_{ms} \tag{6-5-2}$$

对于Al-SiO_2-(P-Si)系统，$\phi'_{ms}<0$。另一种广泛应用的栅极材料是重掺杂的多晶硅。Al的电子功函数是4.1eV，N^+多晶硅的电子功函数是3.95eV。实验证明，对于P型硅，用铝和N^+多晶硅做栅电极，ϕ'_{ms}总是负的，多晶硅的负的更多。偏压V_{G1}的一部分用来拉平SiO_2的能带，一部分用来抵消半导体的表面势ψ_s，拉平半导体表面的能带，故称为**平带电压**，如图6-12(b)所示。

在室温下，Si的修正电子亲合能χ'(Si的导带底与SiO_2导带底的能量差)的实验值为3.25eV，$E_g=1.12\text{eV}$。因而，根据图6-12(b)，Si的修正功函数可表示为

$$\phi'_s=3.25+\frac{1.12}{2}+\phi_f=(3.81+\phi_f)\ \text{V} \tag{6-5-3}$$

由于接触电势差的出现，使得平带状况所对应的外加偏压由原来的$V_G=0$改变为$V_G=V_{G1}$。在一般情况下，外加偏压V_G的一部分V_{G1}用来使能带拉平，剩下的一部分(V_G-V_{G1})起到理想MOS系统的V_G的作用。这一事实表明，对于半导体的空间电荷以及MOS的C-V特性而言，(V_G-V_{G1})起着有效栅极电压的作用。实际MOS系统的电容C作为(V_G-V_{G1})的函数，与理想MOS系统的C作为V_G的函数，在形式上应该是一样的。考虑到金属-半导体功函数差的影响，沟道电荷公式(6-4-8)中的V_G要换成(V_G-V_{G1})，即

$$Q_I=-C_o\left[V_G-V_{G1}-\left(-\frac{Q_B}{C_o}+\psi_{si}\right)\right]=-C_o\left(V_G-V_{TH}\right) \tag{6-5-4}$$

于是，阈值电压应为

$$V_{\mathrm{TH}}=V_{\mathrm{G1}}-\frac{Q_{\mathrm{B}}}{C_{\mathrm{o}}}+\psi_{\mathrm{si}}=\phi'_{\mathrm{ms}}-\frac{Q_{\mathrm{B}}}{C_{\mathrm{o}}}+\psi_{\mathrm{si}} \tag{6-5-5}$$

可见，对于 Al-SiO_2-(P-Si)系统，由于$\phi'_{\mathrm{ms}}<0$，因此实际的阈值电压比理想的阈值电压要小一些。

6.5.2 界面陷阱和氧化物电荷的影响

在热平衡时，MOS 系统除功函数差之外，还受氧化层电荷和 Si-SiO_2界面陷阱的影响。这些陷阱和电荷的基本分类如图 6-13 所示，包括**界面陷阱电荷、氧化物固定电荷、氧化物陷阱电荷**和**可动离子电荷**。

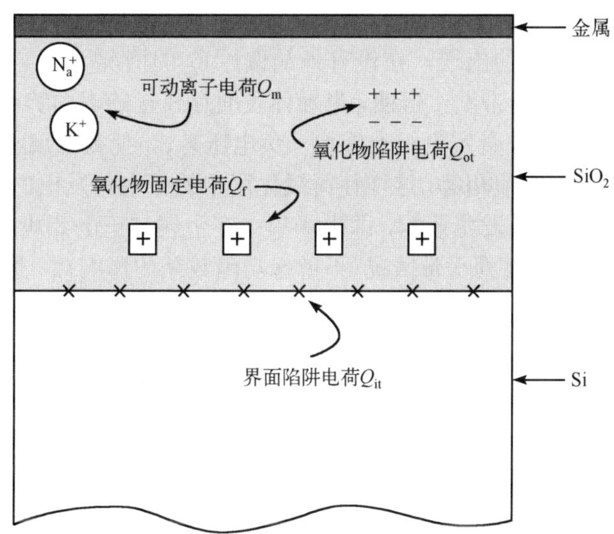

图 6-13　热氧化法制备的 SiO_2-Si 系统中的各类电荷

1. 界面陷阱电荷(interface trapped charge) Q_{it}

Q_{it}起因于 Si-SiO_2界面性质，并取决于界面的化学成分。在 Si-SiO_2界面上的陷阱，其能级位于 Si 禁带之内。**界面态密度**(单位面积陷阱数)和晶面取向有关。在{100}面界面态密度比{111}面的约少一个数量级。对于 Si{100}面，Q_{it}很低，约$10^{10}\mathrm{cm}^{-2}$，即大约10^5个表面原子才有 1 个界面陷阱电荷，对于硅{111}面，Q_{it}约为$10^{11}\mathrm{cm}^{-2}$。

2. 氧化物固定电荷(oxide fixed charge) Q_f

Q_f位于 Si-SiO_2界面约 3nm 的范围内，这些电荷是固定的，在表面势ψ_s大幅度变化时，它们不能充放电。Q_f通常是正的，并和氧化、退火条件以及 Si 的晶面取向有关。经仔细处理的 Si-SiO_2系统，{100}面的氧化层固定电荷密度的典型值为$10^{10}\mathrm{cm}^{-2}$，{111}面的为$5\times10^{10}\mathrm{cm}^{-2}$。因为{100}面的$Q_{it}$和$Q_f$较低，故 Si 基 MOSFET 一般多使用{100}晶面。

3. 氧化物陷阱电荷(Oxide trapped charge) Q_{ot}

Q_{ot}和 SiO_2缺陷有关。例如，在受到 X 射线辐射或高能电子轰击时，就可能产生这类电荷。这些陷阱电荷分布在 SiO_2层内。这些电荷和工艺过程有关，大都可以通过低温退火消除。

4. 可动离子电荷(Mobile ionic charge) Q_m

对于钾离子、钠离子和其他碱金属离子，在高温和高压下工作时，它们能在氧化层内移动，称为可移动离子电荷，记作 Q_m。半导体器件在高偏置电压和高温条件下工作时的可靠性问题可能和微量的碱金属离子沾污有关。在高偏置电压和高温条件下，可动离子随着偏置条件的不同可以在氧化层内来回移动，引起 C-V 曲线沿电压轴移动。因此，在器件制造过程中要特别注意可动离子沾污问题。

上述各类电荷是指单位面积中有效的净电荷。下面将计算这些电荷对平带电压的影响。

假设氧化层中位于 x 处的一薄层中有正电荷，电荷的面密度为 Q_o，如图 6-14(a)所示。这些正电荷会在金属表面上感应出一部分负电荷 Q_M，在半导体表面感应出一部分负电荷 Q_S，并且 $Q_M+Q_S=-Q_o$。由于 Q_S 的出现，在没有外加偏压 V_G 的情况下，半导体表面内也将出现空间电荷区，使半导体表面能带发生弯曲，半导体表面存在正的表面势 ψ_s。为克服该表面势，或者说使能带平直，则需要在金属电极上施加一负电压 V_{G2}，使得金属上负的面电荷 Q_M 增加到与绝缘层中的正电荷 Q_o 数值相等。这样使得氧化层中的正电荷发出的电力线全部终止到金属电极上，而对半导体表面不发生影响，即电场集中在金属与正电荷薄层之间，如图 6-14(b)所示。这时，半导体表面恢复到平带情况(不考虑功函数差的影响)。金属电极上所加的电压 V_{G2} 即为克服 Q_o 影响所需要的平带电压，显然

$$V_{G2}=-\frac{Q_o}{C} \tag{6-5-6}$$

式中

$$C=\frac{\varepsilon_o}{x} \tag{6-5-7}$$

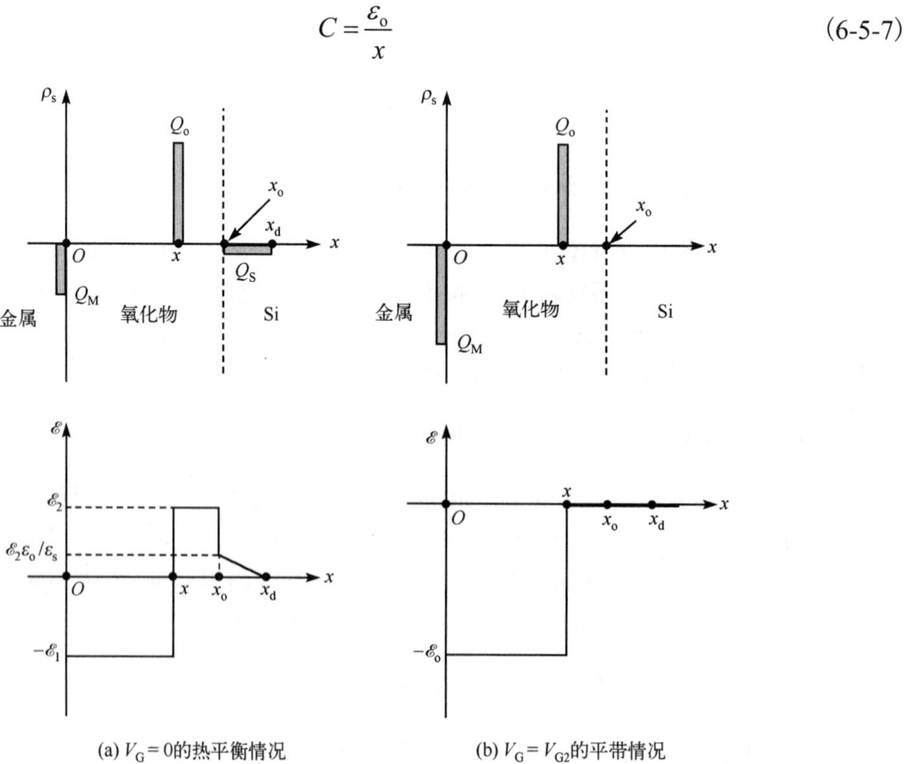

图 6-14　氧化层中的正电荷引起的感应电荷和电场分布

为厚度为 x 的氧化层电容。于是有

$$V_{G2}=-\frac{Q_o}{\varepsilon_o}x=-\frac{Q_o}{C_o}\frac{x}{x_o} \tag{6-5-8}$$

式中，$C_o=\varepsilon_o/x_o$ 为单位面积的氧化层电容。

从式(6-5-8)可以看出，绝缘层中正电荷对平带电压的影响与它们的位置有关。它们离金属电极越近(x 越小)，对平带电压的影响愈小。如果正电荷在金属与绝缘层界面处，则对平带电压的影响可以忽略不计。

如果氧化层中正电荷连续分布，电荷体密度为 $\rho(x)$，则在位于 x 到 $x+\mathrm{d}x$ 的薄层中，面电荷密度为 $\rho(x)\mathrm{d}x$。根据式(6-5-8)，克服它们的影响所需要的平带电压为

$$\mathrm{d}V_{G2}=-\frac{1}{C_o}\frac{x}{x_o}\rho(x)\mathrm{d}x \tag{6-5-9}$$

将式(6-5-9)对整个氧化层厚度积分(叠加法)，便得到与这些正电荷有关的总的平带电压

$$V_{G2}=-\frac{1}{C_o}\int_0^{x_o}\frac{x}{x_o}\rho(x)\mathrm{d}x=-\frac{Q_{os}}{C_o} \tag{6-5-10}$$

式中

$$Q_{os}=\int_0^{x_o}\frac{x}{x_o}\rho(x)\mathrm{d}x \tag{6-5-11}$$

式(6-5-11)表明，氧化层中连续分布的正电荷，就其对 C-V 特性和平带电压的影响而言，相当于在氧化层与半导体交界面附近存在面密度为 Q_{os} 的正电荷，所以 Q_{os} 被称为**有效面电荷**。有效面电荷与实际面电荷不同，它不仅与电荷的实际数量有关，而且还依赖于在绝缘层中的分布情况。

根据式(6-5-11)，一旦知道了氧化层内陷阱电荷的体密度 $\rho_{ot}(x)$ 和可动离子电荷体密度 $\rho_m(x)$，就可以得到 Q_{ot} 和 Q_m 以及它们各自对平带电压的影响，表示为

$$Q_{ot}=\int_0^{x_o}\frac{x}{x_o}\rho_{ot}(x)\mathrm{d}x \tag{6-5-12}$$

$$Q_m=\int_0^{x_o}\frac{x}{x_o}\rho_m(x)\mathrm{d}x \tag{6-5-13}$$

为方便计，把上述四种电荷统称为**氧化层电荷**，且其面密度记为 Q_o。在大多数情况下，在 Si-SiO_2 界面上由界面态引起的电荷占优势。在式(6-5-8)中取 $x=x_o$，则得平带电压

$$V_{G2}=-\frac{Q_o}{C_o} \tag{6-5-14}$$

6.5.3　阈值电压和 C-V 曲线

综合功函数差和氧化层电荷的影响，为实现平带条件所需的偏压(平带电压)表示为

$$V_{FB}=V_{G1}+V_{G2}=\phi'_{ms}-\frac{Q_o}{C_o} \tag{6-5-15}$$

考虑到平带电压，阈值电压必须修正。对于功函数差和氧化层电荷的影响，阈值电压公式 (6-4-9)应该改写成

$$V_{\mathrm{TH}}=V_{\mathrm{FB}}-\frac{Q_{\mathrm{B}}}{C_{\mathrm{o}}}+\psi_{\mathrm{si}}=\phi'_{\mathrm{ms}}-\frac{Q_{\mathrm{o}}}{C_{\mathrm{o}}}-\frac{Q_{\mathrm{B}}}{C_{\mathrm{o}}}+\psi_{\mathrm{si}} \tag{6-5-16}$$

式中，第一项是为消除半导体和金属的功函数差的影响，在金属电极上相对于半导体所需要施加的外加电压；第二项是为了把绝缘层中正电荷发出的电力线全部吸引到金属电极一侧，即消除 Si-SiO_2 界面陷阱和 SiO_2 中电荷的影响所需要施加的外加电压；第三项是当半导体表面开始出现强反型层时，半导体空间电荷区中的体电荷 Q_B 与金属电极的相应电荷在绝缘层上所产生的电压降，即支撑出现强反型层时所需体电荷 Q_B 所需要的外加电压；第四项是开始出现强反型层时，半导体表面所需的表面势，也就是跨在空间电荷区上的电压降。

使用式(6-5-16)所给出的 V_{TH}，式(6-4-8)仍然成立。

以上分析说明，平带电压的出现，使得平带状态所相应的外加偏压，由原来的理想 MOS 电容的 $V_G=0$ 变为 $V_G=V_{FB}$。在一般情况下，外加偏压 V_G 的一部分 V_{FB} 用来使能带拉平，剩下的一部分 (V_G-V_{FB}) 起到理想 MOS 系统的 V_G 作用。因此，考虑到平带电压，C-V 特性曲线则沿着电压轴整个平移了一段距离 $|V_{FB}|$。因为 $V_{FB}<0$，所以 C-V 曲线向左移动，如图 6-15 所示。

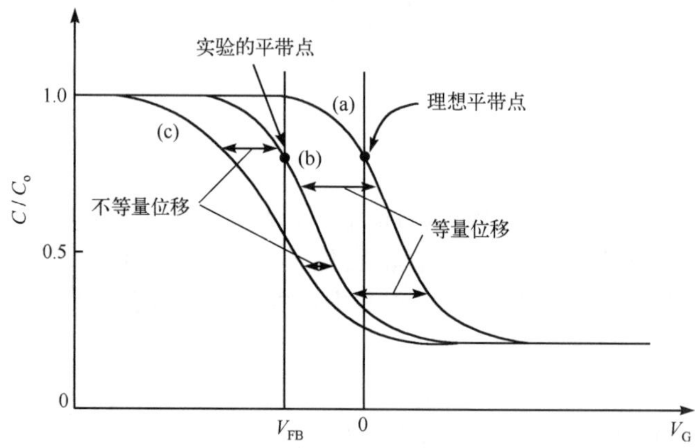

图 6-15 氧化物电荷和界面陷阱对 MOS 结构 C-V 曲线的影响

注：(a)理想情况；(b)无快表面态(界面陷阱)的实验情况；(c)有快表面态的实验情况

图 6-15 中曲线(a)表示理想 MOS 电容的 C-V 曲线，曲线(b)为考虑到平带电压 V_{FB} 的影响的 MOS 电容的 C-V 曲线。它是由曲线(a)沿着电压轴平移 $|V_{FB}|$ 而得到的。此外，半导体与氧化层的界面存在大量的由悬挂键引起的界面陷阱，这些界面陷阱能够快速地与导带和价带交换电荷，所以常称为**快表面态**。这些界面陷阱电荷随表面势的变化而变化，因而这些界面陷阱电荷也会使 C-V 曲线产生位移，并且位移量本身是随着表面势变化的。因此，由于界面陷阱电荷的作用，C-V 曲线(c)不仅平移，而且变形。

【例 6-1】 在 $N_d=10^{15}\mathrm{cm}^{-3}$ 的 N 型(111)-Si 衬底上制成一 Al 栅 MOSFET。栅氧化层厚度为 120nm，在 Si-SiO_2 界面的电荷密度为 $3\times10^{11}\mathrm{cm}^{-2}$，$SiO_2$ 的相对介电常数 $\varepsilon_{ro}=4$，计算阈值电压。

解 根据实际 MOSFET 的阈值电压公式(6-5-16)，需要逐项计算。

(1)先计算功函数差引起的平带电压 $V_{G1}=\phi'_{ms}$。

对于 N 型半导体，费米能级在禁带上半部，其修正的功函数电势为

$$\phi'_{s}=\frac{\chi'}{q}+V_{n}=\frac{\chi'}{q}+V_{T}\ln\left(\frac{N_{c}}{N_{d}}\right)=3.25+0.026\ln\frac{2.8\times10^{19}}{10^{15}}=3.52(\mathrm{V})$$

查表 6-1 可知，Al 的修正功函数电势为 $\phi'_{\rm m}=3.2{\rm V}$，于是有

$$V_{\rm G1}=\phi'_{\rm ms}=\phi'_{\rm m}-\phi'_{\rm s}=3.2-3.52=-0.32({\rm V})$$

(2) 计算氧化物电荷引起的平带电压 $V_{\rm G2}=-Q_{\rm o}/C_{\rm o}$。

单位面积的氧化层电容为

$$C_{\rm o}=\frac{\varepsilon_{\rm ro}\varepsilon_0}{x_{\rm o}}=\frac{4\times 8.854\times 10^{-14}}{120\times 10^{-7}}=2.95\times 10^{-8}({\rm F/cm^2})$$

所有氧化物正电荷都集中在 Si-SiO_2 界面附近，因此，单位面积的氧化物电荷量为

$$Q_{\rm o}=qN_{\rm it}=1.6\times 10^{-19}\times 3\times 10^{11}=4.8\times 10^{-8}({\rm C/cm^2})$$

于是，平带电压 $V_{\rm G2}$ 为

$$V_{\rm G2}=\frac{-Q_{\rm o}}{C_{\rm o}}=-\frac{4.8\times 10^{-8}}{2.95\times 10^{-8}}=-1.63({\rm V})$$

所以，总的平带电压为

$$V_{\rm FB}=V_{\rm G1}+V_{\rm G2}=-0.32-1.63=-1.95({\rm V})$$

(3) 计算 N 型半导体表面出现强反型层时的表面势 $\psi_{\rm si}=2\phi_{\rm f}$。

对于 N 型半导体，费米能级在禁带上半部，因而体费米势为负值，即

$$\phi_{\rm f}=-V_{\rm T}\ln\frac{N_{\rm d}}{n_{\rm i}}=-0.026\ln\frac{10^{15}}{1.5\times 10^{10}}=-0.29({\rm V})$$

因此

$$\psi_{\rm si}=2\phi_{\rm f}=2\times(-0.29)=-0.58({\rm V})$$

(4) 计算半导体表面空间电荷区电离施主电荷引起的电压降 $-Q_{\rm B}/C_{\rm o}$。

对于 N 型半导体，空间电荷为带正电的电离施主，于是

$$\begin{aligned}Q_{\rm B}&=qN_{\rm d}x_{\rm dmax}=\sqrt{-4\varepsilon_{\rm rs}\varepsilon_0 qN_{\rm d}\phi_{\rm f}}=(4\times 11.8\times 8.854\times 10^{-14}\times 1.6\times 10^{-19}\times 10^{15}\times 0.29)^{1/2}\\&=1.39\times 10^{-8}({\rm C/cm^2})\end{aligned}$$

于是

$$-\frac{Q_{\rm B}}{C_{\rm o}}=-\frac{1.39\times 10^{-8}}{2.95\times 10^{-8}}=-0.47({\rm V})$$

最后，计算总的阈值电压为

$$V_{\rm TH}=V_{\rm FB}-\frac{Q_{\rm B}}{C_{\rm o}}+\psi_{\rm si}=-1.95-0.47-0.58=-3.0({\rm V})$$

在本例中，衬底为 N 型 Si，半导体表面出现强反型时，能带需要向上弯曲，因而需要施加负的栅极电压，计算得到的阈值电压也为负值。假设本例中的衬底为 P 型 Si，掺杂浓度 $N_{\rm a}=10^{15}{\rm cm^{-3}}$，其余参数均不变，则 $Q_{\rm B}$ 为负，$\psi_{\rm si}$ 为正，计算得到的阈值电压应为 $V_{\rm TH}=-1.48{\rm V}$。这说明，即使栅极电压为零时，半导体表面已经出现强反型层，导电沟道已经存在，这一现象正是功函数差和氧化物中的电荷引起的。

6.5 节小结

6.6 MOS 场效应晶体管

教学要求

1. 画出 MOSFET 结构示意图，定性地说明其工作原理(图 6-16 和小结 1 ~ 4)。
2. 导出萨支唐方程，即式(6-6-7)。
3. 利用式(6-6-10)，导出修正的漏极电流公式(6-6-11)。
4. 说明夹断条件：$Q_I = -C_o[V_G - V_{TH} - V(y)]=0$ 或 $V(L) = V_G - V_{TH} = V_{DS}$ 的物理意义。

本章开头指出，MOSFET 的核心部分是 MOS 结构。但 MOSFET 与 MOS 电容不同的是，MOS 电容沿沟道方向上没有电位变化，因而有统一的表面势，而 MOSFET 沟道中有电流流过时，处于非平衡态，沿沟道方向上产生电压降。这个电压降和栅极偏压共同控制着 MOSFET 的行为。

6.6.1 基本结构和工作原理

MOSFET 的透视图如图 6-1 所示。它是一个四端器件。如本章开头所述，N 沟道 MOSFET 的结构是在 P 型硅衬底上制备引出源极和漏极的两个 N^+区。氧化物上的金属电极称为**栅极**。通常把源极和漏极下方区域称为**场区**，而把栅极下的区域称为**有源区**。器件的基本参数是沟道长度 L(两个 PN^+结间的距离)、沟道宽度 Z、氧化层厚度 x_o、结深 x_j 和衬底掺杂浓度 N_a 等。

以源极作为电压的参考点。如本章开头所述，当漏极加上正电压 V_D，而栅极未加电压时，从源极到漏极相当于两个背靠背的 PN 结。从源极到漏极的电流只不过是反向漏电流。当栅极的正电压 $V_G > V_{TH}$ 时，栅区 MOS 结构的半导体表面发生反型，在两个 N^+区之间的 P 型半导体形成一个表面反型层(导电沟道)。于是，源极和漏极之间被能通过大电流的 N 型表面沟道连接在一起。这个沟道的电导可以通过栅极电压来调制(场效应)。背面接触(称为下栅)可以接参考电压或负电压，这个电压也会影响沟道电导。

首先以 N 沟道 MOSFET 为例，定性地讨论其工作原理。给栅极加一正电压使半导体表面反型。在漏源之间加上正的漏极电压 V_D。电子通过沟道从源极流到漏极，相应的电流称为漏极电流 I_D。漏极电流使导电沟道上产生电压降，从漏端的 V_D 下降到源端的零电位。沟道上的电压降使感生 PN 结反偏，于是 PN 结空间电荷区变宽。另外，沟道上的电压降对栅极偏压起到抑制作用，使导电沟道从源到漏逐渐变窄，沟道电导逐渐变小。

在 V_D 较小的电压范围，沟道变窄不明显，漏极电流 I_D 与漏极电压 V_D 成正比，导电沟道相当于一个电阻。此时，MOSFET 工作在线性区，输出特性可用一条直线来表示，如图 6-16(a)所示。

随着漏极电压 V_D 的增大，靠近漏端一侧的反型层(导带沟道)宽度不断变窄，沟道电导变小，因而，漏极电流 I_D 的增加变得缓慢，如图 6-16(b)所示。

随着漏极电压 V_D 的进一步增加，当 $V_G - V_D = V_{TH}$ 时，$y = L$ 处反型层宽度减小到零。这种现象称为**沟道夹断**，此时漏极电流 I_D 临界饱和，如图 6-16(c)所示。沟道夹断发生的地点叫**夹断点**，图中用 P 表示。沟道夹断首先发生在漏端附近，夹断时的漏极电压记为 V_{DS}，称为**饱和漏极电压**；对应的漏极电流记为 I_{DS}，称为**饱和漏极电流**。

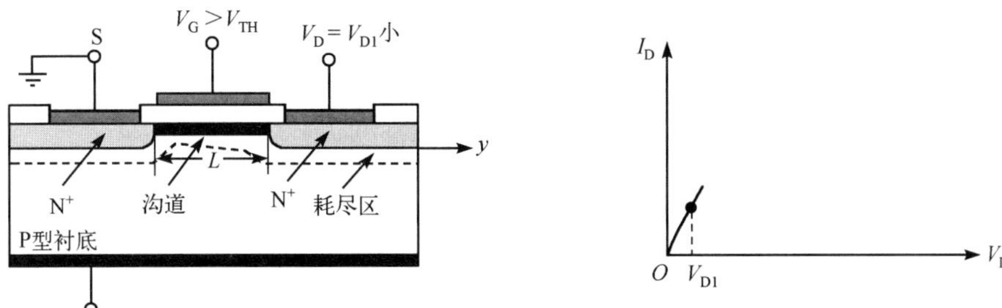

(a) 漏极电压很小时，MOSFET工作在线性区

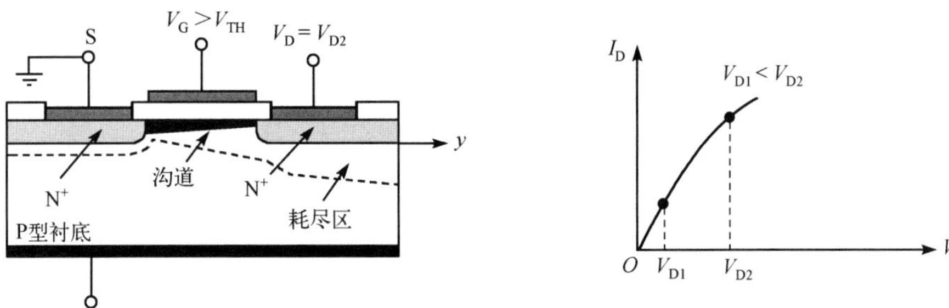

(b) 随着漏极电压的增大，沟道电导变小，漏极电流增加变缓

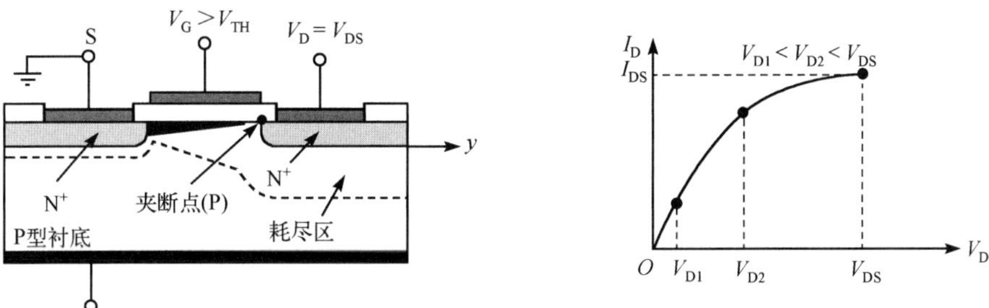

(c) 当漏极电压增大到某一临界值V_{DS}时，沟道在漏端夹断，处于临界饱和状态

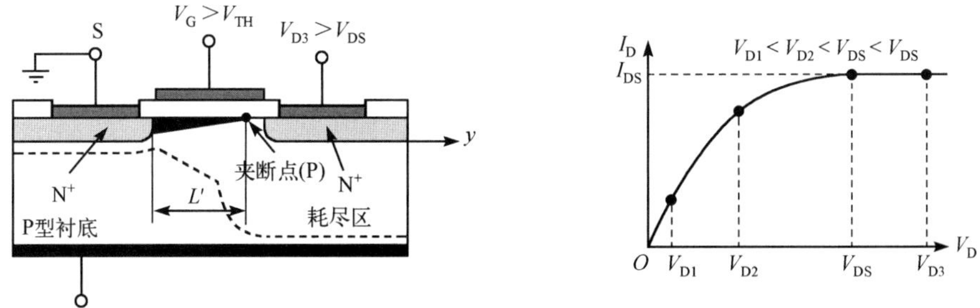

(d) 当$V_D > V_{DS}$时，如果忽略沟道长度调制效应，漏极电流保持I_{DS}不变，MOSFET处于饱和工作区

图 6-16　MOSFET 的工作状态和输出特性

沟道夹断以后，漏极电流不再随漏极电压的增大而增大，基本上保持不变。因为当$V_D > V_{DS}$时，夹断点向源端左移到$y = L'$处，但夹断点的电位$V(L') = V_{DS}$保持不变，即降落在导电沟道两端的电压保持不变，额外增加的那部分漏极电压降落在夹断点与漏极之间的空间电荷区上。导电沟道的主要变化是长度由L缩短到L'。如果在长沟道近似下，忽略沟道长度调制效应，漏极电流将保持$I_D = I_{DS}$不变，此时，MOSFET 工作在**饱和区**，如图 6-15(d)所示。

晶体管的这种工作状态称为**饱和工作状态**。载流子在夹断点 P 点注入漏极耗尽区，在反偏的耗尽区电场作用下漂移进入漏极(这与 BJT 中载流子从基区注入集电结耗尽区的情况非常类似)。

通过以上分析可以看到 MOSFET 的输出端 *I-V* 特性和 JFET 的很相似。

6.6.2 MOSFET 的 *I-V* 方程

放大的 N 沟道 MOSFET 的示意图如图 6-17 所示，其上加了偏置电压。为简化分析，使衬底和源极接地。

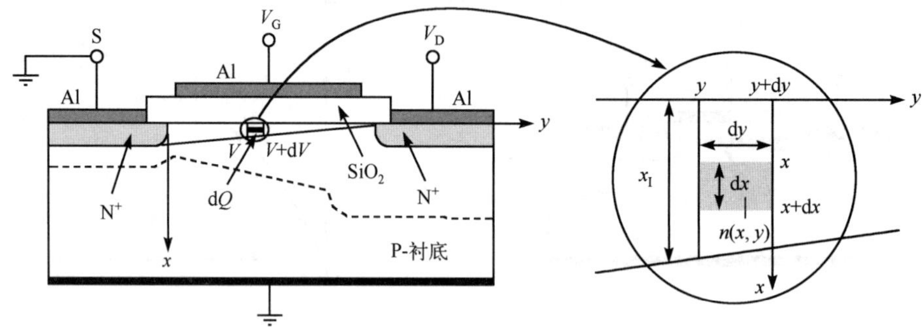

图 6-17 N 沟道 MOSFET 的结构及局部沟道放大图

在下面的分析中，主要采用如下假设。

(1) 忽略源区和漏区体电阻和电极接触电阻。

(2) 沟道内掺杂均匀。

(3) 载流子在反型层内的迁移率为常数。

(4) 缓变沟道近似，即假设空间电荷区内 $\partial\mathscr{E}/\partial x \gg \partial\mathscr{E}/\partial y$，沟道内 $\partial\mathscr{E}/\partial y \gg \partial\mathscr{E}/\partial x$。

(5) 长沟道近似(矩形沟道近似)，即沿沟道长度方向上沟道宽度的变化量与沟道长度相比可以忽略。

1. 线性区

在如图 6-17 所示的晶体管中，考虑 y 处的一小块截面。假设晶体管处于栅极电压大于阈值电压条件，从而在反型层中感生可动载流子——电子。$V_G - V_{TH}$ 支撑着感生载流子电荷 Q_I，Q_I 由式(6-4-8)给出，V_{TH} 则由式(6-5-16)给出。

在加上源漏之间的沟道电压 V_D 之后，在 y 处建立起电位 $V(y)$。由于 $V(y)$ 对栅极偏压的抑制作用，因此感应沟道电荷公式(6-4-8)应修正为

$$Q_I = -C_o[V_G - V_{TH} - V(y)] \tag{6-6-1}$$

在半导体表面出现强反型后，沟道内的载流子在漏源之间电压的作用下，主要以漂移电流为主，忽略其扩散电流。为了计算沟道内的漂移电流，需要得到沟道的电导率。由 6.4.1 节讨论可知，沟道内各处的电导率并不均匀，既是 y 的函数，也是 x 的函数。因此，需要考虑沟道内的一个沟道微元，如图 6-17 所示，位于(y～y+dy，x～x+dx)处。由于 dx 和 dy 是无穷小量，可以认为在这个沟道微元内感生的电子浓度是均匀的，记为 $n_I(x,y)$；沟道微元的电位为 $V(y)$，沿 y 方向的电场为 $-\mathrm{d}V(y)/\mathrm{d}y$。则流过该沟道微元的电流密度为

$$j(x,y) = \sigma(x,y)\cdot\mathscr{E}(y) = -q\mu_n n_I(x,y)\mathrm{d}V(y)/\mathrm{d}y \tag{6-6-2}$$

于是，流过该微元的电流强度可表示为

$$dI(x,y) = j(x,y)Z\mathrm{d}x = -q\mu_n n_I(x,y)\frac{\mathrm{d}V(y)}{\mathrm{d}y}Z\mathrm{d}x \tag{6-6-3}$$

在坐标 y 处的总的沟道电流应为式(6-6-3)沿 x 方向的积分。由于沟道电流连续，y 处的总的沟道电流就是 MOSFET 的漏极电流 I_D，即

$$I_D = \int \mathrm{d}I(x,y) = -\mu_n Z\frac{\mathrm{d}V(y)}{\mathrm{d}y}q\int_0^{x_I} n_I(x,y)\mathrm{d}x = \mu_n ZQ_I(y)\frac{\mathrm{d}V(y)}{\mathrm{d}y} \tag{6-6-4}$$

式中，$Q_I(y) = -q\int_0^{x_I} n_I(x,y)\mathrm{d}x$ 为坐标 y 处的沟道电荷，与式(6-4-3)的定义完全一致，栅极电压和沟道电位对沟道电荷的控制如式(6-6-1)所示。

将式(6-6-4)两侧同时乘以 dy，并沿 y 方向在整个导电沟道内积分，可得

$$\int_0^L I_D\mathrm{d}y = \int_0^{V_D}\mu_n ZQ_I(y)\mathrm{d}V(y) = -C_o\mu_n Z\int_0^{V_D}\left[V_G - V_{TH} - V(y)\right]\mathrm{d}V(y) \tag{6-6-5}$$

对式(6-6-5)两侧积分，得

$$I_D = -C_o\mu_n\frac{Z}{L}\left[(V_G - V_{TH})V_D - \frac{V_D^2}{2}\right] \tag{6-6-6}$$

式中，负号表示电流沿 $-y$ 方向。MOSFET 的电流方向是从漏极到源极，所以可以不计符号，把上式写为

$$I_D = C_o\mu_n\frac{Z}{L}\left[(V_G - V_{TH})V_D - \frac{V_D^2}{2}\right] \tag{6-6-7}$$

式(6-6-7)就是漏极电流方程，称为**萨支唐方程**。这是描述 MOSFET 非饱和区直流特性的基本方程。

当漏极电压很小时，即 $V_D \ll V_G - V_{TH}$，式(6-6-7)可简化为

$$I_D = C_o\mu_n\frac{Z}{L}(V_G - V_{TH})V_D \tag{6-6-8}$$

此时，漏极电流 I_D 与 V_D 成正比，随 V_D 的增大而线性增大，MOSFET 工作在线性区。利用 MOSFET 线性区的输出特性曲线，可以估算沟道内的载流子迁移率和阈值电压。

【例 6-2】 N 沟道 MOSFET，$Z = 15\mu\text{m}, L = 2\mu\text{m}, C_o = 6.9\times10^{-8}\text{F/cm}^2$。在线性区，固定 $V_D = 0.10\text{V}$ 不变，测得 $V_{G1} = 1.5\text{V}$ 时，$I_{D1} = 35\mu\text{A}$；$V_{G2} = 2.5\text{V}$ 时，$I_{D2} = 75\mu\text{A}$。求沟道内载流子迁移率和阈值电压。

解　线性区漏极电压很小时，根据式(6-6-8)

$$I_D = \frac{Z\mu_n C_o}{L}(V_G - V_{TH})V_D$$

则

$$I_{D2} - I_{D1} = \frac{Z\mu_n C_o}{L}(V_{G2} - V_{G1})V_D$$

于是，沟道内载流子迁移率为

$$\mu_n = \frac{L}{ZC_oV_D}\left(\frac{I_{D2} - I_{D1}}{V_{G2} - V_{G1}}\right)$$

代入数据求得

$$\mu_n = 773\ \text{cm}^2/(\text{V}\cdot\text{s})$$

由式(6-6-8)，阈值电压可以表示为

$$V_{TH} = V_G - \frac{I_D L}{C_o \mu_n Z V_D}$$

代入数据求得

$$V_{TH} = 0.625\ \text{V}$$

可见，反型层内载流子迁移率小于体内载流子迁移率。例 6-2 给出了一个测定载流子迁移率和 MOSFET 的阈值电压的实验方法。

在推导萨支唐方程(6-6-7)积分时，假设了 V_{TH} 与 $V(y)$ 无关。实际上，V_{TH} 中所含的 Q_B 项与沟道电压有关。这是 MOSFET 与 MOS 电容不同的地方。当有沟道电流流过时，MOSFET 处于非平衡情况，漏极电压在沟道内会引起电位降，正的漏极电压引起的沟道内电位相当为感生的 PN 结额外施加了反向偏压，因此，降落在图 6-17 中 y 处的感生 PN 结的总的电势差为 $\psi_{si} + V(y)$，其中，$\psi_{si} = 2\phi_f$ 是由栅极电压提供的，$V(y)$ 是由漏极电压引起的。此时，y 处的 Q_B 应表示为

$$Q_B = -\sqrt{2q\varepsilon_s N_a[\psi_{si} + V(y)]} \tag{6-6-9}$$

于是，式(6-6-5)应表示为

$$\int_0^L I_D \mathrm{d}y = -C_o \mu_n Z \int_0^{V_D} \left[V_G - \phi'_{ms} + \frac{Q_o}{C_o} - \frac{\sqrt{2q\varepsilon_s N_a[\psi_{si} + V(y)]}}{C_o} - \psi_{si} - V(y) \right] \mathrm{d}V(y) \tag{6-6-10}$$

对式(6-6-10)两侧积分，可得到修正后的漏极电流公式，即

$$I_D = C_o \mu_n \frac{Z}{L} \left\{ \left(V_G - \phi'_{ms} - \psi_{si} + \frac{Q_o}{C_o} - \frac{V_D}{2} \right) V_D - \frac{2}{3} \frac{\sqrt{2q\varepsilon_s N_a}}{C_o} \left[(V_D + \psi_{si})^{3/2} - \psi_{si}{}^{3/2} \right] \right\} \tag{6-6-11}$$

式(6-6-11)已经去掉了表示电流方向的负号。

采用一般器件参数，对于 N 沟道 MOSFET 器件，分别由式(6-6-7)和式(6-6-11)描述的输出特性曲线如图 6-18 所示，它表明简化的表示式对漏极电流估计过高。在这里的差别不是太大，但往往是重要的，特别是对于衬底为高掺杂的情况。尽管如此，式(6-6-7)的简单性仍然

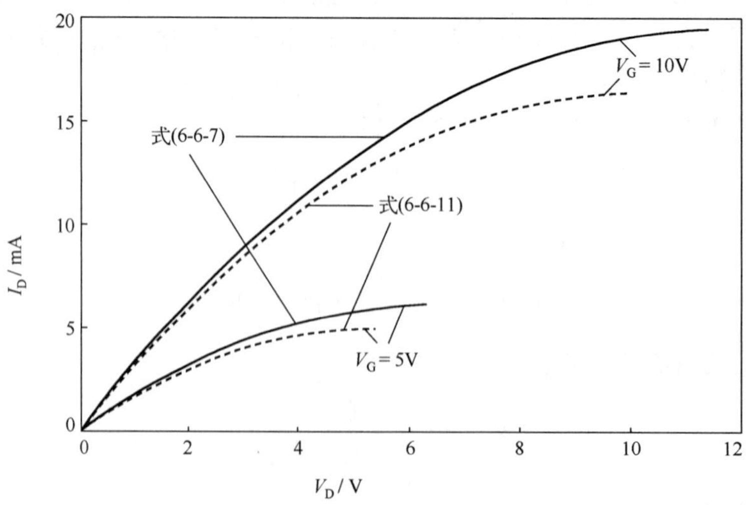

图 6-18 萨支唐方程式(6-6-7)和修正的式(6-6-11)描述的 MOSFET 输出特性曲线的比较

为认识器件的工作情况提供了更好的物理理解，并且在进行第一级的设计时是有用的，特别是在数字电路的应用中更为如此。对于电路设计来说，可以通过任意调节 $C_o\mu_n$ 以达到和实际器件的特性良好的经验性的吻合，使式(6-6-7)在所关心的 I-V 范围之内与观测到的特性相符。在以后的分析中将使用简化的表达式(6-6-7)。

根据式(6-6-7)，I_D 是 V_D 的二次函数，理想的输出特性曲线应为抛物线，如图 6-19 所示。因为 V_D 平方项的系数小于零，所以抛物线的开口向下，I_D 有极大值，且极大值位于 $V_D = V_{DS} = V_G - V_{TH}$ 处。当 $V_D > V_{DS}$ 时，I_D 随 V_D 增加而下降，过了抛物线顶点，这同实际测量曲线不一致。实际情况是，当 $V_D > V_{DS}$ 时，I_D 基本饱和。因此所有抛物线顶点右边的曲线没有物理意义。

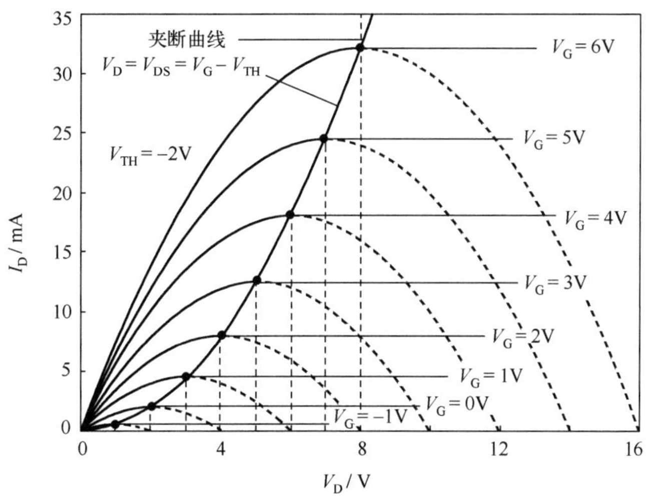

图 6-19　理想的 N 沟道 MOSFET 的输出特性曲线

2. 饱和区

线性区分析的前提是在源极与漏极之间的整个半导体表面形成反型层。若增加漏极电压使栅极电压被抑制，则在沟道的漏极一侧反型层会消失，这时沟道被夹断。进一步增加漏极电压，会使夹断点向源端移动，但漏电流不会显著增加或者说基本上不变，达到饱和，器件的工作进入饱和区。在饱和区，由线性区导出的公式变为无效。

假设在 $y = L$ 处发生夹断，夹断时 $Q_I(L) = 0$。则电流开始饱和的条件可令(6-6-1)中 $Q_I = 0$ 加以确定。于是

$$V(L) = V_G - V_{TH} = V_{DS} \tag{6-6-12}$$

式中，V_{DS} 称为漏极饱和电压。它等于漏极附近的沟道电位 $V(L)$。如果忽略漏区的串联电阻和体电阻，漏端的沟道电位 $V(L)$ 等于漏极电位 V_D。把式(6-6-12)代入式(6-6-7)可以得到沟道夹断时的漏极饱和电流，即

$$I_{DS} = \frac{\mu_n C_o Z}{2L}(V_G - V_{TH})^2 \tag{6-6-13}$$

此式在临界饱和时是有效的。超过这一点，漏极电流可看作是常数，因此式(6-6-13)也可以看成是更高漏极电压下的漏极电流。MOSFET 的完整的电流-电压特性如图 6-19 所示。

通过上述分析可知，漏极电流临界饱和时对应于萨支唐方程描述的抛物线的顶点，此时，

沟道刚刚在漏端夹断，因此，将 MOSFET 对应于不同栅极电压的输出特性曲线的顶点连接起来，就形成了一条划分饱和区和非饱和区的边界线，如图 6-19 所示，也可以称为**沟道夹断曲线**，与 JFET 的夹断曲线类似。夹断曲线的左侧为非饱和区，右侧为饱和区。

【例 6-3】采用例 6-1 中的 MOS 结构作为一个 P 沟道 MOSFET 的栅区。已知下列参数：$L=10\mu\text{m}$，$Z=300\mu\text{m}$，$\mu_{\text{p}}=230\text{cm}^2/(\text{V}\cdot\text{s})$。分别计算 $V_{\text{G}}=-4\text{V}$ 和 $V_{\text{G}}=-8\text{V}$ 时的 I_{DS}。

解 在例 6-1 中给出

$$C_{\text{o}}=2.95\times10^{-8}(\text{F/cm}^2)$$

所以

$$C_{\text{o}}\mu_{\text{p}}Z/L=2.95\times10^{-8}\times230\times300/10=2.04\times10^{-4}(\text{F}/(\text{V}\cdot\text{s}))$$

将此值代入式(6-6-13)得

$$I_{\text{DS}}=1.02\times10^{-4}(V_{\text{G}}-V_{\text{TH}})^2$$

将 $V_{\text{TH}}=-3.0\text{V}$ 代入上式，并将 V_{G} 的具体数值代入，得

$$I_{\text{DS}}=\begin{cases}1.02\times10^{-4}\,\text{A}=102\ \mu\text{A} & (V_{\text{G}}=-4\text{V})\\ 2.55\times10^{-3}\,\text{A}=2.55\ \text{mA} & (V_{\text{G}}=-8\text{V})\end{cases}$$

在本例中，栅极电压的数值只增大 1 倍(不考虑负号)，漏极电流却增大了 24 倍。可见，栅极电压对漏极电流具有很大的调控作用，这是 MOSFET 的转移特性，也是 MOSFET 具有信号放大能力的体现。

3. 截止区

若栅极电压小于阈值电压，不会形成反型层。结果使 MOSFET 像是背对背连接的两个 PN 结一样，此时，漏极电压的绝大部分降落在反偏的 PN 结上，源极和漏极之间的电流主要由反偏的 PN 结的反向饱和电流决定，因而只有非常小的反向电流。晶体管在这一工作区域与开路相似，称为**截止区**。MOSFET 作为开关使用时，需要在截止区和饱和区之间往复跃变，截止区对应于 MOSFET 的关态。处于关态时，希望 MOSFET 的泄漏电流越小越好。

6.6 节小结

6.7 等效电路和频率响应

教学要求

1. 掌握概念：线性导纳、导通电阻、线性区跨导、饱和区跨导、饱和区的漏极电阻 r_{ds}、栅极电容 C_{G}。
2. 导出式(6-7-2)、式(6-7-5)和式(6-7-6)。
3. 正确画出交流等效电路图 6-20。
4. 计算截止频率 f_{CO}，指出提高 MOSFET 工作频率或工作速度的途径。

图 6-20 所示为 MOSFET 的等效电路图。可以看出，MOSFET 的等效电路基本上与 JFET 的相同。

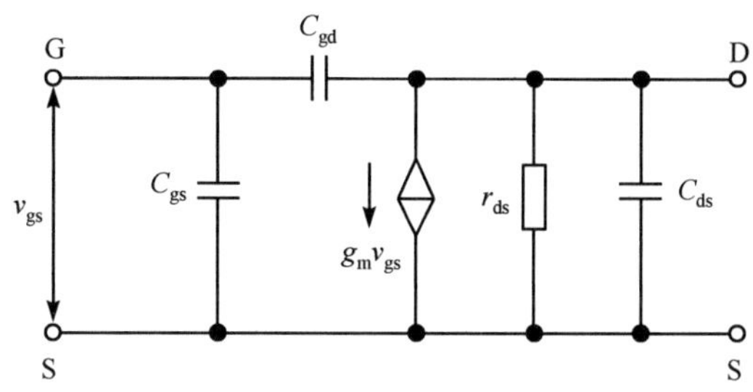

图 6-20　MOSFET 的等效电路

6.7.1　小信号参数

等效电路所涉及的小信号参数定义如下。

1. 漏极导纳 g_d

$$g_d = \left.\frac{\partial I_D}{\partial V_D}\right|_{V_G=\text{常数}} \tag{6-7-1}$$

对式(6-6-8)求导数，求得漏极导纳为：

$$g_d = \mu_n C_o \frac{Z}{L}(V_G - V_{TH}) \tag{6-7-2}$$

可见，漏极导纳是欧姆性的，并且线性地依赖于栅极电压，所以也叫**线性导纳**。图 6-21 给出一个 N 沟道 MOSFET 漏极导纳的实验数据和式(6-7-2)的比较。可以看到，除了高栅极电压的情况之外，g_d 随栅极电压线性变化。高栅极电压的不同特性主要是由于在高表面载流子浓度时迁移率下降造成的。把数据外推到 V_G 轴，给出阈值电压的实验值。除室温数据外，图中还有高温和低温这两种极端情况下的曲线。随着温度增加，斜率的减小是高温下迁移率下降造成的。

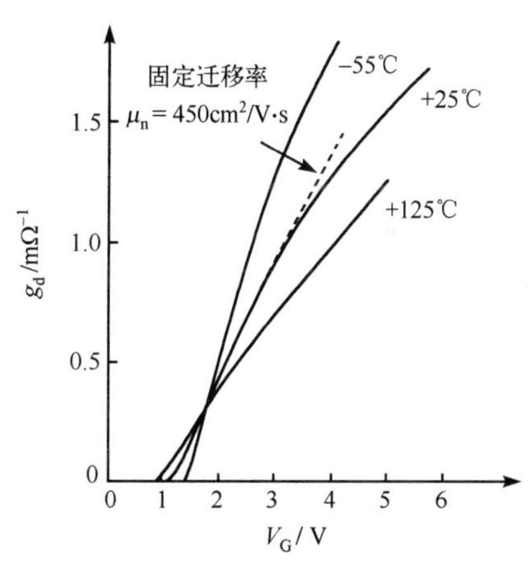

图 6-21　MOSFET 中沟道导纳与 V_G 的关系（爱德华 • S • 扬，1981）

线性区的电阻，称为**开态电阻，或导通电阻**，表示为

$$R_{on} = \frac{1}{g_d} = \frac{L}{\mu_n C_o Z(V_G - V_{TH})} \tag{6-7-3}$$

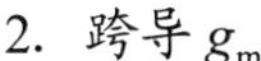

2. 跨导 g_m

$$g_m = \left.\frac{\partial I_D}{\partial V_G}\right|_{V_D=\text{常数}} \tag{6-7-4}$$

对式(6-6-8)求导，得**线性区跨导**为

$$g_{ml} = \frac{C_o \mu_n Z}{L} V_D \tag{6-7-5}$$

对式(6-6-13)求导，得**饱和区跨导**为

$$g_{ms}=\frac{C_o\mu_n Z}{L}(V_G-V_{TH}) \tag{6-7-6}$$

注意：饱和区跨导g_{ms}的表示式和线性区导纳g_d相同，这只是在假设Q_B为常数时才成立。与 JFET 一样，MOSFET 也是电压控制器件，其电压增益为$g_m R_L$，R_L为负载电阻。可见，跨导g_m标志了 MOSFET 的放大能力。

3. 饱和区的漏极电阻r_{ds}

按照理想化的理论，对于任何超过夹断条件的漏极电压，漏极电流保持为常数。换言之，对于$V_D>V_{DS}$的情况，漏极电阻为无限大。但所有的 MOSFET 实验结果都表明，在它们的漏极电流-电压特性中，在夹断以后斜率都有限。这与 JFET 的有关特性类似。因而，定义**饱和区的漏极电阻**为

$$r_{ds}=\left.\frac{\partial V_{DS}}{\partial I_{DS}}\right|_{V_G=常数} \tag{6-7-7}$$

饱和区漏极电阻可以用作图法从漏极输出特性中求得。

4. 栅极电容C_G

MOSFET 的**栅极电容**为

$$C_G=C_o ZL \tag{6-7-8}$$

栅极电容常称为**本征电容**。除本征电容外，还有栅极与源极、漏极两个N^+区的重叠部分构成的电容，源极与衬底、漏极与衬底之间的电容，源极、漏极两个 PN 结之间的电容C_{ds}。除本征电容外的这些电容通称为**寄生电容**。寄生电容影响着 MOSFET 的工作频率。为简化设计，等效电路图中仅考虑了总的栅极电容和源极、漏极两 PN 结之间的电容C_{ds}。总的栅极电容用栅-源电容C_{gs}和栅-漏电容C_{gd}表示。

6.7.2 频率响应

利用图 6-20 所示的等效电路，可以估计 MOSFET 的最高工作频率(亦称为**截止频率**)。定义截止频率f_{CO}为输出电流和输入电流之比为 1 时的频率，即器件不能够再放大输入信号时的频率。

按照与 JFET 相同的推导，可求出 MOSFET 的最高工作频率。例如，在线性区

$$f_{CO}=\frac{g_m}{2\pi C_G}=\frac{\mu_n V_D}{2\pi L^2} \qquad (V_D\ll V_{DS}) \tag{6-7-9}$$

在饱和区

$$f_{CO}=\frac{g_m}{2\pi C_G}=\frac{\mu_n (V_G-V_{TH})}{2\pi L^2} \qquad (V_D\geqslant V_{DS}) \tag{6-7-10}$$

式中，C_G为栅极总电容。

【例 6-4】计算$V_G=2.5\text{V}$时，例 6-2 中的 MOSFET 在饱和区的截止频率。

解 在例 6-2 中，已知$L=2\ \mu\text{m}$，计算出 MOSFET 的沟道内载流子迁移率和阈值电压分别为$\mu_n=773\ \text{cm}^2/(\text{V}\cdot\text{s})$，$V_{TH}=0.625\text{V}$。

将这些数据代入式(6-7-10)，计算得到饱和区的截止频率为

$$f_{\mathrm{CO}}=\frac{\mu_{\mathrm{n}}(V_{\mathrm{G}}-V_{\mathrm{TH}})}{2\pi L^2}=\frac{773\times(2.5-0.625)}{2\times3.14\times(2\times10^{-4})^2}=5.77\times10^9(\mathrm{Hz})=5.77(\mathrm{GHz})$$

可见，MOSFET 具有 GHz 以上的截止频率。为了提高工作频率或工作速度，由式(6-7-10)可知，可采取的措施包括：(1)选择载流子迁移率高的半导体材料；(2)减少沟道长度。为了减少沟道长度，人们在制造工艺上作了巨大的努力。例如，20 世纪 80 年代，人们巧妙地利用硅中杂质扩散的温度和时间的关系，制造出了沟道长度缩短到 0.6μm 的扩散自对准(DSA)MOST。因为这种器件的沟道非常短，所以 f_{CO} 达到 5～10GHz。这个数值超过了迄今为止所有双极晶体管截止频率的上限，发挥出了 MOSFET 固有的高频特性上的优势。然而，缩短沟道长度会引起一些非理想效应，影响 MOSFET 的特性，为此，需要按比例缩小 MOSFET 的整体尺寸。这些内容将在本章最后两节进行介绍。

6.7 节小结

6.8　MOS 场效应晶体管的类型

按照反型层类型的不同，MOSFET 可分四种不同的基本类型，如果在栅极电压为零时沟道电导很小，栅极必须加上正向电压才能形成 N 沟道，那么，这种器件就是 **N 沟道增强型 MOSFET**。本章讲述 MOSFET 的工作原理及其 *I-V* 方程时，就是以 N 沟道增强型 MOSFET 为例的。如果在栅极电压为零时已经存在 N 型沟道，为了减小沟道电导，栅极必须加负电压以耗尽沟道载流子，那么这种器件是 **N 沟道耗尽型 MOSFET**。类似地，还有 **P 沟道增强型 MOSFET** 和 **P 沟道耗尽型 MOSFET**。

这四种器件的截面图、输出特性（$I_{\mathrm{D}}\sim V_{\mathrm{D}}$ 关系）、转移特性（$I_{\mathrm{D}}\sim V_{\mathrm{G}}$ 关系）都表示在图 6-22

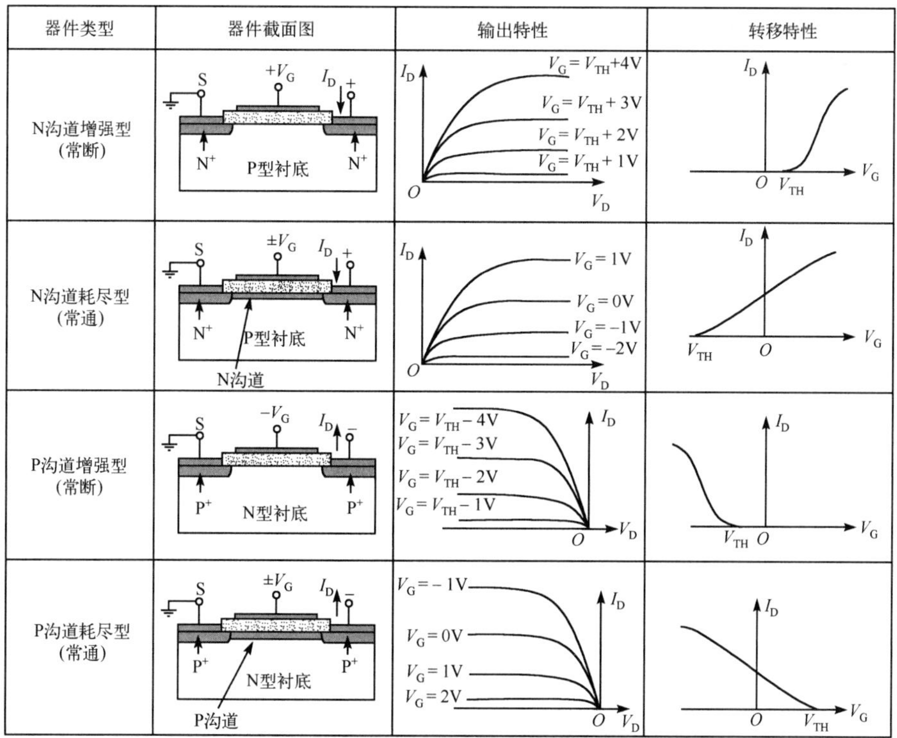

图 6-22　MOSFET 的类型及其对应的输出特性和转移特性示意图

中。注意：对于N沟道增强型器件，要使沟道通过一定的电流，正的栅极偏置电压必须比阈值电压大。而N沟道耗尽型器件，在$V_G=0$时，沟道已经存在能够流过很大的电流，改变栅极电压可以增加或减小沟道电导。只要把电压的极性改变一下，上述结论就可以很容易地推广到P沟道器件。

6.8节小结

6.9 影响阈值电压的因素

教学要求

1. 分析衬底掺杂浓度、氧化层厚度和衬底偏压对阈值电压的影响。
2. 导出式(6-9-10)。

阈值电压是MOSFET最重要的参数之一。阈值电压由式(6-5-16)给出。除了功函数差和氧化物电荷对阈值电压有影响之外，衬底的掺杂浓度、氧化层厚度、衬底偏压等都对阈值电压有影响。

6.9.1 掺杂浓度的影响

衬底的掺杂浓度对阈值电压的影响主要体现在半导体的体内费米势由衬底掺杂浓度决定。对于N沟道MOSFET的P型衬底，费米势可表示为

$$\phi_{fp}=V_T\ln\frac{N_a}{n_i} \tag{6-9-1}$$

对于P沟道MOSFET的N型衬底，费米势可表示为

$$\phi_{fn}=-V_T\ln\frac{N_d}{n_i} \tag{6-9-2}$$

费米势的改变一方面引起式(6-5-16)中ψ_{si}和Q_B的变化，另一方面也会改变半导体的功函数，从而引起修正功函数差ϕ'_{ms}的变化。由能带图很容易得到半导体的修正功函数与掺杂浓度的关系，表示为

$$q\phi'_s=\begin{cases}\chi'+\dfrac{E_g}{2}+q\phi_{fp}=\chi'+\dfrac{E_g}{2}+KT\ln\dfrac{N_a}{n_i} & \text{P型衬底}\\[2ex] \chi'+\dfrac{E_g}{2}+q\phi_{fn}=\chi'+\dfrac{E_g}{2}-KT\ln\dfrac{N_d}{n_i} & \text{N型衬底}\end{cases} \tag{6-9-3}$$

半导体的修正功函数也可以用体电势表示出来，即

$$q\phi'_s=\begin{cases}\chi'+E_g-qV_p=\chi'+E_g-KT\ln\dfrac{N_v}{N_a} & \text{P型衬底}\\[2ex] \chi'+qV_n=\chi'+KT\ln\dfrac{N_c}{N_d} & \text{N型衬底}\end{cases} \tag{6-9-4}$$

于是，阈值电压与衬底掺杂浓度的关系可以表示如下。

(1) 对于 P 型衬底

$$V_{TH}=-\frac{Q_o}{C_o}+\left[\phi_m'-\left(\frac{\chi'}{q}+\frac{E_g}{2q}+V_T\ln\frac{N_a}{n_i}\right)\right]+\frac{\sqrt{4\varepsilon_s qN_aV_T\ln(N_a/n_i)}}{C_o}+2V_T\ln\frac{N_a}{n_i} \tag{6-9-5}$$

(2) 对于 N 型衬底

$$V_{TH}=-\frac{Q_o}{C_o}+\left[\phi_m'-\left(\frac{\chi'}{q}+\frac{E_g}{2q}-V_T\ln\frac{N_d}{n_i}\right)\right]-\frac{\sqrt{4\varepsilon_s qN_aV_T\ln(N_d/n_i)}}{C_o}-2V_T\ln\frac{N_d}{n_i} \tag{6-9-6}$$

考虑 Si 基 MOSFET，假设氧化层电荷 $Q_o=0$，栅极为 Al 电极，则给定氧化层厚度就可以利用式(6-9-5)和式(6-9-6)计算出阈值电压随衬底掺杂浓度的变化关系，如图 6-23 所示。当衬底掺杂浓度 $N<10^{15}\text{cm}^{-3}$ 时，掺杂浓度对阈值电压的影响很小。随着掺杂浓度的增高，掺杂浓度对阈值电压的影响越来越显著。对于 P 型衬底，随着掺杂浓度的增大，阈值电压由负值变为正值，并不断增大。对于 N 型衬底，阈值电压总是负值，阈值电压的绝对值随着掺杂浓度的增加而增大。

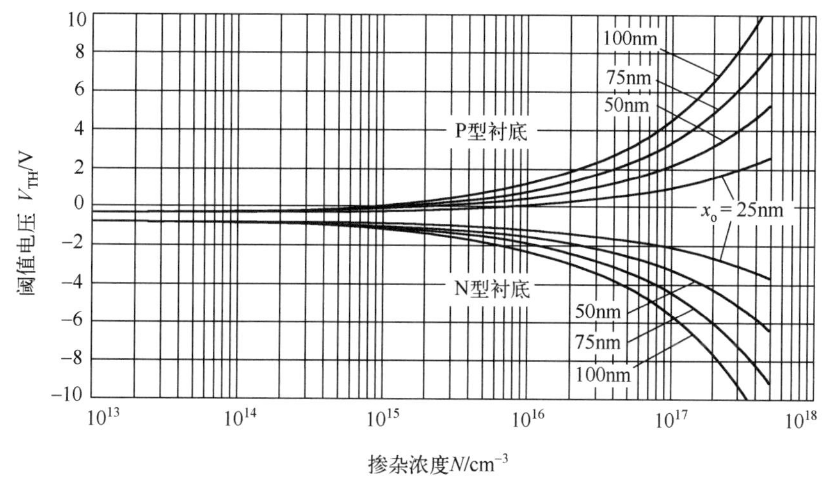

图 6-23　不同氧化层厚度的 Al 栅 Si 基 MOSFET 的阈值电压随衬底掺杂浓度的变化关系

在制作 MOSFET 的过程中，控制阈值电压最有效的方法之一是离子注入。因为用离子注入掺入的杂质含量可以非常准确，所以能够准确地控制阈值电压。图 6-24 说明了穿过 N 沟道 MOSFET 栅氧化层进行的硼离子注入，使得注入剂量的峰值出现在 Si-SiO$_2$ 界面。带负电的硼离子增加沟道的掺杂量，结果使 V_{TH} 增加。类似地，浅硼注入 P 沟道 MOSFET 能够减小 V_{TH}。

6.9.2　氧化层厚度的影响

在 MOSFET 阈值电压的公式(6-9-5)和公式(6-9-6)中，都包括氧化层电容 C_o，而氧化层电容与氧化层厚度 x_o 成反比，所以阈值电压 V_{TH} 的大小与氧化层厚度 x_o 密切相关。将 $C_o=\varepsilon_o/x_o$ 代入式(6-9-5)和式(6-9-6)即可得到阈值电压与氧化层厚度的关系。

从图 6-23 中，也可以直观看到阈值电压与氧化层厚度的关系。无论是 P 型衬底还是 N 型衬底，在衬底掺杂浓度相同的情况下，氧化层厚度越大，阈值电压的绝对值越大。

在制备 MOSFET 过程中，常常通过控制氧化层厚度来调控阈值电压。这种方法广泛应用于 MOSFET 之间的隔离，如图 6-24 所示。这时，栅氧化层的厚度比源漏区之外的氧化层(场区氧化层)薄得多。于是场区的V_{TH}比有源层的V_{TH}大得多。这样，若将适当的栅极偏压同时加在栅氧化层和场氧化层上，可以使栅极下面的半导体表面形成反型沟道，而场区氧化层下面的半导体表面仍保持耗尽状态。

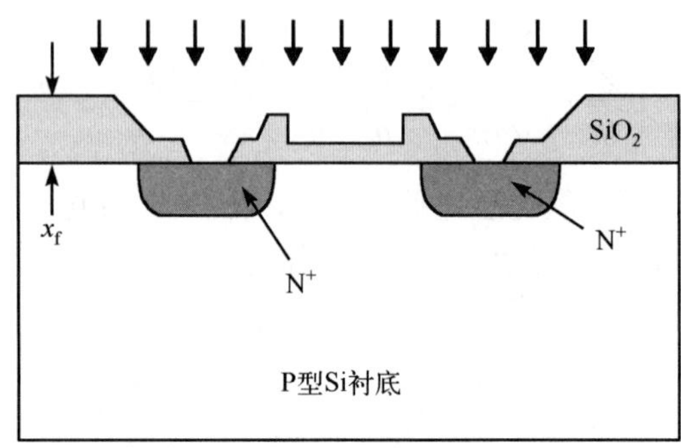

图 6-24 用离子注入调整阈值电压

6.9.3 衬底偏压的影响

在前面的分析中，都假设源极和衬底连接后一起接地，如图 6-17 所示。而 MOSFET 在实际应用中，常常只是源极接地，而在 P 型衬底上施加一负电压，这相当于为沟道和衬底之间的感生 PN 结施加了一个反偏电压，反偏电压的大小记为V_{SB}。其结果是使得感生 PN 结的空间电荷区展宽，因此导致半导体表层的空间电荷Q_B增加，MOSFET 的阈值电压增大。

在衬底偏压为零时，半导体表面出现强反型层时空间电荷区内的固定受主离子电荷面密度由式(6-2-22)确定，这里重新写为

$$Q_B = -qN_a x_{dm} = -\sqrt{2\varepsilon_s qN_a \psi_{si}} \tag{6-9-7}$$

式中，ψ_{si}为半导体表面出现强反型时的表面势，也是衬底偏压为零时，降落在感生 PN 结上反向偏压大小。当衬底施加反偏压V_{SB}后，则有

$$Q_B = -\sqrt{2\varepsilon_s qN_a(\psi_{si} + V_{SB})} \tag{6-9-8}$$

空间电荷区内增大的离子电荷面密度为

$$\Delta Q_B = -\sqrt{2\varepsilon_s qN_a}\left(\sqrt{\psi_{si} + V_{SB}} - \sqrt{\psi_{si}}\right) \tag{6-9-9}$$

由阈值电压公式(6-5-16)可知，衬底偏压引起的阈值电压增量为

$$\Delta V_{TH} = -\frac{\Delta Q_B}{C_o} = \frac{\sqrt{2\varepsilon_s qN_a}}{C_o}\left(\sqrt{\psi_{si} + V_{SB}} - \sqrt{\psi_{si}}\right) \tag{6-9-10}$$

【例 6-5】 考虑一个 Si 基 N 沟道增强型 MOSFET，衬底掺杂浓度为$N_a = 10^{16}\,\text{cm}^{-3}$，$SiO_2$层厚度为 50 nm，氧化层的相对介电常数为 4，当衬底偏压为$V_{SB} = 1\text{V}$时，计算阈值电压的增量。

解 氧化层电容为

$$C_o = \frac{\varepsilon_{ro}\varepsilon_0}{x_o} = \frac{4 \times 8.854 \times 10^{-14}}{50 \times 10^{-7}} = 7.08 \times 10^{-8}(\text{F/cm}^2)$$

体内费米势为

$$\phi_f = V_T \ln\frac{N_a}{n_i} = 0.026\ln\frac{10^{16}}{1.5\times10^{10}} = 0.35(\text{V})$$

于是，$\psi_{si} = 2\phi_f = 0.70\text{V}$。

将上述各值代入式(6-9-10)，可得阈值电压增量为

$$\Delta V_{TH} = \frac{\sqrt{2\varepsilon_s qN_a}}{C_o}\left(\sqrt{\psi_{si}+V_{SB}}-\sqrt{\psi_{si}}\right)$$

$$= \frac{\sqrt{2\times11.8\times8.854\times10^{-14}\times1.6\times10^{-19}\times10^{16}}}{7.08\times10^{-8}}\left(\sqrt{0.70+1}-\sqrt{0.70}\right) = 0.38(\text{V})$$

按照式(6-7-2)，漏极导纳 g_d 与栅极电压 V_G 成线性关系，直线在栅极电压轴的截距即为阈值电压 V_{TH}，如图 6-25 所示。随衬底偏压 V_{SB} 的增大，$g_d \sim V_G$ 的关系曲线向右移动，说明阈值电压不断增大。在实际应用中，常常希望减小衬底偏压对阈值电压的影响，这可以通过减小衬底的掺杂浓度和氧化层的厚度等方法来实现。

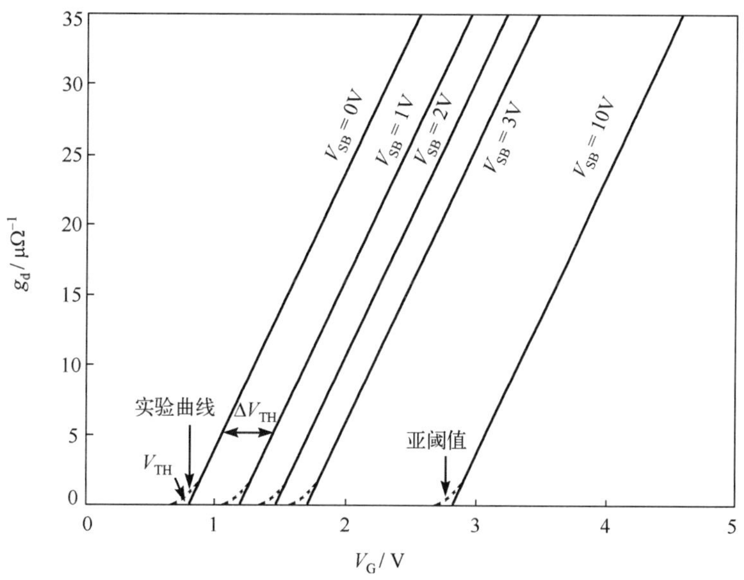

图 6-25　随着衬底偏压的增大 MOSFET 的阈值电压增大，$g_d \sim V_G$ 曲线发生右移

6.9 节小结

6.10　MOSFET 的亚阈值特性

教学要求

1. 掌握基本概念：亚阈值区、亚阈值电流、亚阈值摆幅(S 因子)、玻尔兹曼限制。
2. 推导亚阈值电流公式(6-10-7)和公式(6-10-8)。
3. 推导 S 因子公式(6-10-13)。
4. 解释减小 S 因子的有效方法。

理论上，$g_d \sim V_G$ 应该是一条完美的直线，直线在栅极电压轴上的截距为阈值电压 V_{TH}。但实验发现，当 $V_G < V_{TH}$ 且接近 V_{TH} 时，也会有明显的漏极导纳，如图 6-25 的虚线所示，此时，加上漏极电压后也会有较小的漏极电流产生。这是因为，虽然栅极电压低于阈值电压，但是半导体的表面势满足 $\phi_f \leqslant \psi_s < 2\phi_f$，半导体表面会出现弱反型层，此时，MOSFET 工作在**亚阈值区**(subthreshold region)，相应的漏极电流称为**亚阈值电流**(subthreshold current)。当 MOSFET 作为低电压、小功率器件使用，如用作数字逻辑电路开关及存储器时，亚阈值区特别重要。

在亚阈值区，由于沟道内载流子浓度很低，因此载流子的漂移电流很小，亚阈值电流的主要机制是载流子扩散电流而不是漂移电流。由扩散电流的定义可得

$$I_D = qZD_n \frac{dN(y)}{dy} \approx qZD_n \frac{N(0) - N(L)}{L} \tag{6-10-1}$$

式中，$N(y)$ 是沟道内 y 处单位面积的电子浓度，$N(0)$ 和 $N(L)$ 分别是沟道在源端和漏端单位面积的电子浓度。在源端，由式(6-2-6)可知

$$N(0) = \int_0^{x_d} n(x)dx = \int_0^{x_d} n_0 e^{\psi(x)/V_T} dx \tag{6-10-2}$$

式中，n_0 是 P 型衬底中热平衡少子电子的浓度，x 是指空间电荷区的厚度。在弱反型时，依然满足耗尽层近似，x 与 $\psi(x)$ 的关系为

$$x = \sqrt{\frac{2\varepsilon_s \psi(x)}{qN_a}} \tag{6-10-3}$$

对式(6-10-3)微分可得

$$dx = \sqrt{\frac{\varepsilon_s}{2qN_a \psi(x)}}\, d\psi(x) \tag{6-10-4}$$

将式(6-10-4)代入式(6-10-2)中，并考虑到反型层中的电子主要集中在 $x=0$ 附近的表面处，则有

$$N(0) = \int_0^{x_d} n_0 e^{\psi(x)/V_T} dx \approx \sqrt{\frac{\varepsilon_s}{2qN_a \psi_s}} \int_{\psi_s}^{0} n_0 e^{\psi(x)/V_T} d\psi(x) \approx V_T \sqrt{\frac{\varepsilon_s}{2qN_a \psi_s}} n_0 e^{\psi_s/V_T} \tag{6-10-5}$$

式中，ψ_s 为源端的表面势。在漏端，半导体的表面势减小为 $\psi_s - V_D$，所以漏端的感生电子的面密度可表示为

$$N(L) \approx N(0) e^{-V_D/V_T} \tag{6-10-6}$$

将式(6-10-5)和式(6-10-6)代入式(6-10-1)，可得亚阈值电流为

$$I_D = \frac{qZD_n V_T}{L} \sqrt{\frac{\varepsilon_s}{2qN_a \psi_s}} n_0 e^{\psi_s/V_T} (1 - e^{-V_D/V_T}) = \frac{Z\mu_n V_T^2}{L} \sqrt{\frac{q\varepsilon_s N_a}{2\psi_s}} \left(\frac{n_i}{N_a}\right)^2 e^{\psi_s/V_T} (1 - e^{-V_D/V_T}) \tag{6-10-7}$$

这里应用了爱因斯坦关系式。当 $V_D > 3V_T$ 时，式(6-10-7)可以简化为

$$I_D \approx \frac{Z\mu_n V_T^2}{L} \sqrt{\frac{q\varepsilon_s N_a}{2\psi_s}} \left(\frac{n_i}{N_a}\right)^2 e^{\psi_s/V_T} \tag{6-10-8}$$

此时，漏极电流不依赖于漏极电压，而随着表面势 ψ_s 的增加 e 指数增大。表面势 ψ_s 受栅极电压 V_G 的调控。栅极电压 V_G 的一部分用来补偿平带电压的影响，一部分降落在氧化层上，剩余部分降落在半导体表面空间电荷区上。因此，V_G 与 ψ_s 的关系可以写为

$$V_{\mathrm{G}} - V_{\mathrm{FB}} = \psi_{\mathrm{S}} + V_{\mathrm{o}} = \psi_{\mathrm{S}} + \frac{\sqrt{2\varepsilon_{\mathrm{s}} q N_{\mathrm{a}} \psi_{\mathrm{s}}}}{C_{\mathrm{o}}} \tag{6-10-9}$$

令

$$V_{\mathrm{i}} = \frac{\varepsilon_{\mathrm{s}} q N_{\mathrm{a}}}{C_{\mathrm{o}}{}^{2}} \tag{6-10-10}$$

容易证明

$$\psi_{\mathrm{S}} = (V_{\mathrm{G}} - V_{\mathrm{FB}}) + V_{\mathrm{i}} - \sqrt{V_{\mathrm{i}}^{2} + 2V_{\mathrm{i}}(V_{\mathrm{G}} - V_{\mathrm{FB}})} \tag{6-10-11}$$

详细证明过程见 7.2 节，此处不再赘述。对于任意的V_{G}，由式(6-10-11)计算出ψ_{s}，即可由式(6-10-7)或式(6-10-8)计算出亚阈值电流。

为了描述 MOSFET 在亚阈值区的开关特性，常常引入**亚阈值摆幅**(subthreshold swing)的概念。亚阈值摆幅是指在亚阈值区漏极电流变化一个数量级所需要的栅极电压的改变量，记为 S，也称为 **S 因子**，常用单位为 mV/dec。S 因子越小意味着 MOSFET 开启和关断的转换速度越快。

由式(6-10-9)可得

$$\frac{\mathrm{d}V_{\mathrm{G}}}{\mathrm{d}\psi_{\mathrm{S}}} = 1 + \frac{1}{C_{\mathrm{o}}}\sqrt{\frac{\varepsilon_{\mathrm{s}} q N_{\mathrm{a}}}{2\psi_{\mathrm{s}}}} = \frac{C_{\mathrm{o}} + C_{\mathrm{s}}}{C_{\mathrm{o}}} \tag{6-10-12}$$

式中，$C_{\mathrm{s}}=\varepsilon_{\mathrm{s}} / x_{\mathrm{d}} = \sqrt{\varepsilon_{\mathrm{s}} q N_{\mathrm{a}} / (2\psi_{\mathrm{s}})}$为半导体的耗尽层电容。于是，按照定义，亚阈值摆幅可表示为

$$S \equiv \frac{\mathrm{d}V_{\mathrm{G}}}{\mathrm{d}\left(\log I_{\mathrm{D}}\right)} = (\ln 10)\frac{\mathrm{d}V_{\mathrm{G}}}{\mathrm{d}(\ln I_{\mathrm{D}})} = (\ln 10)\frac{\mathrm{d}V_{\mathrm{G}}}{\mathrm{d}(\psi_{\mathrm{s}} / V_{\mathrm{T}})} = (\ln 10)V_{\mathrm{T}}\left(\frac{C_{\mathrm{o}} + C_{\mathrm{s}}}{C_{\mathrm{o}}}\right) \tag{6-10-13}$$

这里假定式(6-10-8)中根号下的ψ_{s}为常数。作为ψ_{s}的函数，与$\sqrt{\psi_{\mathrm{s}}}$相比，$\mathrm{e}^{\psi_{\mathrm{s}}/V_{\mathrm{T}}}$随$\psi_{\mathrm{s}}$的变化更加快速，因此这种假定是合理的。

由式(6-10-13)可知，当$C_{\mathrm{o}} \gg C_{\mathrm{s}}$时，例如，氧化层厚度非常薄且衬底掺杂浓度较低的情况，亚阈值摆幅有极小值。在室温下，亚阈值摆幅的极小值为

$$S_{\min} = (\ln 10)V_{\mathrm{T}} \approx 60\mathrm{mV/dec} \tag{6-10-14}$$

由式(6-10-14)可知，亚阈值摆幅的极小值由热电势决定，一般情况下，亚阈值摆幅总要大于 60mV/dec，称为**玻尔兹曼限制**(Boltzmann tyranny)。要减小亚阈值摆幅，一方面需要减小半导体的耗尽层电容，这可以通过减小衬底掺杂浓度或施加衬底偏压来实现；另一方面需要增大氧化层电容，这可以通过采用高介电常数的绝缘层或减小绝缘层厚度等方法来实现。由于半导体表面的耗尽层电容C_{s}是ψ_{s}的函数，因此，亚阈值摆幅也要受到栅极电压的调控。多数情况下C_{o}比C_{s}大得多，所以，栅极电压对亚阈值摆幅的调控作用不是很显著。图 6-26 所示为亚阈值电流随栅极电压的变化曲线，利用该曲线可以估算出不同栅极电压下的亚阈值摆幅。图 6-26 所示的 MOSFET 的阈值电压为 0.34V，栅极电压$V_{\mathrm{G}} = 0\mathrm{V}$附近的亚阈值摆幅约为 73.5mV/dec。从图中还可以看到，对应不同的栅极电压，亚阈值电流随栅极电压的变化曲线的斜率略有不同，亦即亚阈值摆幅略有不同。随着栅极电压的增大，斜率略有增大，亚阈值摆幅略有减小。在栅极电压$V_{\mathrm{G}} = 0.2\mathrm{V}$附近的亚阈值摆幅约为 71.3mV/dec。

如果 MOSFET 器件中，半导体与氧化层的界面存在界面陷阱，界面陷阱电荷会随着栅极电压的变化而变化，从而引入界面陷阱电容C_{it}，C_{it}与C_{s}可以看做是并联关系，其作用相当

于增大了半导体表面电容值，所以也会引起亚阈值摆幅的增大。考虑界面陷阱电容 C_{it} 的影响，亚阈值摆幅的公式(6-10-13)应该修正为

$$S=(\ln 10)V_{T}\left(\frac{C_{o}+C_{s}+C_{it}}{C_{o}}\right) \tag{6-10-15}$$

所以，为了减小亚阈值摆幅，需要尽量减小界面陷阱密度。

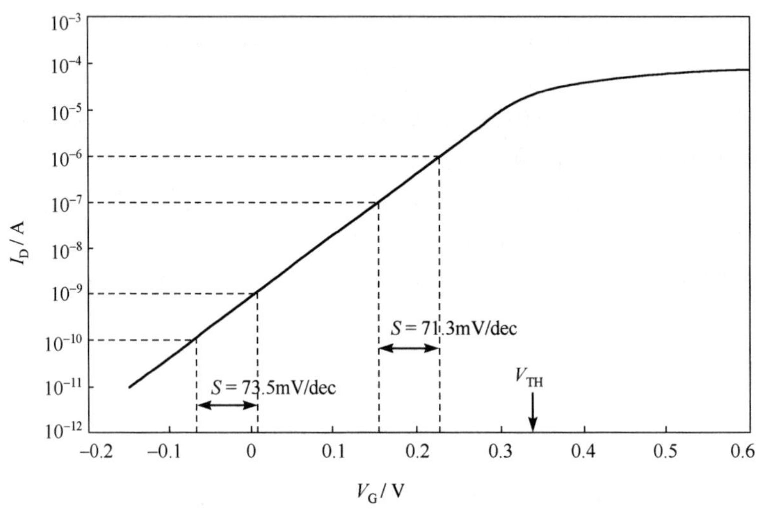

6.10 节小结

图 6-26 MOSFET 的亚阈值特性

6.11 MOSFET 的非理想效应

教学要求

1. 掌握基本概念：沟道长度调制效应、漏致势垒降低效应、漂移速度饱和效应、弹道输运。
2. 说明沟道内感生载流子的迁移率比体内载流子迁移率小的原因。
3. 推导式(6-11-10)和式(6-11-12)。

6.11.1 沟道长度调制效应

与 JFET 类似，MOSFET 也存在沟道长度调制效应。受到沟道长度调制效应的影响，当 $V_D > V_{DS}$ 后，沟道夹断点从漏端向源端移动，如图 6-16(d)所示，沟道电导增大，因而漏极电流 I_D 会随着漏极电压 V_D 的增大而缓慢增大，呈现不饱和特性。

为了计算 $V_D > V_{DS}$ 后的漏极电流，需要估算沟道长度的减小量 ΔL。与 JFET 不同之处是，N 沟道 MOSFET 的漏端是 N^+P 结，空间电荷区主要向低掺杂的沟道区扩展，向漏端的扩展可以忽略。利用单边突变结空间电荷区宽度公式，当 $V_D = V_{DS}$，沟道刚刚在漏端夹断时，$y = L$ 处的空间电荷区的宽度可表示为

$$x_p=\sqrt{\frac{2\varepsilon_s(\psi_0+V_{DS})}{qN_a}} \tag{6-11-1}$$

式中，ψ_0 为漏端 N^+P 结的内建电势差。当 $V_D > V_{DS}$ 时，$y = L$ 处的空间电荷区的宽度可表示为

$$x_p' = \sqrt{\frac{2\varepsilon_s(\psi_0 + V_{DS} + \Delta V_D)}{qN_a}} \tag{6-11-2}$$

式中，$\Delta V_D = V_D - V_{DS}$ 为沟道夹断后漏极电压的增量。空间电荷区的扩展量即为沟道长度的减小量，即

$$\Delta L = x_p' - x_p = \sqrt{\frac{2\varepsilon_s}{qN_a}}\left(\sqrt{\psi_0 + V_{DS} + \Delta V_D} - \sqrt{\psi_0 + V_{DS}}\right) \tag{6-11-3}$$

这里，假定衬底接地。如果衬底施加了偏压 V_{SB}，则需要在式(6-11-3)中括号内的两个根式下加上 V_{SB}。

因为沟道夹断后，夹断点 P 处的电位 $V(P) = V_{DS}$ 保持不变，所以漏极电流与沟道长度成反比。于是，受沟道长度调制效应的影响，沟道夹断后实际的漏极电流可表示为

$$I_{DS}' = \frac{L}{L'}I_{DS} = \left(\frac{L}{L - \Delta L}\right)I_{DS} \tag{6-11-4}$$

式中，L' 为夹断后的沟道长度。由式(6-11-4)可知，只要 $\Delta L > 0$，则 $I_{DS}' > I_{DS}$。图 6-27(a)即为受到沟道长度调制效应影响的输出特性曲线。显然，在沟道夹断之后，漏极电流并不饱和，而是随着漏极电压的增大而缓慢增大。

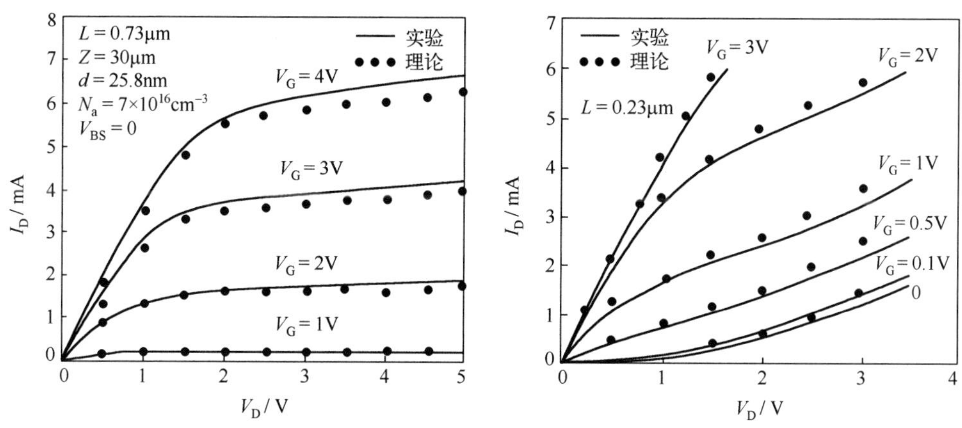

图 6-27　受到沟道长度调制效应和漏致势垒降低效应影响的 MOSFET 的输出特性(Fichtner W，1980)

6.11.2　漏致势垒降低效应

对于短沟道的 N 沟道 MOSFET，从源端到漏端相当于 N^+PN^+ 结构，由于 P 型衬底掺杂浓度较低，且沟道长度很短，因此，在沟道夹断后，随着漏极电压的增大，源端和漏端的两个 N^+P 结的空间电荷区很容易连通，漏极电流显著增大，发生类似于 BJT 穿通击穿的现象。造成这一现象的根本原因是漏极电压引起源端的 N^+P 结势垒高度的降低(参见 3.7.3 节)，从而使得从源端向沟道内注入的载流子数目显著增多，产生很大的漏极电流。因此，这一现象常被称为**漏致势垒降低效应**(drain-induced barrier lowering，DIBL)。

由式(6-11-4)可知，沟道长度调制效应对于短沟道器件应该更加显著一些。然而，在短沟道器件中，漏致势垒降低效应常常掩盖了沟道长度调制效应，是造成沟道夹断后漏极电流

不饱和的主要原因。漏致势垒降低效应发生后，沟道电流的主要机制是空间电荷限制电流，漏极电流可表示为

$$I_{\mathrm{D}} \approx \frac{9A\varepsilon_{\mathrm{s}}\mu_{\mathrm{n}}V_{\mathrm{D}}^{2}}{8L^{3}} \tag{6-11-5}$$

这里只给出结论，不做详细证明。

图 6-27(b)是 MOSFET 受到漏致势垒降低效应影响的输出特性曲线，可以看到当沟道长度缩短到一定程度时漏致势垒降低效应对输出特性曲线的影响更加显著，严重偏离理想情形。

6.11.3 迁移率的影响

在推导萨支唐方程时，曾经假设沟道内载流子的迁移率是常数。然而，实际并非如此。影响沟道内载流子迁移率大小的因素主要包括：①沟道内的载流子是由栅极电压感生的，被垂直于沟道电流方向的纵向电场 $\mathscr{E}_x$ 紧密束缚在半导体表面很薄的反型层中，反型层中载流子之间的库仑散射作用很强，如图 6-28 中的插图所示，使得沟道内载流子的迁移率远小于体内载流子的迁移率；②如果半导体与氧化层的界面附近存在固定的氧化物陷阱电荷，则这些正电荷会进一步束缚感生电子，阻碍电子沿 y 方向输运，使得电子迁移率进一步减小；③对于短沟道器件，不需要很大的漏极电压沟道内就会产生很强的横向电场 $\mathscr{E}_y$，在强电场下，迁移率会随着电场的增大而减小，从而会导致载流子的漂移速度达到饱和。

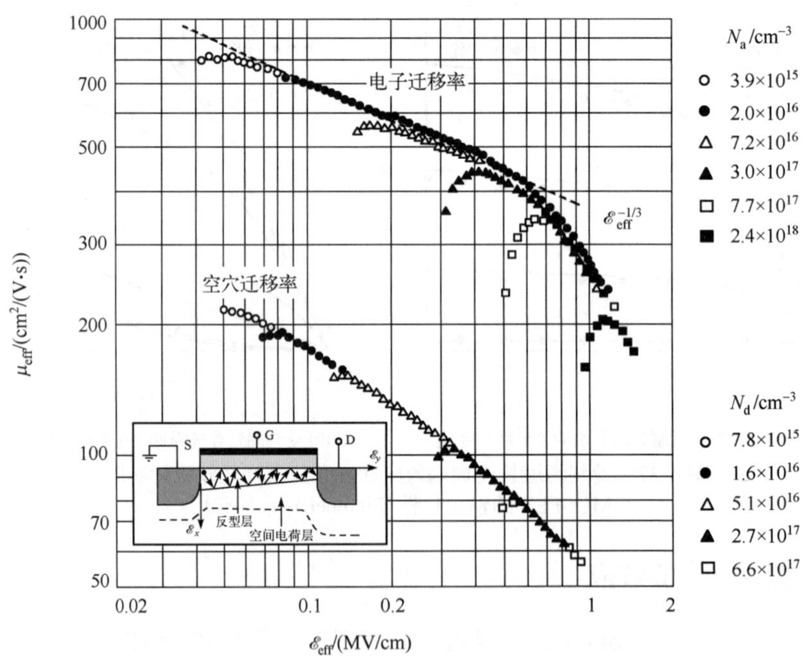

图 6-28 Si(100)表面反型层中载流子的等效迁移率与纵向等效电场的关系(Takagi et al，1994)

第③点影响因素主要针对短沟道器件，将在 6.11.4 节讨论。对于长沟道器件，沟道内载流子迁移率的大小并不直接依赖于掺杂浓度或氧化层厚度等参数，主要由纵向电场 $\mathscr{E}_x$ 决定，或者说，载流子的迁移率与栅极电压密切相关，不再是常数。

一般影响载流子横向迁移率的纵向电场 $\mathscr{E}_x$ 可以用等效电场来表示为

$$\mathscr{E}_{\text{eff}}=\frac{Q_{\text{Bm}}+Q_{\text{I}}/2}{\varepsilon_{\text{s}}} \tag{6-11-6}$$

式中，$Q_{\text{Bm}}=\sqrt{4\varepsilon_{\text{s}}qN_{\text{a}}\phi_{\text{f}}}$ 为半导体表面出现强反型时空间电荷区单位面积的电离受主电荷。

沟道内感生载流子的迁移率可以通过测量不同栅极电压下的漏极导纳来确定，详见例 6-2。通过实验测量可以得到感生载流子迁移率与等效纵向电场的关系，由此总结出载流子的等效迁移率的经验公式为

$$\mu_{\text{eff}}=\mu_0(\mathscr{E}_{\text{eff}}/\mathscr{E}_0)^{-1/3} \tag{6-11-7}$$

式中，μ_0 和 $\mathscr{E}_0$ 是拟合参数，由实验结果确定。

图 6-28 为实验测量得到的室温下对应不同掺杂浓度 Si(100)表面反型层中载流子的迁移率随等效纵向电场的变化关系。由图可知，当衬底掺杂浓度低于 10^{17}cm^{-3} 时，实验数据与式(6-11-26)符合得很好，载流子的等效迁移率随 $\mathscr{E}_{\text{eff}}$ 的增大显著降低。

6.11.4　漂移速度饱和效应

当反型层中的横向电场较小($\mathscr{E}_y\sim10^3$V/cm 数量级以下)时，载流子的迁移率基本上与 $\mathscr{E}_y$ 无关，沿 y 方向的漂移速度正比于横向电场 $\mathscr{E}_y$。随着 $\mathscr{E}_y$ 的增强，载流子的迁移率将下降，载流子的漂移速度增加变缓，直至达到饱和。图 6-29 是在不同等效纵向电场 $\mathscr{E}_{\text{eff}}$ 条件下，测量得到 Si(100)表面 N 型沟道中电子的漂移速度随横向电场 $\mathscr{E}_y$ 的变化关系。可以看到，无论等效的纵向电场 $\mathscr{E}_{\text{eff}}$ 大小如何，当 $\mathscr{E}_y>10^4$V/cm 时，载流子的漂移速度都开始趋向饱和，当 $\mathscr{E}_y=10^5$V/cm 时，载流子的漂移速度都达到饱和值 $v_{\text{s}}\approx9\times10^6$ cm/s。

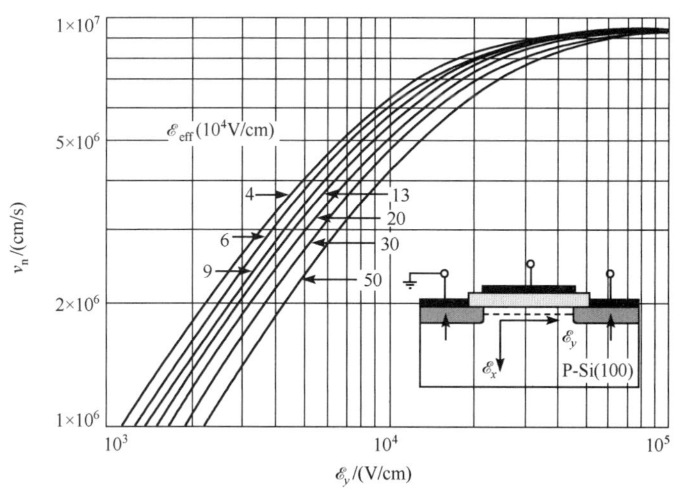

图 6-29　P 型 Si(100)表面反型层中电子的漂移速度与横向电场的关系(Cooper et al，1983)

由于短沟道器件中沟道长度很短，漏极电压尚未达到使沟道夹断的条件时，在沟道内的强电场作用下，载流子漂移速度已经达到饱和，此时，漏极电流不再随漏极电压的增大而增大，MOSFET 提前进入饱和区，这种现象被称为**漂移速度饱和效应**。漂移速度饱和效应是典型的 MOSFET **短沟道效应**之一。前面介绍的漏致势垒降低效应也属于短沟道效应。

漂移速度饱和时，萨支唐方程不再成立，需要重新推导饱和漏极电流。在 6.4.1 节中，定义了单位面积的沟道电子电荷为 $Q_{\text{I}}=q\int_0^{x_{\text{I}}}n_{\text{I}}(x)\text{d}x$，因此，沟道内单位面积的感生电子数为

Q_I/q，于是，可以计算出沟道内的平均电子浓度为

$$\bar{n}_I = \frac{ZLQ_I}{qZLx_I} = \frac{Q_I}{qx_I} \tag{6-11-8}$$

式中，x_I 为反型层的厚度(假设导电沟道的厚度是均匀的)。由于载流子的平均漂移速度达到饱和，于是，漂移电流密度为

$$\boldsymbol{j}_D = -q\bar{n}_I\boldsymbol{v}_s = -\frac{Q_I}{x_I}\boldsymbol{v}_s \tag{6-11-9}$$

式中，$\boldsymbol{v}_s$ 表示饱和漂移速度，负号表示漏极电流密度的方向与载流子漂移速度方向相反。只考虑电流大小的情况下，可以把负号去掉。此时，饱和漏极电流为

$$I_{DS} = Aj_D = Zx_I\frac{Q_I}{x_I}v_s = ZQ_Iv_s = ZC_o(V_G - V_{TH})v_s \tag{6-11-10}$$

可见，漂移速度饱和效应引起的漏极电流与漏极电压无关。式(6-11-10)决定的饱和漏极电流要比式(6-6-13)描述的沟道夹断时对应的饱和漏极电流小一些。如图 6-30 所示，虚线为假设迁移率为常数的输出特性拟合曲线，实线为实验测量得到的输出特性曲线，该器件由于受到了漂移速度饱和效应的影响，器件提前进入饱和区，相同栅极电压条件下，饱和漏极电流要比理想条件下小得多。

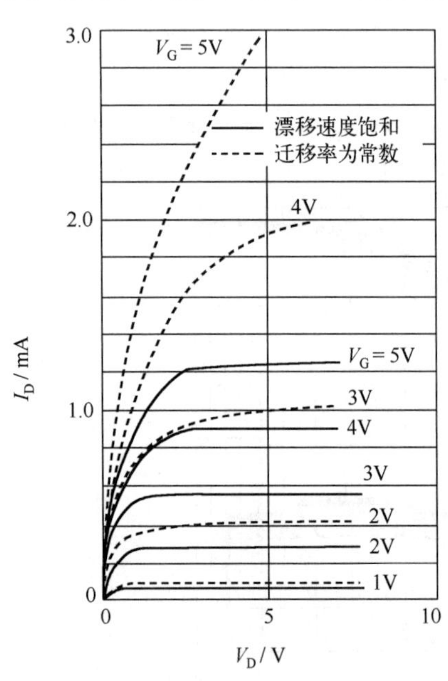

图 6-30 漂移速度饱和效应对 MOSFET 输出特性的影响(Yamaguchi K，1979)

注：虚线代表迁移率为常数的理想情形；实线代表测量得到的受漂移速度饱和效应影响的情形

受到漂移速度饱和效应的影响，MOSFET 的饱和区跨导成为一个常数，不再受栅极电压控制，即

$$g_{ms} = \frac{\partial I_{DS}}{\partial V_G} = ZC_o v_s \tag{6-11-11}$$

相应地，根据式(6-7-10)，饱和区的截止频率为

$$\omega_{CO} = \frac{g_{ms}}{C_G} = \frac{ZC_o v_s}{ZLC_o} = \frac{v_s}{L} = \frac{1}{\tau_L} \tag{6-11-12}$$

式中，$\tau_L = L/v_s$ 表示载流子以饱和漂移速度从源端到漏端渡越整个沟道的时间，其倒数即为最高工作截止角频率。假设沟道长度为 $L = 0.9\mu\text{m}$，饱和漂移速度为 $v_s = 9\times10^6\,\text{cm/s}$，则载流子渡越沟道的时间仅为 10ps，对应的最高截止频率 $f_{CO} = \omega_{CO}/2\pi$ 约为 15.9GHz。如果沟道长度减小为 $L = 0.3\mu\text{m}$，则最高截止频率增大到 47.7GHz。可见，减小沟道长度是提高截止频率的有效手段。

【例6-6】 已知一个 Si 基 N 沟道 MOSFET，器件参数为 $L = 1\mu\text{m}$，$Z = 300\mu\text{m}$，$C_o = 1.5\times10^{-8}\,\text{F/cm}^2$，$V_{TH} = 1\text{V}$，$\mu_n = 750\,\text{cm}^2/(\text{V}\cdot\text{s})$，求：(1) 长沟道情况下，$V_G = 5\text{V}$ 时的 I_{DS}；(2) 速度饱和时(取饱和速度为 $v_s = 9\times10^6\,\text{cm/s}$)的 I_{DS}；(3) 两种情况下的饱和跨导。

解 (1) 长沟道情况的饱和漏极电流为

$$I_{DS} = \frac{Z\mu_n C_o}{2L}(V_G - V_{TH})^2 = \frac{300\times750\times1.5\times10^{-8}}{2\times1}\times(5-1)^2 = 27(\text{mA})$$

(2) 在速度饱和时的漏极电流为

$$I_{DS} = ZC_o v_s (V_G - V_{TH}) = 300 \times 10^{-4} \times 1.5 \times 10^{-8} \times 9 \times 10^6 \times (5-1) = 16.2(\text{mA})$$

(3) 长沟道情况的饱和跨导为

$$g_{ms} = \frac{Z\mu_n C_o}{L}(V_G - V_{TH}) = \frac{300 \times 750 \times 1.5 \times 10^{-8}}{1} \times (5-1) = 13.5(\text{m}\Omega^{-1})$$

在速度饱和时的饱和跨导为

$$g_m = ZC_o v_s = 300 \times 10^{-4} \times 1.5 \times 10^{-8} \times 9 \times 10^6 = 4.05(\text{m}\Omega^{-1})$$

从上述例子可知，当漂移速度出现饱和时，漏极电流和饱和跨导都显著地减小了。

6.11.5　弹道输运

载流子在半导体中的输运过程，除了漂移和扩散等定向运动之外，还要做无规则的热运动，在定向运动过程中不断与晶格原子、载流子和杂质原子等进行碰撞(散射)，从而改变运动方向。这些散射过程减缓了载流子定向运动的趋势。正是由于载流子在半导体中受到各种散射机构的限制，载流子的漂移速度才会出现饱和现象。在讨论载流子的散射机构时，实际上已经假定载流子的输运距离 L 远大于载流子在半导体中的平均自由程 l(载流子在发生相邻两次碰撞之间平均运动的距离)，也就是说，每个载流子在定向输运距离 L 过程中，平均至少发生两次以上的碰撞，对于长沟道器件，就属于这种情形，如图 6-31 (a) 所示。如果 MOSFET 的沟道长度 L 与载流子的平均自由程 l 接近时，则载流子在从源极输运到漏极过程，有部分载流子并没有发生任何碰撞，如图 6-31 (b) 所示。如果 MOSFET 的沟道长度 L 小于载流子的平均自由程 l，则大部分载流子将不经散射直接由源极到达漏极，这种输运现象称为**弹道输运**(ballistc transport)，如图 6-31 (c) 所示。

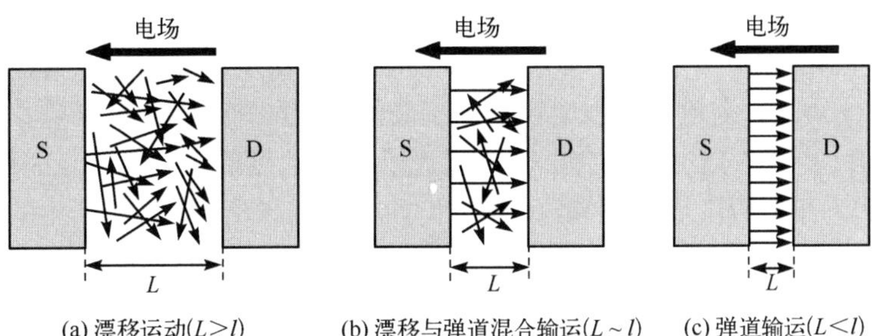

(a) 漂移运动($L>l$)　(b) 漂移与弹道混合输运($L \sim l$)　(c) 弹道输运($L<l$)

图 6-31　载流子的漂移和弹道输运示意图

对于沟道长度为亚微米和纳米量级的短沟道器件，弹道输运现象更加显著。由于在弹道输运过程中，载流子没有散射，因此，弹道输运速度大于载流子的平均漂移速度或饱和漂移速度，这对高速、高频器件的设计与应用是十分有利的。

6.11 节小结

6.12　短沟道效应及器件尺寸按比例缩小

从 1959 年集成电路时代开始以来，器件的最小尺寸在不断减小。减小器件尺寸的目的，是为了满足在单个半导体芯片上制造含有成千上万个晶体管的高度复杂的集成电路的要求。目前最短的沟道长度已达到纳米量级。本节将讨论短沟道效应以及如何缩小器件尺寸以减小这种效应。

6.12.1 短沟道效应

前几节指出，为使器件在更高的频率下工作，要求器件有短的沟道长度。但是，随着沟道长度 L 的缩短，源结和漏结的耗尽层宽度可以和沟道长度相比拟，这时，器件将表现出许多不同于长沟道器件的电学行为，出现一系列二级物理效应，例如 6.11 节介绍的漏致势垒降低效应和漂移速度饱和效应等，这些效应统称为**短沟道效应**。

若采用一维突变结近似，源区和漏区的耗尽层宽度 W_S 和 W_D 如图 6-32 所示，可分别表示为

$$W_S = \sqrt{\frac{2\varepsilon_s(\psi_0 + V_{SB})}{qN_a}} \tag{6-12-1}$$

$$W_D = \sqrt{\frac{2\varepsilon_s(\psi_0 + V_{SB} + V_D)}{qN_a}} \tag{6-12-2}$$

式中，V_{SB} 为衬底偏置电压，ψ_0 为漏区和源区 N^+P 结的内建电势差。

当 $W_S + W_D = L$ 时，源极和漏极两个耗尽层连在一起，将出现沟道穿通，导致 6.11.2 节介绍的漏致势垒降低效应，亚阈值特性退化，栅极失去了对电流的控制作用，器件甚至无法关断。所以耗尽层穿通是对短沟道 MOSFET 工作的主要限制。为了防止出现沟道穿通，需要提高沟道的掺杂浓度，而掺杂浓度的提高又会引起阈值电压的增大。为了维持合适的阈值电压，可以通过减小氧化层厚度的方法来实现。可见，MOSFET 的结构和物理参数是相互关联的，要实现对器件性能的优化就需要采用某种合理的优化规则。

然而，即使采用最好的优化规则，也无法避免短沟道器件的性能和行为与长沟道器件相比出现较大的偏差，造成短沟道效应。短沟道效应主要源于沟道变短后沟道内的强电场和二维的电势分布。沟道内的电势分布一方面依赖于横向电场 $\mathscr{E}_y$，横向电场的大小由漏极电压控制；另一方面依赖于纵向电场 $\mathscr{E}_x$，纵向电场的大小受栅极电压和衬底偏压的控制。当沟道长度变短后，缓变沟道近似（$\mathscr{E}_x \gg \mathscr{E}_y$）不再成立，从而引起很多不利的电学特性。

例如，沟道变短后，沟道内的强电场会引起载流子迁移率下降，最终漂移速度达到饱和，详见 6.11.3 和 6.11.4 节。强电场还会引起**热载流子效应**，包括热载流子与晶格碰撞，产生新的电子-空穴对儿，在漏极附近发生载流子倍增，产生的电子流入漏极，产生的空穴进入衬底，从而产生衬底电流。强电场还可以引起高能电子进入氧化层，这些电子起着氧化层中固定电荷的作用，从而使阈值电压发生改变。

短沟道效应很繁杂，物理效应丰富，这里简单地概括短沟道器件表现出的与长沟道器件的性能偏差：(1) 阈值电压不再是常数，与沟道长度 L 有关；(2) 无论在亚阈值区还是在栅极电压大于阈值电压的情况下，漏极电流 I_D 都不再饱和；(3) 漏极电流 I_D 不再与 $1/L$ 成比例；(4) 随着工作时间的延长，器件的性能将显著退化。

这些短沟道效应使器件工作变得复杂化并降低了器件的性能，因此应当消除这些效应的影响，至少要把它们降到最低，使物理上短沟道器件尽可能保持长沟道的电学特性。

6.12.2 保持电场恒定的按比例缩小规则

减小短沟道效应而能尽量保持原来长沟道特性的一个非常好的方法，是简单地将器件所有尺寸和电压同时乘以一个小于 1 的比例因子 k，使内部电场和长沟道 MOSFET 的相同，如图 6-32 所示。

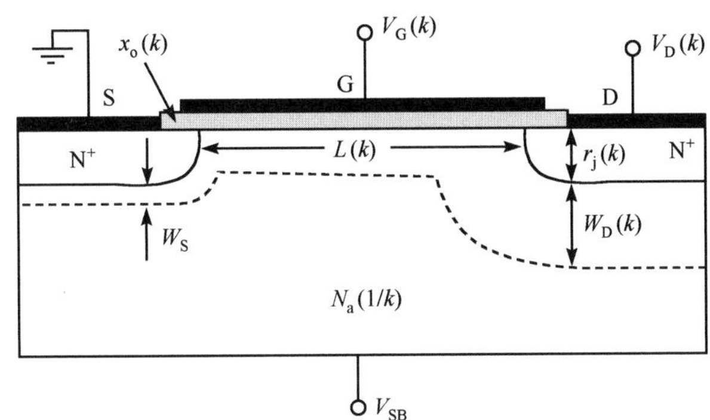

图 6-32　在保持恒定电场条件下 MOSFET 各物理参数的缩放比例示意图(Sze et al，2007)

器件尺寸缩小后，沟道的长度和宽度均乘以比例因子 k，即

$$L' = kL,\ Z' = kZ \tag{6-12-3}$$

为了使横向电场 $\mathscr{E}_y$ 恒定，漏极电压变为

$$V_D' = kV_D \tag{6-12-4}$$

为了使栅压和漏极电压匹配，栅极电压变为

$$V_G' = kV_G \tag{6-12-5}$$

为了使纵向电场 $\mathscr{E}_x$ 恒定，氧化层的厚度变为

$$x_o' = kx_o \tag{6-12-6}$$

为了使源端和漏端的 PN 结空间电荷区宽度与沟道长度匹配，沟道掺杂浓度应为

$$N_a' = N_a / k \tag{6-12-7}$$

在此基础上，器件的一些物理量也将按比例进行变换。其中，漏端空间电荷区的宽度变为

$$W_D' = \sqrt{\frac{2\varepsilon_s(\psi_0 + V_D')}{qN_a'}} = \sqrt{\frac{2\varepsilon_s(\psi_0 + kV_D)k}{qN_a}} \approx kW_D \tag{6-12-8}$$

单位面积的氧化层电容为

$$C_o' = \frac{\varepsilon_o}{x_o'} = \frac{\varepsilon_o}{kx_o} = C_o / k \tag{6-12-9}$$

栅极总电容为

$$C_G' = Z'L'C_o' = k^2 ZLC_o' = kC_G \tag{6-12-10}$$

单位沟道宽度的漏极饱和电流为

$$\frac{I_{DS}'}{Z'} = \frac{\mu_n C_o'}{2L'}(V_G' - V_{TH})^2 = \frac{\mu_n C_o}{2Lk^2}(kV_G - kV_{TH})^2 = \frac{I_{DS}}{Z} \tag{6-12-11}$$

如果存在漂移速度饱和效应，则单位沟道宽度的漏极饱和电流为

$$\frac{I_{DS}'}{Z'} = C_o'(V_G' - V_{TH})v_s = \frac{C_o}{k}(kV_G - kV_{TH})v_s = \frac{I_{DS}}{Z} \tag{6-12-12}$$

器件的截止频率为

$$f_{CO}' = \frac{\mu_n(V_G' - V_{TH})}{2\pi(L')^2} = \frac{\mu_n(kV_G - kV_{TH})}{2\pi(kL)^2} = \frac{f_{CO}}{k} \tag{6-12-13}$$

如果出现漂移速度饱和效应，则器件的截止频率为

$$f'_{\rm CO} = \frac{v_{\rm s}}{2\pi L'} = \frac{v_{\rm s}}{2\pi kL} = \frac{f_{\rm CO}}{k} \tag{6-12-14}$$

开关功率 $P_{\rm ac}$ 为

$$P'_{\rm ac} = C'_0 Z'L'f'_{\rm CO}(V'_{\rm D})^2 = \frac{C_0}{k}k^2 ZL\frac{f_{\rm CO}}{k}(kV_{\rm D})^2 = k^2 P_{\rm ac} \tag{6-12-15}$$

直流功率 $P_{\rm dc}$ 为

$$P'_{\rm dc} = I'_{\rm D}V'_{\rm D} = k^2 I_{\rm D}V_{\rm D} = k^2 P_{\rm dc} \tag{6-12-16}$$

开关能量为

$$E' = \frac{1}{2}C'_{\rm G}(V'_{\rm D})^2 = \frac{1}{2}k^3 C_{\rm G}V_{\rm D}^2 = k^3 E \tag{6-12-17}$$

如果比例因子 $k = 0.7$，则单个器件的面积为 $A' = Z'L' \approx 0.5A$。即器件面积将缩小一半，芯片的集成度将增加 1 倍，而保持芯片的功率密度基本不变。保持电场恒定条件下器件各种参数的缩放比例概括总结在表 6-2 中。

表 6-2 恒定电场下器件按比例缩小的总结(Taur et al，1998)

参数类型	器件和电路参数	比例因子 $k(k<1)$
比例参数	器件尺寸(L、$x_{\rm o}$、Z、$W_{\rm D}$)	k
	掺杂浓度($N_{\rm a}$、$N_{\rm d}$)	$1/k$
	电压($V_{\rm G}$、$V_{\rm D}$)	k
器件性能参数	电场($\mathscr{E}_x$、$\mathscr{E}_y$)	1
	载流子速度	1
	耗尽层宽度	k
	单位面积氧化层电容	$1/k$
	栅极总电容	k
	漂移电流	k
	漂移电流密度	$1/k$
电路性能参数	器件密度	$1/k^2$
	功率密度	1
	器件功耗($P=VI$)	k^2
	RC 时间延迟 τ	k
	功率延时积 $P\tau$	k^3
	最高截止频率	$1/k$

随着器件尺寸按比例缩小，并不是所有变化都是有利的。例如，电流密度按比例因子倍增。金属导体由于电迁移作用，电流密度有一个上限。电迁移是金属原子在电场力作用下从一个位置移动到另一个位置的现象。这一效应限制了最大电流密度，对于铝导体，它的值约为$10^5\,{\rm A/cm^2}$。

图 6-33 表示传统大尺寸器件(右边插图)和按比例缩小尺寸后的器件(左边插图)，以及它们相应的转移特性。注意：在这个例子中阈值电压也按比例缩小了同样的倍数。

然而，一般情况下阈值电压并不是按照同样的比例 k 减小。这可以利用阈值电压的公式 $V_{\rm TH} = V_{\rm FB} - Q_{\rm B}/C_{\rm o} + 2\phi_{\rm f}$ 来分析。掺杂浓度的变换为 $N_{\rm a} \to N_{\rm a}/k$，所以费米势变换为 $\phi_{\rm f} \to (-\ln k) + \phi_{\rm f}$；空间电荷的面密度变换为 $Q_{\rm B} = \sqrt{2\varepsilon_{\rm s}qN_{\rm a}(2\phi_{\rm f})} \to \sqrt{(-\ln k)/k} \cdot Q_{\rm B}$；氧化层电

容的变换为 $C_o \to C_o / k$。可见，阈值电压并不是严格按照等比例进行减小的。

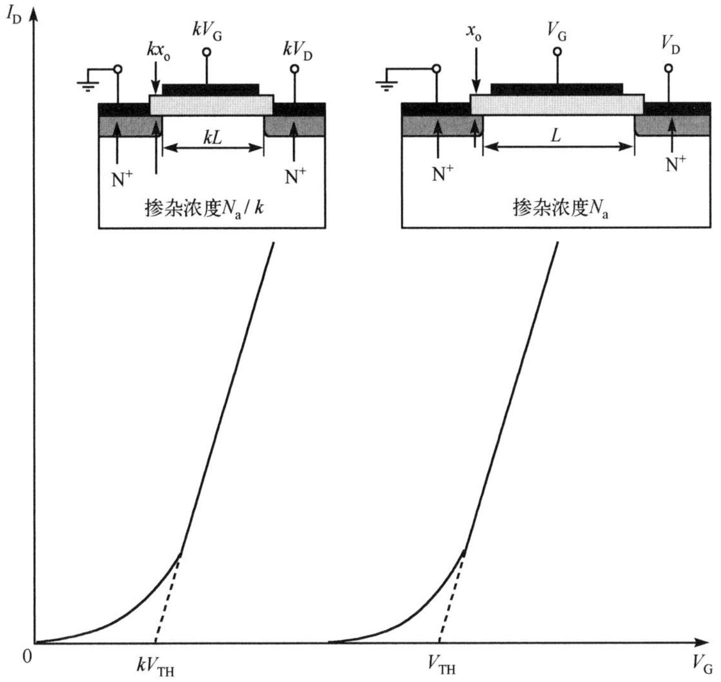

图 6-33　保持电场恒定下 MOSFET 按比例缩小后的转移特性比较(Dennard et al，1974)

6.12.3　最小沟道长度限定的缩小规则

另一种缩小器件尺寸的方法如图 6-34 所示，此图是以最小尺寸 L_{min} 对参数 γ 做出的限定。这里，L_{min} 是能保持长沟道特性的最小沟道长度，$\gamma = r_j x_o (W_S + W_D)^2$，$r_j$ 为漏端和源端 PN 结的结深(以 μm 为单位)，x_o 是氧化层厚度(以 Å 为单位)，$(W_S + W_D)$ 是源极与漏极耗尽层宽度之和(以 μm 为单位)。图 6-34 所示的结果是根据广泛实验研究和计算机二维模拟得到的，它可表示成如下的经验公式

$$L_{min} \approx 0.4[r_j x_0 (W_S + W_D)^2]^{1/3} = 0.4\gamma^{1/3} \tag{6-12-18}$$

例如，为了设计一个具有长沟道性能而沟道长度为 0.5μm 的 MOSFET，参数 γ 应当是 2。一旦确定了 γ，就可以选择 r_j、x_o、W_S 和 W_D，而使参数 γ 不大于 2。

用最小沟道长度表达式(6-12-18)来缩小器件尺寸是更方便的方法，因为它允许器件的各参数独立调整，只要保持 γ 不变即可。所以不必将所有的器件参数都按同样的因子 k 缩小。这种灵活性允许选择新的几何参数，使器件容易制造或者使器件的某些性能得到优化，而不必严格按比例缩小所有的几何尺寸。基于式(6-12-18)，表 6-3 列举了一组亚微米 MOSFET 器件的参数。可以看到，随着沟道长度的缩短，所有器件参数和偏置电压必须减小，以保持长沟道特性。

图 6-35 表示一个亚微米沟道 MOSFET 器件的特性。沟道长度为 0.22μm，其他器件参数选择如下：Z=3μm，$x_o = 8\text{nm}$，r_j=0.09μm，N_a 约为 10^{18}cm^{-3}，$V_{TH} = 0.5\text{V}$。为使得 $L_{min} = 0.22\mu\text{m}$ 的 MOSFET 得到长沟道性能，从图 6-34 得到相应的参数 γ 为 0.2。选择上述器件参数和最大

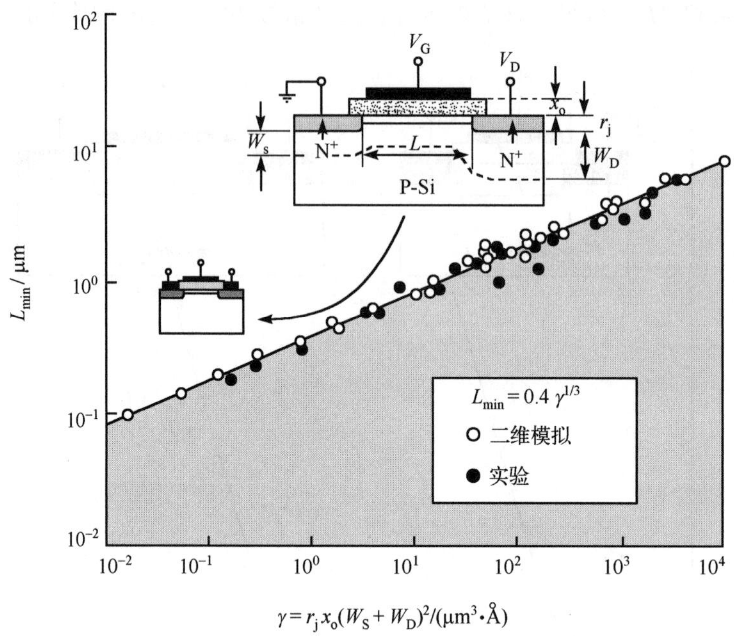

图 6-34　最小沟道长度 L_{min} 和 γ 的关系 (Brews et al，1980)

的漏极电压为 2V 就能保证参数 γ 不大于 0.2。由图 6-35 可见，这个器件的确显示了相当好的长沟道性能。

表 6-3　亚微米 MOSFET 器件的参数

沟道长度/μm	结深/μm	V_D/V	V_{TH}/V	栅氧化层厚度/nm
0.75	0.30	5.0	1.0	40
0.5	0.20	4.0	0.7	25
0.25	0.10	2.5	0.5	16
0.1	0.05	1.0	0.2	10

缩小器件尺寸的确可以带来器件性能的改善，但也会带来一些不利因素。例如，为了节约更换仪器设备的成本，器件的沟道长度缩短了，但是器件的工作电压有时并没有改变。因此，MOSFET 尺寸的减小会导致沟道内电场的增强，带来一系列器件可靠性问题。例如：器件面积的减小会引起功率密度增大，器件温度会升高；氧化层厚度减小后，沟道内部纵向电场增大，氧化层容易击穿；随着氧化层厚度减小，载流子隧穿几率也会增大，导致泄漏电流增大；随着横向电场的增强，热载流子效应发生的概率增加。总之，如何在减小器件尺寸的同时，依然能够保证器件工作的可靠性，一直是 MOSFET 领域的重要研究课题，为此，人们探索出很多新型的器件结构，由于篇幅限制，本书不再详细讨论。

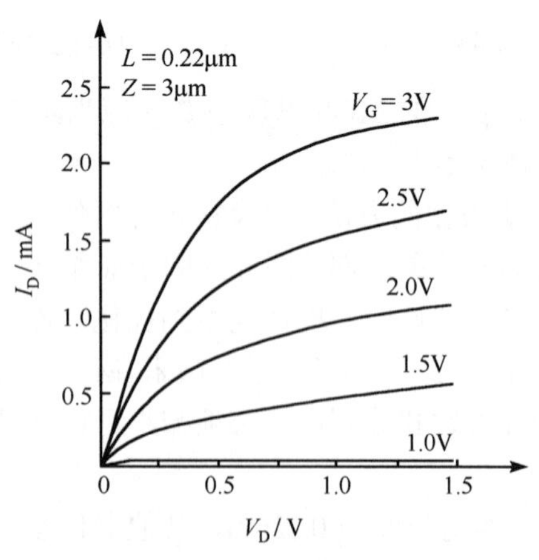
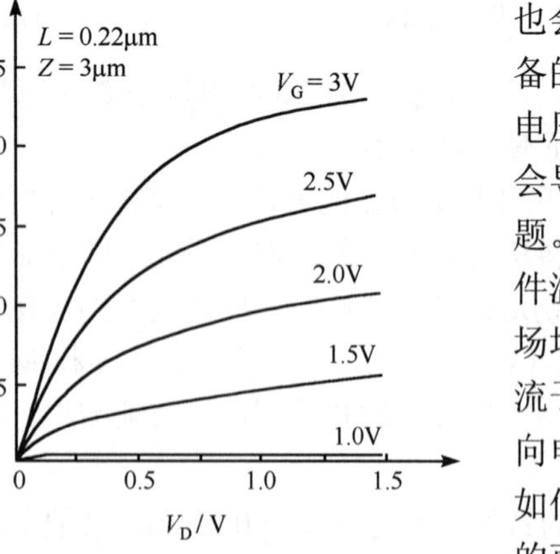

图 6-35　沟道长度为 0.22μm 的 MOSFET 的实测 I-V 特性

6.12 节小结

习题

6-1 忽略表面态和功函数差的影响，绘出在偏压条件下 N 型衬底 MOS 结构中对应于载子积累、耗尽和强反型三种情况下的能带图和电荷分布示意图。

6-2 推导出体电荷、表面电势和表面电场的表达式，说明在强反型时它们如何依赖于衬底的掺杂浓度 N_a。在 $N_a = 10^{14} \sim 10^{18}\text{cm}^{-3}$ 范围内画出体电荷、表面电势及电场与 N_a 的关系(数值解)。

6-3 在受主浓度为 10^{16}cm^{-3} 的 P 型硅衬底上，理想的 MOS 电容具有 0.1μm 厚度的氧化层，$\varepsilon_{ro} = 4$。计算下列条件下的电容值：(1) $V_G = +2\text{V}$ 和 $f = 1\text{Hz}$；(2) $V_G = +20\text{V}$ 和 $f = 1\text{Hz}$；(3) $V_G = +20\text{V}$ 和 $f = 1\text{MHz}$。

6-4 采用叠加法证明当氧化层中电荷分布为 $\rho(x)$ 时，相应的平带电压变化可表示为

$$\Delta V_{FB} = -\frac{1}{C_o}\int_0^{x_o}\frac{x\rho(x)}{x_o}\text{d}x$$

6-5 一个 MOS 器件的 $x_o = 100\text{nm}$，$q\phi_m = 4.0\text{eV}$，$q\phi_s = 4.5\text{eV}$，二氧化硅相对介电常数 $\varepsilon_{ro} = 4$，并且有 10^{11}cm^{-2} 的均匀正氧化层电荷，计算出它的平带电压。

6-6 在 MOS 结构的氧化层中存在着 $1.5\times10^{12}\text{cm}^{-2}$ 的正电荷，氧化层的厚度为 150nm。计算这种电荷在下列几种情况下引起的平带电压。

(1) 正电荷在氧化层中均匀分布；

(2) 全部电荷都位于硅-二氧化硅的界面上；

(3) 电荷成三角分布，峰值在 $x = 0$ 处，在 $x = x_o$ 处为零。

6-7 在 $N_a = 10^{15}\text{cm}^{-3}$ 的 P 型 Si(111) 衬底上制成一个铝栅 MOS 晶体管。栅极氧化层厚度为 120nm，表面电荷密度为 $3\times10^{11}\text{cm}^{-2}$。计算阈值电压。

6-8 一个 MOS 结构由 $N_d = 5\times10^{15}\text{cm}^{-3}$ 的 N 型衬底，100nm 的氧化层和铝接触构成，测得阈值电压为 -2.5V，计算表面电荷密度。

6-9 一个 P 沟道铝栅极 MOS 晶体管具有下列参数：$x_o = 100\text{nm}$，$N_d = 2\times10^{15}\text{cm}^{-3}$，$Q_{it} = 10^{11}\text{cm}^{-2}$，$L = 10\mu\text{m}$，$Z = 50\mu\text{m}$，$\mu_p = 230\text{cm}^2/(\text{V}\cdot\text{s})$，分别计算 $V_G = -4\text{V}$ 和 $V_G = -8\text{V}$ 时的饱和漏极电流 I_{DS}，并绘出输出特性曲线。

6-10 一个 N 沟道 MOS 晶体管具有下列参数：$\varepsilon_{ro} = 4$，$x_o = 100\text{nm}$，$Z/L = 10$，$\mu_n = 1000\text{cm}^2/(\text{V}\cdot\text{s})$，$V_{TH} = 0.5\text{V}$，计算在 $V_G = 4\text{V}$ 时的饱和漏极电流。

6-11 在习题 6-9 的 MOS 晶体管中，令 $V_G - V_{TH} = 1\text{V}$。

(1) 计算氧化层电容和截止频率；

(2) 若 $Z = 10\mu\text{m}$ 及 $L = 50\mu\text{m}$，计算氧化层电容和截止频率。

6-12 (1) 若 N 沟道增强型 MOSFET 的源和衬底接地，栅和漏极短路，推导出描述源-漏两极 *I-V* 特性的公式(假设 V_{TH} 为常数)；

(2) 用习题 6-10 的数据画出 *I-V* 曲线；

(3) 计算 $V_G - V_{TH} = 1\text{V}$ 时的 R_{on}；

(4) 若 $L/Z = 1.0$，重复(3)。

6-13 一个 P 沟道 MOSFET 制作在 $N_d = 10^{15}\text{cm}^{-3}$ 的 N 型衬底上，栅极氧化层厚度 $x_o = 100\text{nm}$，$\phi_{ms} = -0.60\text{V}$，$Q_{it} = 5\times10^{11}\text{cm}^{-2}$。

(1) 计算阈值电压；

(2) 若想通过离子注入硼杂质降低该器件的阈值电压，要获得 $V_{TH} = -0.5\text{V}$，需要注入的硼离子的浓度

为多少？

6-14 考虑一个 Si 基长 N 沟道 MOSFET，其中，$L=3\mu m$，$Z=21\mu m$，$N_a=5\times10^{15}cm^{-3}$，$C_o=1.5\times10^{-7}F/cm^2$，$\mu_n=800cm^2/(V\cdot s)$，$V_{TH}=1.5V$。

(1) 求 $V_G=4V$ 时的 I_{DS}；

(2) 若用常数比例因子将沟道缩小到 $L=1\mu m$，求按比例缩小后的下列参数：Z、C_o、I_{DS} 和 f_{CO}（假设阈值电压按照等比例减小）。

参 考 文 献

爱德华 • S • 杨, 1981. 半导体器件物理基础. 卢纪译. 北京: 人民教育出版社.

刘文明, 1982. 半导体物理学. 长春: 吉林人民出版社.

犬石家雄, 滨川圭弘, 白藤纯嗣, 1986. 半导体物理(下册). 周绍康, 等译. 北京: 科学出版社.

施敏, 1992. 半导体器件: 物理和工艺. 王阳元, 嵇光大, 卢文豪译. 北京: 科学出版社.

AKERS L A, SANCHEZ J J, 1982. Threshold voltage models of short, narrow, and small geometry MOSFETs: a review. Solid-state electronics, 25: 621-641.

BALIGA B J, 1996. Power semiconductor devices. Boston: PWS Publishing Co.

BREWS J R, 1979. Threshold shifts due to nonuniform doping profiles in surface channel MOSFETs. IEEE transactions on electron devices, 26(11): 1696-1710.

BREWS J R, FICHTNER W, NICOLLIAN E H, et al, 1980. Generalized guide for MOSFET miniaturization. IEEE electron device letters, 1(1): 2-4.

COOPER J A, NELSON D F, 1983. High-field drift velocity of electrons at the Si-SiO_2 interface as determined by a time-of-flight technique. Journal of applied physics, 54: 1445-1456.

DENNARD R H, GAENSSLEN F H, YU H N, et al, 1974. Design of ion-implanted MOSFET's with very small physical dimensions. IEEE journal of solid-state circuits, 9(5): 256-268.

DIMITRIJEV S, 2000. Understanding semiconductor devices. New York: Oxford University Press.

GROVE A S, DEAL B E, SNOW E H, et al, 1965. Investigation of thermally oxidised silicon surfaces using metal-oxide-semiconductor structures. Solid-state electronics, 8(2): 145-163.

KANO K, 1998. Semiconductor devices. Upper Saddle River: Prentice Hall.

MULLER R S, KAMINS T I, 1986. Device electronics for integrated circuits. 2nd ed. New York: John Wiley & Sons.

NG K K, 1995. Complete guide to semiconductor devices. New York: McGraw-Hill.

NICOLLIAN E H, BREWS J R, 1982. MOS physics and technology. New York: John Wiley & Sons.

NING T H, COOK P W, DENNARD R H, et al, 1979. 1μm MOSFET VLSI technology: part Ⅳ—hot-electron design constraints. IEEE transactions on electron devices, 26(4): 346-353.

OGURA S, TSANG P J, WALKER W W, et al, 1980. Design and characteristics of the lightly doped drain-source(LDD) insulated gate field-effect transistor. IEEE transactions on electron devices, 15(8): 1359-1367.

ONG D G, 1984. Modern MOS technology: processes, devices, and design. New York: McGraw-Hill.

PIERRET R F, 1996. Semiconductor device fundamentals. Reading, MA: Addison-Wesley.

ROULSTON D J, 1999. An introduction to the physics of semiconductor devices. New York: Oxford University Press.

SCHRODER D J, 1987. Advanced MOS devices. Modular Series on Solid State Devices. Reading, MA: Addison-Wesley.

SHUR M, 1990. Physics of semiconductor devices. Englewood Cliffs: Prentice Hall.

SHUR M, 1996. Introduction to electronic devices. New York: John Wiley & Sons.

SINGH J, 1994. Semiconductor devices: an introduction. New York: McGraw-Hill.

SINGH J, 2001. Semiconductor devices: basic principles. New York: John Wiley & Sons.

STREETMAN B G, BANERJEE S, 2000. Solid state electronic devices. 5th ed. Upper Saddle River: Prentice Hall.

SZE S M, 1981. Physics of semiconductor devices. 2nd ed. New York: John Wiley & Sons.

SZE S M, NG K K, 2007. Physics of semiconductor devices. 3rd ed. New York: John Wiley & Sons, Inc. .

TAKAGI S, TORIUMI A, IWASE M, et al. , 1994. On the universality of inversion layer mobility in Si MOSFET's: part I-effects of substrate impurity concentration. IEEE transactions on electron devices, 41(12): 2357-2362.

TAUR Y, NING T H, 1998. Fundamentals of modern VLSI devices. New York: Cambridge University Press.

TSIVIDIS Y, 1999. Operation and modeling of the MOS transistor. 2nd ed. Burr Ridge: McGraw-Hill.

WERNER W M, 1974. The work function difference of the MOS system with aluminium field plates and polycrystalline silicon field plates. Solid-state electronics, 17: 769-775.

YAMAGUCHI K, 1979. Field-dependent mobility model for two-dimensional numerical analysis of MOSFET's. IEEE transactions on electron devices, 26(7): 1068-1074.

YAMAGUCHI T, MORIMOTO S, KAWAMOTO G H, et al, 1984. Process and device performance of 1μm-channel n-well CMOS technology. IEEE transactions on electron devices, 31(2): 205-214.

YANG E S, 1988. Microelectronic devices. New York: McGraw-Hill.

第 7 章

电荷转移器件

为简化 IC 的设计，人们在 1970 年发明了一类新功能结构，这类结构称为**电荷转移器件**(charge transfer device，CTD)。按工作原理划分，CTD 器件可分为两类：**电荷耦合器件**(charge coupled device，CCD)和**斗链器件**(bucket brigade device，BBD)。

电荷转移器件的核心是 MOS 电容的有序阵列加上输入与输出部分。当在栅电极加上时钟脉冲电压时，在半导体表面就形成了能存储少数载流子的势阱；用光或电注入的方法把代表信号的少数载流子注入势阱中；通过时钟脉冲的有规律变化，使势阱的深度发生相应的变化，从而使注入势阱中的少数载流子在半导体表面内做定向运动，再通过对少数载流子的收集得到信号的输出。

7.1 电荷转移

教学要求

1. 概念：CTD、CCD、BBD。
2. 了解 CCD 电荷转移的过程。

电荷转移的概念可以用增益为 1、输入阻抗为无穷大的一系列放大器连成的链来说明，如图 7-1(a)所示。当接通开关 S_1 时，输入信号以电荷束或称为电荷包(charge packet)的形式存储于电容器 C_1 中。断开 S_1，然后接通 S_2，存储在 C_1 中的电荷将转移到电容器 C_2 中。按照同样的程序进行下去，电荷将抵达输出端。这种系统可以作为**数字移位寄存器**或**模拟延迟线**。

如果用 MOS 晶体管来代替每一个放大器和开关，便得到图 7-1(b)所示的电路。在相应的栅电极上加电压脉冲，能使晶体管依次接通和关断，电荷从而被存储和转移，如图 7-1(b)所示。在实际系统中，栅 1 和栅 3 被连接在一起加脉冲，栅 2 和栅 4 也是按这种方式连接的。由于需要 ϕ_1 和 ϕ_2 两个分开的时钟脉冲，因此称它是一个**二相系统**。图 7-1(b)所示的电路称为**斗链器件**。在斗链器件中，电荷转移是通过采用分立或集成的元件在电路级基础上构成的。

在器件级基础上的电荷转移结构是通过电荷耦合器件(CCD)来实现的。在 CCD 中，少数载流子存储于建立在半导体表面的势阱中。这些载流子通过依次填充和排空一系列势阱沿着表面输运。在最简单形式中，CCD 是一串紧密排布的 MOS 电容器，如图 7-2 所示的情形。在图 7-2(a)中，若电极 2 偏置在 10V，比它附近两个电极的偏置电压(5V)高，这样就建立了用虚线描绘的势阱，电荷能够存储在这个电极下边。现在让电极 3 偏置在 15V，于是在电极 3 下边就建立起一个更深的势阱，如图 7-2(b)所示。存储电荷寻求更低的电势，于是当势阱移动时它们便沿着表面移动。注意：在这种结构中需要 3 个电极，以便于电荷存储并且使电荷转移只沿着一个方向。这三个电极看成器件的一个级或单元，**因而称为三相 CCD**。

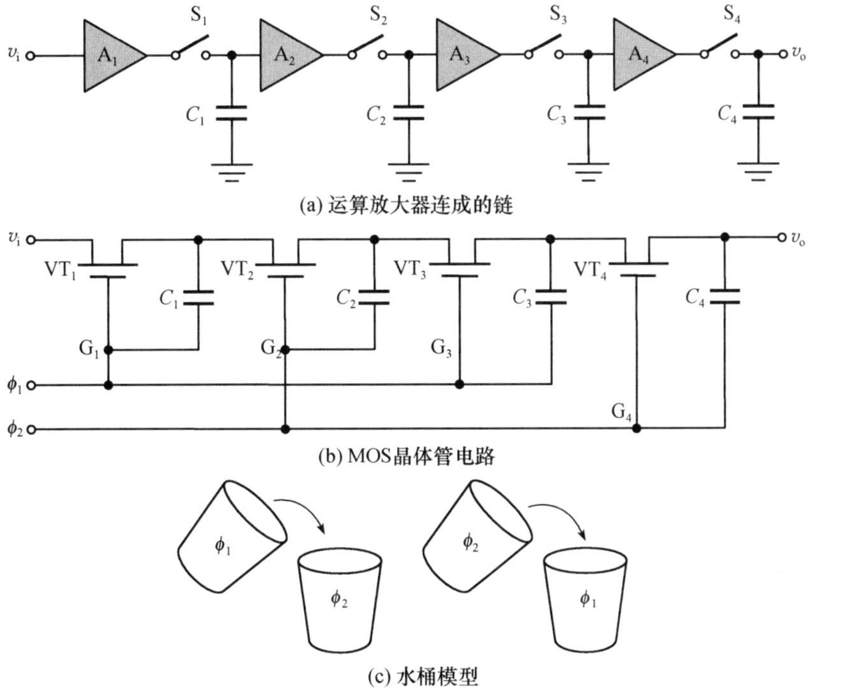

图 7-1　电荷转移系统

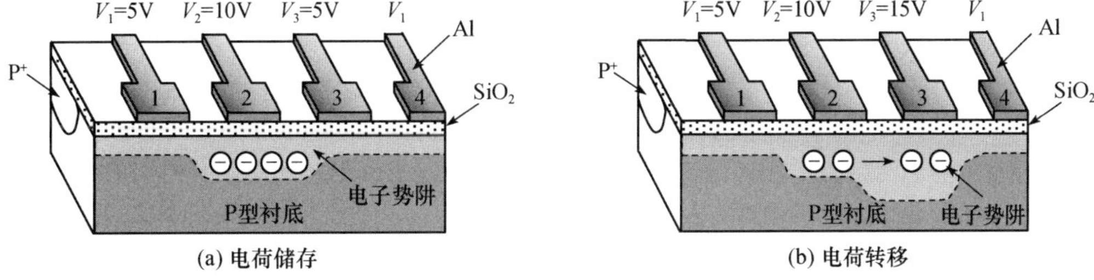

图 7-2　三相 CCD 的基本动作

注：P^+扩散用来限制沟道

图 7-1(c)用装满和倒空的水桶对电荷转移过程进行了形象的比喻。

7.2　深耗尽状态和表面势阱

教学要求

1. 了解深耗尽状态及其物理过程。
2. 导出式(7-2-7)、式(7-2-8)和式(7-2-9)。

CCD 是在 MOS 晶体管的基础上发展起来的，它的基本结构也是 MOS 电容。但它与 MOS 晶体管的工作原理不同。MOS 晶体管是利用栅极下的半导体表面形成的反型层进行工作的，而 CCD 是利用在栅极下使半导体表面形成深耗尽状态进行工作的。

以 P 型硅的 MOS 结构为例。在第 6 章中指出，当栅极加有正电压 V_G，且 V_G 大于阈值

电压 V_{TH}，在达到热平衡时，栅极下的半导体表面形成反型层。这时再增大 V_G，表面势 ψ_s 基本保持不变($\psi_s=2\phi_f$)。耗尽层厚度达到 x_{dm} 也不再改变。加大 V_G 的结果只是使表面反型层中的电子数目增多。反型层中的电子是靠耗尽层中产生的电子-空穴对来提供的，因此，反型层的建立需要一个弛豫时间，称为**热弛豫时间**。在 2.6 节中指出，复合率如果小于零，意味着有正的产生率，由式(2-6-9)可知，耗尽层中电子一空穴对的产生率近似为

$$G=-U=n_i/2\tau_0$$

如果 P 型硅衬底中受主浓度为 N_a，那么当反型层中电子浓度等于受主浓度 N_a 时，达到强反型，因此可近似认为上述过程的弛豫时间为

$$\tau=\frac{N_a}{G}=\frac{2\tau_0N_a}{n_i} \tag{7-2-1}$$

通常这个弛豫时间可达数秒以上(爱德华，1981)。由此可见，表面反型层的建立需要经过一段弛豫时间，而不是当 $V_G>V_{TH}$ 时即形成的。达到表面反型层需要有一个过渡过程。在此过渡过程中，半导体处于非热平衡状态——**深耗尽状态**。

在深耗尽状态中，栅极的正电压排斥 P 型衬底中的空穴，使半导体表面形成由电离受主构成的负的空间电荷区。空间电荷区为耗尽区。由于不是处于热平衡状态，耗尽层不受热平衡时的最大厚度 x_{dm} 的限制，而直接由栅压 V_G 的大小来决定。这时表面势 ψ_s 也不受形成反型层时 $\psi_s=2\phi_f$ 的限制，也直接由 V_G 的大小来决定。从下面的分析可以看到，之所以称为深耗尽状态，是因为在这种状态下，耗尽层厚度 x_d 将大于 x_{dm}，表面势 ψ_s 也将远大于 $2\phi_f$。现在考虑在深耗尽状态下的表面势 ψ_s 和耗尽层厚度 x_d。

对于理想 MOS 结构，由

$$Q_S=-qN_ax_d \tag{6-2-15}$$

$$\psi_s=\frac{qN_ax_d^2}{2\varepsilon_s} \tag{6-2-16}$$

以及

$$V_G=\frac{-Q_S}{C_o}+\psi_s \tag{6-3-25}$$

有

$$V_G=\psi_s+\left(\frac{2\varepsilon_sqN_a}{C_o^2}\psi_s\right)^{1/2} \tag{7-2-2}$$

为简便起见，引入

$$V_i=\frac{\varepsilon_sqN_a}{C_o^2} \tag{7-2-3}$$

由于 V_i 可以写为 $V_i=(\varepsilon_s/\varepsilon_o)x_oqN_a/C_o$，因此可以把 V_i 解释为耗尽层厚度为 $(\varepsilon_s/\varepsilon_o)x_o$ 时，在氧化层上产生的电压值。则式(7-2-2)变为

$$V_G=\psi_s+(2V_i)^{1/2}\psi_s^{1/2} \tag{7-2-4}$$

式(7-2-4)是以 $\psi_s^{1/2}$ 为未知数的一元二次方程，解得

$$\psi_s^{1/2}=\frac{1}{2}[-(2V_i)^{1/2}+(2V_i+4V_G)^{1/2}]$$

两边乘方，得

$$\psi_s=V_i+V_G-\sqrt{V_i^2+2V_iV_G} \tag{7-2-5}$$

和
$$\psi_s^{1/2} = \frac{\sqrt{2V_i}}{2}\left(\sqrt{1+\frac{2V_G}{V_i}}-1\right) \tag{7-2-6}$$

代入式(6-1-17)得到

$$x_d = \frac{\varepsilon_s}{C_o}\left(\sqrt{1+\frac{2V_G}{V_i}}-1\right) \tag{7-2-7}$$

计入功函数和氧化层电荷的影响，将 V_G 换成 $V_G - V_{FB}$（V_{FB} 为平带电压），代入式(7-2-5)，就可以得到实际 MOS 的表面势 ψ_s 与 V_G 的关系为

$$\psi_s = V_G - V_{FB} + V_i - \sqrt{V_i^2 + 2V_i(V_G - V_{FB})} \tag{7-2-8}$$

对于 P 型衬底,受主浓度 N_a=5×10^{14}cm^{-3}，氧化层厚度 x_o=150nm，氧化层中正电荷的密度 Q_o=10^{12}cm^{-2}，金属电极为 Al 的 MOS 结构，在 V_G=16V 时，计算得 V_i=0.16V，$\psi_s\approx$15V。显然 $\psi_s>2\phi_f$。表面形成的这种深耗尽状态，意味着表面处电子的静电势能$-q\psi_s$特别低，所以也称为表面势阱。ψ_s 的值标志着势阱的深度。

上述例子还给出 $V_i \ll V_G$，在这种情况下，式(7-2-8)可以简化为

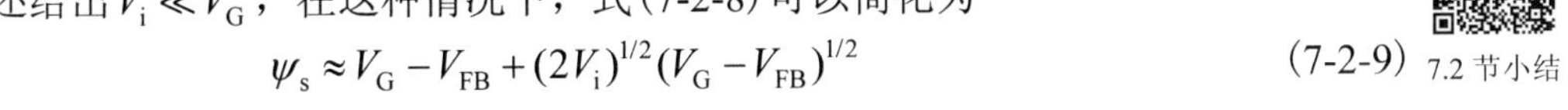

$$\psi_s \approx V_G - V_{FB} + (2V_i)^{1/2}(V_G - V_{FB})^{1/2} \tag{7-2-9}$$

7.2 节小结

7.3　MOS 电容的瞬态特性

教学要求

1. 正确画出深耗尽情况下的能带图 7-3(b)。
2. 了解从深耗尽状态到平衡态的物理过程。
3. 导出式(7-3-4)和式(7-3-7)。

在电荷耦合器件紧密排布的 MOS 电容器上施加电压脉冲就产生势阱。少数载流子的存储和输运就是在这些势阱之间进行的。图 7-3 所示为 P 型衬底上的 MOS 电容器的结构和能带图。

给图 7-3(a)所示的 MOS 电容器加上正的栅极偏压，在栅极的下边形成耗尽层。在形成反型层之前，半导体表面处于深耗尽状态，存在一层深耗尽层如图 7-3(b)的能带图中所示的情形。在耗尽区中将产生电子-空穴对。随着时间的推移，电子聚集在 Si-SiO$_2$ 界面，它们影响着电场分布和能带图。由于各区的栅极偏压，耗尽层中产生的空穴被赶进衬底，减少了耗尽层厚度。与此同时，电子被吸引到表面形成了反型层。当有充分数量的电子被收集在表面下边时，达到一种饱和条件：离开表面的电子扩散电流正好被流向表面的电子漂移电流所平衡。这种条件由图 7-3(c)中的能带图可以说明。若聚集的电子低于饱和值，则净电流将朝着表面流动。若超过饱和值，则将有净电流流入未耗尽的体内，在那里少数载流子复合。达到饱和条件所需要的时间即为热弛豫时间。因为实用势阱不是处于饱和条件下，所以 CCD 器件基本上是一种**动态器件**。电荷可以存储在其中，存储的时间要比热弛豫时间短得多。

在加有**信号电荷** Q_{sig} 之后，总表面的电荷为

$$Q_S = -qN_a x_d - Q_{sig} \tag{7-3-1}$$

$$V_G - V_{FB} = -\frac{Q_S}{C_o} + \psi_s \tag{7-3-2}$$

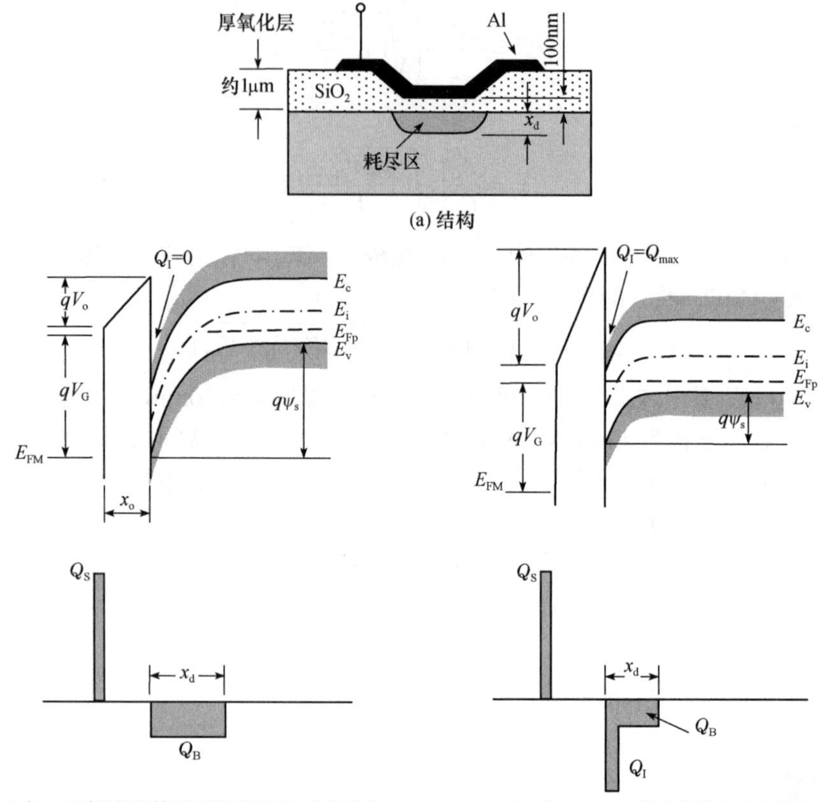

图 7-3 P 型衬底上 MOS 电容器的结构和能带图

将式(6-2-17)、式(7-3-1)代入式(7-3-2)得到

$$V_{\mathrm{G}}-V_{\mathrm{FB}}-\frac{Q_{\mathrm{sig}}}{C_{\mathrm{o}}}=\psi_{\mathrm{s}}+\frac{1}{C_{\mathrm{o}}}(2q\varepsilon_{\mathrm{s}}N_{\mathrm{a}}\psi_{\mathrm{s}})^{1/2} \tag{7-3-3}$$

求解式(7-3-3)，得表面势为

$$\psi_{\mathrm{s}}=V-V_{\mathrm{i}}\left(\sqrt{1+\frac{2V}{V_{\mathrm{i}}}}-1\right) \tag{7-3-4}$$

式中

$$V=V_{\mathrm{G}}-V_{\mathrm{FB}}-\frac{Q_{\mathrm{sig}}}{C_{\mathrm{o}}} \tag{7-3-5}$$

且$V_{\mathrm{i}}=\varepsilon_{\mathrm{s}}N_{\mathrm{a}}/C_{\mathrm{o}}^{2}$，与式(7-2-3)相同。信号在电荷在氧化层上产生电压降，它使表面势降低

$$\Delta\psi_{\mathrm{s}}=\frac{Q_{\mathrm{sig}}}{C_{\mathrm{o}}} \tag{7-3-6}$$

式(7-3-4)在 CCD 的设计中很重要，这是由于 ψ_{s} 标志着势阱的深度，同时，ψ_{s} 的梯度支配着少数载流子的运动。从式(7-3-4)、式(7-3-5)和式(7-2-2)中可以看出，表面势由衬底掺杂浓度 N_{a} 以及决定 C_{o} 的氧化层厚度 x_{o} 所控制。若令 V 为常数，则当 N_{a} 和 x_{o} 减小时，ψ_{s} 增加。在图 7-4 中，以 N_{a} 和 x_{o} 为参数，把式(7-3-4)作为 V 的函数画成曲线。因为式(7-3-5)说明 V 随 Q_{sig} 的增加而减小，所以表面势也是信号电荷量的函数。

在栅电极和衬底之间的电容 C_{GS} 是氧化层电容 C_{o} 与耗尽层电容 C_{s} 的串联组合。利用

式 (6-2-25)、式(7-2-2)、式(7-2-3)可以推导出

$$C_{GS}=\frac{C_o}{1+(2\psi_s/V_i)^{1/2}} \tag{7-3-7}$$

若测得 C_{GS}，就可由此式计算出 ψ_s，然后可以利用式(7-3-4)和式(7-3-5)计算出信号电荷量。也就是说，可以通过考虑氧化层和耗尽层电容的充电估算信号电荷量。在通常情况下，耗尽层电容要比氧化层电容小得多，因为表面处电子势能最低，所以信号电荷只存在于半导体表面处，信号电荷只在氧化层电容上产生压降。对于 100nm 的氧化层厚度以及 10μm×20μm 的电极面积，计算出氧化层电容为 0.068pF。假设栅电压(10V)的一半加在氧化层电容上，则求出每个电荷束为 0.34pC。由于一个电子有 1.6×10^{-19}C 的电荷，因此在每个电子束内约有 2×10^6 个电子，给出 10^{12}cm^{-2} 的电子浓度。

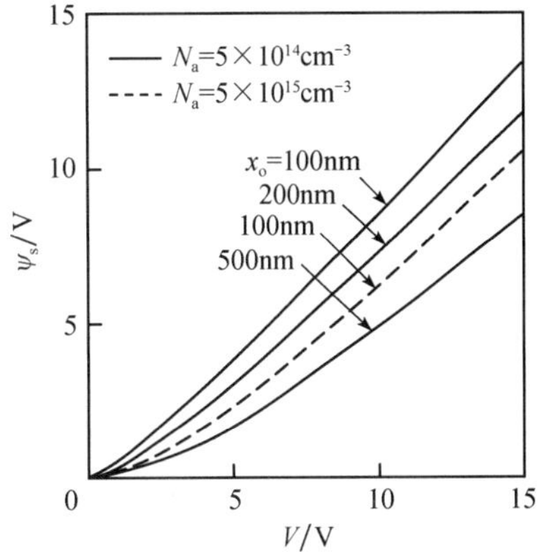

图 7-4　表面势与式(7-3-4)中电压的函数关系

对于时间间隔比热弛豫时间短的情形，MOS 电容器可用做模拟信息的存储元件。模拟信息由势阱中的电荷量代表。

7.3 节小结

7.4　信号电荷的输运传输效率

教学要求

1. 了解概念：传输效率、转移失真率、自感应电场、扩散弛豫时间、胖零工作模式。
2. 说明信号电荷传输的几种机制：自感应电场力、热扩散运动、边缘场引起的漂移输运。
3. 说明造成电荷耗损的主要因素：热扩散、边缘场漂移，以及硅和二氧化硅界面处的界面态构成信号电荷俘获和复合的陷阱。
4. 时钟频率上限的计算。

当一个电荷束沿着 CCD 移动时，每次转移总要在后边留下小部分电荷。从一个势阱转移到下一个势阱的电荷所占的比例称为**传输效率**或**转移效率** η，留下的电荷所占比例称为**转移失真率** ε，显然 $\eta+\varepsilon=1$。当信号电荷转移了 N 个电极之后，总的传输效率应为 η^N，即转移 N 次之后的信号电荷量 Q_N 与原来的信号电荷量 Q_0 之比为

$$\frac{Q_N}{Q_0}=\eta^N=(1-\varepsilon)^N \tag{7-4-1}$$

对于 ε 很小的情况

$$\frac{Q_N}{Q_0}=(1-\varepsilon)^N\approx \mathrm{e}^{-\varepsilon N} \tag{7-4-2}$$

实际 CCD 往往需要经过大于 1000 次的转移(即 $N>1000$)，为了保证经过 N 次转移以后总的传输效率仍在 90%以上，失真率必须达到 10^{-4}～10^{-5}。

由于能进行转移的时间越长，转移到下一个势阱的电荷越多，因此留下电荷的比例 ε 是时

间的函数。实验上观察到大部分电荷表现为迅速转移，但总电荷束的一小部分 b 以时间常数 τ 呈指数式地较慢地转移。因此，较慢的电荷转移限制着器件的频率特性，且转移效率遵守

$$\eta = 1 - b\mathrm{e}^{-1/\tau} \tag{7-4-3}$$

现在仔细研究信号电荷的转移机制和造成转移失真的因素。在刚开始，电荷束非常密集并被限定于局部，在势阱边缘有大的浓度梯度。这时，电子间的强排斥力——自感应电场力对电荷转移起主要作用。经过一段时间，电荷束中相当大的一部分被转移开。随着时间的延续，这种电子间的排斥力减小，电子便通过热扩散以及(或是)边缘场引起的漂移输运。尽管绝大部分(如 99%)信号电荷的转移是靠自感应电场的作用，但是决定电荷弛豫时间的却主要是扩散运动和边缘场作用。在一般情况下，这后两种机制决定着电荷损耗，尽管第一种机制也可用于改进转移效率。

对于少量的信号电荷，信号电荷的转移受热扩散运动支配。扩散运动是载流子无规则热运动的结果。一般地，由于无规则热运动，载流子经过时间 t 以后的平均位移为 $L=\sqrt{Dt}$，式中，D 为载流子的扩散系数。可以根据这个关系估算靠扩散运动在电极间转移需要的时间 τ，即**扩散弛豫时间**。如果电极长度为 L，则根据上述扩散位移与扩散时间的关系，可以认为

$$\tau = \frac{L^2}{D} \tag{7-4-4}$$

更加严格地分析指出

$$\tau = \frac{L^2}{2.5D} \tag{7-4-5}$$

也就是说，这种机制使转移电极下的电荷随时间 e 指数衰减(黄昆 等，1979)，表示为

$$Q(t) = Q_0\mathrm{e}^{-t/\tau} \tag{7-4-6}$$

式中，τ 由式(7-4-5)给出。因为信号电荷转移有一个弛豫时间，所以，如果转移电极上的时钟脉冲电压变化太快，电荷来不及完全转移而留在原势阱中，这样就会造成转移效率的降低。为了保证一定的转移效率，时钟电压有一个**上限频率**。例如，电极长度 L=10μm，D=10cm/s^2，估算出 τ=4×10^{-8}s。如果要求失真率 $\varepsilon < 10^{-4} \approx \mathrm{e}^{-10}$，则要求时钟变化的周期 T 满足

$$\mathrm{e}^{-T/\tau} \leqslant 10^{-4} \approx \mathrm{e}^{-10} \tag{7-4-7}$$

从而有 $T \geqslant 10\tau = 4\times10^{-7}\mathrm{s}$。以两相 CCD 为例，时钟上限频率 f=1/(2T)=1.3×10^{6}Hz。

在三相 P 沟道 CCD 中，对于单独通过热扩散引起的电荷转移，如果表面空穴 D=6.75cm^2/s，在频率为 f 的每个周期中移去电荷的 99.99%(失真率 ε=10^{-4})，则时钟频率 f 不能高于

$$f = \frac{5.6\times10^7}{L^2}(\mathrm{Hz}) \tag{7-4-8}$$

式中，L 以 μm 为单位。如果 L=10μm，那么上限频率只有 560kHz。

上面给出的上限频率很低。实际上，由于有边缘场的加速作用，上限频率要比这高得多，如达到 10MHz 以上。

电荷转移过程可以通过建立电极之间的边缘场(使其指向电荷沿沟道传播的方向)得到加速。边缘场就是临近电极加的栅压所形成的电场。MOS 栅极正电荷发出的电力线并不全部

局限在栅极板之下，而是有一部分超出电极极板扩展开来，形成**边缘场**。边缘场的强度随着栅极电压和氧化层厚度的增加而增加，并随着栅极长度和衬底掺杂浓度的增加而减小。边缘场对信号电荷有吸引作用，将加速电荷的转移。图 7-5 所示为对这种过程进行计算机模拟的结果，将所得的结果以衬底掺杂浓度作为变量，画出了电荷转移 99.99%时的转移时间与栅极长度的对应关系曲线，也画出了热扩散时间的曲线。在虚线以上，通过边缘场移去信号电荷花费的时间较长，所以热扩散的效果起支配作用。在虚线以下，电荷是通过边缘场转移的，因此，若衬底掺杂浓度为 10^{15}cm^{-3} 以及 L=7μm，在 10MHz 的时钟频率下将得到 99.99%的电荷转移。

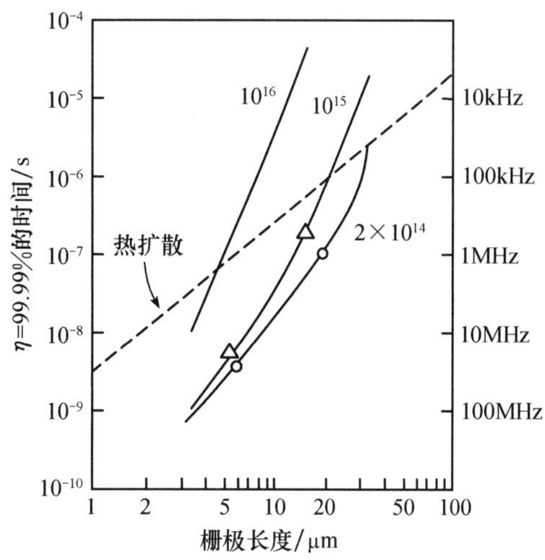

图 7-5 对于各种衬底掺杂浓度，转移效率达到 99.99%所需要的时间与栅极长度的关系 μ_p=250cm^2/(V • s)，x_o=200nm，$V_{衬底}$=7V，V_G=10V(脉冲)(Carnes et al，1971)

除了热扩散以及(或是)边缘场漂移输运引起电荷损耗之外，硅和二氧化硅界面处存在界面态也是引起电荷损耗的一个重要因素。因为信号电荷是沿着硅和二氧化硅界面运动的，所以如果硅和二氧化硅界面处存在界面态，那么电荷可能被陷进界面态中。在信号电荷移入下一个电极下面的势阱时，这些陷进界面态中的电子可能从界面态中发射出来。其中一部分能跟得上信号电荷的转移而移入下一个电极，而有些可能落在后面。落在后面的电荷就构成了损耗，造成信号的失真。减小这种影响的办法除了采取一些工艺措施尽量减少界面态以外，还可以利用所谓**丰零或胖零**(fat zero)工作模式。在这种工作模式下，不管有无信号电荷，都让半导体表面存在一定的背景电荷，例如背景电荷为信号电荷量的 10%。通过在整个沟道上传播小量本底电荷使表面态基本上被填满，从而使这种类型的损耗得到降低。在胖零工作模式下，自感应的漂移显著提高。

7.4 节小结

7.5 电极排列和 CCD 制造工艺

教学要求

了解三相 CCD 和二相 CCD 的基本结构和工作过程。

电荷转移可以通过不同的 MOS 结构和电极排列来实现。CCD 的设计途径取决于对电性能、制造难度和单元尺寸的考虑。需要回答的一个问题是，在系统当中应该具有多少相？因为建立二相、三相或是四相的系统都是实际可行的。本节将介绍二相和三相 CCD 的基本原理并讨论每种系统的优点以及具有代表性的制造工艺。

7.5.1 三相 CCD

三相 CCD 是每级(或每单元)有三个电极的密集 MOS 电容器的线性阵列，如图 7-6 所示。每隔两个电极连接到同一时钟电压上，这样就要求有三个分开的时钟发生器，它的基本原理

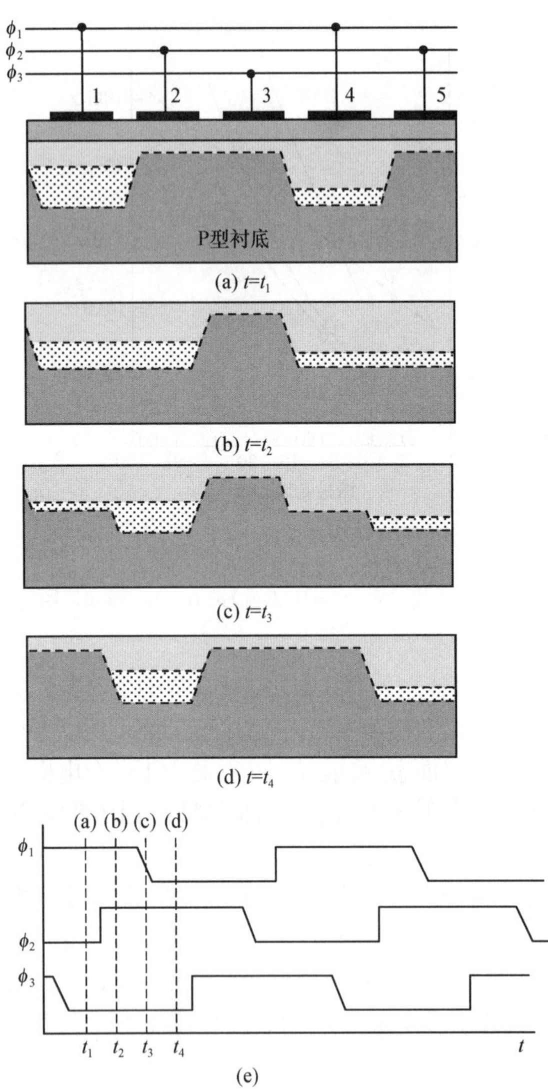

图 7-6　三相 CCD 的电荷转移过程中不同时间间隔的势阱和定时图

可以借助图 7-2 进行讨论。在实际应用中，驱动时钟脉冲具有图 7-6(e)所示的特殊波形。这些波形是为取得更好的电荷转移效率而设计的，下面进行说明。

若加于ϕ_1 的正电压比加于ϕ_2 和ϕ_3 的正电压高，表面势阱将在ϕ_1 电极下边形成。由光学或电学方法引进的电荷束在$t=t_1$时聚集在这些势阱内。这些电荷束可能有不同的量，如图 7-6(a)所示的情形。为了促使电荷向右转移，用一个正的阶跃电压加到ϕ_2上，这样在ϕ_1 和ϕ_2 下边的势阱就具有同样的深度，从而存储的电荷束便会铺开，如图 7-6(b)所示。几乎紧接在正脉冲加在ϕ_2上之后，ϕ_1的电压开始线性地下降，使得在ϕ_1 电极下的势阱缓慢而不是急速地升高。于是，电荷束势必会流到栅 2 和栅 5 下边的势阱内，如图 7-6(c)所示。栅 1 和栅 4 下边势阱的缓慢升高为完成电荷转移提供了更为有利的电势分布。当 $t=t_4$时，电荷已经转移到ϕ_2电极下的势阱内。注意：ϕ_3 电极下的势垒阻挡着电荷向左移动。重复相同的程序，可以使电荷从ϕ_2移到ϕ_3，然后从ϕ_3移到ϕ_1。当完成了时钟电压的一个全周期，电荷束向右前进了一级。

在 CCD 设计中，相邻电容在位置上必须紧靠在一起，从而加强耗尽层的重叠并使邻近电极边界上的表面势具有光滑的过渡。最早的 CCD 是借助于图 7-6 所示的单金属栅实现的。一般情况，氧化层厚度为 100～200nm，铝栅之间的间距约为 2.5μm。该间距的尺寸小于 5μm 左右的标准光刻工艺最小尺寸，因而在金属电极之间腐蚀间隙很困难。在掩蔽和光刻中轻微的瑕疵都可能使电极短路，或是(另一种极端情况)由于电极间距加大，使极间出现势垒，从而可能使电荷转移效率严重下降。此外，间隙内的沟道氧化层是暴露在外面的，留在那里的静电荷会引起器件的不稳定。一种代替单金属栅的结构是**掺杂多晶硅栅** CCD，如图 7-7(a)所示。在该结构中，露出的间隙被高电阻率的多晶硅覆盖，以消除器件的不稳定性。采用这种方法的困难是多晶硅掺杂不能精确定位，造成大的单元尺寸。另一种封闭的沟道结构采用三重多晶硅栅，如图 7-7(b)所示。每个多晶硅栅用氧化层覆盖并和其他的栅隔离开，这样就不大可能有栅之间的短路。用这种工艺有可能制造出小的 CCD，但它的缺点是工艺复杂。

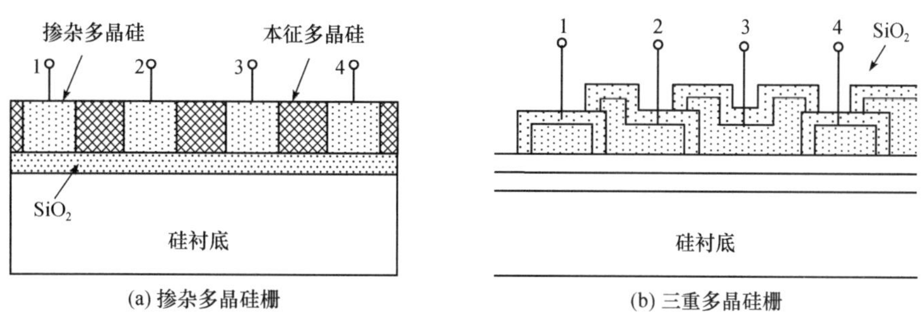

(a) 掺杂多晶硅栅　　(b) 三重多晶硅栅

图 7-7　三相 CCD 的结构(Bertram et al，1974)

7.5.2　二相 CCD

在三相 CCD 中，势阱是对称的，因此电荷可以流向右边或左边。为保持信号流动的方向性，采用了合适的外加栅电压以堵塞电荷向一个方向的转移。若势阱的结构本身就提供了自建的方向性，便得到**二相 CCD 系统**(台阶二氧化硅 CCD)，如图 7-8 所示。注意到氧化层的厚度是台阶式的，因而在每个电极的下面出现不同的电势。为了促进电荷转移，邻近电极上的电势在V_0+V和V_0-V之间改变，以获得非对称电势分布。在图 7-8(a)和图 7-8(c)所示的两个势阱图中，信号总是向右方传递。由于台阶状的氧化层，二相 CCD 可以令人满意地工作而不需要三相系统中的重叠时钟电压脉冲。因为不需要内交叉，所以电极互连可以容易做成。

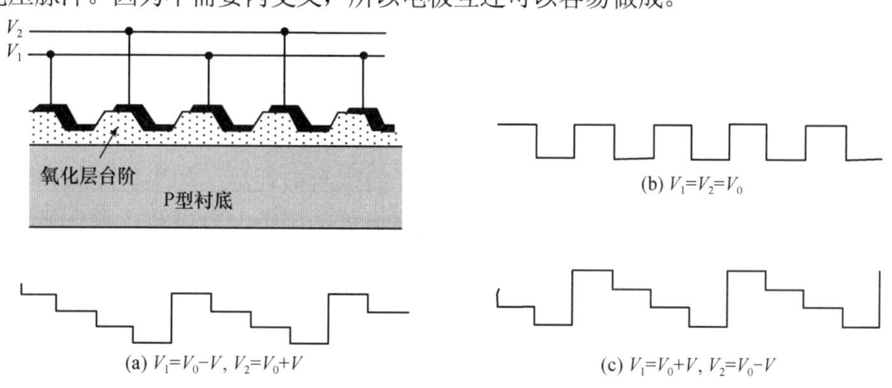

(a) $V_1=V_0-V$, $V_2=V_0+V$　　(b) $V_1=V_2=V_0$　　(c) $V_1=V_0+V$, $V_2=V_0-V$

图 7-8　二相 CCD 的势阱图

制造二相 CCD 的通用生产工艺是多晶硅-铝栅工艺，它利用了硅栅工艺。在硅栅形成之后，进行热氧化，使整个硅片覆盖着氧化层。随后，通过金属化和腐蚀，在多晶硅栅之间的区域内形成铝栅。形成的结构如图 7-9 所示。与同一相时钟相连的两层栅电极下面的氧化层厚度不同，一般地多晶硅下面氧化层较薄，为 100～120nm，铝栅下面的氧化层较厚，约为 300nm。因此，在相同的栅电压下势阱深度不同，在硅铝栅交叠处形成表面势台阶，从而在多晶硅下面形成势阱区，在铝栅下面形成势垒区。于是，信号电荷在两相时钟作用下就可以实现定向转移，所以这种器件称为**两相硅铝栅交叠 CCD**。信号电荷只能存储在势阱区中，故多晶硅栅称为**存储栅**；势垒区只起转移电荷的作用，

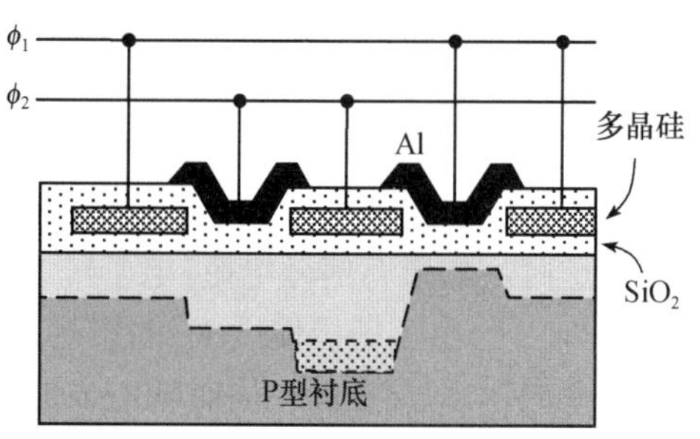

图 7-9　二相多晶硅-铝栅结构

故铝栅称为**转移栅**。这种结构的主要缺点是，由于多晶硅栅具有高电阻率，因此电极充电的RC延迟时间常数大。

7.6 埋沟 CCD

教学要求

1. 根据能带图了解为什么 BCCD 能够把沟道从 Si-SiO_2 的界面移入半导体体内。
2. BCCD 的特点是什么？

到现在为止，所叙述的器件是在二氧化硅下边硅表面的势阱中存储和转移电荷的，所以称为**表面沟道电荷耦合器件**(SCCD)。如前面讨论过的，表面态可能对转移损耗以及噪声具有强烈影响，特别是在信号水平低时更为严重。若把沟道从 Si-SiO_2 的界面移入半导体体内，那么这些矛盾能够得到缓和，这就产生如图 7-10 所示的**埋沟 CCD**(buried charge coupled devices，BCCD)(Kim，1973)。沟道是由在 P 型衬底上外延或扩散一层 N 型薄层(典型值为 1～5μm)形成的。此时，若有较大的正电压(典型值为 20V)通过输入和输出二极管加于沟道上，暂时相当于让 P 型衬底和 N 型薄层的 PN 结反偏，则沟道中的多数载流子将完全被耗尽。如果假设外延层杂质分布是均匀的，先不考虑栅极电压 V_G 的影响，而且假设氧化层中没有电荷，那么最大电场出现在 N 型层和 P 型层的交界处，其数值为

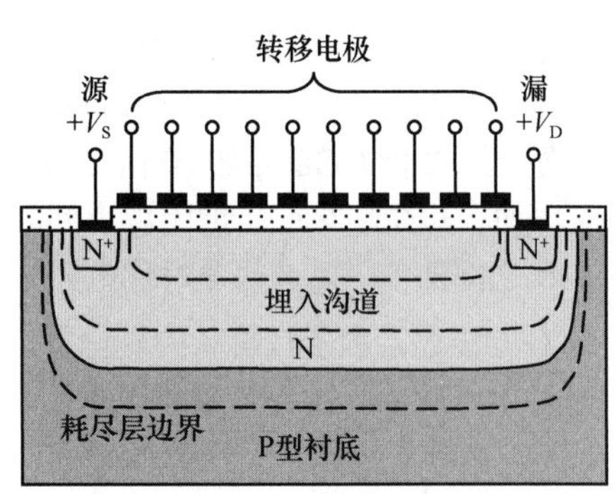

图 7-10 埋沟 CCD 的结构和偏置

$$\mathscr{E}_m=\frac{qN_dx_n}{\varepsilon_s} \tag{7-6-1}$$

式中，x_n 是耗尽层在 N 型薄层一侧的宽度。由于 N 型薄层内载流子完全耗尽，因此 x_n 也就是 N 型薄层的宽度。在半导体表面处电位最高，相应的电场分布、电势分布和能带图如图 7-11 所示。

现在加上正的栅极偏压 V_G，只要 V_G 低于上述加于二极管的反偏压(如 V_G=15V)，那么栅极上就有负电荷出现。这时，N 型层中从电荷发出的电力线将有一部分落在栅极上，其余部分落在 P 型衬底上，如图 7-12 所示。图中，x_1 就是分界面，x_1 左侧的电力线指向栅极，x_1 右侧的电力线落在 P 型衬底上。电位的极大值位于 x_1 处，能带的极小值从半导体表面移到了体内。这时，如果有信号电荷(电子)，那么它们将存储在 x_1 附近而不是半导体表面。

图 7-12 给出了栅极偏压 V_G 的影响。随着 V_G 的增大，到达栅极的电力线不断减少，x_1 将由体内移向 N 型层表面。同时随着表面势 ψ_s 的提高，电势极大值 ψ_{max} 也要增大，电子势阱深度 $q\psi_{max}$ 也随之增大。因此，与表面 CCD 一样，BBD 可以通过控制时钟电压的幅度使信号电荷在各个电极间转移。

与 SCCD 比较，BCCD 主要的优点是：第一，消除了表面态的陷阱效应；第二，因为转移沟道在远离电极的体内，所以可以制作具有较大的边缘场；第三，载流子体内迁移率比表面迁移率大。这些优点使得 BCCD 具有高得多的转移效率和时钟频率。在室温时，无须胖零工作模式便可以实现 99.99%的转移效率和 130MHz 范围的时钟频率或者更高。BCCD 的缺点

是增加了工艺的复杂性并引入了较小的电容(由于信号电荷移入体内)，从而降低了信号的容限。一般说来，电荷容量比 SCCD 小一个数量级。

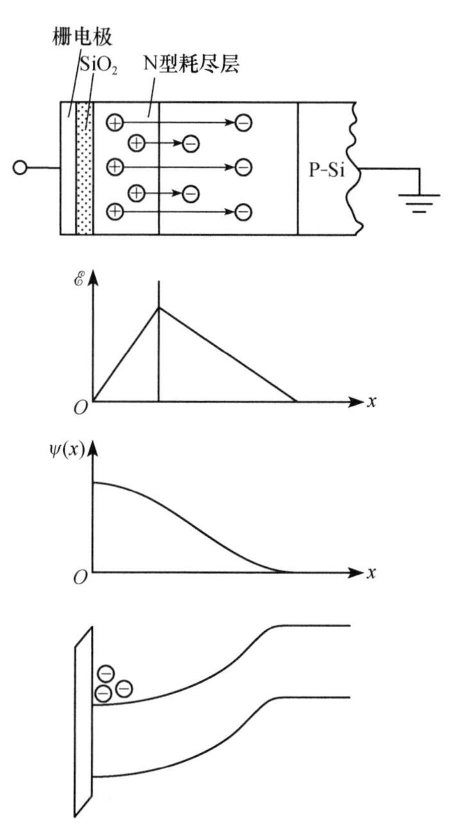

图 7-11　不考虑栅电极效应时的电场分布、电势分布和能带图

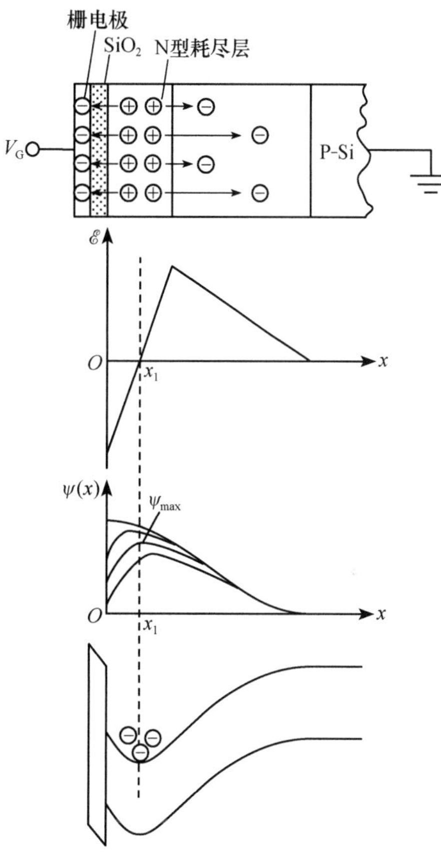

图 7-12　栅电极电压为 V_G 时的电场分布、电势分布和能带图

7.6 节小结

7.7　信号电荷的注入和检测

教学要求

1. 了解 PN 结少数载流子电流积分法的信号输入原理。
2. 了解电荷读出法的信号检测原理。

7.7.1　信号电荷的注入

在 CCD 工作过程中，有时需要在表面势阱中存入信号电荷。信号电荷的注入就是对光信号或电信号取样并把取样电荷存入 CCD 中，可以采用电学方法和光学方法注入电荷。在移位寄存器或延迟线中采用**电注入**，在图像传感器中采用**光注入**。

电注入是通过输入电路把电压、电流信号转换成电荷信号存储于 CCD 中。电注入的方式有**电流积分法、电压输入法、电位平衡注入法**等。这里介绍的是用 PN 结引入少数载流子的电流积分法，如图 7-13(a)所示。N 型扩散区仍然称为源极，它与 P 型衬底连接，数字信

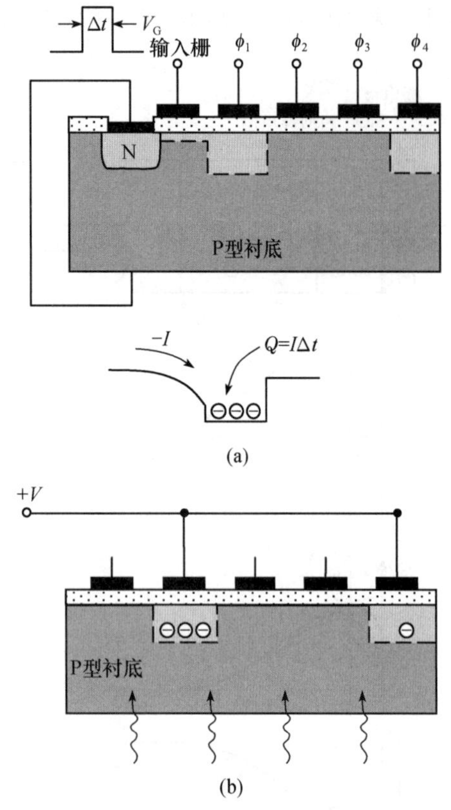

图 7-13 采用 PN 结和光源进行电荷注入

号或模拟信号通过隔直电容加到 N 型扩散区，用以调制输入二极管的电位，实现电荷注入。输入栅加直流偏置 V_G，对注入电荷起控制作用。在ϕ_1到来期间，输入栅和ϕ_1下方形成阶梯势阱。输入信号电荷通过输入栅下的沟道注入ϕ_1下方的深势阱中。注入ϕ_1下方深势阱中的电荷量 Q_{sig} 取决于输入栅正脉冲 V_G、输入栅下方的电导和时钟脉冲周期 Δt。如果以 N 型扩散区为源极、以输入栅为栅极、以ϕ_1下方的势阱为漏极的晶体管工作在饱和区，则输入栅下方沟道中的电流为

$$I_{DS}=\frac{\mu_n C_o Z}{2L}(V_G-V_{TH})^2 \tag{7-7-1}$$

经过 Δt 时间的注入之后，ϕ_1阱中的电荷量为

$$Q_{sig}=\frac{\mu_n C_o Z}{2L}(V_G-V_{TH})^2\Delta t \tag{7-7-2}$$

另外，信号由输入栅输入，二极管反偏或 N 型扩散区与衬底短路，也可以得到同样的输入特性。这是因为，正脉冲输入使栅极下面半导体表面出现 N 型反型层。反型层中电子数量的大小受控于携带输入电信号的输入栅电压。于是，类似于在 MOS 晶体管的反型层中载流子从源极到漏极的流动，携带信息(电脉冲信号)的电子从源极流到ϕ_1电极下边的势阱中。在输入脉冲 Δt 期间内，电流持续填充第一个势阱。

图 7-13(b)所示为一种光注入技术。光照产生电子-空穴对，空穴进入体内，电子则被电极所吸引并聚集于势阱当中。光越强，产生的电子-空穴对越多，势阱中收集的电子越多。因此，势阱中电子的多少反映了光的强弱，进而反映了影像的明暗程度与色彩，这样就实现了光信息与电信息之间的转换。在摄像系统中，电荷束可以是图像(入射光)直接照射半导体衬底产生的，但因为光要穿过衬底的金属电极，所以入射光的损耗大。现在的摄像系统中，以输入二极管作为光探测器，在入射光作用下产生电荷束，以光电二极管作为像素单位，使入射光图像成像在许多微小光电二极管排列的平面阵列上。

7.7.2 信号电荷的检测

一种在 CCD 中检测电荷的简单方法是借助传输线末端的 PN 结二极管，如图 7-14(a)所示。输出栅加正偏压，其下面的半导体表面形成 N 型反型层。二极管处于反向偏压，使它起着漏极的作用。转移到ϕ_2下方势阱中的电荷包经输出栅下方的 N 型反型层流入到二极管的深势阱中。如果二极管的输出电流为 i_d，则输出电荷量为

$$Q_{sig}=\int_0^{\Delta t} i_d \mathrm{d}t \tag{7-7-3}$$

这种检测方法称为**电流读出法**(current sensing method)。

另一种流行的电荷检测方法是**电荷读出法**(charge sensing method)，如图 7-14(b)所示。

标有复位栅的 MOSFET(VT_1)简称为**复位 MOSFET**。图 7-14(b)中下面的晶体管 VT_2 的栅极与 VT_1 的浮动扩散区相连，因此称为**浮栅晶体管**。复位晶体管的浮动扩散区通过复位栅被周期性地复位到参考电位 V_D。复位栅在ϕ_2 下方的势阱形成之前加复位脉冲，使复位 MOSFET 导通，把浮动扩散区的剩余电荷抽走，复位到 V_D。当 CCD 的信号电荷到达浮动扩散区时，复位 MOSFET 截止。由 VT_1 的浮动扩散区收集的信号电荷来控制浮栅晶体管(放大管)的栅电压。于是，浮栅晶体管的栅电压成了信号电荷的函数。也就是说，浮动区的电压变化通过一个 MOS 晶体管放大器(VT_2)进行了检测。

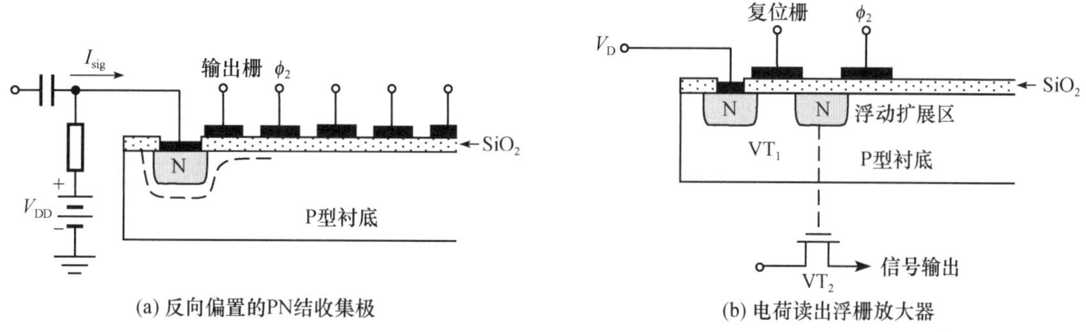

(a) 反向偏置的PN结收集极　(b) 电荷读出浮栅放大器

图 7-14　电荷检测方法

7.7 节小结

7.8　集成斗链器件

教学要求

1. BBD 与 CCD 有何异同？
2. 简述 BBD 的工作过程。

正如在 7.1 节中指出的那样，**斗链器件**既可用分立元件又可用由 MOS 晶体管作为通-断开关的集成元件做成。在图 7-15(a)所示为一个集成的 BBD(Sanger，1970)。通过交叠栅的结构，电容器与晶体管结合在一起。这样，扩散区用做一个晶体管的漏极，同时又用做相邻晶体管的源极。可以借助类似于二相 CCD 的势阱和势垒图对结构进行分析。在存储模式中，ϕ_1 和ϕ_2 电极上的电压相同，所有势阱深度大致相等，如图 7-15(b)所示。当有一正电压加在ϕ_2 电极上，即 $V_2>V_1$ 时，在第一势阱与第二势阱之间的势垒被削减，第二势阱变深，电荷将从第一 N 型区流到第二 N 型区，如图 7-15(c)所示。

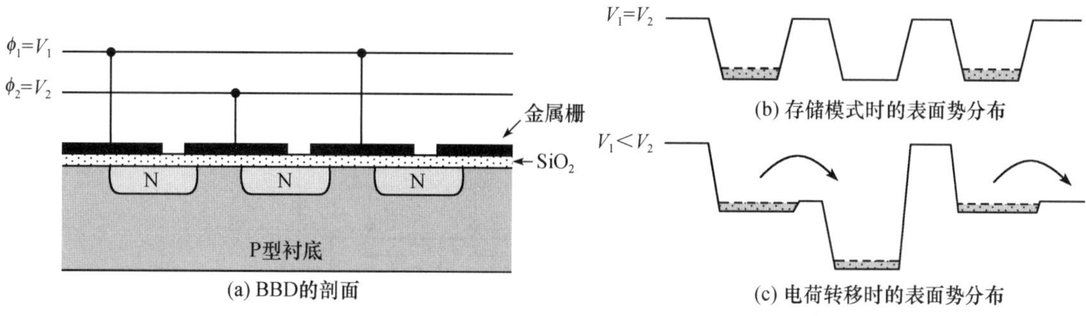

(a) BBD的剖面　(b) 存储模式时的表面势分布　(c) 电荷转移时的表面势分布

图 7-15　集成斗链器件

也可采用 JFET 作为开关来制作 BBD。双极晶体管具有低的输入阻抗和高的基极电流，不适用于 BBD。JFET 的 BBD 对应于 BCCD，它们的沟道都形成在体内。它的工作速度和转移效率要超过 MOS 的 BBD，但其性能的改进是以增加工艺的复杂性为代价的。JFET 的 BBD 的电荷转移失真率一般为 10^{-3}，要比 BCCD 差得多，而 BCCD 可小到 10^{-5}。

7.9* 电荷耦合图像器

教学要求

简述电荷耦合图像器的基本工作原理。

图像器件能把光图像转换成电信号。在标准的视像管电视摄像机系统中，二极管矩阵受到光照，把光图像转换成电荷脉冲，然后通过电子束对每个二极管进行扫描，使收集在二极管矩阵中的电荷放电，以产生放电电流脉冲。**电荷耦合图像器**(charge-coupled imager，CCI)是一种自扫描系统，它不需要电子束。

为了把光信号转换成电脉冲，既可以采用图 7-16 所示的正面光照，又可以采用图 7-13 所示的背面光照，电子-空穴对由光源产生。若加合适的时钟脉冲使 CCD 的所有各极都产生存储势阱，那么在一段时间(称为光积分时间)内，光产生的少数载流子将被收集在这些势阱中，被收集的电荷束沿着 CCD 寄存器向下移动，并在输出端转换成电流或电压脉冲。在一般情况下，光积分时间要比全部电荷束的总移动时间长得多，以避免产生图像拖影。目前，两类常见的 CCD 图像器是**行图像器**和**面图像器**(Sequin et al，1975)。

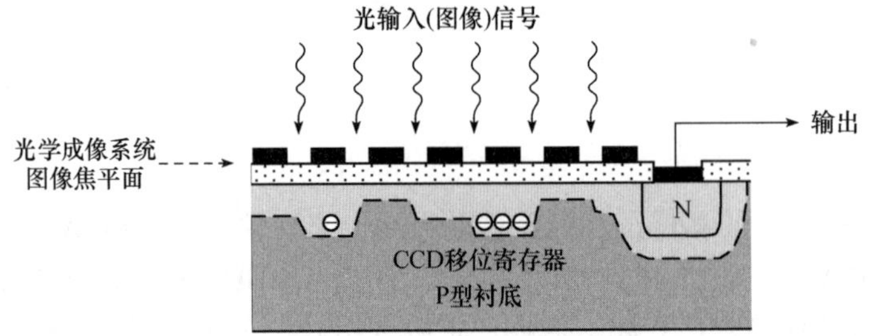

图 7-16 在 CCI 中由正面光照产生载流子

一种实用的 CCD 行图像器如图 7-17 所示。阴影的部位代表**感光单元**，它具有聚集光电荷的势阱。电荷束在被聚集之后，它们首先转移到两个平行的 CCD 移位寄存器中，然后再按箭头所指方向移至输出端，这是一种 256 级埋入沟道行图像器的基本特点。

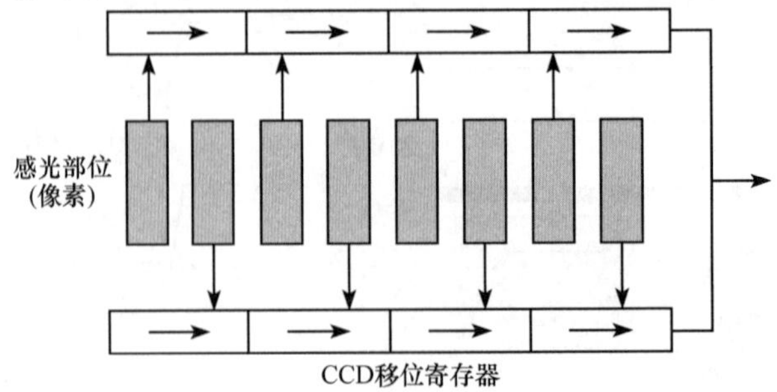

图 7-17 具有两个平行 CCD 移位寄存器的电荷耦合行(线型)图像器

习题

7-1　证明式(7-2-8)和式(7-2-9)。

7-2　证明式(7-3-4)。

7-3　一个 MOS 电容器有下列参数：衬底 $N_a=10^{15}cm^{-3}$，V_{FB}=2V，x_o=100nm，电极面积 10μm×20μm，计算：

(1)氧化层电容；

(2)V_G=10V 时的表面势；

(3)在问题(2)条件下的耗尽层深度；

(4)耗尽层电荷。

7-4　(1)在 V_G=10V，Q_{sig}=0 时，计算习题 7-3 中 MOS 电容器的衬底和电极之间的电容 C_{GS}。

(2)有一信号电荷束注入势阱中，测得 C_{GS} 为问题(1)中求得的数值的两倍，求注入的电子总数和电子密度。

7-5　在 P 型衬底上制造 CCD，$N_a=2\times10^{14}cm^{-3}$，氧化层厚度为 150nm，电极面积为 10μm×20μm。

(1)假设 V_{FB}=0，Q_{sig}=0，计算分别偏置在 V_G=10V 和 20V 时两邻近电极的表面势和耗尽层深度。

(2)在把 10^6 个电子引进单元之后重复计算问题(1)。

(3)试草绘问题(2)的势阱图。

7-6　(1)若电极间距为 3μm，计算习题 7-5(1)中电极边界上的边缘电场。

(2)假设在电荷转移之前，有 10^6 个电子均匀分布在 V_G=10V 的势阱中，估算一下通过边缘场电流使全部电子转移到 V_G=20V 的邻近势阱所需要的时间。

参 考 文 献

黄昆，韩汝琦. 1979. 半导体物理基础. 北京：科学出版社.

AMELIO G F, BERTRAM W J JR, TOMPSETT M F, 1971. Charge-coupled imaging devices: design considerations. IEEE transactions on electron devices, 18(11): 986-992.

BERTRAM W J, MOHSEN A M, MORRIS F J, et al, 2005. A three-level metallization three-phase CCD. IEEE transactions on electron devices, 21(12): 758-767.

CARNES J E, KOSONCKY W E, RAMBERG E G, 1971. Drift-aiding fields in charge-coupled devices. IEEE journal of solid-state circuits, 6(5): 322.

Gunsagar K C , Kim C K , Phillips J D, 1973. Performance and operation of buried channel charge coupled devices. International electron devices meeting. Washington DC: 21-23.

Sanger F I J, 1970. Integrated MOS and bipolar analog delay line using bucket-brigate capacitor storage. IEEE international solid-state circuits conference. Philadelphia: 74-75.

SEQUIN C H, TOMPSETT M F, 1975. Charge transfer devices. New York: Academic Press.

第 8 章

半导体太阳电池和光电二极管

利用半导体光电效应制成的半导体器件统称为**半导体光电器件**。本章及第 9 章将要讨论的**半导体太阳电池**、**光电二极管**、**发光二极管**和**半导体激光器**等都属于这类器件。

半导体太阳电池是直接把太阳能转换成电能的器件。由于它们利用各种势垒的**光生伏打效应**，因此也称为**光生伏打电池**，简称为**光电池**。光生伏打效应首先是贝克勒尔(Becquerel)1839 年在电解槽中发现的。1883 年，弗里茨(Fritts)首次用硒制造了光生伏打电池。1941 年，奥勒(Ohl)制作出了单晶硅光电池。1954 年，贝尔实验室制作出了第一个实用的硅太阳电池。由于太阳是取之不尽、用之不竭的巨大能源，因此研究太阳能的利用一直是当代能源领域的重大课题之一。太阳电池具有寿命长、效率高、性能可靠、成本低和无污染等优点，几乎所有空间设备和装置均使用太阳电池。在地面上，太阳电池也作为无人气象站、无人灯塔、微波中继站的电源和自控系统的光电元件。目前，太阳电池的光电转换效率已经相当可观，在 AM1.5(见 8.3 节)条件下，单晶硅电池的效率达到近 24%，非晶硅电池为 13.2%，而 InGaPAs/GaAs 叠层电池已达到 41.4%。

光电二极管和半导体太阳电池的基本工作原理相同，它用于检测各种光辐射信号，是一种重要的光探测器，在国防和工农业生产方面都有着广泛的应用。

8.1 半导体中光吸收

本节和 8.2 节先简单地介绍一下太阳电池和光电二极管所涉及的半导体光学性质。

图 8-1 所示为光学区域的**电磁波谱图**。人眼只能检测波长范围大致在 0.4～0.7μm 的光。在图 8-1 中，还用展宽了的标尺(线性)表示了从紫色到红色的主要色带。**紫外区**的波长范围为 0.01～0.4μm。**红外区**的波长范围为 0.7～1000μm。光子的波长和能量的转换关系为

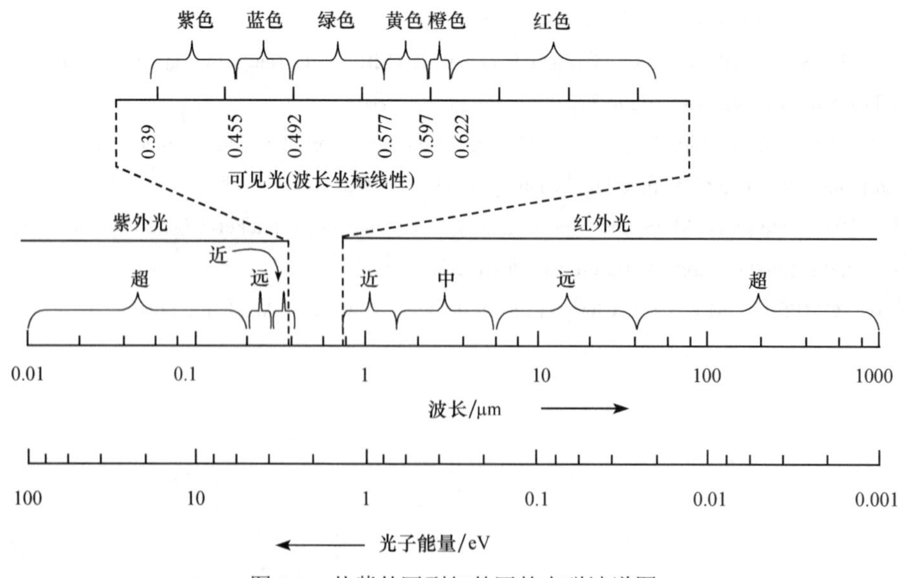

图 8-1 从紫外区到红外区的电磁波谱图

$$\lambda = \frac{c}{\nu} = \frac{hc}{h\nu} = \frac{1.24}{h\nu(\text{eV})}(\mu\text{m}) \tag{8-1-1}$$

式中，c 为真空中的光速，ν为光的频率，h 为普朗克常量；$h\nu$为光电子能量，单位是 eV。

当半导体受到光照时，光子可能被吸收。若光子的能量等于禁带宽度，即 $h\nu=E_g$，则会产生电子-空穴对，即价带电子吸收光子跃迁到导带，如图 8-2 中的(a)所示。若 $h\nu>E_g$，那么除产生一个电子-空穴对外，多余的能量 $h\nu-E_g$ 将以热的形式耗散掉，如图 8-2 中的(b)所示。图中(a)和(b)两个光吸收过程称为**本征吸收**，相应的电子跃迁过程称为**本征跃迁**或能带到能带的**带-带跃迁**。如果 $h\nu<E_g$，则只有当禁带内存在合适的化学杂质或物理缺陷引起的能态时，光子才会被吸收，如图 8-2 中的(c)所示。过程(c)称为**非本征跃迁**。这些讨论对于倒转过来的情况也是正确的。例如，一个位于导带边的电子跃迁到价带，和一个空穴复合将会发射一个能量 $h\nu$ 等于半导体禁带宽度的光子。

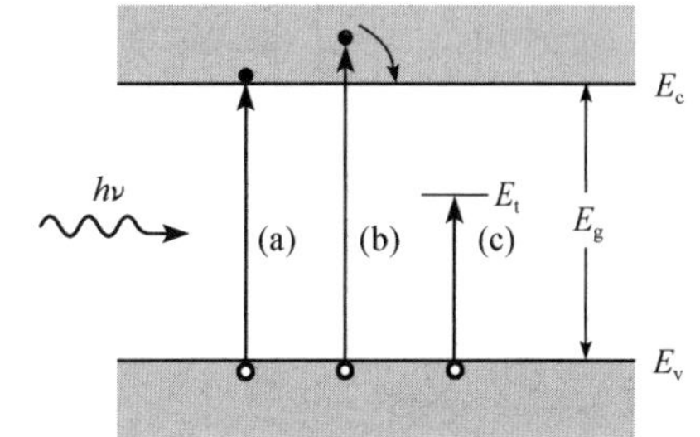

图 8-2　光吸收过程
注：(a) $h\nu=E_g$; (b) $h\nu>E_g$; (c) $h\nu<E_g$

假设半导体被一光源照射，光源光子能量 $h\nu$大于禁带宽度。入射到半导体表面的**光子通量为** Φ_0(以单位时间垂直通过单位面积的光子数为单位)。当光子在半导体中传播时，有一部分被吸收，被吸收的光子数应当正比于光子通量。在距离 Δx 内被吸收的光子数为 $\alpha\Phi(x)\Delta x$，如图 8-3(a)所示。其中，α 是比例常数，称为**吸收系数**。由图 8-3(a)所示的光子通量的连续性可以得到

$$\Phi(x+\Delta x)-\Phi(x)=\frac{\mathrm{d}\Phi(x)}{\mathrm{d}x}\Delta x=-\alpha\Phi(x)\Delta x$$

或

$$\frac{\mathrm{d}\Phi(x)}{\mathrm{d}x}=-\alpha\Phi(x) \tag{8-1-2}$$

式中，负号表示由于光吸收，光子通量减小。式(8-1-2)说明，半导体内单位时间、单位距离上吸收的光子数与光通量成正比。边界条件为在 $x=0$ 时，$\Phi(x)=\Phi_0$，方程(8-1-2)的解为

$$\Phi(x)=\Phi_0\mathrm{e}^{-\alpha x} \tag{8-1-3}$$

在半导体的另一端 $x=W$(见图 8-3(b))处，光子通量为

$$\Phi(W)=\Phi_0\mathrm{e}^{-\alpha W} \tag{8-1-4}$$

吸收系数 α 是光子能量 $h\nu$ 的函数。图 8-4 所示为用作光电器件的若干重要半导体的光吸收系数的测量曲线。

实验中发现，吸收系数在波长 λ_c 处急剧下降，表示为

$$\lambda_c=\frac{1.24}{E_g(\text{eV})}(\mu\text{m}) \tag{8-1-5}$$

式中，E_g 为半导体的禁带宽度，λ_c 称为**截止波长**。这是因为在 $h\nu<E_g$ 或 $\lambda>\lambda_c$ 时，能带间的光吸收已经可以略去不计。截止波长附近的吸收曲线称为**吸收边**。

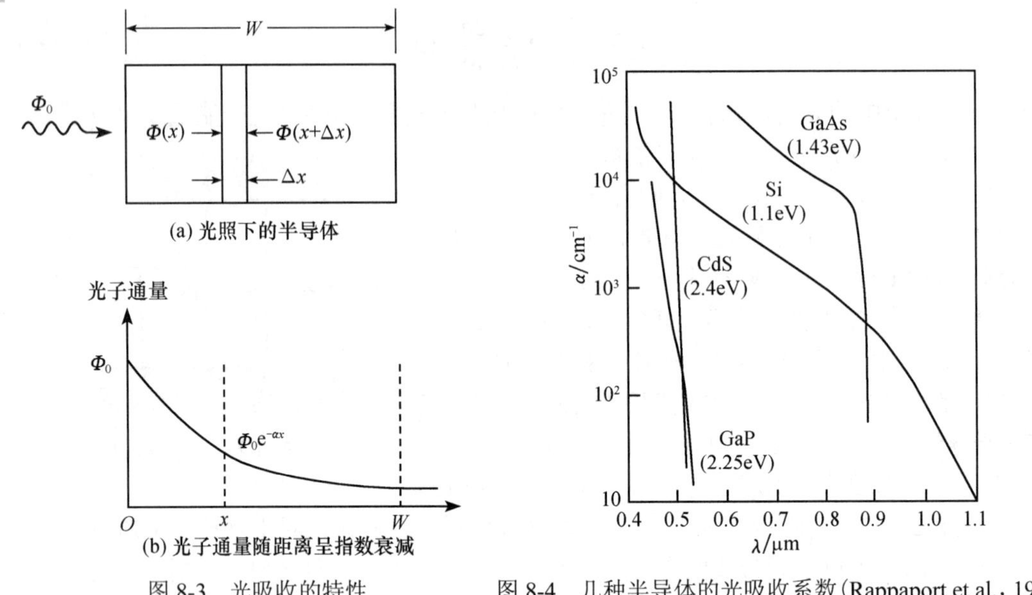

图 8-3　光吸收的特性　　图 8-4　几种半导体的光吸收系数(Rappaport et al., 1961)

8.2　太阳电池的结构及工作原理

教学要求

1. 掌握概念：光生伏打效应、光电压、光电流、短路光电流和暗电流。
2. 掌握 PN 结光生伏打效应的基本过程。
3. 利用能带图分析光生伏打效应。

PN 结的**光生伏打效应**是指半导体吸收光能后在 PN 结上产生**光生电动势**。在介绍 PN 结的光生伏打效应之前，先介绍一下太阳电池的基本结构。

8.2.1　太阳电池的基本结构

在一个大面积的 PN 结上做好上、下电极的接触引线便构成了一个**太阳电池**，如图 8-5 所示。

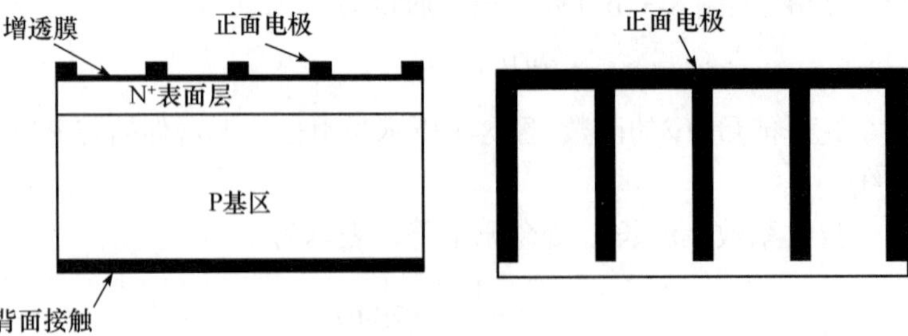

图 8-5　太阳电池的结构示意图

背面接触一般采用大面积蒸镀金属形成欧姆接触，以减小串联电阻。对于正面电极，既要求减小接触电阻又要尽量减少对阳光的遮挡，故常常做成**栅格**形状。为了减少阳光反射，光照面上蒸镀一层薄介质膜，称为**增透膜**或**减反射膜**。太阳电池的光照面可以是 N 型区也可以是 P 型区，前者称为 N^+/P 型，后者称为 P^+/N 型。一般把光照面称为表面层，将 PN 结下面的区域称为**基区**或**基层**。

8.2.2　PN 结的光生伏打效应

PN 结的**光生伏打效应**涉及以下三个主要的物理过程：第一，半导体材料吸收光能产生非平衡的电子–空穴对；第二，产生的非平衡电子和空穴从产生处以扩散或漂移的方式向势场区(PN 结的空间电荷区)运动，这种势场除 PN 结的空间电荷区外，也可以是金属–半导体的肖特基势垒或异质结势垒等；第三，进入势场区的非平衡电子和空穴在势场作用下向相反方向运动而分离，于是在 P 侧积累了空穴，在 N 侧积累了电子，建立起电势差。如果 PN 结开路，则这个电势差(**开路电压**)就是电动势，称为**光生电动势**。如果在 PN 结两端连接负载，就会有电流通过，这个电流称为**光电流**。于是，光照 PN 结实现了光能向电能的转换。PN 结短路时的电流称为**短路光电流**，它是 PN 结太阳电池能够提供的最大电流。

图 8-6(a)所示为平衡 PN 结能带图。在光的照射下，半导体中的原子因吸收光子能量而受到激发。如果光子能量大于禁带宽度，在半导体中就会产生电子–空穴对。在 PN 结扩散区以内(如果 PN 结空间电荷区外不存在由于杂质浓度不均匀等原因引起的内建电场)产生的电子–空穴对，一旦进入 PN 结的空间电荷区，就会被空间电荷区的内建电场所分离。非平衡空穴被拉向 P 区，非平衡电子被拉向 N 区。结果在 P 区边界将积累非平衡空穴，在 N 区边界将积累非平衡电子，产生一个与平衡 PN 结内建电场方向相反的**光生电场**。

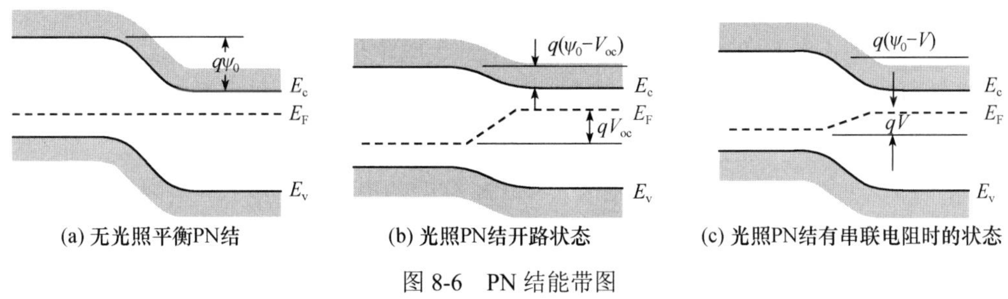

(a) 无光照平衡PN结　(b) 光照PN结开路状态　(c) 光照PN结有串联电阻时的状态

图 8-6　PN 结能带图

如果 PN 结处于开路状态，光生载流子只能积累于 PN 结两侧。这时在 PN 结两端测得的电位差(即开路电压)就是光生电动势，用 V_{oc} 表示。非平衡载流子的出现意味着 N 区电子的费米能级升高，P 区空穴的费米能级降低。从能带图上看，P 区和 N 区费米能级分开的距离就等于光生电动势 qV_{oc}。PN 结的势垒高度将由热平衡时的 $q\psi_0$ 降低为 $q(\psi_0-V_{oc})$，如图 8-6(b)所示。

如果把 PN 结从外部短路，则 PN 结附近的光生载流子将通过这个途径流通。这时流过太阳电池的电流是短路电流，用 I_L 表示，其方向从 PN 结内部看是从 N 区指向 P 区的。因为这时非平衡载流子不再积累在 PN 结两侧，所以光电压为零，能带图恢复为图 8-6(a)。

一般情况下，即使不加负载，PN 结材料和引线也总有一定的串联电阻，用 R_S 表示这种等效串联电阻。当有电流通过时，光生载流子只有一部分积累于 PN 结上，使势垒降低 qV。V 是电流流过 R_S 时，在 R_S 上产生的电压降。qV 是 P 区和 N 区费米能级分开的距离，如图 8-6(c)所示。在图 8-6(c)中，PN 结的势垒高度由热平衡时的 $q\psi_0$ 降低为 $q(\psi_0-V)$。与作为普通整流、检波用的 PN 结对比可以看出，光生电流的方向相当于普通二极管反向电流的方

向，光照使PN结势垒降低等效于PN结外加正向偏压，它同样能引起P区空穴和N区电子向对方注入，形成PN结正向注入电流，即

$$I_D = I_0(e^{V/V_T} - 1) \tag{8-2-1}$$

这个正向电流的方向与光生电流的方向正好相反，称为**暗电流**。暗电流是太阳电池中的不利因素，应当设法减小它。

对于在整个器件中均匀吸收的情形，显然短路光电流I_L可以表示为

$$I_L = qAG_L(L_n + L_p) \tag{8-2-2}$$

式中，G_L为光生电子–空穴对的产生率，A为PN结的面积，$A(L_n+L_p)$为光生载流子的体积。由式(8-2-2)可知，短路光电流取决于光照强度和PN结的性质。

8.2节小结

8.3 太阳电池的I-V特性

教学要求

1. 画出理想太阳电池的等效电路，根据电池的等效电路写出太阳电池的I-V特性方程，即式(8-3-1)。
2. 了解太阳电池的I-V特性曲线(图8-8)，解释该曲线所包含的物理意义。
3. 画出实际太阳电池的等效电路，根据等效电路图写出I-V特性方程，即式(8-3-6)。

首先考虑串联电阻R_S=0的理想情况。图8-7所示为理想太阳电池的等效电路，R_L为负载电阻，电流源为短路光电流I_L。在理想情况下，太阳电池的I-V特性可以简单地由图8-7所示的等效电路写出，即

$$I = I_L - I_D = I_L + I_0(1 - e^{V/V_T}) \tag{8-3-1}$$

式中，$I_D = I_0(e^{V/V_T} - 1)$为PN结正向电流，即PN结的暗电流。I_0为PN结饱和电流，PN结的结电压就是负载R_L上的电压降V。

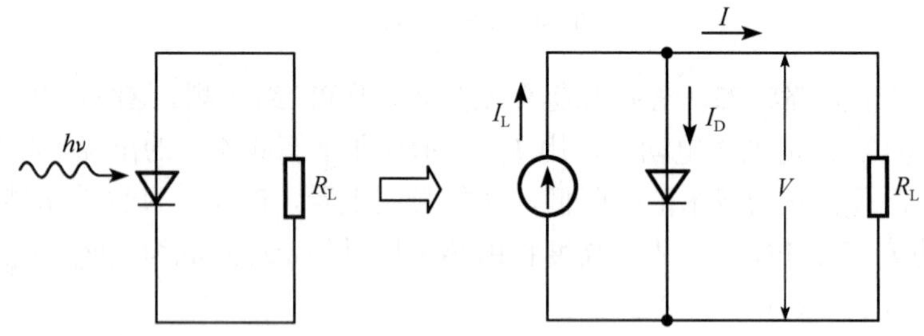

图8-7 理想太阳电池等效电路

根据式(8-3-1)，PN结上的电压为

$$V = V_T \ln\left(\frac{I_L - I}{I_0} + 1\right) \tag{8-3-2}$$

在开路情况下，I=0，得到开路电压为

$$V_{oc} = V_T \ln\left(1 + \frac{I_L}{I_0}\right) \tag{8-3-3}$$

这是太阳电池能够提供的最大电压。

在短路情况下(V=0)，有

$$I = I_L \tag{8-3-4}$$

这是太阳电池能提供的最大电流。

以式(8-3-1)表示的一个实验器件在不同光强下的电流–电压特性如图 8-8 所示。数据是在**一级气团(AM1)**的光照下取得的。AM1 定义为太阳在天顶以及测试器件在晴朗天空下的海平面上，在 AM1 条件下到达太阳电池的能量略高于 100mW/cm^2。如果把器件放到大气层外(如在卫星上)，则称为 **AM0 条件**，此时太阳能量约为 135mW/cm^2。AM0 和 AM1 的差别在于大气对太阳光的衰减。衰减的主要原因是臭氧层对紫外光的吸收、水蒸气对红外光的吸收以及空气中尘埃和悬浮物对太阳光的散射等。根据太阳电池的等效电路图可以看出，太阳电池向负载提供的功率为

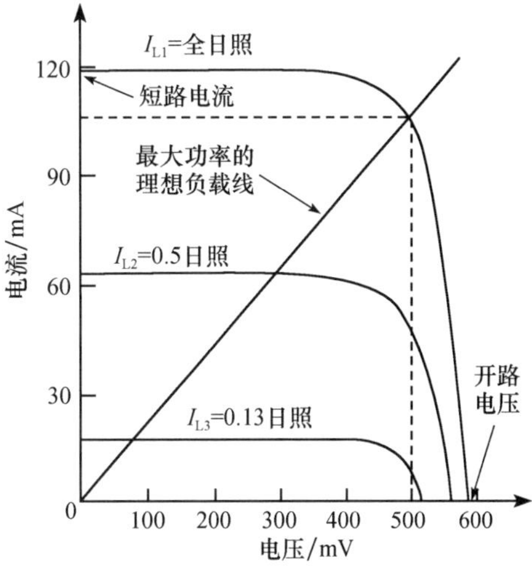

图 8-8　典型的太阳电池在一级气团光照下的 I-V 特性

$$P = IV = I_L V - I_0 V(e^{V/V_T} - 1) \tag{8-3-5}$$

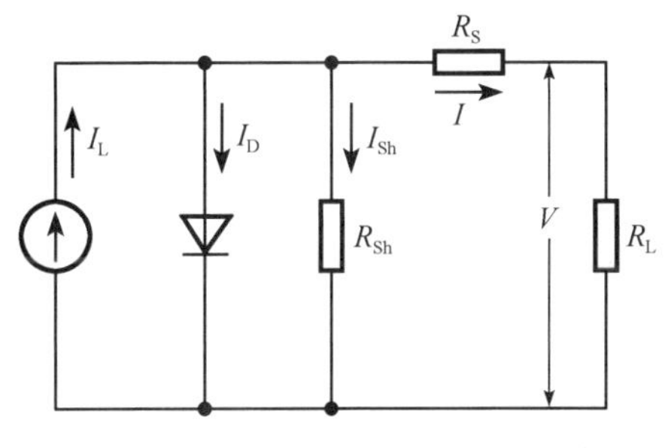

图 8-9　包括串联电阻和分流电阻的太阳电池的等效电路图

实际的太阳电池存在着**串联电阻**和**分流电阻**。串联电阻是接触电阻和薄层电阻的总和，它使电流–电压特性发生改变，分流电阻是 PN 结漏泄电流引起的。考虑到串联电阻 R_S 和分流电阻 R_{Sh} 的作用，太阳电池的等效电路图如图 8-9 所示。

根据图 8-9，可以写出考虑到串联电阻和分流电阻作用后的 I-V 特性式为

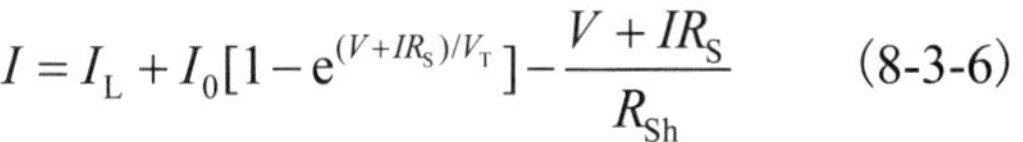

$$I = I_L + I_0[1 - e^{(V+IR_S)/V_T}] - \frac{V + IR_S}{R_{Sh}} \tag{8-3-6}$$

8.3 节小结

8.4　太阳电池的效率

教学要求

1. 概念：转换效率、占空因数。
2. 导出太阳电池的最大输出功率公式(8-4-7)。

太阳电池的效率是指太阳电池的功率转换效率，它是太阳电池的最大输出功率与输入光功率的百分比，表示为

$$\eta = \frac{P_m}{P_{in}}(\times 100\%) \tag{8-4-1}$$

式中，P_{in} 为输入光功率，是各种频率的入射光功率的总和，P_m 为太阳电池的**最大输出功率**，即

$$P_m = V_{mP} I_{mP} \tag{8-4-2}$$

式中，V_{mP} 和 I_{mP} 分别为太阳电池输出最大功率时所对应的电压和电流。

对于理想的太阳电池，根据式(8-3-5)，$dP/dV=0$ 时得到最大功率条件，即

$$\left(1+\frac{V_{mP}}{V_T}\right)e^{V_{mP}/V_T}=1+\frac{I_L}{I_0} \tag{8-4-3}$$

或者

$$V_{mP}=V_T\ln\left(\frac{1+I_L/I_0}{1+V_{mP}/V_T}\right) \tag{8-4-4}$$

利用式(8-3-3)，得

$$V_{mP}=V_{oc}-V_T\ln\left(1+\frac{V_{mP}}{V_T}\right) \tag{8-4-5}$$

当 $V=V_{mP}$ 时，对应的电流为 I_{mP}。从式(8-4-3)中解出 I_L，表示为

$$I_L=I_0\left(1+\frac{V_{mP}}{V_T}\right)e^{V_{mP}/V_T}-I_0$$

代入式(8-3-1)，得

$$I_{mP}=I_L+I_0(1-e^{V_{mP}/V_T})=\frac{V_{mP}}{V_T}I_0e^{V_{mP}/V_T} \tag{8-4-6}$$

于是，太阳电池的最大输出功率为

$$P_m=V_{mP}I_{mP}=I_0\frac{V_{mP}}{V_T}e^{V_{mP}/V_T}V_{mP}$$

由式(8-4-3)，得

$$e^{V_{mP}/V_T}=\frac{1+I_L/I_0}{1+V_{mP}/V_T}$$

即

$$P_m=V_{mP}I_{mP}=\frac{V_{mP}^2I_L}{V_{mP}+V_T}\left(1+\frac{I_0}{I_L}\right) \tag{8-4-7}$$

由式(8-4-7)表示的 $V_{mP}I_{mP}$ 对应于图 8-8 中的矩形面积。

寻求太阳电池高效率的择优条件是要有大的 I_{mP} 和 V_{mP} 值。太阳电池中可能达到的最大电流和最大电压分别是 I_L 和 V_{oc}，所以比值 $(V_{mP}I_{mP})/(I_LV_{oc})$ 可用于从 I-V 曲线上对可实现功率进行估量。这个比值称为**占空因数**或**填充因子**，用 FF 表示，它是矩形 $V_{mP}I_{mP}$ 在矩形 I_LV_{oc} 中所占面积的比例。对于做得好的电池，FF 的数值为 0.7～0.8。引进占空因数这一概念，太阳电池的效率可表示为

$$\eta=\frac{FFV_{oc}I_L}{P_{in}}(\times 100\%) \tag{8-4-8}$$

8.5 光产生电流与收集效率

教学要求

1. 解例 8-1 中的扩散方程，求出少子分布公式和电流分布公式(8-5-5)。

2. 根据图 8-10 分析电子–空穴对的产生率与光子频率和透入深度的关系。

3. 根据收集效率的理论结果(见图 8-11)，分析少数载流子扩散长度和吸收系数对收集效率的影响。

前面介绍了太阳电池的简单理论，光电流公式(8-2-1)是通过假设在整个器件中均匀吸收求得的。本节考虑光子能量对吸收的影响，对光电流的本质进行深入的讨论，以期对太阳电池的设计提供参考。

考虑通量为 Φ_0 的光子入射到“P 在 N 上”结构的表面。表面反射的影响暂时忽略不计。根据式(8-1-1)和式(8-1-2)，假设吸收每一个光子产生一个电子–空穴对，可求得电子–空穴对的产生率，它是透入表面深度的函数，表示为

$$G_{\mathrm{L}}=\alpha\Phi(x)=\alpha\Phi_0\mathrm{e}^{-\alpha x} \tag{8-5-1}$$

于是得到稳定条件下，结的 N 侧的空穴扩散方程为

$$D_{\mathrm{p}}\frac{\mathrm{d}^2 p_{\mathrm{n}}}{\mathrm{d}x^2}-\frac{p_{\mathrm{n}}-p_{\mathrm{n0}}}{\tau_{\mathrm{p}}}+\alpha\Phi_0\mathrm{e}^{-\alpha x}=0 \tag{8-5-2a}$$

与此类似，描述结的 P 侧电子的扩散方程为

$$D_{\mathrm{n}}\frac{\mathrm{d}^2 n_{\mathrm{p}}}{\mathrm{d}x^2}-\frac{n_{\mathrm{p}}-n_{\mathrm{p0}}}{\tau_{\mathrm{n}}}+\alpha\Phi_0\mathrm{e}^{-\alpha x}=0 \tag{8-5-2b}$$

在 PN 结处，每单位面积空穴和电子电流分量分别为

$$J_{\mathrm{p}}=-qD_{\mathrm{p}}\left.\frac{\mathrm{d}p_{\mathrm{n}}}{\mathrm{d}x}\right|_{x=x_{\mathrm{j}}} \tag{8-5-3a}$$

$$J_{\mathrm{n}}=qD_{\mathrm{n}}\left.\frac{\mathrm{d}n_{\mathrm{p}}}{\mathrm{d}x}\right|_{x=x_{\mathrm{j}}} \tag{8-5-3b}$$

光子收集效率定义为

$$\eta_{\mathrm{col}}=\frac{J_{\mathrm{p}}+J_{\mathrm{n}}}{q\Phi_0} \tag{8-5-4}$$

【例 8-1】 对于“P 在 N 上”结构的长 $\mathrm{P^+N}$ 电池，推导 N 侧内光生少数载流子密度和电流密度的表达式。假设在背面接触处的表面复合速度为 S，入射光是单色的，$\mathrm{P^+}$层内的吸收可以忽略不计。

解　方程(8-5-2a)的普遍解为

$$p_{\mathrm{n}}-p_{\mathrm{n0}}=K_1\mathrm{e}^{x/L_{\mathrm{p}}}+K_2\mathrm{e}^{-x/L_{\mathrm{p}}}-\frac{\alpha\Phi_0\tau_{\mathrm{p}}}{\alpha^2L_{\mathrm{p}}^2-1}\mathrm{e}^{-\alpha x}$$

边界条件为

$$p_{\mathrm{n}}-p_{\mathrm{n0}}=0 \qquad (x=0)$$

$$S(p_{\mathrm{n}}-p_{\mathrm{n0}})=-D_{\mathrm{p}}\left.\frac{\mathrm{d}p_{\mathrm{n}}}{\mathrm{d}x}\right|_{x=W} \qquad (x=W)$$

代入边界条件，得

$$p_{\mathrm{n}}-p_{\mathrm{n0}}=\frac{\alpha\Phi_0\tau_{\mathrm{p}}}{\alpha^2L_{\mathrm{p}}^2-1}\left[\cosh\frac{x}{L_{\mathrm{p}}}-\mathrm{e}^{-\alpha x}-\frac{S\left(\cosh\frac{W}{L_{\mathrm{p}}}\right)+\frac{D_{\mathrm{p}}}{L_{\mathrm{p}}}\left(\sinh\frac{W}{L_{\mathrm{p}}}\right)+(\alpha D_{\mathrm{p}}-S)\mathrm{e}^{-\alpha W}}{S\left(\sinh\frac{W}{L_{\mathrm{p}}}\right)+\frac{D_{\mathrm{p}}}{L_{\mathrm{p}}}\left(\cosh\frac{W}{L_{\mathrm{p}}}\right)}\sinh\frac{x}{L_{\mathrm{p}}}\right] \tag{8-5-5}$$

把式(8-5-5)代入式(8-5-3a)，得到光生空穴电流密度为

$$J_p = \frac{q\Phi_0\alpha L_p}{\alpha^2 L_p^2 - 1}\left[\frac{S\left(\cosh\frac{W}{L_p}\right) + \frac{D_p}{L_p}\left(\sinh\frac{W}{L_p}\right) + (\alpha D_p - S)e^{-\alpha W}}{S\left(\sinh\frac{W}{L_p}\right) + \frac{D_p}{L_p}\left(\cosh\frac{W}{L_p}\right)} - \alpha L_p\right] \tag{8-5-6}$$

用同样方法可以求得从 P^+侧流到 N 侧的光生电子电流密度。

光生载流子浓度表达式(8-5-5)中含有吸收系数，这反映了光子能量的影响。对于波长为 550nm 和 900nm 的两种情况，归一化载流子分布如图 8-10 所示。两种情况下归一化载流子分布的区别源于不同波长下吸收系数的不同。根据式(8-1-3)，在短波时，因为吸收系数比较大(见图 8-4)，所以光子衰减发生在近表面的一小段距离之间。也就是说，对于短的波长(550nm)，大多数光子在接近表面的一个薄层内被吸收而产生电子–空穴对，对于较长的波长(900nm)，α 较小，吸收多发生在 PN 结的 N 侧。

若考虑入射光为单色光且光子数已知，则通过把式(8-5-6)代入式(8-5-3a)，可以得到在 N 侧每一波长的收集效率。在不同波长上收集效率的理论曲线如图 8-11 所示。图中，把 N 侧和 P 侧吸收产生的分量分开来表示，以说明各自的影响。

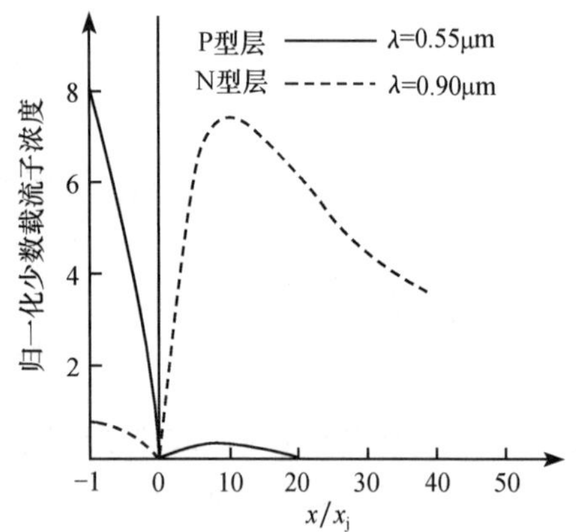

图 8-10　归一化少数载流子分布器件参数为 x_j=2.8μm，W=20mil，τ_p=4.2μs，τ_n=10ns，S_n=100cm/s (Wolf，1960)

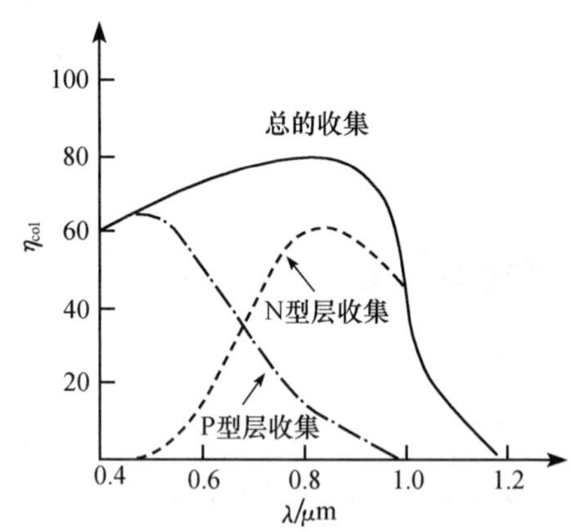

图 8-11　图 8-10 中太阳电池的收集效率与波长的关系(Wolf，1960)

影响收集效率的主要因素是少数载流子扩散长度和吸收系数。

扩散长度应尽可能地长，以收集所有光生载流子。在有些太阳电池中，通过杂质梯度建立内建电场以改进载流子的收集。

8.5 节小结

对于吸收系数的影响，大的 α 值导致接近表面处的大量吸收，造成在表面层内的强烈收集；小的 α 值使光子能向深处穿透，以致太阳电池的基底在载流子的收集当中更为重要。一般的 GaAs 电池属于前者，硅太阳电池属于后者。

8.6　影响太阳电池效率的因素

在前面的推导中，已经求出理想的转换效率，即一个光子产生一个电子–空穴对，从而产生电流，并且在过程中无任何能量损失。在实际的太阳电池中，多种因素影响着器件的性能，因而在太阳电池的设计中必须考虑这些因素。

1. 光谱因素

考虑在地面应用中太阳光谱和太阳电池吸收特性的匹配。图 8-12 所示为晴空下在海平面上(AM1)的太阳光谱。太阳光中能量的主要部分是在可见区，在海平面上到达地球的总能量约为 100mW/cm^2。因为只有大于 E_g 的那部分能量可以被吸收，能量小于 E_g 的光子利用不了，所以可供产生电子–空穴对的光子数可通过对图 8-12 从 E_g 到最大能量求积分得到。在海平面的总太阳光子数为 $4.5\times10^{17}\text{cm}^{-2}\text{s}^{-1}$。可被吸收的最大光子数在硅中为 $3.7\times10^{17}\text{cm}^{-2}\text{s}^{-1}$，在 GaAs 中为 $2.5\times10^{17}\text{cm}^{-2}\text{s}^{-1}$。这一现象说明:禁带越小的材料，电子–空穴对的产生率越大。在硅中可被吸收的太阳光子的比例大致为 77%。

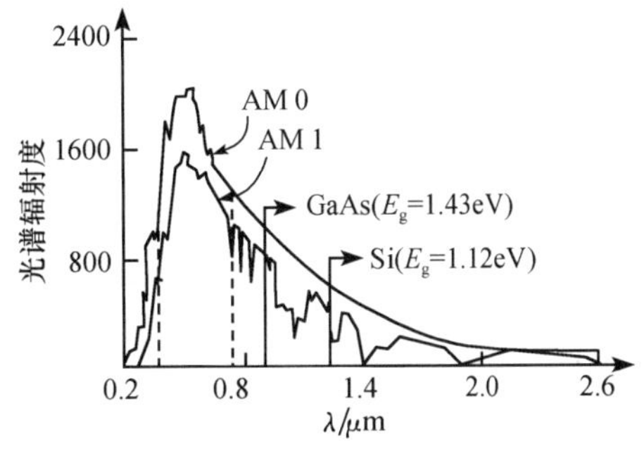

图 8-12　AM 0 和 AM 1 条件下的太阳光谱及其在 GaAs 和 Si 中的能量截止点

根据以上考虑，硅应该是比 GaAs 更好的材料。然而在硅中大量被吸收的光子具有大于 E_g 的能量，超过的能量以热的形式耗散掉，而不是产生更多的电子和空穴。例如，在硅中产生一个电子–空穴对需要 1.1eV 的能量，倘若一个能量为 $2E_g$ 的太阳光子被硅吸收，一半的光子能量以热的形式耗散掉而不产生电力。因此，若考虑所有能量大于 E_g 的太阳光子，那么被吸收光子的总能量损失为 43%。在对材料的全面评价当中，必须考虑到被吸收光子能量只是部分被利用这一情况。在一般情况下，禁带能量越小，在太阳光谱峰值附近浪费掉的功率就越多。因此，就与太阳光谱匹配的情况来看，硅和 GaAs 是差不多的。

2. 最大功率的考虑

太阳电池的最大输出功率由开路电压和短路电流所决定。由光谱考虑，在光照下，禁带越小的材料，电子–空穴对的产生率越大，I_L 随着 E_g 的增加而减小。

开路电压与反向饱和电流 I_0 的关系由式(8-3-3)表示，因为

$$I_0 \propto e^{-E_g/(KT)} \tag{8-6-1}$$

所以把式(8-6-1)代入式(8-3-3)得

$$V_{oc} \propto E_g \tag{8-6-2}$$

它表明开路电压正比于 E_g。由于随着 E_g 的增加 I_L 减少而 V_{oc} 增加，$V_{oc}I_L$ 乘积会出现一个极大值。利用图 8-12 以及有关的半导体参数，在图 8-13 中画出了不同温度下最大转换效率与 E_g 的对应关系曲线。从中看到，在各种半导体当中，Si 和 GaAs 最适于太阳电池的应用。但从图中也可以看出，转换效率也并非临界地依赖于禁带宽度，禁带宽度在 1～2eV 的半导体都可以作为太阳电池的材料。

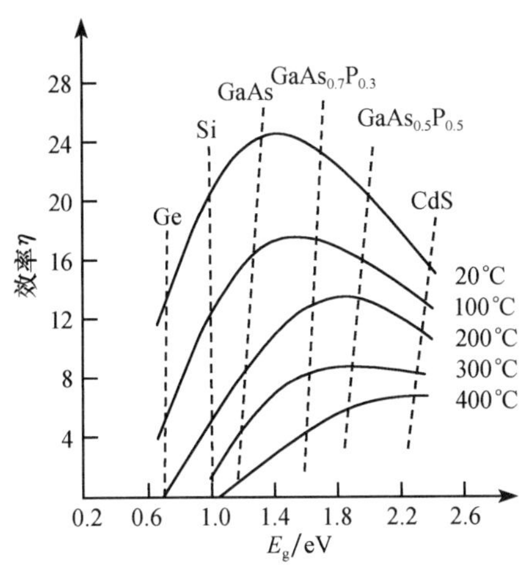

图 8-13　最大转换效率的理论值与禁带能量之间的对应关系

3. 串联电阻的影响

串联电阻为接触电阻和薄层电阻的总和，它使电流-电压特性发生改变，如图 8-14 所示。串联电阻增加内部功率耗散并减小占空因数，而分流电阻的影响不显著。接触电阻能够减少

到可以忽略的数值，但薄层电阻的选择却不太简单。小的薄层电阻对应于重掺杂的表面层，它会降低表面层的载流子寿命和扩散长度。因此，为了达到最佳设计，需要对掺杂浓度和结深采取折中。

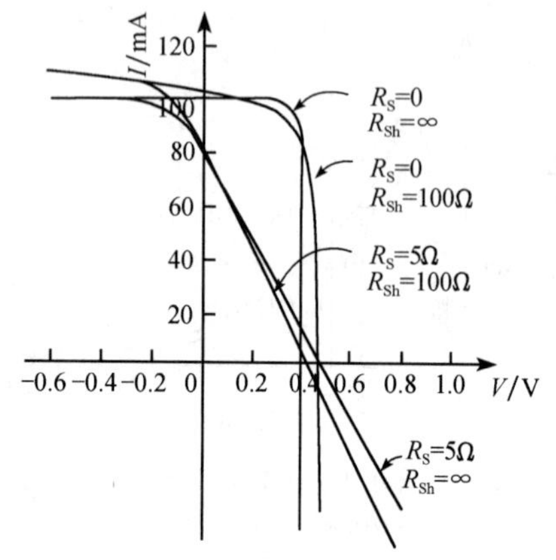

图 8-14 串联电阻和分流电阻对 *I-V* 曲线的影响

此外，小的串联电阻要求有大的金属化接触面积，它限制了光吸收的面积。实际的接触是采用图 8-5 中的栅格形式。这种结构能够有大的曝光面积，同时又使串联电阻保持合理的数值。

4. 表面反射的影响

由于存在表面的反射，透入表面的光子数少于入射光子数。反射光的比例取决于入射角度和材料的介电常数。假设垂直入射，则反射比被以下光学定律所确定

$$R=\frac{(n-1)^2+[\lambda\alpha/(4\pi)]^2}{(n+1)^2+[\lambda\alpha/(4\pi)]^2} \tag{8-6-3}$$

式中，$n=n_2/n_1$，n_1 和 n_2 分别为空气和半导体的折射率，α 为半导体的吸收系数。在硅光电池中，$[\lambda\alpha/(4\pi)]^2$ 项可以忽略，n=3.5。因此，反射光约占 30%。为了减小反射比，可以用折射率在 n_1 和 n_2 之间的材料覆盖在半导体表面上。硅光电池的实际抗反射层是氧化硅层，它的折射率为 1.9。理想的抗反射层材料的折射率为 $\sqrt{n_1 n_2}$ 。

5. 聚光技术(Sze，1985)

太阳光可以用透镜聚焦。**聚光技术**用聚光器面积代替许多太阳能电池的面积，从而降低太阳电池的造价。它的另一个优点是增加效率。

图 8-15(a)所示为一个标准平凸透镜，图 8-15(b)所示为一个等效的菲涅耳(Fresnel)透镜。这些透镜可以把太阳光聚焦到太阳电池上。在高聚集度的阳光照射下，载流子浓度接近衬底掺杂浓度，出现大注入情况。图 8-16 所示为装有聚光系统的硅太阳能电池的测量结果。当聚

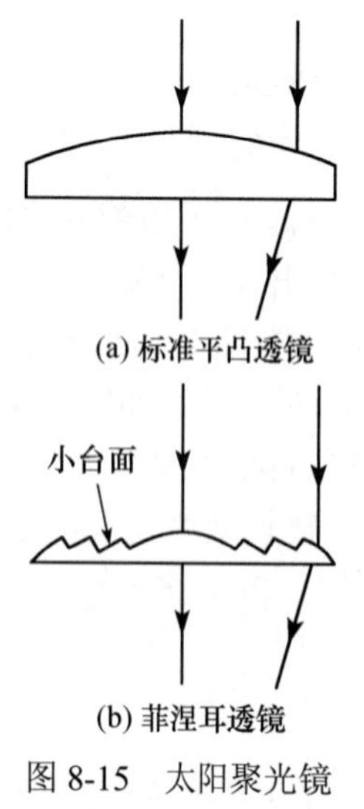

图 8-15 太阳聚光镜

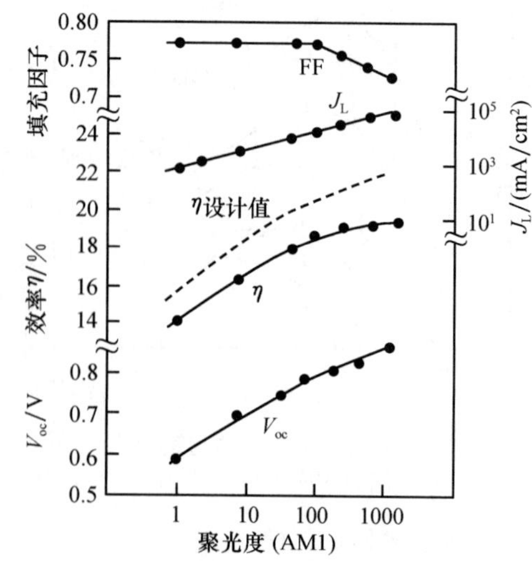

图 8-16 效率、开路电压、短路电流和占空因子与太阳聚光度的关系

光度从一个太阳的强度增加到 1000 个太阳的强度时，器件的性能得到改善。短路电流密度随聚光度线性增加，开路电压以聚光度每提高 10 倍增加 0.1V 的速度升高，而占空因数的变化很小。效率，即上述三个因素的乘积除以输入功率，以聚光度每提高 10 倍增加约 2%的速率增加。用适当抗反射涂层，在 1000 个太阳强度下，效率是 22%。因此，一个电池在 1000 个太阳强度的聚光度下，工作产生的输出功率相当于 1300 个电池在一个太阳强度下工作的输出功率。聚光方法能以比较廉价的聚光材料及有关的跟踪和散热系统代替造价较贵的太阳能电池，从而把整个系统的价格降到最低。

8.6 节小结

8.7　肖特基势垒和 MIS 太阳电池

用肖特基势垒取代 PN 结是低成本制造太阳电池的方法之一。成本的降低是由于肖特基势垒制造方法简单。典型的工艺是在半导体上面蒸发一层半透明金属(5～10nm 的厚度)，然后淀积厚的金属栅格作为顶部接触。为了减少金属-空气界面的表面反射，在大多数器件中增加一层抗反射层，最终结构如图 8-17(a)所示(爱德华，1981)。

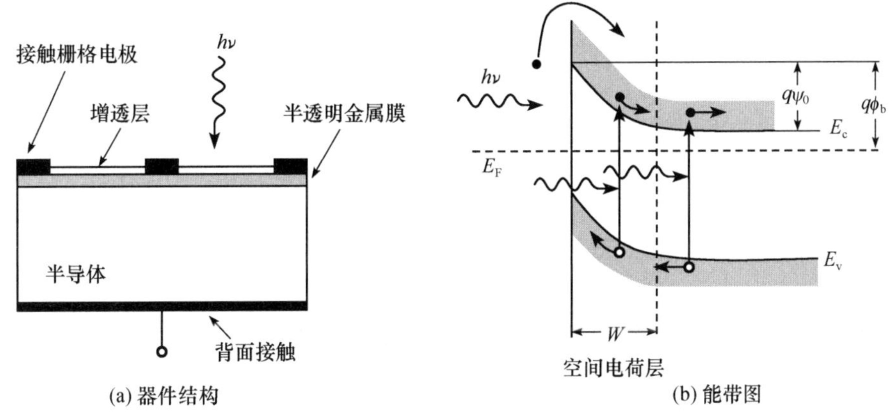

图 8-17　利用肖特基势垒制造的太阳电池

利用图 8-17(b)的能带图，可得到把光能转换为电能的两种不同模式。倘若入射光子的能量大于势垒高度但小于禁带能量，也就是 $E_g>h\nu>q\phi_b$，那么在金属中的电子能够被激发超过势垒高度，形成电流。但是由于跨越 MS 势垒要求动量守恒，所以这种过程效率不是很高。倘若光子能量大于 E_g，则在半导体的耗尽区和体内都要产生电子-空穴对。产生的空穴将移向金属，而电子将移向半导体内，从而产生光电流。在第二种模式下，大多数光子在半导体体内吸收，光产生电流主要由从半导体流向金属的空穴流构成。这种工作模式与在 PN 结电池中的情况类似并具有优良的转换效率。

在肖特基势垒二极管中，I_0 比在 PN 结(见 4.5 节)中的数值要高出几个数量级，因为 V_{oc} 随 I_0 的增加而减小，所以肖特基势垒电池的开路电压显著低于 PN 结电池的开路电压。因此，与 PN 结电池相比，肖特基势垒电池的效率较低。在肖特基势垒二极管中，I_0 代表多数载流子的热离子电流，它与光产生的电流相对抗。若在金属和半导体之间插入一绝缘薄层，则热离子电流 I_0 可以被减小(见 4.6 节)，因而 V_{oc} 可望增加。这种新的结构(MIS 结构)和它的能带图如图 8-18 所示。

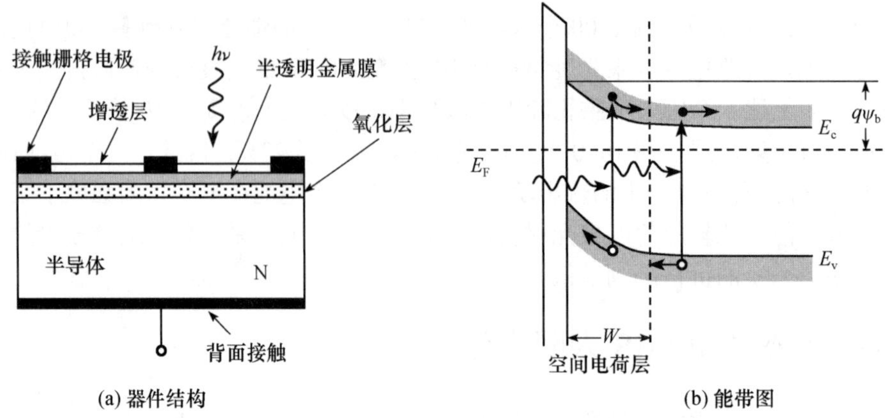

图 8-18 MIS 太阳电池

在这种 MIS 器件中，电流传导是由载流子隧道穿透绝缘薄层引起的。实验表明，对于 Au-SiO_2-(N)Si 系统，SiO_2 层厚度达 6nm 时，M-S 结间有了明显的隧道电流，但直到 4.5nm 时仍有 MOS 特性。当 SiO_2 层厚度降低到 2.8nm 以下时，隧道电流大到破坏了半导体的热平衡，此时的器件称为非平衡隧道二极管。选择适当的金属使 M-S 结间的电流由少子提供，则成为非平衡少子隧道二极管。当 SiO_2 层厚度从 0 增加到 1.9nm 时，开路电压和效率有明显的增加，但 SiO_2 层厚度达到 2.0nm 时效率却要下降。选用 1.9nm，开路电压增加 30%，效率增加 35%。采用这种结构的 Au-Si 电池的效率可达到 12%，Au-GaAs 电池的效率可达到 15%(王家骅 等，1983)。

8.7 节小结

8.8* 非晶硅(a-Si)太阳电池

非晶硅(a-Si)太阳电池的转换效率还达不到单晶硅太阳电池那样高，但它的突出优势是成本低。目前，能够制成有较高效率的太阳电池的非晶态半导体仅有用辉光放电法生成的 a-Si∶H(氢化非晶硅)。硅烷(SiH_4)在辉光放电中生长 a-Si，氢原子填补了部分硅的悬挂键而形成 a-Si∶H 合金。也可以引入氟原子生成 a-Si∶H∶F 合金，成为有优良光电特性的 a-Si 材料。在辉光放电中，也可以引入磷和硼杂质分别制成 N 型 a-Si∶H 和 P 型 a-Si∶H。这些材料的电阻率约为 $10^3\Omega \cdot cm$，从而使 a-Si 具有广阔的应用前景。

a-Si∶H 的光学吸收系数 α 随着衬底淀积的温度升高而增大。在可见光范围内，a-Si∶H 的吸收系数都比单晶态 Si 大一个数量级以上，因而 $\lambda<0.7\mu m$ 的太阳辐射光谱的大部分都能够被 1.0μm 左右厚度的 a-Si∶H 薄膜吸收。

必须指出的是，以辉光放电方法生长的 a-Si∶H 材料的特性与生长条件有密切的关系，其中以衬底温度影响最大。实验证明，只有衬底的温度在 200～400℃内生长的 a-Si∶H 薄膜才能有良好的电学特性。这可能是由于在该衬底温度范围内生长的 a-Si∶H 悬挂键被 H 原子补偿，从而减小了能隙缺陷，改善了材料的电学性质。对于制作太阳电池的衬底材料，如玻璃、不锈钢等，还要注意玻璃中碱离子的渗入和 Fe 在 a-Si 中的扩散。用不锈钢衬底，在 350℃的温度下淀积，用 a-Si∶H 能够制成较好的太阳电池。

图 8-19 所示为几种非晶态硅太阳电池的结构。这些结构包括**异质结**、**PIN 结**和**肖特基结太阳电池**。近年来研究和实践的结果表明，PIN 结已经成为 a-Si 太阳电池的主要结构。利用 P 型 a-Si_xC_{1-x}∶H 作为 PIN 结太阳电池的窗口材料，可以做到 10.1%的光电转换效率。

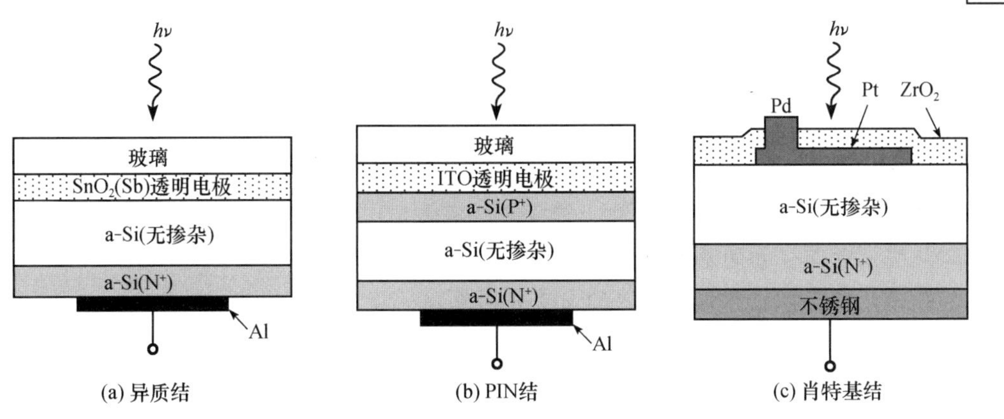

图 8-19　三种 a-Si 太阳电池的结构

8.8.1　非晶硅 PIN 结太阳电池

非晶态硅的载流子输运和复合的性质与单晶硅有很大的差别。a-Si 的电子迁移率通常为 $10^{-1}\sim10^{-2}\text{cm}^2/(\text{V·s})$，空穴的迁移率更低，空穴的扩散长度约为 0.1μm。为了充分吸收太阳光的能量，a-Si 太阳电池的薄膜厚度约为 0.1μm，在这样的薄膜厚度下，靠载流子扩散越过此薄层是不大可能的，所以收集效率很低。因此，在 a-Si 太阳电池中，光生载流子的收集主要是靠内建电场的漂移作用而不是靠少数载流子的扩散作用。为了保证 a-Si 薄膜内有足够强的内建电场，必须在 P 型层和 N 型层之间加进一层本征的 a-Si。这就是说，非晶态硅由于载流子的扩散长度很短，用 PN 结的方法形成的太阳电池难以获得高效率，必须选用 PIN 结构，靠内建电场对 I 层产生光生载流子的漂移作用，从而提高收集效率。在 a-Si 的淀积中，分别加入适当比例的 PH_3 和 B_2H_6 就可以获得 N 型 a-Si 和 P 型 a-Si，从而可以用辉光放电生长 a-Si 的 PIN 结。太阳电池的衬底可以用玻璃、不锈钢和特种塑料制造，在光照面上可以用 SnO_2、ITO(铟-锡氧化物)等透明导电薄膜，这些薄膜可以起减少反射的作用。

PIN 结太阳电池最重要的是 I 层的质量和厚度。为了提高收集效率，I 层内最低的电场强度要大于 10^4V/cm，这个电场是内建电场，它与 I 层的厚度和层内的缺陷态密度有关。因此，淀积适当的 I 层厚度和降低 I 层中的缺陷态密度是提高 PIN 结太阳电池性能的关键。另外，由于 PIN 结表面掺杂层的少数载流子扩散长度很短，而表面对光吸收又是很大的，因此光生载流子不能被收集。改进的方法是利用“窗口”材料作为表面层，因为“窗口”材料的禁带宽度较宽，会使更多的光子透过窗口层入射到本征的 a-Si∶H 层，从而改善光生载流子的收集效率，增强太阳电池的短波响应。

8.8.2　非晶硅肖特基势垒太阳电池

肖特基势垒太阳电池的核心结构是金属-半导体肖特基势垒。采用不锈钢衬底，在衬底上首先淀积一层 N^+型 a-Si，继而淀积一层厚度约 1μm 的无掺杂 a-Si∶H。在 a-Si∶H 层上蒸发 5nm 的金属(通常用铂)形成肖特基势垒接触，为了引入电极接触，在铂层上蒸发钯作为接触片，厚度约 100nm。最后，蒸发一层厚度为 45nm 的 ZrO_2 减反射薄膜，提高太阳光入射的利用率。

8.9 光电二极管的基本结构与工作原理

教学要求

1. 说明光电二极管的基本工作原理。
2. 指出光电二极管和太阳电池的主要异同点。
3. 说明 PIN 光电二极管的工作原理。

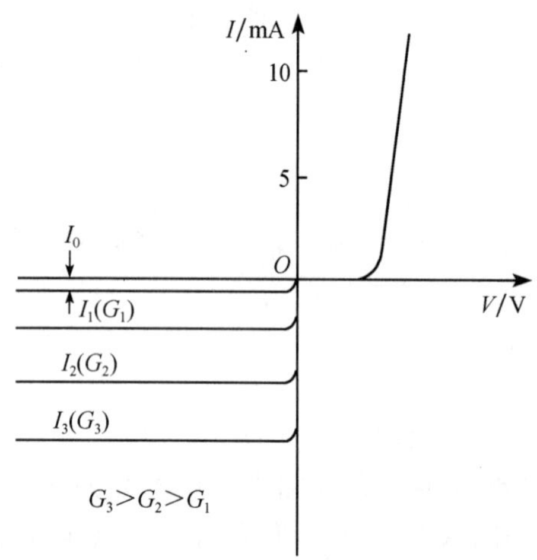

图 8-20 光电二极管的工作特性曲线

光电二极管和太阳电池一样，都是利用光生伏打效应工作的器件。光电二极管和太阳电池的用途不同。光电二极管工作时要加上反向偏压。光电二极管的基本工作原理是基于反偏压结(如 PN 结、肖特基结、异质结等)的少子抽取作用。光照使结的空间电荷区内和扩散区内产生大量的非平衡载流子，这些非平衡载流子被内建电场和反偏压电场漂移，形成大的反向电流——光电流。这个光电流比结的反向饱和电流大得多，如图 8-20 所示 ($I_3>I_2>I_1$)。光电流与入射光强度成正比，与入射光的频率密切相关，因此，光电二极管能把光信号变成电信号，从而达到探测光信号的目的。下面将介绍几种典型的光电二极管的结构和工作过程。

8.9.1 PIN 光电二极管

半导体吸收光之后产生电子-空穴对。产生在耗尽层内和耗尽层外载流子扩散区内的电子-空穴对，最后将被电场(反向偏压电场或 PN 结内建电场)分开，它们漂移通过耗尽层，在外电路产生电流。为了提高光子的收集效率，在 P 层和 N 层之间夹入一层本征(或低掺杂)的 I 层材料，这种结构的光电二极管称为 **PIN 光电二极管**。图 8-21 所示为 PIN 光电二极管的基本结构、反偏压下的能带图和光吸收特性。

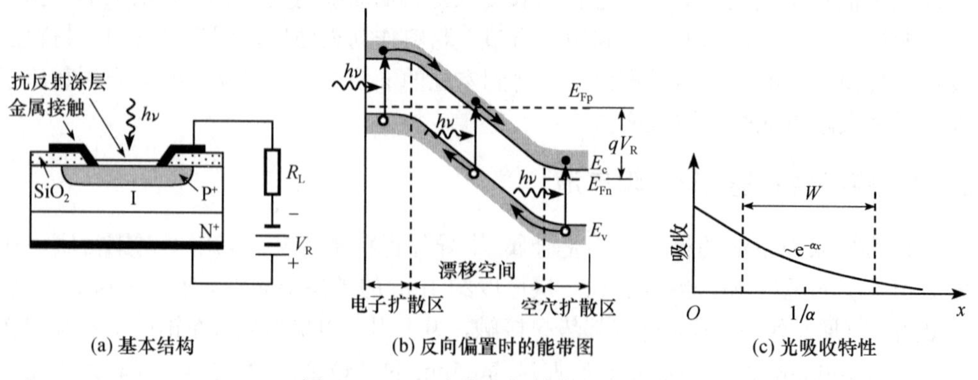

图 8-21 PIN 光电二极管的工作原理

P 层和 N 层中间的 I 层，在足够高的反偏压下，完全变成耗尽层，增加了耗尽层的宽度。因此，I 层也称为耗尽层，其中产生的电子-空穴对立刻被电场分离而形成光电流，这个电流是漂移电流。

在 I 层之外产生的电子-空穴对以扩散方式向耗尽层边缘扩散然后被耗尽层收集，它们形成的电流是扩散电流。与漂移电流相比，扩散电流是**慢电流**。在 PIN 光电二极管中存在漂移和扩散两种机制的电流。

在长距离的光纤通信系统中，PIN 光电二极管多采用 P-InP/I-InGaAs/N-InP 的双异质结结构。P-InP 的禁带宽度为 1.35eV，对波长大于 0.92μm 的光不吸收。I-InGaAs 的禁带宽度为 0.75eV（对应截止时波长 1.65μm），在 1.3～1.6μm 波段上表现出较强的吸收，几微米厚的 I 层就可以获得很高的响应度（响应度的概念见 8.10 节）。这样，对于光通信的低损耗波段，光吸收只发生在 I 层，完全消除了慢电流扩散电流的影响。I 层可以很薄，以获得最佳的量子效率和频率响应（见 8.10 节）。

8.9.2* 雪崩光电二极管

雪崩光电二极管（APD）也是最常用的一类光探测器，它利用器件内部的雪崩倍增过程使光吸收产生的电流得到放大。在通常的 PIN 光电二极管中没有这种放大作用。

图 8-22 所示为 APD 的典型结构和反向偏压 V_R 下的电场分布。当 V_R 足够大时，N^+P 结的强电场将引起载流子的**雪崩倍增**，在这里形成**倍增区**，使光电流得到放大。I 层厚度比较大（直接带隙材料为微米量级，间接带隙材料为几十微米量级），是光吸收的区域（**吸收区**）。其间的电场不足以发生碰撞电离，但通常能使载流子以饱和漂移速度 v_s 运动。N^+ 型保护环的作用是防止 N^+P 结的**边缘击穿**，中间 N^+P 结的击穿将先于保护环击穿。

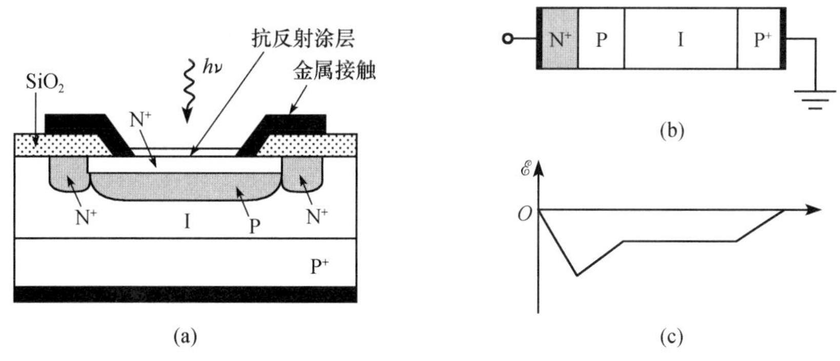

图 8-22 APD 的典型结构与反向偏压特性

设计 APD 时需要重点考虑的问题是如何减小**雪崩噪声**（噪声的概念见 8.10 节）。雪崩噪声是由雪崩过程的随机性产生的。在雪崩过程中，在耗尽层每一给定距离所产生的每一对电子-空穴对并不经历相同的倍增过程。雪崩噪声与电离率比（α_p/α_n）有关，α_p/α_n 越小，雪崩噪声也就越小。这是因为当 $\alpha_p=\alpha_n$ 时，每一个入射的光生载流子在倍增区产生三个载流子：初始的一个以及二次电子和空穴。一个载流子数变化的涨落代表了一个大的百分比变化，噪声也就大。另外，若有一个电离率趋近于零（如 $\alpha_p\to 0$），则每一个入射光生载流子都能在倍增区产生大量载流子。在这种情况下，一个载流子的涨落相对来说就不重要了。因此，为了减小雪崩噪声，可以采用 α_p 和 α_n 相差很大的半导体材料。

Ⅲ-Ⅴ族化合物半导体是制造光电器件的重要材料。原则上，在直接带隙半导体的情况下，

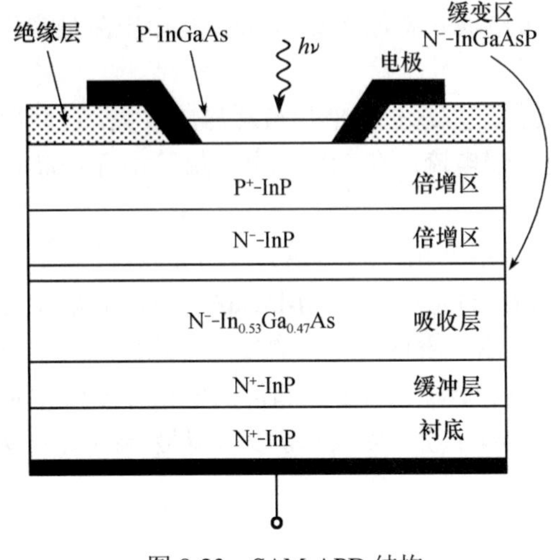

图 8-23 SAM-APD 结构

光探测器的吸收区不必很长，APD 可以由很宽的吸收区和倍增区构成。但是对于窄带隙材料(如 InGaAs，E_g≈0.75eV)，碰撞电离所需要的强电场会引起很大的来自带间隧道效应的漏电流。为了避免这种现象，通常采用分别吸收和倍增(简称为 SAM)的 APD 结构。光吸收发生在窄禁带材料内，雪崩倍增过程发生在宽禁带材料内。图 8-23 所示为 1.5～1.65μm 波长的光通信用 InGaAs APD 的典型结构。它是在 N^+-InP 衬底上外延生长 N-InGaAs 光吸收层和 N-InP 倍增层，并在这两层中间夹入 N-InGaAsP 层制成的。夹入 N-InGaAsP 层是用来缓和 InGaAs 层和 InP 层的禁带宽度 E_g(分别为 0.75eV 和 0.35eV)的差异所产生的价带不连续，使光吸收层产生的空穴迅速流入倍增层。因为作为倍增层的 InP 材料的空穴电离率大于电子电离率($\alpha_p>\alpha_n$)，所以这种 APD 的倍增过程是由空穴碰撞电离而在 N 型 InP 中形成的。

8.9.3* 金属-半导体光电二极管

金属-半导体光电二极管的结构如图 8-24 所示。二极管受到穿过金属接触层的光照射，为了避免大量的反射和吸收损耗，金属膜通常做得很薄(约 10nm)，而且必须加抗反射涂层。

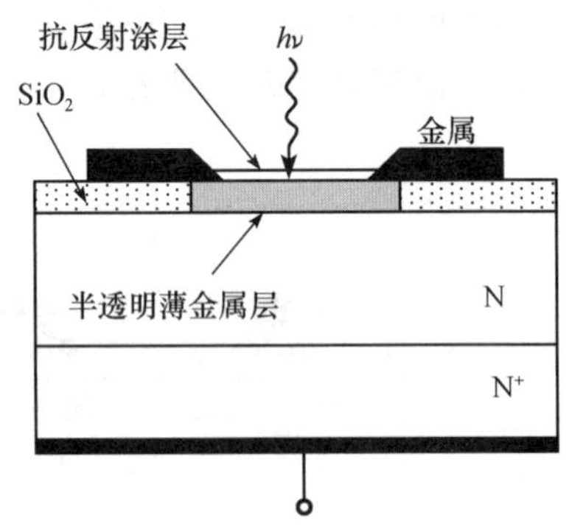

图 8-24 金属-半导体光电二极管的结构

金属-半导体光电二极管在紫外光和可见光区域特别有用。在这些波长区域，大多数普通半导体的吸收系数都很高，数量级在 $10^4 cm^{-1}$ 或更大，相应的有效吸收长度 $1/\alpha$ 为 1.0μm 或更短。这就有可能选择一种金属和一种抗反射涂层，使入射光的大部分在半导体表面附近被吸收，产生的电子-空穴对则由肖特基势垒电场分开。例如，金-硅光电探测器，有厚 10nm 的金和厚 50nm 的硫化锌抗反射涂层。对于 λ=632.8nm(氦氖激光器的波长，红光)的入射光，95%以上将透射到硅衬底。

金属-半导体光电二极管具有很高的响应速度(响应速度的概念见 8.10 节)，故称为高速光电二极管。

8.9.4* 异质结光电二极管

异质结光电二极管是用外延方法在较窄禁带半导体上淀积一层宽禁带半导体形成的。异质结光电二极管的一个优点是量子效率和异质结离表面的距离之间没有决定性的关系，这是因为宽禁带半导体材料可作为入射光的**窗口**。此外，异质结能形成特定的材料组合，使得对于给定波长的光信号，量子效率和响应速度都能取得最佳值。

为了减小异质结的漏电流，两种半导体的晶格常数必须严格匹配。在砷化镓衬底上外延

生长三元化合物 $Al_xGa_{1-x}As$，可以形成良好晶格匹配的异质结。这些异质结光电探测器是在 0.65～0.85μm 波长使用的重要光电器件。在较长的波长(1～1.6μm)，像 $Ga_{0.47}In_{0.53}As$ (E_g=0.73eV)之类的三元化合物和 $Ga_{0.27}In_{0.73}As_{0.63}P_{0.37}$ (E_g=0.95eV)等四元化合物都能使用，这些化合物与磷化铟衬底有接近完美的晶格匹配。图 8-25 的插图表示一个背面受光照的台面结构的 P-GaInAs/I-GaInAs/N^+-InP 光电二极管，在波长为 0.96～1.6μm，其量子效率大于 55%。

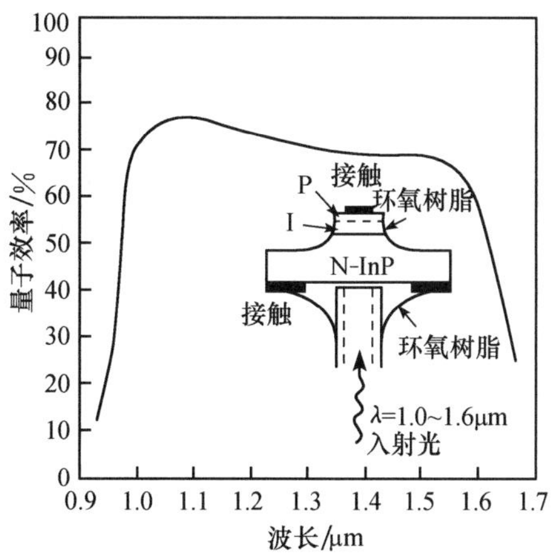

图 8-25 GaInAs PIN 光电二极管量子效率和波长的关系

8.9 节小结

8.10 光电二极管的特性参数

教学要求

1. 掌握概念：量子效率、响应度、响应速度(带宽)、信噪比、噪声等效功率(NEP)、探测率和比探测率。

2. 影响响应速度的主要因素有哪些？如何进行综合考虑？

由于光电二极管的特殊应用，人们引入很多的参数来标志光电二极管的特性，下面介绍几个常用的参数。

8.10.1 量子效率和响应度

量子效率定义为单位入射光子所产生的电子-空穴对的数目，即

$$\eta = \frac{I_L / q}{P_{in} / (h\nu)} \tag{8-10-1}$$

式中，I_L 是吸收波长为 λ(能量为 $h\nu$)、功率为 P_{in} 的入射光所产生的短路光电流。P_{in} 和入射光通量 Φ_0 的关系为

$$P_{in} = A(1-R)\Phi_0 h\nu \tag{8-10-2}$$

式中，R 为表面反射率，A 为光照 PN 结的面积。η 和吸收系数 α 的关系十分密切。由于 α 和波长 λ 有强烈的依赖关系，因此能产生明显光电流的波长是有限制的。长波限 λ_c 由禁带宽度(式(8-1-5))决定。光响应也有短波极限，这是因为当波长很短时，α 值很大(～$10^5 cm^{-1}$)，大部分辐射在表面附近被吸收，而表面复合时间又很短，所以光生载流子在到达 PN 结被收集

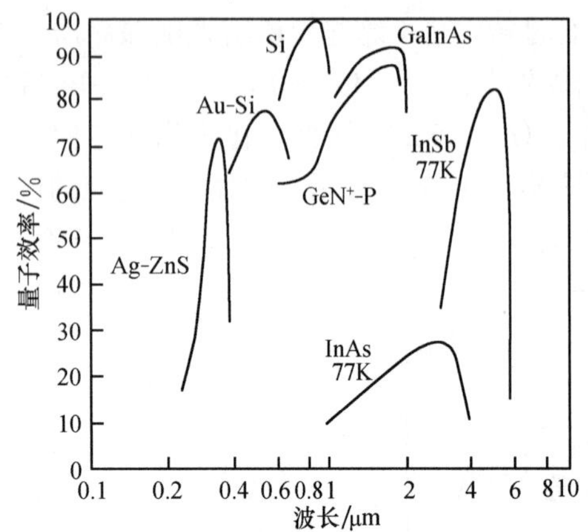

图 8-26 不同光电二极管量子效率和波长的关系

之前就已经被复合掉了。图 8-26 所示为一些高速光电二极管量子效率和波长关系的典型曲线。可以看到，在紫外光和可见光区，金属-半导体光电二极管有很高的量子效率；在近红外区，硅光电二极管(有抗反射涂层)在 0.8～0.9μm 的量子效率可达 100%；在 1.0～1.6μm，锗光电二极管和Ⅲ-Ⅴ族光电二极管(如 GaInAs)有很高的量子效率。对于更长的波长，为了获得高的量子效率，光电二极管需进行冷却(如用液氮冷却到 77K)。

响应度表征光电二极管的转换效率，定义为短路光电流与输入光功率之比，即

$$R=\frac{I_{\mathrm{L}}}{P_{\mathrm{in}}}$$

其意义是单位入射光功率产生的短路光电流。利用量子效率，有

$$R=\eta\frac{q}{h\nu}=\eta\frac{q\lambda}{1.24}(\mathrm{A/W}) \tag{8-10-3}$$

从量子效率和响应度的定义可以看出，高的量子效率和响应度要求有大的短路光电流，因此对于 PIN 光电二极管，要求 I 层足够宽。

8.10.2 响应速度

在光纤通信中，入射光强度受到高频调制，要求光电二极管对相应的变化能够快速响应。由此引入**响应速度**(带宽)这一概念，它是当交流光电流由于调制信号的频率升高而下降到低频值的$1/\sqrt{2}$时的调制频率，也称为 **3dB 频率**。

响应速度主要受下列三个因素的控制。①载流子的扩散。在耗尽层外边产生的载流子必须扩散到 PN 结，这将引起可观的时间延迟，为了将扩散效应减到最小，PN 结应尽可能接近表面。②在耗尽层内的漂移时间，这是影响带宽的主要因素。为了减少耗尽层渡越时间，要求耗尽层要尽可能地窄，但耗尽层太窄会使器件吸收光子的数量减少，从而影响响应度。③耗尽层电容。耗尽层太窄会使耗尽层电容过大，从而使时间常数 RC 过大(R 是负载电阻)。

实验表明，耗尽层宽度的最佳选择是使得

$$2\pi f_{3\mathrm{dB}}t_{\mathrm{r}}=2.4 \tag{8-10-4}$$

或者

$$f_{3\mathrm{dB}}\approx 0.4\frac{v_{\mathrm{s}}}{W} \tag{8-10-5}$$

式中，$f_{3\mathrm{dB}}$为 3dB 频率，$t_{\mathrm{r}}\approx W/v_{\mathrm{s}}$为耗尽层渡越时间，$W$ 为耗尽层宽度，v_{s}为饱和漂移速度(10^7cm/s 左右)。对于所要求的截止频率，可以根据式(8-10-5)设计耗尽层的宽度。

对于 APD，设雪崩过程由电子注入倍增区引起，则产生的电子与原始电子一道通过倍增区，而产生的空穴朝相反的方向漂移。如果这些空穴不太可能产生新的电子(即 $\alpha_{\mathrm{p}}\to 0$)，则所有电荷移出耗尽层的时间等于电子和空穴的渡越时间之和。带宽与倍增因子无关，但是如果初始雪崩产生的空穴在倍增区内产生电子-空穴对的概率显著，则或多或少会有新的电子产

生。这一过程是再雪崩过程，它导致原始电子在越出倍增区以后在该区长时间内存在电子，从而引起附加的渡越时间延迟。倍增因子越大，附加的时间越长。由于这个时间的存在，在频率为 ω 的高频调制光入射下，APD 的增益将会下降，从而形成对器件响应带宽的限制。分析表明

$$f_{3\text{dB}} = (2\pi t_1 M_0)^{-1} \tag{8-10-6}$$

式中，M_0 为 APD 的直流倍增因子，t_1 为等效渡越时间。

式(8-10-6)说明器件的增益带宽之积为常数。因此，如果想提高探测器对微弱信号的**灵敏度**(需要大的 M_0)，就必然会降低器件的响应带宽。式(8-10-6)也表明了，采用 $\alpha_p \gg \alpha_n$ 或 $\alpha_n \gg \alpha_p$ 的材料制作 APD，可以获得较高的响应带宽。

根据以上对量子效率和响应带宽的分析可见，当光照射到加反向偏压的光电二极管上时，耗尽层把光产生的电子-空穴对分离，在外电路中产生电流。在高频工作时，耗尽层必须很薄，以减少渡越时间，从而获得高的响应速度，同时，为了增加量子效率，耗尽层又必须足够厚，以便能吸收大部分入射光。因此，设计时应该兼顾响应速度和量子效率。

8.10.3　噪声特性

噪声是信号上附加的无规则起伏，它可使信号变得模糊甚至淹没信号，所以噪声是通信中的一种基本限制。在光电二极管中主要有**散粒噪声**和**热噪声**两种噪声。

散粒噪声是由一个个入射光子产生的不均匀的或杂乱的电子-空穴对引起的。也就是说，它是由通过器件的粒子(电子或空穴)无规则起伏引起的。分析表明，探测器散粒噪声电流(即均方根噪声电流)表示为

$$i_{\text{ns}}^2 = 2qI\Delta f \tag{8-10-7}$$

式中，I 为电流强度，Δf 为测量的频率范围(即带宽)。

热噪声来自电阻值为 R 的电阻体发出的电磁辐射部分，由载流子无规则散射引起。实际上，任何一个温度高于绝对零度的物体都要发出这种噪声。根据普朗克黑体辐射理论，在电磁辐射的低频部分，即微波高频或任何更低的频率，除人工产生的极低温度外，热噪声的电流(均方值)为

$$i_{\text{nt}}^2 = \frac{4KT\Delta f}{R} \tag{8-10-8}$$

将式(8-10-7)和式(8-10-8)相加，得到光电二极管在接有输入电阻为 R 的放大器时的噪声电流(均方值)为

$$i_n^2 = 2q(I_{\text{L}} + I_{\text{D}})\Delta f + \frac{4KT\Delta f}{R} \tag{8-10-9}$$

式中，I_L 为入射光在光吸收层中产生的光电流，即信号电流；I_D 为在光吸收层中与入射光无关，由热激发的载流子引起的电流，即暗电流。光电二极管的串联电阻成分 R_S 一般可以忽略不计，并联电阻 R_{Sh} 很大，R 等于 R_{Sh} 和负载电阻 R_L 以及接在负载电阻上的放大器的有效输入电阻 R_A 的并联值。T 一般表示放大器的噪声系数和绝对温度之积，称为**有效温度**。

8.10.4　其他几个概念

为进一步描述光电二极管的性能，常常给出以下几个概念。

1. 信噪比

利用量子效率公式(8-10-1)，可以将光电二极管的信号电流 i_s 简单地表示为(令 $i_s=I_L$)

$$i_s = \frac{q\eta P_{in}}{h\nu} \tag{8-10-10}$$

在负载 R 两端产生的信号功率 P_s 为

$$P_s = i_s^2 R \tag{8-10-11}$$

光电二极管的**信噪比**为

$$\frac{S}{N} = \frac{[q\eta P_{in}/(h\nu)]^2}{2q[q\eta P_{in}/(h\nu)+I_D]\Delta f + 4KT\Delta f/R} \tag{8-10-12}$$

在忽略暗电流和热噪声的情况下，根据式(8-10-12)，光电二极管的信噪比为

$$\frac{S}{N} = \frac{\eta P_{in}}{2h\nu\Delta f} \tag{8-10-13}$$

2. 噪声等效功率(NEP)

NEP 定义为产生与探测器噪声输出功率大小相等的信号所需要的入射光功率。NEP 标志探测器可探测的最小功率。在式(8-10-13)中，令 $S/N=1$，就得到

$$\text{NEP} = P_{in}\big|_{S/N=1} = \frac{2h\nu\Delta f}{\eta} \tag{8-10-14}$$

3. 探测率(D)

探测率定义为

$$D = \frac{1}{\text{NEP}} \tag{8-10-15}$$

D 依据于探测器的面积和带宽 Δf。为了排除这些影响，引入**比探测率** D^*。

4. 比探测率(D^*)

$$D^* = \frac{(A\Delta f)^{1/2}}{\text{NEP}} \tag{8-10-16}$$

D^*是探测器的常用优值。选择探测器时，一旦带宽条件选定，就应当选用 D^*值高的器件。

对于雪崩器件，除考虑散粒噪声和热噪声外，还必须考虑雪崩噪声。如前所述，这种噪声是由雪崩过程随机产生的。在 APD 中，将光生载流子注入倍增区，不仅注入的光电流被倍增，噪声也被放大。于是式(8-10-7)应该表示为

$$i_{ns}^2 = 2qIM^2F\Delta f \tag{8-10-17}$$

式中，M 为倍增因子，F 称为**过剩噪声因子**。在电场均匀且 M 很大的情况下，F 可以表示为

$$F = 2(1-K) + KM \tag{8-10-18}$$

式中，$K=\alpha_p/\alpha_n$ 或 $K=\alpha_n/\alpha_p$。前者对应的雪崩过程由电子注入倍增区引起，后者对应的雪崩过程由空穴引起。式(8-10-18)表明，为了减小雪崩噪声，应当选用 α_n 和 α_p 相差很大的半导体材料，这和前面提到的高响应速度对材料的要求是一致的。硅的 $\alpha_n \gg \alpha_p$，所以硅 APD 具有良好的性能。在 0.85μm 光谱区的接收装置，多数使用这种器件。此外，由于散粒噪声随 M 迅速增加，因此 APD 的内部增益不能过大。

8.10 节小结

习题

8-1 (1) 计算在 Ge、Si 和 GaAs 中产生电子–空穴对的光源的最大波长 λ。

(2) 计算波长为 5500nm 和 6800nm 的光子能量。

8-2 导出例 8-1 中的空穴分布表达式(8-5-5)。

8-3 一个厚度为 0.46μm 的 GaAs 样品，用 $h\nu$=2eV 的单色光源照射，吸收系数为 $\alpha=5\times10^{-4}\text{cm}^{-1}$，样品的入射功率为 10mW。

(1) 以 J/s 为单位计算被样品吸收的总能量。

(2) 以 J/s 为单位求电子在复合前传给晶格过剩热能的速率。

(3) 计算每秒钟由于复合发射的光子数。

8-4 假设 P^+N 二极管受到光源的均匀照射，电子–空穴对产生率为 G_L，解扩散方程证明

$$\Delta p_n = \left[p_{n0}(e^{V/V_T}-1) - G_L \frac{L_p^2}{D_p} \right] e^{-(x-x_n)/L_p} + \frac{G_L L_p^2}{D_p}$$

8-5 利用习题 8-4 的结果推导 $I_L=qAG_L(L_n+L_p)$。

8-6 (1) 推导式(8-4-3)。

(2) 假设暗电流为 1.5mA，光产生的短路电流为 100mA，画出 I-V 曲线，并用图解法求出最大输出功率的负载电阻并估算占空因数(数值解)。

8-7 (1) 证明：对于 N^+P 电池，式(8-3-1)中的电流 I_0 可表示为

$$I_0 = \frac{qAn_{p0}D_n}{L_n} \cdot \frac{S\left(\cosh \dfrac{W_p}{L_n}\right) + \dfrac{D_n}{L_n}\left(\sinh \dfrac{W_p}{L_n}\right)}{\dfrac{D_n}{L_n}\left(\cosh \dfrac{W_p}{L_n}\right) + S\left(\sinh \dfrac{W_p}{L_n}\right)}$$

式中，S 为在欧姆接触处的表面复合速度，W_p 为 P 区宽度，其他符号表示少数载流子的参数。

(2) 证明：

$$I_0 = \begin{cases} \dfrac{qAn_{p0}D_n}{L_n} \tanh \dfrac{W_p}{L_n}, & \left(S \ll \dfrac{D_n}{L_n}\right) \\ \dfrac{qAn_{p0}D_n}{L_n} \coth \dfrac{W_p}{L_n}, & \left(S \gg \dfrac{D_n}{L_n}\right) \end{cases}$$

8-8 假设 $J_L=40\text{mA/cm}^2$，画出 N^+P GaAs 电池的开路电压与受主浓度的关系。其中，$J_0=I_0/A$ 由习题 8-7(2) 中 $S \ll D_n / L_n$ 的公式给出，$W_p=L_n$=5μm(数值解)。

8-9 在一个小的带宽范围内，平均每秒每平方厘米进入硅内的光子数为 $Q(\lambda)$。

(1) 推导出波长 λ 处的光产生电流损耗 $\Delta J_L(\lambda)$ 的表达式，它是背面接触反射系数 R、电池总厚度 W 和吸收系数 α 的函数。

(2) 估算在 λ=900nm 处光产生电流的损耗。假设在±50nm 的带宽内，$Q(\lambda)$ 等于太阳光谱的 50%，平均吸收系数为 500cm^{-1}，在背面接触处的反射系数为 0.8，电池的厚度为 10μm。

8-10 考虑一个硅 PN 结太阳电池，其面积为 2cm^2。若太阳电池掺杂浓度为 $N_a=1.7\times10^{16}\text{cm}^{-3}$，$N_d=5\times10^{19}\text{cm}^{-3}$，且已知 τ_n=10μs，τ_p=0.5μs，$D_n=9.3\text{cm}^2/\text{s}$，$D_p=2.5\text{cm}^2/\text{s}$，$I_L$=95mA。在室温下：

(1) 计算并画出太阳电池的 I-V 特性曲线；

(2) 计算开路电压；

(3) 确定太阳电池的最大输出功率；

(4) 数值求解 (1) ～ (3)。

8-11 试列出光电二极管和太阳电池的三个主要差别。

参 考 文 献

爱德华・S・扬, 1981. 半导体器件物理基础. 卢纪, 译. 北京：人民教育出版社.

王家骅, 李长健, 牛文成, 1983. 半导体器件物理. 北京：科学出版社.

CARD H C, YANG E S, 1976. MIS-Schottky theory under conditions of optical carrier generation in solar cells. Applied physics letters, 29 (1) : 51-53.

CARLSON D E, 1977. Amorphous silicon solar cells. IEEE transactions on electron devices, 24 (4) : 449-453.

FONASH S J, 1981. Solar cell device physics. New York: Academic Press.

HOVEL H J, 1975. Solar cells, semiconductors and semimetals. vol. 11. New York: Academic.

KRESSEL H, 1987. Semiconductor devices for optical communications: topics in applied physics. vol. 39. New York: Springer Verlag.

MACMILLAN H F, HAMAKER H C, VIRSHUP G F, et al, 1988. Multijunction III-V solar cells: recent and projected results. Conference record of the twentieth IEEE photovoltaic specialists conference. Las Vegas, 1: 48-54.

MADAN A, 1986. Amorphous silicon: from promise to practice. IEEE spectrum, 23: 38-43.

MERRIGAN J A, 1975. Sunlight to electricity. Cambridge, MA: MIT Press.

PANKOVE J I, 1971. Optical processes in semiconductors. Englewood Cliffs: Prentice Hall.

PIERRET R F, 1996. Semiconductor device fundamentals. Reading, MA: Addison-Wesley.

RAPPAPORT P, WYSOCKI J J, 1961. The photovoltaic effect in GaAs, CdS and other compound semiconductors. Acta electron, 5: 364.

RITTNER E S, 1977. Improved theory of the silicon p-n junction solar cell. Journal of energy, 1 (1) :9-17.

ROULSTON D J, 1990. Bipolar semiconductor devices. New York: McGraw-Hill.

ROULSTON D J, 1999. An introduction to the physics of semiconductor devices. New York: Oxford University Press.

SHUR M, 1990. Physics of semiconductor devices. Englewood Cliffs: Prentice Hall.

SINGH J, 2001. Semiconductor devices: basic principles. New York: John Wiley & Sons.

STREETMAN B G, BANERJEE S, 2000. Solid state electronic devices. 5th ed. Upper Saddle River: Prentice Hall.

SZE S M, 1981. Physics of semiconductor devices. 2nd ed. New York: John Wiley & Sons.

SZE S M, 1985. Semiconductor devices: physics and technology. New York: John Wiley & Sons.

WANG S, 1989. Fundamentals of semiconductor theory and device physics. Englewood Cliffs: Prentice Hall.

WILSON J, HAWKES J F B, 1983. Optoelectronics: an introduction. Englewood Cliffs: Prentice Hall.

WOLF M,1960.Limitations and possibilities for improvements of photovoltaic solar energy converters. Proceedings of the IRE, 48 (7) :1246-1263.

WOLFE C M, HOLONYAK N JR, STILLMAN G E, 1989. Physical properties of semiconductors. Englewood Cliffs: Prentice Hall.

WYSOCKI J J, RAPPAPORT P, 1960. Effect of Temperature on Photovoltaic Solar Energy Conversion. Journal of applied physics, 31 (3) :571-578.

第9章 发光二极管和半导体激光器

发光二极管是一种用半导体 PN 结或类似结构把电能转换成光能的器件。因为这种发光是由注入的电子和空穴复合而产生的，所以称为**注入式电致发光**。

人们很早就发现了半导体的电致发光现象。早在 1907 年，罗昂德(Round)就观察到电流通过硅检波器时有黄光发出。1923 年，洛谢夫(Lossev)也在碳化硅检波器中观察到了类似的现象，但当时这并没有引起人们的普遍注意。1955 年，布朗斯坦(Braunstein)第一次从Ⅲ-Ⅴ族化合物中观察到了辐射复合。1961 年，戈肖左恩(Gershenzon)等观察到磷化镓 PN 结的发光。但与晶体管、集成电路等半导体器件相比，半导体发光器件的进展是缓慢的。直到 20 世纪 60 年代初，随着砷化镓晶体制备技术的显著发展，砷化镓发光二极管和砷化镓半导体激光器于 1962 年被制造出来。此后，出现了发光二极管和半导体激光器迅速发展的局面。1970 年，实现了 GaAs-GaAlAs 双异质结激光器的室温连续工作。此后，在半导体技术中半导体发光器件一直是一个十分活跃的领域。到 2008 年，中国也已经制造出了采用第三代半导体材料——宽禁带的氮化镓的蓝光激光器。

从广义上讲，发光二极管不仅包括可见光和非可见光发光二极管，而且包括半导体激光器。但人们通常所说的发光二极管大多是指紫外、可见光和红外光的发光器件而不包括半导体激光器。

半导体发光二极管简称为 LED(light emitting diode)，半导体激光器称为 Laser(light amplification by stimulated emission of radiation)。虽然它们都是 PN 结注入式器件，但它们之间存在着很多区别。其中最主要的区别是，LED 靠自由载流子自发发射(spontaneous emission)发光，发射的是非相干光，Laser 发光则是需要外界的诱发促使载流子复合的受激发射(stimulated emission)。因此，Laser 发射的是同频率、同位相、同偏振、同方向的相干光，其单色性、方向性和亮度都比 LED 好得多。但是，发光二极管具有制作简单、稳定性好、寿命长(10^7h)以及可以在低电压和低电流下工作等优点，两种器件都有广泛的应用。

9.1 辐射复合与非辐射复合

教学要求

1. 了解辐射复合和非辐射复合过程。
2. 阅读 9.4.1 节，说明在 GaP LED 中 N 和 Zn-O 对复合体的作用。

在 1.11 节介绍了半导体中的复合。在复合过程中，电子多余的能量可以以辐射的形式(发射光子)释放出来，这种复合称为**辐射复合**，它是光吸收的逆过程。在复合过程中，电子的多余能量也可以以其他形式释放出来，而不发射光子，这种复合称为**非辐射复合**。光电器件利用的是辐射复合过程，非辐射复合过程则是不利的。了解半导体中辐射复合过程和非辐射复合过程是了解光电器件的工作机制和进行器件设计的基础。

9.1.1 辐射复合

辐射复合过程与产生非平衡载流子的源无关，而与材料的物理性质密切相关。辐射复合可直接由带间电子和空穴的复合实现，也可以通过由晶体自身的缺陷、掺入的杂质和杂质聚合物所形成的中间能级来实现。在实际半导体材料中，不是只存在着一种辐射复合过程，也不是存在着所有种类的辐射复合过程，而是可能有几种类型的辐射复合。为了方便，现分别讨论几种主要的辐射复合过程。

1. 带间辐射复合

带间辐射复合是指导带中的电子直接跃迁到价带，与价带中的空穴复合，它是本征吸收的逆过程。带间辐射复合是由在接近能带边缘的那些能级上的电子和空穴的复合来实现的，因此发射的光子的能量接近或等于半导体材料的禁带宽度 E_g。因为载流子的热分布，电子并不完全处于导带底，空穴也并不是完全处于价带顶，所以这种复合的发射光谱有一定的宽度。

由于半导体材料能带结构的不同，带间复合又可以分为**直接辐射复合**和**间接辐射复合**两种。

1) 直接辐射复合

对于直接带隙半导体，导带极小值和价带极大值发生在布里渊区的同一点，即具有相同的 $\boldsymbol{k}$ 值，如图 9-1(a)所示。

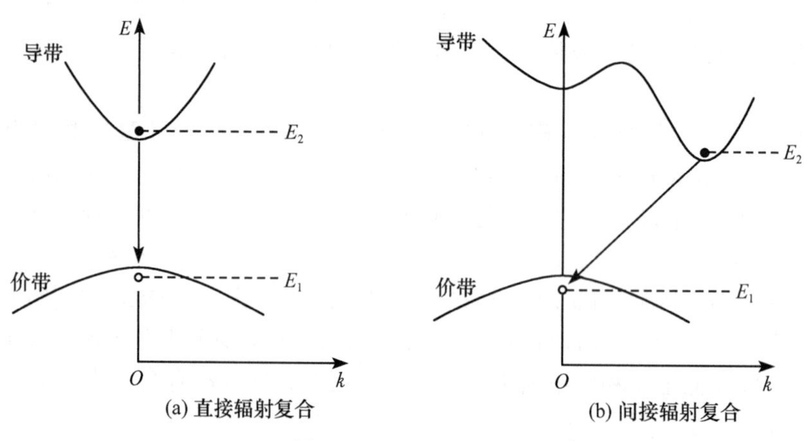

图 9-1 带间辐射复合

量子跃迁过程要求，电子在跃迁过程中必须遵守**能量守恒**和**准动量守恒**。准动量守恒要求

$$\boldsymbol{k}_2 - \boldsymbol{k}_1 = \boldsymbol{k}_{光子} \tag{9-1-1}$$

式中，$\boldsymbol{k}_2$ 为跃迁前电子的波矢量，$\boldsymbol{k}_1$ 为跃迁后电子的波矢量，$\boldsymbol{k}_{光子}$ 为跃迁过程中辐射的光子的波矢量。

电子的波函数在布里渊区($k=2\pi/a\approx10^8\text{cm}^{-1}$)范围内变化，而可见光的光子的波数($k_{光子}=2\pi/\lambda_{光子}$)在 10^4cm^{-1} 范围内变化。可见，光子的波数与电子的波数相比小得多，或者说光子的准动量比电子的准动量小得多。因此，式(9-1-1)可以表示为

$$\boldsymbol{k}_2 = \boldsymbol{k}_1 \tag{9-1-2}$$

式(9-1-2)说明，这种跃迁发生在 k 空间的同一地点，因此也称为**竖直跃迁**。在直接辐射复合过程中，发射光子的能量为

$$h\nu = E_2 - E_1 \approx E_g \tag{9-1-3}$$

式中，E_2为跃迁前电子的能量，E_1为跃迁后电子的能量，$h\nu$为辐射光子的能量。从式(9-1-2)或图 9-1(a)可以看出，在直接跃迁过程中，电子的准动量守恒易于满足，所以跃迁概率大，也就是说，直接辐射复合的发光效率高。Ⅲ-Ⅴ族化合物半导体都具有直接带隙的能带结构，是重要的发光材料。

2)间接辐射复合

图 9-1(b)所示为间接带隙半导体相应的辐射跃迁的示意图。在这种半导体中，导带极小值和价带极大值不是发生在布里渊区的同一地点，而是具有不同的 $\boldsymbol{k}$ 值，这种跃迁是**非竖直跃迁**。在跃迁过程中，因为光子的波数比电子的波数小得多，所以准动量守恒要求必须有第三者参加，即在跃迁过程中必须伴随声子的吸收或放出，即

$$\boldsymbol{k}_2 - \boldsymbol{k}_1 = \pm \boldsymbol{q} \tag{9-1-4}$$

式中，$\boldsymbol{q}$ 为声子的波矢，正号表示**放出声子**，负号表示**吸收声子**。相应的能量守恒条件为

$$h\nu = E_2 - E_1 \pm h\nu_p \approx E_g \tag{9-1-5}$$

式中，ν_p为声子频率。声子的能量 $h\nu_p$ 一般比电子能量小得多，可以略去。

从以上讨论可以看出，非竖直跃迁一方面涉及电子和电磁辐射的相互作用，另一方面又涉及电子和晶格的作用。在理论上，这是一个二级过程，是一个比竖直跃迁概率小得多的过程，所以间接辐射复合的发光效率也比直接辐射复合的发光效率低得多。Ge、Si 和Ⅲ-Ⅴ族化合物中的 GaP、AlAs 、AlSb 等都属于这一类半导体。

虽然间接辐射复合的跃迁概率很低，但若在这一类材料中掺以适当的杂质，也可以改变其复合概率，提高发光效率。例如，在磷化镓中掺入氮或氧等杂质，会形成**等电子陷阱**，使电子与空穴的复合概率大大增加，显著地提高了磷化镓的发光效率，使之成为重要的发光材料。

2. 浅能级和主带之间的复合

浅能级与主带之间的复合如图 9-2 所示，它可以是浅施主与价带空穴或浅受主与导带电子间的复合。由于浅施(受)主的电离能很小(一般为几个毫电子伏)，因此往往很难同带间跃迁区分开来。但实验证明，这种辐射的光子能量总比禁带宽度小，所以它不是带间复合发光引起的。可以认为它是价带中的空穴和俘获在浅能级上的电子的复合，或者是导带电子与俘获在价带上的空穴的复合，通常采用 Lambe-Klick 模型来描述。按照这个模型，发光过程首先是导带电子在定域能级上被俘获，然后由这个定域能级上的电子和价带空穴复合发光，这种发光又称为边缘发光。实验证明，这些定域能级可能是晶体的物理缺陷(空位或间隙)。

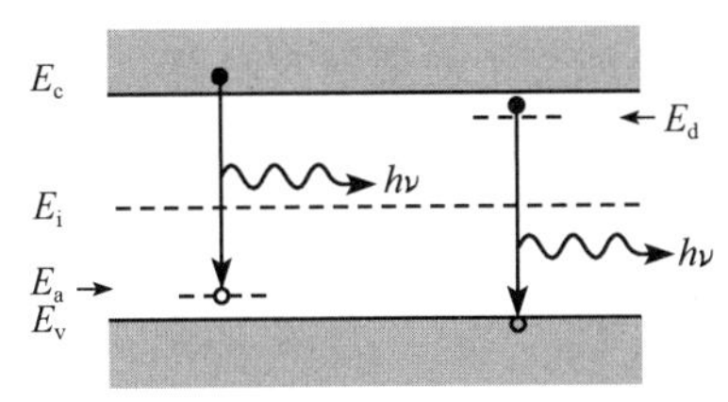

图 9-2　浅能级与主带之间的复合

3. 施主-受主对(D-A 对)复合

施主-受主对的复合是施主俘获的电子和受主俘获的空穴之间的复合。在复合过程中发射光子，光子的能量小于禁带宽度。这是辐射能量小于禁带宽度的一种重要的复合发光机制，这种复合也称为 **D-A 对复合**。D-A 对复合模型认为，当施主杂质和受主杂质同时以替位原子进入晶格格点并形成近邻时，这些集结成对的施主和受主系统由于距离较近，波函数相互交

叠使施主和受主各自的定域场消失而形成偶极势场，从而结合成施主-受主对联合发光中心，称为 **D-A 对**。D-A 对发光中心的能级图如图 9-3 所示。

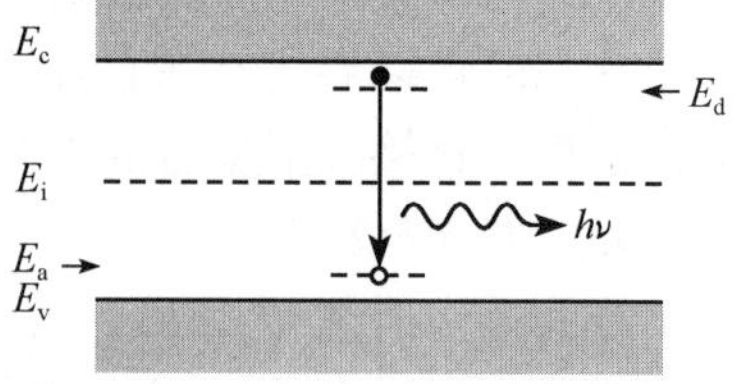

图 9-3 D-A 对发光中心的能级图

PN 结的正向注入使施主获得电子，受主获得空穴。获得电子的施主和获得空穴的受主呈电中性状态，系统增加了库仑能 $-q^2/(4\pi\varepsilon r^2)$。施主上的电子与受主上的空穴复合后，施主上的电子转移到受主上，施主再带正电，受主再带负电，所以 D-A 对复合过程是中性组态产生电离施主-受主对的过程，故复合是具有库仑作用的。D-A 对复合释放的能量一部分以光子放出，一部分用于克服电离施主和电离受主之间的库仑能，所以光子能量小于施主与受主之间的能量差。在跃迁中，库仑作用的强弱取决于施主与受主之间距离 r 的大小。粗略地以类氢原子模型处理 D-A 对中心，在没有声子参与复合的情况下，发射的光子能量为

$$h\nu_{\text{D-A}}(r)=E_g-(E_{\text{Id}}+E_{\text{Ia}})+\frac{q^2}{4\pi\varepsilon_s r} \tag{9-1-6}$$

式中，E_{Id} 和 E_{Ia} 分别为施主和受主的电离能。式(9-1-6)最后一项表示在电子由施主向受主跃迁时，将同时释放所获得的库仑能。r 取决于晶格的不连续值，所以 D-A 对复合发射的光谱是一系列不连续的谱线，谱线间隔取决于 r 值。r 值增大时，光谱线向长波移动，以至于随 r 值增大而使光谱连续成带。这是 D-A 对复合发光的特点。对于 GaP 材料，不同杂质原子和它们的替位状态会造成 D-A 对的电离能不同。例如，氧施主和碳受主杂质替代磷的位置，在温度为 1.6K 时，$E_{\text{Ia}}+E_{\text{Id}}$=941meV；而氧施主杂质是磷替位、锌受主杂质是镓替位，在温度为 1.6K 时，$E_{\text{Ia}}+E_{\text{Id}}$=956.6meV。D-A 对的发光在室温下因为与声子相互作用较强，所以很难发现 D-A 对复合的线光谱。但是在低温下可以明显地观察到 D-A 对发射的线光谱系列。这种发光机制已为实验证实并对发光光谱做出了合理的解释。

4. 通过深能级的复合

电子和空穴通过**深能级复合**时，辐射的光子能量远小于禁带宽度，发射光的波长远离吸收边。对于窄禁带材料，要得到可见光是困难的，但对于宽禁带材料，这类发光还是有实际意义的，例如，GaP 中的红色发光便是缘于这类复合。深能级杂质除了对辐射复合有影响外，往往还是造成非辐射复合的根源，特别是在直接带隙材料中更是如此。因此在实际工作中，往往需要尽量减少深能级，以提高发光效率。

5. 激子复合

如果半导体吸收能量小于禁带宽度的光子，电子被从价带激发。但由于库仑作用，它仍然和价带中留下的空穴联系在一起，形成束缚状态。这种被库仑能束缚在一起的电子-空穴对就称为**激子**。激子作为一个整体，可以在晶体中自由运动。由于在整体上激子是电中性的，因此激子的运动不会引起电流。激子是一个能量系统，它可以把能量以辐射的方式或非辐射的方式重新释放出来。如果以辐射的方式释放能量，就可以形成发光过程。

根据束缚程度的不同，可以把激子分成两种类型。一种称为**弗仑克尔**(Frenkel)**激子**或**紧束缚激子**，其半径为晶格常数量级；另一种称为**万尼尔**(Wannier)**激子**，这种激子的电子和空穴束缚较弱，它们之间的距离远大于晶格常数。通常半导体中遇到的就是万尼尔激子。

激子在晶体里运动的过程中可以受到束缚，受束缚的激子不能再在晶体中自由运动，这种激子称为**束缚激子**。在晶体中，能束缚激子的有施主、受主、施主-受主对和等电子陷阱等。

对于电子和空穴具有各向同性有效质量 m_n^* 和 m_p^* 的情况，激子能级可以用类氢模型计算，表示为

$$E_{exc}^{n} = -\frac{1}{\varepsilon_r^2}\left(\frac{m_r^*}{m}\right)\frac{E_H}{n^2} \tag{9-1-7}$$

式中，E_{exc}^{n} 为激子能级，ε_r 为晶体的相对介电常数，m_r^* 为电子和空穴的有效折合质量

$$\frac{1}{m_r^*} = \frac{1}{m_n^*} + \frac{1}{m_p^*} \tag{9-1-8}$$

E_H 为氢原子的基态电离能，表示为

$$E_H = \frac{mq^4}{8\varepsilon_0^2 h^2} = 13.6(\text{eV}) \tag{9-1-9}$$

显然，激子有一系列分立的能级。当 n=1 时，是激子的基态能级。当 n=∞时，$E_{exc}^{\infty} = 0$，它相当于导带底。因为在这种情况下，电子和空穴完全摆脱了束缚，电子进入了导带，空穴进入了价带。

对于**自由激子**，当电子和空穴复合时，会把能量释放出来产生光子。对于直接带隙半导体材料，自由激子复合发射光子的能量为

$$h\nu = E_g - E_{exc}^{n} \tag{9-1-10}$$

对于间接带隙半导体材料，自由激子复合发射光子的能量可以表示为

$$h\nu = E_g - E_{exc}^{n} \pm NE_p \tag{9-1-11}$$

式中，$\pm NE_p$ 表示吸收或放出能量为 E_p 的 N 个声子。

对于束缚激子，若激子对杂质的结合能为 E_{bx}，则其发射光谱的峰值为

$$h\nu = E_g - E_{exc}^{n} - E_{bx} \tag{9-1-12}$$

式中，E_{bx} 为材料和束缚激子中心的电离能 E_i 的函数。

近年来，在发光材料的研究中，发现束缚激子对发光有重要作用，而且有很高的发光效率。例如，在 GaP 材料中，Zn-O 对产生的束缚激子引起红色发光，氮等电子陷阱产生的束缚激子引起绿色发光。这两种发光机制使 GaP 发光二极管的发光效率大大提高，成为 GaP 发光二极管的主要发光机构。激子发光的研究越来越受到人们的重视。

6. 等电子陷阱复合

所谓**等电子陷阱**，就是由等电子杂质代替晶格基质原子而产生的束缚态。等电子杂质是指周期表内与半导体基质原子同族的原子。因为同族原子的价电子相等，故有等电子之称。用等电子杂质原子代替基质原子不会增加电子或空穴，而是形成电中性中心。例如，氮就是磷化镓中磷原子的等电子杂质。

由于等电子杂质与被替位的原子之间在电负性和原子半径等方面是不同的，因此会引起晶格势场畸变，可以束缚电子或空穴形成带电中心，这就像在等电子杂质的位置形成陷阱，将电子或空穴陷着，故称为等电子陷阱。至于等电子陷阱是电子的束缚态还是空穴的束缚态，就要看等电子杂质的电负性是大于还是小于晶格基质原子的电负性。如果等电子杂质的电负

性比晶格原子的电负性大，则可以形成电子的束缚态，这样的等电子陷阱也可称为**等电子的电子陷阱**，这样的杂质称为**等电子受主**(如氮原子取代 GaP 中的磷原子)。如果等电子杂质的电负性比晶格原子的电负性小，则形成空穴的束缚态，称为**等电子的空穴陷阱**，产生这种束缚态的杂质称为**等电子施主**(如铋原子取代 GaP 中的磷原子)。

当等电子杂质的原子半径与被取代的基质原子的半径差别很大的时候，晶格形变也很大，才能产生有效的束缚态，从而形成束缚性很强的等电子陷阱。

等电子陷阱俘获了某一种载流子以后，成为带电中心，这个带电中心又由库仑作用俘获带电符号相反的载流子，形成束缚激子态，这是一个束缚在等电子杂质上的束缚激子。当激子复合时，就能以发射光子的形式释放能量。例如，在 GaP∶N 中，氮原子取代了晶格上的磷原子形成等电子陷阱，它先俘获电子，然后俘获空穴形成束缚激子。氮等电子陷阱俘获电子和空穴的能量分别为 0.01eV 和 0.037eV，激子复合时产生绿色发光。辐射光子的能量近似等于 GaP 的禁带宽度，如图 9-4 所示。

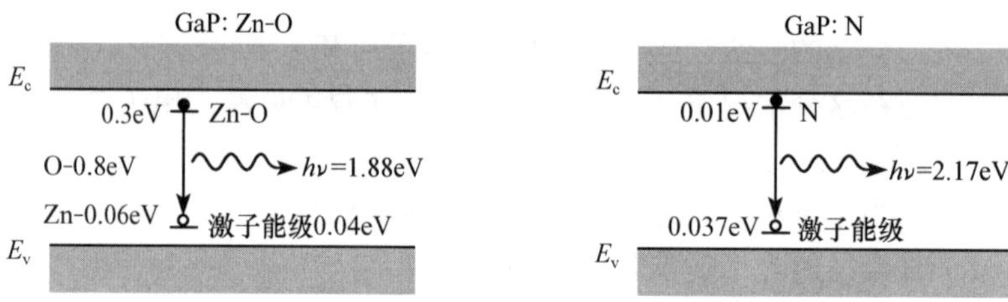

图 9-4 GaP∶Zn-O 和 GaP∶N 对电子陷阱束缚激子

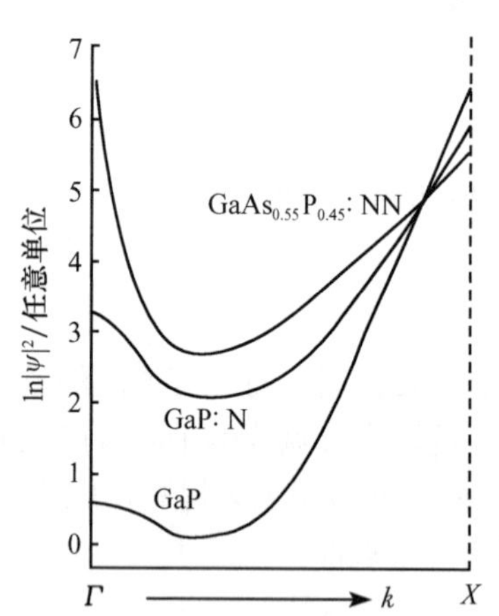

图 9-5 GaP、GaP∶N 和 $GaAs_{0.55}P_{0.45}$∶NN 的等电子陷阱束缚电子的概率密度$|\psi|^2$在 k 空间的分布

等电子陷阱能够有效地提高 GaP 发光效率的原因是缓和了间接能隙电子跃迁的选择定则。GaP 是间接带隙半导体，带间电子跃迁是一种要有声子参与的二级过程，跃迁概率很小，不能实现有效的发光。当氮原子进入 GaP 取代磷原子形成等电子陷阱时，等电子杂质对电子的束缚是短程力，因此，被束缚的电子定域在杂质原子附近很窄的范围内。因为电子的波函数在位形空间中的定域是很确定的，所以根据海森堡测不准关系，电子波函数在动量空间中会扩展到很宽的范围，因而被束缚在等电子陷阱的电子在 k 空间中从 Γ 到 X 的概率改变，使电子在 Γ 点的概率密度$|\psi|^2$提高，如图 9-5 所示。氮等电子陷阱的引入，使 Γ 点出现电子的概率比间接跃迁的 GaP 材料提高三个数量级左右，从而使电子通过等电子陷阱实现跃迁而不需要声子参与，大大地提高了 GaP∶N 的发光效率。因此，等电子陷阱对发光材料的意义在于它能增强间接能隙材料的发光效率。在三元化合物半导体中，如 $GaAs_{1-x}P_x$，在 $x>0.45$ 时作为间接能隙材料也利用掺氮形成电子陷阱，以提高发光效率。当然，与直接跃迁相比，GaP∶N 的跃迁概率还是很小的。

GaP∶N 是典型的等电子陷阱材料，用孤立的氮原子形成等电子陷阱。两个或多个氮原子也可以形成等电子陷阱，如 $GaAs_{1-x}P_x$∶NN 和 $GaAs_{1-x}P_x$∶NN_3 等材料。

在等电子陷阱概念的基础上，20 世纪 60 年代末，在研究 GaP 材料的红色发光时，对 GaP：Zn-O 和 GaP：Cd-O 也引入了等电子陷阱的概念。在对 GaP 荧光光谱的研究中发现，在低温下，Cd 和 O 发光光谱较宽并且在宽谱峰的短波侧出现细谱线，同时还伴随有发射声子谱线。这种现象可由晶体中掺有最近邻的 Cd-O 等电子陷阱模型解释。由低温下谱线在磁场中的塞曼分裂距离与磁场方向有关的实验事实说明，最近邻的 Cd 和 O 形成等电子陷阱的设想是正确的。对于掺 Zn、O 杂质在 GaP 中形成等电子陷阱的论断也认为是合理的。Zn-O 或 Cd-O 复合体带负电，根据库仑作用，它们能够俘获空穴形成束缚激子。由 Zn-O 复合体组成的等电子陷阱俘获电子的能量为 0.3eV，俘获空穴的能量为 0.04eV，由此发出 $h\nu$=1.8eV 的红光。这是红色 GaP 发光二极管的发光机制。目前，随着半导体技术的发展，GaP 已经不是重要的发光材料了，但是 GaP 中的 D-A 对、等电子陷阱等现象仍然为人们研究半导体的发光机制提供着重要的参考。

9.1.2　非辐射复合

半导体材料中存在着**非辐射复合中心**，又称为**消光中心**，它们使许多半导体材料中的非辐射复合过程成为占优势的过程。材料的本底杂质、晶格缺陷、缺陷与杂质的复合体等都可能成为非辐射复合中心，它们对发光的危害很大。许多类型的非辐射复合过程尚不清楚。解释得比较清楚的有以下几个。

1. 多声子跃迁

晶体中电子和空穴复合时，可以以激发多个声子的形式放出多余的能量。通常发光半导体的禁带宽度均在 1eV 以上，而一个声子的能量约为 0.06eV。因此，在这种形式的跃迁中，若导带电子的能量全部形成声子，则能产生 20 多个声子，这么多的声子同时生成的概率是很小的。但是，由于实际晶体总是存在着许多杂质和缺陷，因此在禁带中也就自然存在着许多分立的能级。当电子依次落在这些能级时，声子也就接连地产生，这就是**多声子跃迁**，如图 9-6 所示。图中每一个峰表示一次声子的发射。多声子跃迁是一个概率很低的多级过程。

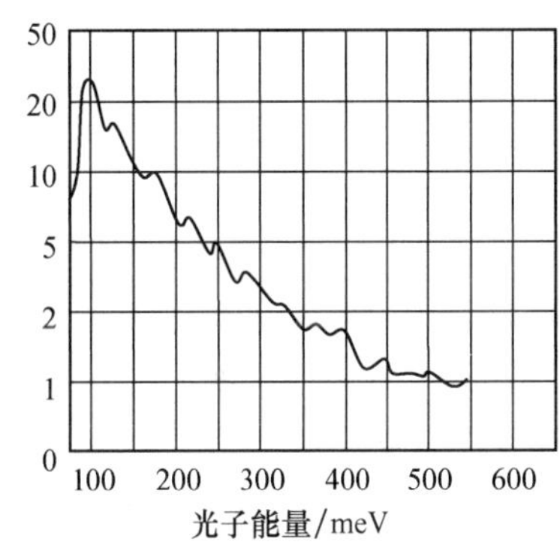

图 9-6　多声子跃迁

2. 俄歇（Auger）过程

电子和空穴复合时，把多余的能量传输给第三个载流子，使它在导带或价带内部激发。第三个载流子在能带的连续态中做多声子发射跃迁，来耗散它多余的能量而回到初始的状态，这种复合称为**俄歇复合**。由于在此过程中，得到能量的第三个载流子是在能带的连续态中进行多声子发射跃迁，因此俄歇复合是非辐射的。这一过程包括了两个电子（或空穴）和一个空穴（或电子）的相互作用，故当电子（或空穴）浓度较高时，这种复合较显著。因而也就限制了发光管 PN 结的掺杂浓度不能太高。

除了自由载流子的俄歇过程外，电子在晶体缺陷形成的能级中跃迁时，多余能量也可被其他的电子和空穴获得，从而产生另一种类型的俄歇过程。在实际的发光器件中，通过缺陷能级实现的俄歇过程也是相当重要的。

各种俄歇过程的情况如图 9-7 所示。第一组的三个图对应于 N 型材料，第二组的三个图对应于 P 型材料。最简单的过程是带内复合方式，如图 9-7 中的(a)和(d)，发生概率与 n^2p 或 np^2 成比例。图 9-7 中(b)～(f)对应于多子和一个陷在禁带中的能级上的少子的复合。维思博格(Weisiberg)指出，在高掺杂的半导体中，如有大直接带隙的 GaAs 中，带-带或带-杂质能级的俄歇过程将成为主要的非辐射复合过程。

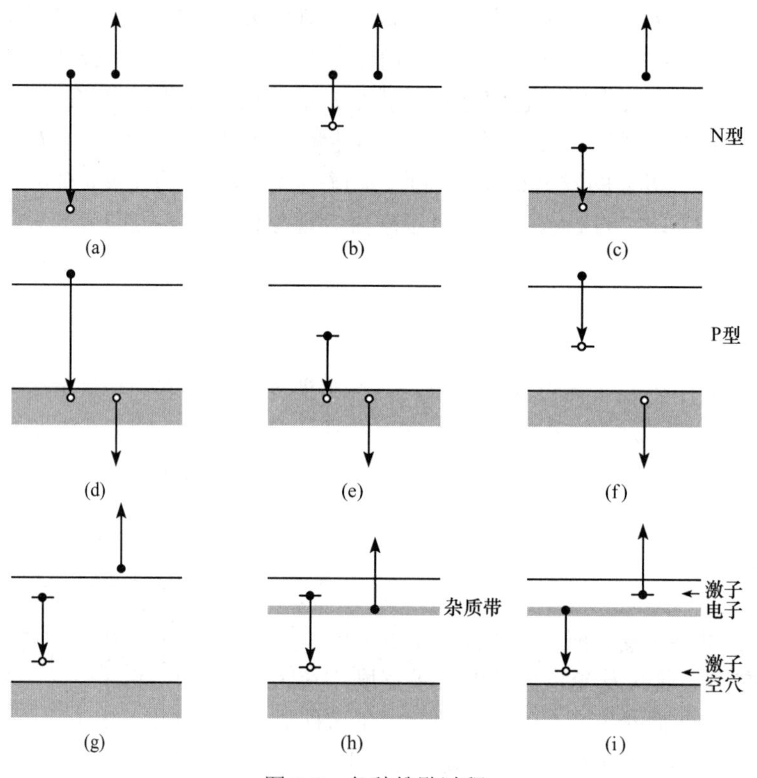

图 9-7 各种俄歇过程

图 9-7 中的(g)过程与激子复合的过程有些相似，但在这里，多余能量是传输给一个自由载流子，而不是产生一个光子。对 GaP：Zn-O 红色发光的研究说明了这种俄歇过程，并且当受主浓度增加到 $10^{18}cm^{-3}$ 以上时观察到了发光效率的降低。在图 9-7 的(h)、(i)过程中，三个载流子全部在禁带，两个以电子-空穴对束缚激子的形式存在，另一个电子在杂质带中。例如在 GaP 中，高浓度的硫形成一个施主带，在其中电子是非局域的，所以容易形成束缚激子，使得俄歇复合变为可能。在这里有两种可能性，或者是激子电子或者是硫杂质带的电子激发进入导带。

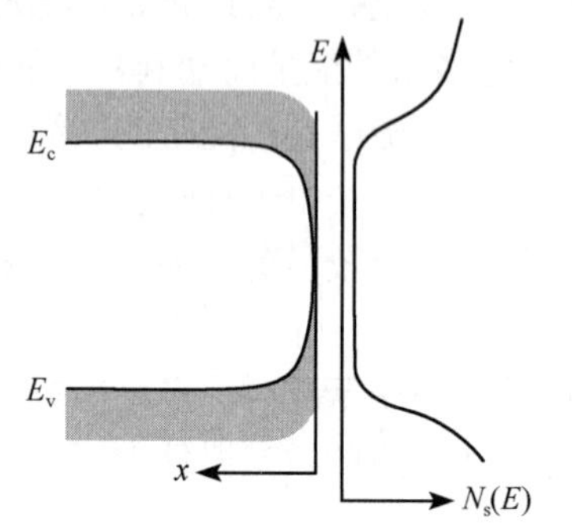

图 9-8 半导体表面处能态连续分布的模型

3. 表面复合

晶体表面处晶格的中断，产生能从周围吸附杂质的悬挂键，从而能够产生高浓度的深能级和浅能级，它们可以充当复合中心。虽然对这些表面态的均匀分布没有确定的论据，但是当假定是均匀分布时，表面态的分布为 $N_s(E)=4\times10^{14}cm^{-2}\cdot eV^{-1}$，这与实验的估计良好地一致。

图 9-8 所示为半导体表面处能态连续分布的模型。这个模型适合于称为缺陷或夹杂物的界面

的概念。由于在表面一个扩散长度以内电子和空穴的表面复合是通过表面连续态的跃迁进行的，所以容易发生非辐射复合。因此，做好晶体表面的处理和保护也是提高发光二极管发光效率的一个重要方面。

目前，人们十分注意半导体发光材料中位错及深能级的作用。位错可以引起**发光的淬灭**，也可引起**老化**(发光器件的效率随工作时间的增加而降低)。深能级的研究对了解非辐射跃迁是十分重要的。因为如果存在深能级，并且可以稳定地俘获多数载流子，那么少数载流子的寿命将取决于它们和这些深能级上多数载流子的复合概率，发光效率就要下降。

研究非辐射复合过程和研究辐射过程是同样重要的。为了提高发光二极管的发光效率，多年以来，人们对非辐射复合中心进行了大量的研究，但许多规律仍然没有找到。非辐射复合过程的研究成为当前发光学中比较集中的研究领域之一。

9.2 LED 的基本结构和工作原理

教学要求

以带间辐射复合为例，画出能带图 9-10，说明 LED 的工作原理。

LED 的基本结构是正向工作的 PN 结。半导体材料的选择主要是根据所需发光的光波长，由 $E_g=h\nu$或 $E_g(h\nu)=\dfrac{1.24}{\lambda(\mu m)}$ 决定。几种发射不同颜色光的可见光发光二极管的材料与基本制造方法如表 9-1 所示。

表 9-1 几种可见光发光二极管的材料与基本制造方法

材料	颜色	辐射跃迁	PN 结生长法	
		直接 D，间接 I	N 层	P 层
GaP：(Zn，O)	红	I	液相外延	液相外延
GaP：N	绿	I	液相外延	液相外延
GaP：N	绿	I	气相外延	Zn 扩散
GaP：N	黄	I	气相外延	Zn 扩散
$GaAs_{0.8}P_{0.4}$	红	D	气相外延	Zn 扩散
$GaAs_{0.35}P_{0.65}$：N	橙	I	气相外延	Zn 扩散
$GaAs_{0.15}P_{0.85}$：N	黄	I	气相外延	Zn 扩散
$Ga_{0.7}Al_{0.3}As$	红	D	液相外延	液相外延
$In_{0.3}Ga_{0.7}P$	橙	D	气相外延	Zn 扩散

图 9-9 所示为典型的平面结构镓砷磷发光二极管的结构示意图。它是用平面工艺制成的。在 N-GaAs 衬底上外延生长 N-$GaAs_{1-x}P_x$，然后在 N-$GaAs_{1-x}P_x$ 上扩散锌形成 P 型层，从而形成 PN 结。氮化硅既作为光刻掩膜，又作为最后器件的保护层。上电极为纯铝，下电极为金-锗-镍，比例为 Au：Ge=88：12，Ni 为 5%～12%。其中，Ge 是施主掺杂剂，Au 起欧姆接触作用和覆盖作用，以利于键合，Ni 起增加黏润性和均匀性的作用。

图 9-10 以带间辐射复合为例说明了 PN 结 LED 的工作原理。当正向偏压加于 PN 结的两端时，载流子注入穿越 PN 结，使得载流子浓度超过热平衡值，形成过量载流子。过量载流子复合，能量以光(光子)的形式释放。在光子发射过程中，从偏压的电能量得到光能量，这

种现象称为**注入式电致发光**。在 PN 结的 P 侧，注入的非平衡少数载流子电子从导带向下跃迁与价带中的空穴复合，发射能量为 E_g 的光子；在 PN 结的 N 侧，注入的非平衡少数载流子空穴与导带电子复合，同样发出能量为 E_g 的光子。

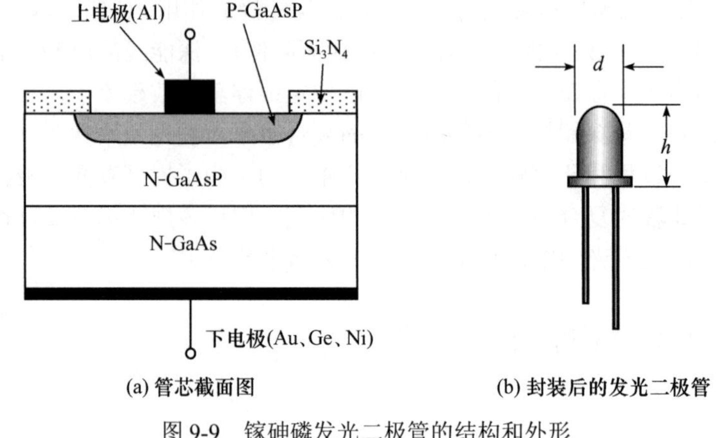

图 9-9　镓砷磷发光二极管的结构和外形

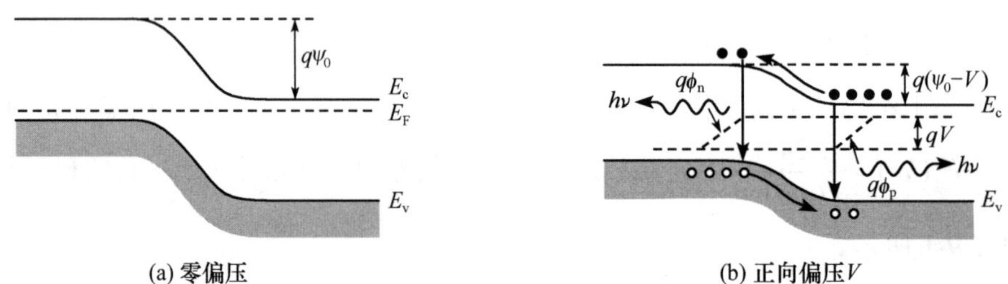

图 9-10　PN 结的电致发光能带图

9.3　LED 的特性参数

教学要求

1. 掌握概念：外量子效率、内量子效率、注射效率、辐射复合效率、逸出概率、峰值波长、主波长、峰值半宽度(FWHM)、亮度。
2. 根据式(9-3-4)，说明提高注射效率的途径有哪些。
3. 导出式(9-3-10)和式(9-3-11)。
4. 根据式(9-3-17)，指出提高外量子效率的途径。
5. 说明光学窗口的作用。

表示 LED 的特性参数很多，既有电学参数，又有光学参数和热学参数等，这里仅讨论其中的 *I-V* 特性、量子效率、光谱分布和亮度等。

9.3.1　*I-V* 特性

发光二极管的 *I-V* 特性和普通二极管大体一致。发光二极管的开启电压很低，GaAs 为 1.0V，$GaAs_{1-x}P_x$、$Ga_{1-x}Al_xAs$ 大约为 1.5V，GaP(红光)大约为 1.8V，GaP(绿光)大约为 2.0V。

工作电流约为 10mA。由于工作电压和工作电流低，所以可以把它们做得很小，以至于看作点光源，这使得 LED 极适用于光显示。

9.3.2 量子效率

量子效率是发光二极管特性中一个与辐射量有关的重要参数，它反映了注入载流子复合产生光量子的效率。量子效率又有**内量子效率**和**外量子效率**两个概念。

外量子效率定义为单位时间内输出二极管外的光子数目与注入载流子的数目之比。**内量子效率**定义为单位时间内半导体的辐射复合产生的光子数与注入载流子的数目之比。为了深刻理解量子效率，下面先介绍几个相关的概念。

1. 注射效率 γ

根据杂质分布和外加电压两方面的情况，正向偏压下 LED 会有四种电流成分：N 区电子向 P 区注入引起的电子电流 I_n，P 区空穴向 N 区注入引起的空穴电流 I_p，注入载流子在空间电荷区复合产生的复合电流 I_R 和隧道电流。大多数处于发光水平的 LED 中，隧道电流可以忽略。前三种电流成分在第 2 章已经给出，表示为

$$I_n = \frac{qAD_n n_i^2}{L_n N_a}(e^{V/V_T} - 1) \tag{9-3-1}$$

$$I_p = \frac{qAD_p n_i^2}{L_p N_d}(e^{V/V_T} - 1) \tag{9-3-2}$$

$$I_R = \frac{qAn_i W}{2\tau_0} e^{V/(2V_T)} \tag{9-3-3}$$

空间电荷区内的复合是非辐射的，所以 I_R 对光的发射无贡献。

在掺杂较重的情况下，如 $10^{18}cm^{-3}$(这在实际器件中是很可能的)，施主能级和受主能级会扩展形成杂质带。这种杂质带分别与导带底和价带顶连接，形成所谓的带尾，如图 9-11 所示，图中 $N(E)$ 为态密度。形成带尾以后，半导体的禁带宽度便发生了变化，带尾对带-带复合的影响如图 9-12(a)所示(王家骅等，1983)。其中，图 9-12(a)表示 N 型半导体的情况，这时导带电子填充到 E_c 以上能级。这些导带电子与价带空穴复合，产生光子的能量要比禁带宽度

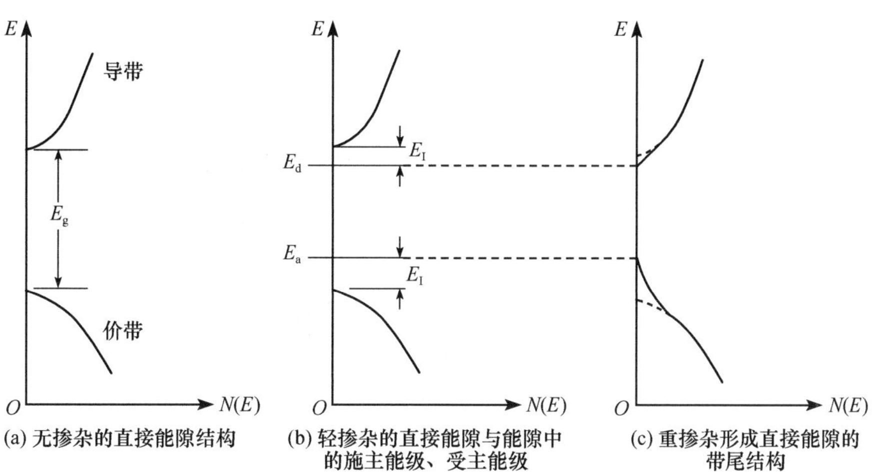

图 9-11 直接能隙结构与带尾的形成

略大。图 9-12(b)表示 P 型半导体的情况，充满价带尾的空穴与导带电子复合，产生的光子能量比禁带宽度略小。根据带尾效应的影响，P 区的电子与空穴复合发射的光子的能量略小于 E_g，它们在发射过程中不容易被再吸收。因此，把发光二极管设计成主要以注入 P 区的电子与空穴复合的 P 侧发光较为有利。根据以上分析，**注射效率** γ 定义为

$$\gamma = \frac{I_n}{I_n + I_p + I_R} \tag{9-3-4}$$

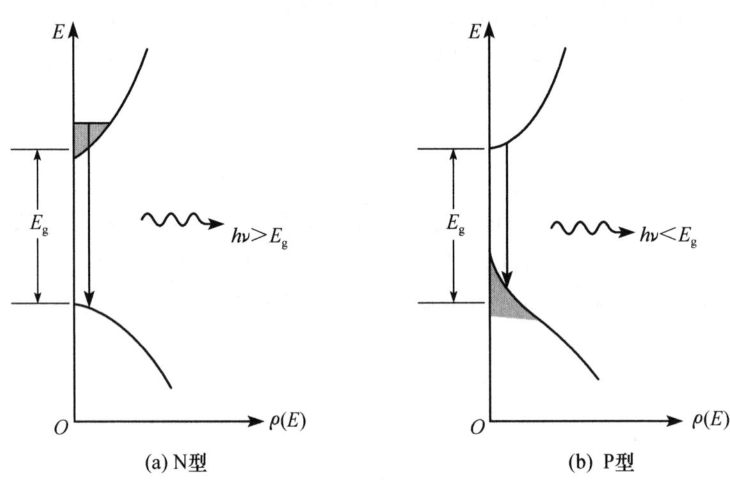

图 9-12 带尾对带-带复合的影响

可见，注射效率也就是可以产生辐射复合的二极管电流 I_n 在二极管总电流 I 中所占的百分比。

根据式(9-3-4)，提高注射效率的途径有以下三个方面。

(1) P 区受主浓度要小于 N 区施主浓度，即 $N_d > N_a$(N^+P 结)。

(2) 减小耗尽层中的复合电流。这就要求 LED 所用的材料和制造工艺尽可能保证晶体完整，尽量避免有害杂质的掺入。

(3) 选用电子迁移率比空穴迁移率大的材料。因为Ⅲ-Ⅴ族化合物半导体的电子迁移率比空穴迁移率大很多，例如 GaAs，$\mu_n/\mu_p \approx 30$，所以它们是制造 LED 的上选材料。

2. 辐射效率 η_r

注射效率表示在结的 P 侧可以产生辐射复合的电子电流在二极管总电流中所占的百分比，也就是可以产生辐射复合的电子数在总的注入电子数中所占的百分比。但是，并非全部抵达 P 侧的电子都发生辐射复合，通过空间电荷区后存在的电子可能发生辐射复合，也可能发生非辐射复合。如图 9-13 所示，第一种复合过程 R_1 是带间复合。第二种复合过程 R_2 是浅杂质与主带之间的复合和施主-受主对复合。在这种过程中，产生的光子能量比 E_g 小。第三种复合过程 R_3 是通过深能级杂质态复合，可能完全不产生光

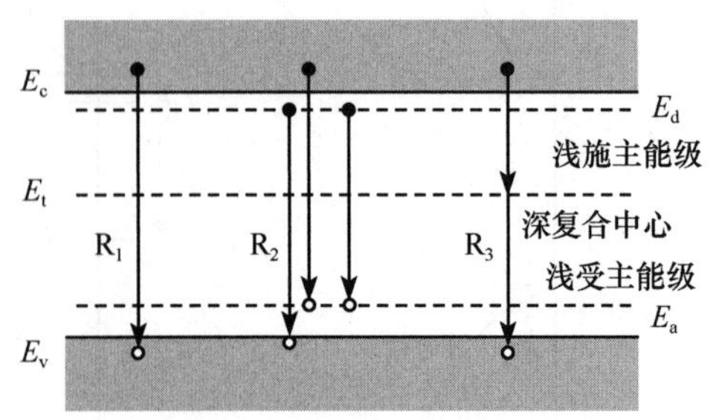

图 9-13 三种可能的复合过程

子，即使产生光子，其能量也远比 E_g 小，致使在 E_g 处发光强度下降。为了反映辐射复合在整个复合过程中所占的百分比，引进**辐射效率**(**辐射复合效率**)这一概念，其定义为发生辐射复合的电子数与总的注入电子数之比，表示为

$$\eta_r = \frac{U_r}{U_r + U_{nr}} \tag{9-3-5}$$

式中，U_r 为辐射复合率，U_{nr} 为非辐射复合率(在 P 区)。

以带-带复合过程 R_1 和非辐射复合过程 R_3 相竞争为例，根据 1.13 节中的定义，有

$$U_r = \frac{\Delta n}{\tau_r} \tag{9-3-6}$$

$$U_{nr} = \frac{\Delta n}{\tau_{nr}} \tag{9-3-7}$$

式中，Δn 为非平衡电子浓度，τ_r 为**辐射复合寿命**，τ_{nr} 为**非辐射复合寿命**。

则由式(9-3-5)可得

$$\eta_r = \frac{1}{1 + \tau_r / \tau_{nr}} = \frac{\tau}{\tau_r} \tag{9-3-8}$$

式中，τ 称为有效寿命，表示为

$$\frac{1}{\tau} = \frac{1}{\tau_r} + \frac{1}{\tau_{nr}} \tag{9-3-9}$$

用式(1-13-10)作为辐射复合寿命，式(1-13-32)作为非辐射复合寿命，可以把辐射效率表示为

$$\eta_r = \frac{1}{1 + (C_n N_t)/(r N_a)} \tag{9-3-10}$$

在某些实际情况中，例如在红光的 GaP LED 中，复合过程包括陷阱效应，它以 R_2 和 R_3 为竞争机制。那么，可以从复合和产生速率的细致平衡得出辐射效率，表示为

$$\eta_r = \left[1 + \frac{N_t C_{p3} p}{N_a C_{n2} n} \exp\left(-\frac{E_t - E_a}{KT}\right)\right]^{-1} \tag{9-3-11}$$

根据式(9-3-10)，欲提高 η_r，可采用的方法是减小复合中心密度和增大 P 区的掺杂浓度 N_a，而且较高的 N_a 还有降低串联电阻从而减小正向电压降和欧姆损耗的作用。然而，高的掺杂浓度使得晶体缺陷增加，导致非辐射复合中心 N_t 的增加。同时，在讨论注射效率时已经指出，P 侧的高掺杂会使注射效率下降。以上分析已被实际情况所证实，对于 GaP LED，外部测得的峰值效率发生在 N_a=$2.5\times10^{17}\text{cm}^{-3}$ 处。

根据以上分析，内量子效率可以表示为

$$\eta_i = \gamma\eta_r \tag{9-3-12}$$

假设一个电子-空穴对复合辐射一个光子，有时也把内量子效率说成是产生辐射复合的电子数(等于辐射的光子数)占总的注入载流子数(I/q)的百分比。

3. 逸出概率 η_o

在 PN 结中产生的光子需要通过晶体到达外部空间。在这一过程中可能有一部分光子被晶体重新吸收，有一部分来到晶体界面被反射回来。因此，只有部分光子能够发射出来。**逸出概率**(又称为**出光效率**)定义为 PN 结辐射复合产生的光子射到晶体外部的百分比。于是，外量子效率表示为

$$\eta_e = \eta_i \eta_o = \gamma \eta_r \eta_o \tag{9-3-13}$$

现在考虑影响 η_e 的因素。根据斯内尔(Snell)定律，当光由光密媒质进入到光疏媒质时，会发生全反射(见图 9-14)，发生全反射的临界角为

$$\sin\theta_c = \frac{1}{n} = \frac{n_2}{n_1} = \frac{1}{\sqrt{\varepsilon_{rs}}} \tag{9-3-14}$$

式中，n 为以空气(n_1)作为外部参考的半导体折射率。以超过 θ_c 角度向表面发射的光线都会被反射回晶体。对于一般的 LED 材料，n 为 3.3～3.8，计算出 θ_c 为 15°～18°。发射角在 θ_c 以内的光线，射出的部分用平均透射比表示为

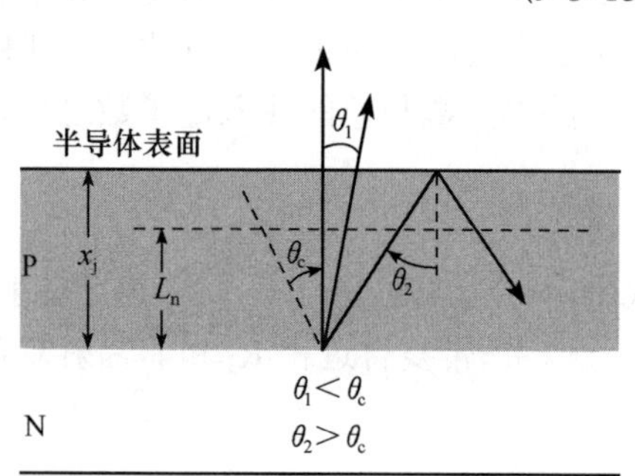

图 9-14 LED 中的全反射和临界角

$$T = \frac{4n}{(1+n)^2} \tag{9-3-15}$$

计算表明(Sze，1981)，在 θ_c 以内的立体角内，全部发射光近似地

$$\bar{T} = T\sin^2\left(\frac{\theta_c}{2}\right) \tag{9-3-16}$$

考虑到光子被晶体重新吸收和晶体表面反射的因素之后，外量子效率 η_e 可以粗略地表示为(爱德华，1981)

$$\eta_e = \eta_i\left(1 + \frac{\bar{\alpha}V}{A\bar{T}}\right)^{-1} = \eta_i\left(1 + \frac{\bar{\alpha}x_j}{\bar{T}}\right)^{-1} \tag{9-3-17}$$

式中，V 为二极管体积，A 为发光面积，$\bar{\alpha}$ 为平均吸收系数。在 LED 中，比率 V/A 可取为距离发光表面的结深 x_j。式(9-3-17)说明，可以通过减小 $\bar{\alpha}$、x_j 或通过增加 $\bar{T}$ 来提高外量子效率。

把结深减小到距离表面不足一个扩散长度，会将更多的少数载流子引到表面。因而，表面复合中心俘获注入载流子的一大部分，这样会减小内量子效率。一个 GaAs LED 的 η_e 与结深的关系的实验结果如图 9-15 所示，其中最佳的结深为 15～25μm。

产生 $h\nu < E_g$ 的发光可以使 $\bar{\alpha}$ 减小，如图 9-16 所示。由于发射的光子具有低于 E_g 的能量，所以得到了高效率。注意在发射的峰值处吸收很低，但在 E_g 处吸收较高。

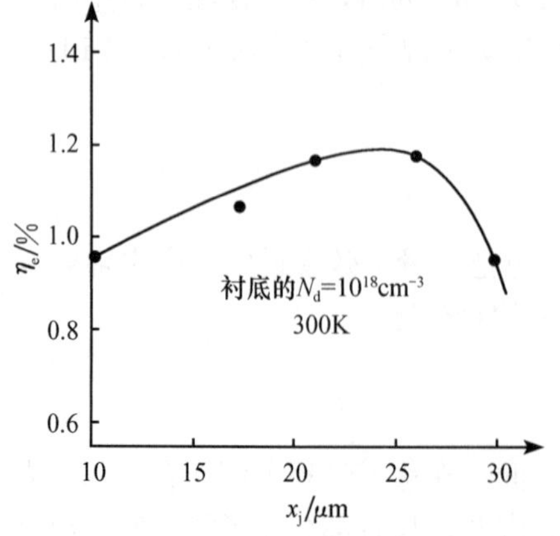

图 9-15 GaAs LED 的外量子效率和结深的关系

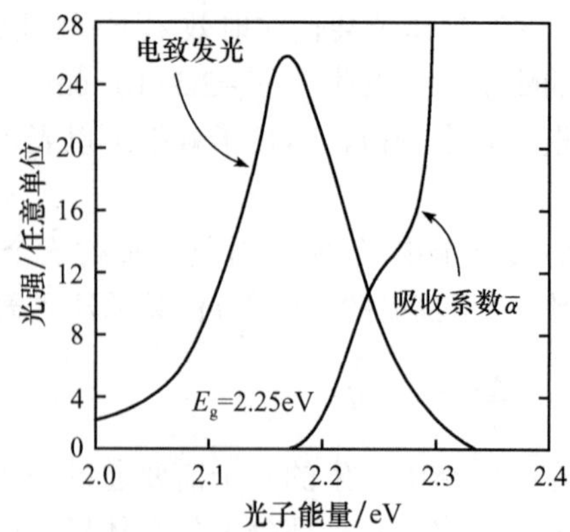

图 9-16 绿色 GaP LED 的典型外部电致发光光谱与 GaP 吸收系数的比较

另一种方法是采用**光学窗口**，如图 9-17 所示。在这种器件中，在 GaAs 二极管的顶面上生长一个附加的 AlGaAs 层。因为 AlGaAs 材料的禁带宽度大于 GaAs 的禁带宽度，所以发射的光子不会被附加层所吸收。与此同时，在 AlGaAs-GaAs 界面上的复合中心密度显著低于没有 AlGaAs 层的 GaAs 表面的复合中心密度。因而，距离界面的结深可以做得很小。

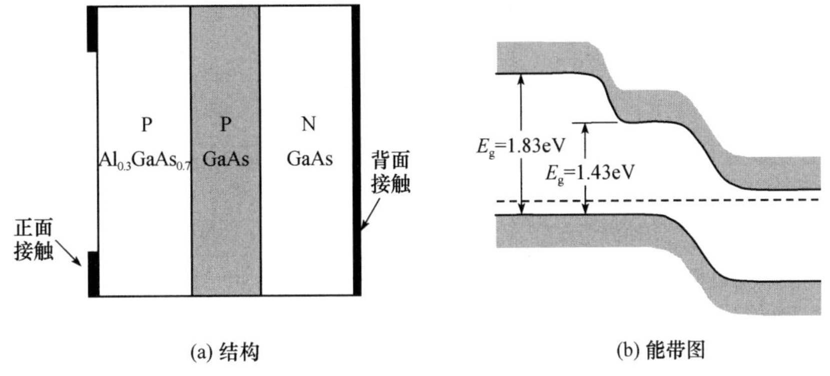

图 9-17　用 $Al_{0.3}GaAs_{0.7}$ 作为光学窗口的 GaAs LED

减少内反射可以采用圆顶状的二极管结构来实现，如图 9-18(a)所示。这种结构能使大多数在 PN 结处发射的光以小于临界角的角度到达半导体表面。这种方法的缺点是需要大量的半导体材料且机械加工不太经济。一项更为实用的技术是采用折射率在空气和半导体之间的光学介质，如图 9-18(b)所示。例如，采用环氧树脂或丙烯酸聚酯树脂(n=1.5)浇注成半球形圆顶，它使外量子效率增加 2～3 倍。

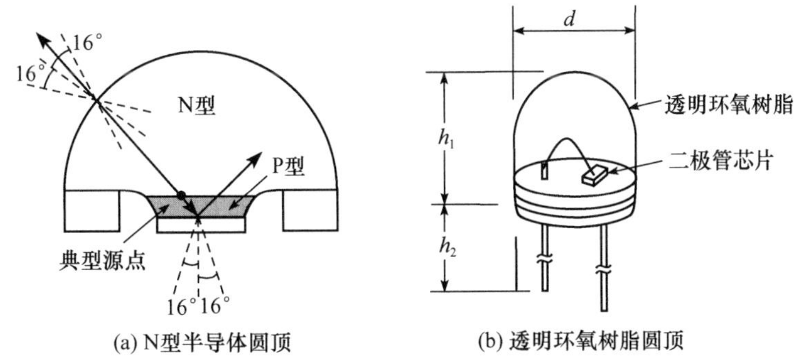

图 9-18　圆顶状 LED 结构

9.3.3　光谱分布

1. 光谱分布的概念

LED 的**光谱分布**是指发光的能量与波长或频率的关系，常用图线的形式来表现。LED 发射的光谱直接决定着它的颜色，同时也反映了发光材料自身的性质。对光谱分布的研究将有助于对发光机理的认识。许多 LED 发射的光谱都是连续的谱带。图 9-19 所示为砷化镓(图(a))、红色镓砷磷(图(b))、红色磷化镓(图(c))和绿色磷化镓(图(d))LED 的发光光谱分布曲线。

光谱分布曲线的光强最大处对应的波长称为**峰值波长** λ_P。在磷化镓中，有时由于多种发光同时存在，其光谱分布就同时有红、绿和红外几个峰值，如图 9-20 所示。

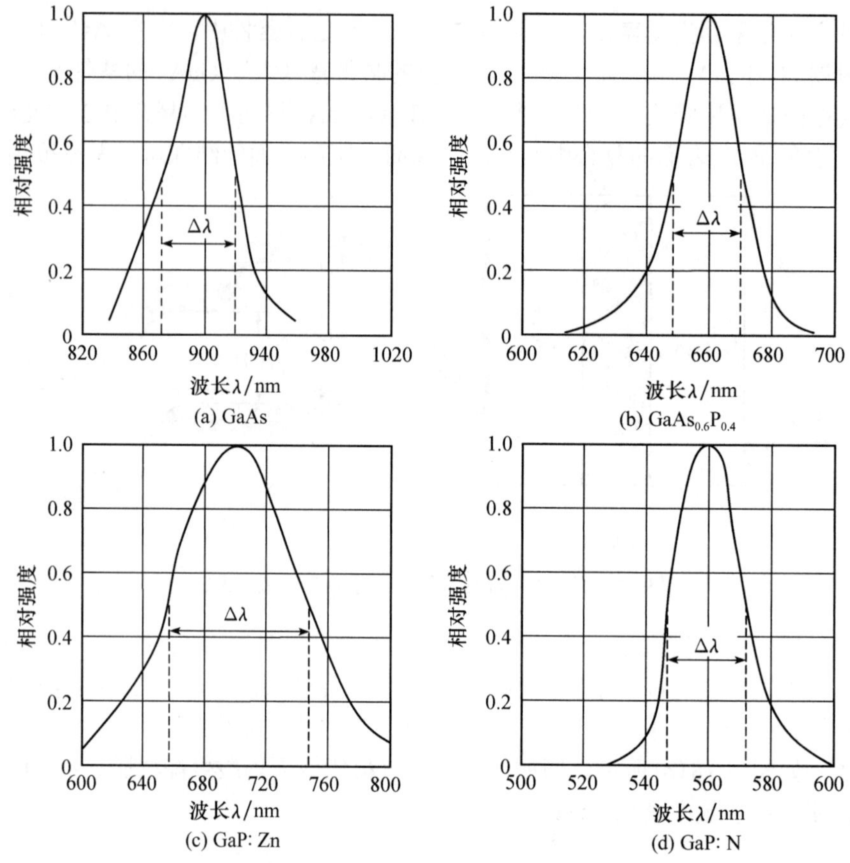

(a) GaAs

(b) $GaAs_{0.6}P_{0.4}$

(c) GaP: Zn

(d) GaP: N

图 9-19 在温度为 300K 的情况下，LED 的发光光谱分布

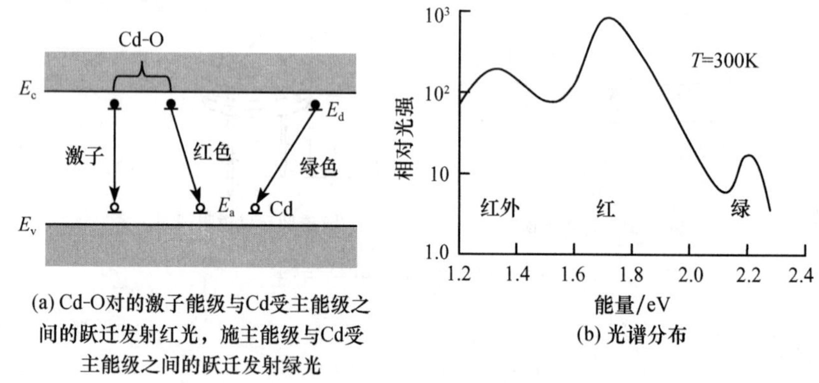

(a) Cd-O对的激子能级与Cd受主能级之间的跃迁发射红光，施主能级与Cd受主能级之间的跃迁发射绿光

(b) 光谱分布

图 9-20 掺镉的磷化镓发光能带图与光谱分布

辐射功率的半强度功率点对应的波长范围称为**半强度宽度**，也称为**峰值半宽度**(full width of half maximum，FWHM)或简称为**半宽度**，以 $\Delta\lambda$ 表示。半宽度 $\Delta\lambda$ 越小，表示光谱分布越窄，单色性越好。因为发光器件的光谱分布总有一定的半宽度，甚至有多个峰值，所以人眼看到的发光器件发出光的颜色所对应的波长，并不一定等于峰值波长。为了把二者相区别，一般把人眼看到的发光器件发出光的颜色所对应的波长称为主波长。一个发光二极管的峰值波长可以有多个，但主波长却只有一个。例如，含有红色成分的某绿色二极管，其峰值波长

为 553nm，而主波长为 563nm 的黄绿色。镓砷磷器件的光谱半宽度较窄，而且只有一个峰值，其主波长与峰值波长相差无几。磷化镓器件的光谱半宽度较宽，且具有多个峰值，特别是对于能在不同驱动条件下发红光或绿光的双色 GaP LED，随着红绿光功率比值的不同，其颜色可以在红色到绿色的很大范围内变化。

2. 肉眼的灵敏度和亮度

人眼的响应称为**光视效率**，又称为**视见函数**，它限于 400～700nm 的波长。标准光视效率曲线如图 9-21 中所示。肉眼对于绿色或黄色很灵敏，但在红色或紫色光谱区它却是一个低劣的探测器。由于肉眼灵敏度的变化很大，因此对一种 LED 性能的评价不仅要看它的外量子效率，而且还要看它在所关心的波长处肉眼的相对响应。就光视效率而论，在 550nm(2.23eV)处的发光是最符合需要的。基于这种原因，作为辐射的视觉效果的尺度，定义 LED **亮度**为

$$B = 1150L\frac{J}{\lambda}\frac{A_j}{A_s}\eta_e \quad (\text{ft}\cdot\text{L}) \tag{9-3-18}$$

式中，λ 为发光波长(μm)，J 为电流密度(A/cm^2)，L 为在 λ 处的光视效率(lm/W)，A_j 为 PN 结的面积，A_s 为观察的发光表面面积。

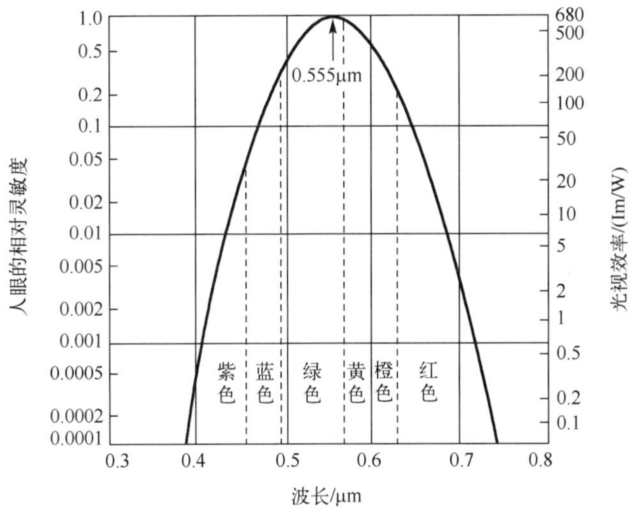

图 9-21　肉眼的光视效率与入射光波长的关系(在 555nm 处，L_{max}=681 lm/W)

亮度的单位为**英尺郎伯**(ft·L)，即每平方英尺表面沿法线方向产生 1/π 烛光(cd)的发光强度，这是英制单位。亮度的公制单位是**熙提**和**尼特**。1 熙提(sb)=1cd/cm^2，1 尼特(nt)=1cd/m^2，1sb=10^{4}nt。1ft^2=9.290304×10^{-2}m^2。因此，1ft · L=3.18310×10^{3}cd/m^2(王家骅等，1983)。

为了便于对不同类型 LED 的性能做出清楚的比较，往往把亮度 B 对电流密度进行规格化。商品 LED 的典型情况为，在 10A/cm^2 时亮度为 1500ft · L。相比之下，40W 白炽灯泡的亮度约为 7000ft · L，但它的电流密度要大得多。

9.3 节小结

9.4　可见光 LED

发光二极管种类繁多，本节仅介绍几种获得重要应用的可见光发光二极管。

9.4.1 GaP LED

因为人眼只对光子能量等于或大于 1.8eV(≤0.7μm)的光敏感，所以对可见光 LED 有价值的半导体的禁带宽度必须大于这个界限，其中最重要的、广为应用的是 GaP 和 $GaAs_xP_{1-x}$ 半导体。

GaP 是一种间接跃迁型半导体材料，其禁带宽度为 2.3eV。GaP LED 的发光原理是通过禁带中的发光中心来实现的。掺入不同的杂质，其发光机制不同，可发出不同颜色的光。在室温下，对 GaP 发光起重要作用的是深能级的等电子陷阱和激子。其中，构成绿色发光中心的是氮，构成红色发光中心的是氧，另外还有橙黄色发光中心。

1. GaP 绿光 LED

当 GaP 中掺入氮时，氮可能取代晶格上的磷原子。氮和磷都是Ⅴ族元素，它们的价电子数相同，因此称氮为等电子杂质。由于氮的原子序数为 7 而磷为 15，氮比磷少 8 个电子(或者说氮比磷原子核暴露)，因此氮取代磷以后，那里的电子相对欠缺，故氮对电子的亲和力远大于磷。因而，它可以俘获电子，形成电子的束缚状态——等电子陷阱。氮俘获电子以后，又因库仑作用而俘获空穴(氮等电子陷阱俘获空穴和电子的能量分别是 0.037eV 和 0.01eV 左右)，俘获的电子和空穴形成激子。这种激子通过辐射复合消失时，在室温下发射波长 λ=570nm 的绿光。

氮作为绿色发光中心的最大特点是，它可以掺杂到很高浓度($10^{10}cm^{-3}$)还不至于影响自由载流子浓度，因此，不会产生俄歇过程而引起内量子效率降低。

2. GaP 红光 LED

当 GaP 掺入锌和氧后，Zn 原子一般占据晶格中 Ga 的位置，而 O 则占据 P 的位置。由 GaP 的晶格结构可以看出，GaP 处于相邻位置。Zn、O 取代后必然处于相邻的位置。于是形成了 Zn-O 对等电子陷阱。它与掺氮的情况不同。因为 Zn 比基质 Ga 的阳性更强，而 O 比 P 的阴性更强，所以 GaP 中 Zn 与 O 原子处在最近邻位置时比分离存在更稳定。由于氧原子是电子亲和力强的原子，即使处于阳性原子 Zn 的最近邻位置也能俘获电子。俘获电子后 Zn-O 对便带负电，由于库仑力又去俘获空穴，从而形成激子。激子复合便发出红色辐射。在 GaP 中，Zn-O 对等电子陷阱俘获电子的能量为(300±10)meV，而俘获空穴的能量为 37meV，激子复合发光的波长在红色范围内。

在 GaP 红光 LED 中，还存在着 D-A 对复合发光。锌能级在价带边缘以上 0.04eV，氧能级在导带边缘以下 0.803eV。因此，从氧形成的深能级到锌的浅受主能级的跃迁是施主-受主对(D-A 对)跃迁。这种 D-A 对跃迁产生在 700nm 的近红外附近的发光。

在实际的 GaP LED 中，还存在着一些其他发光中心也能产生红色发光，如孤立氧的红外发光、孤立氧同空穴的近红外发光、Zn-O 对受主锌的红色发光等。由于有多种发光机制，因此其发射光谱的峰值不止一个。

9.4.2 $GaAs_{1-x}P_x$ LED

$GaAs_{1-x}P_x$ 是一种Ⅲ-Ⅴ族化合物固溶体。控制其合金组分 x 则可以改变它的禁带宽度。GaAs 是直接带隙半导体，GaP 是间接带隙半导体。当合金组分增加时，禁带宽度也要增加。

在 $x>0.45$ 时，材料由直接带隙变成间接带隙。因此，在 $x>0.45$ 时，辐射由直接辐射复合变成间接辐射复合。图 9-22(a) 所示为 $GaAs_{1-x}P_x$ 的禁带宽度与摩尔分数 x 的函数关系；图 9-22(b) 所示为几种合金组分相应的能量-动量曲线。

对于 $x<0.45$ 的 $GaAs_{1-x}P_x$，其发光原理比较简单。它由导带电子和价带空穴直接复合而发光，即带-带复合发光，其发光波长由该 x 值下的禁带宽度决定。当 $0<x<0.45$ 时，E_g 由 $x=0$ 的 1.424eV 增加到 $x=0.45$ 的 $E_g=1.977\text{eV}$。

当 $x>0.45$ 后，进入间接带隙范围，发光效率急剧下降。因此，GaAsP 红色发光二极管的 x 值一般限制在 0.35～0.45。当 $x=0.45$ 时，$E_g=1.977\text{eV}$，其发光的峰值波长约为 660nm。

对于 $x>0.45$ 后的情况，$GaAs_{1-x}P_x$ 的能带结构接近于 GaP 的能带结构，因此可以用类似 GaP LED 掺杂的方法，掺入适当的杂质，形成新的发光中心，从而提高发光效率。例如，掺 N 后，形成等电子陷阱，可使发光效率提高一个数量级。当 x 值增加时，等电子陷阱能量减小，所以复合发光产生的光子能量增加，发光波长向短波方向移动。

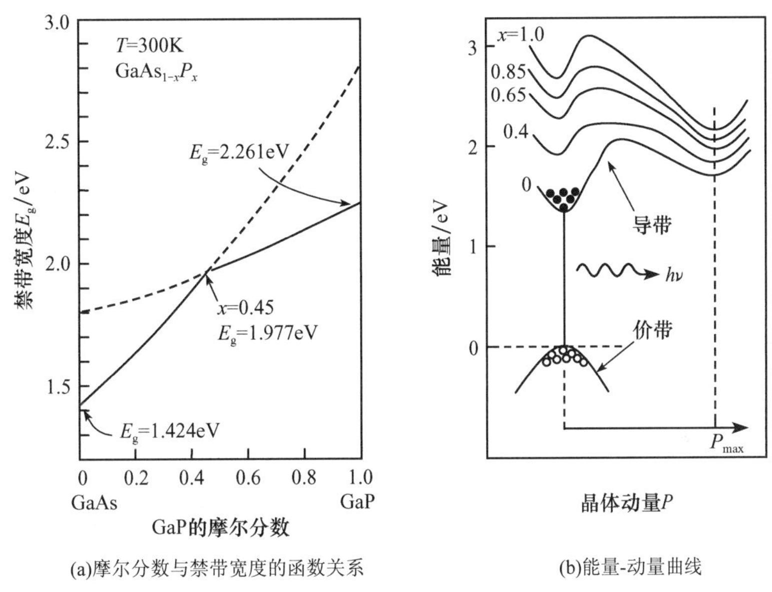

(a)摩尔分数与禁带宽度的函数关系　　(b)能量-动量曲线

图 9-22　$GaAs_{1-x}P_x$ 的直接禁带宽度和间接禁带宽度与组分的关系

早期的 GaAsP LED 的 GaAsP 层是生长在 GaAs 衬底上的。因为 GaAs 的禁带宽度小于 GaAsP 的禁带宽度，所以从 GaAsP 中发射的光会被 GaAs 衬底吸收，从而减少了光的输出。由于这个原因，目前多数 GaAsP LED 制造在 GaP 衬底上。直接带隙的 GaAsP LED 发射红光。制造在 GaP 衬底上间接带隙的 GaAsP LED 可发射橙光、黄光、绿光。

9.4.3　GaN LED

GaN 是一种直接跃迁型半导体，在室温下，禁带宽度 $E_g=3.39\text{eV}$。GaN 晶体属纤锌矿结构，能发出红、黄、绿、蓝、紫等颜色的光。其中，蓝色是三基色之一。从 20 世纪 90 年代开始，GaN 材料和 GaN LED、GaN Laser 的研究工作就受到人们的极大关注，发展很快。

早期 GaN LED 的基本结构是 In/I-GaN∶Mg/N-GaN/蓝宝石结构。这是一种 MIS 结构，即金属-高阻绝缘体-半导体(N 型层)结构。光由蓝宝石衬底出射。N-GaN 层是在蓝宝石衬底

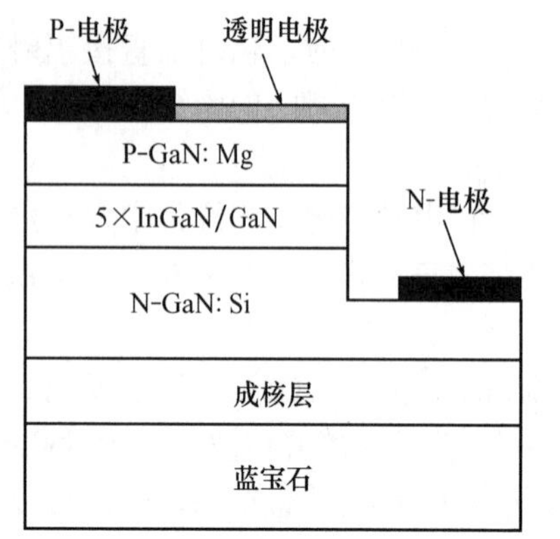

图 9-23 InGaN/GaN 多量子阱 LED(Li et al.，2003)

上用气相外延方法制备的单晶层。高阻 I-GaN 是掺镁或锌获得的，它们具有价带上方 0.7eV 左右的深能级。目前，气相外延生长的 GaN 单晶层只能获得 N 型材料。这种结构的 GaN LED 发射蓝光，发光波长为 490nm，典型工作电压为 7.5eV。由于是非 PN 结结构，因此发光效率低(1%以下)。

近年来，采用 MOCVD 技术制备 PN 结型 GaN LED 已经获得成功，其基本结构如图 9-23 所示。其中，5×InGaN/GaN 层为 5 层的量子阱结构。P-电极采用 Ni/Au 合金，N-电极采用 Ti/Al/Au 合金。基于上述结构的 GaN LED 可发出 465～480nm 的蓝光、380～405nm 的紫光、505～525nm 的绿光、280～320nm 的深紫外光。器件的工作电压下降到 3.2V，工作电流为 20mA，效率达到 20%，半宽为 20～30nm。轴向发光强度在 20mA 电流下可达 2～4cd(Li et al.，2003)。

目前，GaN 技术的发展受到人们的极大重视。室温连续工作的 GaN Laser(380～405nm)已经有商品问市，基于 GaN 材料的偏振光 LED、光子晶体、光学微腔、磁半导体和自旋电子学器件等研究工作迅速发展。尤其是 GaN 基白光 LED 成为世界多国在高技术领域激烈竞争的焦点，被称为**第三代半导体技术**。

GaN 键合的离子性为 0.5，有较强的极性。它的主要化学计量比缺陷是氮空位。主要有害杂质是氧，它能形成三氧化二镓，严重影响外延晶体质量，应尽量避免。不掺杂的氮化镓常呈 N 型，载流子浓度为 10^{16}～$10^{18}\mathrm{cm}^{-3}$，迁移率为 900～1000$\mathrm{cm}^2/(\mathrm{V\cdot s})$。载流子浓度高的原因主要是由氮空位、杂质氮等引起的晶格缺陷造成的。

由于可见光 LED 在低电压和低电流下工作，并可以把它们看作点光源，因此在光显示中得到重要的应用。随着全世界半导体照明工程的开展，白光 LED 的研制与商品化目前已经成为世界各国最为关注的重要课题之一。

9.5 红外 LED

红外 LED 包括发射波长约为 0.9μm 的砷化镓 LED 和许多Ⅲ-Ⅴ族化合物(如四元化合物 $\mathrm{Ga}_x\mathrm{In}_{1-x}\mathrm{As}_y\mathrm{P}_{1-y}$)LED，它们发射波长为 1.1～1.6μm 的光。红外 LED 广泛应用于光通信系统。例如，它可以作为通过光导纤维(超纯硅)传递光信号的光源，其发出的光的衰减非常小且与 λ^{-4} 成正比。典型的衰减量是：波长为 0.8μm 时约为 3dB/km，波长为 1.3μm 时约为 0.6dB，波长为 1.55μm 时约为 0.2dB/km。下面仅以 GaAs LED 为例进行介绍。

砷化镓作为直接带隙半导体，在室温下 E_g=1.43eV，它相应于 890nm 的发光波长，一般的 GaAs LED 是通过固态的杂质扩散制成的。用锌作为 P 型杂质向掺锡、碲或硅的 N 型衬底中扩散以形成 PN 结。为达到高效率，两种型号的掺杂剂浓度均为 $10^{18}\mathrm{cm}^{-3}$ 的数量级。GaAs LED 也可以通过液相外延，用硅作为它的 P 型和 N 型两种掺杂剂制成。Si 在 GaAs 中是两性掺杂剂。从化学计量溶液中生长 GaAs∶Si 时，大部分硅占 Ga 位，硅是浅施主；而从富镓溶液中外延生长时或当晶体结晶降温时，硅又占 As 位而形成受主。随着温度降低，溶解在

Ga 中的 Si 量也降低，从而使占据 Ga 位的硅原子相应地减少，而占 As 位的硅原子增加，增加到适当的量就会发生转型。在掺 Si 的 GaAs LED 中，发光峰值下降到 1.32eV，此处的吸收非常小。

为了提高 GaAs LED 的外量子效率，在 GaAs 二极管顶层上生长一层附加的 AlGaAs 层作为光学窗口(见图 9-17)。

红外 LED 的一个重要用途是用在光隔离器(见图 9-24)中，这时输入电信号或控制信号和输出电信号不会发生电耦合。在图 9-24 中，用一个红外 LED(GaAs LED)作为光源，一个光电二极管(Si-光电二极管)作为检测器。当输入信号加到 LED 上时，LED 发射光，接着用光电二极管检出，然后将光信号变成电信号，形成通过负载电阻的电流。光隔离器以光传递信号，且因为没有从输出到输入的电反馈，所以输出回路和输入回路在电学上是隔离的。

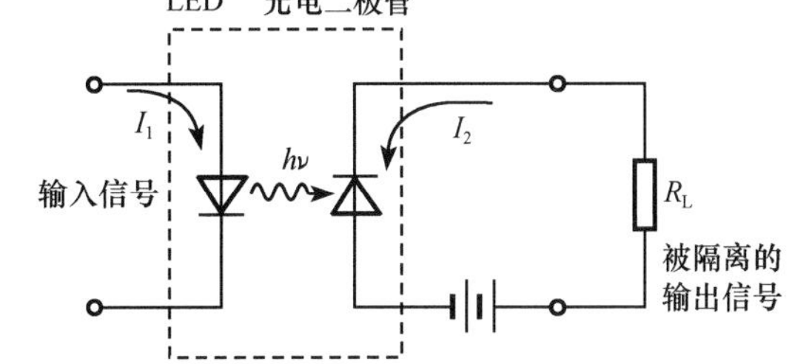

图 9-24　使输出信号和输入信号不发生耦合的光隔离器

9.6* 异质结 LED

在电致发光中采用异质结的目的，一方面是想在不易得到两性电导的材料上获得高效率的发光，另一方面是试图利用多种材料组合的多样性制作多种性能的发光器件。近年来，异质结电致发光的研究工作日益增多，高性能的异质结 LED 已占据商品市场的重要份额。

根据异质结的能带结构，在正向偏置下可实现单边注入，因而具有较高的注射效率(见 3.13 节)。在异质 PN 结中，载流子从宽带向窄带材料注射效率高，所以辐射复合将发生在窄带材料中，其复合机构与同质 PN 结是一样的。异质结 LED 多采用Ⅱ-Ⅵ族、Ⅱ-Ⅵ族与Ⅲ-Ⅴ族、Ⅲ-Ⅴ材料。其中，Ⅲ-Ⅴ族的 GaAs-$Ga_{1-x}Al_xAs$ LED 是最为成熟的用于光通信的红外发光二极管。

在 3.13.1 节中指出，GaAS 的晶格常数(a=5.8535Å)和 AlAs 的晶格常数(a=5.6661Å)相差很小，二者具有相当好的晶格匹配，是构成异质结的理想材料。$Ga_{1-x}Al_xAs$ 固溶体的能带结构同合金组分 x 的关系如图 3-35 所示。用于光通信红外光源的 GaAs/$Ga_{1-x}Al_xAs$ LED 的发光波长在 0.9μm 左右，相应的 x 值为 0.2～0.3。

GaAs/$Ga_{1-x}Al_xAs$ 异质结 LED 有单异质结和双异质结两种。

GaAs/$Ga_{1-x}Al_xAs$ 单异质结 LED 的基本结构及能带图如图 9-25 所示。其中，P-GaAS 层和 P-$Ga_{1-x}Al_xAs$ 层是利用液相外延技术生长在 N-GaAs 衬底上的。$Ga_{1-x}Al_xAs$ 和 GaAs 禁带宽度的不同，使得在 P-GaAs 和 P-$Ga_{1-x}Al_xAs$ 界面处存在着势垒。这个势垒可以将 PN 结注入的电子限制在 P-GaAs 层(有源层)内，有利于载流子的复合。因为 GaAs PN 结的电子注入效率远大于空穴注入效率，所以复合发生在 P-GaAs 层。异质结对注入载流子有限制作用，同时 $Ga_{1-x}Al_xAs$ 又起到出射光窗口的作用，这些使得异质结 LED 的发光效率得到提高。

双异质结 LED 的结构是在 GaAs 有源区的两侧各有一个 $Ga_{1-x}Al_xAs$ 载流子限制层。其结构为 N-GaAs/N-$Ga_{1-x}Al_xAs$/P-GaAs/P-$Ga_{1-x}Al_xAs$。其中，N-GaAs 为外延衬底，P-GaAs 为有源层。与单异质结相比，双异质结构在有源层两侧都存在注入载流子的限制层。它在正偏压下的能带图如图 9-26 所示。由该图可见，这时在有源区两侧造成了两个势垒，分别阻挡注入电子和空穴的进一步扩散，使有源区被电子和空穴所充满，从而提高了复合率。当然，$Ga_{1-x}Al_xAs$ 的窗口作用仍然存在，使外量子效率得到提高。与单异质结激光器相比，这里的 N-$Ga_{1-x}Al_xAs$/P-GaAs 异质结的注射效率 I_{nE}/I_{pE} 比 GaAs 同质 PN 结要大得多(见式(3-13-36))，因此形成一个具有单边注射的良好的注射器。

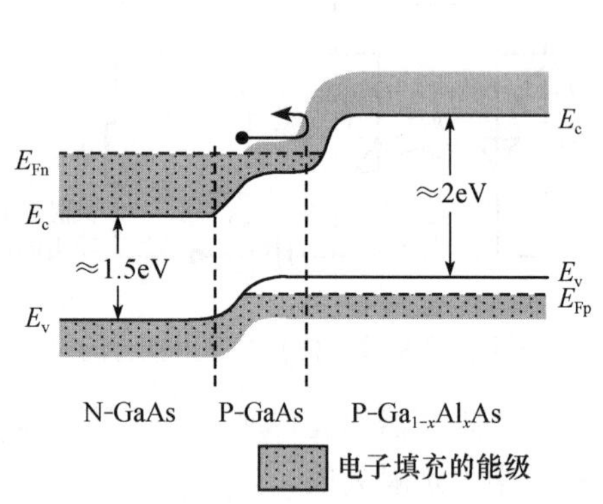

图 9-25 正向偏置下单异质结 LED 的能带图

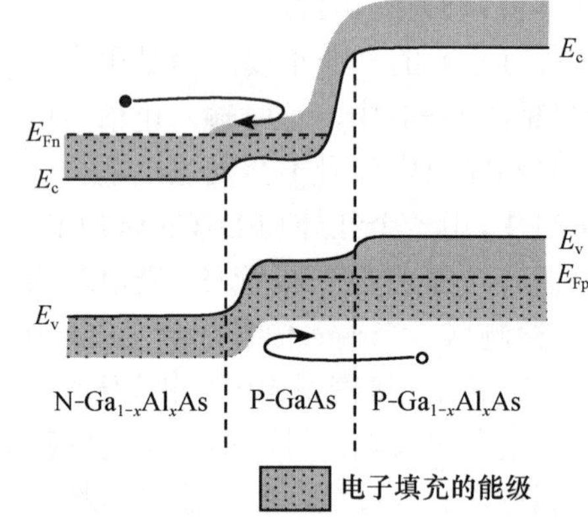

图 9-26 P-$Ga_{1-x}Al_xAs$ 双异质结 LED 的能带图

与单异质结 LED 相比，由于存在双侧限制，双异质结 LED 有更高的发光效率。作为光通信的光源，异质结红外 LED 与半导体激光器相比具有成本低、制造容易、线性好、温度稳定性好、寿命长等优点。尽管它存在辐射角大、光谱半宽度大等缺点，但在短距离的光纤通信、光纤通信的中继站等应用中，异质结红外 LED 仍是一种很有用的光源。

9.7* 半导体激光器及其基本结构

半导体激光器是指以半导体为工作物质的一类激光器。按照工作物质的不同，激光器可分为固体激光器、液体激光器、半导体激光器和气体激光器等许多种类。半导体激光器与其他激光器相比，具有体积小、效率高、结构简单而坚固、可直接调制等优点。半导体激光器在通信、测距和信息处理等方面有着重要应用。

半导体激光器是 20 世纪 60 年代初期发展起来的一种新型器件。早期的注入型激光器是用 GaAs 或 $GaAs_{1-x}P_x$ 材料，采用扩散方法制成的，通常称为**同质结激光器**。这种激光器的最大缺点是室温受激发射阈值电流密度特别高，通常超过 50000A/cm^2，不能在室温下工作。到 1969 年，用液相外延方法制成了**单异质结激光器**。它是在同质 PN 结上又加了一个异质结，简称为 SH 激光器。由于异质结起到了限制载流子的作用，使室温阈值电流密度降低(6000～8000A/cm^2)，尽管如此，单异质结激光器仍然是一种脉冲器件。1970 年制造出了**双异质结激光器**，简称 DH 激光器。它把 P-GaAs 有源层夹在 N-$Ga_{1-x}Al_xAs$ 层和 P-$Ga_{1-x}Al_xAs$ 层之间，这样就能把光和载流子限制在极薄的有源区内，进一步降低了阈值电流密度(1600A/cm^2)。在改进组装工艺和利用热沉后，实现了半导体激光器的室温连续工作。为了进一步降低室温阈值电流密度，提高激光器使用寿命，世界上许多国家的实验室对 DH 激光器的结构进行了大量的研究工作，出现了多种结构的新型双异质结激光器。近年来，随着光纤技术的发展，为满足光纤系统对激光器参数的要求，人们对激光器结构又做出了许多改进，进一步扩展了激光器波长范围，开展了多种新材料激光器的研究工作。目前，$Ga_{1-x}Al_xAs$ 双异质结激光器的寿命已经超过了 10 万小时，这种器件已经批量生产。波长为 1.3～1.6μm 的长波长激光器能在室温下连续工作，最低阈值可达微安(μA)量级，有的在数毫瓦输出功率下仍能保持单模输出。

目前激光器的结构各异、种类繁多。为了了解激光器的基本工作过程和工作原理，这里介绍三种具有最基本、结构最简单的半导体激光器，如图 9-27 所示。图 9-27(a)所示为一个基本的 PN 结激光器。由于结两边是相同的半导体材料(GaAs)，故称为同质结激光器。解理或研磨出一对垂直于〈110〉晶轴的平行平面，在适当的偏置条件下，激光将从这些平面发射出来(图中只画出了前面的发射)；将二极管的其余两面弄粗糙，以消除非主要方向的受激发射光。这种结构称为**法布里-珀罗**(Fabry-Perot)**谐振腔**。腔长 L 的典型值是 300μm。法布里-珀罗谐振腔的结构广泛应用于现代半导体激光器中。图 9-27(b)所示为一种双异质结(DH)激光器，一个窄的 P-GaAs 层作为**有源层**(**或激活层**)夹在两个 $Ga_{1-x}Al_xAs$ 层之间。

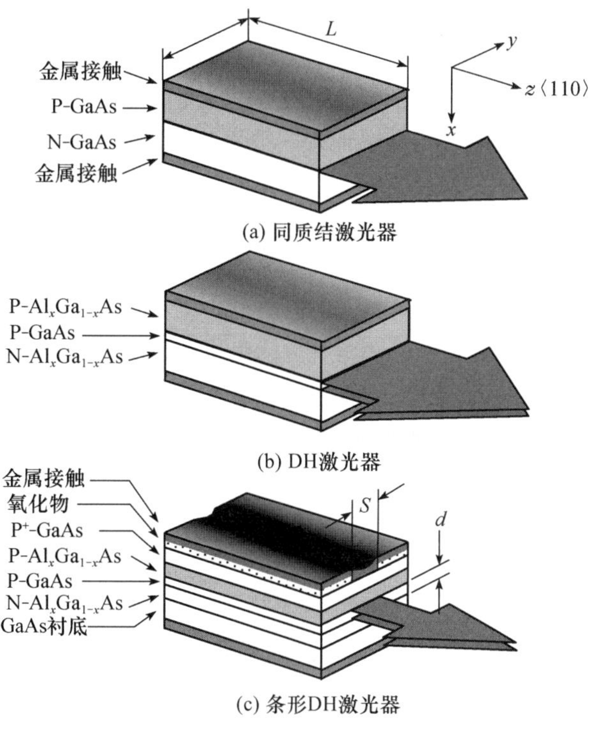

图 9-27　法布里-珀罗腔的半导体激光器结构

图 9-27(a)和图 9-27(b)所示结构是宽面激光器，它的整个结平面都能发射激光。图 9-27(c)所示为条形 DH 激光器，除接触条以外，全部用氧化层绝缘，因此发光范围被限制在金属接触下面一个窄的区域中。条形区典型宽度值为 5～30μm。条形结构的优点是减小了工作电流，消除了沿结方向的多个发光区，去掉了结的大部分周边从而改善了可靠性。

9.8　半导体受激发射的条件

半导体激光器是靠注入载流子工作的。发射激光需要具备以下三个基本条件：

(1)要产生足够的**粒子数反转分布**，即高能态粒子数足够地大于低能态的粒子数；

(2) 要有一个合适的**谐振腔**能起到反馈作用，使激射光子增生，从而产生激光振荡；

(3) 要满足一定的**阈值条件**，以使光子增益等于或大于光子损耗。

9.8.1 粒子数反转分布

本节及随后两节将分别对上述三个条件进行讨论。包括半导体在内的原子系统中，光子和电子之间的相互作用有三种基本过程：吸收、**自发发射**和**受激发射**。当一个能量是 $h\nu=E_2-E_1$ 的光子入射到这个系统中时，一个处于低能态 E_1 的粒子可能吸收这个光子而跃迁到高能态 E_2，这个过程就是吸收过程，如图 9-28(a) 所示。粒子在高能态上是不稳定的。在一段时间内，如果没有外界激发，它又会自动回到低能态 E_1，并发射一个能量为 E_2-E_1 的光子，这种过程称为**自发发射过程**，如图 9-28(b) 所示。在自发发射过程中，产生的光子在频率、传播方向、偏振状态和相位上都是随机的、彼此无关的，出射光为**非相干光**。发光二极管就是利用自发发射效应发光的。处于高能态 E_2 的粒子也可以在能量为 E_2-E_1 的入射光子的激发下跃迁到低能态 E_1，同时发射一个能量为 $h\nu=E_2-E_1$ 的光子，这种过程称为**受激发射过程**，如图 9-28(c) 所示。在受激发射过程中，产生的光子和入射光子具有相同的频率、传播方向、偏振状态和相位，即入射光得到了放大，出射光是**相干光**。半导体激光器就是利用这种原理工作的。

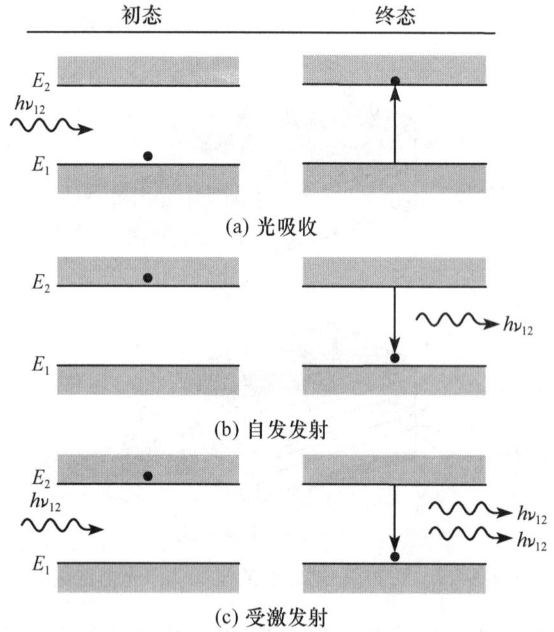

图 9-28 两个能级之间的三种基本跃迁过程

黑点表示原子的状态。左边表示初态，右边表示跃迁过程结束后的终态

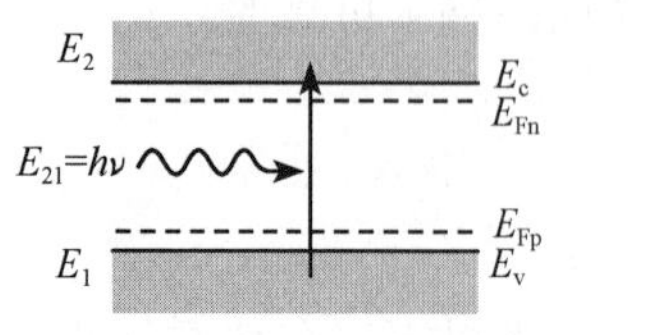

图 9-29 吸收能量 E_{21} 后由价带 E_1 跃迁到导带 E_2

在半导体中辐射的吸收、自发发射和受激发射是同时存在的，它们之间存在一定的关系。下面先分析价带中能级 E_1 和导带中能极 E_2 之间的跃迁，如图 9-29 所示。

在吸收过程中，价带中能量为 E_1 的电子会跃迁到导带中能量为 E_2 而未被电子占据的空能级上，所以**吸收跃迁速率**为

$$r_{12} = B_{12}f_1(1-f_2)\rho(E_{21}) \tag{9-8-1}$$

式中，B_{12}为电子由能态E_1跃迁到E_2的概率，f_1为E_1状态被电子占据的概率，$1-f_2$为E_2状态空着的概率，$\rho(E_{21})$为入射光子密度。

同样，处于E_2能级上的电子，在能量$h\nu=E_{21}=E_2-E_1$的光子作用下，会从能级E_2跃迁到能级E_1上未被电子占据的空状态，同时发射一个光子，这是受激发射过程。显然，**受激发射跃迁速率**为

$$r_{21} = B_{21}f_2(1-f_1)\rho(E_{21}) \tag{9-8-2}$$

式中，B_{21}为电子从E_2跃迁到E_1的概率，f_2为E_2状态被电子占据的概率，$1-f_1$为E_1状态空着的概率。

自发发射速率应当是

$$r_{21}(\mathrm{sp}) = A_{21}f_2(1-f_1) \tag{9-8-3}$$

式中，A_{21}为电子从能级E_2自发跃迁到能级E_1上的跃迁概率。显然，自发发射概率与能级E_2状态上被电子占据的概率f_2成正比，也和E_1能级上的空状态$1-f_1$成正比。

在热平衡时，电子向上跃迁的概率应和向下跃迁的概率相等，或者说辐射速率等于吸收速率，即

$$r_{12} = r_{21} + r_{21}(\mathrm{sp}) \tag{9-8-4}$$

由此得

$$\begin{aligned}\rho(E_{21}) &= \frac{A_{21}f_2(1-f_1)}{B_{12}f_1(1-f_2)-B_{21}f_2(1-f_1)} \\ &= \frac{A_{21}}{B_{21}}\frac{1}{\left(\dfrac{B_{12}}{B_{21}}\right)\dfrac{f_1(1-f_2)}{f_2(1-f_1)}-1}\end{aligned} \tag{9-8-5}$$

f_1和f_2满足费米-狄拉克分布，即

$$f_1 = \frac{1}{1+\exp\left(\dfrac{E_1-E_{\mathrm{Fp}}}{KT}\right)} \tag{9-8-6}$$

$$f_2 = \frac{1}{1+\exp\left(\dfrac{E_2-E_{\mathrm{Fn}}}{KT}\right)} \tag{9-8-7}$$

式中，E_{Fp}和E_{Fn}分别为空穴和电子的准费米能级。

热平衡时，系统只存在一个确定的费米能级，即$E_{\mathrm{Fp}}=E_{\mathrm{Fn}}$，由此得到

$$\frac{f_1(1-f_2)}{f_2(1-f_1)} = \mathrm{e}^{E_{21}/(KT)} = \mathrm{e}^{h\nu/(KT)}$$

式中，$E_{21}=E_2-E_1$。将上式代入式(9-8-5)，有

$$\rho_2(E_{21}) = \frac{A_{21}}{B_{21}}\frac{1}{\dfrac{B_{12}}{B_{21}}\exp\left(\dfrac{E_{21}}{KT}\right)-1} \tag{9-8-8}$$

由黑体辐射的普朗克理论可知，能量在E_{21}之间的光子密度为

$$\rho(E_{21})=\frac{8\pi n^2E_{21}^2}{h^3c^3}\left[\exp\left(\frac{E_{21}}{KT}\right)-1\right]^{-1} \tag{9-8-9}$$

式中，n 为材料的折射率，c 为光速。将式(9-8-8)和式(9-8-9)比较可见

$$B_{12}=B_{21}$$

$$A_{21}=\frac{8\pi n^2E_{21}^2}{c^3h^3}B_{21} \tag{9-8-10}$$

式(9-8-10)给出了自发发射概率、受激发射概率和吸收概率之间的关系，通常称为**爱因斯坦关系**。B_{12}、B_{21}、A_{21} 中只要知道其中任何一个，便可求出其余两个。

在半导体中，要产生光增益必须使受激发射率大于吸收率，即

$$r_{21}>r_{12}$$

由式(9-8-1)和式(9-8-2)得

$$B_{21}f_2(1-f_1)>B_{12}f_1(1-f_2)$$

由于 B_{21}=B_{12}，上式简化为

$$f_2>f_1 \tag{9-8-11}$$

即

$$\frac{1}{1+\exp\left(\dfrac{E_2-E_{\mathrm{Fn}}}{KT}\right)}>\frac{1}{1+\exp\left(\dfrac{E_1-E_{\mathrm{Fp}}}{KT}\right)} \tag{9-8-12}$$

式(9-8-12)可简化为

$$\exp\left(\frac{E_1-E_{\mathrm{Fp}}}{KT}\right)>\exp\left(\frac{E_2-E_{\mathrm{Fn}}}{KT}\right) \tag{9-8-13}$$

即

$$E_{\mathrm{Fn}}-E_{\mathrm{Fp}}>h\nu \tag{9-8-14}$$

式(9-8-13)说明，要保证受激发射率大于吸收率，导带能级上被电子占据的概率应该大于与辐射跃迁相联系的价带能级上被电子占据的概率。这个结论称为**粒子数反转分布**。这里的粒子数反转分布同二能级系统的粒子数反转分布的叙述有所不同，后者指高能态(E_2)上的粒子数大于低能态(E_1)上的粒子数。在半导体中，产生光放大的粒子数反转分布并不是导带中的电子数大于价带中的电子数。因为发射光子的能量基本上等于禁带宽度，所以式(9-8-14)说明，发生粒子数反转分布的条件是准费米能级之差($E_{\mathrm{Fn}}-E_{\mathrm{Fp}}$)要大于禁带宽度，即准费米能级进入导带和价带。对于注入式半导体激光器，要实现上述条件，必须做到以下几方面。

(1)半导体材料重掺杂。因为在电注入的情况下，不能把价带电子激发到导带，而只是把 N 区导带中的电子注入 P 区，与 P 区价带中的空穴复合而产生光辐射。因此，先决条件是 N 区导带中有足够多的电子，P 区价带中有足够多的空穴。

(2)外加偏压 V 满足

$$qV=E_{\mathrm{Fn}}-E_{\mathrm{Fp}}>h\nu \tag{9-8-15}$$

这就是说，把平衡状态下的费米能级拉开，建立起非平衡条件，使 N 区向 P 区注入更多的电子。拉开的费米能级之差越大，N 区向 P 区注入的电子越多。

图 9-30 所示为重掺杂 GaAs PN 结激光器的能带图。当加正偏压后，在 PN 结的空间电荷区附近形成一个粒子数反转分布区，称为**作用区或有源区**。通常少数载流子在空间电荷区两

侧的分布是不对称的(正比于 e^{-x/L_n} 和 e^{x/L_p})。因为电子的扩散长度比空穴的大，所以一般情况下，有源区偏离空间电荷区而偏向 P 区一侧。一般估计有源区的宽度和电子扩散长度是同一数量级，对于 GaAs PN 结为 2～4μm。

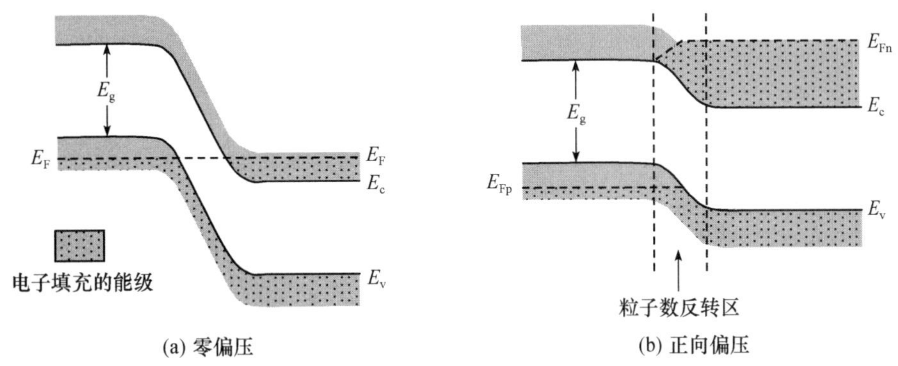

图 9-30　半导体 PN 结激光器的能带图

9.8.2　光学谐振腔

在激光器中，既存在受激辐射又存在自发辐射，而且作为激发受激辐射用的初始光信号就来源于自发辐射。自发辐射的光是杂乱无章的，为了在其中选取具有一定传播方向和频率的光信号，使其有最优的放大作用，而把其他方向和频率的光信号抑制住，最后获得单色性和方向性很好的激光，需要一个合适的**光学谐振腔**。在砷化镓结型激光器中使用最广的是法布里-珀罗谐振腔。

在结型激光器的有源区内，开始导带中的电子自发跃迁到价带中同空穴复合，产生了时间、方向等并不相同的光子，如图 9-31 所示。大部分光子一旦产生就立刻穿出 PN 结区，但也有一小部分的光子几乎是严格地在 PN 结平面内穿行，而且在 PN 结内行进相当长的距离，因而它们能够去激发产生更多同样的光子。这些光子在两个平行的界面间不断地来回反射，每反射一次就得到进一步的放大。这样不断地重复和发展就使这样的辐射趋于压倒性的优势，也就是使辐射逐渐集中到平行镜面上，而且方向是垂直于反射面的。

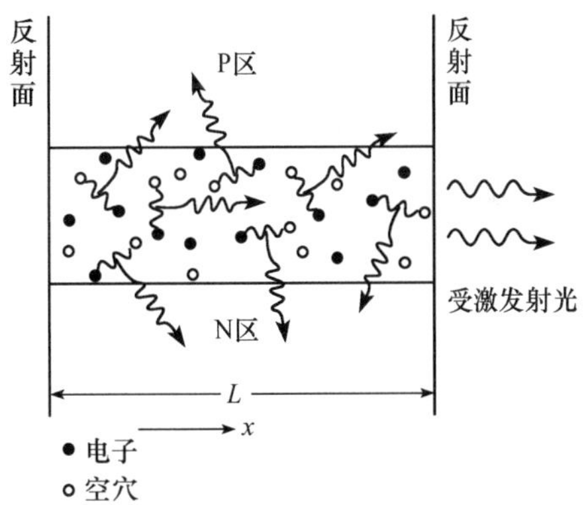

图 9-31　开始时在激光器有源区内自发产生的光辐射

9.8.3　振荡的阈值条件

在激光器中，并不是粒子数达到反转分布再加上光学谐振腔就能发出激光了。因为激光器中还存在使光子数减少的多种损耗。例如，反射面反射率 $R<1$，使部分光透射出去了，还有工作物质内部对光的吸收和散射等。前者称为**端面损耗**，后者称为**内部损耗**。只有当光在谐振腔内来回传播一次所得到的光增益大于损耗时，才能形成激光。设激光器的内部损耗用吸收系数 α 来描写，R_1、R_2 分别表示两个端面的反射系数。图 9-32 表示法布里-珀罗谐振腔

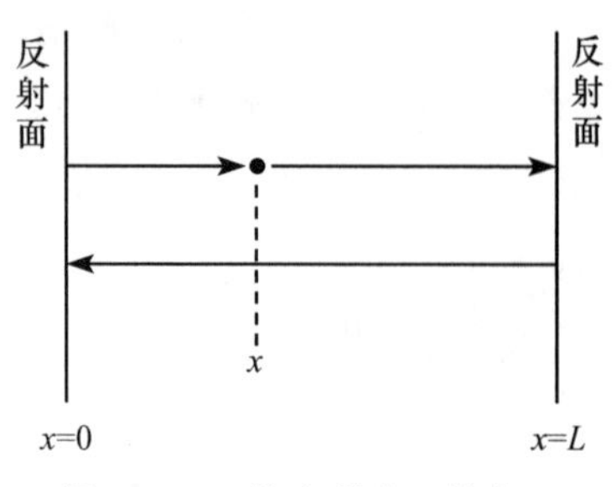

图 9-32　x 处光强为 I_0 的光，经两次镜面反射回到原处

中光传播的过程。设光强为 $I(\nu,x)$ 的光沿 x 方向传播，经距离 $\mathrm{d}x$，因增益引起的光强增量 $\mathrm{d}I_g$ 应当与 $I(\nu,x)$ 和 $\mathrm{d}x$ 成正比，即

$$\mathrm{d}I_{\mathrm{g}} = gI\mathrm{d}x \tag{9-8-16}$$

式中，g 为**增益系数**，它表示光在光腔中通过单位距离时所增加的光强。同样，经过 $\mathrm{d}x$ 时因部分损耗引起的光强减小量为

$$\mathrm{d}I_{\alpha} = \alpha I\mathrm{d}x \tag{9-8-17}$$

由式(9-8-16)和式(9-8-17)可知，光强为 $I(\nu,x)$ 的光沿着 x 传播 $\mathrm{d}x$ 距离后，光强的总变化是

$$\mathrm{d}I = \mathrm{d}I_{\mathrm{g}} - \mathrm{d}I_{\alpha} = (g-\alpha)I\mathrm{d}x \tag{9-8-18}$$

如果工作物质均匀，假设 g 和 α 都不随位置而改变，则对式(9-8-18)积分得

$$I = I_0\mathrm{e}^{(g-\alpha)x} \tag{9-8-19}$$

式中，I_0 为 $x=0$ 处的光强。假设光子从 $x=0$ 处出发，在 $x=0$ 和 $x=L$ 两个镜面各反射一次后再回到原处。到镜面 2 时光强增强为 $I_0\mathrm{e}^{(g-\alpha)L}$，镜面 2 反射后光强减少为 $R_2I_0\mathrm{e}^{(g-\alpha)L}$；从镜面 2 到达镜面 1 时光强增加为 $R_2I_0\mathrm{e}^{(g-\alpha)2L}$，经镜面 1 反射后，光强又减少为 $R_1R_2I_0\mathrm{e}^{(g-\alpha)2L}$。要使激光能够维持，光子经过工作物质来回一次所获得的增益至少要等于工作物质中及镜面处的损失，即

$$R_1R_2I_0\mathrm{e}^{2(g-\alpha)L} = I_0$$

或

$$R_1R_2\mathrm{e}^{2(g-\alpha)L} = 1 \tag{9-8-20}$$

这就是激光器的**阈值条件**。在阈值时

$$gL = \alpha L + \frac{1}{2}\ln\frac{1}{R_1R_2} \tag{9-8-21}$$

或

$$g = \alpha + \frac{1}{2L}\ln\frac{1}{R_1R_2} \tag{9-8-22}$$

式(9-8-21)左端表示在谐振腔长度 L 范围内的总增益。右端表示谐振腔内的损耗。第一项表示在 L 范围内的内部损耗，第二项表示反射面的端面损耗。式(9-8-22)说明增益系数必须达到一定数值后才开始形成**激光**。

9.8.4　阈值电流

对于砷化镓结型激光器，提供增益的方法是加正向电流。当正向电流较小，注入的载流子数目少，辐射复合还不足以克服吸收的时候，激光器出现普通的自发发射。当正向电流增大到使 g 满足式(9-8-22)时，激光器将发射谱线尖锐、模式明确的激光，通常称此电流为**阈值电流**。当激光器的光发射从自发发射过渡到受激发射时，光功率及亮度均剧增。通常可用此来判断激光器是否已发射激光。砷化镓激光器的输出光功率随正向电流变化的情况如

图 9-33 所示。由图 9-33 中曲线的转折点就可以确定激光器阈值电流的数值。

为讨论方便，假设发光材料(有源区)的厚度为 1μm，内量子效率为 1 时，注入电流密度为 J_{nom} (nominal)。J_{nom} 称为**名义电流或标称电流**，则实际阈值电流 J_{TH} 与名义电流之间的关系为

$$J_{TH} = J_{nom}\frac{d}{\eta_i} \tag{9-8-23}$$

式中，d 为激光器有源区厚度，η_i 为内量子效率。

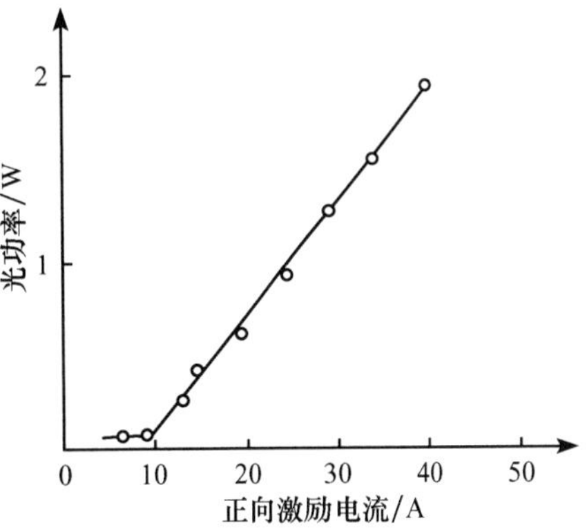

图 9-33　激光器功率输出随电流的变化

理论计算指出，GaAs 的增益系数与名义电流有如下关系：

$$g = \beta_1(J_{nom} - J_0)^2 \quad 低增益区(0<g<50\text{cm}^{-1}) \tag{9-8-24}$$

$$g = \beta_2(J_{nom} - J_0) \quad 高增益区(50<g<300\text{cm}^{-1}) \tag{9-8-25}$$

式中，J_0 为 g=0 时的名义电流。β_1、β_2 称为**增益因子**，没有明确的物理意义，它们与激光器材料的性质有关，对不同掺杂浓度其值也不同。

将阈值时的增益表达式(9-8-22)(取 $R_1=R_2$)代入式(9-8-24)和式(9-8-25)，再利用式(9-8-23)，得

$$J_{TH}(\text{A/cm}^2) = \frac{d}{\eta_i}\left\{J_0 + \left[\frac{1}{\beta_1}\left(\frac{1}{L}\ln\frac{1}{R} + \alpha\right)\right]^{1/2}\right\} \tag{9-8-26}$$

和

$$J_{TH}(\text{A/cm}^2) = \frac{d}{\eta_i}\left[J_0 + \frac{1}{\beta_2}\left(\frac{1}{L}\ln\frac{1}{R} + \alpha\right)\right] \tag{9-8-27}$$

式(9-8-26)和式(9-8-27)反映了激光器的几种参数对阈值电流的影响。

9.9　结型半导体激光器的特性

9.9.1　阈值特性

当激光器的工作电流小于阈值电流时，二极管发射**荧光**(自发辐射)，其亮度较低、光谱宽、方向性差。当工作电流大于阈值时，二极管发射激光，亮度高、光谱窄、方向性好。测量激光器的发射功率、光谱特性和远场图样随工作电流的变化，都可以确定其阈值电流。

由式(9-8-26)和式(9-8-27)可以看出，要降低阈值电流密度 J_{TH}，可以通过减小 α 和 d，增大 η_i、β、L 和 R 来实现。这些条件在设计上能做到的只有尽量减小有源区厚度 d。对于 GaAs/$Ga_{1-x}Al_xAs$ 双异质结激光器，J_{TH} 随 d 变化关系可代入具体数值进行计算。如图 9-34 所示，一般地，d 取 0.3～1.0μm 时，J_{TH} 与 d 呈线性关系，这表示光限制很好。在 d<0.3μm 时，J_{TH} 随 d 减小有偏离直线而升高的趋势，这是光限制减弱引起的。

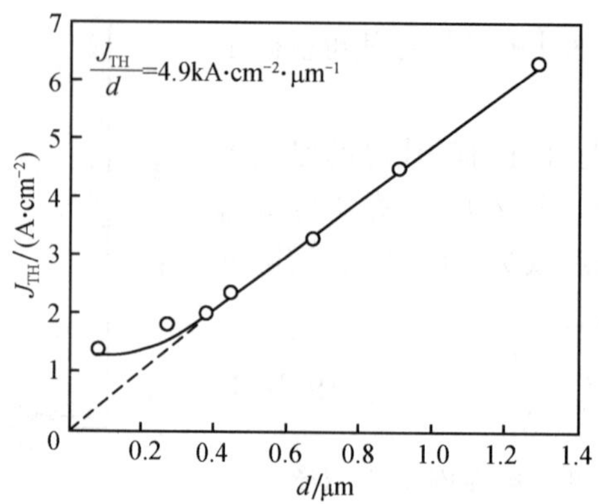

图 9-34 GaAs-$Ga_{1-x}Al_xAs$ 双异质结激光器阈值电流与有源区宽度的关系

图 9-35 和图 9-36 分别给出了激光器腔长 L 和温度对阈值电流的影响。其中，J_{TH} 对温度的依赖关系与激光器的结构密切相关。从图 9-36 可以看出，用外延法制作同质结激光器，可以使室温下的阈值电流密度有所降低，而采用异质结外延工艺，则可大幅度降低阈值电流密度。对于同质结激光器，温度为 77～300K，阈值电流密度变化达 50 倍，而双异质结激光器只有 8 倍。

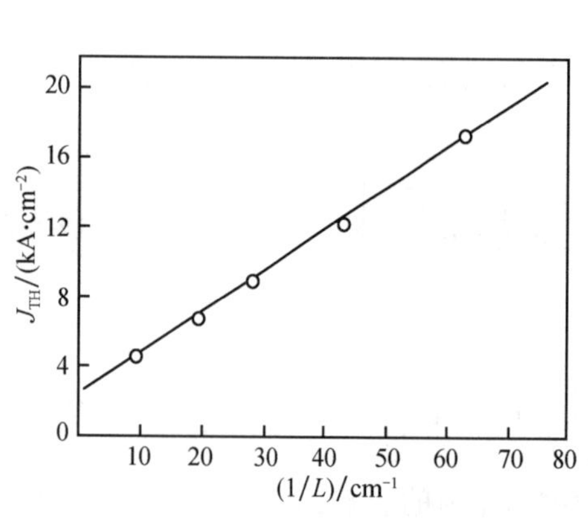

图 9-35 GaAs-$Ga_{1-x}Al_xAs$ 异质结激光器阈值电流与腔长的关系

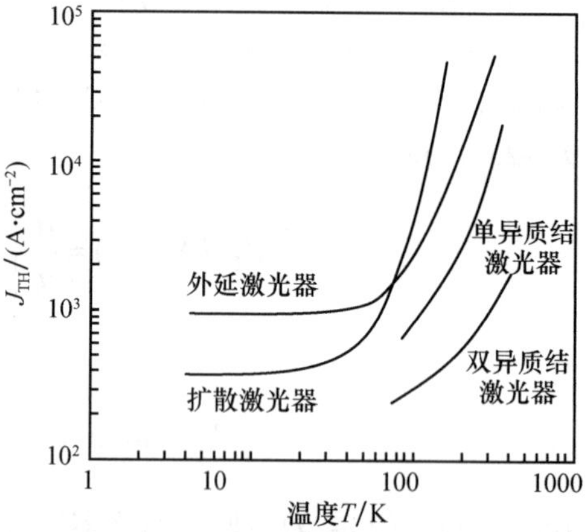

图 9-36 各种激光器阈值电流密度随温度的变化(其中双异质结激光器有源区宽 0.5μm)

9.9.2 转换效率

半导体激光器是一个将电能转换成光能的器件。激光器的**光电转换效率**是标志激光器性能好坏的重要参数。为了提高激光器的输出功率，必须首先提高其转换效率。

激光器的转换效率定义为

$$\eta_p = \frac{\text{激光器输出光功率}}{\text{加在激光器上的电功率}}$$

在讨论激光器的转换效率之前，有必要先讨论一下激光器的量子效率。

1. 内量子效率 η_i

$$\eta_i = \frac{\text{有源区单位时间内产生的光子数}}{\text{有源区单位时间内注入的电子-空穴对数}}$$

2. 外量子效率 η_e

由于体内存在着吸收，有源区内产生的光子数并不能全部射出，实验中只能测到从激光器射出的光子数，因此外量子效率定义为

$$\eta_e = \frac{\text{激光器单位时间出射的光子数}}{\text{有源区单位时间内注入的电子-空穴对数}}$$

单位时间内射出的光子数等于激光器总的输出光功率除以每个光子的能量，即 $P_e/h\nu$。式中，P_e 为总的输出光功率，$h\nu$为每个光子的能量。光子能量与禁带宽度和结电压的关系为

$$h\nu = E_g \approx qV$$

单位时间内到达有源区的载流子数为 I/q。式中，I 为通过 PN 结的总电流，q 为电子电荷。因此，这种激光器的外量子效率为

$$\eta_e = \frac{P_e/(h\nu)}{I/q} = \frac{P_e}{IV} \tag{9-9-1}$$

3. 微分外量子效率 η_D

$$\eta_D = \frac{(P_e - P_{TH})/(h\nu)}{(I - I_{TH})/q} \tag{9-9-2a}$$

式中，I_{TH} 和 P_{TH} 分别为阈值电流和与之相对应的输出光功率。由于实现激射以后的输出光功率要远大于阈值光功率，即 $P_e \gg P_{TH}$，故**微分外量子效率**可以表示为

$$\eta_D = \frac{P_e/(h\nu)}{(I - I_{TH})q} = \frac{P_e}{(I - I_{TH})V} \tag{9-9-2b}$$

可以看出，η_D 实际上就是光功率-电流曲线（见图 9-33）上 $I > I_{TH}$（即达到阈值之后）的曲线的斜率，因此有微分外量子效率之称。显然，微分外量子效率就是激光器达到阈值电流之后的外量子效率。η_D 与工作电流无关。

4. 逸出概率

考虑受激发射，在电流高出阈值时，设有源区内发射光功率与由吸收所引起的损耗 P_a 之和为总功率 P_i，即

$$P_i = \eta_i \frac{I - I_{TH}}{q} h\nu = P_e + P_a \tag{9-9-3}$$

则光子从激光器发射到腔外的概率为

$$\eta_0 = \frac{P_e}{P_i} = \frac{P_e}{P_a + P_e} \tag{9-9-4}$$

如果把发射到腔外的光功率 P_e 看成端面损耗，则有源区内的总功率 P_i 可以看作是端面损耗与内部吸收损耗之和。与阈值条件式 (9-8-22) 比较，式 (9-9-4) 可以写成

$$\eta_0 = \frac{\frac{1}{2L}\ln\left(\frac{1}{R_1R_2}\right)}{\alpha + \frac{1}{2L}\ln\left(\frac{1}{R_1R_2}\right)} = \frac{\ln\left(\frac{1}{R_1R_2}\right)}{2L\alpha + \ln\left(\frac{1}{R_1R_2}\right)} \tag{9-9-5}$$

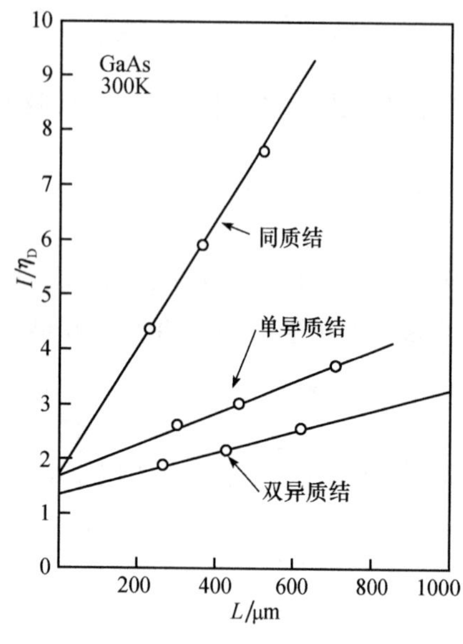

图 9-37 GaAs 激光器外微分量子效率与腔长 L 的关系

另外，根据 η_i、η_e 和 η_0 三个物理量的定义，显然它们具有如下关系:

$$\eta_e = \eta_i \eta_0 \tag{9-9-6}$$

在激射情况下，得

$$\eta_D = \eta_i \eta_0 \tag{9-9-7}$$

将式(9-9-5)代入式(9-9-7)中，有

$$\eta_D = \eta_i \frac{\ln\left(\dfrac{1}{R_1 R_2}\right)}{2L\alpha + \ln\left(\dfrac{1}{R_1 R_2}\right)} \tag{9-9-8a}$$

或

$$\frac{1}{\eta_D} = \frac{1}{\eta_i} + \frac{2L\alpha}{\eta_i \ln\left(\dfrac{1}{R_1 R_2}\right)} \tag{9-9-8b}$$

式(9-9-8b)给出了微分外量子效率 η_D 与内量子效率 η_i 以及激光器结构参数之间的关系。利用改变腔长 L 的方法测出 P_e、I_{TH}、I 等量，再由式(9-9-2)求出 η_D，以 η_D^{-1} 和 L 作图，如图 9-37 所示，可得直线的纵坐标的截距为 η_D^{-1}，由直线斜率可求 α，即

$$\alpha = \frac{1}{2L}\left(\frac{\eta_i}{\eta_D} - 1\right)\ln\left(\frac{1}{R_1 R_2}\right) \tag{9-9-9}$$

以上讨论仅考虑了克服 PN 结势垒而做功的情况。实际上激光器中还有一部分电能消耗在器件的体电阻和接触电阻上。这种功耗在大电流工作情况下是不可忽略的，因此激光器的转换率应当为

$$\eta_p = \frac{P_e}{IV + I^2 R} \tag{9-9-10}$$

式中，R 为激光器的总串联电阻，I 为工作电流，V 为 PN 结正向电压降。根据式(9-9-2b)，且当电流很大时忽略 I_{TH}，代入式(9-9-10)得到

$$\eta_p = \frac{IV\eta_D}{IV + I^2 R} = \frac{\eta_D}{1 + \dfrac{IR}{V}} \tag{9-9-11}$$

可见，要提高转换效率，关键在于提高微分外量子效率，同时尽可能降低器件的串联电阻，或者适当地控制在较小的工作电流下工作。

9.9.3 光谱分布

图 9-38 所示为在低温下用光栅分光计测得的砷化镓激光器的发射光谱。由激光器的光谱图可以看出，当激励电流低于阈值时，激光器的发射光谱很宽，而当激励电流高于阈值时，谱线强烈变窄。与其他固体激光器和气体激光器相比，半导体激光器发射的激光光谱仍然要宽得多。这是因为半导体激光器产生激光时，粒子数反转分布并不是发生在两个分立的能级之间，而是发生在导带与价带之间，每个能带又包含许多的能级。这就使得复合发光的光子能量有一个较宽的范围，从而造成半导体激光器的谱线宽度大一些，也就是说**单色性**差一些。

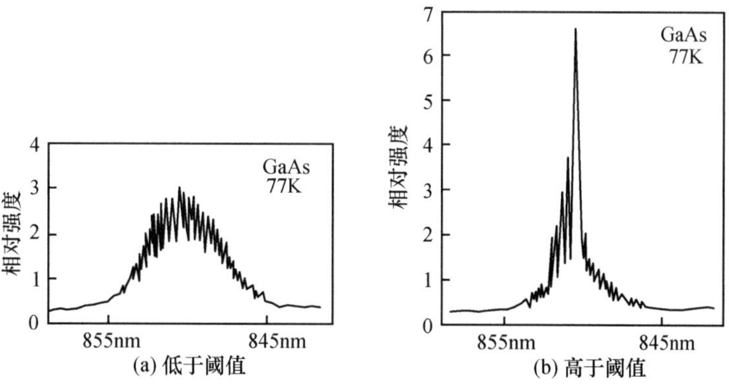

图 9-38　阈值附近的 GaAs 激光器发射光谱

由于激光器的谐振腔有一定的谐振频率，只有辐射光的频率与它相同时，这样的辐射才能够“存储”在腔内(即形成驻波)并建立起强光场。这个强光场使粒子数反转分布的能级之间产生受激发射，而其他频率的光则迅速损失于谐振腔之外。在谐振腔内形成驻波的条件为

$$L = q\frac{\lambda}{2n} \quad \text{或} \quad q\lambda = 2nL \tag{9-9-12}$$

式中，λ 为真空中光波波长，L 为激光器腔长，n 为介质折射率，q 为正整数。

式(9-9-12)的意义为，形成驻波、满足持续振荡的条件是谐振腔的长度 L 上排列着整数 q 个半波长。如果 L=5×10^{-2}cm，n=3.58，λ=0.85μm，则 q≈4×10^3。q 和 q+1 两个相邻极大值之间的 $\Delta\lambda$ 可如下计算得到。

把式(9-9-12)对 q 求微商，得到

$$\lambda + q\frac{\mathrm{d}\lambda}{\mathrm{d}q} = 2L\frac{\mathrm{d}n}{\mathrm{d}\lambda}\frac{\mathrm{d}\lambda}{\mathrm{d}q}$$

整理得

$$\frac{\mathrm{d}\lambda}{\mathrm{d}q} = \frac{-\lambda}{q - 2L\dfrac{\mathrm{d}n}{\mathrm{d}\lambda}}$$

利用式(9-9-12)，得到

$$\frac{\mathrm{d}\lambda}{\mathrm{d}q} = \frac{-\lambda^2}{2nL\left(1 - \dfrac{\lambda}{n}\dfrac{\mathrm{d}n}{\mathrm{d}\lambda}\right)} \tag{9-9-13}$$

所以 Δq=1 的相邻极值的间距 $\Delta\lambda$ 为

$$\Delta\lambda = \frac{-\lambda^2}{2nL\left(1 - \dfrac{\lambda}{n}\dfrac{\mathrm{d}n}{\mathrm{d}\lambda}\right)} \tag{9-9-14}$$

式中，$\dfrac{\mathrm{d}n}{\mathrm{d}\lambda}$ 称为**色散**。因为半导体激光器的光子能量接近禁带宽度 E_g，折射率随波长的变化很大，所以在这里考虑色散是必要的。

以上根据形成驻波的条件讨论了受激发射，但并不是满足驻波条件的所有固有频率的光都会产生受激发射，必须是振荡的固定频率落在自发发射光谱范围内的光才有可能产生激射。

除以上半导体激光器的主要特性之外，由于半导体激光器是带间跃迁，因此表现出明显

的温度特性。首先，由于禁带宽度随温度的升高而变小，导致光谱峰值随温度上升而向长波方向移动。其次，由于温度升高，费米能级随之上升，这也导致阈值电流密度的增加和微分外量子效率的降低。

9.10 异质结激光器

人们最早制造出的激光器是**同质结激光器**。因为同质结激光器阈值电流密度很高（$3\times10^4\sim5\times10^4A/cm^2$），所以不能在室温下连续工作，人们相继研究出了异质结激光器。**异质结激光器**又分为**单异质结激光器**和**双异质结激光器**两种。

9.10.1 单异质结激光器

图 9-39 所示为单异质结（SH）激光器（GaAs-P- $Ga_{1-x}Al_xAs$）的结构和各区域能带的变化、折射率的变化以及光强分布的示意图。由该图可见，在 P-GaAs 一侧加上异质材料 P-$Ga_{1-x}Al_xAs$ 之后，它们界面处势垒使 N-GaAs 注入 P-GaAs 的电子只能局限于在 P 区内复合产生光子。又因为 P-GaAs 和 P-$Ga_{1-x}Al_xAs$ 界面处折射率的变化，使有源区内复合产生的光子受到反射而局限于 P-GaAs 层内。异质结的这种对电子和光子的限制作用减少了它们的损耗，从而使 SH 激光器室温的阈值电流密度降低到 $8000A/cm^2$。

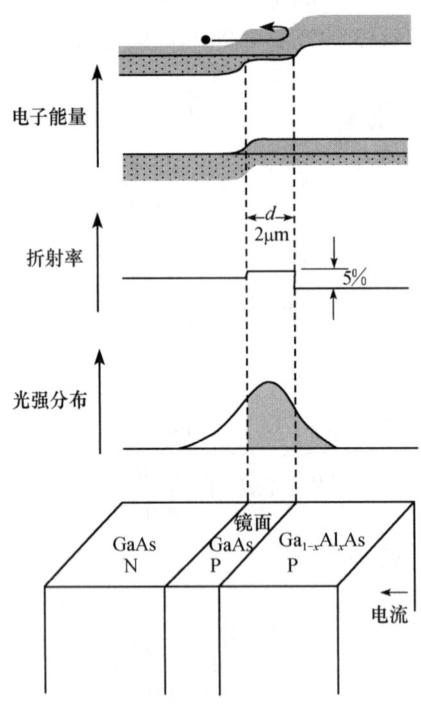

图 9-39　GaAs-p-$Ga_{1-x}Al_xAs$ 单异质结的能带、折射率、光强分布图

在 SH 激光器中，异质结起到了限制载流子扩散的作用，但不是利用它进行注入，所以一般 x 值选得比较大，如 $0.3<x<0.5$。

在半导体激光器中，有源区厚度 d 很关键。d 太大会失去对载流子限制的意义，d 太小了又会增大损耗，在 SH 激光器中一般取 $d\approx2\mu m$。

9.10.2　双异质结激光器

用液相外延方法在 N-GaAs 衬底上依次生长 N-GaAlAs、P-GaAs、P-GaAlAs 单晶薄层。在有源区 P-GaAs 两侧分别有 N-GaAlAs 层和 P-GaAlAs 层，形成 N-GaAlAs/P-GaAs 和 P-GaAs/N-GaAlAs 两个异质结，如图 9-40 所示。

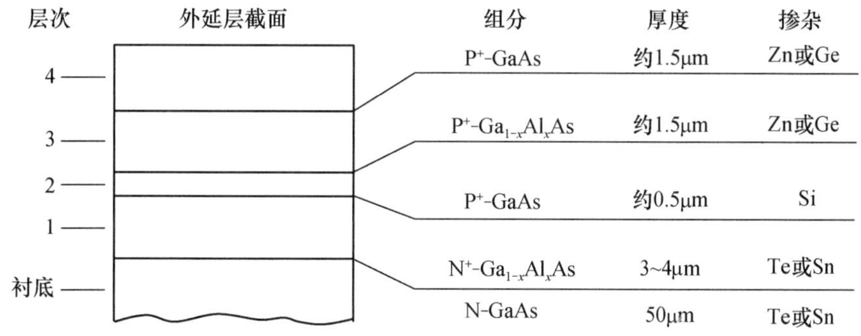

图 9-40　双异质结激光器的结构示意图

图 9-41 所示为双异质结(DH)激光器的能带、折射率和光强分布。有源区 P-GaAs 夹在两个宽带隙的 GaAlAs 层之间，对于这种结构，由于它的对称性，不再局限于只有电子注入。双异质结结构使电子注入和空穴注入都能有效地利用。如果有源区宽度小于载流子扩散长度，则绝大多数载流子在复合前都能扩散到有源区。当它们到达异质结时，受到势垒的排斥会停在有源区。如果有源区厚度 d 比载流子扩散长度小得多，则载流子就均匀地将有源区填满。对于这种激光器，复合几乎是均匀地发生在有源区内的。另外，有源区两侧都是宽带材料，

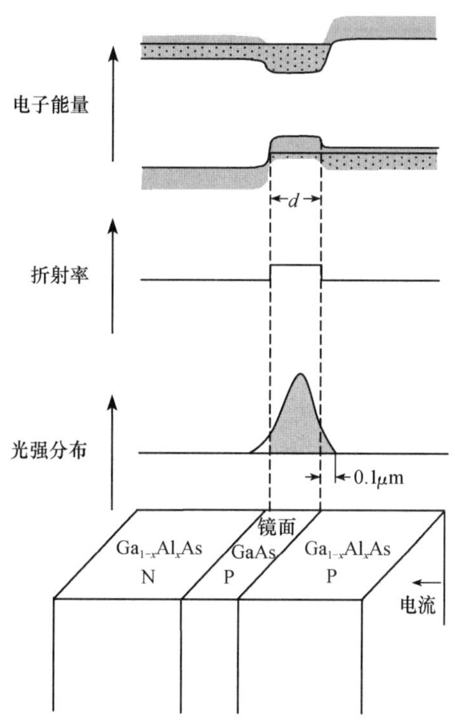

图 9-41　GaAs-$Ga_{1-x}Al_xAs$ 双异质结的能带、折射率和光强分布

有效折射率发生阶跃，使光子被限制在有源区中，光场的分布也是对称的。双异质结能够有效地限制载流子和光子，所以显著地降低了激光器的阈值电流密度，实现了激光器的室温连续工作。

双异质结激光器实现室温连续工作之后，突出的问题是提高器件的寿命。这往往从解决有源区结构和散热问题入手。随着各种需要的不同，出现了多种结构的双异质结激光器，其典型代表为条形 DH 激光器。

在 GaAs/GaAlAs DH 激光器中，GaAs 的禁带宽度对应的激光波长约为 0.89μm。InP/InGaAsP DH激光器的激光波长覆盖0.92～1.65μm。因为光纤的最低损耗位于1.3～1.6μm，所以 InP/InGaAsP DH 激光器对于长距离的光纤通信系统有着重要的应用，而 GaAs/GaAlAs DH 激光器则常用于短距离的光纤通信系统中。

习题

9-1 若在 GaAs LED 中，$\mu_n/\mu_p=30$，$N_a\approx N_d$，证明与电子电流比较，空穴扩散电流可忽略。

9-2 参照图 9-13 导出式(9-3-11)，即

$$\eta_r=\left[1+\frac{N_t C_{p3} p}{N_a C_{n2} n}\exp\left(-\frac{E_t-E_a}{KT}\right)\right]^{-1}$$

9-3 一个 GaAs 红外发光二极管具有下列参数：$\eta_i=80\%$，$\bar{\alpha}=10^4\text{cm}^{-1}$，$x_j=10\mu\text{m}$。

(1) 计算外量子效率。

(2) 若采用折射率为 1.8 的圆顶状环氧树脂进行 LED 封装，重复问题(1)。

9-4 GaAs 中吸收系数的温度依赖关系可近似表示为 $\bar{\alpha}=\alpha_0 e^{T/T_0}$。式中，$\alpha_0$ 为 α 外推至 T=0K 时的值，T_0 约为 100K。在 300K 时，二极管的外量子效率为 5%，其他参数为 $x_j=20\mu\text{m}$，$\bar{T}=0.2$，$\bar{\alpha}$ (300K)$=10^3\text{cm}^{-1}$。

(1) 计算在 27℃时的内量子效率。

(2) 假设在这里所考虑的温度范围内量子效率为常数，求−23℃和 77℃的外量子效率。

9-5 计算下列情况下的亮度：①红光 GaP LED，在 10A/cm^2 时 $\eta_e=5\%$;②绿光 GaP，在 10A/cm^2 时 $\eta_e=0.03\%$;③绿光 $GaAs_{0.6}P_{0.4}$，在 20A/cm^2 时 $\eta_e=0.15\%$。假设 $A_j/A_s=1$。

9-6 根据式(9-1-6)，估算红光 GaP 二极管施主-受主间距的范围。

参 考 文 献

爱德华·S·扬, 1981. 半导体器件物理基础. 卢纪, 译. 北京: 人民教育出版社.

王家骅, 李长健, 牛文成, 1983. 半导体器件物理. 北京: 科学出版社.

BERGH A, DEAN P, 1972. Light-emitting diodes. Proceedings of the IEEE, 60(2):156 - 223.

KANO K, 1998. Semiconductor devices. Upper Saddle River: Prentice Hall.

KRESSEL H, 1987. Semiconductor devices for optical communications: topics in applied physics. Vol. 39. New York: Springer Verlag.

LI Z H, YANG Z J, QIN Z X, et al, 2003. Optical and electronic properties of InGaN/GaN multi-quantum-wells near-ultraviolet lighting-emitting-diodes grown by low-pressure metalorganic vapour phase epitaxy. Chinese physics letters, 20(8): 1350-1352.

MACMILLAN H F, HAMAKER H C, VIRSHUP G F, et al, 1988. Multijunction Ⅲ-V solar cells: recent and projected results. Twentieth IEEE photovoltaic specialists conference, 1: 48-54.

PANKOVE J I, 1971. Optical processes in semiconductors. New York: Dover Publications.

PIERRET R F, 1996. Semiconductor device fundamentals. Reading, MA: Addison-Wesley.

ROULSTON D J, 1999. An introduction to the physics of semiconductor devices. New York: Oxford University Press.

SHUR M, 1990. Physics of semiconductor devices. Englewood Cliffs: Prentice Hall.

SHUR M, 1996. Introduction to electronic devices. New York: John Wiley & Sons.

SINGH J, 2001. Semiconductor devices: basic principles. New York: John Wiley & Sons.

STREETMAN B G, Banerjee S, 2000. Solid state electronic devices. 5th ed. Upper Saddle River: Prentice Hall.

SZE S M, 1981. Physics of semiconductor devices. 2nd ed. New York: John Wiley & Sons.

SZE S M, 1985. Semiconductor devices: physics and technology. New York: John Wiley & Sons.

WANG S, 1989. Fundamentals of semiconductor theory and device physics. Englewood Cliffs: Prentice Hall.

WILSON, J, Hawkes J F B, 1983. Optoelectronics: an introduction. Englewood Cliffs: Prentice Hall.

WOLFE C M, HOLONYAK N JR, STILLMAN G E, 1989. Physical properties of semiconductors. Englewood Cliffs: Prentice Hall.

附　录

附录 A　物理常数

常数	符号	数值	常数	符号	数值
阿伏伽德罗常量	N_A	6.023×10^{23} 个/mol	真空介电常量	ε_0	8.854×10^{-12}F/m
玻尔兹曼常量	K	1.38×10^{-23}J/K=8.62×10^{-5}eV/K	自由空间的磁导率	μ_0	1.257×10^{-6}H/m
电子电荷	q	1.6×10^{-19}C	普朗克常量	h	6.625×10^{-34}J·s
电子伏特	eV	1.6×10^{-19}J	300K 时的热电压	V_T	25.8mV
自由电子质量	m	9.1×10^{-31}kg	光速	c	3×10^{8}m/s

附录 B　重要半导体的性质

半导体＼性质		禁带宽度/eV		能带	迁移率(300K)/[cm^2/(V·s)]		有效质量 m^*/m		相对介电常数 ε_r
		300K	0K		电子	空穴	电子	空穴	
Ⅳ	Si	1.12	1.21	I	1350	480	m_l=0.98 m_t=0.19	$(m_p)_l$=0.16 $(m_p)_h$=0.49	11.9
	Ge	0.66	0.74	I	3900	1900	m_l=1.64 m_t=0.082	$(m_p)_l$=0.044 $(m_p)_h$=0.28	16.0
	α-SiC	2.996	3.03	I	400	50	—	—	10.0
Ⅲ-Ⅴ	AlSb	1.58	1.68	I	200	420	—	—	14.4
	AlAs	2.16	2.24	I	—	—	—	—	10.6
	AlP	2.43	2.5	I	—	—	—	—	—
	GaSb	0.72	0.81	D	5000	850	0.042	0.40	15.7
	GaAs	1.42	1.52	D	8500	400	0.067	$(m_p)_l$=0.082 $(m_p)_h$=0.45	13.1
	GaP	2.26	2.34	I	110	75	0.35	$(m_p)_l$=0.14 $(m_p)_h$=0.86	11.1
	InSb	0.17	0.23	D	80000	1250	0.0145	0.4	17.7
	InAs	0.36	0.42	D	33000	460	0.023	0.40	14.6
	InP	1.35	1.42	D	4600	150	0.077	0.64	12.4
	GaN	3.36	3.50	—	380	—	0.19	0.60	12.2
	BP	2.0	—	—	—	—	—	—	
Ⅱ-Ⅵ	CdS	2.42	2.56	D	340	50	0.21	0.80	—
	CdSe	1.70	1.85	D	800	—	0.13	0.45	10.0
	CdTe	1.56	—	D	1050	100	—	—	10.2
	ZnO	3.35	3.42	D	200	180	0.27	—	9.0
	ZnS	3.68	3.84	D	165	5	0.40	—	5.2
Ⅳ-Ⅵ	PbS	0.37	0.29	D	550	600	0.1	0.1	—
	PbSe	0.26	0.15	D	1020	930	—	—	—
	PbTe	0.29	0.19	D	1620	750	—	—	—

*I 和 D 分别表示间接禁带半导体和直接禁带半导体。

附录C 硅、锗和砷化镓的性质(300K)

性质＼材料		Si	Ge	GaAs
原子密度/($10^{22}/cm^3$)		5.00	4.42	4.42
密度/(g/cm^3)		2.328	5.3267	5.32
晶体结构		金刚石	金刚石	闪锌矿
相对介电常数		11.8	16.0	13.1
晶格常数/Å		5.43095	5.64613	5.6533
热线胀系数($\Delta L/L\Delta T$)/$℃^{-1}$		2.6×10^{-6}	5.8×10^{-6}	6.86×10^{-6}
熔点/℃		1415	937	1238
光学声子能量/eV		0.063	0.037	0.035
比热/[J/(g・℃)]		0.7	0.31	0.35
热导率/[W/(cm・℃)]		1.5	0.6	0.46
蒸汽压/Pa		1(1650℃) 10^{-6}(900℃)	1(1330℃) 10^{-6}(760℃)	100(1050℃) 1(900℃)
击穿电场/(V/cm)		$\sim3\times10^5$	$\sim10^5$	$\sim4\times10^5$
导带有效状态密度 N_c/cm^{-3}		2.8×10^{19}	1.04×10^{19}	4.7×10^{17}
价带有效状态密度 N_v/cm^{-3}		1.04×10^{19}	6.0×10^{18}	7.0×10^{18}
有效质量 $\frac{m^*}{m}$	电子	m_l=0.98	m_l=1.64	0.067
		m_t=0.19	m_t=0.082	
	空穴	$(m_p)_l$=0.16	$(m_p)_l$=0.044	$(m_p)_l$=0.082
		$(m_p)_h$=0.49	$(m_p)_h$=0.28	$(m_p)_h$=0.45
电子亲和势 χ/eV		4.05	4.0	4.07
禁带宽度/eV (10^{-4}eV/K)		1.12 −2.3	0.66 −3.7	1.42 −5.0
本征载流子浓度/cm^{-3}		1.45×10^{10}	2.37×10^{13}	1.79×10^6
本征电阻率/(Ω・cm)		2.3×10^5	47	10^8
少数载流子寿命/s		2.5×10^{-3}	10^{-3}	$\sim10^{-8}$
迁移率/[cm^2/(V·s)]	电子	1350	3900	8500
	空穴	480	1900	400